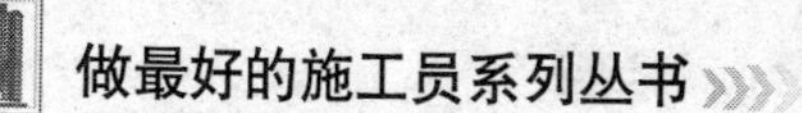

做最好的建筑工程施工员

ZUOZUIHAODE
JIANZHU GONGCHENG SHIGONGYUAN

许斌成 主　编
张洪国 副主编

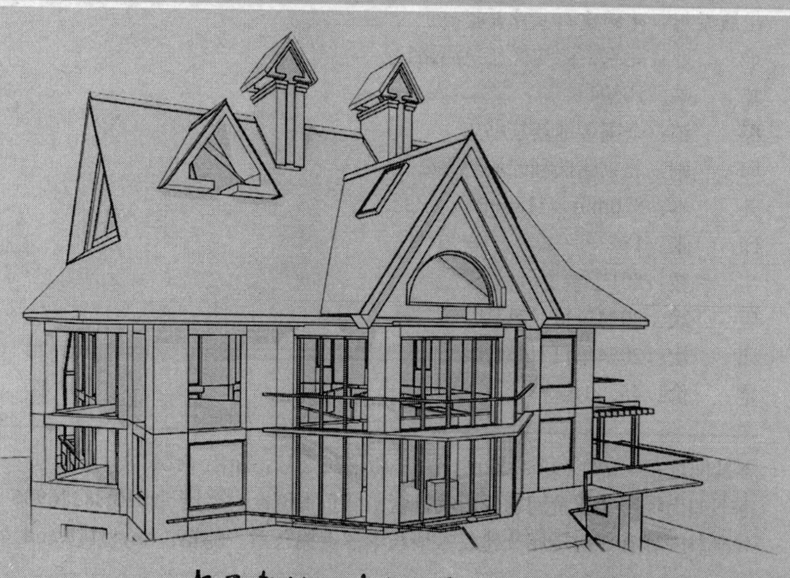

中国建材工业出版社

图书在版编目（CIP）数据

做最好的建筑工程施工员/许斌成主编. —北京：中国建材工业出版社，2014.11
（做最好的施工员系列丛书）
ISBN 978-7-5160-1004-4

Ⅰ.①做… Ⅱ.①许… Ⅲ.①建筑工程-工程施工 Ⅳ.①TU7

中国版本图书馆CIP数据核字(2014)第242500号

做最好的建筑工程施工员
许斌成 主编

出版发行：中国建材工业出版社
地 址：北京市海淀区三里河路1号
邮 编：100044
经 销：全国各地新华书店
印 刷：北京紫瑞利印刷有限公司
开 本：850mm×1168mm 1/32
印 张：18
字 数：501千字
版 次：2014年11月第1版
印 次：2014年11月第1次
定 价：45.00元

本社网址：www.jccbs.com.cn 微信公众号：zgjcgycbs
本书如出现印装质量问题，由我社营销部负责调换。电话：(010)88386906
对本书内容有任何疑问及建议，请与本书责编联系。邮箱：dayi51@sina.com

内 容 提 要

本书紧扣“做最好的”编写理念，结合建筑工程最新施工规范及施工质量验收规范进行编写，详细介绍建筑工程施工员应知应会的各种基础理论和专业技术知识。全书主要内容包括概述、建筑工程材料、建筑工程施工图识读、建筑施工测量、地基与基础工程施工工艺和方法、砌体工程施工工艺和方法、钢筋混凝土工程施工工艺和方法、钢结构工程施工工艺和方法、防水工程施工工艺和方法、装饰工程施工工艺和方法、建筑工程施工组织与管理等。

本书坚持理论性与实践性相结合，具有较强的知识性和可操作性，既可供建筑工程施工员工作时使用，也可作为建筑工程施工员岗位培训的教材及参考用书。

建设工程施工员是指具备一定的土木建筑专业知识，深入建设工程施工现场，为工程建设施工队伍提供技术支持，并对建设工程质量进行复核监督的基层技术组织管理人员。其主要工作职责包括参与施工组织管理策划；参与制定管理制度；参与图纸会审、技术核定；负责施工作业班组的技术交底；负责组织测量放线、参与技术复核；参与制订并调整施工进度计划、施工资源需求计划，编制施工作业计划；参与做好施工现场组织协调工作，合理调配生产资源；落实施工作业计划；参与现场经济技术签证、成本控制及成本核算；负责施工平面布置的动态管理；参与质量、环境与职业健康安全的预控；负责施工作业的质量、环境与职业健康安全过程控制，参与隐蔽、分项、分部和单位工程的质量验收；参与质量、环境与职业健康安全问题的调查，提出整改措施并监督落实；负责编写施工日志、施工记录等相关施工资料；负责汇总、整理和移交施工资料等。

建设工程施工员作为工程建设施工任务最基层的技术和组织管理人员，是施工现场生产一线的组织者和管理者，其重要性毋庸质疑。由于工程建设产品复杂多样，且大多体形庞大、价值较高，这决定了工程施工中需要投入大量人力、财力、物力，同时需要根据施工对象的特点和规模、地质水文气候条件、工程图纸、施工合同及机械材料供应情况等，做好施工准备，确定施工技术工艺、施工方法方案等工作，以确保技术经济效果，避免出现事故，这就对工程建设施工管理技术人员提出了较高的要求。

为使广大建设工程施工员能更好地指挥、协调工程建设施工现场基层专业管理人员和劳务人员，并将参与施工的劳动力、机具、材料、构配件和采用的施工方法等科学地、有序地协调组织起来，实现时间和空间上的最佳组合，从而保质保量保工期地完成施工生产任务，我们组织工程建设施工领域的专家学者，紧扣“做最好”的理念，编写了本套《做最好的施工员系列丛书》。丛书包括《做最好的建筑工程施工员》《做最好的装饰装修工程施工员》《做最好的市政工程施工员》《做最好的公路工程施工员》《做最好的水利水电工程施工员》《做最好的园林绿化工程施工员》等分册。

本套丛书以建设工程施工技术为重点，详细讲解了建设工程各分部分项工程的施工方法、施工工艺流程、施工要点、施工注意事项等知识，并囊括了工程施工图识读、测量操作、材料性能、机械使用、现场管理等基础知识，基本上可满足建设工程施工员现场管理工作的实际需要。丛书内容精练，对部分重点内容及施工关键步骤进行了归纳总结，方便广大读者查阅和使用。

本套丛书在编写时坚持理论性与实践性相结合，并辅以必要的工程施工实践经验总结，具有较强的知识性和可操作性。在丛书编写过程中，为体现丛书内容的先进性和完整性，我们参考了国内同行的部分著作，部分专家学者还对我们的编写工作提出了很多宝贵意见，在此表示衷心的感谢！由于编写时间仓促，加之编者水平所限，丛书中不当之处在所难免，恳请广大读者批评指正！

编　者

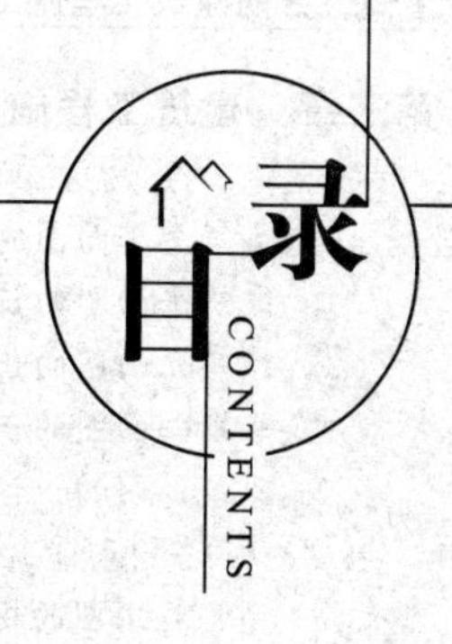
目录
CONTENTS

第一章 概 述

第一节 施工员的岗位职责与职业道德

一、施工员的岗位职责

施工员是建筑施工企业各项组织管理工作在基层的具体实践者，是完成建筑安装施工任务最基层的技术和组织管理人员。

施工员的岗位职责如下：

(1)熟悉国家和建设行政管理部门颁发的建设法律、法规、规程和技术标准，熟悉基本建设程序和施工规律。

(2)在项目经理领导下，深入施工现场，协助搞好施工监理，与施工班组一起复核工程量，提高工程量正确性。

(3)负责本工程项目的施工质量，对工程技术质量、安全工作负责。

(4)熟悉施工图纸，了解工程概况，绘制现场平面布置图，搞好现场布局。对设计要求、质量要求、具体做法要有清楚的了解并熟记，组织班组认真按图施工。

(5)全面负责本工程施工项目的施工现场勘察、测量、施工组织和现场交通安全防护设置等具体工作，组织班组努力完成开路口、路面破复、临时道路修筑等工程任务，对施工中的有关问题及时解决，向上报告并保证施工进度。

(6)参加图纸会审，审理和解决图纸中的疑难问题，碰到大的技术问题负责与业主和设计部门联系，妥善解决。坚持按图施工，分项工程施工前，应写出书面技术交底。

施工员的工作职责

《建筑与市政工程施工现场专业人员职业标准》(JGJ/T 250—2011)中规定了施工员的工作职责,见表1-1。

表1-1　　施工员的工作职责

项次	分类	主要工作职责
1	施工组织策划	(1)参与施工组织管理策划。 (2)参与制定管理制度
2	施工技术管理	(1)参与图纸会审、技术核定。 (2)负责施工作业班组的技术交底。 (3)负责组织测量放线、参与技术复核
3	施工进度成本控制	(1)参与制订并调整施工进度计划、施工资源需求计划,编制施工作业计划。 (2)参与做好施工现场组织协调工作,合理调配生产资源;落实施工作业计划。 (3)参与现场经济技术签证、成本控制及成本核算。 (4)负责施工平面布置的动态管理
4	质量安全环境管理	(1)参与质量、环境与职业健康安全的预控。 (2)负责施工作业的质量、环境与职业健康安全过程控制,参与隐蔽、分项、分部和单位工程的质量验收。 (3)参与质量、环境与职业健康安全问题的调查,提出整改措施并监督落实
5	施工信息资料管理	(1)负责编写施工日志、施工记录等相关施工资料。 (2)负责汇总、整理和移交施工资料

(7)参与班组技术交底、工程质量交底、安全生产交底、操作方法交底。严守施工操作规程,严抓质量,确保安全,负责对新工人上岗前培训,教育督促工人不违章作业。

(8)编制单位工程生产计划。填写施工日志和隐蔽工程的验收记录,配合质检员整理技术资料和施工质量管理,按时下达各部位混凝土配合比。

(9)对原材料、设备、成品或半成品、安全防护用品等质量低劣或不符合施工规范规定和设计要求的,有权禁止使用。

(10)按照安全操作规程规定和质量验收标准要求,组织班组开展质量、安全自检互检,努力提高工人技术素质和自我防护能力。对施工现场设置的交通安全设施和机械设备等安全防护装置经组织验收合格后方可进行工程项目的施工。

(11)认真做好隐蔽工程分部、分项及单位工程竣工验收签证工作,收集整理、保存技术的原始资料,办理工程变更手续。负责工程竣工后的决算上报。

(12)协助项目经理做好工程资料的收集、保管和归档。

二、施工员的职业道德

施工员作为建筑施工现场管理人员,应具备的职业道德可归纳为以下几点:

(1)施工员应以高度的责任感,对工程建设的各个环节根据技术人员的交底,做出周密、细致的安排,并合理组织好劳动力,精心实施作业程序,使施工有条不紊地进行,防止盲目施工和窝工。

(2)以对人民生命安全和国家财产极端负责的态度,时刻不忘安全和质量,严格检查和监督,把好关口。

(3)不违章指挥,不玩忽职守,施工做到安全、优质、低耗,对已竣工的工程要主动回访保修,坚持良好的施工后服务,信守合同,维护企业的信誉。

(4)施工员应严格按图施工,规范作业。不使用无合格证的产品和未经抽样检验的产品,不偷工减料,不在钢材用量、混凝土配合比、结构尺寸等方面做手脚,牟取非法利益。

(5)在施工过程中,时时处处要精打细算,降低能源和原材料的消耗,合理调度材料和劳动力,准确申报建筑材料的使用时间、型号、规格、数量,既保证供料及时,又不浪费材料。

(6)施工员应以实事求是、认真负责的态度准确签证,不多签或少签工程量和材料数量,不虚报冒领,不拖拖拉拉,完工即签证,并做好资料的收集和整理归档工作。

(7)做到施工不扰民,严格控制粉尘、施工垃圾和噪声对环境的污染,做到文明施工。

第二节　施工员的专业知识与工作能力

一、施工员的专业知识

施工员应具备的专业知识包括通用知识、基础知识和岗位知识三方面。

1. 通用知识

(1)熟悉国家工程建设相关法律法规。

(2)熟悉工程材料的基本知识。

(3)掌握施工图识读、绘制的基本知识。

(4)熟悉工程施工工艺和方法。

(5)熟悉工程项目管理的基本知识。

2. 基础知识

(1)熟悉相关专业的力学知识。

(2)熟悉建筑构造、建筑结构和建筑设备的基本知识。

(3)熟悉工程预算的基本知识。

(4)掌握计算机和相关资料信息管理软件的应用知识。

(5)熟悉施工测量的基本知识。

3. 岗位知识

(1)熟悉与本岗位相关的标准和管理规定。

(2)掌握施工组织设计及专项施工方案的内容和编制方法。

(3)掌握施工进度计划的编制方法。

(4)熟悉环境与职业健康安全管理的基本知识。

(5)熟悉工程质量管理的基本知识。

(6)熟悉工程成本管理的基本知识。

(7)了解常用施工机械机具的性能。

二、施工员的工作能力

在实际工作中，施工员应具备的工作能力如下：

(1)能有效地组织、指挥人力、物力和财力进行科学施工，取得最佳的经济效益。

施工员应具备的专业技能

《建筑与市政工程施工现场专业人员职业标准》(JGJ/T 250－2011)规定，施工员应具备表1-2规定的专业技能。

表1-2 施工员应具备的专业技能

项次	分类	专业技能
1	施工组织策划	能够参与编制施工组织设计和专项施工方案
2	施工技术管理	(1)能够识读施工图和其他工程设计、施工等文件。 (2)能够编写技术交底文件，并实施技术交底。 (3)能够正确使用测量仪器，进行施工测量
3	施工进度成本控制	(1)能够正确划分施工区段，合理确定施工顺序。 (2)能够进行资源平衡计算，参与编制施工进度计划及资源需求计划，控制调整计划。 (3)能够进行工程量计算及初步的工程计价
4	质量安全环境管理	(1)能够确定施工质量控制点，参与编制质量控制文件、实施质量交底。 (2)能够确定施工安全防范重点，参与编制职业健康安全与环境技术文件、实施安全和环境交底。 (3)能够识别、分析、处理施工质量缺陷和危险源。 (4)能够参与施工质量、职业健康安全与环境问题的调查分析
5	施工信息资料管理	(1)能够记录施工情况，编制相关工程技术资料。 (2)能够利用专业软件对工程信息资料进行处理

(2)能够对施工中的稳定性问题(包括缆风绳设置、脚手架架设、吊点设计等)进行鉴别,对安全质量事故进行初步的分析。

(3)能比较熟练地承担施工现场的测量、图纸会审和向工人交底的工作。

(4)能在不同地质条件下正确确定土方开挖、回填夯实、降水、排水等措施。

(5)能正确地按照国家施工规范进行施工,掌握施工计划的关键线路,保证施工进度。

(6)能根据施工要求,合理选用和管理建筑机具,具有一定的电工知识,科学管理施工用电。

(7)能运用质量管理方法指导施工,控制施工质量。

(8)能根据工程的需要,协调各工种、人员、上下级之间的关系,正确处理施工现场的各种社会关系,保证施工能按计划高效、有序地进行。

(9)能编制施工预算,进行工程统计、劳务管理、现场经济活动分析,对施工现场进行有效管理。

第三节　施工员的工作任务及程序

一、施工员的工作任务

在施工全过程中,施工员的主要任务是:结合多变的现场施工条件,将参与施工的劳动力、机具、材料、构配件和采用的施工方法等,科学、有序地协调组织起来,在时间和空间上取得最佳组合,取得最好的经济效果,保质保量保工期地完成任务。

二、施工员的工作程序

1. 技术准备

(1)熟悉、审查施工图纸、有关技术规范和操作规程,了解设计要求及细部、节点做法,并放必要的大样,做配料单,弄清有关技术资料对工程质量的要求。

(2)调查、搜集必要的原始资料。

(3)熟悉或制订施工组织设计及有关技术经济文件对施工顺序、施工方法、技术措施、施工进度及现场施工总平面布置的要求;并清楚完成施工任务时的薄弱环节和关键工序。

(4)熟悉有关合同、招标资料及有关现行消耗定额等,计算工程量,弄清人、财、物在施工中的需求消耗情况,了解和制定现场工资分配和奖励制度,签发工程任务单、限额领料单等。

2. 现场准备

(1)现场"四通一平"(即水、电供应、道路、通信通畅,场地平整)的检验和试用。

(2)进行现场抄平、测量放线工作并进行检验。

(3)根据进度要求组织现场临时设施的搭建施工;安排好职工的住、食、行等后勤保障工作。

(4)根据进度计划和施工平面图,合理组织材料、构件、半成品、机具进场,进行检验和试运转。

(5)安排好施工现场的安全、防汛、防火措施。

3. 作业队伍组织准备

(1)根据施工进度计划和劳力需要量计划安排,分期分批组织劳动力的进场教育和各工种技术工人的配备等。

(2)确定各工种工序在各施工段的搭接,流水、交叉作业的开工、完工时间。

(3)全面安排好施工现场的一、二线,前、后台,施工生产和辅助作业,现场施工和场外协作之间的协调配合。

4. 向施工班组交底

(1)计划交底:包括生产任务数量,任务的开始及完成时间,工程中对其他工序的影响和重要程度。

(2)定额交底:包括劳动定额、材料消耗定额和机械配合台班及台班产量。

(3)施工技术和操作方法交底:包括施工规范及工艺标准的有关部分,施工组织设计中的有关规定和有关设备图纸及细部做法。

(4)安全生产交底:包括施工操作运输过程中的安全事项、机电设备安全事项、消防事项。

(5)工程质量交底:包括自检、互检、交接的时间和部位,分部分项工程质量验收标准和要求。

5. 施工中的组织协调控制

在施工过程中,依照施工组织设计和有关技术、经济文件以及当地的实际情况,围绕着质量、工期、成本等既定施工目标,在每一阶段、每一工序实施综合平衡、协调控制,使施工中的各项资源和各种关系能够配合最佳,以确保工程的顺利进行。为此要抓好以下几个环节:

(1)检查班组作业前的各项准备工作。

(2)检查外部供应、专业施工等协作条件是否满足需要,检查进场材料和构件质量。

(3)检查工人班组的施工方法、施工操作、施工质量、施工进度以及节约、安全情况,发现问题,应立即纠正或采取补救措施解决。

(4)做好现场施工调度,解决现场劳动力、原材料、半成品、周转材料、工具、机械设备、运输车辆、安全设施、施工水电、季节施工、施工工艺技术及现场生活设施等出现的供需矛盾。

(5)监督施工中的自检、互检、交接检制度和工程隐检、预检的执行情况,督促做好分部分项工程的质量评定工作。

6. 做好施工日志

施工日志是工程项目施工的真实写照,是验收施工质量的原始记录,是编制施工文件、积累资料、总结施工经验的重要依据。

7. 工程质量的检查与验收

完成分部分项工程后,施工员须通知技术员、质量检查员、施工中班组长,对所施工的部位或项目按质量标准进行检查验收,合格产品必须填写表格并进行签字,不合格产品应立即组织原施工班组进行维修或返工。

施工日志填写注意事项

(1)施工日志要有时间、天气情况、施工部位、机械作业以及人员情况的记录。

(2)施工日志不记录与生产无关的内容,只记录如工程技术、质量、安全、生产变化、人员变动情况等与工程有关的内容。

(3)如果工程施工期间有间断,应在日志中加以说明(可在停工最后一天或复工第一天里描述)。

(4)施工日志应完整,除生产情况记录和技术质量安全工作记录完整外,若施工中出现问题,也要反映在记录中。

第四节 建设工程相关法律法规

一、建设工程相关法律法规的构成

1. 建设工程行政法律

建设工程行政法律是指国家制定或认可,体现国家意志,由国家强制力保证实施的,并由国家建设管理机关从宏观上、全局上管理建设工程的法律规范。建设工程行政法律在法规中居主要地位。

2. 建设工程技术法规

建设工程技术法规是国家制定或认可的,由国家强制力保证其实施的建设工程勘察、规划、设计、施工、安装、检测、验收等技术规程、规则、规范、条例、办法、定额、指标等规范性文件。

建设工程技术法规是建设工程常用的标准表达形式。它以建筑科学、技术和实践经验的综合成果为基础,经有关方面专家、学者、工程技术人员综合评价、科学论证而制定,由国务院及有关部委批准颁发,作为全国建设业共同遵守的准则和依据。

建设工程技术法规可分为国家、行业(部)、企业三级。下级的规范、标准不得与上级的规范、标准相抵触。同时,根据法律效力不同,又分为强制性标准、推荐性标准。其中,强制性标准是必须遵守的。

建设工程技术法规的种类见表1-3。

表1-3　　建设工程技术法规的种类

序号	类别	内　容
1	设计规范	设计规范是指从事工程设计所依据的技术文件。设计规范一般可分为: (1)建筑设计规范。建筑设计规范包括建筑设计、建筑暖通与空调等方面的技术标准和规程。 (2)结构设计规范。结构设计规范包括建筑结构、工程抗震及地基与基础等方面的技术标准和规程。 (3)功能设计规范。功能设计规范包括建筑物的耐火性能、防火防爆措施、消防、给水与排水、通风与采暖、疏散通道等技术标准和规程
2	施工规范	施工规范是指施工操作程序及其技术要求的标准。施工规范一般分为建筑工程施工规范和安装工程施工规范两大类
3	验收规范	验收规范是指检验、验收竣工工程项目的规程、办法与标准
4	建设定额	建设定额是指国家规定的消耗在单位建筑产品上的活劳动和物化劳动的数量标准,以及用货币表现的某些必要费用的额度
5	建设工程标准	建设工程标准是指建设工程设计、施工方法和安全保护的统一技术要求及有关建设工程的技术术语、符号、代号、制图方法的一般原则
6	建筑材料检测标准	建筑材料检测标准是指某种建筑材料对基准试验方法、采用仪器设备、试验条件、操作步骤以及试验结果、计算方法等作统一规定的标准

二、建设工程相关法律法规的实施

建设工程相关法律法规的实施是指国家机关、社会组织、公民在社会生活中有意识地实现建设工程法规的活动。只有通过建设工程法规的实施,才能使建设工程法规由书面形式的抽象行为模式转变成建设行为主体的具体建设行为。

按照建设工程相关法律法规实施主动程度的不同,建设工程法规的实施可分为建设工程法规的遵守和建设工程法规的适用两种形式。

(1)建设工程法规的遵守。建设工程法规的遵守是指国家机关、社会组织和公民自觉遵守建设工程法规,按照建设工程法规的要求行使权利、履行义务的活动。

(2)建设工程法规的适用。建设工程法规的适用是指国家机关或法律、法规授权的其他社会组织及其公职人员,依照法定职权和程序调整和保护具体建设关系的活动。按照法律规范适用主体及特点的不同,建设工程法规的适用可分为建设工程法规的行政适用和建设工程法规的司法适用。

第二章　建筑工程材料

第一节　混凝土和建筑砂浆

一、混凝土

由胶凝材料、粗细集料、水及其他外加材料按适当比例配合，再经搅拌、成型和硬化而成的人造石材称为混凝土。混凝土是当代最重要的建筑工程材料之一，也是世界上用量最大的人工建筑材料。

1. 混凝土的特点

混凝土之所以在土木工程中得到广泛应用，是因为它具有许多独特的技术性能。这些特点主要反映在以下几个方面：

(1)材料来源广泛。混凝土中占整个体积80%以上的砂、石料均可以就地取材，其资源丰富，有效降低了制作成本。

(2)性能可调整范围大。根据使用功能要求，改变混凝土的材料配合比及施工工艺可在相当大的范围内对混凝土的强度、保温耐热性、耐久性及工艺性能进行调整。

(3)在硬化前有良好的塑性。混凝土拌合物优良的可塑成型性，使混凝土可适应各种形状复杂的结构构件的施工要求。

(4)施工工艺简易、多变。混凝土既可以进行简单的人工浇筑，也可以根据不同的工程环境特点灵活采用泵送、喷射、水下等施工方法。

(5)可用钢筋增强。钢筋与混凝土虽为性能迥异的两种材料，但两者有近乎相等的线膨胀系数，从而使它们可共同工作，弥补了混凝土抗拉强度低的缺点，扩大了应用范围。

(6)有较高的强度和耐久性。近代高强混凝土的抗压强度可达100MPa以上,同时,具备较高的抗渗、抗冻、抗腐蚀、抗碳化性,其耐久年限可达数百年。

混凝土除具有以上优点外,也存在自重大、养护周期长、导热系数较大、不耐高温、拆除废弃物再生利用性较差等缺点。随着混凝土新功能、新品种的不断开发,这些缺点正不断得以克服和改进。

2. 混凝土的分类

混凝土的种类繁多,通常可以从不同角度进行分类。

(1)按所用胶凝材料分类。按胶凝材料不同,混凝土可分为水泥混凝土、沥青混凝土、水玻璃混凝土、聚合物混凝土等。

(2)按用途分类。按用途不同,混凝土可分为结构混凝土、道路混凝土、水工混凝土、耐热混凝土、耐酸混凝土、防射线混凝土等。

(3)按体积密度分类。按体积密度不同,混凝土可分为特重混凝土($\rho_0>2500kg/m^3$)、重混凝土($\rho_0=1900\sim2500kg/m^3$)、轻混凝土($\rho_0=600\sim1900kg/m^3$)、特轻混凝土($\rho_0<600kg/m^3$)。

(4)按性能特点分类。按性能特点不同,混凝土可分为抗渗混凝土、耐酸混凝土、耐热混凝土、高强混凝土、高性能混凝土等。

(5)按施工方法分类。按施工方法不同,混凝土可分为现浇混凝土、预制混凝土、泵送混凝土、喷射混凝土等。

3. 常用混凝土品种

常用混凝土品种见表2-1。

表2-1　　常用混凝土品种

序号	品　种	说　明
1	普通混凝土	普通混凝土是以普通水泥为胶结材料,普通的天然砂石为集料,加水或再加少量外加剂,按专门设计的配合比配制,经搅拌、成型、养护而得到的混凝土。 普通混凝土是建筑工程中最常用的结构材料,表观密度为2400kg/m³左右。目前,混凝土的强度等级有C15、C20、C25、C30、C35、C40、C45、C50、C55、C60、C65、C70、C75和C80共十四级

续一

序号	品　种	说　明
2	轻混凝土	轻混凝土是指表观密度小于 1900kg/m³ 的混凝土。按组成和结构状态不同，又分为轻集料混凝土、加气混凝土和无砂大孔混凝土。 (1)轻集料混凝土。用轻质的粗细集料(或普通砂)、水泥和水配制成的表观密度较小的混凝土。与普通混凝土相比，虽强度有不同程度的降低，但保温性能好，抗震能力强。按立方体抗压强度标准值划分为 LC5.0、LC7.5、LC10、LC15、LC20……LC50、LC60 等强度等级。 (2)加气混凝土。用含钙材料(水泥、石灰)、含硅材料(石英砂、粉煤灰、矿渣等)和加气剂为原料，经磨细、配料、浇筑、切割和压蒸养护等制成。由于不用粗细集料，也称无集料混凝土，其质量轻、保温隔热性好并能耐火。多制成墙体砌块、隔墙板等 (3)无砂大孔混凝土。无砂大孔混凝土是指在混凝土组成中不加或少加细集料制成的混凝土
3	聚合物混凝土	聚合物混凝土是一种将有机聚合物用于混凝土中制成的新型混凝土。按制作方法不同，分为聚合物浸渍混凝土、聚合物混凝土和聚合物水泥混凝土。 (1)聚合物浸渍混凝土。聚合物浸渍混凝土是将已硬化的普通混凝土放在单体中浸渍，然后用加热或辐射的方法使混凝土孔隙内的单体产生聚合作用，使混凝土和聚合物结合成一体的新型混凝土。其具有高强、耐腐蚀、耐久性好的特点，可做耐腐蚀材料、耐压材料及水下和海洋开发结构方面的材料。 (2)聚合物混凝土。聚合物混凝土是树脂或单体由代替水泥作为胶凝材料与集料结合，浇筑后经养护和聚合而成的混凝土。其特点是强度高、抗渗、耐腐蚀性好，多用于要求耐腐蚀的化工结构和高强度的接头。 (3)聚合物水泥混凝土。聚合物水泥混凝土是在水泥混凝土搅拌阶段掺入单体或聚合物，浇筑后经养护和聚合而成的混凝土。由于其制作简单，成本较低，实际应用也比较多，因此比普通混凝土粘结性强、耐久性、耐磨性好，有较高的抗渗、耐腐蚀、抗冲击和抗弯能力，但强度提高较少。其主要用于路面、桥面，有耐腐蚀要求的楼地面

续二

序号	品　种	说　明
4	高强、超高强混凝土	一般把 C15～C50 强度等级的混凝土称为普通强度等级混凝土，C60～C80 强度等级称为高强混凝土，C100 以上称为超高强混凝土。 如用高强和超高强混凝土代替普通强度混凝土可以大幅度减少混凝土结构体积和钢筋量。而且高强混凝土的抗渗、抗冻性能均优于普通强度混凝土
5	粉煤灰混凝土	凡是掺有粉煤灰的混凝土，均称为粉煤灰混凝土。粉煤灰是指从烧煤粉的锅炉烟气中收集的粉状灰粒

4. 混凝土应用基本要求

(1)要满足结构安全和施工不同阶段所需要的强度要求。

(2)要满足混凝土搅拌、浇筑、成型过程所需要的工作性要求。

(3)要满足设计和使用环境所需要的耐久性要求。

(4)要满足节约水泥、降低成本的经济性要求。

简单地说，就是要满足强度、工作性、耐久性和经济性的要求，这些要求也是混凝土配合比设计的基本目标。

新型混凝土

(1)高性能混凝土。高性能混凝土为一种新型高技术混凝土，是在大幅度提高普通混凝土性能的基础上采用现代混凝土技术制作的混凝土。它是以耐久性作为设计的主要指标，针对不同用途的要求，对下列性能有重点地加以保证：耐久性、施工性、适用性、强度、体积稳定性和经济性。

(2)环保型混凝土。环保型混凝土是指能够改善、美化环境，对人类与自然的协调具有积极作用的混凝土材料。这类混凝土的研究和开发刚起步，它标志着人类在处理混凝土材料与环境的关系过程中采取了更加积极、主动的态度。目前，所研究和开发的品种主要有透水、排水性混凝土，绿化植被混凝土和净化混凝土等。

(3)绿色高性能混凝土。绿色高性能混凝土是指从生产制造使用到废弃的整个周期中，最大限度地减少资源和能源的消耗，最有效地保护环境，是可以进行清洁、生产和使用的，并且可再回收循环利用的高质量、高性能的绿色建筑材料。

(4)再生混凝土。再生混凝土是将废弃混凝土经过清洗、破碎、分级，再按一定比例相互配合后得到的“再生集料”作为部分或全部集料配制的混凝土。在相同配比条件下，再生混凝土比普通混凝土黏聚性和保水性好，但流动性差，常需配合减水剂进行施工。再生混凝土强度比普通混凝土强度降低约10%，导热系数小，抗裂性好，适合做墙体围护材料及路面工程。

二、建筑砂浆

建筑砂浆是由胶结料、细集料、掺合料和水配制而成的建筑工程材料，在建筑工程中起粘结、衬垫和传递应力的作用。

1. 建筑砂浆的分类

建筑砂浆的种类很多，根据用途不同，可分为砌筑砂浆、抹面砂浆。抹面砂浆包括普通抹面砂浆、装饰抹面砂浆、特种砂浆(如防水砂浆、耐酸砂浆、绝热砂浆、吸声砂浆等)。根据胶凝材料的不同，建筑砂浆可分为水泥砂浆、石灰砂浆、混合砂浆(包括水泥石灰砂浆、石灰粉煤灰砂浆等)。

2. 建筑砂浆的用途

建筑砂浆是一种用量大、用途广的建筑材料，常用于以下几个方面：

(1)砌筑砖、石、砌块等构成砌体。

(2)作为墙面、柱面、地面等的砂浆抹面。

(3)内、外墙面的装饰抹面。

(4)作为砖、石、大型墙板的勾缝。

(5)用来镶贴大理石、水磨石、面砖、马赛克等贴面材料。

3. 常用建筑砂浆品种

常用建筑砂浆品种见表 2-2。

表 2-2　　常用建筑砂浆品种

序号	品　种	说　明
1	砌筑砂浆	砌筑砂浆是指将砖、石、砌块等粘结成整个砌体的砂浆。砌筑砂浆应根据工程类别及砌体部位的设计要求选择砂浆的强度等级。一般建筑工程中办公楼、教学楼及多层商店等宜用 M2.5～M15 级砂浆，平房宿舍等多用 M2.5～M5 级砂浆，食堂、仓库、地下室及工业厂房等多用 M2.5～M15 级砂浆，检查井、雨水井、化粪池可用 M5 级砂浆。根据所需要的强度等级即可进行配合比设计，经过试配、调整、确定施工用的配合比。为保证砂浆的和易性和强度，砂浆中胶凝材料的总量一般为350～420kg/m^3
2	抹面砂浆	抹面砂浆是指用以涂在基层材料表面兼有保护基层和增加美观作用的砂浆。抹面砂浆用于砖墙的抹面，由于砖吸水性强，砂浆与基层和空气接触面大，水分失去快，宜使用石灰砂浆，石灰砂浆和易性和保水性良好，易于施工。有防水、防潮要求时，应用水泥砂浆
3	粉煤灰砂浆	粉煤灰砂浆是指掺入一定量粉煤灰的砂浆。粉煤灰砂浆按其组成可分为： (1)粉煤灰水泥砂浆：适用于内外墙抹面、踢脚、窗口、勒脚、磨石地面底层、墙体勾缝装修工程和各种墙体砌体工程。 (2)粉煤灰石砂浆：地面以上内墙的抹灰工程。 (3)粉煤灰水泥石灰砂浆：地面以上墙体的砌筑和抹灰工程
4	防水砂浆	防水砂浆是在普通砂浆中掺入一定量的防水剂，常用的防水剂有氯化物金属盐类防水剂和金属皂类防水剂等。 (1)氯化物金属盐类防水剂又称防水浆。主要有氯化钙、氯化铝和水配制而成的一种淡黄色液体。掺入量一般为水泥质量的 3%～5%。可用于水池及其他建筑物。 (2)金属皂类防水剂又称避水浆，是用碳酸钠(或氢氧化钾)等碱金属化合物掺入氨水、硬脂酸和水配制而成的一种乳白色浆状液体。具有塑化作用，可降低水灰比，并能生成不溶性物质阻塞毛细管通道，掺量为水泥质量的 3%左右

知识链接

特殊功能砂浆

(1)保温砂浆。保温砂浆又称绝热砂浆,是采用水泥、石灰、石膏等胶凝材料与膨胀珍珠岩或膨胀蛭石、陶砂等轻质多孔集料按一定比例配合制成的砂浆。保温砂浆具有轻质、保温隔热、吸声等性能,其导热系数为0.07~0.10W/(m·K),可用于屋面保温层、保温墙壁以及供热管道保温层等处。常用的保温砂浆有水泥膨胀珍珠岩砂浆、水泥膨胀蛭石砂浆、水泥石灰膨胀蛭石砂浆等。

(2)吸声砂浆。一般由轻质多孔集料制成的保温砂浆,都具有吸声性能。另外,吸声砂浆也可以用水泥、石膏、砂、锯末(体积比为1∶1∶3∶5)配制,或者在石灰、石膏砂浆中掺入玻璃纤维、矿棉等松软纤维材料配制。吸声砂浆主要用于室内墙壁和天棚的吸声。

(3)耐酸砂浆。用水玻璃与氟硅酸钠拌制而成的耐酸砂浆,有时可加入石英岩、花岗石、铸石等粉状细集料。水玻璃硬化后具有很好的耐酸性能。耐酸砂浆可用于耐酸地面、耐酸容器基座以及工业生产中与酸接触的结构部位。在某些有酸雨腐蚀的地区,对建筑物进行外墙装修时,应用这种耐酸砂浆,对提高建筑物的耐酸雨腐蚀有一定的作用。

(4)膨胀砂浆。在水泥砂浆中加入膨胀剂或使用膨胀水泥,可配制膨胀砂浆。膨胀砂浆具有一定的膨胀特性,可补充一般水泥砂浆由于收缩而产生的干缩开裂。膨胀砂浆还可在修补工程和装配式墙板工程中应用,靠其膨胀作用而填充缝隙,以达到粘结密封的目的。

(5)防射线砂浆。在水泥砂浆中掺入重晶石粉、重晶石砂,可配制有防X射线、γ射线能力的砂浆。如在水泥中掺入硼砂、硼化物等,可配制具有抗中子射线的防射线砂浆。厚重、气密、不易开裂的砂浆,也可阻止地基中土壤或岩石里的氡(具有放射性的惰性气体)向室内的迁移或流动。

第二节 墙体材料

墙体材料是指用来砌筑、拼装或用其他方法构成承重墙、非承重墙的材料。根据墙体在房屋建筑中的作用不同,所组成的墙体材料也有所不同。墙体材料按其形状和使用功能,可分为砌墙砖、墙用砌块和墙用板材三大类。

一、砌墙砖

砌墙砖是指由黏土、工业废料或其他地方资源为主要原料,以不同工艺制成的在建筑工程中用于砌筑墙体的砖的统称。砌墙砖是房屋建筑工程的主要墙体材料,具有一定的抗压强度,外形多为直角六面体。

砌墙砖按照生产工艺分为烧结砖和非烧结砖。经焙烧制成的砖为烧结砖;经碳化或蒸汽(压)养护硬化而成的砖属于非烧结砖。按照孔洞率(砖上孔洞和槽的体积总和与按外轮廓尺寸算出的体积之比的百分率)的大小,砌墙砖分为实心砖、多孔砖和空心砖。

(一)烧结砖

1. 烧结普通砖

烧结普通砖是指以黏土、页岩、煤矸石、粉煤灰等为主要原料,经成型、焙烧而成的实心或孔洞率不大于15%的砖。

烧结普通砖按所用原材料不同,可分为黏土砖(N)、页岩砖(Y)、煤矸石砖(M)、粉煤灰砖(F)等;按有无空洞,又可分为空心砖和实心砖。

烧结普通砖具有一定的强度,又因其是多孔结构而具有良好的绝热性、透气性和热稳定性。

> 烧结普通砖的吸水率大,一般为15%~20%。在砌筑前,必须预先将砖进行吸水润湿,否则水泥砂浆不能正常水化和凝结硬化。

烧结普通砖在建筑工程中主要用于墙体材料，其中优等品适用于清水墙，一等品和合格品可用于混水墙。在采用普通砖砌筑时，必须认识到砖砌体的强度不仅取决于砖的强度，而且受砂浆性质的影响很大。

烧结普通砖的应用发展

烧结普通砖中的黏土砖，因其具有毁田取土、能耗大、块体小、施工效率低、砌体自重大、抗震性差等缺点，国家已在主要大、中城市及地区禁止使用，开始重视烧结多孔砖、烧结空心砖的推广应用，因地制宜地发展新型墙体材料。利用工业废料生产的粉煤灰砖、煤矸石砖、页岩砖等以及各种砌块、板材逐步发展起来，并将逐渐取代普通黏土砖。

2. 烧结多孔砖、烧结空心砖

在现代建筑中，由于高层建筑的发展，对烧结砖提出了减轻自重、改善绝热和吸声性能的要求，因此出现了烧结多孔砖、空心砖。它们与烧结普通砖相比，具有一系列优点，使用这种砖可使墙体自重减轻 30%～35%，提高工效可达 40%，节省砂浆降低造价约 20%，并可改善墙体的绝热和吸声性能。另外，在生产上能节约黏土原料、燃料，提高质量和产量，降低成本。

> 烧结多孔砖和烧结空心砖在运输、装卸过程中，应避免碰撞，严禁倾卸和抛掷。堆放时应按品种、规格、强度等级分别堆放整齐，不得混杂；砖的堆置高度不宜超过2m。

(1)烧结多孔砖。烧结多孔砖即竖孔空心砖，是以黏土、页岩、煤矸石为主要原料，经焙烧而成的主要用于承重部位的多孔砖，其孔洞率在 20%左右。按主要原料分为黏土砖(N)、页岩砖(Y)、煤矸石砖(M)、粉煤灰砖(F)，淤泥砖(U)、固体废弃物砖(G)。烧结多孔砖按规格尺寸分为 M 型和 P 型。

烧结多孔砖主要用于建筑物的承重墙。M 型砖符合建筑模数，使设计规范化、系列化;P 型砖便于与普通砖配套使用。

(2)烧结空心砖。烧结空心砖是以黏土、页岩、粉煤灰、煤矸石等为主要原料,经焙烧而成的孔洞率大于或等于 35%的砖。其自重较轻,强度低,主要用于非承重墙和填充墙体。孔洞多为矩形孔或其他孔型,数量少而尺寸大,孔洞平行于受压面。

(二)蒸压(养)砖

蒸压(养)砖又称免烧砖。这类砖的强度不是通过烧结获得,而是制砖时掺入一定胶凝材料或在生产过程中形成一定的胶凝物质使砖具有一定强度。根据所用原料不同,有蒸压灰砂砖、蒸压粉煤灰砖、炉渣砖等。

1. 蒸压灰砂砖

蒸压灰砂砖(简称灰砂砖)是以石灰和砂为主要原料,经坯料制备、压制成型,再经高压饱和蒸汽养护而成的砖。灰砂砖的外形为矩形体,规格尺寸为 240mm×115mm×53mm。

蒸压灰砂砖是在高压下成型,又经过蒸压养护,砖体组织致密,具有强度高、大气稳定性好、干缩率小、尺寸偏差小、外形光滑平整等特性。灰砂砖色泽淡灰,如配入矿物颜料,则可制得各种颜色的砖,有较好的装饰效果。其主要用于工业与民用建筑的墙体和基础。

灰砂砖应用环境

灰砂砖不得用于长期受热 200℃以上,受急冷、急热或有酸性介质侵蚀的环境。灰砂砖的耐水性良好,但抗流水冲刷能力较弱,可长期在潮湿、不受冲刷的环境中使用。灰砂砖表面光滑平整,使用时注意提高砖和砂浆间的粘结力。

2. 蒸压粉煤灰砖

蒸压粉煤灰砖是以粉煤灰和石灰为主要原料,配以适量的石膏和炉渣,加水拌和后压制成型,经常压或高压蒸汽养护而制成的实心砖。

其外形尺寸为 240mm×115mm×53mm。呈深灰色，体积密度约为 $1500kg/m^3$。根据外观质量、尺寸偏差、强度等级、干燥收缩分为优等品(A)、一等品(B)和合格品(C)三个质量等级。

蒸压粉煤灰砖可用于工业与民用建筑的基础、墙体。

砌筑粉煤灰砖注意事项

(1)在易受冻融和干湿交替作用的建筑部位必须使用优等品或一等品砖。用于易受冻融作用的建筑部位时要进行抗冻性检验，并采取适当措施，以提高建筑的耐久性。

(2)用粉煤灰砖砌筑的建筑物，应适当增设圈梁及伸缩缝或采取其他措施，以避免或减少收缩裂缝的产生。

(3)粉煤灰砖出釜后，应存放一段时间后再用，以减少相对伸缩值。

(4)长期受高于 200℃温度作用，或受冷热交替作用，或有酸性侵蚀的建筑部位不得使用粉煤灰砖。

3. 炉渣砖

炉渣砖是以煤燃烧后的残渣为主要原料，配以一定数量的石灰和少量石膏，经加水搅拌混合、压制成型、蒸养或蒸压养护而制成的实心砖。

炉渣砖可用于一般工业与民用建筑的墙体和基础。

炉渣砖应用环境

用于基础或易受冻融和干湿交替作用的建筑部位必须使用 MU15 及以上的砖；炉渣砖不得用于长期受热 200℃以上，或受急冷急热，或有侵蚀性介质侵蚀的建筑部位。

二、墙用砌块

砌块是一种比砌墙砖大的新型墙体材料，具有适应性强、原料来源广、不毁耕地、制作方便、可充分利用地方资源和工业废料、砌筑方便灵活等特点，同时，可提高施工效率及施工的机械化程度，减轻房屋自重，改善建筑物功能，降低工程造价。

砌块按用途分为承重砌块与非承重砌块；按有无孔洞分为实心砌块与空心砌块；按生产工艺分为烧结砌块与蒸压蒸养砌块；按大小分为中型砌块（高度为 400mm、800mm）和小型砌块（高度为 200mm），前者用小型起重机械施工，后者可用手工直接砌筑；按原材料不同分为硅酸盐砌块和混凝土砌块，前者用炉渣、粉煤灰、煤矸石等材料加石灰、石膏配合而成，后者用混凝土制作而成。

1. 粉煤灰砌块

粉煤灰砌块又称粉煤灰硅酸盐砌块，是以粉煤灰、石灰、石膏和集料等为原料，加水搅拌、振动成型、蒸汽养护后而制成的密实砌块。

粉煤灰砌块的外形尺寸为 880mm×380mm×240mm 和880mm×430mm×240mm 两种。

粉煤灰砌块适用于工业与民用建筑的墙体和基础。

特别提示

粉煤灰砌块应用环境

粉煤灰砌块不宜用于有酸性侵蚀介质侵蚀的、密封性要求高的及受较大振动影响的建筑物（如锻锤车间），也不宜用于经常处于高温的承重墙（如炼钢车间、锅炉间的承重墙）和经常受潮湿的承重墙（如公共浴室等）。

2. 蒸压加气混凝土砌块

蒸压加气混凝土砌块（简称加气混凝土砌块）是以水泥、石灰、砂、粉煤灰、矿渣等为原料，经过磨细，并以铝粉为发气剂，按一定比例配合，经过料浆浇筑，再经过发气成型、坯体切割、蒸压养护等工艺制成的一种轻质、多孔的建筑墙体材料。

加气混凝土砌块具有干密度小、保温及耐火性能好、抗震性能强、易于加工、施工方便等特点。其适用于低层建筑的承重墙、多层建筑的隔墙和高层框架结构的填充墙，也可用于复合墙板和屋面结构中。

在无可靠的防护措施时，加气混凝土砌块不得用于高湿度和有侵蚀介质的环境中，也不得用于建筑物的基础和温度长期高于80℃的建筑部位。

3. 小型混凝土空心砌块

小型混凝土空心砌块是以水泥、砂、石等普通混凝土材料制成的，空心率为25%～50%。

小型混凝土空心砌块适用于建造地震设计烈度为8度及8度以下地区的各种建筑墙体，包括高层与大跨度的建筑，也可以用于围墙、挡土墙、桥梁、花坛等市政设施，应用范围十分广泛。

特别提示

小型混凝土空心砌块应用注意事项

小型混凝土空心砌块采用自然养护时，必须养护28d后方可使用；出厂时小型混凝土空心砌块的相对含水率必须严格控制在标准规定范围内；小型混凝土空心砌块在施工现场堆放时，必须采取防雨措施；砌筑前，小型混凝土空心砌块不允许浇水润湿。

三、墙用板材

墙用板材是一种新型墙体材料。在多功能框架结构中，墙板除轻质外，还具有保温、隔热、隔声、使用面积大、施工方便快捷等特性，具有很广泛的发展前景。

墙用板材主要分为轻质板材类(平板和条板)与复合板材类(外墙板、内隔墙板、外墙内保温板和外墙外保温板)。

(一)水泥类墙用板材

水泥类的墙体板材有较好的力学性能和耐久性,可用于承重墙、外墙和复合墙板的外层面。但该类板材表观密度大,抗拉强度低,在吊装过程中易受损。根据需要可制成混凝土空心板材以减轻自重和改善隔声、隔热性能,也可制成用纤维增强的薄型板材。

1. 蒸压加气混凝土板

蒸压加气混凝土板是由石英砂或粉煤灰、石膏、铝粉、水和钢筋等制成的轻质板材。板中含有大量微小、非连通的气孔,孔隙率达70%~80%,因而具有自重轻、绝热性好、隔声吸声等特性。该板材还具有较好的耐火性与一定的承载能力。

蒸压加气混凝土板在工业和民用建筑中被广泛用于屋面板和隔墙板。

2. 轻集料混凝土墙板

轻集料混凝土墙板是以水泥为胶凝材料,陶粒或天然浮石为粗集料,陶砂膨胀珍珠岩砂、浮石砂为细集料,经搅拌、成型、养护而制成的一种轻质墙板。为增强其抗弯能力,通常在内部轻集料混凝土浇筑完毕后可铺设钢筋网片。在每块墙板内部均设置6块预埋铁件,施工时与柱或楼板的预埋钢板焊接相连,墙板接缝处需采取防水措施(主要为构造防水和材料防水两种)。

3. 玻璃纤维增强水泥轻质多孔隔墙条板

玻璃纤维增强水泥轻质多孔隔墙条板俗称GRC条板,是以水泥为胶凝材料,以玻璃纤维为增强材料,外加细集料和水,经不同生产工艺而形成的一种具有若干个圆孔的条形板。其具有轻质、高强、隔热、可锯、可钉、施工方便等优点。

玻璃纤维增强水泥轻质多孔隔墙条板广泛应用于工业与民用建筑中,尤其在高层建筑物中的内隔墙。该水泥板主要用于非承重和半承重构件,可用来制造外墙板、复合外墙板、天花板、永久性模板等。

(二)石膏类墙用板材

石膏类墙用板材具有质量轻、保温、隔热、吸声、防火、调湿、尺寸稳定、可加工性好、成本低等优良性能,在内墙板中占有较大的比例。常用的石膏板有纸面石膏板、纤维石膏板、石膏空心板、石膏刨花板等。

1. 纸面石膏板

纸面石膏板是以建筑石膏为主要原料,掺入适量轻集料、纤维增强材料和外加剂构成芯材,并与护面纸牢固地粘结在一起的建筑板材。纸面石膏板具有轻质、较高的强度、防火、隔声、保温和低收缩率等物理性能,而且还具有可锯、可刨、可钉、可用螺钉紧固等良好的加工使用性能。

> 在厨房、厕所及空气相对湿度经常大于70%的潮湿环境使用纸面石膏板时,必须采取相对防潮措施。

纸面石膏板适用于建筑物的围护墙、内隔墙和吊顶。

防水纸面石膏板面经过防水处理,而且石膏芯材也含有防水成分,因而,适用于湿度较大的房间墙面,由于它有石膏外墙衬板、耐水石膏衬板两种,可用于卫生间、厨房、浴室等贴瓷砖、金属板、塑料面墙板的衬板。

2. 纤维石膏板

纤维石膏板是以石膏为主要原料,加入适量有机或无机纤维和外加剂,经打浆、铺浆脱水、成型、干燥而成的一种板材。纤维石膏板具有轻质、高强、耐火、隔声、可加工、施工方便等特点。其主要用于工业与民用建筑的非承重内墙、天棚吊顶及内墙贴面等。

3. 石膏空心板

石膏空心板是以建筑石膏为胶凝材料,适量加入各种轻质集料(如膨胀珍珠岩、膨胀蛭石等)和无机纤维增强材料,经搅拌、振动成型、抽芯模、干燥而成的建筑板材。

石膏空心板具有质轻、比强度高、隔热、隔声、防火、可加工性好等优点,且安装墙体时不用龙骨,简单方便。其适用于各类建筑的非承重内墙。

4. 石膏刨花板

石膏刨花板是以建筑石膏为主要材料,木质刨花为增强材料,添加所需的辅助材料,经配料、搅拌、铺装、压制而成的建筑板材。石膏刨花板主要适用于非承重内隔墙和用作装饰板材的基材板。

石膏空心板用于相对湿度大于75%的环境中时,板材表面应做防水等相应处理。

(三)复合墙板

以单一材料制成的板材,常因材料本身的局限性使其应用受到限制,因此,现代建筑中常采用几种材料组成多功能的复合墙体以满足需要。

复合墙板是由两种以上不同材料组成的墙板,主要由承受(或传递)外力的结构层(多为金属板、钢丝网)和保温层(矿棉、泡沫塑料、加气混凝土等)及面层(各类具有可装饰性的轻质薄板)组成。其优点是承重材料和轻质保温材料的功能都得到合理利用,实现物尽其用,开拓材料来源。常用的复合墙板主要有钢丝网水泥夹芯复合板材和金属面聚苯乙烯夹芯板材等。

1. 钢丝网水泥夹芯复合板材

钢丝网水泥夹芯复合板材是将泡沫塑料、岩棉、玻璃棉等轻质芯材夹在中间,两片钢丝网之间用“之”字形钢丝相互连接,形成稳定的三维网架结构,然后用水泥砂浆在两侧抹面,或进行其他饰面装饰。

钢丝网水泥夹芯复合板材自重轻、保温隔热性好,另外,还具有隔声性好、抗冻性能好、抗震能力强等优点,适当加钢筋后具有一定的承载能力,在建筑物中可用作墙板、屋面板和各种保温板。

2. 金属面聚苯乙烯夹芯板材

金属面聚苯乙烯夹芯板材是以阻燃型聚苯乙烯泡沫塑料作芯材,

以彩色涂层钢板为面材，用胶粘剂复合而成的金属夹芯板材(简称夹芯板)。其具有保温隔热性能好、质量小、机械性能好、外观美观、安装方便等特点。适合于大型公共建筑，如车库、大型厂房、简易房等，所用部位主要是建筑物的绝热屋顶和墙壁。

第三节　建筑钢材

一、钢材的特点及分类

1. 钢材的特点

钢材是以铁为主要元素，含碳量一般在2%以下，并含有其他元素的材料。建筑钢材主要指用于钢结构中的各种型材(如角钢、槽钢、工字钢、圆钢等)、钢板、钢管和用于钢筋混凝土结构中的各种钢筋、钢丝等。

作为建筑材料的一种，钢材的主要优点如下：

(1)强度高。表现为抗拉、抗压、抗弯及抗剪强度都很高。在建筑中可用作各种构件和零部件。在钢筋混凝土中，能弥补混凝土抗拉、抗弯、抗剪和抗裂性能较低的缺点。

(2)塑性好。在常温下，钢材能承受较大的塑性变形。钢材能承受冷弯、冷拉、冷拔、冷轧、冷冲压等各种冷加工。冷加工能改变钢材的断面尺寸和形状，并改变钢材的性能。

(3)品质均匀、性能可靠。钢材性能的利用效率比其他非金属材料高。

除具有以上特点外，钢材的韧性很高，能经受冲击作用；可以焊接或铆接，便于装配；能进行切削、热轧和锻造；通过热处理方法，可以在相当大的程度上改变或控制钢材的性能。

2. 钢材的分类

钢材的分类有多种方法，可按冶炼方法、脱氧方法、质量等级、用途、化学成分及加工方式等进行分类，见表2-3。

表 2-3 钢材的分类

序号	分类方法	内容
1	按冶炼方法分类	钢按冶炼方法可分为转炉钢、平炉钢和电炉钢三种。 (1)转炉钢。转炉钢是指以熔融的铁水为原料,由转炉顶部吹入高纯度氧气的方式冶炼成的钢。转炉炼钢能有效地去除有害杂质,并且冶炼时间短,生产效率高,所以,氧气转炉钢质量好,成本低,是现代炼钢的主流方法。 (2)平炉钢。平炉钢是指以熔融状或固体状生铁、铁矿石或废钢铁为原料,以煤气或重油为燃料,利用铁矿石中的氧或鼓入空气中的氧使杂质氧化的方式冶炼成的钢。平炉炼钢的冶炼时间长,有足够的时间调整和控制其成分,去除杂质更为彻底,故炼得的钢质量高,可用于炼制优质碳素钢和合金钢等。 (3)电炉钢。电炉钢是指用电加热进行高温冶炼的钢,其原料主要是废钢及生铁。电炉熔炼温度高,而且温度可以自由调节,清除杂质较易,因此电炉钢的质量最好,但成本也最高。主要用于冶炼优质碳素钢及特殊合金钢。电炉又分为电弧炉、感应炉和电渣炉等
2	按脱氧方法分类	脱氧方法不同,钢材的性能就不同,因此钢材又可分为沸腾钢、镇静钢。 (1)沸腾钢。仅用弱脱氧剂(锰、铁)进行脱氧,脱氧不完全的钢。由于钢水中残存的FeO与C化合生成CO,在铸锭时有大量的气泡外逸,状似沸腾,因此得名。其组织不够致密,有气泡夹杂,所以质量较差;但成品率高,成本低。 (2)镇静钢。用必要数量的硅、锰和铝等脱氧剂进行彻底脱氧。由于脱氧充分,在铸锭时钢水平静地凝固,因此得名。其组织致密,化学成分均匀,性能稳定,是质量较好的钢种。由于产率较低,因此成本较高,适用于承受振动冲击荷载或重要的焊接钢结构中
3	按主要质量等级分类	钢按质量等级分类,即按钢中有害杂质的多少分类,可分为以下几种: (1)普通钢。硫含量≤0.050%,磷含量≤0.045%。 (2)优质钢。硫含量≤0.035%,磷含量≤0.035%。 (3)高级优质钢。硫含量≤0.025%,磷含量≤0.025%。 (4)特级优质钢。硫含量≤0.025%,磷含量≤0.015%

续表

序号	分类方法	内 容
4	按用途分类	钢按用途可分为以下三类： (1)结构钢。用于建筑结构、机械制造等，一般为低碳钢和中碳钢。 (2)工具钢。用于各种工具，一般为高碳钢。 (3)特殊钢。具有各种特殊物理化学性能的钢，如不锈钢
5	按化学成分分类	钢按其化学成分可分为碳素钢和合金钢两类。 (1)碳素钢。碳素钢根据含碳量可分为低碳钢(含碳量小于0.25%)、中碳钢(含碳量为0.25%～0.60%)、高碳钢(含碳量大于0.60%)。 (2)合金钢。合金钢是在碳素钢中加入某些合金元素(锰、硅、钒、钛等)，用于改善钢的性能或使其获得某些特殊性能。按合金元素含量分为低合金钢(合金元素含量小于5%)、中合金钢(合金元素含量为5%～10%)、高合金钢(合金元素含量大于10%)
6	按压力加工方式分类	由于在冶炼、铸锭过程中，钢材中往往出现结构不均匀、气泡等缺陷，因此在工业上使用的钢材须经压力加工，使缺陷得以消除，同时具有要求的形状。压力加工可分为热加工和冷加工。 (1)热加工钢材。热加工是将钢锭加热至一定温度，使钢锭呈塑性状态进行的压力加工，如热轧、热锻等。 (2)冷加工钢材。冷加工是指在常温下进行加工的钢材。冷加工的方式很多，如冷拉、冷拔、冷轧、冷扭、刻痕等

二、常用建筑钢材品种

建筑钢材通常可分为钢结构用钢和钢筋混凝土结构用钢两类。

(一)钢结构用钢

钢结构用钢主要包括碳素结构钢和低合金高强度结构钢两种。

1. 碳素结构钢

碳素结构钢包括一般结构钢和工程用热轧钢板、钢带、型钢等。现行国家标准《碳素结构钢》(GB/T 700—2006)具体规定了它的牌号表示方法、代号和符号、技术要求、试验方法、检验规则等。

碳素结构钢的特性及应用如下：

(1)Q195 钢。强度不高，塑性、韧性、加工性能与焊接性能较好，主要用于轧制薄板和盘条等。

(2)Q215 钢。用途与 Q195 钢基本相同，由于其强度稍高，还大量用作管坯、螺栓等。

(3)Q235 钢。既有较高的强度，又有较好的塑性和韧性，焊接性能也好，在建筑工程中应用最广泛，大量用于制作钢结构用钢、钢筋和钢板等。其中 Q235A 级钢，一般仅适用于承受静荷载作用的结构，Q235C 和 Q235D 级钢可用于重要的焊接结构。另外，由于 Q235D 级钢含有足够的形成细晶粒结构的元素，同时对硫、磷有害元素控制严格，故其冲击韧性好，有较强的抵抗振动、冲击荷载能力，尤其适用于负温条件。

(4)Q275 钢。强度、硬度较高，耐磨性较好，但塑性、冲击韧性和焊接性能差。不宜用于建筑结构，主要用于制作机械零件和工具等。

知识链接

碳素结构钢的牌号表示方法

碳素结构钢的牌号由代表屈服点的字母、屈服点数值、质量等级符号、脱氧程度符号四部分按顺序组成。碳素结构钢可分为 Q195、Q215、Q235、Q255 和 Q275 五个牌号。其中质量等级取决于钢内有害元素硫和磷的含量，其含量越低，钢的质量越好。其等级是随 A、B、C、D 的顺序逐级提高的。当为镇静钢或特殊镇静钢时，则牌号表示“z”或“Tz”的符号可予以省略。

例如：Q235—A·F 表示屈服强度为 235MPa，质量等级为 A 级的沸腾钢；Q255—B 表示屈服强度为 255MPa，质量等级为 B 级的镇静钢。

2. 低合金高强度结构钢

低合金高强度结构钢是在碳素结构钢的基础上，添加少量的一种或几种合金元素(总含量低于 5%)的一种结构钢。其目的是提高钢的屈服强度、抗拉强度、耐磨性、耐蚀性及耐低温性能等。因此，它是综合性较为理想的建筑钢材，尤其在大跨度、承受动荷载和冲击荷载的结构中更适用。另外，与使用碳素钢相比，可节约钢材 20%～30%，而成本并不是很高。

Q345 是钢结构的常用牌号，Q390 是推荐使用的牌号。与碳素结构钢 Q235 相比，低合金高强度结构钢 Q345 的强度更高，等强度代换时可以节约钢材 15%～25%，并减轻结构自重。另外，Q345 具有良好的承受动荷载能力和耐疲劳性。低合金高强度结构钢广泛应用于钢结构和钢筋混凝土结构中，特别是大型结构、重型结构、大跨度结构、高层建筑、桥梁工程、承受动荷载和冲击荷载的结构。

低合金高强度结构钢的牌号表示方法

根据国家标准《低合金高强度结构钢》(GB/T 1591—2008)的规定，低合金高强度结构钢的牌号由代表屈服点的字母 Q、屈服强度值(MPa)、质量等级三个部分按顺序组成。低合金高强度结构钢按屈服点的数值(MPa)划分为 Q345、Q390、Q420、Q460、Q500、Q550、Q620、Q6908 个牌号；质量等级分为 A、B、C、D、E 五个等级，质量按顺序逐级提高。

例如：Q345A 表示屈服点不低于 345MPa 的 A 级低合金高强度结构钢。

(二)钢筋混凝土结构用钢

钢筋混凝土结构用的钢筋和钢丝，主要由碳素结构钢或低合金结构钢轧制而成。主要品种有热轧钢筋、冷轧带肋钢筋、冷轧扭钢筋、预应力混凝土用钢丝和钢绞线。

1. 热轧钢筋

用加热钢坯轧成的条形钢筋，称为热轧钢筋。热轧钢筋从表面形状可分为光圆钢筋和带肋钢筋，而带肋钢筋又分为月牙肋钢筋和等高肋钢筋。热轧钢筋主要用于钢筋混凝土和预应力钢筋混凝土结构的配筋。

热轧钢筋的牌号表示方法

根据《钢筋混凝土用钢　第1部分:热轧光圆钢筋》(GB 1499.1—2008)及《钢筋混凝土用钢　第2部分:热轧带肋钢筋》(GB 1499.2—2007)规定,热轧钢筋的牌号分为其中HPB235、HPB300、HRB335、HRBF335、HRB400、HRBF400、HRB500、HRBF500级,HPB235、HPB300级钢筋为光圆钢筋。低碳热轧圆盘条的屈服强度代号为Q215、Q235,供建筑用钢筋为Q235。HRB335、HRBF335、HRB400、HRBF400、HRB500、HRBF500级为热轧带肋钢筋。其中,Q为"屈服"的汉语拼音字头,H、R、B、F分别为热轧(Hotroled)、带肋(Ribbed)、钢筋(Bars)、细(Fine)四个词的英文首位字母。

2. 冷轧带肋钢筋

冷轧带肋钢筋是热轧圆盘条经冷轧后,在其表面带有沿长度方向均匀分布的三面或两面横肋的钢筋。

钢筋混凝土结构及预应力混凝土结构中的冷轧带肋钢筋,可按下列规定选用:

(1)550级钢筋宜用作钢筋混凝土结构构件中的受力主筋、架立筋、箍筋和构造钢筋。

(2)650级和800级钢筋宜用作预应力混凝土结构构件中的受力主筋。

注:550级、650级、800级分别代表抗拉强度标准值为550N/mm^2、650N/mm^2、800N/mm^{2}的冷轧带肋钢筋级别。

冷轧带肋钢筋、预应力冷轧带肋钢筋的抗拉强度标准值、设计值和弹性模量应按照《冷轧带肋钢筋》(GB 13788—2008)中的规定。

3. 冷轧扭钢筋

冷轧扭钢筋是由普通低碳钢热轧盘圆钢筋经冷轧扭工艺制成的。其表面形状为连续的螺旋形,故它与混凝土的粘结性能很强,同时,具有较高的强度和足够的塑性。如用它代替 HPB235 级钢筋,可节约钢材 30%左右,也可降低工程成本。

冷轧扭钢筋混凝土结构构件以板类及中小型梁类受弯构件为主。冷轧扭钢筋适用于一般房屋和一般构筑物的冷轧扭钢筋混凝土结构设计与施工,尤其适用于现浇楼板。

冷轧带肋钢筋的牌号表示方法

《冷轧带肋钢筋》(GB 13788—2008)规定,冷轧带肋钢筋牌号由 CRB 和钢筋的抗拉强度最小值构成,C、R、B 分别为冷轧(Coldrolled)、带肋(Ribbed)、钢筋(Bars)三个词的英文首位字母。冷轧带肋钢筋分为 CRB550、CRB650、CRB800 和 CRB970 四个牌号。CRB550 为普通钢筋混凝土用钢筋,其他牌号为预应力混凝土用钢筋。

4. 预应力混凝土用钢丝及钢绞线

大型预应力混凝土构件,由于受力很大,常采用高强度钢丝或钢绞线作为主要受力钢筋。预应力高强度钢丝是用优质碳素结构钢盘条,经酸洗、冷拉或再经回火处理等工艺制成的。钢绞线由 7 根直径为 2.5～5.0mm 的高强度钢丝,绞捻后经一定热处理清除内应力而制成,绞捻方向一般为左捻。

预应力混凝土用钢丝具有强度高、柔性好、无接头等优点,施工简便,不需进行冷拉、焊接接头等加工,而且质量稳定、安全可靠。主要用作大跨度屋架及薄膜梁、大跨度起重机梁、桥梁、电杆、轨枕等的预应力钢筋。

预应力混凝土用钢绞线具有强度高、柔性好、无接头、施工方便、质量稳定、安全可靠等优点,使用时按要求的长度切割,主要用作大跨度、大负荷的后张法预应力屋架、桥梁和薄腹梁等结构的预应力钢筋。

三、建筑钢材的腐蚀与防火处理

1. 钢材的腐蚀

钢材表面与周围环境接触，在一定条件下，可发生相互作用而使钢材表面腐蚀。腐蚀不仅造成钢材的受力截面减小，表面不平整导致应力集中，降低了钢材的承载能力；还会使疲劳强度大为降低，尤其是显著降低钢材的冲击韧性，使钢材脆断。混凝土中的钢筋腐蚀后，产生体积膨胀，使混凝土顺筋开裂。因此，为了确保钢材在工作过程中不产生腐蚀，必须采取防腐措施。

钢材腐蚀的原因

根据钢材表面与周围介质的不同作用，一般把腐蚀分为下列两种：

(1)化学锈蚀。化学锈蚀是指钢材直接与周围介质发生化学反应而产生的锈蚀，这种锈蚀多数是氧化作用，使钢材表面形成疏松的氧化铁。在常温下，钢材表面形成一薄层钝化能力很弱的氧化保护膜，它疏松，易破裂，有害介质可进一步渗入而继续发生反应，造成锈蚀。在干燥环境下，锈蚀进展缓慢。但在温度或湿度较高的环境条件下，这种锈蚀进展会加快。

(2)电化学锈蚀。电化学锈蚀是指钢材与电解质溶液相接触而产生电流，形成原电池作用而发生的腐蚀。钢材中含有铁素体、渗碳体、非金属夹杂物，这些成分的电极电位不同，也就是活泼性不同，有电解质存在时，很容易形成原电池的两个极。钢材与潮湿介质空气、水、土壤接触时，表面覆盖一层水膜，水中溶有来自空气中的各种离子，这样便形成了电解质。首先，钢中的铁素体失去电子即 $Fe \rightarrow Fe_{2}^{+} + 2e$ 成为阳极，渗碳体成为阴极。在酸性电解质中 H^+ 得到电子变成 H_2 跑掉；在中性介质中，由于氧的还原作用使水中含有 OH^-，随之生成不溶于水的 $Fe(OH)_2$；进一步氧化成 $Fe(OH)_3$ 及其脱水产物 Fe_2O_3，即红褐色铁锈的主要成分。

钢材锈蚀时，伴随体积增大，最严重的可达原体积的6倍，在钢筋混凝土中会使周围的混凝土胀裂。

防止钢材腐蚀的主要方法有以下三种：

(1)保护膜法。利用保护膜使钢材与周围介质隔离，从而避免或减缓外界腐蚀性介质对钢材的破坏作用。例如：在钢材的表面喷刷涂料、搪瓷、塑料等；或以金属镀层作为保护膜，如锌、锡、铬等。

(2)电化学保护法。无电流保护法是在钢铁结构上接一块较钢铁更为活泼的金属(如锌、镁)，因为锌、镁比钢铁的电位低，所以锌、镁成为腐蚀电池的阳极遭到破坏(牺牲阳极)，而钢铁结构得到保护。这种方法在不容易或不能覆盖保护层的地方，如蒸汽锅炉、轮船外壳、地下管道、港工结构、道桥建筑等常被采用。

外加电流保护法是在钢铁结构附近，安放一些废钢铁或其他难熔金属，如高硅铁及铅银合金等，将外加直流电源的负极接在被保护的钢铁结构上，正极接在难熔的金属上，通电后则难熔金属成为阳极而被腐蚀，钢铁结构成为阴极得到保护。

(3)合金化法。在碳素钢中加入能提高抗腐蚀能力的合金元素，如镍、铬、钛、铜等制成不同的合金钢。

防止混凝土中钢筋的腐蚀可以采用上述几种方法，但最经济、有效的方法是提高混凝土的密实度和碱度，并保证钢筋有足够的保护层厚度。

2. 钢材的防火处理

钢是不燃性材料，但这并不表明钢材能够抵抗火灾。耐火试验与火灾案例调查表明：以失去支持能力为标准，无保护层时钢柱和钢屋架的耐火极限只有 0.25h，而裸露钢梁的耐火极限仅为 0.15h。温度在 200℃以内，可以认为钢材的性能基本不变；超过 300℃以后，弹性模量、屈服点和极限强度均开始显著下降，应变急剧增大；到达 600℃时，已失去承载能力，所以，没有防火保护层的钢结构是不耐火的。

钢结构防火保护的基本原理是采用绝热或吸热材料，阻隔火焰和热量，推迟钢结构的升温速率。防火方法以包覆法为主，即以防火涂料、不燃性板材或混凝土和砂浆将钢构件包裹起来。

第三章　建筑工程施工图识读

建筑工程施工图简称“施工图”，是表示工程项目总体布局，建筑物的外部形状、内部布置、结构构造、内外装修、材料做法以及设备、施工等要求的图样。施工图具有图纸齐全、表达准确、要求具体的特点。它是设计工作的最后成果，是进行工程施工、编制施工图预算和施工组织设计的依据，也是进行施工技术管理的重要技术文件。

一套完整的施工图，按其内容和作用的不同，可分为以下三大类：

(1)建筑施工图，简称建施。其基本图纸包括：建筑总平面图、平面图、立面图、剖面图和详图等；其建筑详图包括墙身剖面图、楼梯详图、浴厕详图、门窗详图及门窗表，以及各种装修、构造做法、说明等。在建筑施工图的标题栏内均注写建施××号，以供查阅。

(2)结构施工图，简称结施。其基本图纸包括：基础平面图、楼层结构平面图、屋顶结构平面图、楼梯结构图等；其结构详图有：基础详图，梁、板、柱等构件详图及节点详图等。在结构施工图的标题内均注写结施××号，以供查阅。

(3)设备施工图，简称设施。设施包括以下三部分专业图纸：

1)给水排水施工图。

2)采暖通风施工图。

3)电气施工图。

设备施工图由平面布置图、管线走向系统图(如轴测图)和设备详图等组成。在这些图纸的标题栏内分别注写水施××号，暖施××号，电施××号，以便查阅。

第一节　建筑施工图识读

一、建筑总平面图的识读

建筑总平面图主要表示整个建筑基地的总体布局，具体表达新建房屋的位置、朝向以及周围环境（原有建筑、交通道路、绿化、地形）基本情况的图样。

1. 总平面图的形成

用水平投影法和相应的图例，在画有等高线或加上坐标方格网的地形图上，画出新建、拟建、原有和要拆除的建筑物、构筑物的图样称为总平面图。

2. 总平面图的用途

（1）工程施工的依据（如施工定位、施工放线和土方工程）。

（2）室外管线布置的依据。

（3）工程预算的重要依据（如土石方工程量、室外管线工程量的计算）。

3. 总平面图的基本内容

（1）表明新建区域的地形、地貌、平面布置，包括红线位置，各建（构）筑物、道路、河流、绿化等的位置及其相互间的位置关系。

（2）确定新建房屋的平面位置。一般根据原有建筑物或道路定位，标注定位尺寸；修建成片住宅、较大的公共建筑物、工厂或地形复杂时，用坐标确定房屋及道路转折点的位置。

（3）表明建筑物首层地面的绝对标高，室外地坪、道路的绝对标高；说明土方填挖情况、地面坡度及雨水排除方向。

（4）用指北针和风向频率玫瑰图来表示建筑物的朝向。

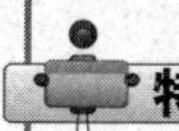

特别提示

总平面图识读要点

(1)熟悉总平面图的图例,查阅图标及文字说明,了解工程性质、位置、规模及图纸比例。

(2)查看建设基地的地形、地貌、用地范围及周围环境等,了解新建房屋和道路、绿化布置情况。

(3)了解新建房屋的具体位置和定位依据。

(4)了解新建房屋的室内、外高差,道路标高,坡度以及地表水排流情况。

二、建筑平面图的识读

建筑平面图简称平面图,是将新建建筑物或构筑物的墙、门窗、楼梯、地面及内部功能布局等建筑情况,以水平投影方法和相应的图例所组成的图纸。它反映出建筑物的平面形状、大小和布置;墙、柱的位置、尺寸和材料;门窗的类型和位置等。

1. 建筑平面图的形成及分类

假想用一个水平剖切平面沿门窗洞口位置将建筑物剖开,移去剖切平面以上的部分,将留下的部分按俯视方向在水平投影面上作正投影所得到的图样,称为建筑平面图,如图 3-1 所示。建筑平面图是施工图中最基本的图样之一。对于多层建筑,应画出各层平面图。但当有些楼层的平面布置相同时,或者仅有局部不同时,则可只画一个共同的平面图(称为标准层平面图),对于局部不同之处,只需另画局部平面图。

建筑平面图按照其反映的内容可分为:

(1)底层平面图。又称一层平面图或首层平面图。它是所有建筑平面图中首先绘制的一张图。绘制此图时,应将剖切平面选放在房屋的一层地面与从一楼通向二楼的休息平台之间,且要尽量通过该层上所有的门窗洞。

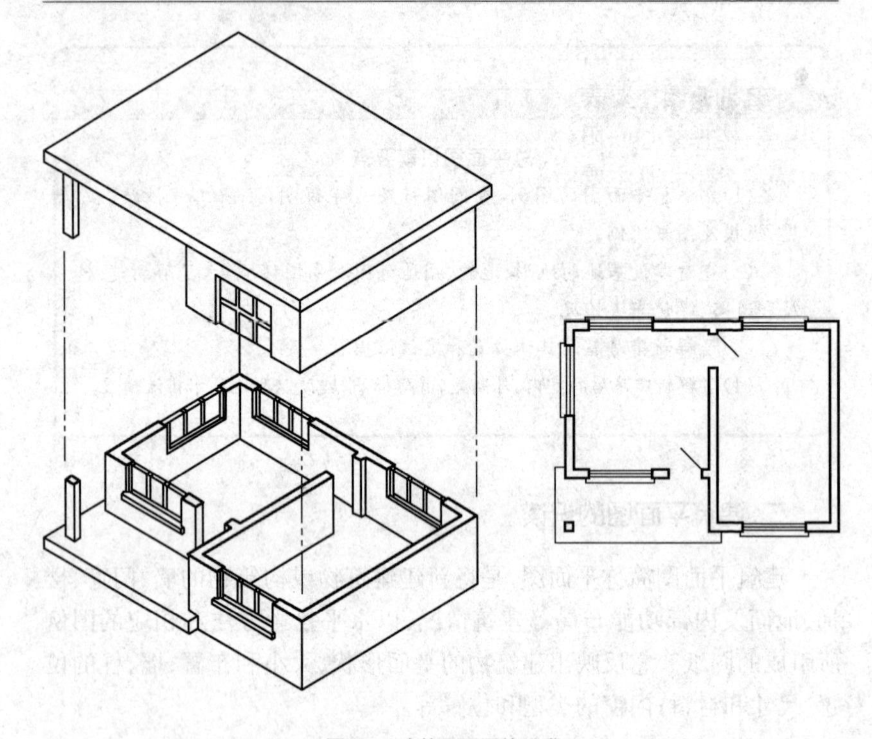

图 3-1　建筑平面图的形成

(2)中间标准层平面图。由于房屋内部平面布置的差异,对于多层建筑而言,应该有一层就画一个平面图。其名称就用本身的层数来命名,例如“二层平面图”或“四层平面图”等。但在实际的建筑设计过程中,多层建筑往往存在许多相同或相近平面布置形式的楼层,因此在实际绘图时,可将这些相同或相近的楼层合用一张平面图来表示。这张合用的图,就叫作“标准层平面图”,有时也可以用其对应的楼层命名,例如“二至六层平面图”等。

(3)顶层平面图。房屋最高层的平面布置图,也可用相应的楼层数命名。

(4)其他平面图。除上面所讲的平面图外,建筑平面图还应包括屋顶平面图和局部平面图。

2. 建筑平面图的用途

建筑平面图主要表示建筑物的平面形状、水平方向各部分(出入口、走廊、楼梯、房间、阳台等)的布置和组合关系,墙、柱及其他建筑物的位置和大小。其主要用途如下:

(1)建筑平面图是施工放线,砌墙、柱,安装门窗框、设备的依据。

(2)建筑平面图是编制和审查工程预算的主要依据。

3. 建筑平面图的基本内容

(1)表明建筑物的平面形状,内部各房间包括走廊、楼梯、出入口的布置及朝向。

(2)表明建筑物及其各部分的平面尺寸。在建筑平面图中,必须详细标注尺寸。平面图中的尺寸分为外部尺寸和内部尺寸。外部尺寸有三道,一般沿横向、竖向分别标注在图形的下方和左方。

(3)表明地面及各层楼面标高。

平面图识读要点

(1)熟悉建筑配件图例、图名、图号、比例及文字说明。

(2)定位轴线。所谓定位轴线是表示建筑物主要结构或构件位置的点画线。凡是承重墙、柱、梁、屋架等主要承重构件均应画上轴线,并编上轴线号,以确定其位置;对于次要的墙、柱等承重构件,则编附加轴线号确定其位置。

(3)房屋平面布置,包括平面形状、朝向、出入口、房间、走廊、门厅、楼梯间等的布置组合情况。

(4)阅读各类尺寸。图中标注房屋总长及总宽尺寸,各房间开间、进深、细部尺寸和室内外地面标高。阅读时,应依次查阅总长和总宽尺寸,轴线间尺寸,门窗洞口和窗间墙尺寸,外部及内部局(细)部尺寸和高度尺寸(标高)。

(5)门窗的类型、数量、位置及开启方向。

(6)墙体、(构造)柱的材料、尺寸。涂黑的小方块表示构造柱的位置。

(7)阅读剖切符号和索引符号的位置和数量。

(4)表明各种门、窗位置,代号和编号,以及门的开启方向。门的代号用 M 表示,窗的代号用 C 表示,编号数用阿拉伯数字表示。

(5)表示剖面图剖切符号、详图索引符号的位置及编号。

(6)综合反映其他各工种(工艺、水、暖、电)对土建的要求。各工程要求的坑、台、水池、地沟、电闸箱、消火栓、雨水管等及其在墙或楼板上的预留洞,应在图中标明其位置及尺寸。

(7)表明室内装修做法,包括室内地面、墙面及天棚等处的材料及做法。一般简单的装修在平面图内直接用文字说明;较复杂的工程则另列房间明细表和材料做法表,或另画建筑装修图。

(8)文字说明。平面图中不易表明的内容,如施工要求、砖及灰浆的强度等级等需用文字说明。

以上所述内容,可根据具体项目的实际情况取舍。

三、建筑立面图的识读

建筑立面图,简称立面图,就是对房屋的前后左右各个方向所做的正投影图。对于简单的对称式房屋,立面图可只绘一半,但应画出对称轴线和对称符号。

1. 建筑立面图的形成

在与建筑立面平行的铅直投影面上所做的正投影图称为建筑立面图,如图 3-2 所示,其中反映主要出入口或比较显著地反映出房屋外貌特征的那一面的立面图,称为正立面图,其余的立面图相应的称为背立面图和侧立面图。但通常按房屋的朝向来命名,如南立面图、北立面图、东立面图和西立面图等。立面图也按轴线编号来命名,如①~⑨立面图或Ⓐ~Ⓑ立面图等。

一幢建筑物是否美观,是否与周围环境协调,很大程度上取决于建筑物立面上的艺术处理,包括建筑造型与尺度、装饰材料的选用、色彩的选用等内容。

2. 建筑立面图的用途

立面图是表示建筑物的体型、外貌和室外装修要求的图样。主要

图 3-2　建筑立面图的形成

用于外墙的装修施工和编制工程预算。

3. 建筑立面图的主要图示内容

(1)图名、比例。立面图的比例常与平面图一致。

(2)标注建筑物两端的定位轴线及其编号。在立面图中一般只画出两端的定位轴线及其编号,以便与平面图对照。

(3)画出室内外地面线,房屋的勒脚,外部装饰及墙面分格线。表示出屋顶、雨篷、阳台、台阶、雨水管、水斗等细部结构的形状和做法。为了使立面图外形清晰,通常把房屋立面的最外轮廓线画成粗实线,室外地面用特粗线表示,门窗洞口、檐口、阳台、雨篷、台阶等用中实线表示;其余的,如墙面分隔线、门窗格子、雨水管以及引出线等均用细实线表示。

(4)表示门窗在外立面的分布、外形、开启方向。在立面图上,门窗应按标准规定的图例画出。门、窗立面图中的斜细线,是开启方向符号。细实线表示向外开,细虚线表示向内开。一般无须把所有的窗都画上开启符号。凡是窗型号相同的,只画出其中一、两个即可。

(5)标注各部位的标高及必须标注的局部尺寸。在立面图上,高度尺寸主要用标高表示。一般要注出室内外地坪,一层楼地面,窗台、窗顶、阳台面、檐口、女儿墙压顶面，进口平台面及雨篷底面等的标高。

(6)标注出详图索引符号。

(7)文字说明外墙装修做法。根据设计要求外墙面可选用不同的材料及做法。在立面图上一般用文字说明。

立面图识读要点

(1)了解立面图的朝向及外貌特征。如房屋层数，阳台、门窗的位置和形式，雨水管、水箱的位置以及屋顶隔热层的形式等。

(2)外墙面装饰做法。

(3)各部位标高尺寸。找出图中标示室外地坪、勒脚、窗台、门窗顶及檐口等处的标高。

四、建筑剖面图的识读

建筑剖面图，简称剖面图，一般是指建筑物的垂直剖面图，且多为横向剖切形式。

1. 建筑剖面图的形成

假想用一个或多个垂直于外墙轴线的铅垂剖切面，将房屋剖开，所得的投影图，称为建筑剖面图，如图 3-3 所示。剖面图用以表示房屋内部的结构或构造形式、分层情况和各部位的联系、材料及其高度等，是与平面图、立面图相互配合的不可缺少的重要图样之一。

2. 建筑剖面图的用途

(1)主要表示建筑物内部垂直方向的结构形式、分层情况，内部构造及各部位的高度等，用于指导施工。

(2)编制工程预算时，与平、立面图配合计算墙体、内部装修等的工程量。

3. 建筑剖面图的主要图示内容

(1)图名、比例及定位轴线。剖面图的图名与底层平面图所标注

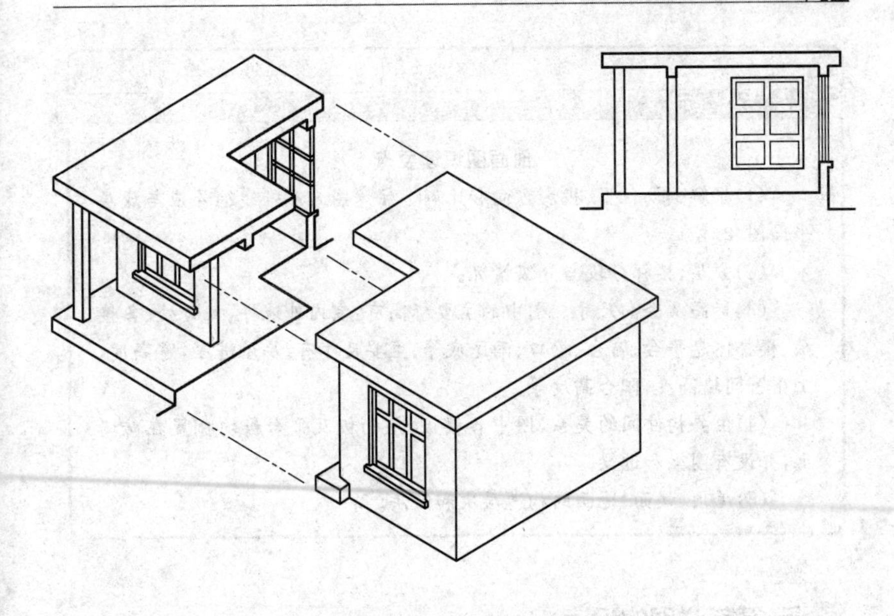

图 3-3　建筑剖面图的形成

的剖切位置符号的编号一致。

在剖面图中，应标出被剖切的各承重墙的定位轴线及与平面图一致的轴线编号。

(2)表示出室内底层地面到屋顶的结构形式、分层情况。在剖面图中，断面的表示方法与平面图相同。断面轮廓线用粗实线表示，钢筋混凝土构件的断面可涂黑表示。其他没被剖切到的可见轮廓线用中实线表示。

(3)标注各部分结构的标高和高度方向尺寸。剖面图中应标注出室内外地面、各层楼面、楼梯平台、檐口、女儿墙顶面等处的标高。其他结构则应标注高度尺寸。

(4)文字说明某些用料及楼、地面的做法等。

(5)详图索引符号。

剖面图识读要点

(1)了解剖切位置、投影方向和比例。注意图名及轴线编号应与底层平面图相对应。

(2)分层、楼梯分段与分级情况。

(3)标高及竖向尺寸。图中的主要标高有:室内外地坪、入口处、各楼层、楼梯休息平台、窗台、檐口、雨篷底等;主要尺寸有:房屋进深,窗高度,上下窗间墙高度,阳台高度等。

(4)主要构件间的关系,图中各楼板、屋面板及平台板均搁置在砖墙上,并设有圈梁和过梁。

(5)屋顶、楼面、地面的构造层次和做法。

五、建筑详图的识读

建筑详图是把房屋的某些细部构造及构配件用较大的比例(如1∶20,1∶10,1∶5等)将其形状、大小、材料和做法详细表达出来的图样,简称详图或大样图、节点图。常用的详图一般有:墙身详图、楼梯详图、门窗详图、厨房、卫生间、浴室、壁橱及装修详图(吊顶、墙裙、贴面)等。

建筑详图主要表示建筑构配件(如门、窗、楼梯、阳台、各种装饰等)的详细构造及连接关系;表示建筑细部及剖面节点(如檐口、窗台、明沟、楼梯、扶手、踏步、楼地面、屋面等)的形式、层次、做法、用料、规格及详细尺寸;表示施工要求及制作方法。

建筑详图读图步骤

读详图时,首先要明确该详图与有关图的关系。根据所采用的索引符号、轴线编号、剖切符号等明确该详图所示部分的位置,将局部构造与建筑物整体联系起来,形成完整的概念。另外,读详图时还要细心研究,掌握有代表性部位的构造特点,灵活应用。

一个建筑物由许多构配件组成,而它们多数都是相同类型,因此只要了解一两个构造及尺寸,可以类推其他构配件。

1. 外墙身详图

外墙身详图实际上是建筑剖面图的局部放大图。它主要表示房屋的屋顶、檐口、楼层、地面、窗台、门窗顶、勒脚、散水等处的构造;楼板与墙的连接关系。

外墙剖面详图往往在窗洞中间处断开,成为几个节点详图的组合(图 3-4)。多层房屋中,若各层的情况一样时,可只画底层或加一个中间层来表示。有时,也可不画整个墙身的详图,而是把各个节点的详图分别单独绘制。详图的线型要求与剖面图一样。

外墙身详图的主要内容包括:

(1)标注墙身轴线编号和详图符号。

(2)采用分层文字说明的方法表示屋面、楼面、地面的构造。

(3)表示各层梁、楼板的位置及与墙身的关系。

(4)表示檐口部分如女儿墙的构造、防水及排水构造。

(5)表示窗台、窗过梁(或圈梁)的构造情况。

(6)表示勒脚部分如房屋外墙的防潮、防水和排水的做法。外墙身的防潮层,一般在室内底层地面下 60mm 左右处。外墙面下部有 30mm 厚 1∶3 水泥砂浆,面层为褐色水刷石的勒脚。墙根处有坡度 5%的散水。

(7)标注各部位的标高及高度方向和墙身细部的大小尺寸。

(8)文字说明各装饰内、外表面的厚度及所用的材料。

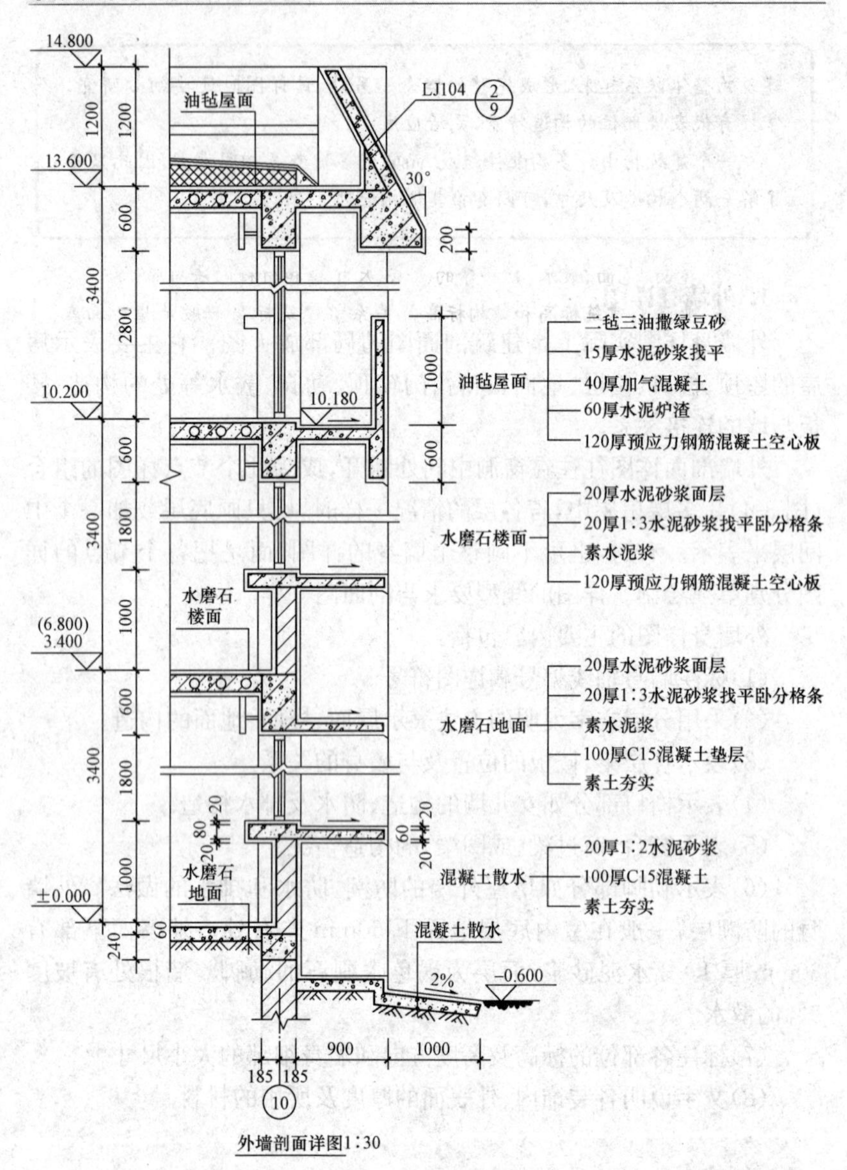

14.800
13.600
10.200
10.180
(6.800)
3.400
±0.000
-0.600
1200
1200
600
3400
2800
1000
600
3400
1800
1000
600
3400
1800
1000
60
240
200
1000
600
20
80
20
20
60
20
185
185
900
1000
2%
30°
LJ104
2
9
10
油毡屋面
水磨石
楼面
水磨石
地面
混凝土散水
油毡屋面
二毡三油撒绿豆砂
15厚水泥砂浆找平
40厚加气混凝土
60厚水泥炉渣
120厚预应力钢筋混凝土空心板
水磨石楼面
20厚水泥砂浆面层
20厚1∶3水泥砂浆找平卧分格条
素水泥浆
120厚预应力钢筋混凝土空心板
水磨石地面
20厚水泥砂浆面层
20厚1∶3水泥砂浆找平卧分格条
素水泥浆
100厚C15混凝土垫层
素土夯实
混凝土散水
20厚1∶2水泥砂浆
100厚C15混凝土
素土夯实
外墙剖面详图1∶30

图 3-4　外墙剖面详图

特别提示

外墙身详图阅读注意事项

(1)±0.000或防潮层以下的砖墙以结构基础图为施工依据，看墙身剖面图时，必须与基础图配合，并注意±0.000处的搭接关系及防潮层的做法。

(2)屋面、地面、散水、勒脚等的做法、尺寸应和材料做法对照。

(3)要注意建筑标高和结构标高的关系。建筑标高一般是指地面或楼面装修完成后上表面的标高，结构标高主要指结构构件的下皮或上皮标高。在预制楼板结构楼层剖面图中，一般只注明楼板的下皮标高。在建筑墙身剖面图中只注明建筑标高。

2. 楼梯详图

楼梯是房屋中比较复杂的构造，目前多采用预制或现浇钢筋混凝土结构。楼梯由楼梯段、休息平台和栏板(或栏杆)等组成，如图3-5所示。

楼梯详图一般包括平面图、剖面图及踏步栏杆详图等。它们表示出楼梯的形式，踏步、平台、栏杆的构造、尺寸、材料和做法。楼梯详图分为建筑详图与结构详图，并分别绘制。对于比较简单的楼梯，建筑详图和结构详图可以合并绘制，编入建筑施工图和结构施工图。

(1)楼梯平面图。楼梯平面图是距每层楼地面1m以上(尽量剖到楼梯间的门窗)沿水平方向剖开，向下投影所得到的水平剖面图。水平剖切位置应在每层上行第一梯段及门窗洞口的任一位置处。各层(除顶层外)被剖到的梯段，在平面图中以一根45°折断线表示。

三层以上的房屋，若中间各层的楼梯位置及其梯段数、踏步数和大小相同时，通常只画底层、中间层和顶层三个平面图。

楼梯平面图一般包括以下内容：

1)图名与比例。通常楼梯平面图的比例为1∶50，以便于识读。

2)轴线编号、开间及进深尺寸。楼梯平面图的轴线编号必须与建筑平面图中所表示的楼梯间的轴线编号相同，若编号不标，则代表通用。开间、进深尺寸也与建筑平面图中所表示的楼梯间的尺寸相等。

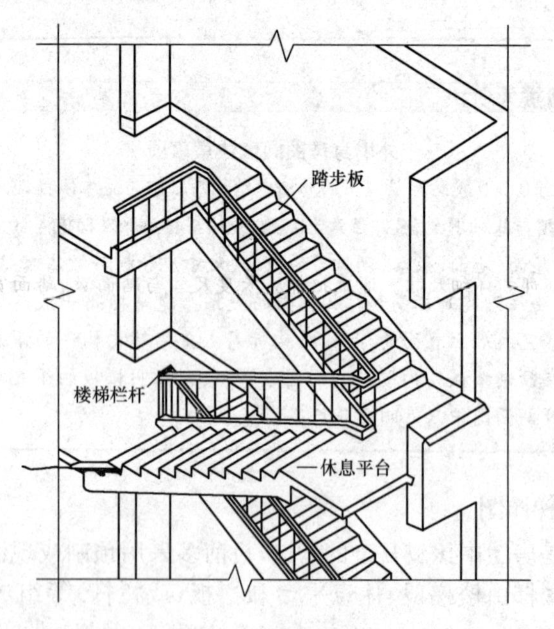

图 3-5 楼梯的组成

3)楼地面及休息平台标高。楼梯平面图所表示的每一部分的高度不同,而水平投影图不能表示高度。因此,用标高表示出楼地面及休息平台这些重要部位的高度。

4)楼梯段宽度及梯井宽度。

5)楼梯段水平投影长度及休息平台宽度。楼梯段水平投影长度等于踏步宽乘以(踏步数−1),休息平台宽度大于等于楼梯段度。

6)楼梯走向。在楼梯段中部,用带箭头的细实线"→"表示楼梯走向,并注有"上"或"下"的字样。其中,"上"或"下"均是相对该层楼地面而言,即以该层楼地面为起点,表示出某段楼梯是上还是下。

7)楼梯间的墙体厚度,门窗、构造柱、垃圾道等的位置。

8)索引符号。对于更为详细的细部做法,如踏步、扶手等,采用索引符号表示另绘有详图。

9)剖切符号。在首层楼梯平面图用剖切符号表示楼梯剖面图的剖切位置、投影方向及剖面图的编号。

楼梯平面图绘制注意事项

(1)在各层楼梯平面图中应标注该楼梯间的轴线及编号,以确定其在建筑平面图中的位置。底层楼梯平面图还应注明楼梯剖面图的剖切符号。

(2)平面图中要注出楼梯间的开间和进深尺寸、楼地面和平台面的标高及各细部的详细尺寸。通常把梯段长度尺寸与踏面数、踏面宽的尺寸合写在一起。

(3)楼梯平面图中,梯段的上行或下行方向是以各层楼地面为基准标注的。向上者称上行,向下者称下行,并用长线箭头和文字在梯段上注明上行、下行的方向及踏步总数。

(4)在楼梯平面图中,除注出楼梯间的开间和进深尺寸、楼地面和平台面的尺寸及标高外,还需注出各细部的详细尺寸。通常用踏面数与踏面宽度的乘积来表示梯段的长度。通常三个平面图画在同一张图纸内,并互相对齐,这样既便于阅读,又可省略标注一些重复的尺寸。

(2)楼梯剖面图。假想用一铅垂平面通过各层的一个梯段和门窗洞将楼梯剖开,向另一未剖到的梯段方向投影,所得到的剖面图,即为楼梯剖面图。楼梯剖面图表达出房屋的层数,楼梯梯段数,步级数以及楼梯形式,楼地面、平台的构造及与墙身的连接等。

楼梯剖面图的主要内容包括:

1)图名与比例。楼梯剖面图的图名与楼梯平面图中的剖切编号相同,比例也与楼梯平面图的比例相一致。

2)轴线编号与进深尺寸。楼梯剖面图的轴线编号和进深尺寸与楼梯平面图的编号相同、尺寸相等。

3)楼梯的结构类型和形式。钢筋混凝土楼梯有现浇和预制装配两种;从楼梯段的受力形式又可分为板式和梁板式。

4)其他细部构造做法。建筑物的层数、楼梯段数及每段楼梯踏步个数和踏步高度(又称踢面高度);室内地面、各层楼面、休息平台的位置、标高及细部尺寸;楼梯间门窗、窗下墙、过梁、圈梁等位置及细部尺寸；楼梯段、休息平台及平台梁之间的相互关系；若为预制装配式楼梯，则应写出预制构件代号；栏杆或栏板的位置及高度；投影后所看到的构件轮廓线，如门窗、垃圾道等。

5)索引符号。节点细部的构造做法用索引符号标出，表示另外绘有详图。

楼梯剖面图绘制注意事项

(1)若楼梯间的屋面没有特殊之处，一般可不画。

(2)楼梯剖面图中还应标注地面、平台面、楼面等处的标高和梯段、楼层、门窗洞口的高度尺寸。楼梯高度尺寸注法与平面图梯段长度注法相同。如10×150=1500，10为步级数，表示该梯段为10级，150为踏步高度。

(3)楼梯剖面图中也应标注承重结构的定位轴线及编号。对需画详图的部位注出详图索引符号。

第二节　结构施工图的识读

一、结构施工图的用途及内容

1. 结构施工图的用途

(1)施工放线，构件定位，支模板，绑扎钢筋，浇筑混凝土，安装梁、板、柱等构件以及编制施工组织设计的依据。

(2)编制工程预算和工料分析的依据。

2. 结构施工图的内容

结构施工图通常应包括结构设计总说明(对于较小的房屋一般不必单独编写)、基础平面图及基础详图、楼层结构平面图、屋面结构平面图、结构构件(例如梁、板、柱、楼、梯、屋架等)详图。

(1)结构设计说明包括：抗震设计与防火要求，地基与基础，地下

室，钢筋混凝土各种构件，砖砌体，后浇带与施工缝等部分选用的材料类型、规格、强度等级，施工注意事项等。很多设计单位把上述内容一一详列在一张“结构说明”图纸上，供设计者选用。

(2)结构平面图包括：

1)基础平面图，工业建筑还有设备基础布置图。

2)楼层结构平面布置图，工业建筑还包括柱网、吊车梁、柱间支承、连系梁布置等。

3)屋面结构平面图，包括屋面板、天沟板、屋架、天窗架及支承布置等。

(3)构件详图包括：

1)梁、板、柱及基础结构详图。

2)楼梯结构详图。

3)屋架结构详图。

(4)其他详图，如支承详图等。

建筑结构施工图中常用的构件代号，见表3-1。

表3-1　常用构件代号

序号	名　称	代号	序号	名　称	代号	序号	名　称	代号
1	板	B	19	圈　梁	QL	37	承　台	CT
2	屋面板	WB	20	过　梁	GL	38	设备基础	SJ
3	空心板	KB	21	连系梁	LL	39	桩	ZH
4	槽形板	CB	22	基础梁	JL	40	挡土墙	DQ
5	折　板	ZB	23	楼梯梁	TL	41	地　沟	DG
6	密肋板	MB	24	框架梁	KL	42	柱间支撑	ZC
7	楼梯板	TB	25	框支梁	KZL	43	垂直支撑	CC
8	盖板或沟盖板	GB	26	屋面框架梁	WKL	44	水平支撑	SC
9	挡雨板或檐口板	YB	27	檩　条	LT	45	梯	T
10	吊车安全走道板	DB	28	屋　架	WJ	46	雨　篷	YP
11	墙　板	QB	29	托　架	TJ	47	阳　台	YT
12	天沟板	TGB	30	天窗架	CJ	48	梁　垫	LD
13	梁	L	31	框　架	KJ	49	预埋件	M—

续表

序号	名 称	代号	序号	名 称	代号	序号	名 称	代号
14	屋面梁	WL	32	刚 架	GJ	50	天窗端壁	TD
15	吊车梁	DL	33	支 架	ZJ	51	钢筋网	W
16	单轨吊车梁	DDL	34	柱	Z	52	钢筋骨架	G
17	轨道连接	DGL	35	框架柱	KZ	53	基 础	J
18	车 挡	CD	36	构造柱	GZ	54	暗 柱	AZ

注：1. 预制钢筋混凝土构件，现浇钢筋混凝土构件、钢构件和木构件，一般可直接采用以上构件代号。当需要区别上述构件的材料种类时，可在构件代号前加注材料代号，并附说明。

2. 预应力钢筋混凝土构件的代号，应在构件代号前加注"Y－"，如 Y－DL 表示预应力钢筋混凝土吊车梁。

二、基础结构图的识读

基础结构图也称基础图，是表示建筑物室内地面(±0.000)以下基础部分的平面布置和构造的图样，包括基础平面图、基础详图和文字说明等。

1. 基础平面图

基础平面图是假想用一个水平剖切面在地面附近将整幢房屋剖切后，向下投影所得到的剖面图(不考虑覆盖在基础上的泥土)。基础平面图主要表示基础的平面位置，以及基础与墙、柱与轴线的关系。为施工放线、开挖槽或基坑和砌筑基础提供依据。

基础平面图主要包括以下几项：

(1)图名、比例。

(2)纵横定位线及其编号(必须与建筑平面图中的轴线一致)。

(3)基础的平面布置，即基础墙、柱及基础底面的形状、大小及其与轴线的关系。

(4)断面图的剖切符号。

(5)轴线尺寸、基础大小尺寸和定位尺寸。

(6)施工说明。

基础平面图画法要点

(1)在基础平面图中,被剖切到的基础墙轮廓要画成粗实线。基础底部的轮廓线画成细实线。基础的细部构造不必画出。它们将详尽地表达在基础详图上。图中的材料图例可与建筑平面图画法一致。

(2)在基础平面图中,必须标注出与建筑平面图一致的轴间尺寸。另外,还应标注出基础的宽度尺寸和定位尺寸。宽度尺寸包括基础墙宽和大放脚宽;定位尺寸包括基础墙、大放脚与轴线的联系尺寸。

2. 基础详图

基础详图是用放大的比例画出的基础局部构造图,它表示基础不同断面处的构造做法、详细尺寸和材料。

基础详图的主要内容以下几项:

(1)轴线及编号。

(2)基础的断面形状,基础形式,材料及配筋情况。

(3)基础详细尺寸:表示基础的各部分长宽高,基础埋深,垫层宽度和厚度等尺寸;主要部位标高,如室内外地坪及基础底面标高等。

(4)防潮层的位置及做法。

基础详图画法要点

不同构造的基础应分别画出其详图,当基础构造相同仅部分尺寸不同时,也可用一个详图表示,但需标注出不同部分的尺寸。基础断面图的边线一般用粗实线画出,断面内应画出材料图例;若是钢筋混凝土基础,则只画出配筋情况,不画出材料图例。

三、楼层(屋顶)结构平面布置图的识读

楼层结构平面布置图也称梁板平面结构布置图，表示房屋上部结构平面布置的图样，采用最多的是结构平面图的形式。

楼层结构平面布置图的内容包括定位轴线网、墙、楼板、框架、梁、柱及过梁、挑梁、圈梁的位置，墙身厚度等尺寸，要与建筑施工图一致(交圈)。

(1)梁。梁用点画线表示其位置，旁边注以代号和编号。梁、柱的轮廓线，一般画成细虚线或细实线。圈梁一般加画单线条布置示意图。

(2)墙。楼板下墙的轮廓线，一般画成细或中粗的虚线或实线。

(3)柱。截面涂黑表示钢筋混凝土柱，截面画斜线表示砖柱。

(4)楼板。

1)现浇楼板。在现浇板范围内画一对角线，线旁注明代号 XB 或 B、编号、厚度。如 XB_1 或 B_1、XB-1 等。

现浇板的配筋有时另用剖面详图表示，有时直接在平面图上画出受力钢筋形状，每类钢筋只画一根，注明其编号、直径、间距。如①ϕ6@200，②ϕ8/ϕ6@200 等，前者表示 1 号钢筋，HPB300 级钢筋，直径 6mm，间距为 200mm，后者表示直径为 8mm 及 6mm 钢筋交替放置，间距为 200mm。分布配筋一般不画，另以文字说明。

有时采用折断断面(图中涂黑部分)表示梁板布置支承情况，并标注出板面标高和板厚。

2)预制楼板。常在对角线旁注明预制板的块数和型号，如 4YKB339A2 则表示 4 块预应力空心板，标注尺寸为 3.3m 长，900mm 宽，A 表示 120mm 厚(若为 B，则表示 180mm 厚)，荷载等级为 2 级。为表明房间内不同预制板的排列次序，可直接按比例分块画出。

当板布置相同的房间，可只标出一间板布置并编上甲、乙或 B_1、B_2(现浇板有时编×B_1、×B_2)，其余只写编号表示类同。

(5)楼梯的平面位置。楼梯的平面位置常用对角线表示，其上标注“详见结施××”字样。

(6)剖面图的剖切位置。一般在平面图上标有剖切位置符号，剖

面图常附在本张图纸上，有时也附在其他图纸上。

(7)构件表和钢筋表。一般编有预制构件表，统计梁板的型号、尺寸、数目等。钢筋表常标明其形状尺寸、直径、间距或根数、单根长、总长、总重等。

(8)文字说明。用图线难以表达或对图纸有进一步的说明，如说明施工要求、混凝土强度等级、分布筋情况、受力钢筋净保护层厚度及其他等。

四、钢筋混凝土构件详图的识读

钢筋混凝土构件有现浇、预制两种。预制构件因有图集，可不必画出构件的安装位置及其与周围构件的关系。现浇构件要在现场支模板、绑钢筋、浇混凝土，需画出梁的位置、支座情况。

1. 现浇钢筋混凝土梁、柱结构详图

梁、柱的结构详图一般包括梁的立面图和截面图。

(1)立面图(纵剖面)。立面图表示梁、柱的轮廓与配筋情况，因是现浇，一般画出支承情况、轴线编号。梁、柱的立面图纵横比例可以不一样，以尺寸数字为准。图上还有剖切线符号，表示剖切位置。

(2)截面图。可以了解到沿梁、柱长、高方向钢筋的所在位置、箍筋的肢数。

(3)钢筋表。钢筋表包括构件编号、形状尺寸直径、单根长、根数、总长、总重等。

2. 预制构件详图

为加快设计速度，对通用、常用构件常选用标准图集。标准图集有国标、省标及各院自设的标准。一般施工图上只注明标准图集的代号及详图的编号，不绘出详图。查找标准图时，先要弄清是哪个设计单位编的图集，看总说明，了解编号方法，再按目录页次查阅。

第四章　建筑施工测量

第一节　施工测量概述

一、施工测量的任务

在设计工作完成后，就要在实地进行施工。在施工阶段所进行的测量工作，称为施工测量，又称测设或放样。

施工测量的任务是根据施工需要将设计图纸上的建(构)筑物的平面和高程位置，按一定的精度和设计要求，用测量仪器测设在地面上，作为施工的依据，并在施工过程中进行一系列的测量工作，以衔接和指导各工序间的施工。

二、施工测量的特点

(1)测量精度要求较高。为了满足较高的施工测量精度要求，施工测量方法和精度应符合相关的测量规范和施工规范的要求。

(2)测量与施工进度关系密切。施工测量直接为工程的施工服务，一般每道工序施工前都要进行放样测量，为了不影响施工的正常进行，应按照施工进度及时完成相应的测量工作。

三、施工测量的内容

施工测量贯穿于整个施工过程中，主要内容可以归结为：

(1)施工测量的准备工作。

(2)建立施工控制网。

(3)依据设计图纸进行建(构)筑物放样。

(4)检核、交底并组织施工。遵守测量工作基本原则“前一步工作未经检核,不进行下一步工作”,每道工序完成后,都要检查放样的点位是否满足精度要求,并以书面形式与现场施工人员交底。

(5)验收工作。工程竣工后,为了验收时进行工程质量鉴定,便于工程交付使用后的管理、维修和扩建,还要根据实测验收的记录编绘竣工图。

(6)变形观测。在施工过程中和工程竣工后对一些高大或特殊建(构)筑物进行位移和沉降观测,作为鉴定工程质量和验证工程设计、施工是否合理的依据及掌握建(构)筑物的变形规律,以便及时发现和处理问题,确保建(构)筑物的施工和使用的安全。

知识链接

建筑工程施工测量主要工作

建筑工程施工测量主要工作包括施工控制测量、建筑场地测量、基础施工测量、结构施工测量、装饰测量、设备安装测量、竣工测量以及为了解建筑工程和建筑环境在施工期间的安全所进行的变形监测等内容。

第二节　民用建筑施工测量

民用建筑施工测量的主要工作包括建筑物的定位、建筑物细部轴线测设、基础施工测量及墙体施工测量等。

一、测设前的准备工作

1. 熟悉图纸

设计图纸是施工测量的依据,在测设前,应熟悉建筑物的设计图纸,了解施工的建筑物与相邻地物的相互关系,以及建筑物的尺寸和施工的要求等。

2. 现场踏勘

现场踏勘的目的是了解现场的地物、地貌以及控制点的分布情况，并调查与施工测量有关的问题。对建筑物地面上的平面控制点，在使用前应校核点位是否正确，并应实地检测水准点的高程。通过校核，取得正确的测量起始数据和点位。

3. 编制施工测设方案

在熟悉设计图纸、掌握施工计划和施工进度的基础上，结合现场条件和实际情况，拟定测设方案。测设方案包括测设方法、测设步骤、采用的仪器工具、精度要求、时间安排等。

施工测设方案的确定在满足《工程测量规范》(GB 50026—2007)的建筑物施工放样、轴线投测和标高传递的允许偏差的前提下进行。

施工测设方案编制提纲

施工测量方案编制提纲内容主要包括：工程概况、任务要求、施工测量技术依据、施工测量方法、施工测量技术要求、起始依据点的检测、施工控制测量、建筑场地测量、基础施工测量、结构施工测量、装饰测量、设备安装测量、竣工测量、变形监测、安全和质量保证与具体措施、成果资料整理与提交等。

施工测量方案编制提纲内容可根据施工测量任务的大小与复杂程度，对上述内容进行选择。例如建筑小区工程、大型复杂建筑物、特殊工程的施工测量内容多，其方案编制可按上述提纲的内容编写，对于小型、简单建筑工程施工测量内容较少，可根据所涉及的工作进行施工测量方案编制。

4. 准备测设数据

在每次现场测设之前，应根据设计图纸和测量控制点的分布情况，准备好相应的测设数据并对数据进行核检，除计算必需的测设数据外，还需要从下列图纸上查取房屋内部平面尺寸和高程数据：

(1)从建筑总平面图上查出或计算出设计建筑物与原有建筑物或

测量控制点之间的平面尺寸和高差，并以此作为测设建筑物总体位置的依据。

(2)在建筑平面图中查取建筑物的总尺寸和内部各定位轴线之间的尺寸关系，这是施工放样的基本资料。

(3)从基础平面图中查取基础边线与定位轴线的平面尺寸，以及基础布置与基础剖面的位置关系。

(4)从基础详图中查取基础立面尺寸、设计标高，以及基础边线与定位轴线的尺寸关系。这是基础高程测设的依据。

(5)从建筑物的立面图和剖面图中，查取基础、地坪、门窗、楼板、屋面等设计高程。这是高程测设的主要依据。

二、建筑物的定位

建筑物的定位，就是把建筑物外廓各轴线交点测设在地面上，然后根据这些点进行细部放样。下面主要介绍根据已有建筑物测设拟建建筑物的方法。

1. 根据测量控制点测设

当建筑物附近有导线点、三角点及三边测量点等测量控制点时，可根据控制点和建筑物各角点的设计坐标用极坐标法或角度交会法测设建筑物的位置。

2. 根据建筑方格网和建筑基线测设

当待定位建筑物的定位点设计坐标是已知的，并且建筑场地已设有建筑方格网或建筑基线时，可利用直角坐标法测设定位点，也可用极坐标法等其他方法进行测设。在用经纬仪和钢尺实地测设时，建筑物总尺寸和四大角的精度容易控制和核检。

3. 根据与原有建筑物的关系定位

在建筑区新建或扩建或改建建筑物时，一般设计图上都绘出了新建筑物与附近原有建筑物的相互关系。如图 4-1(a)所示，拟建建筑物的外墙边线与原有建筑的外墙边线在同一条直线上，两栋建筑物的间距为 15m，拟建建筑物四周长轴为 45m，短轴为 20m，轴线与外墙边线间距为 0.15m，可按下述方法测设其四个轴线交点：

(1)沿原有建筑物的两侧外墙拉线，用钢尺顺线从墙角往外量一段较短的距离(这里设为 3m)，在地面上定出 C_1 和 C_2 两个点，C_1 和 C_2 的连线即为原有建筑物的平行线。

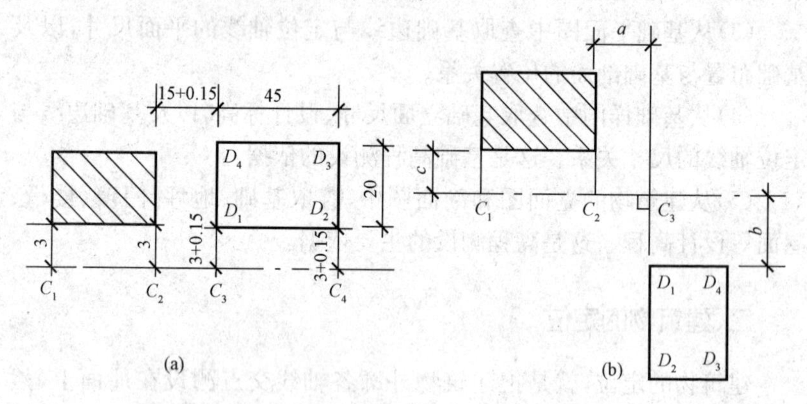

图 4-1　根据与原有建筑物的关系定位

(2)在 C_1 点安置经纬仪，照准 C_2 点，用钢尺从 C_2 点沿视线方向量 15m＋0.15m，在地面上定出 C_3，再从 C_3 点沿视线方向量 45m，在地面上定出 C_4 点，C_3 和 C_4 的连线即为拟建建筑物的平行线，其长度等于长轴尺寸。

(3)在 C_3 点安置经纬仪，照准 C_4 点，逆时针测设 90°，在视线方向上量 3m＋0.15m，在地面上定出 D_1 点，再从 D_1 点沿视线方向量 20m，在地面上定出 D_4 点。同理，在 C_4 点安置经纬仪，照准 C_3 点，顺时针测设 90°，在视线方向上量 3m＋0.15m，在地面上定出 D_2 点，再从 D_2 点沿视线方向量 20m，在地面上定出 D_3 点。则 D_1、D_2、D_3 和 D_4 点即为拟建建筑物的四个定位轴线点。

(4)在 D_1、D_2、D_3 和 D_4 点上安置经纬仪，检核四个大角是否为 90°，用钢尺丈量四条轴线的长度，检核长轴是否为 45m，短轴是否为 20m。

如果是图 4-1(b)所示的情况，则在得到原有建筑物的平行线并延长到 C_3 点后，应在 C_3 点测设 90°并量距，定出 D_1 和 D_2 点，得到拟建建筑物的一条长轴，再分别在 D_1 和 D_2 点测设 90°并量距，定出另一条长

轴上的 D_4 和 D_3 点。注意不能先定短轴的两个点(例如 D_1 和 D_4 点),再在这两个点上设站测设另一条短轴上的两个点(例如 D_2 和 D_3 点),否则误差容易超限。

建筑物定位后的注意事项

建筑物定位后,要根据定位控制桩复测建筑物轴线角点坐标、平面几何尺寸与设计图纸上的数据是否吻合,是否满足工程精度要求;建筑物的方向是否正确,有无颠倒现象,有无因现场运输车辆将桩碰动,造成桩位偏移等现象,发现问题及时纠正。

三、建筑物细部轴线测设

建筑物的细部轴线测设就是根据建筑物定位的角点桩(即外墙轴线交点,简称角桩),详细测设建筑物各轴线的交点桩(或称中心桩)。建筑物定位以后,所测设的轴线交点桩,在开挖基槽时将被破坏。施工时为了能方便地恢复各轴线的位置,一般是把轴线延长到安全地点,并做好标志。延长轴线的方法有两种:龙门板法和轴线控制桩法。

1. 龙门板法

在建筑物四角和中间隔墙的两端,距基槽边线约 2m 以外,牢固地埋设大木桩,称为龙门桩,并使桩的一侧平行于基槽,如图 4-2 所示。龙门板法适用于一般小型的民用建筑物。

根据附近水准点,用水准仪将±0.000 标高测设在每个龙门桩的外侧上,并画出横线标志。如果现场条件不允许,也可测设比±0.000 高或低一定数值的标高线,同一建筑物最好只用一个标高,如因地形起伏大用两个标高时,一定要标注清楚,以免使用时发生错误。在相邻两龙门桩上钉设木板,称为龙门板,龙门板的上沿应和龙门桩上的横线对齐,使龙门板的顶面标高在一个水平面上,并且标高为±0.000,或比±0.000 高或低一定的数值,龙门板顶面标高的误差应在±5mm 以内。

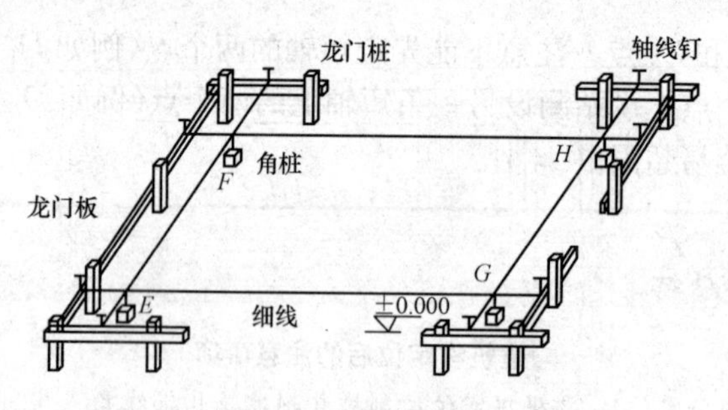

图 4-2 龙门桩示意图

根据轴线桩，用经纬仪将各轴线投测到龙门板的顶面，并钉上小钉作为轴线标志，称为轴线钉，投测误差应在±5mm 以内。对小型的建筑物，也可用拉细线绳的方法延长轴线，再钉上轴线钉，如事先已打好龙门板，可在测设细部轴线的同时钉设轴线钉，以减少重复安置仪器的工作量。

2. 轴线控制桩法

在建筑物施工时，沿房屋四周在建筑物轴线方向上设置的桩叫轴线控制桩（简称控制桩，也叫引桩），如图 4-3 所示。控制桩是在测设建筑物角桩和中心桩时，把各轴线延长到基槽开挖边线以外、不受施工干扰并便于引测和保存桩位的地方。桩顶面钉小钉标明轴线位置，以便在基槽开挖后恢复轴线之用。如附近有固定性建筑物，应把各线延伸到建筑物上，以便校对控制桩。

> 控制桩不是工程桩，只是一个标准的控制标记，可用木材、混凝土金属等材料制成，较多的是轴线控制桩，以该控制桩为基准，施放出其他轴线

四、基础施工测量

1. 确定开挖边线

先按基础剖面图给出的设计尺寸，计算基槽的开挖宽度，如图 4-4 所示。其计算公式如下：

$$L=A+nh$$

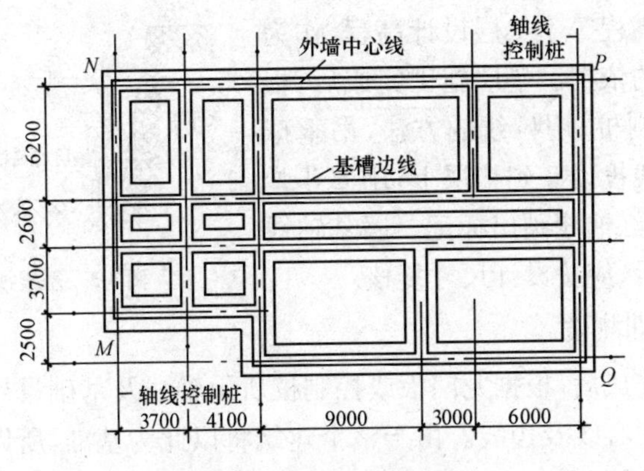

图 4-3 轴线控制桩示意图

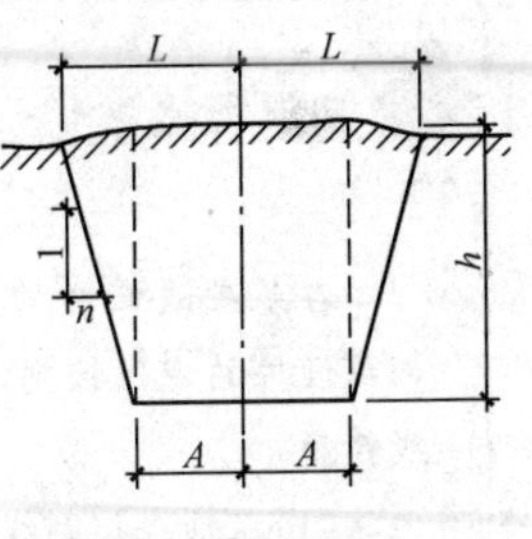

图 4-4 基槽开挖

式中 A——基底宽度,可由基础剖面图查取(mm);

h——基槽深度(mm);

n——边坡坡度的分母。

然后根据计算结果,在地面上以轴线为中线往两边各量出 $L/2$,拉线并撒上白灰,即为开挖边线。如果是基坑开挖,则只需按最外围墙体基础的宽度及放坡确定开挖边线。

2. 基槽开挖深度

为了控制基槽开挖深度,当基槽挖到接近槽底设计高程时,应在槽壁上测设一些水平桩,使水平桩的上表面离槽底设计高程为某一整分米数,用以控制挖槽深度,也可作为槽底清理和打基础垫层时掌握标高的依据。

水平桩可以是木桩也可以是竹桩,测设时,以画在龙门板或周围固定地物的±0.000 标高线为已知高程点,用水准仪进行测设,小型建筑物也可用连通水管法进行测设。水平桩上的高程误差应在±10mm以内。

3. 垫层标高和基础放样

如图 4-5 所示,基槽开挖完成后,应在基坑底设置垫层标高桩,使桩顶面的高程等于垫层设计高程，作为垫层施工的依据。垫层施工完成后，根据轴线控制桩，用拉线的方法，吊垂球将墙基轴线投设＃到垫层上，用墨斗弹出墨线，用红油漆画出标记。墙基轴线投设完成后，应按设计尺寸复核。

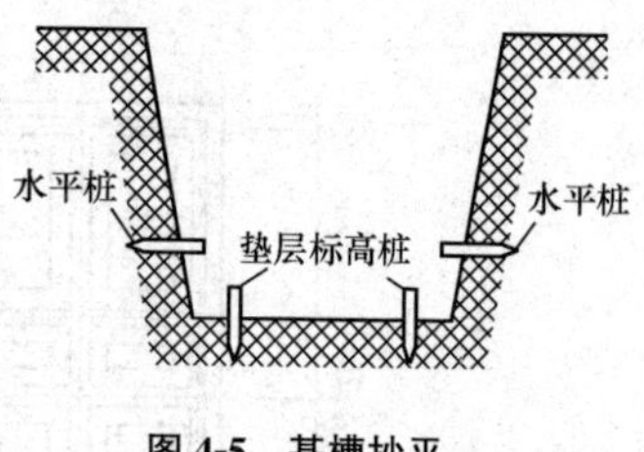

图 4-5　基槽抄平

4. 基础测设

垫层完成后，根据龙门板或控制桩所示轴线及基础设计宽度在垫层上弹出中心线及边线。由于整个建筑将以此为基准，所以要按设计尺寸严格校核。

基础细部控制线放线

在基础施工中，集水坑、联体基坑(电梯井筒部位)和地脚螺栓等重要部位埋件的定位控制，应采取下面所述针对性措施进行放线，以保证其放线精度。

(1)以轴线控制线为依据，依次放出各轴线。在此过程中，要坚持“通尺”原则，即放某一方向轴线时，要采用该方向上距离最远的两条轴线作为控制线，先测量此两条控制线的间距，若存在误差范围允许的误差，则在各轴线的放样中逐步消除，不能累积到一跨中。

(2)轴线放样完毕后，根据就近原则，以各轴线为依据，依次放样出离其较近的墙体或门窗洞口等控制线和边线。放样完毕后，务必再联测到另一控制线以作核检。若误差超限时应重新看图和检查，修正后方可进行下一步的工作。

(3)在厂房施工中，由于吊车梁的施工精度要求较高，因此，待柱子拆模后，要将其对应的轴线投测到柱身上，再根据所抄测的标高控制线找出其标高位置，以此来控制预埋件的空间位置。

(4)对于电梯井筒(核心筒)，结构剪力墙一定要在放线过程中对已浇筑的楼层进行垂直度测量，发现误差偏大时，应及时采取技术措施进行弥补，避免错台等质量问题。

五、主体施工测量

房屋主体指±0.000以上的墙体，多层民用建筑每层砌筑前都应进行轴线投测和高程传递，以保证轴线位置和标高正确，其精度要求应符合要求。

（一）楼层轴线投测

1. 首层楼房墙体轴线测设

基础工程结束后，应对龙门板或轴线控制桩进行检查复核，防止基础施工期间发生碰动移位。复核无误后，可根据轴线控制桩或龙门板上的轴线钉，用经纬仪法或拉线法，把首层楼房的墙体轴线测设到防潮层上，并弹出墨线，然后用钢尺检查墙体轴线的间距和总长是否等于设计值，用经纬仪检查外墙轴线四个主要交角是否等于90°。符合要求后，把墙轴线延长到基础外墙侧面上并弹线和做出标志，作为向上投测各层楼房墙体轴线的依据。同时，还应把门、窗和其他洞口的边线，在基础外墙侧面上做出标志。

墙体砌筑前，根据墙体轴线和墙体厚度，弹出墙体边线，照此进行墙体砌筑。砌筑到一定高度后，用吊垂线将基础外墙侧面上的轴线引测到地面以上的墙体上，以免基础覆土后看不见轴线标志。如果轴线处是钢筋混凝土柱，可在拆柱模后将轴线引测到桩身上。

2. 二层以上楼房墙体轴线测设

每层楼面建好后，为保证继续往上砌筑墙体时，墙体轴线均与基础轴线在同一铅垂面上，应将基础或首层墙面上的轴线投测到楼面上，并在楼面上重新弹出墙体的轴线，检查无误后，以此为依据弹出墙体边线，再往上砌筑。在此工作中，从下往上进行轴线投测是关键，一般多层建筑常用吊垂线。

将较重的垂球悬挂在楼面的边缘，慢慢移动，使垂球尖对准地面上的轴线标志，或者使吊垂线下部沿垂直墙面方向与底层墙面上的轴线标志对齐，吊垂线上部在楼面边缘的位置就是墙体轴线位置，在此画一条短线作为标志，便在楼面上得到轴线的一个端点，同法投测另一端点，两端点的连线即为墙体轴线。

一般应将建筑物的主轴线都投测到楼面上来，并弹出墨线，用钢尺检查轴线间的距离，其相对误差不得大于1/3000，符合要求之后，再以这些主轴线为依据，用钢尺内分法测设其他细部轴线。在困难的情况下至少要测设两条垂直相交的主轴线，检查交角合格后，用经纬仪和钢尺测设其他主轴线，再根据主轴线测设细部轴线。

（二）墙体标高传递

1. 首层楼房墙体标高传递

墙体砌筑时，其标高用墙身“皮数杆”控制。在皮数杆上根据设计尺寸，按砖和灰缝厚度画线，并标明门、窗、过梁、楼板等的标高位置。杆上标高注记从±0.000向上增加。

墙身皮数杆一般立在建筑物的拐角和内墙处，固定在木桩或基础墙上。为了便于施工，采用里脚手架时，皮数杆立在墙的外边；采用外脚手架时，皮数杆应立在墙里边。立皮数杆时，先用水准仪在立杆处的木桩或基础墙上测设出±0.000标高线，测量误差在±3mm以内，然后把皮数杆上的±0.000线与该线对齐，用吊锤校正并用钉钉牢，必要时可在皮数杆上加两根钉斜撑，以保证皮数杆的稳定。

2. 二层以上楼房墙体轴线测设

（1）利用皮数杆传递标高。一层楼房墙体砌完并建好楼面后，把皮数杆移到二层继续使用。为了使皮数杆立在同一水平面上，用水准仪测定楼面四角的标高，取平均值作为二楼的地面标高，并在立杆处绘出标高线，立杆时将皮数杆的±0.000线与该线对齐，然后以皮数杆为标高的依据进行墙体砌筑。如此逐层往上传递高程。

（2）利用钢尺传递标高。在标高精度要求较高时，可用钢尺从底层的＋50cm标高线起往上直接丈量，把标高传递到第二层，然后根据传递上来的高程测设第二层的地面标高

楼板安装完毕后，应将底层轴线引测到上层楼面上，作为上层楼的墙体轴线。在多层建筑施工测量中，一般应每施工2～3层后用经纬仪投测轴线。

线，以此为依据立皮数杆。在墙体砌到一定高度后，用水准仪测设该层的＋50cm 标高线，再往上一层的标高可以此为准用钢尺传递，如此逐层传递标高。

六、高层建筑施工测量

与普通多层建筑物的施工测量相比，高层建筑施工测量的主要任务是将轴线精确地向上引测和进行高程传递。

（一）高层建筑的轴线投测

高层建筑物轴线的投测，一般分为经纬仪引桩投测法和激光垂准仪投测法两种。

1. 经纬仪引桩投测法

随着建筑物不断升高，要逐层将轴线向上传递，将经纬仪安置于轴线控制桩桩上，严格对中整平，盘左照准建筑物底部的轴线标志，往上转动望远镜，用其竖丝指挥在施工层楼面边缘上画一点，然后盘右再次照准建筑物底部的轴线标志，同法在该处楼面边缘上画出另一点，取两点的中间点作为轴线的端点。

当楼层逐渐增高，而轴线控制桩距建筑物又较近时，经纬仪投测时的仰角较大，操作不方便，误差也较大，此时应将轴线控制桩用经纬仪引测到远处（大于建筑物高度）稳固的地方，然后继续往上投测。如果周围场地有限，也可引测到附近建筑物的屋面上。如图 4-6 所示，先在轴线控制桩 M_1 上安置经纬仪，照准建筑物底部的轴线标志，将轴线投测到楼面上 M_2 点处，然后在 M_2 上安置经纬仪，照准 M_1 点，将轴线投测到附近建筑物屋面上 M_3 点处，以后就可在 M_3 点安置经纬仪，投测更高楼层的轴线。注意上述投测工作均应采用盘左盘右取中法进行，以减少投测误差。

2. 激光垂准仪投测法

激光垂准仪是一种铅垂定位专用仪器，适用于高层建筑的铅垂定位测量。该仪器可以从两个方向（向上或向下）发射铅垂激光束，用它作为铅垂基准线，精度比较高，仪器操作也比较简单。

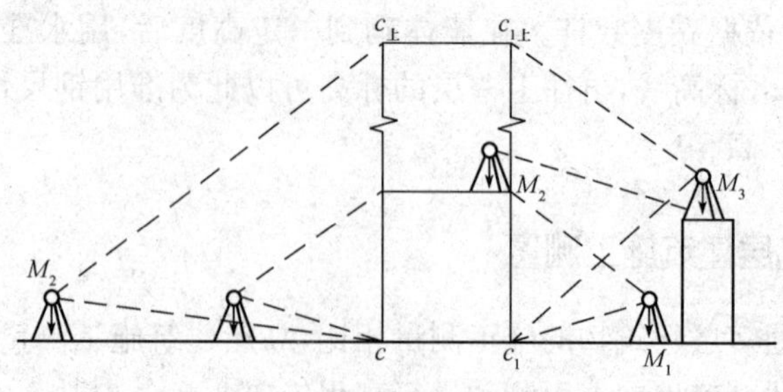

图 4-6　经纬仪引桩投测法

此方法必须在首层面层上做好平面控制，并选择四个较合适的位置作控制点(图 4-7)或用中心"十"字控制，在浇筑上升的各层楼面，必须在相应的位置预留 200mm×200mm 与首层层面控制点相对应的小方孔，保证能使激光束垂直向上穿过预留孔。在首层控制点上架设激光铅垂仪，调置仪器对中整平后启动电源，使激光铅垂仪发射出可见的红色光束，投射到上层预留孔的接收靶上，查看红色光斑点离靶心最小之点，此点即为第二层上的一个控制点。其余的控制点用同样方法向上传递。

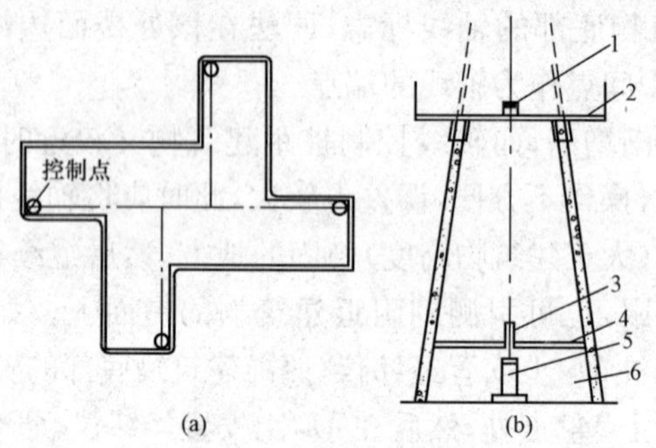

图 4-7　内控制布置

(a)控制点设置；(b)垂向预留孔设置

1—中心靶；2—滑模平台；3—通光管；4—防护棚；5—激光铅垂仪；6—操作间

(二)高层建筑的高程传递

高层建筑施工中，要由下层楼面向上层传递高程，以使上层楼板、门窗、室内装修等工程的标高符合设计要求。传递高程的方法有用钢尺直接丈量与悬吊钢尺法两种。

特别提示

内控法

当在建筑物密集的建筑区，施工场内控法地狭小，无法在建筑物以外的轴线上安置仪器时，多采用内控法。施测时必须先在建筑物基础面上测设室内轴线控制点，然后用垂准线原理将各轴线点向建筑物上部各层进行投测，作为各层轴线测设的依据。

1. 用钢尺直接丈量

在标高精度要求较高时，可用钢尺沿某一墙角自±0.000标高处起直接丈量，把高程传递上去。然后根据下面传递上来的高程立皮数杆，作为该层墙身砌筑和安装门窗、过梁及室内装修、地坪抹灰时控制标高的依据。

2. 悬吊钢尺法

在外墙或楼梯间悬吊一根钢尺，分别在地面和楼面上安置水准仪，将标高传递到楼面上。用于高层建筑传递高程的钢尺应经过检定，量取高差时尺身应铅直和用规定的拉力，并应进行温度改正。

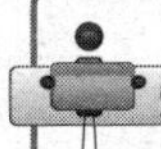
知识拓展

滑模施工测量

(1)铅直度观测。滑模施工的质量关键在于保证铅直度。可采用经纬仪投测法，最好采用激光铅垂仪投测方法。

(2)标高测设。首先在墙体上测设+1.00m的标高线，然后用钢尺从标高线沿墙体向上测量，最后将标高测设在滑模的支撑杆上。为了减少逐层读数误差的影响，可采用数层累计读数的测法。

(3)水平度观测。在滑升过程中，若施工平台发生倾斜，则滑出来的结构就会发生偏扭，将直接影响建筑物的垂直度，所以，施工平台的水平度也是十分重要的。在每层停滑间歇，用水准仪在支撑杆上独立进行两次抄平，互为校核，标注红三角，再利用红三角，在支撑杆上弹设一分划线，以控制各支撑点滑升的同步性，从而保证施工平台的水平度。

第三节　工业厂房施工测量

工业厂房多是金属结构及装配式钢筋混凝土结构单层厂房。其施工测量的工作内容与民用建筑大致相似，主要包括厂房控制网的测设、厂房柱列轴线测设、桩基施工测量、厂房构件安装测量等。

一、厂房控制网的测设

(一)控制网建立前的准备工作

1. 制定厂房矩形控制网的测设方案及计算测设数据

厂房矩形控制网的测设方案，通常是根据厂区的总平面图、厂区控制网、厂房施工图和现场地形情况等资料来制定的。其主要内容为：确定主轴线位置、矩形控制网位置、距离指标桩的点位、测设方法和精度要求。在确定主轴线点及矩形控制网位置时，要考虑到控制点能长期保存，应避开地上和地下管线；位置应距厂房基础开挖边线以外 1.5～4m。距离指标桩即沿厂房控制网各边每隔若干柱间距埋设一个控制桩，故其间距一般为厂房柱距的倍数，但不应超过所用钢尺的整尺长。

2. 绘制测设略图

根据厂区的总平面图、厂区控制网、厂房施工图等资料，按一定比例绘制测设略图，为测设工作做好准备。

(二)中小型工业厂房控制网的建立

如图 4-8 所示，根据测设方案与测设略图，将经纬仪安置在建筑方格网点 E 上，分别精确照准 D、H 点。自 E 点沿视线方向分别量取 $Eb=35.00\text{m}$ 和 $Ec=28.00\text{m}$，定出 b、c 两点。然后，将经纬仪分别安置于 b、c 两点上，用测设直角的方法分别测出 bⅣ、cⅢ方向线，沿 bⅣ方向测设出Ⅳ、Ⅲ两点，沿 cⅢ方向测设出Ⅱ、Ⅲ两点，分别在Ⅰ、Ⅱ、Ⅲ、Ⅳ四个点上钉上木桩，做好标志。最后检查控制桩Ⅰ、Ⅱ、Ⅲ、Ⅳ各点的直角是否符合精度要求，一般情况下其误差不应超过±10″，各边长度相对误差不应超过 1/10000～1/25000。

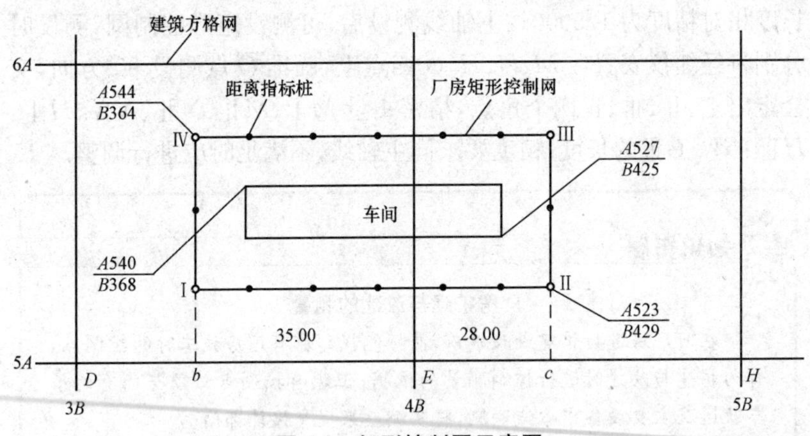

图 4-8　矩形控制网示意图

(三)大型工业厂房控制网的测设

对于大型或设备基础复杂的厂房，由于施测精度要求较高，为了保证后期测设的精度，其矩形厂房控制网的建立一般分两步进行。应先依据厂区建筑方格网精确测设出厂房控制网的主轴线及辅助轴线(可参照建筑方格网主轴线的测设方法进行)，当校核达到精度要求后，再根据主轴线测设厂房矩形控制网，并测设各边上的距离指示桩，一般距离指示桩位于厂房柱列轴线或主要设备中心线方向上。最终应进行精度校核，直至达到要求。大型厂房的主轴线的测设精度，边长的相对误差不应超过 1/30000，角度偏差不应超过±5″。

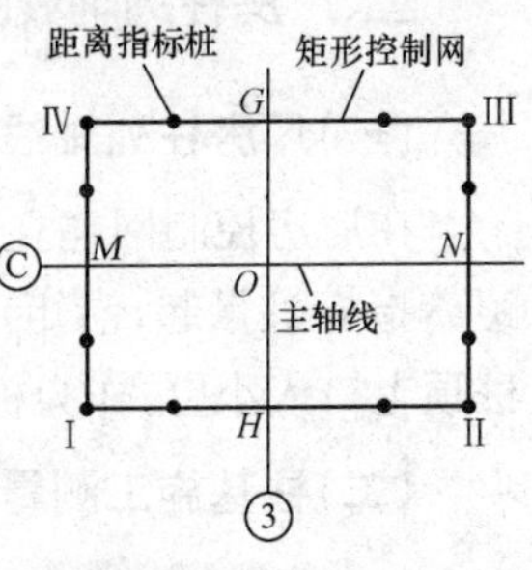

图 4-9　大型厂房矩形控制网的测设

如图 4-9 所示，主轴线 MON 和 HOG 分别选定在厂房柱列轴线©和③轴上，Ⅰ、Ⅱ、Ⅲ、Ⅳ为控制网的四个控制点。

测设时，首先按主轴线测设方法将 MON 测设于地面上，再以 MON 轴为依据测设短轴 HOG，并对短轴方向进行方向改正，使轴线 MON 与 HOG 正交，限差为±5″。主轴线方向确定后，以 O 点为中心，用精密丈量的方法测定纵、横轴端点 M、N、H、G 的位置，主轴线长度相对精度为 1/5000。主轴线测设后，可测设矩形控制网，测设时分别将经纬仪安置在 M、N、H、G 四点上，瞄准 O 点测设 90°方向，交会定出Ⅰ、Ⅱ、Ⅲ、Ⅳ四个角点，精密丈量 MⅠ、MⅡ、NⅡ、NⅣ、HⅠ、HⅣ、GⅣ、GⅢ的长度，精度要求同主轴线，不满足时应进行调整。

厂房扩建与改建的测量

在旧厂房进行扩建或改建前，最好能找到原有厂房施工时的控制点，作为扩建与改建时进行控制测量的依据；但原有控制点必须与已有的吊车轨道及主要设备中心线联测，将实测结果提交设计部门。

如原厂房控制点已不存在，应按下列不同情况，恢复厂房控制网：

(1)厂房内有吊车轨道时，应以原有吊车轨道的中心线为依据。

(2)扩建与改建的厂房内的主要设备与原有设备有联动或衔接关系时，应以原有设备中心线为依据。

(3)厂房内无重要设备及吊车轨道，可以原有厂房柱子中心线为依据。

二、厂房柱列轴线的测设和柱基施工测量

(一)厂房柱列轴线的测设

在厂房控制网建立以后，即可按柱列间距和跨距用钢尺从靠近的距离指标桩量起，沿矩形控制网各边定出各柱列轴线桩的位置，并在桩顶上钉入小钉，作为桩基放线和构件安置的依据。

(二)柱基施工测量

1. 柱基轴线测设

用两台经纬仪分别安置在两条互相垂直的柱列轴线控制桩上，在柱列轴线的交点上打木桩，钉小钉。为了便于基坑开挖后能及时恢复轴线，应根据经纬仪指出的轴线方向，在基坑四周距基坑开挖线 1～2m 处打下 4 个柱基轴线桩，并在桩顶钉小钉表示点位，供修坑和立模

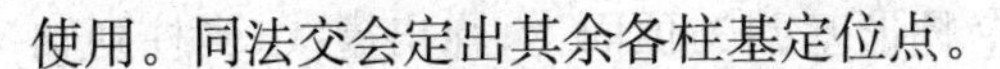

使用。同法交会定出其余各柱基定位点。

2. 基坑标高测设

基坑挖到一定深度时，要在坑壁上测设水平桩，作为修整坑底的标高依据。其测设方法与民用建筑相同。坑底修整后，还要在坑底测设垫层高程，打下小木桩并使桩顶高程与垫层顶面设计高程一致。深基坑应采用高程上下传递法将高程传递到坑底临时水准点上，然后根据临时水准点测设基坑高程和垫层高程。

杯形基础立模测量

杯形基础立模测量有以下三项工作：

(1)基础垫层打好后，根据基坑周边定位小木桩，用拉线吊垂球的方法，把杯形基础定位线投测到垫层上，弹出墨线，用红漆画出标记，作为杯基立模板和布置基础钢筋的依据。

(2)立模时，将模板底线对准垫层上的定位线，并用垂球检查模板是否垂直。

(3)将杯形基础顶面设计标高测设在模板内壁，作为浇灌混凝土的高度依据。

3. 柱基施工放线

垫层打好后，根据基坑定位桩，借助于垂球将定位轴线投测到垫层上。再弹出柱基的中心线和边线，作为支立模板的依据，柱基不同部位的标高，则用水准仪测设到模板上。厂房杯形柱基施工放线过程中，要特别注意其杯口平面位置和杯底标高的准确性。

三、工业厂房构件的安装测量

(一)柱子的安装测量

1. 柱子安装前的准备工作

(1)弹出柱基中心线和杯口标高线。根据柱列轴线控制桩，用经纬仪将柱列轴线投测到每个杯形基础的顶面上，弹出墨线，当柱列轴线为边线时，应平移设计尺寸，在杯形基础顶面上加弹出柱子中心线，作为柱子安装定位的依据。根据±0.000 标高，用水准仪在杯口内壁测设一条标高线，标高线与杯底设计标高的差应为一个整分米数，以便从这条线向下量取，作为杯底找平的依据。

柱子垂直校正测量

进行柱子垂直校正测量时，应将两架经纬仪安置在柱子纵、横中心轴线上，且距离柱子约为柱高的 1.5 倍的地方，如图 4-10 所示，先照准柱底中线，固定照准部，再逐渐仰视到柱顶，若中线偏离十字丝竖丝，表示柱子不垂直，可指挥施工人员采用调节拉绳、支撑或敲打楔子等方法使柱子垂直。经校正后，柱的中线与轴线偏差不得大于±5mm；柱子垂直度容许误差为 $H/1000$，当柱高在 10m 以上时，其最大偏差不得超过±20mm；柱高在 10m 以内时，其最大偏差不得超过±10mm。满足要求后，要立即灌浆，以固定柱子位置。

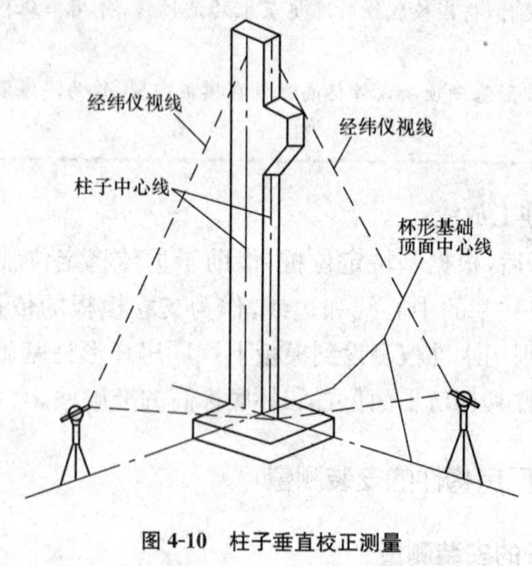

图 4-10　柱子垂直校正测量

(2)弹出柱子中心线和标高线。在每根柱子的三个侧面，用墨线弹出柱身中心线，并在每条线的上端和接近杯口处，各画一个红"▶"标志，供安装时校正使用。从牛腿面起，沿柱子四条棱边向下量取牛腿面的设计高程，即为±0.000标高线，弹出墨线，画上红"▼"标志，供牛腿面高程检查及杯底找平用。

2. 柱子安装测量的基本要求

（1）柱子中心线应与相应的柱列中心线一致，其允许偏差为±5mm。

（2）牛腿顶面及柱顶面的实际标高应与设计标高一致，其允许偏差为：当柱高≤5m时应不大于±5mm；柱高＞5m时应不大于±8mm。

（3）柱身垂直允许误差：当柱高≤10m时应不大于10mm；当柱高超过10m时，限差为柱高的1‰，且不超过20mm。

3. 柱子安装施工测量工作

柱子被吊装进入杯口后，先用木楔或钢楔暂时进行固定。用铁锤敲打木楔或者钢楔，使柱在杯口内平移，直到柱中心线与杯口顶面中心线平齐，并用水准仪检测柱身已标定的标高线。然后用两台经纬仪分别在相互垂直的两条柱列轴线上，相对于柱子的距离为1.5倍柱高处同时观测，进行柱子校正。观测时，将经纬仪照准柱子底部中心线上，固定照准部，逐渐向上仰望远镜，通过校正使柱身中心线与十字丝竖丝相重合。

（二）吊车梁及屋架的安装测量

1. 吊车梁安装时的标高测设

吊车梁顶面标高应符合设计要求。根据±0.000标高线，沿柱子侧面向上量取一段距离，在柱身上定出牛腿面的设计标高点，作为修平牛腿面及加垫板的依据，同时在柱子的上端比梁顶面高5～10cm处测设一标高点，据此修平梁顶面。梁顶面置平以后，应安置水准仪于吊车梁上，以柱子牛腿上测设的标高点为依据，检测梁顶面的标高是否符合设计要求，其容许误差应不超过±3mm。

2. 吊车梁安装的轴线投测

安装吊车梁前先将吊车轨道中心线投测到牛腿面上，作为吊车梁定位的依据。

(1)用墨线弹出吊车梁面中心线和两端中心线,如图 4-11 所示。

(2)根据厂房中心线和设计跨距,由中心线向两侧量出 1/2 跨距 d,在地面上标出轨道中心线。

(3)分别安置经纬仪于轨道中心线两个端点上,瞄准另一端点,固定照准部,抬高望远镜将轨道中心投测到各柱子的牛腿面上。

(4)安装时,根据牛腿面上轨道中心线和吊车梁端头中心线,两线对齐将吊车梁安装在牛腿面上,并利用柱子上的高程点,检查吊车梁的高程。

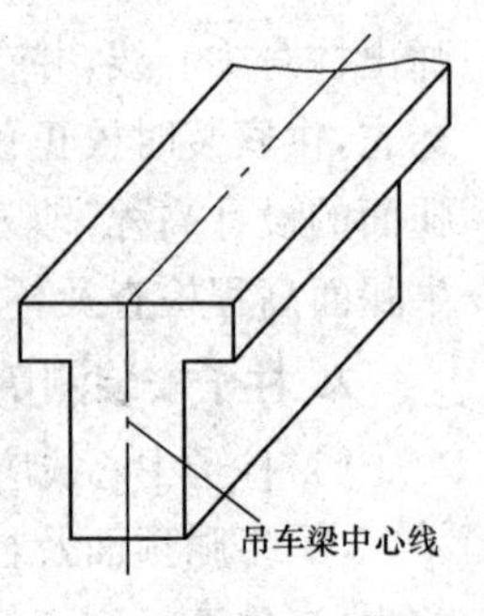

图 4-11 吊车梁中心线

3. 吊车轨道安装测量

安装前先在地面上从轨道中心线向厂房内侧量出一定长度(a=0.5～1.0m),得两条平行线,称为校正线。然后分别安置经纬仪于两个端点上,瞄准另一端点,固定照准部,抬高望远镜瞄准吊车梁上横放的木尺,移动木尺,当视准轴对准木尺刻划 a 时,木尺零点应与吊车梁中心线重合,如不重合,应予以纠正并重新弹出墨线,以示校正后吊车梁中心线位置。

吊车轨道按校正后中心线就位后,用水准仪检查轨道面和接头处两轨端点高程,用钢尺检查两轨道间跨距,其测定值与设计值之差应满足规定要求。

4. 屋架安装测量

屋架安装是以安装后的柱子为依据,使屋架中心线与柱子上相应中心线对齐。为保证屋架竖直,可用吊垂球的方法或用经纬仪进行校正。

经验总结

超大型屋顶支撑系统测量

超大型屋顶在进行散拼拼装前先要建立支撑系统,该支撑系统一般由支撑架组成。屋顶支撑系统测量就是根据支撑架的设计方案,将安装支撑架的位置和高度测设出来,以便在其上面进行超大型屋顶拼装。

第五章　地基与基础工程施工工艺和方法

第一节　土石方及爆破工程施工工艺和方法

土石方工程是地基与基础分部工程的一个重要分项工程，它包括土石开挖、土石回填、施工排水降水等。土石方工程施工面广量大、施工工期长，条件复杂，因此，施工前应根据施工区域的地形、水文地质条件、气候条件及施工条件和质量要求，拟定切实可行的土石方工程施工方案。

一、土石的工程分类与性质

1. 土石的工程分类

土石的工程分类见表 5-1。

表 5-1　　土石的工程分类

土的分类	土的级别	土的名称	坚实系数 f	密度/(t/m³)	开挖方法及工具
一类土（松软土）	Ⅰ	砂土、粉土、冲积砂土层、疏松的种植土、淤泥（泥炭）	0.5～0.6	0.6～1.5	用锹、锄头开挖，少许用脚蹬
二类土（普通土）	Ⅱ	粉质黏土；潮湿的黄土；夹有碎石、卵石的砂；粉土混卵（碎）石；种植土、填土	0.6～0.8	1.1～1.6	用锹、锄头开挖，少许用镐翻松
三类土（坚土）	Ⅲ	软及中等密实的黏土；重粉质黏土、砾石土；干黄土、粉质黏土；压实的填土	0.8～1.0	1.75～1.9	主要用镐，少许用锹、锄头挖掘，部分撬棍

续表

土的分类	土的级别	土的名称	坚实系数 f	密度/(t/m³)	开挖方法及工具
四类土（砂砾坚土）	Ⅳ	坚硬密实的黏性土或黄土；含碎石、卵石的中等密实的黏性土或黄土；粗卵石；天然级配砂石；软泥灰岩	1.0～1.5	1.9	整个先用镐、撬棍，后用锹挖掘，部分使用风镐
五类土（软石）	Ⅴ～Ⅵ	硬质黏土；中密的页岩、泥灰岩、白垩土；胶结不紧的砾岩；软石灰岩及贝壳石灰岩	1.5～4.0	1.1～2.7	用镐或撬棍，大锤挖掘，部分使用爆破方法
六类土（次坚石）	Ⅶ～Ⅸ	泥岩、砂岩、砾岩；坚硬的页岩、泥灰岩、密实的石灰岩；风化花岗岩、片麻岩及正常岩	4.0～10.0	2.2～2.9	用爆破方法开挖，部分用风镐
七类土（坚石）	Ⅹ～Ⅻ	大理石；辉绿岩；玢岩；粗、中粒花岗岩；坚实的白云岩、砂岩、砾岩、片麻岩、石灰岩；微风化安山岩；玄武岩	10.0～18.0	2.5～3.1	用爆破方法开挖
八类土（特坚石）	ⅩⅣ～ⅩⅥ	安山岩；玄武岩；花岗片麻岩；坚实的细粒花岗岩、闪长岩、石英岩、辉长岩、辉绿岩、玢岩、角闪岩	18.0～25.0以上	2.7～3.3	用爆破方法开挖

注：1. 土的级别相当于一般16级土石级别；

2. 坚实系数 f 相当于普氏强度系数。

2. 土石的工程性质

（1）土石的可松性。土石的可松性是经挖掘以后，组织破坏，体积增加的性质，以后虽经回填压实，仍不能恢复成原来的体积。岩土的可松性程度一般以可松性系数表示（表5-2），它是挖填土方时，计算土方机械生产率、回填土方量、运输机具数量、进行场地平整规划竖向设计、土方平衡调配的重要参数。

表 5-2　　各种岩土的可松性参考值

土的类别	体积增加百分比(%)		可松性系数	
	最初	最终	K_p	K_p'
一类(种植土除外)	8～7	1～2.5	1.08～1.17	1.01～1.03
一类(植物性土、泥炭)	20～30	3～4	1.20～1.30	1.03～1.04
二类	14～28	1.5～5	1.14～1.28	1.02～1.05
三类	24～30	4～7	1.24～1.30	1.04～1.07
四类(泥灰岩、蛋白石除外)	26～32	6～9	1.26～1.32	1.06～1.09
四类(泥灰岩、蛋白石)	33～37	11～15	1.33～1.37	1.11～1.15
五～七类	30～45	10～20	1.30～1.45	1.10～1.20
八类	45～50	20～30	1.45～1.50	1.20～1.30

注:最初体积增加百分比$=\frac{V_2-V_1}{V_1}\times100\%$;最后体积增加百分比$=\frac{V_3-V_1}{V_1}\times100\%$;

K_p——最初可松性系数,$K_p=V_2/V_1$;

K_p'——最终可松性系数,$K_p'=V_3/V_1$;

V_1——开挖前土的自然体积;

V_2——开挖后土的松散体积;

V_3——运至土方处压实后的体积。

(2)土的压缩性。取土回填,经运输、填压以后,均会压缩,一般土的压缩性以土的压缩率表示,见表 5-3。

土的压缩性一般可按填方截面增加10%～20%方数考虑。

表 5-3　　土的压缩率 P 的参考值

土的类别	土的名称	土的压缩率(%)	每 m³ 松散土压实后的体积/m³
一～二类土	种植土	20	0.80
	一般土	10	0.90
	砂土	5	0.95
三类土	天然湿度黄土	12～17	0.85
	一般土	5	0.95
	干燥坚实黄土	5～7	0.94

3. 土石的休止角

土石的休止角(表5-4),是指在某一状态下的岩土体可以稳定的坡度。

表5-4　　土石的休止角

土的名称	干土		湿润土		潮湿土	
	角度/°	高度与宽度比	角度/°	高度与宽度比	角度/°	高度与宽度比
砾石	40	1∶1.25	40	1∶1.25	35	1∶1.50
卵石	35	1∶1.50	45	1∶1.00	25	1∶2.75
粗砂	30	1∶1.75	35	1∶1.50	27	1∶2.00
中砂	28	1∶2.00	35	1∶1.50	25	1∶2.25
细砂	25	1∶2.25	30	1∶1.75	20	1∶2.75
重黏土	45	1∶1.00	35	1∶1.50	15	1∶3.75
粉质黏土、轻黏土	50	1∶1.75	40	1∶1.25	30	1∶1.75
粉土	40	1∶1.25	30	1∶1.75	20	1∶2.75
腐殖土	40	1∶1.25	35	1∶1.50	25	1∶2.25
填方的土	35	1∶1.50	45	1∶1.00	27	1∶2.00

二、土石方开挖

(一)施工准备

(1)场地清理,包括拆除房屋、古墓,拆迁或改建通信、电力线路、上下水道以及其他建筑物,迁移树木,去除耕植土及河塘淤泥等工作。

(2)场地内低洼地区的积水必须排除,同时应注意雨水的排除,使场地保持干燥,以便土石施工。

(3)排除地面积水,一般采用排水沟、截水沟、挡水土坝等措施。

(4)应尽量利用自然地形来设置排水沟,使水直接排至场外,或流向低洼处再用水泵抽走。主排水沟最好设置在施工区域的边缘或道路的两旁，其横断面和纵向坡度应根据最大流量确定。一般排水沟的断面不小于 0.5m×0.5m，纵向坡度一般不小于 3‰。平坦地区如排水困难，其纵向坡度不应小于 2‰；沼泽地区可减至 1‰。场地平整过程中，要注意保持排水沟畅通，必要时应设置涵洞。

(5)山区的场地平整施工应在较高一面的山坡上开挖截水沟。在低洼地区施工时，除要开挖排水沟外，必要时应修筑挡水坝，以阻挡雨水的流入。

(6)修筑临时道路、供水、供电及临时停机棚与修理间等临时设施。

施工技术准备

(1)检查图纸和资料是否齐全。

(2)了解工程规模、结构形式、特点、工程量和质量要求。

(3)熟悉土层地质、水文勘察资料。

(4)向参加施工人员层层进行技术交底。

(二)基坑边坡与支护

开挖基坑土方时，边坡土体的下滑力产生剪应力，此剪应力主要由土体的内摩阻力和内聚力平衡，一旦土体失去平衡，边坡就会塌方。为了防止塌方，保证施工安全，在基坑(槽)开挖深度超过一定限度时，土壁应放坡开挖，或者加以临时支撑或支护以保证土壁的稳定。

1. 土石边坡

(1)土石边坡开挖要求。土石边坡开挖应符合以下要求：

1)当地质条件良好、土质均匀且地下水位低于基坑(槽)或管沟底面标高时，挖方边坡可做成直立壁不加支撑，但深度不宜超过表 5-5 规定的数值。

表 5-5　　土方挖方边坡可做成直立壁不加支撑的最大允许深度

土质情况	最大允许挖方深度/m
密实、中密的砂土和碎石类土(充填物为砂土)	≤1
硬塑、可塑的粉土及粉质黏土	≤1.25
硬塑、可塑的黏土和碎石类土(充填物为黏性土)	≤1.5
坚硬的黏土	≤2

注:当挖方深度超过表中规定的数值时,应考虑放坡或做成直立壁加支撑。

2)当地质条件良好、土质均匀且地下水位低于基坑(槽)或管沟底面标高时,挖方深度在5m以内不加支撑的边坡的最陡坡度应符合表5-6的规定。

表 5-6　　深度在5m以内的基坑(槽)、管沟边坡的最陡坡度(不加支撑)

土的类别	边坡坡度高宽比		
	坡顶无荷载	坡顶有静载	坡顶有动载
中密的砂土	1∶1.00	1∶1.25	1∶1.50
中密的碎石类土(充填物为砂土)	1∶0.75	1∶1.00	1∶1.25
软土(经井点降水后)	1∶1.00	—	—
硬塑的粉土	1∶0.67	1∶0.75	1∶1.00
中密的碎石类土(充填物为黏性土)	1∶0.50	1∶0.67	1∶0.75
硬塑的粉质黏土、黏土	1∶0.33	1∶0.50	1∶0.67
老黄土	1∶0.10	1∶0.25	1∶0.33

注:1. 静载指堆土或材料等,动载指机械挖土或汽车运输作业等。静载或动载距挖方边缘的距离应保证边坡和直立壁的稳定,堆土或材料应距挖方边缘0.8m以外,高度不超过1.5m。
2. 当有成熟施工经验时,可不受本表限制。

3)对使用时间较长的临时性挖方边坡坡度,在山坡整体稳定情况下,如地质条件良好,土质较均匀,高度在10m以内的应符合表5-7的规定。

表 5-7　　使用时间较长、高度在 10m 以内的临时性挖方边坡坡度值

土的类别		边坡坡度高宽比
砂土(不包括细砂、粉砂)		1∶1.25～1∶1.5
一般黏性土	坚硬	1∶0.75～1∶1
	硬塑	1∶1～1∶1.15
碎石类土	充填坚硬、硬塑黏性土	1∶0.5～1∶1
	充填砂土	1∶1～1∶1.5

注:1. 使用时间较长的临时性挖方是指使用时间超过一年的临时道路、临时工程的挖方。
2. 挖方经过不同类别的土(岩)层或深度超过 10m 时,其边坡可做成折线形或台阶形。
3. 有成熟施工经验时,可不受本表限制。

4)在山坡整体稳定情况下,边坡的开挖应符合以下规定:边坡的坡度允许值,应根据当地经验,参照同类土(岩)体的稳定坡度值确定。当地质条件良好,土(岩)质比较均匀时,可按表 5-8 和表 5-9 确定。

表 5-8　　土质边坡坡度允许值

土的类别	密实度或状态	坡度允许值(高宽比)	
		坡高在 5m 以内	坡高为 5～10m
碎 石 土	密实	1∶0.35～1∶0.50	1∶0.50～1∶0.75
	中密	1∶0.50～1∶0.75	1∶0.75～1∶1.00
	稍密	1∶0.75～1∶1.00	1∶1.00～1∶1.25
黏 性 土	坚硬	1∶0.75～1∶1.00	1∶1.00～1∶1.25
	硬塑	1∶1.00～1∶1.25	1∶1.25～1∶1.50

注:1. 表中碎石土的充填物为坚硬或硬塑状态的黏性土。
2. 对于砂土或充填物为砂土的碎石土,其边坡坡度允许值均按自然休止角确定。
3. 引自《建筑地基基础工程施工质量验收规范》(GB 50202—2002)。

表 5-9　　岩石边坡坡度允许值

岩石类土	风化程度	坡度允许值(高宽比)		
		坡高在 8m 以内	坡高 8～15m	坡高 15～30m
硬质岩石	微风化	1∶0.10～1∶0.20	1∶0.20～1∶0.35	1∶0.30～1∶0.50
	中等风化	1∶0.20～1∶0.35	1∶0.35～1∶0.50	1∶0.50～1∶0.75
	强风化	1∶0.35～1∶0.50	1∶0.50～1∶0.75	1∶0.75～1∶1.00
软质岩石	微风化	1∶0.35～1∶0.50	1∶0.50～1∶0.75	1∶0.75～1∶1.00
	中等风化	1∶0.50～1∶0.75	1∶0.75～1∶1.00	1∶1.00～1∶1.50
	强风化	1∶0.75～1∶1.00	1∶1.00～1∶1.25	—

5)当边坡的高度大于表 5-8 或表 5-9 的规定,或岩层层面的倾斜方向与边坡的开挖面的倾斜方向一致,且两者走向的夹角小于 45°,边坡的坡度允许值应另行设计。

开挖土石方时，宜从上到下，依次进行；挖、填土宜求平衡，尽量分散处理弃土，如必须在坡顶或山腰大量弃土时，应进行坡体稳定性验算。

6)对于土质边坡或易于软化的岩质边坡,在开挖时应采取相应的排水和坡脚、坡面保护措施,并不得在影响边坡稳定的范围内积水。

(2)边坡处理方法。土石开挖边坡处理方法,见表 5-10。

表 5-10　　土石开挖边坡处理方法

序号	项目	内　　容
1	刷坡处理	(1)对于土坡一般应开出不小于 1∶(0.75～1)的坡度,将不稳定的土层挖掉;当有两种土层时,则应设台阶形边坡;同时,在坡顶、坡脚设置截水沟和排水沟,以防地表雨水冲刷坡面。 (2)对一般难以风化的岩石,如花岗岩、石灰岩、砂岩等,可按 1∶(0.2～0.3)开坡,但应避免出现倒坡。 (3)对易风化的泥岩、页岩,一般宜开出 1∶(0.3～0.75)的坡度,并在表面做护面处理

续表

序号	项目	内　　容
2	易风化岩石边坡护面处理	(1)抹石灰炉渣面层[图 5-1(a)]。砂浆配合比为:白灰∶炉渣=1∶(2～3)(质量比),并掺相当石灰重 6%～7%的纸筋、草筋或麻刀拌和。炉渣粒径不大于 5mm,石灰用淋透的石灰膏。拌好的砂浆用人工压抹在边坡表面,厚 20～30mm,一次抹成并压实、抹光、拍打紧密,最后在表面刷卤水并用卵石磨光,对怕水侵蚀的边坡,在表面干燥后刷(刮)热沥青胶一道来罩面。
2	易风化岩石边坡护面处理	(2)抹水泥粉煤灰砂浆面层。砂浆配合比为:水泥∶粉煤灰∶砂=1∶1∶2(质量比),并掺入适量石灰膏,用喷射法施工,分两次喷涂,每次厚 10～15mm,总厚 20～30mm。 (3)砌卵石护墙[图 5-1(b)]。墙体用直径为 150mm 以上的大卵石及 M5 水泥石灰炉渣砂浆砌筑,砂浆配合比为:水泥∶石灰∶炉渣=1∶(0.3～0.7)∶(4～6.5)(质量比),护墙厚40～60cm。在护墙高度方向每隔 3～4m 设一道混凝土圈梁,配筋为 6ϕ6 或 6ϕ12,用锚筋与岩石连接。墙面每 2m×2m 设一 ϕ50 泄水孔,水流较大的则在护墙上做一道垂直方向的水沟集中把水排出。每隔 10m 留一条竖向伸缩缝,中间填塞浸渍沥青的木板。 (4)采取上部抹石灰炉渣面层与下部砌卵石(块石)墙相结合的方法[图 5-1(c)]

土石方运输注意事项

(1)严禁超载运输土石方,运输过程中应进行覆盖,安全生产。

(2)施工现场运输道路要布置有序,避免运输混杂。

(3)土石方运输装卸要有专人指挥倒车。严格控制车速,不超速、不超重。

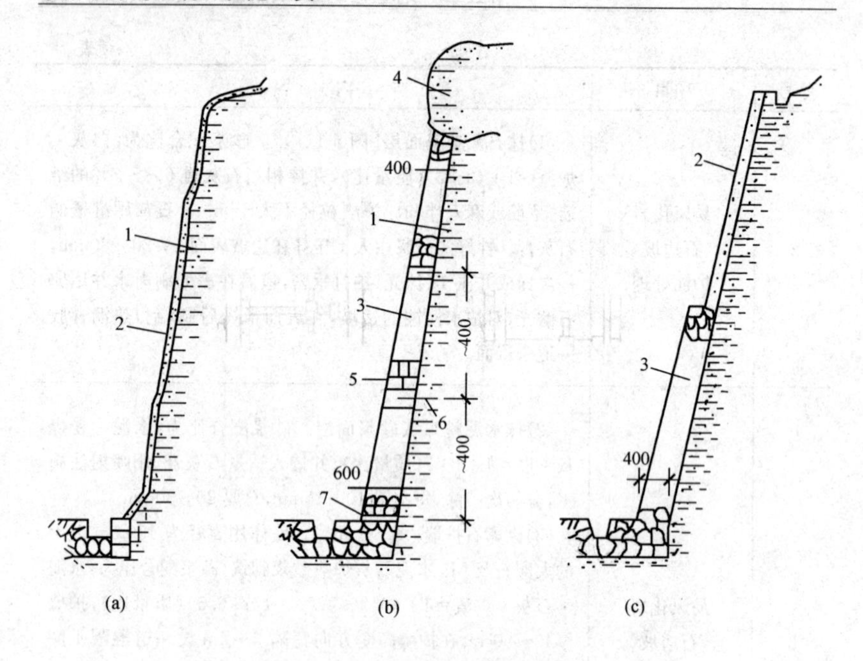

图 5-1　易风化岩石边坡护面处理

(a)石灰炉渣抹面或喷水泥粉煤灰砂浆保护层；(b)卵石保护墙；

(c)抹面与卵石(块石)墙结合的保护层

1—易风化泥岩；2—抹白灰炉渣厚 20～30mm 或喷水泥粉煤灰砂浆；

3—砌大卵石保护墙；4—危岩；5—钢筋混凝土圈梁；6—锚筋 ф25@3000，

锚入岩石 1.0～1.5m；7—泄水孔 ϕ50@3000

2. 土壁支撑

开挖基坑(槽)时，如地质条件及周围条件允许，可放坡开挖，但在建筑密集地区施工，有时不允许按要求放坡开挖，或者有防止地下水渗入基坑要求时，就需要用支护结构支撑土壁，以保证施工的顺利和安全，并减少对相邻已有建筑物的不利影响。

土壁支撑根据基坑(槽)及其深度和平面宽度大小可采用不同的形式。在开挖较窄的沟槽时，多用木挡板横撑式土壁支撑。横撑式土壁支撑根据挡土板设置的不同，分为水平挡土板式和垂直挡土板式，如图 5-2(a)、(b)所示。前者又可分为断续式和连续式。断续式水平挡土板支撑在湿度小的黏性土及挖土深度小于3m时采用；连续式水平挡土板支撑用于较潮湿的或散粒的土，挖土深度可达5m。垂直挡土板支撑用于松散的和湿度很高的土，挖土深度不限。

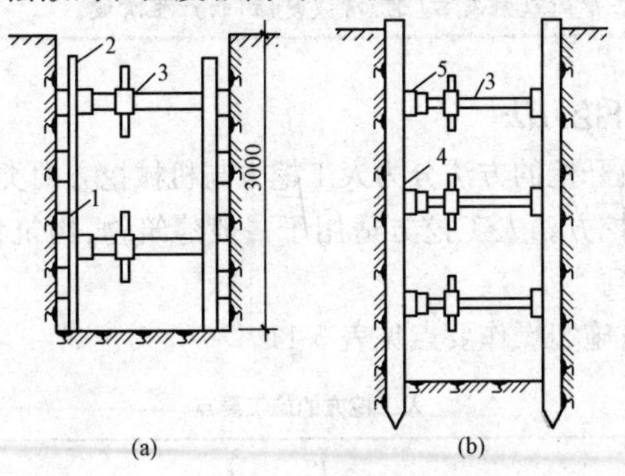

图5-2　横撑式支撑

(a)断续式水平挡土板支撑；(b)垂直挡土板支撑

1—水平挡土板；2—竖楞木；3—工具式支撑；4—竖直挡土板；5—横楞木

滑坡与塌方原因分析

(1)斜坡土(岩)体本身存在倾向相近、层理发达、破碎严重的裂隙，或内部夹有易滑动的软弱带，如软泥、黏土质岩层，受水浸后滑动或塌落。

(2)土层下有倾斜度较大的岩层，或软弱土夹层；或岩层虽近于水平，但距边坡过近，边坡倾度过大，堆土或堆置材料、建筑物荷重，增加了土体的负担，降低了土与岩面之间的抗剪强度。

(3)边坡坡度不够，倾角过大，土体因雨水或地下水浸入，剪切应力增大，粘聚力减弱。

(4)开堑挖方，不合理地切割坡脚；或坡脚被地表、地下水掏空；或斜坡地段下部被冲沟所切，地表、地下水浸入坡体；或开坡放炮使坡脚松动，加大坡体坡度，破坏了土(岩)体的内力平衡。

(5)在坡体上不适当的堆土或填土，设置建筑物；或土工构筑物设置在尚未稳定的古(老)滑坡上,或设置在易滑动的坡积土层上,填方或建筑物增荷后,重心改变,在外力(堆载振动、地震等)和地表、地下水双重作用下,坡体失去平衡或触发古(老)滑坡复活,而产生滑坡。

3. 土石开挖方法

基础土石开挖的方法分为人工挖方与机械挖方两类。

(1)人工挖方。人工挖方适用于一般建筑物、构筑物的基坑(槽)和各种管沟等。

人工挖方施工操作要点见表5-11。

表5-11　　人工挖方的施工要点

序号	内　容
1	在天然湿度的土中,开挖基坑(槽)和管沟时,当挖土深度不超过规定的数值时,可不放坡,不加支撑。 若超出规定深度,在5m以内时,当土具有天然湿度,构造均匀,水文地质条件好,且无地下水,不加支撑的基坑(槽)和管沟,必须放坡
2	开挖浅的条形基础,如不放坡时,应先沿灰线直边切出槽边的轮廓线,一般黏性土可自上而下分层开挖,每层深度以600mm为宜,从开挖端部逆向倒退按踏步型挖掘。碎石类土先用镐翻松,正向挖掘,每层深度视翻土厚度而定,每层应清底和出土,然后逐步挖掘
3	基坑(槽)、管沟的直立壁和边坡,在开挖过程和敞露期间应防止塌陷,必要时应加以保护。 在挖方上侧弃土时,应保证边坡和直立壁的稳定。当土质良好时,抛于槽边的土方(或材料),应距槽(沟)边缘0.8m以外,高度不宜超过1.5m。 在柱基周围、墙基或围墙一侧,不得堆土过高
4	开挖基坑(槽)或管沟时,应合理确定开挖顺序和分层开挖深度。当接近地下水位时,应先完成标高最低处的挖方,以便于在该处集中排水。开挖后,在挖到距槽底500mm以内时,测量放线人员应配合抄出距槽底500mm平线;自每条槽端部200mm处每隔2～3m,在槽帮上钉水平标高小木橛。在挖至接近槽底标高时,用尺或事先量好的500mm标准尺杆,随时以小木橛上平校核槽底标高。最后由两端轴线(中心线)引桩拉通线,检查距槽边尺寸,确定槽宽标准,据此修整槽帮,最后清除槽底土方,修底铲平

续表

序号	内　容
5	开挖浅管沟时，与浅条形基础开挖基本相同，仅沟帮不切直修平。标高按龙门板下返沟底尺寸，符合设计标高后，再从两端龙门板下的沟底标高上返 500mm，拉小线用尺检查沟底标高，最后修整沟底
6	开挖放坡的坑(槽)和管沟时，应先按施工方案规定的坡度，粗略开挖，再分层按坡度要求做出坡度线，每隔 3m 左右做一条，以此线为准进行铲坡。深管沟挖土时，应在沟帮中间留出宽 800mm 左右的倒土台
7	开挖大面积浅基坑时，沿坑三面开挖，挖出的土方装入手推车或翻斗车，由未开挖的一面运至弃土地点
8	开挖基坑(槽)的土方，在场地有条件堆放时，一定要留足回填需用的好土，多余的土方应一次运至弃土地点
9	土方开挖一般不宜在雨期进行。否则工作面不宜过大，应逐段、逐片的分期完成。 雨期开挖基坑(槽)或管沟时，应注意边坡稳定。必要时可适当放缓边坡坡度或设置支撑。同时，应在坑(槽)外侧围以土堤或开挖水沟，防止地面水流入。施工时应加强边坡、支撑、土堤等的检查
10	土方开挖不宜在冬期施工。如必须在冬期施工时，其施工方法应按冬期施工方案进行

(2)机械挖方。机械挖方主要适用于一般建筑的地下室、半地下室土方，基槽深度超过 2.5mm 的住宅工程，条形基础槽宽超过 3m 或土方量超过 500m³ 的其他工程。

1)拉铲挖掘机作业法，见表 5-12。

表 5-12　　拉铲挖掘机开挖方法

作业名称	开挖方法	适用范围
沟端开挖法 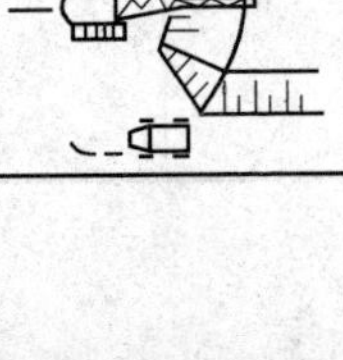	拉铲停在沟端，倒退着沿沟纵向开挖。开挖宽度可以达到机械挖土半径的 2 倍，能两面出土，汽车停放在一侧或两侧，装车角度小，坡度较易控制，并能开挖较陡的坡	适于就地取土、填筑路基及修筑堤坝等

续一

作业名称	开挖方法	适用范围
沟侧开挖法	拉铲停在沟侧沿沟横向开挖，沿沟边与沟平行移动，如沟槽较宽，可在沟槽的两侧开挖。本法开挖宽度和深度均较小，一次开挖宽度约等于挖土半径，且开挖边坡不易控制	适于开挖土方就地堆放的基坑、槽以及填筑路堤等工程
三角开挖法 A、B、C…拉铲停放位置 1、2、3…开挖顺序	拉铲按“之”字形移位，与开挖沟槽的边缘成45°角左右。本法拉铲的回转角度小，生产率高，而且边坡开挖整齐	适于开挖宽度在8m左右的沟槽
分段拉土法 	在第一段采取三角挖土，第二段机身沿AB线移动进行分段挖土。如沟底(或坑底)土质较硬，地下水位较低时，应使汽车停在沟下装土，铲斗装土后稍微提起即可装车，能缩短铲斗起落时间，又能减小臂杆的回转角度	适于开挖宽度大的基坑、槽、沟渠工程

续二

作业名称	开挖方法	适用范围
层层拉土法 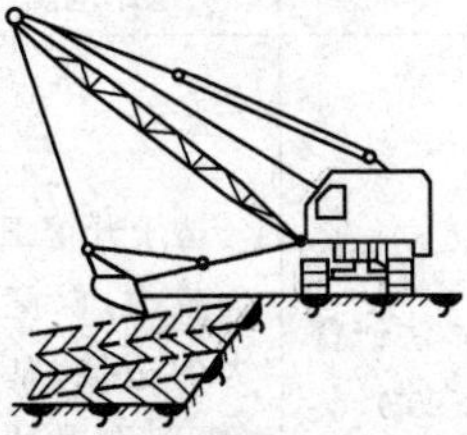	拉铲从左到右，或从右到左顺序逐层挖土，直至全深。本法可以挖得平整，拉铲斗的时间可以缩短。当土装满铲斗后，可以从任何高度提起铲斗，运送土时的提升高度可减少到最低限度，但落斗时要注意将拉斗钢绳与落斗钢绳一起放松，使铲斗垂直下落	适于开挖较深的基坑，特别是圆形或方形基坑
顺序挖土法 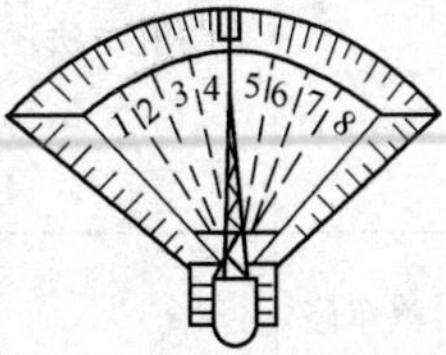	挖土时先挖两边，保持两边低、中间高的地形，然后顺序向中间挖土。本法挖土只两边遇到阻力，较省力，边坡可以挖得整齐，铲斗不会发生翻滚现象	适于开挖土质较硬的基坑
转圈挖土法 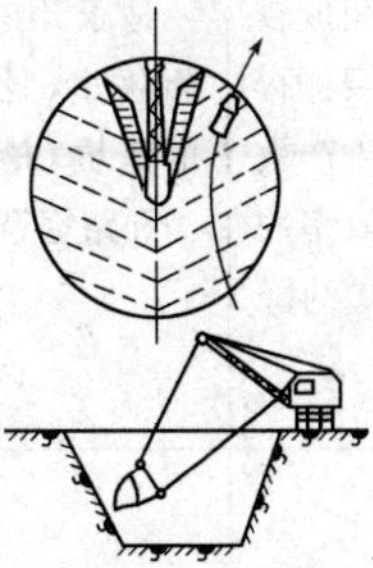	拉铲在边线外顺圆周转圈挖土，形成四周低中间高，可防止铲斗翻滚。当挖到 5m 以下时，则需配合人工在坑内沿坑周边往下挖一条宽 50cm，深 40～50cm 的槽，然后进行开挖，直至槽底平，接着再人工挖槽，再用拉铲挖土，如此循环作业至设计标高为止	适于开挖较大、较深圆形基坑
扇形挖土法 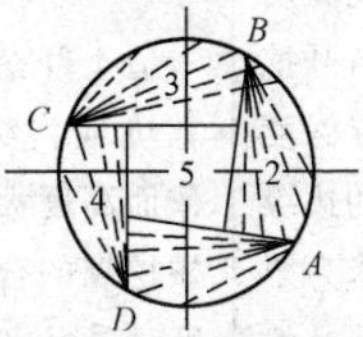 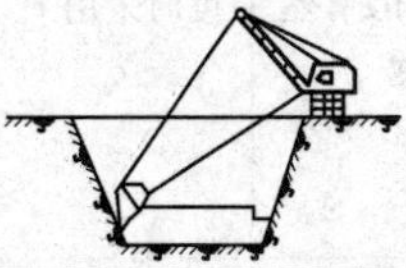	拉铲先在一端挖成一个锐角形，然后挖土机沿直线按扇形后退，挖土直至完成。本法挖土机移动次数少，汽车在一个部位循环，道路少，装车高度小	适于挖直径和深度不大的圆形基坑或沟渠

2)正铲挖掘机作业法,见表5-13。

表 5-13　　正铲挖掘机开挖方法

作业名称	开挖方法	适用范围
正向开挖,侧向装土法  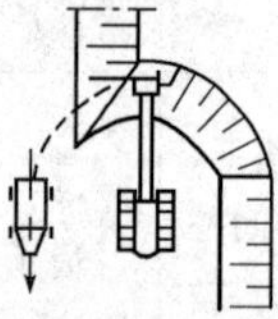	正铲向前进方向挖土,汽车位于正铲的侧向装车。本法铲臂卸土回转角度最小(<90°),装车方便,循环时间短,生产效率高	适于开挖工作面较大,深度不大的边坡、基坑(槽)、沟渠和路堑等,为最常用的开挖方法
正向开挖,反方装土法  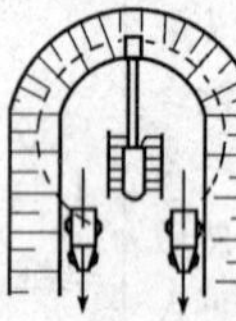	正铲向前进方向挖土,汽车停在正铲的后面。本法开挖工作面较大,但铲臂卸土回转角度较大(在180°左右),且汽车要侧行车,增加工作循环时间,生产效率降低(回转角度180°,效率约降低23%,回转角度130°约降低13%)	适于开挖工作面狭小,且较深的基坑(槽)、管沟和路堑等
分层开挖法 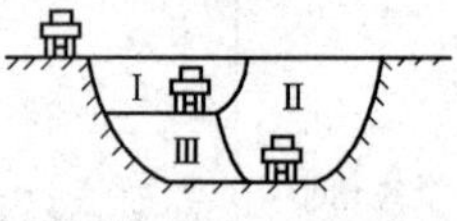 (a) 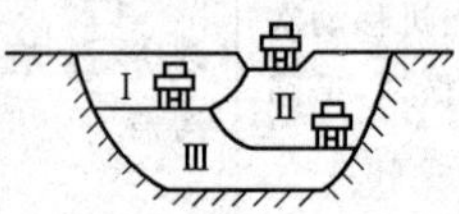 (b)	将开挖面按机械的合理高度分为多层开挖[图(a)],当开挖面高度不能成为一次挖掘深度的整数倍时,则可在挖方的边缘或中部先开挖一条浅槽作为第一次挖土运输线路[图(b)],然后逐次开挖直至基坑底部	适于开挖大型基坑或沟渠,工作面高度大于机械挖掘的合理高度时采用

续表

作业名称	开挖方法	适用范围
上下轮换开挖法 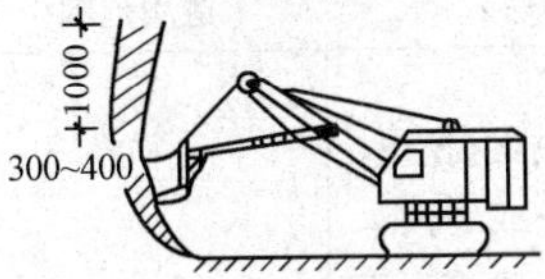	先将土层上部1m以下土挖深30～40cm，然后挖土层上部1m厚的土，如此上下轮换开挖。本法挖土阻力小，易装满铲斗，卸土容易	适于土层较高，土质不太硬，铲斗挖掘距离很短时使用
顺铲开挖法 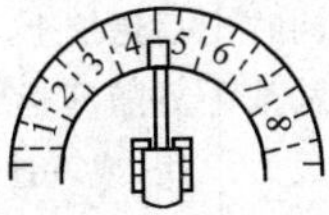	铲斗从一侧向另一侧一斗挨一斗地顺序开挖，使每次挖土增加一个自由面，阻力减小，易于挖掘。也可依据土质的坚硬程度使每次只挖2～3个斗牙位置的土	适于土质坚硬，挖土时不易装满铲斗，而且装土时间长时采用
间隔开挖法 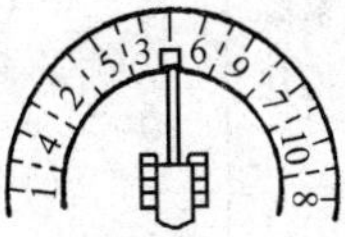	即在扇形工作面上第一铲与第二铲之间保留一定距离，使铲斗接触土体的摩擦面减少，两侧受力均匀，铲土速度加快，容易装满铲斗，生产效率提高	适于开挖土质不太硬、较宽的边坡或基坑、沟渠等
多层挖土法 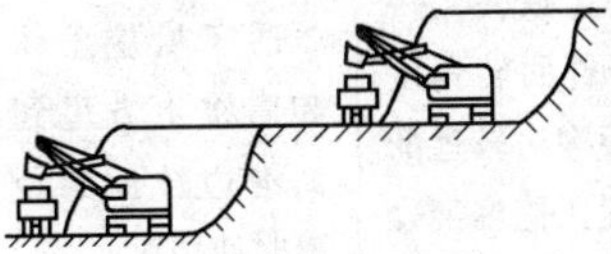	将开挖面按机械的合理开挖高度，分为多层同时开挖，以加快开挖速度，土方可以分层运出，也可分层递送，至最上层(或下层)用汽车运去，但两台挖土机沿前进方向，上层应先开挖保持30～50cm距离	适于开挖高边坡或大型基坑
中心开挖法 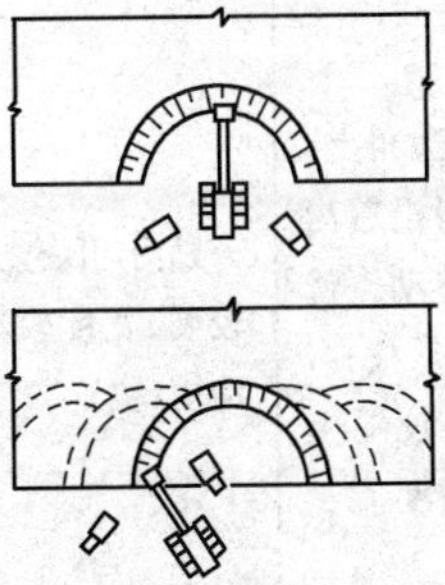	正铲先在挖土区的中心开挖，当向前挖至回转角度超过90°时，则转向两侧开挖，运土汽车按八字形停放装土。本法开挖移位方便，回转角度小(＜90°)。挖土区宽度宜在40m以上，以便于汽车靠近正铲装车	适于开挖较宽的山坡地段或基坑、沟渠等

3)反铲挖掘机作业法,见表5-14。

表5-14　　反铲挖掘机开挖方法

作业名称	开挖方法	适用范围
沟端开挖法 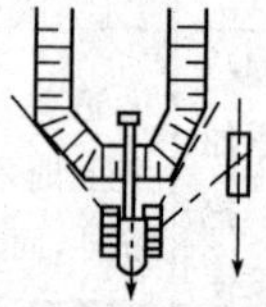 (a) 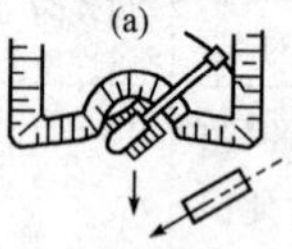 (b)	反铲停于沟端,后退挖土,同时往沟一侧弃土或装汽车运走[图(a)]。挖掘宽度可不受机械最大挖掘半径限制,臂杆回转半径仅45°～90°,同时可挖到最大深度。对较宽基坑可采用图(b)方法,其最大一次挖掘宽度为反铲有效挖掘半径的两倍,但汽车须停在机身后面装土,生产效率降低。或采用几次沟端开挖法完成作业	适于一次成沟后退挖土,挖出土方随即运走时采用,或就地取土填筑路基或修筑堤坝等
沟侧开挖法 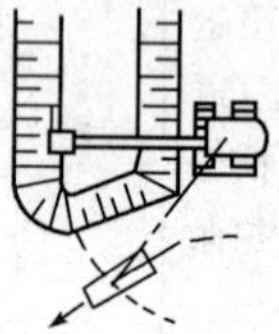	反铲停于沟侧沿沟边开挖,汽车停在机旁装土或往沟一侧卸土。本法铲臂回转角度小,能将土弃于距沟边较远的地方,但挖土宽度比挖掘半径小,边坡不好控制,同时机身靠沟边停放,稳定性较差	适于横挖土体和需将土方甩到离沟边较远的距离时使用
沟角开挖法 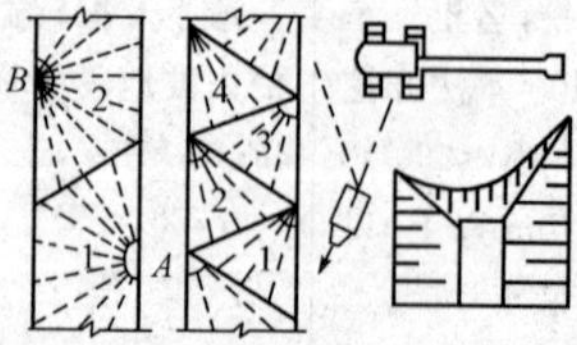 B 2 1 A 4 3 2 1	反铲位于沟前端的边角上,随着沟槽的掘进,机身沿着沟边往后作"之"字形移动。臂杆回转角度平均在45°左右,机身稳定性好,可挖较硬土体,并能挖出一定的坡度	适于开挖土质较硬、宽度较小的沟槽(坑)

续表

作业名称	开挖方法	适用范围
多层接力开挖法 	用两台或多台挖土机设在不同作业高度上同时挖土，边挖土、边向上传递到上层，由地表挖土机连挖土带装车。上部可用大型反铲，中、下层用大型或小型反铲，以便挖土和装车，均衡连续作业，一般两层挖土可挖深10m，三层可挖深15m左右。本法开挖较深基坑，可一次开挖到设计标高，一次完成，可避免汽车在坑下装运作业，提高生产效率，且不必设专用垫道	适于开挖土质较好、深10m以上的大型基坑、沟槽和渠道

特别提示

土石开挖的注意事项

(1)挖掘中如发现文物(古铜器、瓷器等)或古墓应立即妥善保护，并应报请当地有关部门来现场处理，待处理妥善结束后才可继续施工。保护区应设标志，并有专人管护现场。

(2)挖掘发现地下管线(管道、电缆、通信线路)等，应及时通知有关部门来处理。尤其电缆不仅影响使用，还有触电的可能。

(3)如发现有测量用的永久性标桩或地质、地震部门设置的长期观测孔等，亦应加以保护。如因施工必须毁坏时，应事先取得原设置单位或保管单位的书面同意。

(4)大型挖土及降低地下水位时，应经常注意观察附近已有建筑物或构筑物、道路、管线等有无下沉和变形。如有下沉和变形，必要时应与设计单位、建设单位协商采取防护措施。

(5)在城市中挖运土时，车辆出土地时要清洗轮胎，防止泥土带入城市道路，影响城市文明卫生。

三、土石方回填

(一)回填土料的要求

填方土料应符合设计要求,保证填方的强度和稳定性,如设计无要求时,应符合以下规定:

(1)碎石类土、砂土和爆破石渣(粒径不大于每层铺土厚的2/3),可用于表层下的填料。

(2)含水量符合压实要求的黏性土,可作各层填料。

(3)淤泥和淤泥质土,一般不能用作填料,但在软土地区,经过处理含水量符合压实要求的,可用于填方中的次要部位。

(4)碎块草皮和有机质含量大于5%的土,只能用在无压实要求的填方。

(5)含有盐分的盐渍土中,仅中、弱两类盐渍土,一般可以使用,但填料中不得含有盐晶、盐块或含盐植物的根茎。

(6)不得使用冻土、膨胀性土作填料。

基底处理要求

(1)场地回填应先清除基底上垃圾、草皮、树根,排除坑穴中的积水、淤泥和杂物,并应采取措施防止地表滞水流入填方区,浸泡地基,造成基土塌陷。

(2)当填方基底为松土时,应将基底充分夯实和碾压密实。

(3)当填方位于水田、沟渠、池塘等松散土地段,应排水疏干,或做换填处理。

(4)当填土场地陡于1/5时,应将斜坡挖成阶梯形,阶高0.2～0.3m,阶宽大于1m,分层填土。

(二)土方回填

土方回填分为人工回填和机械回填两种。对于大型基坑,为加快施工速度,宜优先考虑机械回填。

1. 人工填土

(1)回填土时从场地最低部分开始，由一端向另一端自下而上分层铺填。每层虚铺厚度，用人工木夯夯实时，不大于20cm；用打夯机械夯实时不大于25cm。

(2)深浅坑(槽)相连时，应先填深坑(槽)，相平后与浅坑全面分层填夯。如果采取分段填筑，交接处应填成阶梯形。墙基及管道回填应在两侧用细土同时均匀回填、夯实，防止墙基及管道中心线位移。

(3)人工夯填土，用60～80kg的木夯或铁、石夯，由4～8人拉绳，两人扶夯，举高不小于0.5m，一夯压半夯，按次序进行。

(4)较大面积人工回填用打夯机夯实。两机平行时其间距不得小于3m，在同一夯打路线上，前后间距不得小于10m。

2. 机械填土

机械填土方法见表5-15。

表5-15　机械填土方法

序号	项目	内　容
1	推土机填土	(1)填土应由下而上分层铺填，每层虚铺厚度不宜大于30cm。大坡度堆填土，不得居高临下，不分层次，一次堆填。 (2)推土机运土回填，可采取分堆集中，一次运送方法，分段距离为10～15m，以减少运土漏失量。 (3)土方推至填方部位时，应提起一次铲刀，成堆卸土，并向前行驶0.5～1.0m，利用推土机后退时将土刮平。 (4)用推土机来回行驶进行碾压，履带应重叠一半。 (5)填土程序宜采用纵向铺填顺序，从挖土区段至填土区段，以40～60cm距离为宜
2	铲运机填土	(1)铲运机铺土，铺填土区段，长度不宜小于20m，宽度不宜小于8m。 (2)铺土应分层进行，每次铺土厚度不大于30～50cm(视所用压实机械的要求而定)，每层铺土后，利用空车返回时将地表面刮平。 (3)填土顺序一般尽量采取横向或纵向分层卸土，以利行驶时初步压实。

续表

序号	项目	内　容
3	自卸汽车填土	(1)自卸汽车为成堆卸土,须配以推土机推土、摊平。 (2)每层的铺土厚度不大于30～50cm(随选用的压实机具而定)。 (3)填土可利用汽车行驶作部分压实工作,行车路线须均匀分布于填土层上。 (4)汽车不能在虚土上行驶,卸土推平和压实工作须采取分段交叉进行

土石回填注意事项

(1)对有密实度要求的填方,应按规定每层取样,测定夯实后的干密度,在符合设计和规范要求后,才能填筑土层,未达到设计要求的部位,应有处理措施。

(2)严格选用回填土料,控制含水量、夯实遍数。不同的土填筑时,应分层铺填,将透水性大的土层置于透水性较小的土层之下,不得混杂使用。

(3)严格控制每层铺土厚度,不得出现漏压或未压够遍数,或是坑(槽)底有机物、泥土等杂物清理不彻底等问题。

(4)基坑(槽)回填应分层对称,防止造成一侧压力过大,出现不平衡,破坏基础或构筑物。当填方位于倾斜的地面时,应先将斜坡改成阶梯状,然后分层填土,以防填土滑动。

(5)在机械施工碾压不到的填土部位,应配合人工进行填土,用蛙式或柴油打夯机分层夯打密实。

四、土石方压实

(一)压实一般要求

(1)填土压实应控制土的含水率在最优含水量范围内,土料含水量一般以手握成团,落地开花为宜。当土料含水量过大,可采取翻松晾干、风干、换土回填、掺入干土或其他吸水材料等措施；如土料过干，则应洒水润湿，增加压实遍数，或使用大功率压实机械等措施。

(1)填土层如有地下水或滞水时，应在四周设置排水沟和集水井，将水位降低。

(2)填土区应保持一定横坡，或中间稍高两边稍低，以利排水。当天填土，应在当天压实。

(2)填方应从最低处开始，由下向上水平分层铺填碾压(或夯实)。

(3)在地形起伏之处，应做好接槎，修筑1∶2阶梯形边坡，每步台阶高可取50cm，宽100cm。分段填筑时，每层接缝处应做成大于1∶1.5的斜坡，碾迹重叠0.5～1.0m，上下层错缝距离不应小于1m。接缝部位不得在基础、墙角、柱墩等重要部位。

(4)压实填土的质量要求应符合表5-16的规定。

表5-16　压实填土的质量控制

结构类型	填土部位	压实系数λ_c	控制含水量(%)
砌体承重结构和框架结构	在地基主要受力层范围内	≥0.97	$W_{op}\pm2$
	在地基主要受力层范围以下	≥0.95	
排架结构	在地基主要受力层范围内	≥0.96	
	在地基主要受力层范围以下	≥0.94	

(二)填土压实方法

1. 人工夯实方法

(1)人力打夯前应将填土初步整平，打夯要按一定方向进行，一夯压半夯，夯夯相接，行行相连，两遍纵横交叉，分层夯打。夯实基槽及地坪时，行夯路线应由四边开始，然后夯向中间。

(2)用蛙式打夯机等小型机具夯实时，一般填土厚度不宜大于25cm，打夯之前对填土应初步平整，打夯机依次夯打，均匀分布，不留间隙，施工时的分层厚度及压实遍数应符合表5-17的要求。

表 5-17　　填土施工时的分层厚度及压实遍数

压实机具	分层厚度/mm	每层压实遍数
平碾	250～300	6～8
振动压实机	250～350	3～4
柴油打夯机	200～250	3～4
人工打夯	不大于 200	3～4

注：1. 压实系数 λ_c 为压实填土的控制干密度 ρ_d 与最大干密度 ρ_{dmax} 的比值，w_{op} 为最优含水量。

2. 地坪垫层以下及基础底面标高以上的压实填土，压实系数不应小于 0.94。

(3)基坑(槽)回填应在相对两侧或四周同时进行回填与夯实，压实填土的边坡允许值应符合表 5-18 的规定。

表 5-18　　压实填土的边坡允许值

填料类别	压实系数 λ_c	边坡允许值(高宽比)			
		填土厚度 H/m			
		$H\leqslant5$	$5<H\leqslant10$	$10<H\leqslant15$	$15<H\leqslant20$
碎石、卵石	0.94～0.97	1∶1.25	1∶1.50	1∶1.75	1∶2.00
砂夹石(其中碎石、卵石占全重30%～50%)		1∶1.25	1∶1.50	1∶1.75	1∶2.00
土夹石(其中碎石、卵石占全重30%～50%)	0.94～0.97	1∶1.25	1∶1.50	1∶1.75	1∶2.00
粉质黏土、黏粒含量 $\rho_c\geqslant10\%$的粉土		1∶1.50	1∶1.75	1∶2.00	1∶2.25

注：当压实填土厚度大于 20m 时，可设计成台阶进行压实填土的施工。

(4)回填管沟时，应用人工先在管子周围填土夯实，并应从管道两边同时进行，直至管顶 0.5m 以上。在不损坏管道情况下，方可采用机械填土回填和压实。

2. 机械压实方法

(1)填土在碾压机械碾压之前，宜先用轻型推土机、拖拉机推平，低速行驶预压 4～5 遍，使其表面平实，采用振动平碾压实。爆破石碴

或碎石类土，应先用静压而后振压。

(2)碾压机械压实填方时应控制行驶速度：一般平碾、振动碾不超过 2km/h；羊足碾压不超过 3km/h，并要控制压实遍数。

(3)用压路机进行填方碾压，应采用“薄填、慢驶、多次”的方法，填土厚度不应超过 25～30cm；碾压方向应从两边逐渐压向中间，碾轮每次重叠宽度为 15～25cm，边角、坡度压实不到之处，应辅以人力夯或小型机具夯实。压实密实度除另有规定外，应压至轮子下沉量不超过 1～2cm 为度，每碾压一层完后，应用人工或机械(推土机)将表面拉毛，以利接合。

(4)用羊足碾碾压时，填土宽度不宜大于 50cm，碾压方向应从填土区的两侧逐渐压向中心。每次碾压应有 15～20cm 重叠，同时，随时清除黏着于羊足之间的土料。为提高上部土层密实度，羊足碾压过后，宜再辅以拖式平碾或压路机压平。

(5)用铲运机及运土工具进行压实，铲运机及运土工具的移动须均匀分布于填筑层的表面，逐次卸土碾压，如图 5-3 所示。

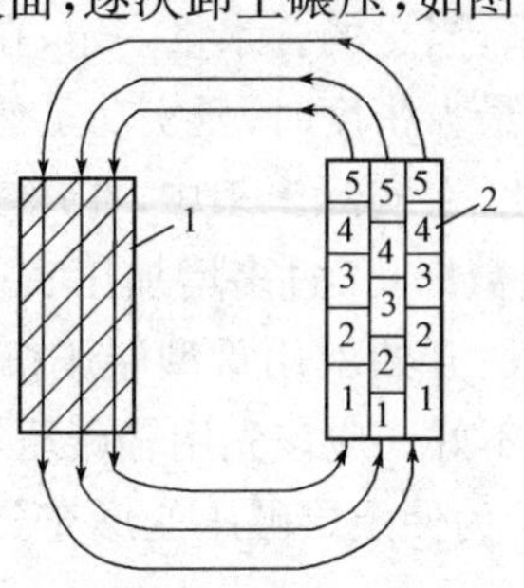

图 5-3　铲运机在填土地段逐次卸土碾压

1—挖土区；2—卸土碾压区

橡皮土处理方法

(1)暂停一段时间施工，避免再直接拍打，使“橡皮土”含水量逐渐降低，或将土层翻晾。

(2)如地基已成“橡皮土”，可在上面铺一层碎石或碎砖后进行夯击，将表土层挤紧。

(3)橡皮土较严重的,可将土层翻起并粉碎均匀,掺加石灰粉,改变原土结构成为灰土。

(4)当为荷载大的房屋地基,采取打石桩,将毛石(块度为20～30cm)依次打入土中。

(5)挖去“橡皮土”,重新填好土或级配砂石夯实。

(三)影响填土压实的因素

填土压实的影响因素较多,主要有压实功、土的含水量及压实厚度。

(1)压实功。填土压实后的密实度与压实机械对填土所施加的功即压实功有很大关系,两者之间的关系如图5-4所示。从图中可以看出两者并不成正比关系,当土的含水量一定,在开始压实时,土的密度急剧增加,待接近土的最大密度时,压实功虽然增加许多,但土的密度却没有明显变化。因此,在实际施工中,在压实机械和铺土厚度一定的条件下,碾压一定遍数即可,过多增加压实遍数对提高土的密度作用不大。另外,对松土一开始就用重型碾压机械碾压,土层会出现强烈起伏现象,压实效果不好。应该先用轻碾压实,再用重碾碾压,才会取得较好的压实效果。为使土层碾压变形充分,压实机械的行驶速度不宜太快。

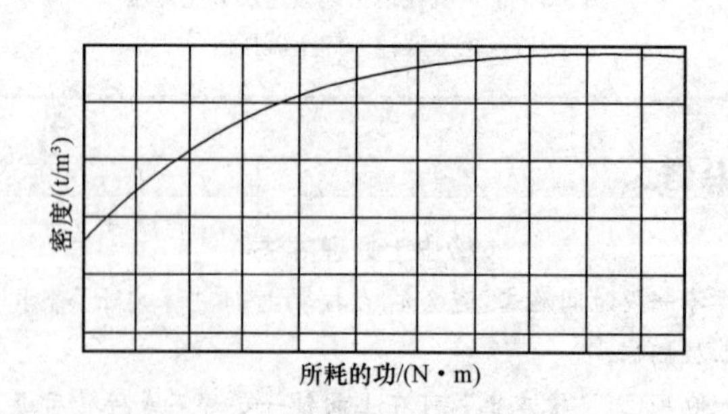

图5-4　土的密度与压实功的关系示意图

(2)土的含水量。在同一压实条件下，填土的含水量对压实质量有直接影响。较为干燥的土颗粒之间的摩阻力较大，因而不易压实；当含水量超过一定限度时，土颗粒之间的孔隙由水填充而呈饱和状态，也不能压实；当土的含水量适当时，水起润滑作用，土颗粒之间的摩阻力减小，压实效果好。填料为黏性土或排水不良的砂土时，其最优含水量与相应的最大干密度应用击实试验测定。每种土都有其最佳的含水量。土在这种含水量的条件下，使用同样的压实方法进行压实，所得到的密度最大，如图 5-5 所示。各种土的最佳含水量和最大干密度可参考表 5-19。工地简单检验黏性土含水量的方法一般是用手握成团、落地开花为宜。当含水量过大，应采取翻松、晾干、风干、换土回填、掺入干土或其他吸水性材料等措施；如土料过干，则应预先洒水润湿，每 $1m^3$ 铺好的土层需要补充水量(V)按下式计算：

$$V=\frac{\rho_w}{1+W}(W_{op}-W)$$

式中　V——单位体积内需要补充的水量(L)；

W——土的天然含水量(%)(以小数计)；

W_{op}——土的最优含水量(%)(以小数计)；

ρ_w——填土碾压前的密度(kg/m^3)。

在气候干燥时，须采取措施加速挖土、运土、平土和碾压过程，以减少土的水分散失。

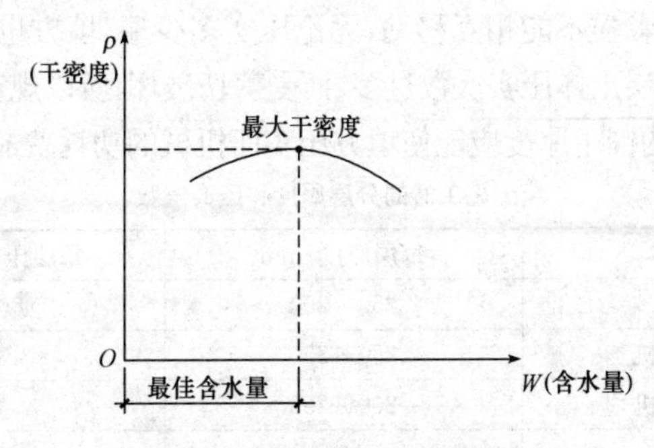

图 5-5　土的干密度与含水量关系

表 5-19　　土的最佳含水量和最大干密度参考表

项次	土的种类	变动范围	
		最佳含水量(%,质量比)	最大干密度/(g·cm^{-3})
1	砂土	8～12	1.80～1.88
2	黏土	19～23	1.58～1.70
3	粉质黏土	12～15	1.85～1.95
4	粉土	16～22	1.61～1.80

注:1. 表中土的最大干密度应以现场实际达到的数字为准。

2. 一般性的回填可不作此项测定。

为了保证填土的压实过程中处于最佳含水量状态,当土过湿时,应予翻松晾干,也可掺入同类干土或吸水性土料;当土过干时,则应预先洒水润湿。

(3)压实厚度。压实厚度对压实效果有明显的影响。在相同压实条件下(土质、湿度与功能不变),实测土层不同深度的密实度,密实度随深度递减,表层 50mm 最高,如图 5-6 所示。不同压实工具的有效压实深度有所差异,根据压实工具类型、土质及填方压实的基本要求,每层铺筑压实厚度有具体规定数值,见表 5-20。铺土过厚,下部土体所受压实作用力小于土体本身的粘结力和摩擦力,土颗粒不能相互移动,无论压实多少遍,填方也不能被压实;铺土过薄,则下层土体压实次数过多,而受剪切破坏,所以规定了一定的铺土厚度。最优的铺土厚度应能使填方压实而机械的功耗费最小。

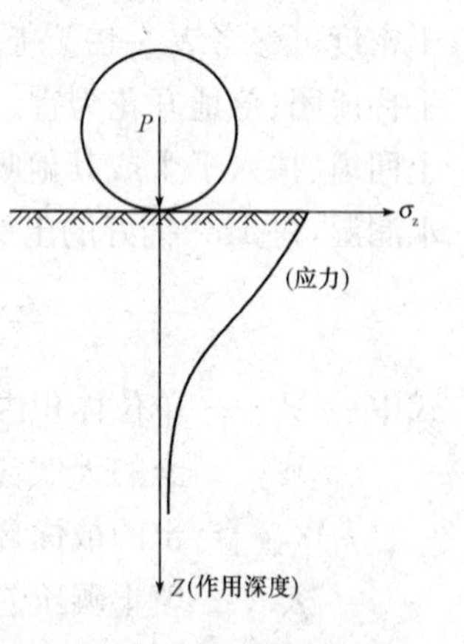

图 5-6　压实作用沿深度的变化

表 5-20　　填土施工时的分层厚度和压实遍数

压实机具	每层厚度/mm	每层压实遍数/遍
平碾	250～300	6～8
振动压实机	250～350	3～4
柴油打夯机	200～250	3～4
人工打夯	<200	3～4

注:人工打夯时,土块粒径不应大于 50mm。

(四)填石压实要求及方法

1. 一般要求

(1)填石的基底处理同填土,填石应分层填筑,分层压实。逐层填筑时,应安排好石料运输路线,水平分层,先低后高、先两侧后中央卸料,大型推土机摊平。不平处人工用细石块、石屑找平。

(2)填石石料强度不应小于15MPa;石料最大粒径不宜超过层厚的2/3。

(3)分段填筑时每层接缝处应做成大于1∶1.5的斜坡,碾迹重叠0.5~1.0m,上下层错缝距离不应小于1m。接缝部位不得在基础、墙角、柱墩等重要部位。

(4)应将不同岩性的填料分层或分段填筑。

2. 机械压实方法

石方压实应使用重型振动压路机进行碾压;先静压,后振压。碾压时,控制行驶速度,一般振动碾不超过2km/h;碾压机械与基础或管道保持一定距离。

用压路机进行石质填方压实,分层松铺厚度不宜大于0.5m;碾压时,直线段先两侧后中间,压实路线应纵向互相平行,反复碾压,曲线段则由内侧向外侧进行。

知识拓展

冲沟、土洞、古河道、古湖泊的处理

(1)冲沟处理。一般处理方法是:对边坡上不深的冲沟,用好土或3∶7灰土逐层回填夯实,或用浆砌块石填砌至坡面,并在坡顶做排水沟及反水坡,对地面冲沟用土分层夯填。

(2)土洞处理。将土洞上部挖开,清除软土,分层回填好土(灰土或砂卵石)夯实,面层用黏土夯填并使之高于周围地表,同时做好地表水的截流,将地表径流引到附近排水沟中,不使下渗;对地下水采用截流改道的办法;如用作地基的深埋土洞,宜用砂、砾石、片石或混凝土填灌密实,或用灌浆挤压法加固。对地下水形成的土洞和陷穴,除先挖除软土抛填块石外,还应做反滤层,面层用黏土夯实。

(3)古河道、古湖泊处理。对年代久远的古河道、古湖泊,已被密实的沉积物填满,底部尚有砂卵石层,土的含水量小于20%,且无被水冲蚀的可能性,可不处理;对年代近的古河道、古湖泊,土质较均匀,含有少量杂质,含水量大于20%,如沉积物填充密实,亦可不处理。

五、施工排水降水

开挖基坑(槽)、管沟或其他土方时,土的含水层常被切断,地下水会不断渗入坑内。为保证施工,防止边坡塌方和地基承载能力下降,必须降低基坑地下水位。降低地下水位的方法主要有轻型井点降水和集水井降水两种。

(一)轻型井点降水

1. 施工工艺

轻型井点施工工艺流程:放线定位→铺设总管→冲孔→安装井点管、填砂砾滤料、上部填黏土密封→用弯联管将井点管与总管接通→安装抽水设备→开动设备试抽水→测量观测井中地下水位变化。

2. 轻型井点的布置

轻型井点的布置应根据基坑形状与大小、地质和水文情况、工程性质、降水深度等确定。

(1)平面布置。当基坑(槽)宽度小于6m,且降水深度不超过6m时,可采用单排井点,布置在地下水上游一侧,两端延伸长度以不小于槽宽为宜,如图5-7所示;当宽度大于6m或土质不良、渗透系数较大时,宜采用双排井点,布置在基坑(槽)的两侧。当基坑面积较大时宜采用环形井点,如图5-8所示。考虑运输设备出入道,一般在地下水下游方向布置成不封闭。井点管距离基坑壁一般可取0.7～1.0m,以防止局部发生漏气。井点管间距为0.8m、1.2m、1.6m,由计算或经验确定。井点管在总管四角部分应适当加密。

(2)高程布置。轻型井点的降水深度,从理论上讲可达10.3m,但由于管路系统的水头损失,其实际的降水深度一般不宜超过6m。井

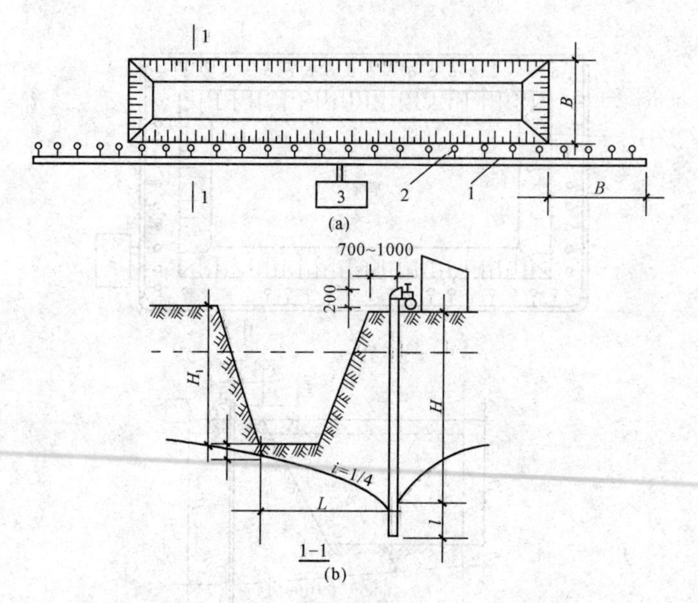

图 5-7　单排井点布置简图

(a)平面布置；(b)高程布置

1—总管；2—井点管；3—抽水设备

点管的埋置深度 h，可按下式计算，如图 5-8(b)所示。

$$h \geqslant H_1 + \Delta h + iL \qquad (\mathrm{m})$$

式中　H_1——井点管埋设面至基坑底面的距离(m)；

Δh——降低后的地下水位至基坑中心底面的距离，一般为 0.5～1.0m，人工开挖取下限，机械开挖取上限；

i——降水曲线坡度，对环状或双排井点取 1/10～1/15；对单排井点取 1/4；

L——井点管中心至基坑中心的短边距离(m)。

如 h 值小于降水深度 6m 时，可用一级井点；h 值稍大于 6m 且地下水位离地面较深时，可采用降低总管埋设面的方法，仍可采用一级井点；当一级井点达不到降水深度要求时，则可采用二级井点或喷射井点，如图 5-9 所示。

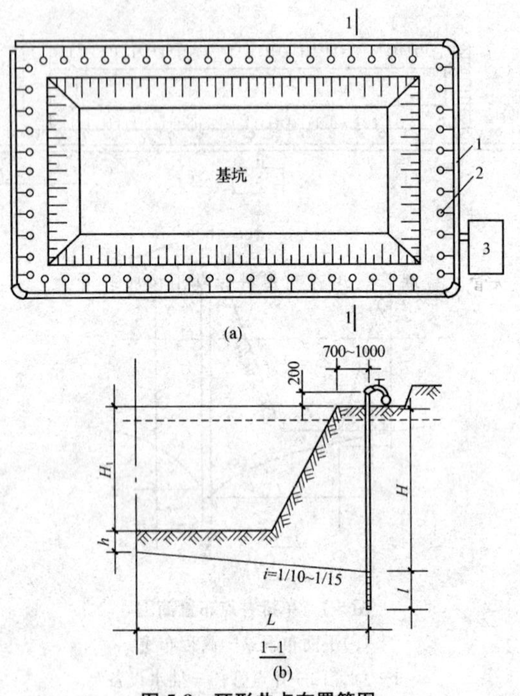

图 5-8　环形井点布置简图

(a)平面布置;(b)高程布置

1—总管;2—井点管;3—抽水设备

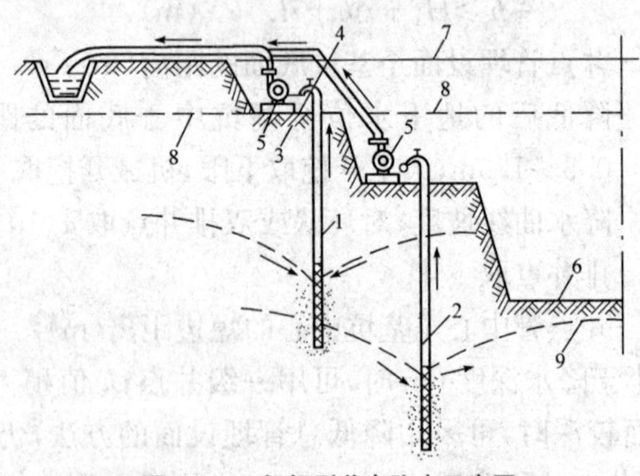

图 5-9　二级轻型井点降水示意图

1—第一级轻型井点;2—第二级轻型井点;3—集水总管;4—连接管;
5—水泵;6—基坑;7—原地面线;8—原地下水位线;9—降低后地下水位线

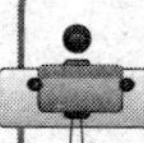

知识链接

轻型井点设备组成

轻型井点设备由井点管、弯联管、集水总管、滤管和抽水设备组成。

(1)井点管。井点管为直径 38～55mm，长 5～7m 的钢管(或镀锌钢管)，井点管上端用弯联管与总管相连。

(2)弯联管。弯联管宜用透明塑料管或用橡胶软管。

(3)集水总管。集水总管一般用直径为 75～100mm 的钢管分节连接，每节长 4m，每间隔 0.8～1.6m 设一个连接井点管的接头。

(4)滤管。滤管为进水设备，长度一般为 1.0～1.5m，直径常与井点管相同。滤管下端放一个锥形的铸铁头。

(5)抽水设备。抽水设备有两种类型：一是真空泵轻型井点设备，由真空泵、离心泵和气水分离器组成，这种设备国内已有定型产品供应，设备形成真空度高(67～80kPa)，带井点数多(60～70 根)，降水深度较大(5.5～6.0m)；但该设备较复杂，易出故障，维修管理困难，耗电量大，适用于重要的较大规模的工程降水；二是射流泵轻型井点设备，由离心泵、射流泵(射流器)、水箱等组成。射流泵抽水是由高压水泵供给工作水，经射流泵后产生真空，引射地下水流；它构造简单，制造容易，降水深度较大(可达 9m)，成本低，操作维修方便，耗电少，但其所带的井点管一般只有 25～40 根，总管长度 30～50m。若采用两台离心泵和两个射流器联合工作，能带动井点管 70 根，总管长 100m。这种形式目前应用较广，是一种有发展前途的抽水设备。

3. 井点管埋设

井点管的埋设一般采用水冲法进行，借助于高压水冲刷土体，用冲管扰动土体助冲，将土层冲成圆孔后埋设井点管。整个过程可分冲孔与埋管两个施工过程，如图 5-10 所示。冲孔的直径一般为 300mm，以保证井管四周有一定厚度的砂滤层；冲孔深度宜比滤管底深 0.5m 左右，以防冲管拔出时部分土颗粒沉于底部而触及滤管底部。

井孔冲成后，立即拔出冲管，插入井点管，并在井点管与孔壁之间迅速填灌砂滤层，以防孔壁塌土。砂滤层的填灌质量是保证轻型井点

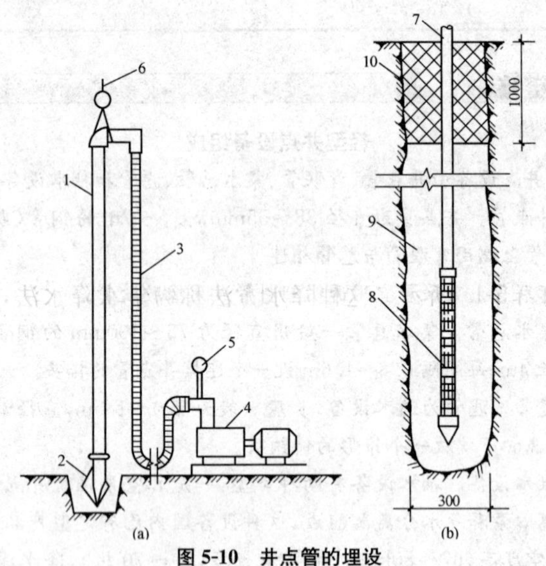

图 5-10 井点管的埋设

(a)冲孔;(b)埋管

1—冲管;2—冲嘴;3—胶皮管;4—高压水泵;5—压力表;

6—起重机吊钩;7—井点管;8—滤管;9—填砂;10—黏土封口

顺利抽水的关键。一般宜选用干净粗砂,填灌均匀,并填至滤管顶上1~1.5m,以保证水流畅通。井点填砂后,需用黏土封口,以防漏气。

井点管埋设完毕后,需进行试抽,以检查有无漏气、淤塞现象,出水是否正常,如有异常情况,应检修好方可使用。

特别提示

轻型井点使用注意事项

轻型井点使用时,一般应连续(特别是开始阶段)。若时抽时停,滤管网容易堵塞,出水浑浊并引起附近建筑物由于土颗粒流失而沉降、开裂。同时,由于中途停抽,使地下水回升,也可能引起边坡塌方等事故。抽水过程中,应调节离心泵的出水阀以控制水量,使抽吸排水保持均匀,做到细水长流。正常的出水规律是"先大后小,先浑后清"。井点降水工作结束后所留的井孔,必须用砂砾或黏土填实。

(二)集水井降水

集水井降水法一般适用于降水深度较小且地层为粗粒土层或黏性土层的施工。

集水井降水法是在基坑或沟槽开挖时,在开挖基坑的一侧、两侧或中间设置排水沟,并沿排水沟方向每间隔 20～30m 设一集水井(或在基坑的四角处设置),使地下水经排水沟流入集水井内,再用水泵抽出坑外,如图 5-11 所示。这种降水方法称为集水降水法,也称明排水法。抽出的水应予以引开,以防倒流。四周的排水沟和集水井应设置在基础边线 0.4m 之外、地下水的上游。

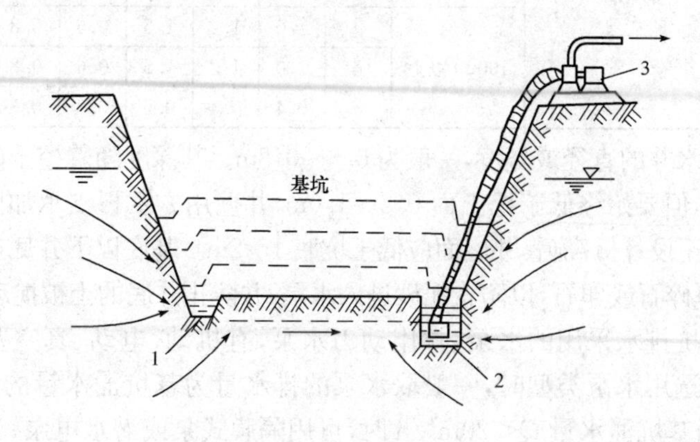

图 5-11　集水井降水

1—排水沟;2—集水坑;3—水泵

一般小面积基坑排水沟深 0.3～0.6m,底宽不应小于 0.3m,水沟的边坡为 1∶(1～1.5),沟底应只有不小于 2‰的最小纵向纵坡,使水流不致阻滞而淤滞。基坑面积较大时,排水沟截面尺寸应相应加大,可参考表 5-21。为保证排水畅通,避免携砂带泥,排水间的底部及侧壁可根据工程具体情况及土质条件采用素土、砖砌或混凝土等形式。另外,排水沟深度应始终保持比挖土面低 0.3～0.4m。

表 5-21　　基坑(槽)排水沟常用截面表　　m

图　示	基坑面积/m²	截面符合	粉质黏土			黏　土		
			地下水位以下的深度/m					
			4	4～8	8～12	4	4～8	8～12
	5000 以下	*a*	0.5	0.7	0.9	0.4	0.5	0.6
		b	0.5	0.7	0.9	0.4	0.5	0.6
		c	0.3	0.3	0.3	0.2	0.3	0.3
	5000～10000	*a*	0.8	1.0	1.2	0.5	0.7	0.9
		b	0.8	1.0	1.2	0.5	0.7	0.9
		c	0.3	0.4	0.4	0.3	0.3	0.3
	10000 以上	*a*	1.0	1.2	1.5	0.6	0.8	1.0
		b	1.0	1.2	1.5	0.6	0.8	1.0
		c	0.4	0.4	0.5	0.3	0.3	0.4

集水井的直径或宽度，一般为 0.6～0.8m。其深度随着挖土的加深而加深，但要始终低于挖土面 0.8～1.0m，井壁用方木板支承加固。当基坑挖至设计标高后，井底面应低于坑底 1～2m。基底以下井底应填以 20cm 厚碎石或卵石，以防止泥砂进入水泵，并防止井底的土被搅动。

基坑排水采用的水泵，常用动力水泵，有机动、电动、真空及缸吸泵等。选用水泵类型时，一般取水泵的排水量为基坑涌水量的 1.5～2 倍。当基坑涌水量 $Q<20m^3/h$ 时，可用隔膜式泵或潜水电泵；当 $Q=20\sim60m^3/h$，可用隔膜式或离心式水泵或潜水电泵；当 $Q>60m^3/h$，多用离心式水泵。

集水井降水法由于设备简单和排水方便，因此应用较广。但当开挖深度较大，地下水位高而土为细砂或粉砂时，不宜采用此法降水，有时地下水渗出时会产生流砂现象。

知识拓展

流砂及其防治措施

当基坑挖土达到地下水位以下，有时坑底下的土就会形成流动状态，随地下水一起流动涌进坑内，这种现象称为流砂现象。流砂防治的原则是“治砂必治水”，其途径有三条：一是减小或平衡动水压力；二是截住地下水流；三是改变动水压力的方向。具体措施如下：

(1)在枯水期施工。因为地下水位低，坑内外水位差小，动水压力小，不易发生流砂。

(2)打板桩法。将板桩打入坑底下面一定深度，增加地下水从坑外流入坑内的渗流长度，以减小水力坡度，从而减小动水压力，防止流砂产生。

(3)水下挖土法。就是不排水施工，使坑内水压与坑外地下水压相平衡，消除动水压力。

(4)井点降低地下水位。采用轻型井点等降水方法，使地下水的渗流向下，水不致渗流入坑内，能增大土料间的压力，从而可有效地防止流砂形成。因此，此法应用广且较可靠。

(5)地下连续墙法。此法是在基坑周围先浇筑一道混凝土或钢筋混凝土的连续墙，以支承土壁、截水并防止流砂产生。

另外，在含有大量地下水土层或沼泽地区施工时，还可以采取土壤冻结法。对位于流砂地区的基础工程，应尽可能用桩基或沉井施工，以减少防治流砂所增加的费用。

六、爆破工程施工

(一)深孔爆破

深孔爆破一般是在台阶上或事先平整的场地上进行钻孔作业，并在孔中装入延长药包，以一排或数排炮孔进行爆破的一种作业方式。深孔爆破按孔径、孔深不同，分为深孔台阶爆破和浅孔台阶爆破。通常将孔径大于75mm，孔深大于5m的钻孔称为深孔；反之，则称为浅孔。

1. 深孔布置方式

深孔布置方式分为单排布孔和多排布孔两种。多排布孔又分为方形、矩形及三角形三种，如图5-12所示。

2. 装药结构

(1)连续装药结构，沿着炮孔轴方向连续装药，孔深超过8m时，布置两个起爆药包，一个置于距孔底0.3～0.5m处，另一个置于药柱顶

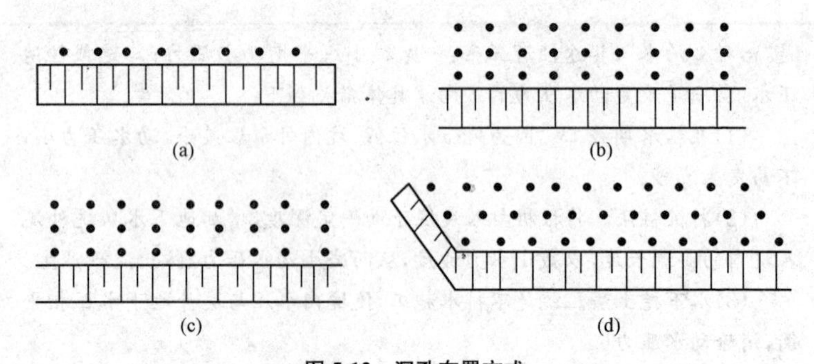

图 5-12 深孔布置方式

(a)单排布孔;(b)方形布孔;(c)矩形布孔;(d)三角形布孔

端 0.5m 处。

(2)分段装药结构,将深孔中的药柱分为若干段,用空气或岩渣间隔,如图 5-13 所示。

(3)孔底间隔装药结构,底部一段长度不装药,以空气或柔性材料作为间隔介质,如图 5-14 所示。

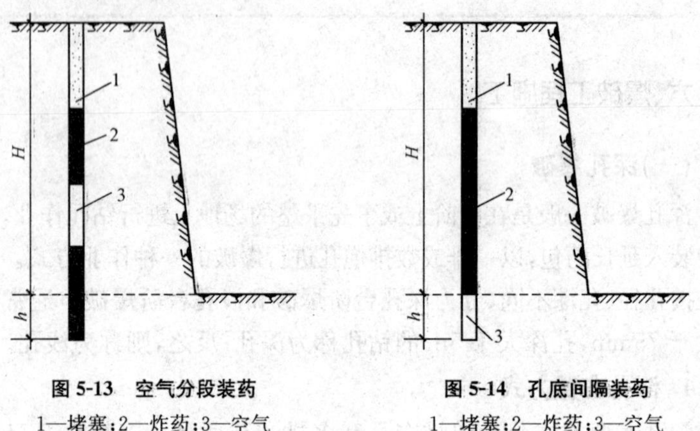

图 5-13 空气分段装药

1—堵塞;2—炸药;3—空气

图 5-14 孔底间隔装药

1—堵塞;2—炸药;3—空气

3. 施工工艺流程

深孔爆破的施工工艺流程,如图 5-15 所示。

(1)爆破设计。根据选定的爆破技术参数,结合现场地形地质条件和分选装车要求,工程技术人员对爆区位置、爆破规模、布孔参数、

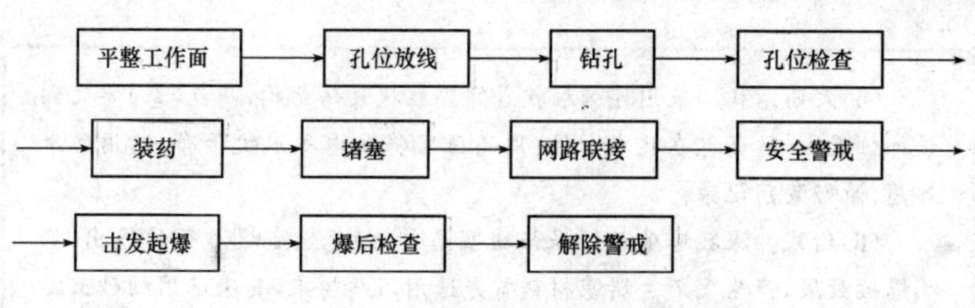

图 5-15　深孔爆破施工工艺流程图

装药结构、起爆网路、警戒界限进行设计，填写爆破技术参数表，布孔网路图，形成技术审批资料，经项目总工审核后，提供施工。

(2)平整工作面。土石方挖装过程中尽量做到场地平整，遇个别孤石采用手风钻凿眼，进行浅孔爆破，推土机整平。台阶宽度满足钻机安全作业，并保证按设计方向钻凿炮孔。

(3)孔位放线。用全站仪进行孔位测放，从台阶边缘开始布孔，边孔与台阶边缘保留一定距离，确保钻机安全作业，炮孔避免布置在松动、节理发育或岩性变化大的岩面上。

(4)钻孔。采用潜孔钻进行凿岩造孔。掌握"孔深、方向和倾斜角度"三大要素。从台阶边缘开始，先钻边、角孔，后钻中部孔。钻孔结束后应将岩粉吹除干净，并将孔口封盖好，防止杂物掉入，保证炮孔设计深度。

特别提示

钻孔作业台阶常见故障

(1)钻机固定。作业台阶边缘失稳，钻机滑落到下台阶；起落钻架时钻架伤人。

(2)凿岩钻孔过程。设备事故处理不当引起人身伤亡，设备损坏事故；粉尘污染及噪声引起职业病；坠落事故。

(3)钻孔后爆破前。炮孔被经过车辆压垮；作业人员未保护而被雨水等毁坏。

(4)孔位检查。用测绳测量孔深；用长炮棍插入孔内检查孔壁及堵塞与否。

(5)装药结构。采用连续柱状或间隔柱状装药结构,药包(卷)要装到设计位置,严防药包在孔中卡住;用高压风将孔内积水吹干净,选用防水炸药,做好装药记录。

(6)堵塞。深孔爆破必须保证堵塞质量,以免造成爆炸气体逸出,影响爆破效果,产生飞石。堵塞材料首先选用石屑粉末,其次选用细砂土。

(7)网路联接。将导爆管、传爆元件和导爆雷管捆扎联接。接头必须联接牢固,传爆雷管外侧排列8～15根塑料导爆管为佳,要求排列均匀。导爆管末梢的余留长度≥10cm。

(8)安全警戒。火工材料运到工作面,开始设置警戒,警戒人员封锁爆区,检查进出现场人员的标志和随身携带的物品。装药、堵塞、连线结束,检查正确无误后,所有人员和设备撤离工作现场至安全地点,并将警戒范围扩大到规定的范围。指挥部将按照安民告示规定的信号,发布预告,准备起爆及解除警戒信号。相关人员做好各自安全警戒记录。

(9)击发起爆。采用非电导爆管引爆器击发起爆,并做好击发起爆记录。

(10)爆破安全检查。起爆后,爆破员按规定的时间进入爆破场地进行检查,发现危石、盲炮现象要及时处理,现场设置危险警戒标志,并设专人警戒。经检查,确认安全后,方可解除警戒,做好爆破后安全检查记录。

(二)沟槽爆破

1. 常规沟槽爆破

宽度小于4m的台阶爆破称为沟槽爆破。中间孔(单孔或双孔)布置在边孔前面,起爆顺序是先中间后两边,装药量基本相同,装药量集中于底部,如图5-16所示。

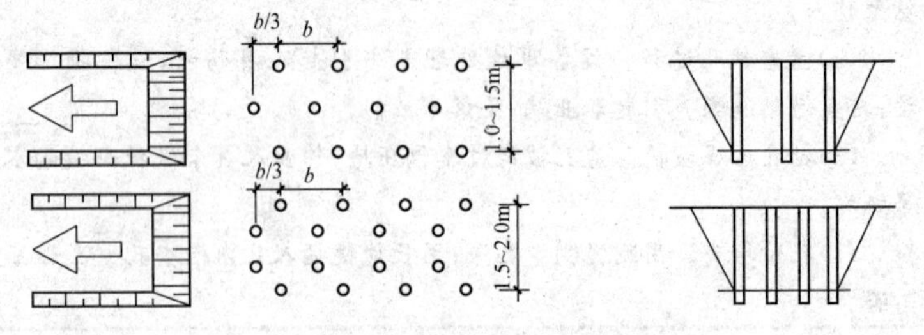

图5-16 常规沟槽爆破炮孔布置

2. 光面沟槽爆破

光面沟槽爆破布孔是中间孔和边孔布置在一排，如图 5-17 所示。中间孔先响，边孔后响，周边孔与中间孔装药结构差异，光面沟槽爆破参数见表 5-22。

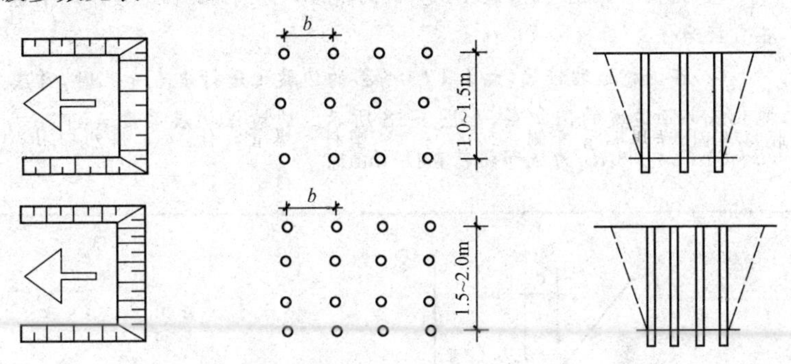

图 5-17　光面沟槽爆破孔布置方式

表 5-22　　光面沟槽爆破参数

沟槽深度 H/m		1.0	1.5	2.0	2.5	3.0	3.5	4.0
炮孔深度 L/m		1.6	2.1	2.6	3.1	3.7	4.2	4.7
抵抗线 W/m		0.8	0.8	0.8	0.8	0.7	0.7	0.7
中间孔	底部装药/kg	0.4	0.5	0.6	0.7	0.8	0.9	0.9
	上部装药/kg	0.2	0.3	0.4	0.6	0.8	0.9	1.1
	总药量/kg	0.6	0.8	1.0	1.3	1.6	1.8	2.0
	堵塞长度/m	0.8	0.8	0.8	0.8	0.8	0.7	0.7
周边孔	底部装药/kg	0.3	0.4	0.5	0.6	0.6	0.7	0.7
	上部装药/kg	0.2	0.2	0.3	0.3	0.4	0.5	0.6
	总药量/kg	0.5	0.6	0.8	0.9	1.0	1.2	1.3
	堵塞长度/m	0.3	0.3	0.3	0.3	0.3	0.3	0.3
平均单耗/(kg/m^3)		1.0	0.8	0.8	0.8	0.8	0.8	0.8

特别提示

沟槽爆破注意事项

(1)为保护开挖边坡,边孔位置距沟槽顶口边线的距离一般以一个炮孔直径为佳。

(2)在沟槽边坡较缓(大于1∶0.75)的边坡上进行垂直布孔时,考虑炮孔底部距边坡的保护层,如图5-18所示。边坡保护层厚度ρ,即:$\rho=(5\sim8)d_0$,式中,d_0为底部药包直径(mm)。

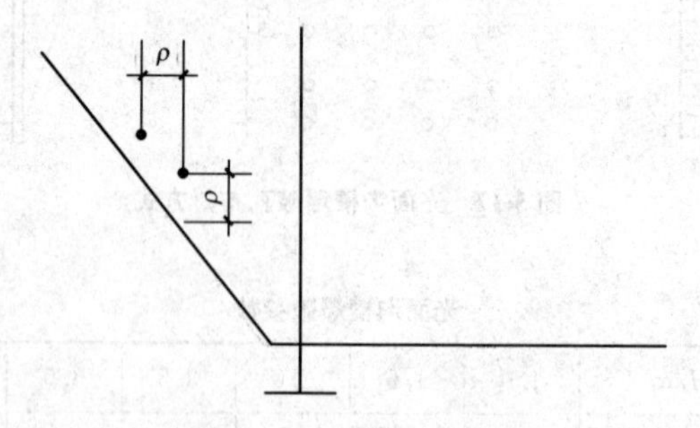

图5-18　边坡保护层示意图

(三)岩土控制爆破

为了使爆破开挖的边界尽量与设计的轮廓线符合,对临近永久边坡和堑沟、基坑、基槽的深孔爆破,常采用多种岩土控制爆破方法,来保护边坡以确保爆破安全。

1. 深孔预裂爆破

沿开挖边界布置密集炮孔,采用不偶合装药,在主爆区之前起爆,使爆区与保留区间形成具有一定宽度的预裂缝,减弱主爆区爆破对保留岩体的破坏和震动,形成平整轮廓面。

2. 深孔光面爆破

沿开挖边界布置密集炮孔,不偶合装药或装填低威力炸药。主爆孔后起爆,形成平整轮廓面。

3. 质量标准

(1)裂缝必须贯通,壁面上不应残留未爆落岩体。

(2)相邻炮孔间岩壁面的不平整度小于±15cm。

(3)壁面应残留有炮孔孔壁痕迹,且不小于原炮孔壁的1/2～1/3。残留的半孔率,对于节理裂隙不发育的岩体应达85%以上;节理裂隙发育的,应达50%～85%;节理裂隙极发育的,应达10%～50%。

爆破绿色施工技术措施

(1)降低爆破地震效应的措施。采用微差爆破,与齐发爆破相比,平均降震率为50%,微差段数越多,降振效果越好。采用预裂爆破,起到降震效果,降震率可达30%～50%。限制一次爆破的最大用药量。

(2)降低爆破冲击波的主要措施。露天爆破,合理确定爆破参数、选择微差起爆方式、保证合理的填塞长度和填塞质量等;对建筑物拆除爆破、城镇浅孔爆破,做好爆破部位的覆盖防护;井巷掘进爆破,要重视爆破空气冲击波的影响。实际工作中采用许多措施防护空气冲击波,例如在爆区附近垒砖墙、砂袋墙、砌石墙等,还可以砌筑两道混凝土墙中间注满水的"夹水墙"或街垒式挡墙。

第二节　基坑工程施工工艺和方法

一、基坑工程的特点和内容

1. 基坑工程的特点

基坑工程是集地质工程、岩土工程、结构工程和岩土测试技术于一身的系统工程,具有如下特点:

(1)基坑工程具有较大的风险性。基坑支护体系一般为临时措施,其荷载、强度、变形、防渗、耐久性等方面的安全储备相对较小。

(2)基坑工程具有明显的区域特征。不同的区域具有不同的工程地质和水文地质条件,即使是同一城市的不同区域也可能会有较大差异。

(3)基坑工程具有明显的环境保护特征。基坑工程的施工会引起周围地下水位变化和应力场的改变,导致周围土体的变形,对相邻环境会产生影响。

(4)基坑工程理论尚不完善。基坑工程是岩土、结构及施工相互交叉的学科,且受多种复杂因素相互影响,其在土压力理论、基坑设计计算理论等方面尚待进一步发展。

(5)基坑工程具有时空效应规律。基坑的几何尺寸、土体性质等对基坑有较大影响。施工过程中,每个开挖步骤中的空间尺寸、开挖部分的无支撑暴露时间和基坑变形具有一定的相关性。

(6)基坑工程具有很强的个体特征。基坑所处区域地质条件的多样性、基坑周边环境的复杂性、基坑形状的多样性、基坑支护形式的多样性,决定了基坑工程具有明显的个性。

2. 基坑工程的内容

基坑工程主要由基坑土方开挖、地下水控制、信息化施工及周边环境保护等构成。

基坑土方开挖是基坑工程的重要内容,其目的是为地下结构施工创造条件。基坑支护系统分为围护结构和支撑结构,围护结构是指在开挖面以下插入一定深度的板墙结构,其常用材料有混凝土、钢材、木材等,形式一般是钢板桩、钢筋混凝土板桩、灌注桩、水泥土搅拌桩、地下连续墙等。根据基坑深度不同,围护结构可以是悬臂式的,但更多采用单撑或多撑式(单锚或多锚式)结构。支撑是为围护结构提供弹性支撑点,以控制墙体弯矩和墙体截面面积。为了给土方开挖创造适宜的施工空间,在水位较高的区域一般会采取降水、排水、隔水等措施,保证施工作业面在地下水位面以上,所以,地下水位控制也是基坑工程重要的组成部分。

基坑开挖方法

基坑开挖最简单、最经济的办法是放坡大开挖，但经常会受到场地条件、周边环境的限制，所以，需设计支护系统以保证施工的顺利进行，并能较好地保护周边环境。基坑工程具有一定的风险，过程中应利用信息化手段，通过对施工监测数据的分析和预测，动态地调整设计和施工工艺。

二、水泥土重力式挡墙施工

水泥土重力式挡墙是用于加固软黏土地基的一种围护方法。它是利用水泥材料作为固化剂，通过特制的深层搅拌机械，在地基深处就地将软土和水泥强制搅拌形成连续搭接的水泥土柱状加固体，利用水泥和软土之间所产生的一系列物理化学反应，使软土硬结成具有整体性、稳定性和一定强度的挡土、防渗墙，从而提高地基强度和增大变形模量。

(一)二轴水泥土墙工程(湿法)施工

1. 施工工艺流程

二轴水泥土墙工程施工工艺可采用“二次喷浆、三次搅拌”工艺，主要依据水泥掺入比及土质情况而定。一般的施工工艺流程如图 5-19 所示。

(1)定位。水泥土搅拌桩机开行到达指定桩位(安装、调试)就位。当地面起伏不平时应注意调整机架的垂直度。

(2)预搅下沉。待搅拌机的冷却水循环及相关设备运行正常后，启动搅拌机电机。放松桩机钢丝绳，使搅拌机沿导向架旋转搅拌切土下沉，下沉速度控制在≤1.0m/min，可由电气装置的电流监测表控制。如遇硬黏土等下沉速度太慢，可通过输浆系统适当补给清水以利钻进。

(3)制备水泥浆。水泥土搅拌机预搅下沉到一定深度后，即开始

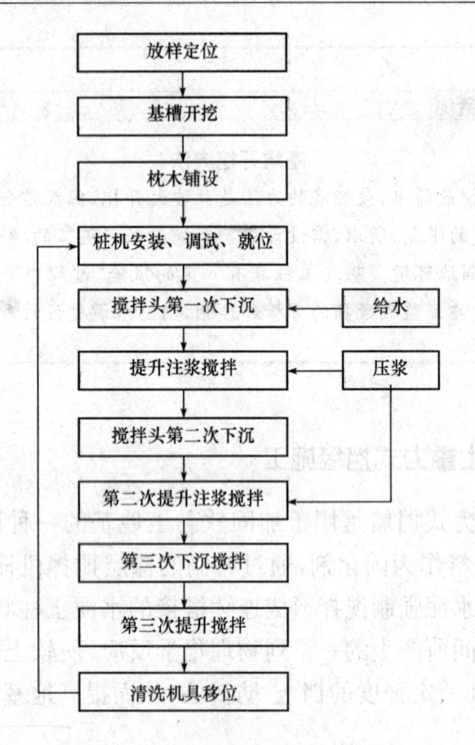

图 5-19　二轴水泥土墙工程施工工艺流程

按设计及试验确定的配合比拌制水泥浆，压浆前将水泥浆倾倒入集料斗中。制浆时，水泥浆拌和时间不得少于 5～10min，制备好的水泥浆不得离析、沉淀，水泥浆在倒入储浆池时，应加筛过滤以免结块。水泥浆存储时间不得超过 2h，否则应予以废弃。

(4)提升喷浆搅拌。水泥土搅拌机下沉到达设计深度后，开启灰浆泵将水泥浆压入地基土中，且边喷浆边搅拌，提升速度提升搅拌机，直至到达设计桩顶标高。搅拌提升速度一般应控制在 0.5m/min 以内，确保喷浆量，以满足桩身强度达到设计要求。在水泥土搅拌桩成桩过程中，如遇到故障停止喷浆时，应在 12h 内采取补浆措施，补浆重叠长度不小于 1.0m。

(5)重复下沉、提升搅拌。为使已喷入土中的水泥浆与土充分搅拌均匀,再次沉钻进行复搅,复搅下沉速度控制在0.5～0.8m/min,复搅提升速度控制在0.5m/min以内。当水泥掺量较大或因土质较密在提升时不能将应喷入土中的水泥浆全部喷完时,可在重复下沉、提升搅拌时予以补喷,但此时仍应注意喷浆的均匀性。由于过少的水泥浆很难做到沿全桩均匀分布,第二次喷浆量不宜过少,可控制在单桩总喷浆量的40%左右。

(6)第三次搅拌。停浆,进行第三次搅拌,钻头搅拌下沉,钻头搅拌提升至地面停机。第三次搅拌下沉速度控制在1m/min以内,提升搅拌速度控制在0.5m/min以内。

(7)移位。桩机移位至新的桩位,进行下一根桩的施工。移位转向时要注意桩机的稳定。相邻桩施工时间间隔保持在16h内,若超过16h,在搭接部位采取加桩防渗措施。

(8)清洗。当施工告一段落后,应及时进行清洗。向已排空的集料斗中注入适量清水,开启灰浆泵,清洗全部管道中的残留水泥浆,同时,将黏附于搅拌头上的土清洗干净。

重力式水泥土墙施工工艺

重力式水泥土墙施工工艺可采用三种方法:喷浆式深层搅拌(湿法)、喷粉式深层搅拌(干法)、高压喷射注浆法(也称高压旋喷法)。湿法施工注浆量容易控制,成桩质量好,目前绝大部分重力式水泥土墙施工中都采用湿法工艺;干法施工工艺虽然水泥土强度较高,但其喷粉量不易控制,搅拌难以均匀导致桩体均匀性差,桩身强度离散较大,目前使用较少;高压喷射注浆法是采用高压水、气切削土体并将水泥与土搅拌形成重力式水泥土墙。高压旋喷法施工简便,施工时只需在土层中钻一个50～300mm的小孔,便可在土中喷射成直径0.4～2m的水泥土桩。该法可在狭窄施工区域或邻近已有基础区域施工。但该工艺水泥用量大,造价高,一般当施工场地受到限制,湿法机械施工困难时选用。

2. 施工要点

(1)水泥浆液应按预定配合比拌制,每根桩所需水泥浆液一次单独拌制完成;制备好的泥浆不得离析,停置时间不得超过2h,否则予以废弃,浆液倒入时应加筛过滤,以免浆内结块,损坏泵体。供浆必须连续,搅拌均匀。一旦因故停浆,为防止断桩和缺浆,应使搅拌钻头下沉至停浆面以下1.0m,待恢复供浆后再喷浆提升。如因故停机超过3h,应先拆卸输浆管路,清洗后备用,以防止浆液结硬堵管。泵送水泥浆前管路应保持湿润,以便输浆。应定期拆卸清洗浆泵,注意保持齿轮减速箱内润滑油的清洗。

(2)搅拌头提升速度不宜大于0.5m/min,且最后一次提升搅拌宜采用慢速提升,当喷浆口到达桩顶标高时宜停止提升,搅拌数秒,以确保桩头均匀密实。水泥浆下沉时不宜冲水,当遇到较硬黏土层下沉太慢时,可适当冲水,但应考虑冲水成桩对桩身质量的影响。为保证水泥浆沿全桩长均匀分布,控制好喷浆速率与提升(下沉)速度的关系是十分重要的。

(3)水泥土墙应连续搭接施工,相邻桩施工的时间间隔一般不应超过12h,如因故停歇时间超过12h,应对最后一根桩先进行空钻留出榫头,以待下一批桩搭接。如间隔时间太长,超过24h与下一根桩无法搭接时,应采取局部补桩或在后面桩体施工中增加水泥掺量及注浆等措施。前后排桩施工应错位成踏步式,以便发生停歇时,前后施工桩体成错位搭接形式,有利墙体稳定及止水效果。

(二)三轴水泥土墙工程(湿法)施工

1. 施工工艺流程

三轴水泥土墙工程施工工艺流程如图5-20所示。

(1)测量放线。根据坐标基准点,按图放出桩位,设立临时控制桩,做好测量复核单,提请验收。

(2)开挖导沟及定位型钢放置。按基坑围护边线开挖沟槽,沟槽开挖及定位型钢放置示意图如图5-21所示。在沟槽两侧打入若干槽钢作为固定支点,垂直方向放置两根工字钢与支点焊接,再在平行沟槽方向放置两根工字钢与下面工字钢焊接作为定位型钢。

(3)三轴搅拌桩孔位及桩机定位。根据三轴搅拌桩中心间距尺寸在平行工字钢表面画线定位。桩机就位、移动前、移动结束后检查定位情况并及时纠正。桩机应平稳平正，并用经纬仪观测以控制钻机垂直度。三轴水泥搅拌桩桩位定位偏差应小于20mm。

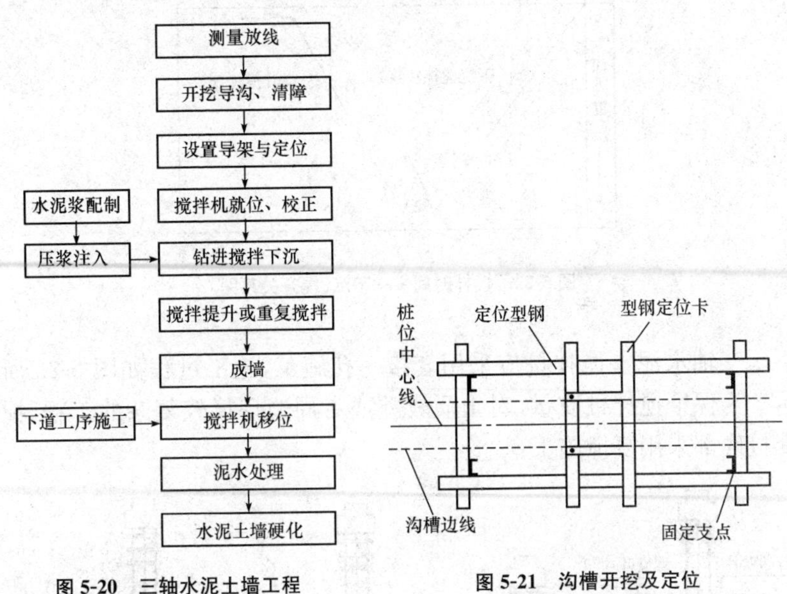

图5-20　三轴水泥土墙工程施工工艺流程

图5-21　沟槽开挖及定位型钢放置示意图

特别提示

开机前应按事先确定的配合比进行水泥浆液的拌制，注浆压力根据实际施工状况确定。水泥土搅拌桩施工时，不得冲水下沉，相邻两桩施工间隔不得超过12h。

(4)水泥土搅拌桩成桩施工。三轴水泥搅拌桩的搭接以及施工设备的垂直度补救是依靠重复套钻来保证的，以达到止水的作用。

三轴水泥搅拌桩在下沉和提升过程中均应注入水泥浆液，同时，严格控制下沉和提升速度，下沉速度不大于1m/min，提升速度不大于2m/min，在桩底部分重复搅拌注浆。搅拌时间——下沉、提升关系图如图5-22所示。

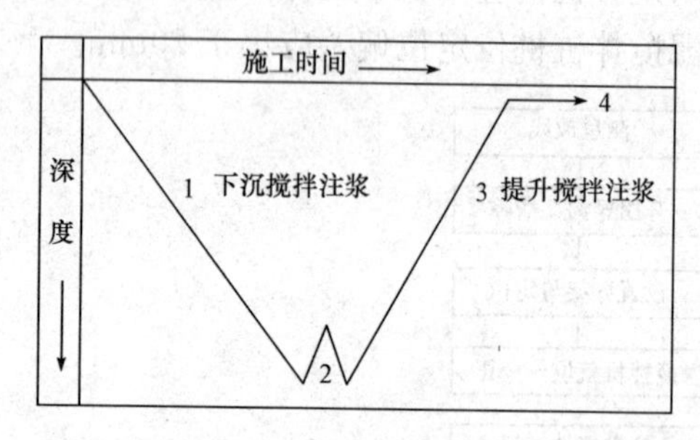

图 5-22 搅拌时间——下沉、提升关系图

三轴水泥土搅拌桩应采用套接一孔施工，施工过程如图5-23所示。为保证搅拌桩质量，对土质较差或者周边环境较复杂的工程，搅拌桩底部采用复搅施工。

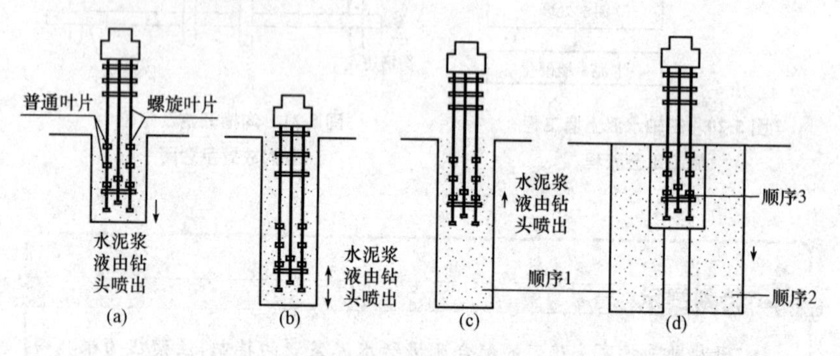

图 5-23 三轴水泥土搅拌墙施工过程

(a)钻进搅拌下沉；(b)桩底重复搅拌；(c)钻杆搅拌提升；(d)完成一幅墙体搅拌

2. 施工要点

(1)应严格控制接头施工质量，桩体搭接长度满足设计要求，以达

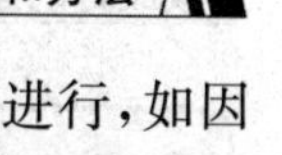

到隔水作用。一般情况下，搅拌桩施工必须连续不间断地进行，如因特殊原因造成搅拌桩不能连续施工，时间超过 24h 的，必须在其接头处外侧采取补做搅拌桩或旋喷桩的技术措施，以保证隔水效果。

（2）三轴搅拌机就位后，主轴正转喷浆搅拌下沉，反转喷浆复搅提升，完成一组搅拌桩的施工。对于不易匀速钻进下沉的地层，可增加搅拌次数，完成一组搅拌桩的施工，下沉和提升速度应严格控制，在桩底部分可适当持续搅拌注浆，并尽可能做到匀速下沉和匀速提升，使水泥浆和原地基土充分搅拌。

（3）注浆泵流量控制应与三轴搅拌机下沉（提升）速度相匹配。一般下沉时喷浆量控制在每幅桩总浆量的 70%～80%，提升时喷浆量控制在 20%～30%，确保每幅桩体的用浆量。提升搅拌时喷浆对可能产生的水泥土体空隙进行充填，对于饱和疏松的土体具有特别意义。施工时如因故停浆，应在恢复压浆前，先将搅拌机提升或下沉 0.5m 后注浆搅拌施工。

（4）正常情况下搅拌机搅拌翼（含钻头）下沉喷浆、搅拌和提升喷浆、搅拌各一次，桩体范围做到水泥搅拌均匀，桩体垂直度偏差不得大于 1/200，桩位偏差不大于 20mm，浆液水灰比一般为 1.5～2.0，在满足施工的前提下，浆液水灰比可以适当降低。

（5）三轴水泥土搅拌桩施工前应对施工区域地下障碍物进行探测，如有障碍物应对其清理及回填素土，分层夯实后方可进行三轴水泥土搅拌桩施工，并应适当提高水泥掺量。

（6）近开挖面一排水泥土桩宜采用套接一孔法施工，以确保防渗可靠性。其余桩体可以采用搭接法施工，搭接厚度不小于 200mm。

（7）三轴水泥土搅拌桩作为隔断场地内浅部潜水层或深部承压水层时，或在砂性土中进行搅拌桩施工时，施工应采取有效措施确保隔水帷幕的质量。

（8）采用三轴水泥土搅拌桩施工时，在墙顶标高深度以上的土层被扰动区应采用低掺量水泥回掺加固。

三轴水泥土搅拌桩施工技巧

三轴水泥土搅拌桩施工过程，搅拌头的直径应定期检查，其磨损量不应大于10mm，水泥土搅拌桩的施工直径应符合设计要求。可以选用普通叶片与螺旋叶片交互配置的搅拌翼或在螺旋叶片上开孔，添加外掺剂等辅助方法施工，以避免较硬土层发生三轴搅拌翼大量包泥“糊钻”，影响施工质量。

三、地下连续墙工程施工

地下连续墙是在地面上利用各种挖槽机械，沿支护轴线，在泥浆护壁条件下，开挖出一条狭长深槽，清槽后在槽内吊放钢筋笼，然后用导管法浇筑水下混凝土，筑成一个单元槽段，如此逐段进行，在地下筑成一道连续的钢筋混凝土墙，作为截水、防渗、承重、挡土结构。地下连续墙的特点是墙体刚度大、整体性好，基坑开挖过程安全性高，支护结构变形较小；施工振动小，噪声低，对环境影响小；墙身具有良好的抗渗能力，坑内降水时对坑外的影响较小；可用于密集建筑群中深基坑支护及逆作法施工；可作为地下结构的外墙；可用于多种地质条件。

(一)施工工艺流程

建筑工程中应用最多的是现浇钢筋混凝土壁板式地下连续墙，其施工工艺流程通常如图5-24所示。

(二)施工要点

1. 导墙制作

导墙也叫槽口板，是地下连续墙槽段开挖前沿墙面两侧构筑的临时性结构。导墙混凝土强度等级多采用C20～C30，配筋多为$\phi8$～$\phi16$@150～200，水平钢筋应连接使其成为整体。导墙肋厚150～300mm，墙底进入原土0.2m。导墙顶墙面应水平，且至少应高于地面约100mm，以防止地面水流入槽内污染泥浆。导墙内墙面应垂直且

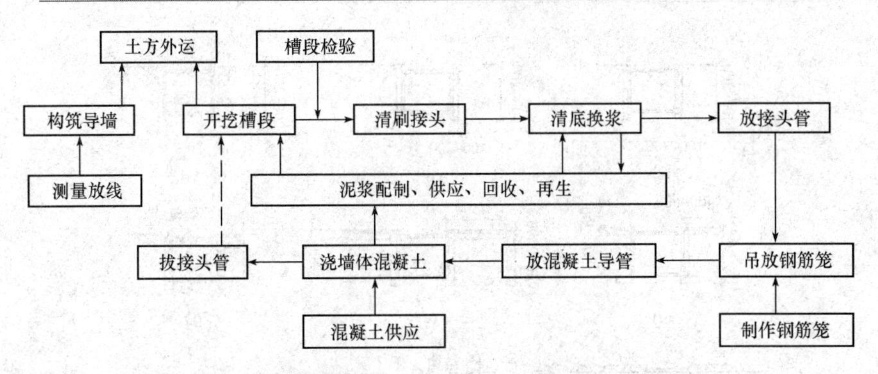

图 5-24　现浇钢筋混凝土壁板式地下连续墙的施工工艺流程

应平行于地下连续墙轴线，导墙底面应与原土面密贴，以防槽内泥浆渗入导墙后侧。墙面平整度应控制在 5mm 内，墙面垂直度不大于 1/500。内外导墙间净距比设计的地下连续墙厚度大 40～60mm，净距的允许偏差为±5mm，轴线距离的最大允许偏差为±10mm。导墙应对称浇筑，强度达到 70%后方可拆模。现浇钢筋混凝土导墙拆模后，应立即加设上、下两道木支撑（10cm 直径圆木或 10cm 见方方木），防止导墙向内挤压，支撑水平间距为 1.5～2.0m，上下为 0.8～1.0m。

导墙的结构形式

导墙一般为现浇的钢筋混凝土结构，也有钢制或预制钢筋混凝土结构。图 5-25 所示是适用于各种施工条件的现浇钢筋混凝土导墙的形式。图 5-25(a)、(b)适用于表层土良好和导墙荷载较小的情况；图 5-25(c)、(d)适用于表层土承载力较弱的土层；图 5-25(e)适用于导墙上的荷载很大的情况；图 5-25(f)适用于邻近建(构)筑物需要保护的情况；当地下水位很高而又不采用井点降水时，可采用图 5-25(g)的导墙；当施工作业面在地下时，导墙需要支撑于已施工的结构作为临时支撑用的水平导梁，可采用图 5-25(h)的导墙；图 5-25(i)是金属结构的可拆装导墙中的一种，由 H 型钢和钢板组成。

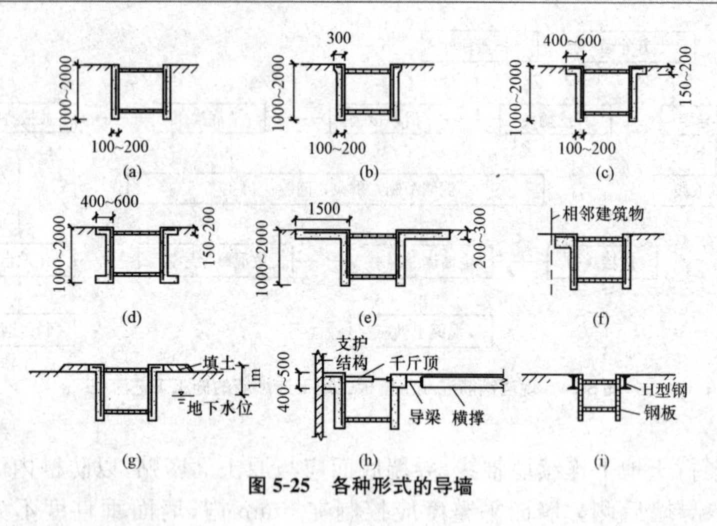

图 5-25 各种形式的导墙

2. 泥浆配制

泥浆是地下连续墙施工中成槽槽壁稳定的关键。在地下连续墙挖槽时,泥浆起到护壁、携渣、冷却机具和切土滑润的作用。槽内泥浆液面应高出地下水位一定高度,以防止槽壁倒塌、剥落和防止地下水渗入。同时,由于泥浆在槽壁内的压差作用,在槽壁表面形成一层透水性很低的固体颗粒胶结物——泥皮,起到护壁作用。

(1)泥浆的成分。护壁泥浆除通常使用的膨润土泥浆外,还有高分子聚合物泥浆、CMC(羧甲基纤维素)泥浆和盐水泥浆等,其主要成分和外加剂见表 5-23。

表 5-23 护壁泥浆的种类及其主要成分

泥浆种类	主要成分	常用的外加剂
膨润土泥浆	膨润土、水	分散剂、增黏剂,加重剂、防漏剂
高分子聚合物泥浆	高分子聚合物、水	—
CMC 泥浆	CMC、水	膨润土
盐水泥浆	膨润土、盐水	分散剂、特殊黏土

(2)泥浆的配合比。确定泥浆配合比时,根据为保持槽壁稳定所需的黏度来确定各类成分的掺量,膨润土的掺量一般为 6%~10%,膨

润土品种和产地较多，应通过试验选择；增黏剂CMC（羧甲基钠纤维素）的掺量一般为0.01%～0.3%；分散剂（纯碱）的掺量一般为0～0.5%。不同地区、不同地质水文条件，不同施工设备，对泥浆的性能指标都有不同的要求，为达到最佳的护壁效果，应根据实际情况由试验确定泥浆最优配合比。

知识拓展

高分子聚合物泥浆简介

高分子聚合物泥浆是以长链高分子有机聚合物和无机硅酸盐为主体的泥浆，该种泥浆一般不加（或掺很少量）膨润土，是近十多年才研制成功的。该聚合物泥浆遇水后产生膨胀作用，提高黏度的同时可在槽壁表面形成一层坚韧的胶膜，防止槽壁坍塌。高分子聚合物泥浆无毒无害，且不与槽段开挖出的土体发生物理化学反应，不产生大量的废泥浆，钻渣含水量小，可直接装车运走，故称其为环保泥浆。这种泥浆固壁效果良好，确有环保效应，具有一定的推广价值和研究价值。目前应用最广泛的还是膨润土泥浆，其主要成分是膨润土、外加剂和水。

(3)泥浆制备。泥浆制备包括泥浆搅拌和泥浆贮存。制备膨润土泥浆一定要充分搅拌，否则会影响泥浆的失水量和黏度。泥浆投料顺序一般为水、膨润土、CMC、分散剂、其他外加剂。CMC较难溶解，最好先用水将CMC溶解成1%～3%的溶液，CMC溶液可能会妨碍膨润土溶胀，宜在膨润土之后再掺入进行拌和。

特别提示

泥浆制备注意事项

为充分发挥泥浆在地下连续墙施工中的作用，泥浆最好在膨润土充分水化之后再使用，新配制的泥浆应静置贮存3h以上，如现场实际条件允许静置24h后再使用更佳。泥浆存贮位置以不影响地下连续墙施工为原则，泥浆输送距离不宜超过200m，否则应在适当地点位置设置泥浆回收接力池。

(4)泥浆处理。在地下连续墙施工过程中,泥浆与地下水、砂、土、混凝土等接触,膨润土、外加剂等成分会有所消耗,而且也会混入一些土渣和电解质离子等,使泥浆受到污染而性质恶化。被污染后性质恶化了的泥浆,经过处理后仍可重复使用。如污染严重难以处理或处理槽过程中含有大量土渣的泥浆以及浇筑混凝土所置换出来的泥浆;对于直接出渣挖槽方法只处理浇筑混凝土置换出来的泥浆。泥浆处理分为土渣的分离处理(物理再生处理)和污染泥浆的化学处理(化学再生处理),其中物理处理又分重力沉淀和机械处理两种。重力沉淀处理是利用泥浆与土渣的相对密度差使土渣产生沉淀的方法,机械处理是使用专用除砂除泥装置回收。泥浆再生处理用物理再生处理和化学再生处理联合进行效果更好。

从槽段中回收的泥浆经振动筛除,除去其中较大的土渣,进入沉淀池进行重力沉淀,再通过旋流器分离颗粒较小的土渣。若还达不到使用指标,再加入掺合物进行化学处理。浇筑混凝土置换出来的泥浆混入阳离子时,土颗粒就易互相凝聚,增强泥浆的凝胶化倾向。泥浆产生凝胶化后,泥浆的泥皮形成性能减弱,槽壁稳定性较差;黏性增高,土渣分离困难;在泵和管道内的流动阻力增大。对这种恶化了的泥浆要进行化学处理。化学处理一般用分散剂,经化学处理后再进行土渣分离处理。通常槽段最后 2～3m 左右浆液因污染严重而直接废弃。泥浆经过化学处理后,用控制泥浆质量的各项指标进行检验,如果需要可再补充掺入泥浆材料进行再生调制。经再生调制的泥浆,送入贮浆池(罐),待新掺入的材料与处理过的泥浆完全融合后再重复使用。化学处理泥浆的一般规则见表 5-24。

知识链接

泥浆控制要点

应严格控制泥浆液位,确保泥浆液位在地下水位 0.5m 以上,并不低于导墙顶面以下 0.3m,液位下落及时补浆,以防槽壁坍塌。为减少泥浆损耗,在导墙施工中遇到的废弃管道要堵塞牢固;施工时遇到土层空隙大、渗透性强的地段应加深导墙。

在施工中定期对泥浆指标进行检查测试，随时调整，做好泥浆质量检测记录。在遇有较厚粉砂、细砂地层时，可适当提高黏度指标，但不宜大于45s；在地下水位较高，又不宜提高导墙顶标高的情况下，可适当提高泥浆密度，但不宜超过1.25g/cm。。

为防止泥浆污染，浇筑混凝土时导墙顶加盖板阻止混凝土掉入槽内；挖槽完毕应仔细用抓斗将槽底土渣清完，以减少浮在上面的劣质泥浆数量；禁止在导墙沟内冲洗抓斗；不得无故提拉浇筑混凝土的导管，并注意经常检查导管水密性。

表 5-24 化学处理泥浆一般规则

调整项目	处理方法	对其他性能的影响
增加黏度	加膨润土	失水量减小，稳定性、静切力、密度增加
	加 CMC	失水量减小，稳定性、静切力增加、密度不变
	加纯碱	失水量减小，稳定性、静切力、pH值增加、密度不变
减小黏度	加水	失水量增加，密度、静切力减小
增加密度	加膨润土	黏度、稳定性增加
减小密度	加水	黏度、稳定性减少，失水量增加
减小失水量	加膨润土和 CMC	黏度、稳定性增加
增加稳定性	加膨润土和 CMC	黏度增加，失水量减小
增加静切力	加膨润土和 CMC	黏度、稳定性增加，失水量减小
减小静切力	加水	黏度、密度减小、失水量增加

注：泥浆稳定性是指在地心引力作用下，泥浆是否容易下沉的性质。测定泥浆稳定性常用“析水性试验”和“上下相对密度差试验”。对静置1h以上的泥浆，从其容器的上部1/3和下部1/3处各取出泥浆试样，分别测定其密度，如两者没有差别则泥浆质量满足要求。

3. 成槽作业

(1)单元槽段划分。地下连续墙通常分段施工，每一段称为地下连续墙的一个槽段，一个槽段是一次混凝土灌注单位。地下连续墙施工时，预先沿墙体长度方向把地下连续墙划分为若干个一定长度的施工单元，该施工单元称“单元槽段”，挖槽是按一个个单元槽段进行挖掘，在一个单元槽段内，挖槽机械挖土时可以是一个或几个挖掘段。

(2)成槽作业顺序。首先根据已划分的单元槽段长度，在导墙上标出各槽段的相应位置。一般可采取两种施工顺序：

1)顺槽法，按序(顺墙)施工：顺序为1，2，3，4，…，n。将施工的误差在最后一单元槽段解决。

2)跳槽法，间隔施工：即$(2n-1)-(2n+1)-(2n)$，能保证墙体的整体质量，但较费时。

知识链接

单元槽段长度的确定

单元槽段的最小长度不得小于一个挖掘段(挖槽机械的挖土工作装置的一次挖土长度)。单元槽段长度长，则接头数量少，可提高墙体整体性和隔水防渗能力，简化施工，提高工效。单元槽段长度应是挖槽机挖槽长度的整数倍，一般采用挖槽机最小挖掘长度(即一个挖掘单元的长度)为一单元槽段。地质条件良好，施工条件允许，亦可采用2～4个挖掘单元组成一个槽段，槽段长度一般为4～8m。

(3)单元槽段施工。采用接头管的单元槽段的施工顺序如图5-26所示。

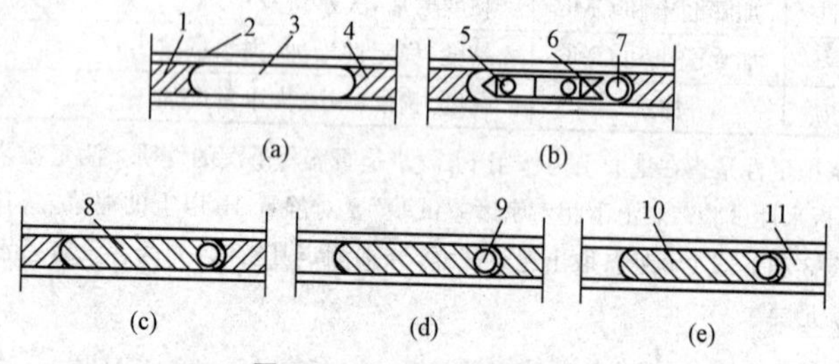

图5-26 单元槽段施工顺序

(a)挖槽；(b)吊放接头管钢筋笼；(c)浇混凝土；(d)拔接头管；(e)形成半圆接头，挖下一槽段
1—已完成槽段；2—导墙；3—已挖完槽段；4—未开挖槽段；5—混凝土导管；6—钢筋笼；7—接头管；8—混凝土；9—拔管后形成的圆孔；10—已完成槽段；11—开挖新槽段

(4)成槽作业施工方法。

1)多头钻施工法。下钻应使吊索保持一定张力，即使钻具对地层保持适当压力，引导钻头垂直成槽。下钻速度取决于钻渣的排出能力

及土质的软硬程度，注意使下钻速度均匀。

2）抓斗式施工法。导杆抓斗安装在起重机上，抓斗连同导杆由起重机操纵上下、起落卸土和挖槽，抓斗挖槽通常用“分条抓”或“分块抓”两种方法，如图 5-27 所示。

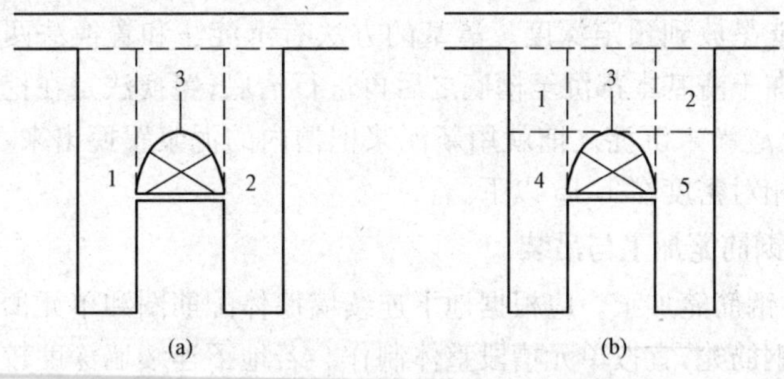

图 5-27 抓斗挖槽方法（1、2、3、4…——抓槽顺序）

（a）“分条抓”槽法；（b）“分块抓”槽法

3）钻抓式施工法。钻抓式挖槽机成槽时，采取两孔一抓挖槽法，预先在每个挖掘单元两端，用潜水钻机钻两个直径与槽段宽度相同的垂直导孔，然后用导板抓斗形成槽段。

4）冲击式施工法。冲击式挖槽方法为常规单孔桩方法，采取间隔挖槽施工。

经验总结

防止槽壁塌方的措施

施工时保持槽壁的稳定性是十分重要的，与槽壁稳定有关的因素主要有地质条件、地下水位、泥浆性能及施工措施等。如采取对松散易塌土层预先槽壁加固、缩小单元槽段长度、根据土质选择泥浆配合比、控制泥浆和地下水的液位变化及地下水流动速度、加强降水、减少地面荷载、控制动荷载等。当挖槽出现坍塌迹象时，如泥浆大量漏失和液位明显下降、泥浆内有大量泡沫上冒或出现异常扰动、导墙及附近地面出现沉降、排土量超出设计土方量、多头钻或蚌式抓斗升降困难等，应及时将挖槽机械提至地面，防止其埋入地下，然后迅速采取措施避免坍塌进一步扩大。

(5)清基。挖槽结束后清除以沉渣为主的槽底沉淀物的工作称为清基。地下连续墙槽孔的沉渣如不清除,会在底部形成夹层,可能会造成地下连续墙沉降量增大,承载力降低,减弱隔水防渗性能,会使混凝土的强度、流动性、浇筑速度等受到不利影响,还可能造成钢筋笼上浮或不能吊放到预定深度。清基的方法有沉淀法和置换法两种。沉淀法是在土渣基本都沉至槽底之后再进行清底;置换法是在挖槽结束后,在土渣尚未沉淀之前就用新泥浆把槽内的泥浆置换出来,使槽内泥浆的相对密度在1.15以下。

4. 钢筋笼加工与吊装

(1)钢筋笼加工。应根据地下连续墙墙体配筋图和单元槽段的划分制作钢筋笼,宜按单元槽段整体制作。若地下连续墙深度较大或受起重设备起重能力的限制,可分段制作,在吊放时再逐段连接;接头宜用绑条焊;纵向受力钢筋的搭接长度,如无明确规定时可采用60倍的钢筋直径。

钢筋笼应在型钢或钢筋制作的平台上成型。工程场地设置的钢筋笼制作安装平台应有一定的尺寸(应大于最大钢筋笼尺寸)和平整度。为便于纵向钢筋定位,宜在平台上设置带凹槽的钢筋定位条。为便于钢筋放样布置和绑扎,应在平台上根据钢筋间距、插筋、预埋件的位置画出控制标记,以保证钢筋笼和各种埋件的布设精度。

钢筋笼端部与接头管或混凝土接头面间应留有15～20cm的空隙。主筋净保护层厚度通常为7～8cm,保护层垫块厚为5cm,在垫块和墙面之间留有2～3cm的间隙。垫块一般用薄钢板制作,以防止吊放钢筋笼时垫块损坏或擦伤槽壁面。作为永久性结构的地下连续墙的主筋保护层,应根据设计要求确定。

制作钢筋笼时,应确保钢筋的正确位置、间距及数量。纵向钢筋接长宜采用气压焊、搭接焊等。钢筋连接除四周两道钢筋的交点需全部点焊外,其余可采用50%交叉点焊。成型用的临时扎结铁丝焊后应全部拆除。制作钢筋笼时应预先确定浇筑混凝土用导管的位置,应保持上下贯通,周围应增设箍筋和连接筋加固,尤其在单元槽段接头附近等钢筋较密集区域。为防横向钢筋阻碍导管插入,纵向主筋应放在内侧，横向钢筋放在外侧[图 5-28(a)]。纵向钢筋底端应距离槽底10～20cm。纵向钢筋底端应稍向内弯折，以防止吊放钢筋笼时擦伤槽壁，但向内弯折程度亦不要影响插入混凝土导管。应根据钢筋笼质量、尺寸及起吊方式和吊点布置，在钢筋笼内布置一定数量的纵向桁架[图 5-28(b)]。由于钢筋笼起吊时易变形，纵向桁架上下弦断面应计算确定，一般以加大相应受力钢筋断面作桁架的上下弦。

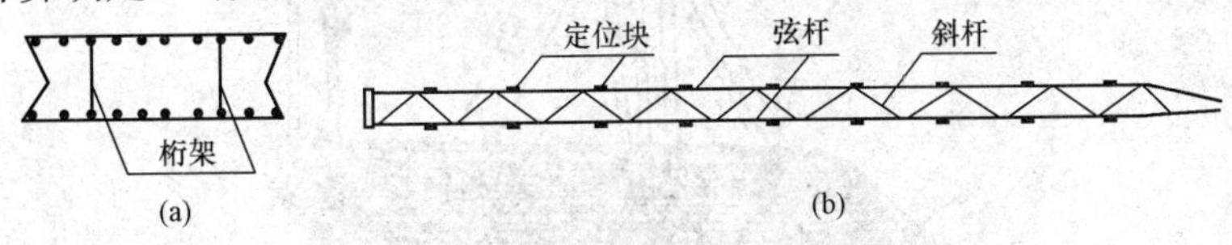

图 5-28　钢筋笼构造示意图

(a)横剖面图；(b)纵向桁架纵剖面图

特别提示

预留锚固钢筋注意事项

地下连续墙与基础底板以及内部结构板、梁、柱、墙的连接，如采用预留锚固钢筋的方式，锚固筋一般用光圆钢筋，直径不超过 20mm。锚固筋布置应确保混凝土自由流动以充满锚固筋周围的空间，如采用预埋钢筋连接器则宜用直径较大钢筋。

(2)钢筋笼吊装。钢筋笼起吊应用横吊梁或吊架。吊点布置和起吊方式应防止起吊引起钢筋笼过大变形。起吊时钢筋笼下端不得在地面拖引，以防下端钢筋弯曲变形；为防止钢筋笼吊起后在空中摆动，应在钢筋笼下端系拽引绳。钢筋笼吊装如图 5-29 所示。

插入钢筋笼时应使钢筋笼对准单元槽段中心，垂直而又准确地插入槽内。钢筋笼入槽时，吊点中心应对准槽段中心，然后徐徐下降，此时应注意不得因起重臂摆动或其他影响而使钢筋笼产生横向摆动，造成槽壁坍塌。钢筋笼入槽后应检查其顶端高度是否符合设计要求，然后将其搁置在导墙上。若钢筋笼分段制作，吊放时需接长，下段钢筋笼应垂直悬挂在导墙上，然后将上段钢筋笼垂直吊起，上下两段钢筋

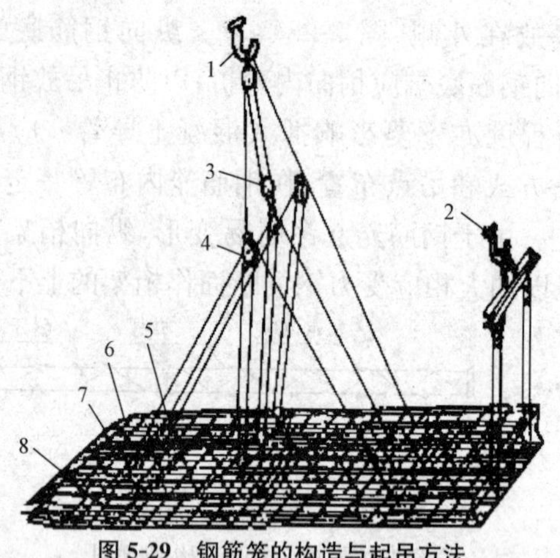

图 5-29 钢筋笼的构造与起吊方法

1、2—吊钩；3、4—滑轮；5—卸车；6—钢筋笼底端；7—纵向桁架；8—横向架立桁架

笼成直线连接。若钢筋笼不能顺利入槽，应将其吊出，查明原因加以解决；若有必要应修槽后再吊放，不能强行插放，以防止引起钢筋笼变形或使槽壁坍塌，增加沉渣厚度。

钢筋笼吊装注意事项

钢筋笼的起吊、运输和吊放应制定施工方案，不得在此过程中产生不能恢复的变形。根据钢筋笼质量选取主、副吊设备，并进行吊点布置。应对吊点局部加强，沿钢筋笼纵横向设置桁架增强钢筋笼整体刚度。选择主、副扁担并对其进行验算，应对主、副吊钢丝绳、吊具索具、吊点及主吊拔杆长度进行验算。

5. 接头选择

地下连续墙由若干个槽段分别施工后连成整体，各槽段间的接头成为挡土挡水的薄弱部位。地下连续墙接头形式很多，一般分为施工接头（纵向接头）和结构接头（水平接头）。施工接头是浇筑地下连续墙时纵向连接两相邻单元墙段的接头；结构接头是已竣工的地下连续墙在水平向与其他构件(地下连续墙内部结构梁、柱、墙、板等)相连接的接头。

施工接头应满足受力和防渗的要求,并要求施工简便、质量可靠;对下一单元槽段的成槽不会造成困难;不会造成混凝土从接头下端及侧面流入背面;传递单元槽段之间的应力起到伸缩接头的作用;能承受混凝土侧压力不致有较大变形等。

6. 水下混凝土浇筑

地下连续墙所用混凝土的配合比除满足设计强度要求外,还应考虑导管法在泥浆中浇筑混凝土应具有的和易性好、流动度大、缓凝的施工特点和对混凝土强度的影响。

应尽量加快单元槽段混凝土浇筑速度,一般槽内混凝土面上升速度不宜小于2m/h。混凝土应超浇30~50cm,以便在明确混凝土强度情况下,将设计标高以上的浮浆层凿除。

混凝土除满足一般水工混凝土要求外,尚应考虑泥浆中浇筑混凝土的强度随施工条件变化较大,同时,在整个墙面上的强度分散性亦大,因此,混凝土应按照结构设计规定的强度提高等级进行配合比设计。若无试验情况下,例如上海地区对水下混凝土强度比设计强度提高的等级作了相应的规定,见表 5-25。

表 5-25　水下混凝土强度等级对照

设计强度等级	C25	C30	C35	C40	C45	C50
水下混凝土强度等级	C30	C35	C40	C50	C55	C60

混凝土应具有黏性和良好的流动性。若缺乏流动性,浇筑时会围绕导管堆积成一个尖顶的锥形,泥渣会滞留在导管中间(多根导管浇筑时)或槽段接头部位(1 根导管浇筑时),易卷入混凝土内形成质量缺陷(图 5-30),尤其在槽段端部连接钢筋密集处更易出现。

地下连续墙混凝土用导管法进行浇筑,导管在首次使用前应进行气密性试验,保证密封性能。浇筑混凝土时,导管应距槽底 0.5m。浇筑过程中导管下口总是埋在混凝土内 1.5m 以上,使从导管下口流出的混凝土将表层混凝土向上推动而避免与泥浆直接接触,否则混凝土流出时会把混凝土上升面附近的泥浆卷入混凝土内。但导管插入太深会使混凝土在导管内流动不畅，有时还可能产生钢筋笼上浮，因此，导管最大插入深度也不宜超过 9m。

当混凝土浇筑到地下连续墙顶部附近时，导管内混凝土不易流出，应降低浇筑速度，并将导管最小埋入深度控制在 1m 左右，可将导管上下抽动，但抽动范围不得超过 30cm。混凝土浇筑过程中导管不得做横向运动，以防止沉渣和泥浆混入混凝土内；应随时掌握混凝土的浇筑量、混凝土上升高度和导管埋入深度；应防止导管下口暴露在泥浆内，造成泥浆涌入导管。

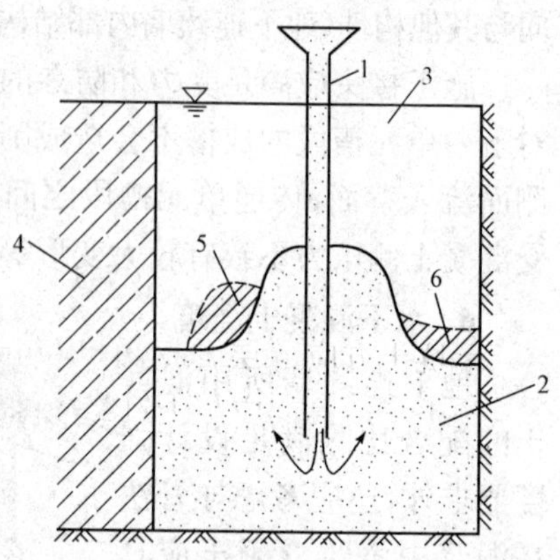

图 5-30　混凝土围绕导管形成锥形

1—导管；2—正在浇灌的混凝土；3—泥浆；4—已浇筑混凝土的槽段；5—易卷入混凝土内的泥渣；6—滞留泥渣

导管的间距一般为 3～4m，导管距槽段端部的距离不宜超过 2m；若管距过大，易使导管中间部位的混凝土面低，泥浆易卷入；若一个槽段内用两根及以上导管同时浇筑，应使各导管处的混凝土面大致处在同一水平面上。

四、土钉墙工程施工

土钉墙是用于土体开挖时保持基坑侧壁或边坡稳定的一种挡土结构，主要由密布于原位土体的土钉、黏附于土体表面的钢筋混凝土面层、土钉之间的被加固土体和必要的防水系统组成。土钉墙的结构较合理，施工设备和材料简单，操作方便灵活，施工速度快捷，对施工条件要求不高，造价较低；但其不适合变形要求较为严格或较深的基坑，对用地红线有严格要求的场地具有局限性。

(一)施工工艺流程

土钉墙施工工艺流程：开挖工作面→修整坡面→施工第一层面层→

土钉定位→钻孔→清孔检查→放置土钉→注浆→绑扎钢筋网→安装泄水管→施工第二层面层→养护→开挖下一层工作面→重复上述步骤直至基坑设计深度。

(二)施工要点

1. 土方开挖

基坑土方应分层开挖,且应与土钉支护施工作业紧密协调和配合。挖土分层厚度应与土钉竖向间距一致,开挖标高宜为相应土钉位置下200mm,逐层开挖并施工土钉,严禁超挖。每层土开挖完成后应进行修整,并在坡面施工第一层面层,若土质条件良好,可省去该道面层,开挖后应及时完成土钉安设和混凝土面层施工;在淤泥质土层开挖时,应限时完成土钉安设和混凝土面层。完成上一层作业面土钉和面层后,应待其达到70%设计强度以上后,方可进行下一层作业面的开挖。开挖应分段进行,分段长度取决于基坑侧壁的自稳能力,且与土钉支护的流程相互衔接,一般每层的分段长度不宜大于30m。有时为保持侧壁稳定,保护周边环境,可采用划分小段开挖的方法,也可采用跳段同时开挖的方法。

2. 土钉施工

土钉施工根据选用的材料不同可分为两种,即钢筋土钉施工和钢管土钉施工。

(1)钢筋土钉施工是按设计要求确定孔位标高后先成孔。成孔可分为机械成孔和人工成孔。其中人工成孔一般采用洛阳铲,目前应用较少;机械成孔一般采用小型钻孔机械,保持其与面层的一定角度,先采用合金钻头钻进,放入护壁套管,再冲水钻进。钻到设计位置后应继续供水洗孔,待孔口溢出清水为止。机械成孔采用机具应符合土层特点,在进钻和抽出钻杆过程中不得引起土体坍孔。易坍孔土体中钻孔时宜采用套管成孔或挤压成孔。成孔过程中应按土钉编号逐一记录取出土体的特征、成孔质量等,并将取出土体与设计认定的土质对比,发现有较大的偏差时要及时修改土钉的设计参数。

(2)钢管土钉施工一般采用打入法，即在确定孔位标高处将管壁留孔的钢管保持与面层一定角度打入土体内。打入最早采用大锤、简易滑锤，目前一般采用气动潜孔锤或钻探机。

施工前应完成土钉杆件的制作加工。钢筋土钉和钢管土钉的构造如图 5-31 所示。

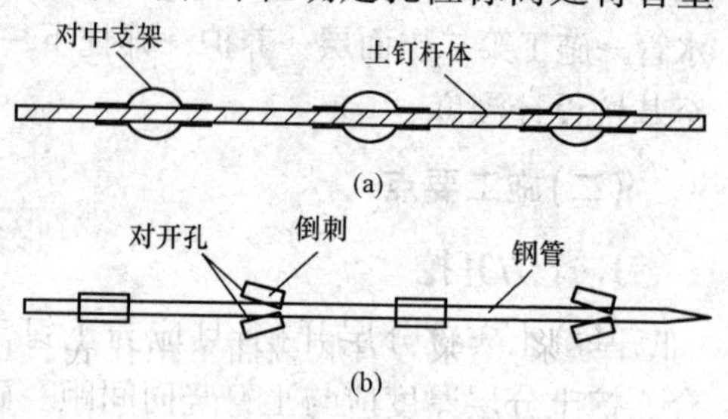

图 5-31　土钉杆体构造

(a)钢筋土钉；(b)钢管土钉

特别提示

土钉施工注意事项

插入土钉前应清孔和检查。土钉置入孔中前，先在其上安装连接件，以保证钢筋处于孔位中心位置且注浆后保证其保护层厚度。连接件一般采用钢筋或垫板，如图 5-32 所示。

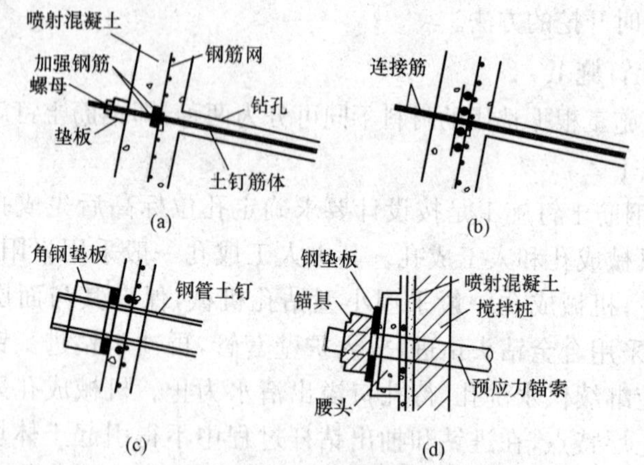

图 5-32　土钉(锚索)与面层连接构造

(a)螺母垫板连接；(b)钢筋连接；(c)角钢连接；(d)锚索与腰梁、面层连接

3. 注浆

钢筋土钉注浆前应将孔内残留或松动的杂土清除。根据设计要求和工艺试验，选择合适的注浆机具，确定注浆材料和配合比。注浆材料一般采用水泥浆或水泥砂浆。一般采用重力、低压（0.4～0.6MPa）或高压（1～2MPa）注浆。水平注浆多采用低压或高压，注浆时应在孔口或规定位置设置止浆塞，注满后保持压力3～5min；斜向注浆则采用重力或低压注浆，注浆导管底端插至距孔底250～500mm处，在注浆时将导管匀速缓慢地撤出，过程中注浆导管口始终埋在浆体表面下。有时为提高土钉抗拔能力还可采用二次注浆工艺。每批注浆所用砂浆至少取3组试件，每组3块，立方体试块经标准养护后测定3d和28d强度。

基坑工程绿色施工技术措施

（1）扬尘控制。运送土方、垃圾、设备及建筑材料等，不得污损场外道路。运输容易散落、飞扬、流漏物料的车辆，必须采取措施封闭严密，保证车辆清洁。施工现场出口应设置洗车槽；土方作业阶段，采取洒水、覆盖等措施；对粉末状材料应封闭存放；机械剔凿作业时可用局部遮挡、掩盖、水淋等防护措施；清理垃圾应搭设封闭性临时专用道或采用容器吊运；对现场易飞扬物质采取有效措施，如洒水、地面硬化、围挡、密网覆盖、封闭等，防止扬尘产生；改进施工工艺，采用逆作法施工地下结构可以降低施工扬尘对大气环境的影响，降低基础施工阶段噪声对周边的干扰。

（2）噪声与振动控制。在施工场界对噪声进行实时监测与控制。使用低噪声、低振动的机具，采取隔声与隔振措施，避免或减少施工噪声和振动。

（3）光污染控制。尽量避免或减少施工过程中的光污染。夜间室外照明灯加设灯罩，透光方向集中在施工范围；电焊作业采取遮挡措施，避免电焊弧光外泄。

（4）水污染控制。施工现场污水排放应达到相关标准；施工现场应针对不同的污水，设置相应的处理设施，如沉淀池、隔油池、化粪池等；污水排放应委托有资质的单位进行废水水质检测，提供相应的污水检测报告；在缺水地区或地下水位持续下降的地区，基坑降水尽可能少地抽取地下水；当基坑开挖抽水量大于50万m^3时，应进行地下水回灌，并避免地下水被污染。

(5)土体保护。保护地表环境,防止土体侵蚀、流失。因施工造成的裸土,及时覆盖砂石或种植速生草种,以减少土体侵蚀;因施工造成容易发生地表径流土体流失的情况,应采取设置地表排水系统、稳定斜坡、植被覆盖等措施,减少土体流失;沉淀池、隔油池、化粪池等不发生堵塞、渗漏、溢出等现象,及时清掏各类池内沉淀物,并委托有资质的单位清运;对于有毒有害废弃物如电池、墨盒、油漆、涂料等应回收后交有资质的单位处理,不能作为建筑垃圾外运,避免污染土体和地下水。

4. 混凝土面层施工

应根据施工作业面层分层分段铺设钢筋网,钢筋网之间的搭接可采用焊接或绑扎,钢筋网可用插入土中的钢筋固定。钢筋网宜随壁面铺设,与坡面间隙不小于20mm。土钉与面层钢筋网的连接可通过垫板、螺帽及端部螺纹杆、井字加强钢筋焊接等方式固定。

喷射混凝土一般采用混凝土喷射机,施工时应分段进行,同一分段内喷射顺序应自下而上,喷头运动一般按螺旋式轨迹一圈压半圈均匀缓慢移动;喷头与受喷面应保持垂直,距离宜为0.6~1.0m,一次喷射厚度不宜小于40mm;在钢筋部位可先喷钢筋后方以防其背面出现空隙;混凝土上下层及相邻段搭接结合处,搭接长度一般为厚度的2倍以上,接缝应错开。混凝土终凝2h后应喷水养护,保持混凝土表面湿润,养护期视当地环境条件而定,宜为3~7d。喷射混凝土强度可用试块进行测定,每批至少留取3组试件,每组3块。

5. 排水系统的设置

基坑边若含有透水层或渗水土层时,混凝土面层上应做泄水孔,即按间距1.5~2.0m均布设长0.4~0.6m、直径不小于40mm的塑料排水管,外管口略向下倾斜,管壁上半部分可钻透水孔,管中填满粗砂或圆砾作为滤水材料,以防土颗粒流失。也可在喷射混凝土面层施工前预先沿土坡壁面每隔一定距离设置一条竖向排水带,即用带状皱纹滤水材料夹在土壁与面层之间形成定向导流带,使土坡中渗出的水有组织地导流到坑底后集中排除。

第三节 地基处理施工工艺和方法

一、地基处理方法分类及适用范围

地基分为天然地基和人工加固处理地基两类。未经加固处理直接支撑建筑物的地基称为天然地基;采用人工加固达到设计要求承载能力的地基称为人工加固处理地基。

地基处理方法,可以按地基处理原理、地基处理的目的、地基处理的性质、地基处理的时效、动机等不同角度进行分类。一般多采用地基处理原理进行分类,可分为换填垫层处理、预压(排水固结)处理、夯实(密实)法、深层挤密(密实)处理、化学加固处理、加筋处理、热学处理等,见表 5-26。

表 5-26　　地基处理方法分类及适用范围表

分类	处理方法	原理及作用	适用范围
换填垫层法	灰土垫层	挖除浅层软弱土或不良土,回填灰土、砂、石等材料再分层碾压或夯实。它可提高持力层的承载力,减少变形量,消除或部分消除土的湿陷性和胀缩性,防止土的冻胀作用以及改善土的抗液化性,提高地基的稳定性	一般适用于处理浅层软弱地基、不均匀地基、湿陷性黄土地基、膨胀土地基,季节性冻土地基、素填土和杂填土地基
	砂和砂石垫层		
	粉煤灰垫层		
预压(排水固结)法	堆载预压法	通过布置垂直排水竖井、排水垫层等,改善地基的排水条件。采取加载、抽气等措施,以加速地基土的固结,增大地基土强度,提高地基土的稳定性,并使地基变形提前完成	适用于处理厚度较大的、质土、淤泥和软黏土地基。但堆载预压法需要有预压的荷载和时间的条件。对泥炭土等有机质沉积物地基不适用
	真空预压法		
夯实法	强夯法	强夯法是利用强大的夯击能,迫使深层土压实,以提高地基承载力,降低其压缩性	适用于处理碎石土、砂土、低饱和度的粉土与黏性土、湿陷性黄土、素填土和杂填土等地基
	强夯置换法	采用边强夯,边填块石、砂砾、碎石,边挤淤的方法。在地基中形成碎石墩体,以提高地基承载力和减小地基变形	适用于高饱和度的粉土与软塑～流塑的黏性土等地基上对变形控制要求不严的工程

续一

分类	处理方法	原理及作用	适用范围
深层挤密法	振冲法	挤密法是通过挤密或振动使深层土密实，并在振动挤密过程中，回填砂、砾石、灰土、土或石灰等形成砂桩、碎石桩灰土桩、二灰桩、土桩或石灰桩，与桩间土一起组成复合地基，减少沉降量，消除或部分消除土的湿陷性或液化性	适用于处理砂土、粉土、粉质黏土、素填土和杂填土等地基。对于处理不排水抗剪强度不小于20kPa的饱和黏性土和饱和黄土地基，应在施工前通过现场试验确定其适用性。不加填料振冲加密适用于处理黏粒含量不大于10%的中砂、粗砂地基
	砂石桩复合地基		适用于挤密松散砂土、粉土、黏性土、素填土、杂填土等地基。对饱和黏土地基上对变形控制要求不严的工程也可采用砂石桩置换处理。砂石桩复合地基也可用于处理可液化地基
	水泥粉煤灰碎石桩法		适用于处理黏性土、粉土、砂土和已自重固结的素填土等地基。对淤泥质土应按地区经验或通过现场试验确定其适用性
	夯实水泥土桩法		适用于处理地下水位以上的粉土、素填土、杂填土、黏性土等地基。处理深度不宜超过10m
	石灰桩法		适用于处理饱和黏性土、淤泥、淤泥质土、素填土和杂填土等地基；用于地下水位以上的土层时，宜增加掺合料的含水量并减少生石灰用量，或采取土层浸水等措施
	灰土挤密桩法和土挤密桩法		适用于处理地下水位以上的湿陷性黄土、素填土和杂填土等地基，可处理地基的深度为5～15m。当以消除地基土的湿陷性为主要目的时，宜选用土挤密桩法。当以提高地基土的承载力或增强其水稳性为主要目的时，宜选用灰土挤密桩法。当地基土的含水量大于24%、饱和度大于65%时，不宜选用土桩、灰土桩复合地基

续二

分类	处理方法	原理及作用	适用范围
	水泥土搅拌法	分湿法(亦称深层搅拌法)和干法(亦称粉体喷射搅拌法)两种。湿法是利用深层搅拌机,将水泥浆与地基土在原位拌和;干法是利用喷粉机,将水泥粉或石灰粉与地基土在原位拌和。搅拌后形成柱状水泥土体,可提高地基承载力,减少地基变形,防止渗透,增加稳定性	适用于处理正常固结的淤泥与淤泥质土、粉土、饱和黄土、素填土、黏性土以及无流动地下水的饱和松散砂土等地基。当地基土的天然含水量小于30%(黄土含水量小于25%)、大于70%或地下水的pH值小于4时不宜采用干法
化学(注浆)加固法	旋喷桩法	将带有特殊喷嘴的注浆管通过钻孔置入要处理的土层的预定深度,然后将浆液(常用水泥浆)以高压冲切土体。在喷射浆液的同时,以一定速度旋转、提升,即形成水泥土圆柱体;若喷嘴提升不旋转,则形成墙状固化体可用以提高地基承载力,减少地基变形,防止砂土液化、管涌和基坑隆起,建成防渗帷幕	适用于处理淤泥、淤泥质土、流塑、软塑或可塑黏性土、粉土、砂土、黄土、素填土和碎石土等地基。当土中含有较多的大粒径块石、大量植物根茎或有较高的有机质时,以及地下水流速过大和已涌水的工程,应根据现场试验结果确定其适用性
	硅化法和碱液法	通过注入水泥浆液或化学浆液的措施,使土粒胶结,用以改善土的性质,提高地基承载力,增加稳定性减少地基变形,防止渗透	适用于处理地下水位以上渗透系数为0.10～2.00m/d的湿陷性黄土等地基。在自重湿陷性黄土场地,当采用碱液法时,应通过试验确定其适用性
	注浆法	—	适用于处理砂土、粉土、黏性土和人工填土等地基

续三

分类	处理方法	原理及作用	适用范围
加筋法	土工合成材料	通过在土层中埋设强度较大的土工聚合物、拉筋、受力杆件等达到提高地基承载力，减少地基变形，或维持建筑物稳定的地基处理方法，使这种人工复合土体，可承受抗拉、抗压、抗剪和抗弯作用，借以提高地基承载力，增加地基稳定性和减少地基变形	适用于砂土、黏性土和软土
	加筋土		适用于人工填土地基
	树根桩法		适用于淤泥、淤泥质土、黏土、碎石土、黄土和人工填土等地基
托换	锚杆静压桩法	在原建筑物基础下设置钢筋混凝土桩以提高承载力、减少地基变形达到加固目的，按设置桩的方法，可分为锚杆静压桩法和坑式静压桩法	适用于淤泥、淤泥质土、黏性土、粉土和人工填土等地基
	坑式静压桩法		适用于淤泥、淤泥质土、黏性土、粉土、人工填土和湿陷性黄土等地基

地基基本要求

建筑物对地基的基本要求是：不论是天然地基还是人工地基，均应保证其有足够的强度和稳定性，在荷载作用下地基土不发生剪切破坏或丧失稳定；不产生过大的沉降或不均匀的沉降变形，以确保建筑物的正常使用。软弱的地基必须经过加固技术处理，才能满足工程建设的要求。

二、换填法施工

换填法是指挖去地表浅层软弱土层或不均匀土层，回填坚硬、较粗粒径的材料，并夯压密实，形成垫层的地基处理方法。此方法适用于浅层软弱地基及不均匀地基的处理。采用灰土、砂石、矿渣、素土等材料换土的地基分别称为灰土地基、砂石地基、粉煤灰地基等。

(一)灰土地基

1. 材料质量要求

(1)土料:采用就地挖土的黏性土及塑性指数大于 4 的粉土,土内不得含有松软杂质和耕植土;土料应过筛,其颗粒不应大于 15mm。

(2)石灰:应用Ⅲ级以上新鲜的块灰,含氧化钙、氧化镁越高越好,使用前 1～2d 消解并过筛,其颗粒不得大于 5mm,且不应夹有未熟化的生石灰块粒及其他杂质,也不得含有过多水分,灰土中石灰氧化物含量对强度的影响见表 5-27。

表 5-27　　灰土中石灰氧化物含量对强度的影响　　(%)

活性氧化钙含量	81.74	74.59	69.49
相对强度	100	74	60

(3)灰土土质、配合比、龄期对强度的影响见表 5-28。

表 5-28　　灰土土质、配合比、龄期对强度的影响　　(MPa)

龄期	灰土比＼土种类	黏　土	粉质黏土	粉　土
7d	4∶6	0.507	0.411	0.311
	3∶7	0.669	0.533	0.284
	2∶8	0.526	0.537	0.163

(4)水泥(代替石灰):可选用 42.5 级普通硅酸盐水泥,安定性和强度应经复试合格。

2. 施工工艺流程

灰土地基施工工艺流程:检验土料和石灰粉的质量→灰土拌和→槽底清理→分层铺灰土→夯打密实→找平验收。

(1)检验土料和石灰粉的质量。首先检查土料种类和质量以及石灰材料的质量是否符合标准的要求,然后分别过筛。如果是块灰闷制的熟石灰,要用 6～10mm 的筛子过筛;如是生石灰粉则可直接使用,土料要用16～20mm筛子过筛，均应确保粒径的要求。

(2)灰土拌和。灰土的配合比应用体积比，除设计有特殊要求外，一般为2∶8或3∶7。基础垫层灰土必须过标准斗，严格控制配合比。拌和时必须均匀一致，至少翻拌两次，拌和好的灰土颜色应一致。灰土施工时，应适当控制含水量。工地检验方法是：用手将灰土紧握成团，两指轻捏即碎为宜。如土料水分过大或不足时，应晾干或洒水润湿。

(3)槽底清理。对其槽(坑)应先验槽，消除松土，并打两遍底夯，要求平整干净。如有积水、淤泥应晾干；局部有软弱土层或孔洞，应及时挖除后用灰土分层回填夯实。

(4)分层铺灰土。每层的灰土铺摊厚度，可根据不同的施工方法，按表5-29选用。

表5-29　灰土最大虚铺厚度

夯实机具种类	质量/t	虚铺厚度/mm	备　注
石夯、木夯	0.04～0.08	200～250	人力送夯，落距400～500mm，一夯压半夯，夯实后为80～100mm厚
轻型夯实机　械	0.12～0.4	200～250	蛙式夯机、柴油打夯机，夯实后为100～150mm厚
压路机	6～10	200～250	双轮

(5)夯打密实。夯打(压)的遍数应根据设计要求的干土质量密度或现场试验确定，一般不少于3遍。

(6)找平验收。灰土最上一层完成后，应拉线或用靠尺检查标高和平整度，超高处用铁锹铲平；低洼处应及时补打灰土。

3. 施工要点

(1)灰土料的施工含水量应控制在最优含水量±2%的范围内，最优含水量可以通过击实试验确定，也可按当地经验取用。

(2)灰土分段施工时，不得在墙角、柱基及承重窗间墙下接缝，上下两层的接缝距离不得小于500mm，接缝处应夯压密实，并做成直槎。当灰土地基高度不同时，应做成阶梯形，每阶宽不少于500mm；对作辅助防渗层的灰土，应将地下水位以下结构包围，并处理好接缝，同时注意接缝质量，每层虚土从留缝处往前延伸 500mm，夯实时应夯过接缝 300mm 以上；接缝时，用铁锹在留缝处垂直切齐，再铺下段夯实。

(3)灰土应当日铺填夯压，入槽（坑）灰土不得隔日夯打。夯实后的灰土 30d 内不得受水浸泡，并及时进行基础施工与基坑回填，或在灰土表面作临时性覆盖，避免日晒雨淋。雨期施工时，应采取适当防雨、排水措施，以保证灰土在基槽（坑）内无积水的状态下进行。刚打完的灰土，如突然遇雨，应将松软灰土除去，并补填夯实；稍受湿的灰土可在晾干后补夯。

(4)冬期施工，必须在基层不冻的状态下进行，土料应覆盖保温，冻土及夹有冻块的土料不得使用；已熟化的石灰应在次日用完，以充分利用石灰熟化时的热量，当日拌和灰土应当日铺填夯完，表面应用塑料布及草袋覆盖保温，以防灰土垫层早期受冻降低强度。

(5)施工时应注意妥善保护定位桩、轴线桩，防止碰撞位移，并应经常复测。

(6)对基础、基础墙或地下防水层、保护层以及从基础墙伸出的各种管线，均应妥善保护，防止回填灰土时碰撞或损坏。

(7)夜间施工时，应合理安排施工顺序，要配备足够的照明设施，防止铺填超厚或配合比错误。

(8)灰土地基打完后，应及时进行基础的施工和地坪面层的施工，否则应临时遮盖，防止日晒雨淋。

(9)每一层铺筑完毕后，应进行质量检验并认真填写分层检测记录，当某一填层不符合质量要求时，应立即采取补救措施，进行整改。

知识链接

灰土地基施工准备工作

(1)基坑（槽）在铺灰土前必须先行钎探验槽，并按设计和勘探部门的要求处理完地基，办完隐检手续。

(2)基础外侧打灰土，必须对基础，地下室墙和地下防水层、保护层进行检查，发现损坏时应及时修补处理，办完隐检手续；现浇的混凝土基础墙、地梁等均应达到规定的强度，不得碰坏损伤混凝土。

(3)当地下水位高于基坑(槽)底时，施工前应采取排水或降低地下水位的措施，使地下水位经常保持在施工面以下0.5m左右。在3d内不得受水浸泡。

(4)施工前应根据工程特点、设计压实系数、土料种类、施工条件等，合理确定土料含水量控制范围、铺灰土的厚度和夯打遍数等参数。重要的灰土填方其参数应通过压实试验来确定。

(5)房心灰土和管沟灰土，应先完成上下水管道的安装或管沟墙间加固等措施后再进行，并且将管沟、槽内、地坪上的积水或杂物、垃圾等清除干净。

(6)施工前，应做好水平高程的标志。如在基坑(槽)或管沟的边坡上每隔3m钉上灰土上平的木橛，在室内和散水的边墙上弹上水平线或在地坪上钉好标高控制的标准木桩。

(二)砂石地基

1. 材料质量要求

用自然级配的砂石(或卵石、碎石)混合物，粒级应在50mm以下，其含量应在50%以内，不得含有植物残体、垃圾等杂物，含泥量小于5%。

2. 施工工艺流程

砂石地基施工工艺流程：检验砂石质量→分层铺筑砂石→洒水→夯实或碾压→找平验收。

(1)检验砂石质量。对级配砂石进行技术鉴定，如是人工级配砂石，应将砂石拌和均匀，其质量均应达到设计要求或规范的规定。

(2)分层铺筑砂石。铺筑砂石的每层厚度，一般为15～20cm，不宜超过30cm，分层厚度可用样桩控制。视不同条件，可选用夯实或压实的方法。大面积的砂石垫层，铺筑厚度可达35cm，宜采用6～10t的压路机碾压。砂和砂石地基底面宜铺设在同一标高上，如深度不同时，基土面应挖成踏步和斜坡形，搭槎处应注意压(夯)实。施工应按先深后浅的顺序进行。

(3)洒水。铺筑级配砂石在夯实碾压前,应根据其干湿程度和气候条件,适当地洒水以保持砂石的最佳含水量,一般为8%~12%。

(4)夯实或碾压。夯实或碾压的遍数,由现场试验确定。用木夯或蛙式打夯机时,应保持落距为400~500mm,要一夯压半夯,行行相接,全面夯实,一般不少于3遍。采用压路机往复碾压,一般碾压不少于4遍,其轮距搭接不小于50cm。边缘和转角处应用人工或蛙式打夯机补夯密实。

(5)找平验收。施工时应分层找平,夯压密实,并应设置纯砂检查点,用200cm³的环刀取样,测定干砂的质量密度。下层密实度合格后,方可进行上层施工。用贯入法测定质量时,用贯入仪、钢筋或钢叉等以贯入度进行检查,小于试验所确定的贯入度为合格。最后一层压(夯)完成后,表面应拉线找平,并且要符合设计规定的标高。

3. 施工要点

(1)铺设垫层前应验槽,将基底表面浮土、淤泥、杂物清除干净,两侧应设一定坡度,防止振捣时塌方。

(2)垫层底面标高不同时,土面应挖成阶梯或斜坡搭接,并按先深后浅的顺序施工,搭接处应夯压密实。分层铺设时,接头应作成斜坡或阶梯形搭接,每层错开0.5~1.0m,并注意充分捣实。

(3)人工级配的砂砾石,应先将砂、卵石拌和均匀后,再铺夯压实。

(4)垫层铺设时,严禁扰动垫层下卧层及侧壁的软弱土层,防止被践踏、受冻或受浸泡,降低其强度。如垫层下有厚度较小的淤泥或淤泥质土层,在碾压荷载下抛石能挤入该层底面时,可采取挤淤处理。先在软弱土面上堆填块石、片石等,然后将其压入以置换和挤出软弱土,再做垫层。

(5)垫层应分层铺设,分层夯或压实,基坑内预先安好5m×5m网格标桩,控制每层砂垫层的铺设厚度。振夯压要做到交叉重叠1/3,防止漏振、漏压。夯实、碾压遍数、振实时间应通过试验确定。用细砂作垫层材料时,不宜使用振捣法或水撼法,以免产生液化现象。

(6)当地下水位较高或在饱和的软弱地基上铺设垫层时,应加强基坑内及外侧四周的排水工作，防止砂垫层泡水引起砂的流失，保持基坑边坡稳定；或采取降低地下水位措施，使地下水位降低到基坑底500mm以下。

(7)当采用水撼法或插振法施工时，以振捣棒振幅半径的1.75倍为间距(一般为400～500mm)插入振捣，依次振实，以不再冒气泡为准，直至完成；同时，应采取措施做到有控制地注水和排水。垫层接头应重复振捣，插入式振动棒振完所留孔洞应用砂填实；在振动首层的垫层时，不得将振动棒插入原土层或基槽边部，以避免使泥土混入砂垫层而降低砂垫层的强度。

(8)垫层铺设完毕，应立即进行下道工序施工，严禁小车及人在砂层上面行走，必要时应在垫层上铺板行走。

(9)回填砂石时，应注意保护好现场轴线桩、标准高程桩，防止碰撞位移，并应经常复测。

(10)夜间施工时，应合理安排施工顺序，配备足够的照明设施；防止级配砂石不准或铺筑超厚。

(11)级配砂石成活后，应连续进行上部施工；否则应经常适当洒水润湿。

知识链接

砂石地基施工准备工作

(1)设置控制铺筑厚度的标志，如水平标准木桩或标高桩，或在固定的建筑物墙上、槽和沟的边坡上弹上水平标高线或钉上水平标高木橛。

(2)在地下水位高于基坑(槽)底面的工程中施工时，应采取排水或降低地下水位的措施，使基坑(槽)保持无水状态。

(3)铺筑前，应组织有关单位共同验槽，包括轴线尺寸、水平标高、地质情况，如有无孔洞、沟、井、墓穴等。应在未做地基前处理完毕并办理隐检手续。

(4)检查基槽(坑)、管沟的边坡是否稳定，并清除基底上的浮土和积水。

(三)粉煤灰地基

1. 材料质量要求

用一般电厂Ⅲ级以上粉煤灰，含 SiO_2、Al_2O_3、Fe_2O_3 总量尽量选用高的，颗粒粒径宜为 0.001～2.0mm，烧失量宜低于 12%，含 SO_3 宜小于 0.4%，以免对地下金属管道等产生一定的腐蚀性。粉煤灰中严禁混入植物、生活垃圾及其他有机杂质。

2. 施工工艺流程

粉煤灰地基施工工艺流程：检验粉煤灰质量→分层铺设与碾压→洒水→夯实或碾压→找平验收。

3. 施工要点

(1)垫层应分层铺设与碾压，并设置泄水沟或排水盲沟。垫层四周宜设置具有防冲刷功能的帷幕。虚铺厚度和碾压遍数应通过现场小型试验确定。若无试验资料时，可选用铺筑厚度为 200～300mm，压实厚度为 150～200mm。小型工程可采用人工分层摊铺，在整平后用平板振动器或蛙式打夯机进行压实。施工时须一板压1/3～1/2板往复压实，由外围向中间进行，直至达到设计密实度要求；大中型工程可采用机械摊铺，在整平后用履带式机具初压二遍，然后用中、重型压路机碾压。施工时须一轮压 1/3～1/2 轮往复碾压，后轮必须超过两施工段的接缝。碾压次数一般为 4～6 遍，碾压至达到设计密实度要求。

(2)粉煤灰铺设含水量应控制在最优含水量±4%的范围内；如含水量过大时，需摊铺晾干后再碾压。施工时宜当天铺设，当天压实。若压实时呈松散状，则应洒水湿润再压实，洒水的水质应不含油质，pH 值为 6～9；若出现“橡皮”土现象，则应暂缓压实，采取开槽、翻开晾晒或换灰等方法处理。

(3)每层当天即铺即压完成，铺完经检测合格后，应及时铺筑上层，以防干燥、松散、起尘、污染环境，并应严禁车辆在其上行驶；全部粉煤灰垫层铺设完经验收合格后，应及时进行浇筑混凝土垫层或上覆 300～500mm 土进行封层，以防日晒、雨淋破坏。

特别提示

粉煤灰地基施工注意事项

冬期施工，最低气温不得低于0℃，以免粉煤灰含水冻胀。粉煤灰地基不宜采用水沉法施工，在地下水位以下施工时，应采取降排水措施，不得在饱和和浸水状态下施工。基底为软土时宜先铺填200mm左右厚的粗砂或高炉灰渣。

三、预压法施工

预压法是指对地基进行堆载成真空预压，使地基上固定的地基处理方法。其包括堆载预压法和真空预压法。真空预压法是指通过对覆盖于竖井地基表面的不透气薄膜内抽真空，而使地基固结的地基处理方法。预压法适用于处理淤泥质土、淤泥和冲填土等饱和黏性土地基。

(一)堆载预压法施工

1. 砂井施工

砂井施工一般先在地基中成孔，然后在孔内灌砂形成砂井。砂井的灌砂量，应按井孔的体积和砂在中密时的干密度计算，其实际灌砂量不得小于计算值的95%。灌入砂袋的砂宜用干砂，并应灌制密实，砂袋放入孔内至少应高出孔口200mm，以便埋入砂垫层中。砂井成孔施工方法见表5-30。

基坑土方开挖应提供土钉成孔施工的工作面宽度，土方开挖和土钉施工应形成循环作业。

表5-30　砂井成孔施工方法

施工方法	内　容
振动沉管法	振动沉管法，是以振动锤为动力，将套管沉到预定深度，灌砂后振动、提管形成砂井。采用该法施工不仅避免了管内砂随管带上，保证砂井的连续性，同时，砂受到振动变密，砂井质量较好

续表

施工方法	内　容
水冲法	水冲法是指利用高压水通过射水管形成高速水流的冲击和环刀的机械切削，使土体破坏，并形成一定直径和深度的砂井孔，然后灌砂而成砂井。 射水成孔工艺，对土质较好且均匀的黏性土地基是较适用的；但对土质很软的淤泥，因成孔和灌砂过程中容易缩孔，很难保证砂井的直径和连续性；对夹有粉砂薄层的软土地基，若压力控制不严，易在冲水成孔时出现串孔，对地基扰动较大。 射水法成井的设备比较简单，对土的扰动较小，但在泥浆排放、塌孔、缩颈、串孔、灌砂等方面还存在一定的问题
螺旋钻成孔	螺旋钻成孔法，是用动力螺旋钻钻孔，属于干钻法施工，提钻后孔内灌砂成形。此法适用于陆上工程、砂井长度在10m以内，土质较好，不会出现缩颈和塌孔现象的软弱地基。该工艺所用设备简单且机动，成孔比较规整，但灌砂质量较难掌握，对很软弱的地基也不太适用

砂井可能产生的质量事故

运用各种成孔方法时，必须保证砂井的施工质量，以防缩颈、断颈或错位现象，如图5-33所示。

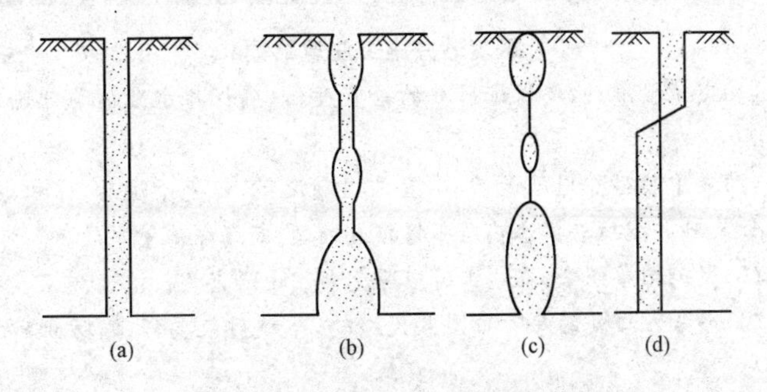

图5-33　砂井可能产生的质量事故

(a)理想的砂井形状；(b)缩颈；(c)断颈；(d)错位

2. 袋装砂井施工

袋装砂井的施工过程如图 5-34 所示。首先用振动贯入法、锤击打入法或静力压入法将成孔用的无缝钢管作为套管埋入土层，到达规定标高后放入砂袋，然后拔出套管，再于地表面铺设排水砂层即可。用振动打桩机成孔时，一个长 20m 的孔需 20～30s，完成一个袋装砂井的全套工序亦只需 6～8min，施工十分简便。

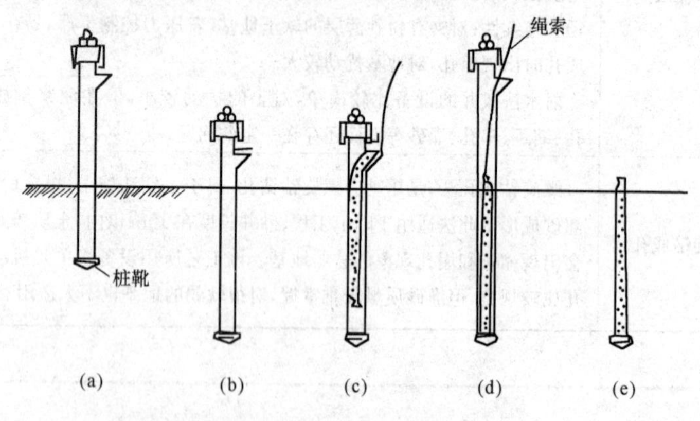

图 5-34 袋装砂井的施工过程

(a)打入成孔套管；(b)套管到达规定标高；(c)放下砂袋；(d)拔套管；(e)袋装砂井施工完毕

袋装砂井施工注意事项

(1)定位要准确，要保证砂井的垂直度，以确保排水距离与理论计算一致。

(2)袋中装砂宜用风干砂，不宜采用潮湿砂，以免干燥后，体积减小，造成袋装砂井缩短与排水垫层不搭接或缩颈、断颈等质量事故。

(3)聚丙烯编织袋，在施工时应避免太阳曝晒老化。

(4)砂袋入口处的导管口应装设滚轮，下放砂袋要仔细，防止砂袋破损漏砂。

(5)施工中要经常检查桩尖与导管口的密封情况，避免管内进泥过

多，造成井阻，影响加固深度。

(6)砂袋埋入砂垫层中的长度不应小于500mm。确定袋装砂井施工长度时，应考虑袋内砂体积减小、因饱水沉实而减少、袋装砂井在井内的弯曲、超深以及伸入水平排水垫层内的长度等因素，杜绝砂井全部沉入孔内造成顶部与排水垫层不连接事故发生。

(7)拔管后带上砂袋的长度不应超过500mm，回带根数不应超过总根数的5%。

3. 塑料排水带施工

塑料排水带打设施工工艺流程为：定位→将塑料带通过导管从管靴中拔出→调整塑料带与桩尖→插入塑料带→拔管剪断塑料带。

(1)打设塑料排水带的导管有圆形和矩形两种，其管靴也各异，一般采用桩尖与导管分离设置。桩尖主要作用是防止打设塑料带时淤泥进入管内，并对塑料带起锚固作用，同时避免淤泥进入导管内，增加管靴内壁与塑料带的摩阻力，提管时将塑料的带出。桩尖常用形式有圆形、倒梯形和倒梯楔形三种，如图5-35所示。

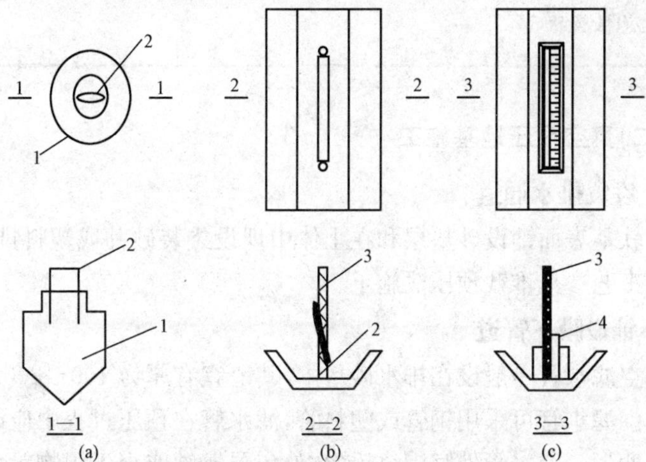

图5-35　塑料排水带用桩尖形式

(a)混凝土圆形桩尖；(b)倒梯形桩尖；(c)倒梯楔形固定桩尖

1—混凝土桩尖；2—塑料带固定架；3—塑料带；4—塑料楔

(2)塑料排水带打设:定位,将塑料排水带通过导管从管下端穿出,将塑料带与桩尖连接贴紧管下端并对准桩位,打设桩管插入塑料排水带,拔管、剪断塑料排水带。

塑料排水带施工注意事项

(1)塑料带滤水膜在搬运、开包和打设过程中应避免损坏,防止淤泥进入带芯堵塞输水孔,影响塑料带的排水效果。

(2)塑料带与桩尖要牢固连接,以免拔管时脱离,将塑料带拔出。

(3)桩尖平端与导管下端要紧密连接,防止错缝,使淤泥在打设过程中进入导管,增大对塑料带的阻力,或将塑料带拔出,如塑料排水带带出超过 1m 以上,应立即查找原因并进行补打。

(4)当塑料排水带需接长时,应采用滤膜内芯带平搭接的连接方法,搭接长度宜大于 200mm,以减小带与导管的阻力,保证输水畅通和有足够的搭接强度。

(5)塑料排水带埋入砂垫层中的长度不应小于 500mm。

(6)拔管后带上塑料排水带的长度不应超过 500mm,回带根数不应超过总根数的 5%。

(二)真空预压地基施工

1. 设置排水通道

在软基表面铺设砂垫层和在土体中埋设袋装砂井或塑料排水带,其施工工艺参见堆载预压法施工。

2. 铺设膜下管道

真空滤水管一般设在排水砂垫中,其上宜有厚为 100~200mm 砂覆盖层。滤水管可采用钢管或塑料管,滤水管在预压过程中应能适应地基的变形。滤水管外宜围绕铅丝、外包尼龙纱或土工织物等滤水材料。水平分布滤水管可采用条状、梳齿状或羽毛状等形式,如图 5-36 和图 5-37 所示。

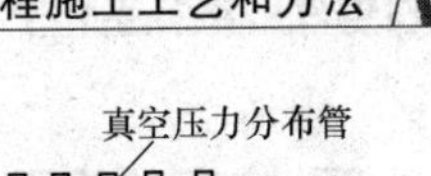

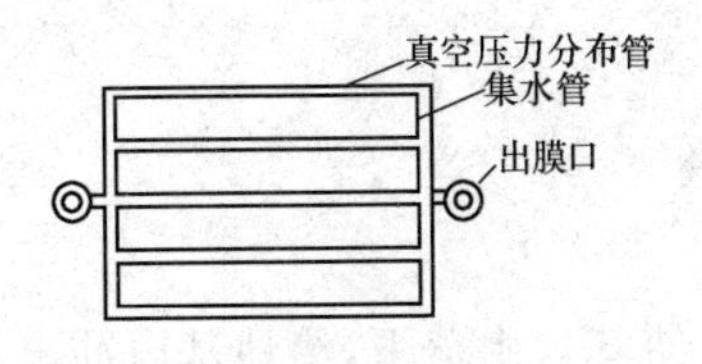

图 5-36　真空滤管条状排列

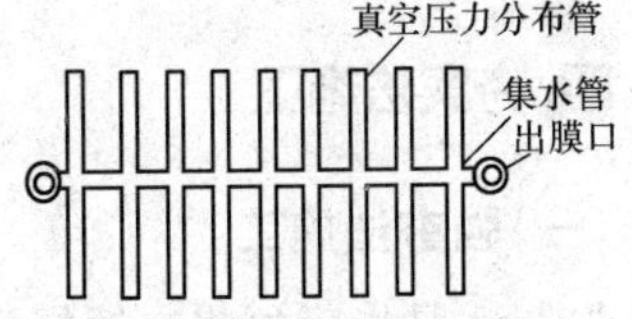

图 5-37　真空滤管梳齿状排列

3. 铺设密封膜

由于密封膜是大面积施工，有可能出现局部热合不好、搭接不够等问题，影响膜的密封性。为确保真空预压全过程的密封性，密封膜宜铺设三层，覆盖膜周边可采用挖沟折铺、平铺并用黏土压边，围埝沟内覆水以及膜上全面覆水等方法进行密封。当处理区内有充足水源补给的透水层时，尽管在膜周边采取了上述措施，但在加固区内仍存在不密封因素，应采用封闭式板桩墙、封闭式板桩墙加沟内覆水或其他密封措施隔断透水层。

4. 抽气设备及管路连接

对重要工程，应预先在现场进行预压试验，在预压过程中进行沉降、侧向移位、孔隙水压力和十字板抗剪强度等测试。根据上述数据分析加固效果，并与原设计进行比较，以便对设计作必要的修正，并指导现场施工。

(1)真空预压的抽气设备宜采用射流真空泵。在应用射流真空泵时，要随时注意泵的运转情况及其真空效率。一般情况下主要检查离心泵射水量是否充足。真空泵的设置应根据预压面积大小、真空泵效率以及工程经验确定，但每块预压区内至少应设置两台真空泵。

(2)真空管路的连接点应严格进行密封，以保证密封膜的气密性。由于射流真空泵的结构特点，射流真空泵经管路进入密封膜内，形成连接密封，但系敞开系统，真空泵工作时，膜内真空度很高，一旦由于某种原因射流泵全部停止工作，膜内真空度会随之全部卸除，这将直接影响地基加固效果，并延长预压时间。为避免膜内真空度在停泵后很快降低，在真空管路中应设置止回阀和截门。

四、夯实法施工

(一)强夯法施工

强夯法是指反复将夯锤提到高处使其自由落下,给地基以冲击和振动能量,将地基土夯实的地基处理方法。

1. 施工程序

(1)清理并平整施工场地。

(2)铺设垫层,在地表形成硬层,用以支承起重设备,确保机械通行和施工。同时,可加大地下水和表层面的距离,防止夯击的效率降低。

(3)标出第一遍夯击点的位置,并测量场地高程。

(4)起重机就位,使夯锤对准夯点位置。

(5)测量夯前锤顶标高。

(6)将夯锤起吊到预定高度,待夯锤脱钩自由下落后放下吊钩,测量锤顶高程;若发现因坑底倾斜而造成夯锤歪斜时,应及时将坑底整平。

(7)重复步骤(6),按设计规定的夯击次数及控制标准,完成一个夯点的夯击。

(8)重复步骤(4)~(7),完成第一遍全部夯点的夯击。

(9)用推土机将夯坑填平,并测量场地高程。

(10)在规定的间隔时间后,按上述步骤逐次完成全部夯击遍数,最后用低能量满夯,将场地表层土夯实,并测量夯后场地高程。

夯击遍数

夯击遍数应根据地基土的性质确定,一般情况下,可采用点夯 2~4 遍,最后再以低能量(为前几遍能量的 1/5~1/4,锤击数为 2~4 击)满夯 1~2 遍,满夯可采用轻锤或低落距锤多次夯击,锤印搭接。对于渗透性较差的细颗粒土,必要时夯击遍数可适当增加。

2. 施工要点

(1)施工前场地应进行地质勘探,通过现场试验确定强夯施工技术参数(试夯区尺寸不小于 20m×20m)或参照表 5-31。

表 5-31　强夯施工技术参数的选择

项　目	施工技术参数
锤重和落距	锤重 G(t)与落距 h 是影响夯击能和加固深度的重要因素。 锤重一般不宜小于 8t,常用的为 8t、11t、13t、15t、17t、18t、25t。 落距一般不小于 6m,多采用 8m、10m、11m、13m、15m、17m、18m、20m、25m 等
夯击能和平均夯击能	锤重 G 与落距 h 的乘积称为夯击能 E,一般取 600～500kJ。 夯击能的总和(由锤重、落距、夯击坑数和每一夯击点的夯击次数算得)除以施工面积称为平均夯击能,一般对砂质土取 500～1000kJ/m²;对黏性土取 1500～3000kJ/m²。夯击能过小,加固效果差,夯击能过大,对于饱和黏土,会破坏土体形成橡皮土,降低强度
夯击点布置及间距	夯击点布置对大面积地基,一般采用梅花形或正方形网格排列;对条形基础夯点可成行布置;对工业厂房独立柱基础,可按柱网设置单夯点。 夯击点间距取夯锤直径的 3 倍,一般为 5～15m,一般第一遍夯点的间距宜大,以便夯击能向深部传递
夯击遍数与击数	一般为 2～5 遍,前 2～3 遍为"间夯",最后一遍以低能量(为前几遍能量的 1/4～1/5)进行"满夯"(即锤印彼此搭接),以加固前几遍夯点之间的黏土和被振松的表土层,每夯击点的夯击数,以使土体竖向压缩量最大面侧向移动最小或最后两击沉降量之差小于试夯确定的数值为准,一般软土控制瞬时沉降量为 5～8cm,废渣填石地基控制的最后两击下沉量之差为 2～4cm。每夯击点之夯击数一般为 3～10 击,开始两遍夯击数宜多些,随后各遍击数逐渐减小,最后一遍只夯 1～2 击
两遍之间的间隔时间	通常待土层内超孔隙水压力大部分消散,地基稳定后再夯下一遍,一般时间间隔 1～4 周。对黏土或冲积土常为 3 周,若无地下水或地下水位在 5m 以下,含水量较少的碎石类填土或透水性强的砂性土,可采取间隔 1～2d 或采用连续夯击,而不需要间歇
强夯加固范围	对于重要工程应比设计地基长(L)、宽(B)各大出一个加固深度(H),即 $(L+H)\times(B+H)$;对于一般建筑物,在离地基轴线以外 3m 布置一圈夯击点即可

续表

项　目	施工技术参数
加固影响深度	加固影响深度 H(m)与强夯工艺有密切关系，一般按梅那氏(法)公式估算： $$H=K\cdot\sqrt{G\times h}$$ 式中　G——夯锤重(t)； h——落距(m)； K——经验系数，饱和软土为0.45～0.50；饱和砂土为0.5～0.6；填土为0.6～0.8；黄土为0.4～0.5

(2)强夯前应平整场地，周围做好排水沟，按夯点布置测量放线确定夯位。地下水位较高应在表面铺0.5～2.0m中(粗)砂或砂石垫层，以防设备下陷和便于消散强夯产生的孔隙水压，或采取降低地下水位后再强夯。

(3)强夯应分段进行，顺序从边缘夯向中央(图5-38)。对厂房柱基也可一排一排夯，吊车直线行驶，从一边向另一边进行，每夯完一遍，用推土机整平场地，放线定位，即可接着进行下一遍夯击。

16	13	10	7	4	1
17	14	11	8	5	2
18	15	12	9	6	3
18′	15′	12′	9′	6′	3′
17′	14′	11′	8′	5′	2′
16′	13′	10′	7′	4′	1′

图5-38　强夯顺序

(4)夯击时，落锤应保持平稳，夯位应准确，夯击坑内积水应及时排除。坑底土含水量过大时，可铺砂石后再进行夯击。距离建筑物小于10m时，应挖防震沟。

(5)夯击前后应对地基土进行原位测试，包括室内土分析试验、野外标准贯入、静力(轻便)触探、旁压仪(或野外荷载试验)，测定有关数据，以确定地基的影响深度。检查点数，每个建筑物的地基不少于

3处，检测深度和位置按设计要求确定，同时，现场测定每遍夯击点后的地基平均变形值，以检验强夯效果。

冬期施工注意事项

冬期施工应清除地表的冻土层再强夯，当最低温度在-15℃以上、冻深在800mm以内时，夯击次数要适当增加，如有硬壳层，要适当增加夯次或提高夯击功能；冬期点夯处理的地基，满夯应在解冻后进行，满夯能级应适当增加；强夯施工完成的地基在冬期来临时，应设覆盖层保护，覆盖层厚度不应低于当地标准冻深。

(二)强夯置换法施工

强夯置换法是指将重锤提到高处使其自由落下形成夯坑，并不断夯击坑内回填的砂石、钢渣等硬粒料，使其形成密实的墩体的地基处理方法。

强夯置换施工可按下列步骤进行：

(1)清理并平整施工场地，当表土松软时可铺设一层厚度为1.0～2.0m的砂石施工垫层。

(2)标出夯点位置，并测量场地高程。

(3)起重机就位，夯锤置于夯点位置。

(4)测量夯前锤顶高程。

(5)夯击并逐击记录夯坑深度。当夯坑过深而发生起锤困难时停夯，向坑内填料直至与坑顶平，记录填料数量，如此重复直至满足规定的夯击次数及控制标准完成一个墩体的夯击。当夯点周围软土挤出影响施工时，可随时清理并在夯点周围铺垫碎石，继续施工。

(6)按由内而外，隔行跳打原则完成全部夯点的施工。

(7)推平场地，用低能量满夯，将场地表层松土夯实，并测量夯后场地高程。

(8)铺设垫层，并分层碾压密实。

特别提示

强夯置换法施工注意事项

施工过程中应有专人负责下列监测工作：

(1)开夯前应检查夯锤质量和落距，以确保单击夯击能量符合设计要求。

(2)在每一遍夯击前，应对夯点放线进行复核，夯完后检查夯坑位置，发现偏差或漏夯应及时纠正。

(3)按设计要求检查每个夯点的夯击次数和每击的夯沉量。对强夯置换尚应检查置换深度。

五、振冲法施工

振冲法是指在振冲器水平振动和高压水的共同作用下，使松砂土层振密，或在软弱土层中成孔，然后回填碎石等粗粒料形成桩柱，并和原地基土组成复合地基的地基处理方法。

振冲地基按加固机理和效果的不同，可分为振冲挤密法和振冲置换法两类。振冲挤密法一般在中、粗砂地基中使用，可不另外加料，而利用振冲器的振动力，使原地基的松散砂振挤密实。振冲置换法施工是指碎石桩施工，适用于处理砂土和粉土等地基，不加填料的振冲密实法仅适用于处理黏土粒含量小于10%的粗砂、中砂地基。

1. 材料要求

填料可用粗砂、中砂、砾砂、碎石、卵石、角砾、圆砾等，粒径为5～50mm。粗集料粒径以20～50mm较合适，最大粒径不宜大于80mm，含泥量不宜大于5%，不得选用风化或半风化的石料。

2. 施工工艺流程

(1)振冲挤密法。振冲挤密法一般的施工顺序如下：

1)振冲器对准加固点。打开水源和电源，检查水压、电压和振冲器的空载电流是否正常。

2)沉入砂基。使振冲器以1～2m/min的速度徐徐沉入砂基，并观察振冲器电流变化，电流最大值不得超过电机的额定电流。当超过额定电流值时，必须减慢振冲器下沉速度，甚至停止下沉。

3)当振冲器下沉到在设计加固深度以上 30～50cm 时，需减小冲水，其后继续使振冲器下沉至设计加固深度以下 50cm 处，并在这一深度上留振 30～60s。

4)以 1～2m/min 速度提升振冲器。每提升振冲器 30～50cm 就留振 30～60s，并观察振冲器电机电流变化，其密实电流一般超过空振电流 25～30A。记录每次提升的高度、留振时间和密实电流。

5)关机、关水和移位。在另一加固点上施工。

6)施工现场全部振密加固完后，整平场地，进行表层处理。

振冲器选择

振冲器的选择应根据振冲桩的直径、原状土的强度等选用不同规格的振冲器。30kW 振冲器一般成孔直径为 0.6～0.9m；55kW 振冲器一般成孔直径为 0.7～1.1m；75kW 振冲器一般成孔直径为 0.9～1.5m。

(2)振冲置换法。振冲置换法施工工艺流程：成孔→清孔→填料→振密。振冲置换法的施工工艺流程如图 5-39 所示。

3. 施工要点

(1)振冲施工可根据设计荷载的大小、原土强度的高低、设计桩长等条件选用不同功率的振冲器。施工前应在现场进行试验，以确定水压、振密电流和留振时间等各种施工参数。

(2)升降振冲器的机械可用起重机、自行井架式施工平车或其他合适的设备。施工设备应配有电流、电压和留振时间自动信号仪表。

(3)施工现场应事先开设泥水排放系统，或组织好运浆车辆将泥浆运至预先安排的存放地点，应尽可能设置沉淀池重复使用上部清水。

(4)桩体施工完毕后应将顶部预留的松散桩体挖除，如无预留应将松散桩头压实，随后铺设并压实垫层。

(5)不加填料振冲加密宜采用大功率振冲器，为了避免造孔中塌

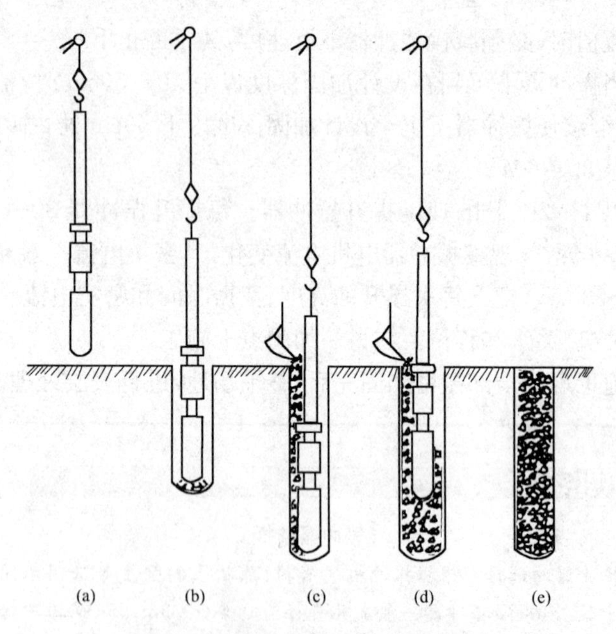

图 5-39　振冲置换法施工工艺流程

(a)定位;(b)振冲下沉;(c)振冲至设计标高并下料;

(d)边振边下料,边上提;(e)成桩

砂将振冲器抱住,下沉速度宜快,造孔速度宜为 8～10m/min,到达深度后将射水量减至最小,留振至密实电流达到规定时,上提 0.5m,逐段振密直至孔口,一般每米振密时间约 1min。

在粗砂中施工如遇下沉困难,可在振冲器两侧增焊辅助水管,加大造孔水量,但造孔水压宜小。

(6)振密孔施工顺序宜沿直线逐点逐行进行。

振冲施工注意事项

(1)振冲施工时,要特别注意清孔问题。如果孔内黏土颗粒较多,不仅影响振冲桩的强度,而且桩体透水性差,尤其是对于处理液化地基,振冲桩起不到排水通道的作用。

(2)监控台至振冲器的电缆不宜太长,过长电缆的电压降使振冲器的工作电压达不到设计要求的电压,影响振冲器正常工作,即影响振冲桩的施工质量。

(3)一般成孔时的水压应根据土质情况而定,对强度低的土水压要小一些;强度高的土水压要大一些。成孔时的水压与水量要比加料振密过程中的大,当成孔接近设计加固深度时,要降低水压,避免破坏桩底以下的土。

(4)在填料振密制桩施工时,不要把振冲器刚接触填料瞬间的电流值作为密实电流。只有振冲器在某个固定深度上达到并保持密实电流持续一段时间(称为留振时间),才能保证该段桩体的密实,一般留振时间为10～20s。为确保桩体的密实,每制成300～500mm的桩,留振时间为30～50s。

(5)对于抗剪强度低的黏性土地基,为防止串孔并减少制桩时对原状土的扰动,应采用间隔施工方法。

六、搅拌法施工

深层搅拌法是指以水泥作为固化剂的主剂,通过特制的深层搅拌机械,将固化剂和地基土强制搅拌,使软土硬结成具有整体性、水稳定性和一定强度的桩体的地基处理方法。

1. 施工工艺流程

搅拌法施工工艺流程:定位→预搅下沉→制备水泥浆→喷浆搅拌提升→重复上下搅拌→清洗、移位。

(1)定位。起重机悬吊深层搅拌机对准指定桩位。

(2)预搅下沉。待深层搅拌机的冷却水循环正常后,启动搅拌机电动机,放松起重机钢丝绳,使搅拌机沿导向架搅拌切土下沉,下沉速度可由电动机的电流监测表控制。如果下沉速度太慢,可从输浆系统补给清水以利钻进。

(3)制备水泥浆。待深层搅拌机下沉到一定深度时,即开始按设计确定的配合比拌制水泥浆，在压浆前将水泥浆倒入集料斗中。

（4）喷浆搅拌提升。深层搅拌机下沉到设计深度后，开启灰浆泵将水泥浆压入地基中，并且边喷浆、边旋转，同时，严格按照设计确定的提升速度提升深层搅拌机。

（5）重复上下搅拌。深层搅拌机提升至设计加固深度的顶面标高时，集料斗中的水泥浆应正好排空。为使软土和水泥浆搅拌均匀，可再次将搅拌机边旋转边沉入土中，至设计加固深度后再将搅拌机提升出地面。

（6）清洗、移位。向集料斗中注入适量清水，开启灰浆泵，清洗全部管路中残存的水泥浆，直至基本干净，并将黏附在搅拌头的软土清洗干净。重复上述步骤，进行下一根桩的施工。

2. 施工要点

（1）深层搅拌法施工现场事先应予以平整，必须清除地上和地下的障碍物。遇有明浜、池塘及洼地时应抽水和清淤，回填黏性土料并予以压实，不得回填杂填土或生活垃圾。

在制定水泥土搅拌施工方案前，应做水泥土的配比试验，测定各水泥土的不同龄期，不同水泥土配比试块强度，确定施工时的水泥土配比。

（2）深层搅拌法施工前应根据设计进行工艺性试桩，数量不得少于两根。当桩周为成层土时，应对相对软弱土层增加搅拌次数或增加水泥掺量。

（3）搅拌头翼片的枚数、宽度、与搅拌轴的垂直夹角、搅拌头的回转数、提升速度应相互匹配，以确保加固深度范围内土体的任何一点均能经过20次以上的搅拌。

（4）竖向承载搅拌桩施工时，停浆（灰）面应高于桩顶设计标高300～500mm。在开挖基坑时，应将搅拌桩顶端施工质量较差的桩段用人工挖除。

（5）施工中应保持搅拌桩机底盘的水平和导向架的竖直，搅拌桩的垂直偏差不得超过1%；桩位的偏差不得大于50mm；成桩直径和桩长不得小于设计值。

七、挤密桩法施工

土(灰土)挤密桩法是指利用横向挤压成孔设备成孔,使桩间土得以挤密,用素土(灰土)填入桩孔内分层夯实形成土桩,并与桩间土组成复合地基的地基处理方法。

1. 施工工艺流程

挤密桩法(长螺旋钻孔成桩)施工工艺流程:平整场地→测量放线→桩机就位→成孔→灌注→清桩间土→凿桩头。

(1)平整场地。平整场地,测定场地高程。根据设计图纸放桩位,宜先放定建筑物控制轴线,确定起始桩位点,按一定顺序布桩。

(2)桩机就位。桩机就位,调整沉管与地面垂直,确保垂直偏差不大于1%。对满堂布桩基础,桩位偏差不应大于0.4倍桩径;对条形基础,桩位偏差不应大于0.25倍桩径;对单排布桩,桩位偏差不应大于60mm。

(3)成孔。按设定的顺序进行成孔施工,控制钻孔或沉管入土深度,确保桩长偏差在+100mm范围内。

(4)灌注。长螺旋钻孔、管内泵压混合料成桩施工在钻至设计深度后,应准确掌握提拔钻杆时间,混合料泵送量应与拔管速度相配合,遇到饱和砂土或饱和粉土层,不得停泵待料;沉管灌注成桩施工拔管速度应按匀速控制,拔管速度应控制在1.2～1.5m/min,如遇淤泥土或淤泥质土,拔管速度可适当放慢。施工时,桩顶标高应高出设计标高,高出长度应根据桩距、布桩形式、现场地质条件和施打顺序等综合确定,一般不应小于0.5m。

(5)清桩间土和凿桩头。桩顶混凝土达到一定龄期后,即清理桩和凿桩头。

挤密桩法施工注意事项

成孔和孔内回填夯实应符合下列要求:

(1)成孔和孔内回填夯实的施工顺序,当整片处理时,宜从里(或中间)

向外间隔1～2孔进行，对大型工程，可采取分段施工；当局部处理时，宜从外向里间隔1～2孔进行。

(2)向孔内填料前，孔底应夯实，并应抽样检查桩孔的直径、深度和垂直度。

(3)桩孔的垂直度偏差不宜大于1.5%。

(4)桩孔中心点的偏差不宜超过桩距设计值的5%。

(5)经检验合格后，应按设计要求，向孔内分层填入筛好的素土、灰土或其他填料，并应分层夯实至设计标高。

2. 施工要点

(1)成孔应按设计要求、成孔设备、现场土质和周围环境等情况，选用沉管(振动、锤击)或冲击等方法。

(2)铺设灰土垫层前，应按设计要求将桩顶标高以上的预留松动土层挖除或夯(压)密实。

(3)施工过程中，应有专人监理成孔及回填夯实的质量，并应做好施工记录。如发现地基土质与勘察资料不符，应立即停止施工，待查明情况或采取有效措施处理后，方可继续施工。

(4)雨期或冬期施工，应采取防雨或防冻措施，防止灰土和土料受雨水淋湿或冻结。

第四节　桩基础工程施工工艺和方法

一、桩的分类及选型

1. 桩的分类

桩的分类见表5-32。

表 5-32　　桩的分类

序号	分类方法	种类及说明
1	按承载性状分类	(1)摩擦型桩。 1)摩擦桩:在承载能力极限状态下,桩顶竖向荷载由桩侧阻力承受,桩端阻力小到可忽略不计。 2)端承摩擦桩:在承载能力极限状态下,桩顶竖向荷载主要由桩侧阻力承受。 (2)端承型桩。 1)端承桩:在承载能力极限状态下,杖顶竖向荷载由桩端阻力承受,桩侧阻力小到可忽略不计。 2)摩擦端承桩:在承载能力极限状态下,桩顶竖向荷载主要由桩端阻力承受
2	按成桩方法分类	(1)非挤土桩:干作业法钻(挖)孔灌注桩、泥浆护壁法钻(挖)孔灌注桩、套管护壁法钻(挖)孔灌注桩。 (2)部分挤土桩:冲孔灌注桩、钻孔挤扩灌注桩、搅拌劲芯桩、预钻孔打入(静压)预制桩、打入(静压)式敞口钢管桩、敞口预应力混凝土空心桩和 H 形钢桩。 (3)挤土桩:沉管灌注桩、沉管夯(挤)扩灌注桩、打入(静压)预制桩、闭口预应力混凝土空心桩和闭口钢管桩
3	按桩径(设计直径 d)大小分类	(1)小直径桩:$d \leqslant 250$mm。 (2)中等直径桩:250mm$< d <$800mm。 (3)大直径桩:$d \geqslant 800$mm

2. 桩的选型

桩型与成桩工艺应根据建筑结构类型、荷载性质、桩的使用功能、穿越土层、桩端持力层、地下水位、施工设备、施工环境、施工经验、制桩材料供应条件等,按安全适用、经济合理的原则选择。选择时可按表 5-33 进行。

(1) 对于框架—核心筒等荷载分布很不均匀的桩筏基础，宜选择基桩尺寸和承载力可调性较大的桩型和工艺。

(2) 挤土沉管灌注桩用于淤泥和淤泥质土层时，应局限于多层住宅桩基。

(3) 抗震设防烈度为8度及以上地区，不宜采用预应力混凝土管桩（PC）和预应力混凝土空心方桩（PS）。

表 5-33　　桩型与成桩工艺选择

桩类			桩径		最大桩长/m	穿越土层											桩端进入持力层				地下水位		对环境影响		孔底有无挤密
			桩身/mm	扩底端/mm		一般黏性土及其填土	淤泥和淤泥质土	粉土	砂土	碎石土	季节性冻土膨胀土	黄土 非自重湿陷性黄土	黄土 自重湿陷性黄土	中间有硬夹层	中间有砂夹层	中间有砾石夹层	硬黏性土	密实砂土	碎石土	软质岩石和风化岩石	以上	以下	振动和噪声	排浆	
非挤土成桩	干作业法	长螺旋钻孔灌注桩	300～800	—	28	○	×	○	△	×	○	○	△	×	△	×	○	○	△	△	○	×	无	无	无
		短螺旋钻孔灌注桩	300～800	—	20	○	×	○	△	×	○	○	×	×	△	×	○	○	×	×	○	×	无	无	无
		钻孔扩底灌注桩	300～600	800～1200	30	○	×	○	×	×	○	○	△	×	△	×	○	○	△	△	○	×	无	无	无
		机动洛阳铲成孔灌注桩	300～500	—	20	○	×	△	×	×	○	○	△	△	×	△	○	○	×	×	○	×	无	无	无
		人工挖孔扩底灌注桩	800～2000	1600～3000	30	○	×	△	△	△	○	○	○	○	△	△	○	△	△	○	○	△	无	无	无
	泥浆护壁法	潜水钻成孔灌注桩	500～800	—	50	○	○	○	△	×	△	△	×	×	△	×	○	○	△	×	○	○	无	有	无
		反循环钻成孔灌注桩	600～1200	—	80	○	○	○	△	△	△	○	○	○	○	△	○	○	△	○	○	○	无	有	无
		正循环钻成孔灌注桩	600～1200	—	80	○	○	○	△	△	△	○	○	○	○	△	○	○	△	○	○	○	无	有	无
		旋挖成孔灌注桩	600～1200	—	60	○	△	○	△	△	△	○	○	○	△	△	○	○	○	○	○	○	无	有	无
		钻孔扩底灌注桩	600～2000	1000～1600	30	○	○	○	△	△	△	○	○	○	○	△	○	△	△	△	○	○	无	有	无
	套管护壁	贝诺托灌注桩	800～1600	—	50	○	○	○	○	○	△	○	△	○	○	○	○	○	○	○	○	○	无	无	无
		短螺旋钻孔灌注桩	300～800	—	20	○	○	○	○	×	△	○	△	△	△	△	○	○	△	△	○	○	无	无	无

续表

桩类			桩径		最大桩长/m	穿越土层											桩端进入持力层				地下水位		对环境影响		孔底有无挤密
			桩身/mm	扩底端/mm		一般黏性土及其填土	淤泥和淤泥质土	粉土	砂土	碎石土	季节性冻土膨胀土	黄土：非自重湿陷性黄土	黄土：自重湿陷性黄土	中间有硬夹层	中间有砂夹层	中间有砾石夹层	硬黏性土	密实砂土	碎石土	软质岩石和风化岩石	以上	以下	振动和噪声	排浆	
部分挤土成桩	灌注桩	冲击成孔灌注桩	600～1200	—	50	○	△	△	△	○	△	×	×	○	○	○	○	○	○	○	○	○	有	有	无
		长螺旋钻孔压灌桩	300～800	—	25	○	△	○	○	△	○	○	○	△	△	△	○	○	△	△	○	△	无	无	无
		钻孔挤扩多支盘桩	700～900	1200～1600	40	○	○	○	△	△	△	○	○	○	○	△	○	○	△	×	○	○	无	有	无
部分挤土成桩	预制桩	预钻孔打入式预制桩	500	—	50	○	○	○	△	×	○	○	○	○	○	△	○	○	△	△	○	○	有	无	有
		静压混凝土(预应力混凝土)敞口管桩	800	—	60	○	○	○	△	×	△	○	○	△	△	△	○	○	○	△	○	○	无	无	有
		H形钢桩	规格	—	80	○	○	○	○	○	△	△	△	○	○	○	○	○	○	○	○	○	有	无	无
		敞口钢管桩	600～900	—	80	○	○	○	○	△	△	○	○	○	○	○	○	○	○	○	○	○	有	无	有
挤土成桩	灌注桩	内夯沉管灌注桩	325，377	460～700	25	○	○	○	△	△	○	○	○	×	△	×	○	△	△	×	○	○	有	无	有
	预制桩	打入式混凝土预制桩闭口钢管桩、混凝土管桩	500×500 1000	—	60	○	○	○	△	△	△	○	○	○	○	△	○	○	△	△	○	○	有	无	有
		静压桩	1000	—	60	○	○	△	△	△	△	○	△	△	△	×	○	○	△	×	○	○	无	无	有

注：表中符号○表示比较合适；△表示有可能采用；×表示不宜采用。

二、钢筋混凝土预制桩施工

钢筋混凝土预制桩为工程上应用最多的一种桩型。它是先在工厂或现场进行预制，然后用打(沉)桩机械，在现场就地打(沉)入到设计位置和深度。这种桩的特点是：桩单方承载力高，桩预先制作，不占工期，打设方便，施工准备周期短，施工质量易于控制，成桩不受地下水影响，生产效率高，施工速度快，工期短，无泥浆排放问题等。但打(沉)桩震动大，噪声高，挤土效应显著，造价高。钢筋混凝土预制桩适于一般黏性土、粉土、砂土、软土等地基应用。

钢筋混凝土预制桩的施工主要包括制作、起吊、运输、堆放、接桩、沉桩等过程。

(一)桩的制作、起吊、运输及堆放

1. 桩的制作

钢筋混凝土预制桩制作程序为：现场布置→场地处理、整平→场地地坪混凝土→支模→绑扎钢筋、安设吊环→浇筑混凝土→养护至30%强度拆模，再支上层模板，涂刷隔离剂→重叠生产浇筑第二层混凝土→养护至70%强度起吊→100%强度运输。

钢筋混凝土预制桩制作应符合以下要求：

(1)混凝土预制桩可在施工现场预制，预制场地必须平整、坚实。

(2)制桩模板宜采用钢模板，模板应具有足够刚度，并应平整，尺寸应准确。

(3)钢筋骨架的主筋连接宜采用对焊和电弧焊，当钢筋直径不小于20mm时，宜采用机械接头连接。主筋接头配置在同一截面内的数量，应符合下列规定：

1)当采用对焊或电弧焊时，对于受拉钢筋，不得超过50%。

2)相邻两根主筋接头截面的距离应大于35d(d为主筋直径)，并不应小于500mm。

3)必须符合现行行业标准《钢筋焊接及验收规程》(JGJ 18—2012)和《钢筋机械连接技术规程》(JGJ 107—2010)的规定。

(4)预制桩钢筋骨架的允许偏差应符合表 5-34 的规定。

表 5-34　　预制桩钢筋骨架的允许偏差

项　次	项　目	允许偏差/mm
1	主筋间距	±5
2	桩尖中心线	10
3	箍筋间距或螺旋筋的螺距	±20
4	吊环沿纵轴线方向	±20
5	吊环沿垂直于纵轴线方向	±20
6	吊环露出桩表面的高度	±10
7	主筋距桩顶距离	±5
8	桩顶钢筋网片位置	±10
9	多节桩桩顶预埋件位置	±3

(5)确定桩的单节长度时,应符合下列规定:

1)满足桩架的有效高度、制作场地条件、运输与装卸能力。

2)避免在桩尖接近或处于硬持力层中时接桩。

(6)浇筑混凝土预制桩时,宜从桩顶开始灌筑,并应防止另一端的砂浆积聚过多。

(7)锤击预制桩的集料粒径宜为 5～40mm。

(8)锤击预制桩,应在强度与龄期均达到要求后,方可锤击。

(9)重叠法制作预制桩时,应符合下列规定:

1)桩与邻桩及底模之间的接触面不得粘连。

2)上层桩或邻桩的浇筑,必须在下层桩或邻桩的混凝土达到设计强度的 30%以上时,方可进行。

3)桩的重叠层数不应超过四层。

(10)混凝土预制桩的表面应平整、密实,制作允许偏差应符合表 5-35 的规定。

表 5-35　　混凝土预制桩制作允许偏差

桩　型	项　目	允许偏差/mm
钢筋混凝土实心桩	横截面边长	±5
	桩顶对角线之差	≤5
	保护层厚度	±5
	桩身弯曲矢高	不大于1‰桩长且不大于20
	桩尖偏心	≤10
	桩端面倾斜	≤0.005
	桩节长度	±20
钢筋混凝土管桩	直径	±5
	长度	±0.5%桩长
	管壁厚度	－5
	保护层厚度	＋10,－5
	桩身弯曲(度)矢高	1‰桩长
	桩尖偏心	≤10
	桩头板平整度	≤2
	桩头板偏心	≤2

(11)未作规定的预应力混凝土桩的其他要求及离心混凝土强度等级评定方法,应符合现行国家标准《先张拉预应力混凝土管桩》(GB 13476)和《预应力混凝土空心方桩》(JG 197)的规定。

混凝土空气管桩简介

混凝土空心管桩采用成套钢管胎模,在工厂用离心法制成。桩钢筋应严格保证位置正确,桩尖应对准纵轴线,纵向钢筋顶部保护层不应过厚,钢筋网格的距离应正确,以防锤击时打碎桩头,同时桩顶平面与桩纵轴线倾斜不应大于3mm。桩混凝土强度等级不低于C30;粗集料用5～40mm碎石或细卵石;用机械拌制混凝土,坍落度不大于6cm。桩混凝土浇筑应由桩头向桩尖方向或由两头向中间连续灌注，不得中断，并用振捣器捣实，接桩的接头处要平整，使上下桩能互相贴合对准。浇筑完毕应护盖洒水养护不少于7d；如蒸汽养护，在蒸养后，尚应适当自然养护30d方可使用。

2. 桩的起吊

当桩的混凝土达到设计强度的70%后方可起吊，吊点应系于设计规定之处，如无吊环，可按图5-40所示位置起吊，以防裂断，在吊索与桩间应加衬垫，起吊应平稳提升，避免撞击和振动。

3. 桩的运输

桩运输时，强度应达到100%，运输可采用平板拖车、轻轨平板车或载重汽车，装载时应将桩装载稳固，并支撑或绑牢固。长桩运输时，桩下宜设活动支座。

4. 桩的堆放

桩堆放时，应按规格、桩号分层叠置在平整坚实的地面上，支承点应设在吊点处或附近，上下层垫块应在同一直线上，堆放层数不宜超过4层。

桩堆放注意事项

(1)堆放场地应平整坚实，最下层与地面接触的垫木应有足够的宽度和高度。堆放时桩应稳固，不得滚动。

(2)应按不同规格、长度及施工流水顺序分别堆放。

(3)叠层堆放桩时，应在垂直于桩长度方向的地面上设置两道垫木，垫木应分别位于距桩端1/5桩长处；底层最外缘的桩应在垫木处用木楔塞紧。

(4)垫木宜选用耐压的长方枋或枕木，不得使用有棱角的金属构件。

(二)接桩

预制钢筋混凝土长桩受运输条件和桩架高度限制，一般常分成数

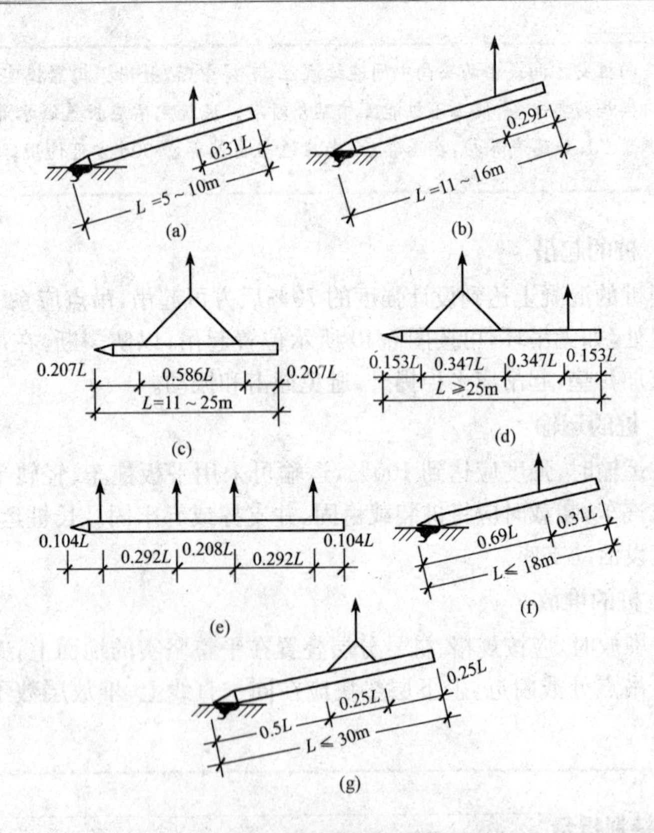

图 5-40　预制桩吊点位置

(a)、(b)一点吊法；(c)两点吊法；(d)三点吊法；

(e)四点吊法；(f)预应力管桩一点吊法；(g)预应力管桩两点吊法

节，分节打入，常用接头形式及方法见表 5-36。

表 5-36　　钢筋混凝土预制桩接头方法

项　目	内　　容
接头形式	(1)角钢帮焊接头，如图 5-41(a)所示。 (2)钢板对焊接头，如图 5-41(b)所示。 (3)法兰盘接头，如图 5-41(c)所示

续一

项　目	内　容
焊接接头施工	要求端头钢板与桩的轴线垂直，钢板平整，以使相连接的两桩节轴线重合，连接后桩身保持竖直。接头施工时，当下节桩沉至桩顶离地面0.8～1.5m处可吊上节桩。若两端头钢板之间有缝隙，用薄钢片垫实焊牢，然后由两人进行对角分段焊接。在焊接前要清除预埋件表面的污泥杂物，焊缝应连续饱满
硫磺胶泥锚固接头施工	先将下节桩沉至桩顶离地面0.8～1.0m处，提起沉桩机具后对锚筋孔进行清洗，除去孔内油污、杂物和积水，同时对上节桩的锚筋进行清刷调直；接着将上节桩对准下节桩，使四根锚筋（其长度为15倍锚筋直径）插入锚筋孔（其孔径为锚筋直径的2.5倍，长度大于15倍锚筋直径），下落压梁并套住上节桩顶，保持上下节桩的端面相距200mm左右，安设好施工夹箍（由四块木板，内侧用人造革包裹40mm厚的树脂海绵块组成）；然后将熔化的硫磺胶泥（胶泥浇筑温度控制在145℃左右）注满锚筋孔内，并溢出铺满下节桩顶面；最后将上节桩和压梁同时徐徐下落，使上下桩端面紧密粘合。当硫磺胶泥停歇冷却并拆除施工夹箍后，即可继续沉桩。硫磺胶泥灌注时间一般为2min
硫磺胶泥重量配合比及各组成材料的要求	硫磺胶泥是一种热塑冷硬性胶结材料，它由胶结料、细集料、填充料和增韧剂熔融搅拌混合而成，其重量配合比（%）如下： 硫磺：水泥：粉砂：聚硫708胶＝44：11：33：1 硫磺：石英砂：石墨粉：聚硫甲胶＝60：34.3：5：0.7 各组成材料的要求如下： 硫磺——纯度97%以上的粉状或片状硫磺，含水率小于1%，不含杂质，保管应注意防潮； 粉砂——可用含泥量少且通过0.6mm筛的普通砂； 石英砂——宜选用3.2mm洁净砂； 水泥——可选用低强度等级水泥； 石墨粉——含水率小于0.5%； 聚硫橡胶——增韧剂，可选用黑绿色液态聚硫708胶或青绿色固态聚硫甲胶。应随做随用，贮藏期不应超过15d，使用时注意防水密闭，防杂质污染
硫磺胶泥熬制方法	硫磺胶泥具有一定温度下多次重复搅拌熔融而强度不变的特性，故可固定生产，制成产品，重复熔融使用。其熬制方法如图5-42所示

续二

项　目	内　容
硫磺胶泥锚固法施工注意事项	(1)硫磺的熔点为96℃，故在备料、贮藏和熬制过程中应避免明火接触。熬制时要在通风处，并备有劳保用品，熬制温度严格控制在170℃以内。 (2)采用硫磺胶泥半产品在现场重新熬制时，炉子的结构要满足硫磺胶泥能进一步脱水，物料熔化能上下运动混合均匀，搅拌器的转速能分级调速(先慢后快)。 (3)桩的运输、起吊要注意避免碰弯锚筋、损伤连接面混凝土，必要时需采取保护措施。 (4)接桩用的夹箍，应有一定强度和刚度，以保证节点密实与桩的整体性

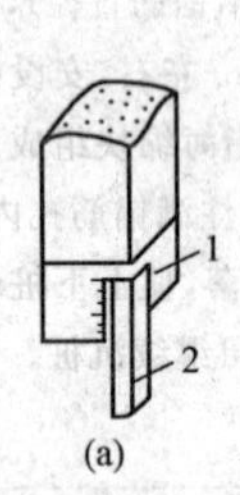

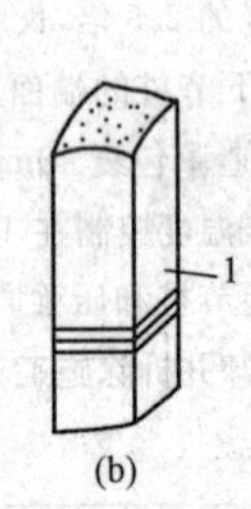

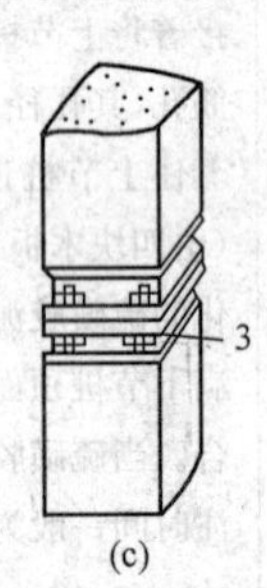

图 5-41　钢筋混凝土预制桩接头

(a)角钢帮焊接头；(b)钢板对焊接头；(c)法兰盘接头

1—钢板；2—角钢；3—螺栓

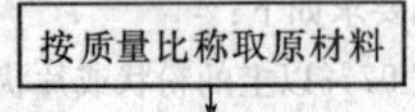

↓

将硫磺放入热铁锅中，不停搅拌，水火加温熔化至130°C

↓

将水泥和干燥的砂均匀地加入到熔化的硫磺内，不停地搅拌，并升温至150~155°C

↓

将聚硫708胶（使用聚硫甲胶时需切成长 15~20mm，宽 4~5mm，厚 1~2mm 的薄片）缓慢均匀地加入硫磺砂浆中，不断搅拌，严格控制温度，使其保持在 170°C 以内（超过 170°C 会使硫升华和聚硫橡胶分解而影响质量）

↓

待完全脱水(以液面上无气泡为准)后，降温至 140~150°C，即可供接头灌注用，也可浇注入模盘，制成硫磺胶泥预制块

图 5-42　硫磺胶泥熬制方法

硫磺胶泥锚固法施工注意事项

(1)硫磺的熔点为96℃,故在备料、贮藏和熬制过程中应避免明火接触。熬制时要在通风处,并备有劳保用品,熬制温度严格控制在170℃以内。

(2)采用硫磺胶泥半产品在现场重新熬制时,炉子的结构要满足硫磺胶泥能进一步脱水,物料熔化能上下运动混合均匀,搅拌器的转速能分级调速(先慢后快)。

(3)桩的运输、起吊要注意避免碰弯锚筋、损伤连接面混凝土,必要时需采取保护措施。

(4)接桩用的夹箍,应有一定强度和刚度,以保证节点密实与桩的整体性。

(三)沉桩

钢筋混凝土预制桩沉桩方法有锤击法、振动法及静力压桩法等,以锤击法应用最普遍。

1. 施工工艺流程

钢筋混凝土预制桩沉桩(锤击法)施工工艺流程:桩机就位→桩起吊→对位插桩→打桩→接桩→打桩→送桩→桩机移位。

(1)桩机就位。打桩机就位时,应对准桩位,保证垂直、稳定,确保在施工中不发生倾斜、移动。在打桩前,用2台经纬仪对打桩机进行垂直度调整,使导杆垂直,或达到符合设计要求的角度。

(2)桩起吊。钢筋混凝土预制桩应在混凝土达到设计强度的75%方可起吊,桩在起吊和搬运时,吊点应符合设计规定。

(3)对位插桩。桩尖插入桩位后,先落距较小轻锤1～2次,桩入土一定深度,再调整桩锤、桩帽、桩垫及打桩机导杆,使之与打入方向成一直线,并使桩稳定。

(4)打桩。打桩宜重锤低击,打入初期应缓慢地、间断地试打,在确认桩中心位置及角度无误后再转入正常施打。打桩期间应经常校核检查桩机导杆的垂直度或设计角度。

(5)接桩。接桩前应先检查下节桩的顶部,如有损伤应适当修复,并清除两桩端的污染和杂物等。如下节桩头部严重破坏时应补打桩。

(6)送桩。如设计要求送桩,应将桩送至设计标高。

2. 打(沉)桩方法(锤击法)

打桩时,应用导板夹具或桩箍将桩嵌固在桩架两导柱中,桩位置及垂直度经校正后,始可将锤连同桩帽压在桩顶,开始沉桩。桩顶不平,应用厚纸板垫平或用环氧树脂砂浆补抹平整。

开始沉桩应起锤轻压,并轻击数锤,观察桩身、桩架、桩锤等垂直一致,始可转入正常。

打桩应用适合桩头尺寸之桩帽和弹性垫层,以缓和打桩时的冲击,桩帽用钢板制成,并用硬木或绳垫承托,桩帽与桩接触表面须平整,与桩身应在同一直线上,以免沉桩产生偏移。桩锤本身带帽者,则只在桩顶护以绳垫或木块。桩须深送入土时,应用钢制送桩,如图 5-43 所示,放于桩头上,锤击送桩将桩送入。

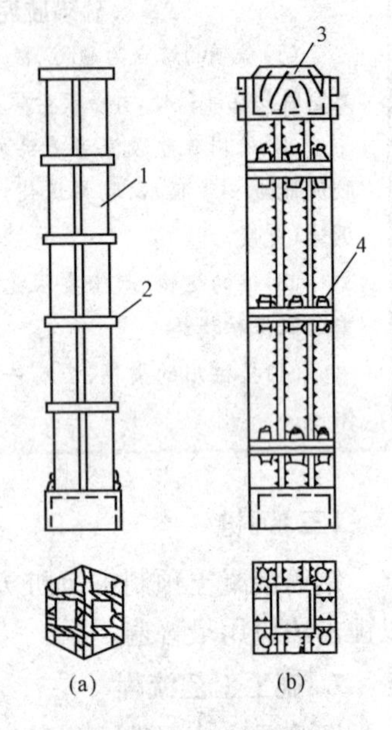

图 5-43　钢送桩构造

(a)钢轨送桩;(b)钢板送桩

1—钢轨;2—15mm 厚钢板箍;3—硬木垫;4—连接螺栓

经验总结

沉桩达不到设计控制要求处理措施

详细探明工程地质情况,必要时应做补勘;探明地下障碍物,并清除掉,或钻透或爆碎;正确选择持力层或标高,根据地质情况和桩重,合理选择施工机械、桩锤大小、施工方法和桩混凝土强度;在新近代砂层沉桩,注意打桩次序,减少向一侧挤密的现象;打桩应连续打入,不宜间歇时间过长;防止桩顶打碎和桩身打断。

3. 拔桩方法

需拔桩时，长桩可用拔桩机，一般桩可用人字架、卷扬机或用钢丝绳捆紧，借横梁用 2 台千斤顶抬起。采用汽锤打桩，可直接用蒸汽锤拔桩，将汽锤倒连在桩上，当锤的动程向上，桩受到一个向上的力，即可将桩拔出。

三、混凝土灌注桩施工

混凝土灌注桩是直接在桩位上就地成孔，然后浇筑混凝土而成，广泛应用于高层建筑的基础工程中。

钢筋混凝土灌注桩可分为干作业成孔灌注桩、泥浆护壁成孔灌注桩、套管成孔灌注桩和爆扩成孔灌注桩四种方法。常用的是干作业成孔和泥浆护壁成孔灌注桩。不同桩型适用的地质条件见表 5-37。

表 5-37　　灌注桩适用范围

项　目		适用范围
干作业成孔	人工手摇钻	地下水位以上的黏性土、黄土及人工填土
	螺旋钻	地下水位以上的黏性土、砂土及人工填土
	螺旋钻孔扩底	地下水位以上的坚硬、硬塑的黏性土及中密以上的砂土
泥浆护壁成孔	冲抓冲击回转钻	碎石土、砂土、黏性土及风化岩
	潜水钻	黏性土、淤泥、淤泥质土及砂土
套管成孔	锤击振动	可塑、软塑、流塑的黏性土，稍密及松散的砂土
爆扩成孔		地下水位以上的黏性土、黄土、碎石土及风化岩

(一)干作业成孔灌注桩

1. 施工工艺流程

干作业成孔灌注桩的施工工艺流程是：桩机就位→钻土成孔→测量孔径、孔深和桩孔水平与垂直距离，并校正→挖至设计标高→成孔质量检查→安放钢筋笼→放置孔口护孔漏斗→灌注混凝土并振捣→拔出护孔漏斗。

2. 施工要点

(1)钻孔时,钻杆应保持垂直稳固、位置正确,防止因钻杆晃动引起扩大孔径。

(2)钻进速度应根据电流值变化,及时进行调整。

(3)钻进过程中,应随时清理孔口积土和地面散落土,遇到地下水、塌孔、缩孔等异常情况时,应及时处理。

(4)成孔达设计深度后,孔口应予以保护,并按规定进行验收,并做好记录。

(5)灌注混凝土前,应先放置孔口护孔漏斗,随后放置钢筋笼并再次测量孔内虚土厚度桩顶以下 5m 范围内混凝土应随浇随振动,并且每次浇注高度均得大于 1.5m。

螺旋钻孔法

螺旋钻孔法是利用螺旋钻头的部分刃片旋转切削土层,被切的土块随钻头旋转,并沿整个钻杆上的螺旋叶片上升而被推出孔外的方法。在软塑土层,含水量大时,可用叶片螺距较大的钻杆,这样工效可高一些;在可塑或硬塑的土层中,或含水量较小的砂土中,则应采用叶片螺距较小的钻杆,以便能均匀平稳地钻进土中。一节钻杆钻完后,可接上第二节钻杆,直到钻至要求的深度。

(二)泥浆护壁成孔灌注桩

1. 施工工艺流程

泥浆护壁成孔灌柱桩施工工艺流程,如图 5-44 所示。

2. 施工要点

(1)成孔。

1)机具就位平整垂直,护筒埋设牢固并且垂直,保证桩孔成孔的垂直。

2)要控制孔内的水位高于地下水位 1.0m 左右,防止地下水位过

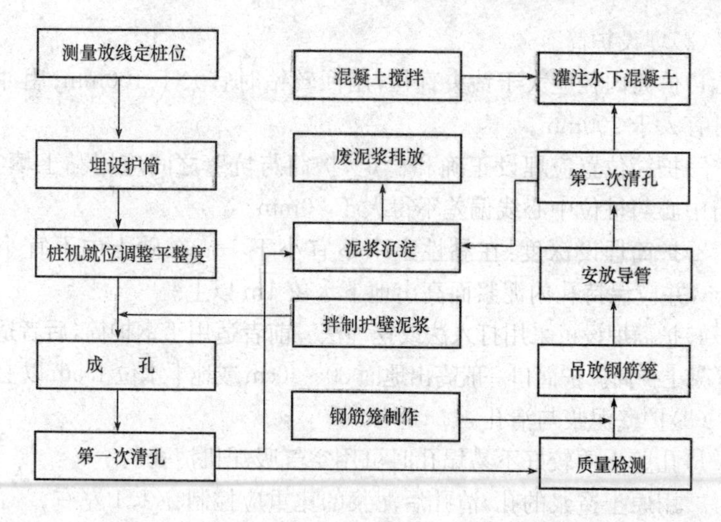

图 5-44 泥浆护壁灌注桩施工工艺流程图

高后引起坍孔。

3)发现轻微坍孔的现象时应及时调整泥浆的比重和孔内水头。泥浆的比重因土质情况的不同而不同,一般控制在 1.1~1.5 的范围内。成孔的快慢与土质有关,应灵活掌握钻进的速度。

4)成孔时发现难以钻进或遇到硬土、石块等,应及时检查,以防桩孔出现严重的偏斜、位移等。

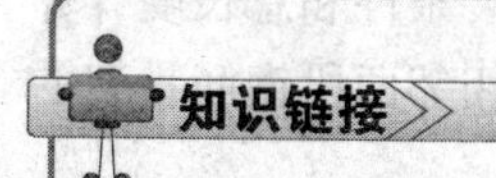

钻压的确定原则

1)在土层中钻进时,钻进压力应保证冲洗液畅通、钻渣清除及时为前提,灵活加以掌握。

2)在基岩钻进时,要保证每颗(或每组)硬质合金切削具上具有足够的压力。在此压力下,硬质合金钻头能有效地切入并破碎岩石,同时,又不会过快的磨钝、损坏。应根据钻头上硬质合金片的数量和每颗硬质合金片的允许压力计算出总压力。

(2)埋设护筒。

1)护筒内径应大于钻头直径,用回转钻时宜大于100mm;用冲击钻时宜大于200mm。

2)护筒位置应埋设正确和稳定,护筒与坑壁之间应用黏土填实,护筒中心与桩位中心线偏差不得大于20mm。

3)护筒埋设深度:在黏性土中不宜小于1m,在砂土中不宜小于1.5m,并应保持孔内泥浆面高出地下水位1m以上。

4)护筒埋设可采用打入法或挖埋法。前者适用于钢护筒,后者适用于混凝土护筒。护筒口一般高出地面30~40cm或地下水位1.5m以上。

(3)护壁泥浆与清孔。

1)孔壁土质较好不易塌孔时可用空气吸泥机清孔。

2)用原土造浆的孔,清孔后泥浆的比重应控制在1.1左右。

3)孔壁土质较差时,宜用泥浆循环清孔。清孔后的泥浆比重应控制在1.15~1.25。泥浆取样应选在距孔20~50cm处。

4)第一次清孔在提钻前,第二次清孔在沉放钢筋笼、下导管以后。

5)浇筑混凝土前,桩孔沉渣允许厚度为:以摩擦力为主时,允许厚度不得大于150mm。以端承力为主时,允许厚度不得大于50mm。以套管成孔的灌注桩不得有沉渣。

(4)钢筋骨架制作与安装。

1)钢筋骨架的制作应符合设计与规范的要求。

2)长桩骨架宜分段制作,分段长度应根据吊装条件和总长度计算确定,并应确保钢筋骨架在移动、起吊时不变形,相邻两段钢筋骨架的接头需按有关规范要求错开。

3)应在钢筋骨架外侧设置控制保护层厚度的垫块,可采用与桩身混凝土等强度的混凝土垫块或用钢筋焊在竖向主筋上,其间距竖向为2m,横向圆周不得少于四处,并均匀布置。骨架顶端应设置吊环。

4)大直径钢筋骨架制作完成后,应在内部加强箍上设置十字撑或三角撑,确保钢筋骨架在存放、移动、吊装过程中不变形。

5)骨架入孔一般用吊车,对于小直径桩无吊车时可采用钻机钻架、灌注塔架等。起吊应按骨架长度的编号入孔,起吊过程中应采取措施确保骨架不变形。

6)钢筋骨架的制作和吊放的允许偏差为:主筋间距±10mm;箍筋间距±20mm;骨架外径±10mm;骨架长度±50mm;骨架倾斜度±0.5%;骨架保护层厚度水下灌注±20mm,非水下灌注±10mm;骨架中心平面位置20mm;骨架顶端高程±20mm,骨架底面高程±50mm。

钢筋骨架吊放注意事项

搬运和吊装时,应防止变形,安放要对准孔位,避免碰撞孔壁,就位后应立即固定。钢筋骨架吊放入孔时应居中,防止碰撞孔壁,钢筋骨架吊放入孔后,应采用钢丝绳或钢筋固定,使其位置符合设计及规范要求,并保证在安放导管、清孔及灌注混凝土过程中不发生位移。

(5)混凝土浇筑。

1)混凝土开始灌注时,漏斗下的封水塞可采用预制混凝土塞、木塞或充气球胆。

2)混凝土运至灌注地点时,应检查其均匀性和坍落度,如不符合要求应进行第二次拌和,二次拌和后仍不符合要求时不得使用。

3)第二次清孔完毕,检查合格后应立即进行水下混凝土灌注,其时间间隔不宜大于30min。

4)首批混凝土灌注后,混凝土应连续灌注,严禁中途停止。

5)在灌注过程中应经常测探井孔内混凝土面的位置,及时调整导管埋深,导管埋深宜控制在2～6m。严禁导管提出混凝土面,要有专人测量导管埋深及管内外混凝土面的高差,填写水下混凝土灌注记录。

6)在灌注过程中应时刻注意观测孔内泥浆返出情况,仔细听导管内混凝土下落声音,如有异常必须采取相应处理措施。

7)在灌注过程中宜使导管在一定范围内上下窜动,防止混凝土凝固,增加灌注速度。

8)为防止钢筋骨架上浮,当灌注的混凝土顶面距钢筋骨架底部1m左右时,应降低混凝土的灌注速度,当混凝土拌合物上升到骨架底口 4m 以上时，提升导管，使其底口高于骨架底部 2m 以上，即可恢复正常灌注速度。

9）灌注的桩顶标高应比设计标高高出一定高度，一般为 0.5～1.0m，以保证桩头混凝土强度，多余部分接桩前必须凿除，桩头应无松散层。

10）在灌注将近结束时，应核对混凝土的灌入数量，以确保所测混凝土的灌注高度是否正确。

11）开始灌注时，应先搅拌 0.5～1.0m^3 与混凝土强度等级相同的水泥砂浆放在料斗的底部。

经验总结

浇筑成桩过程中发生断桩处理措施

力争混凝土一次浇灌成功，钻孔选用较大密度和黏度、胶体率好的泥浆护壁，控制进尺速度，保持孔壁稳定；导管接头应用方丝扣连接，并设橡皮圈密封严密；孔口护筒不使埋置太浅，下钢筋笼骨架过程中，不使碰撞孔壁；施工时如遇下雨，争取一次性浇筑完毕，灌注桩严重塌方或导管无法拔出形成断桩，可在一侧补桩；深部不大可挖出；对断桩处做适当处理后，支模重新浇筑混凝土。如桩体实际情况较好，可采取在断桩或夹渣部位进行注浆加固的处理措施。

（三）套管成孔灌注桩

1. 振动沉管灌注桩

（1）施工工艺流程，如图 5-45 所示。

1）桩机就位。施工前，应根据土质情况选择适用的振动打桩机，桩尖采用活瓣式。施工时先安装好桩机，将桩管对准桩位中心，桩尖活瓣合拢，放松卷扬机钢丝绳，利用振动机及桩管自重，把桩尖压入土中，勿使偏斜，即可启动振动箱沉管。

2）振动沉管。沉管过程中，应经常探测管内有无地下水或泥浆，如发现水或泥浆较多，应拔出桩管，检查活瓣桩尖缝隙是否过疏，漏进

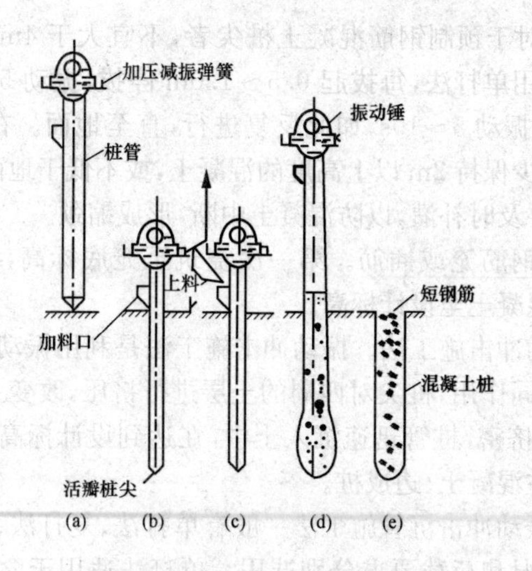

图 5-45　振动沉管灌注桩施工工艺流程

(a)桩机就位；(b)振动沉管；(c)浇筑混凝土；(d)边拔管边振动边浇筑混凝土；(e)成桩

泥水，如过疏应加以修理，并用砂回填桩孔后重新沉管，如再发现有小量水时，一般可在沉入前先灌入 0.1m³ 左右的混凝土或砂浆封堵活瓣桩尖缝隙再继续沉入。

经验总结

沉管加压处理措施

沉管时为了适应不同土质条件，常用加压方法来调整土的自振频率。桩尖压力改变可利用卷扬机滑轮钢丝绳把桩架的部分质量传到桩管上，并根据钢管沉入速度，随时调整离合器，防止桩架抬起发生事故。

3)混凝土浇筑。桩管沉到设计位后，停止振动，用上料斗将混凝土灌入桩管内，一般应灌满或略高于地面。

4)边拔管边振动。开始拔管时，先启动振动箱片刻再拔管，并用吊砣探测得桩尖活瓣确已张开，混凝土已从桩管中流出以后，方可继续抽拔桩管，边拔边振。拔管速度：对于用活瓣桩尖者，不宜大于

2.5m/min;对于预制钢筋混凝土桩尖者,不宜大于4m/min。拔管方法一般宜采用单打法,每拔起0.5～1.0m停拔,振动5～10s,再拔管0.5～1.0m,振动5～10s,如此反复进行,直至地面。在拔管过程中,桩管内应至少保持2m以上高度的混凝土,或不低于地面,可用吊砣探测,不足时要及时补灌,以防混凝土中断,形成缩颈。

5)安放钢筋笼或插筋。第一次浇筑至笼底标高,然后安放钢筋笼,再灌注混凝土至设计标高。

(2)振动冲击施工法。振动冲击施工法是利用振动冲击锤在冲击和振动的共同作用,桩尖对四周的土层进行挤压,改变土体结构排列,使周围土层挤密,桩管迅速沉入土中,在达到设计标高后,边拔管、边振动、边灌注混凝土、边成桩。

振动、振动冲击沉管施工法一般有单打法、复打法、反插法等。应根据土质情况和荷载要求分别选用。单打法适用于含水量较小的土层,且宜采用预制桩尖;反插法及复打法适用于软弱饱和土层。

1)单打法。即一次拔管法。拔管时每提升0.5～1m,振动5～10s,再拔管0.5～1m,如此反复进行,直至全部拔出为止,一般情况下振动沉管灌注桩均采用此法。

2)复打法。在同一桩孔内进行两次单打,即按单打法制成桩后再在混凝土桩内成孔并灌注混凝土。采用此法可扩大桩径,大大提高桩的承载力。

3)反插法。将套管每提升0.5m,再下沉0.3m,反插深度不宜大于活瓣桩尖长度的2/3,如此反复进行,直至拔离地面。此法也可扩大桩径,提高桩的承载力。

振动沉管灌注桩施工注意事项

混凝土的充盈系数不得小于1.0,对于混凝土充盈系数小于1.0的桩,宜全长复打,对可能有断桩和缩颈桩,应采用局部复打。成桩后的桩身混凝土顶面标高应不低于设计标高500mm。全长复打桩的入土深度宜接近原桩长,局部复打应超过断桩或缩颈区1m以上。

2. 锤击沉管灌注桩

(1)施工工艺流程,如图 5-46 所示。

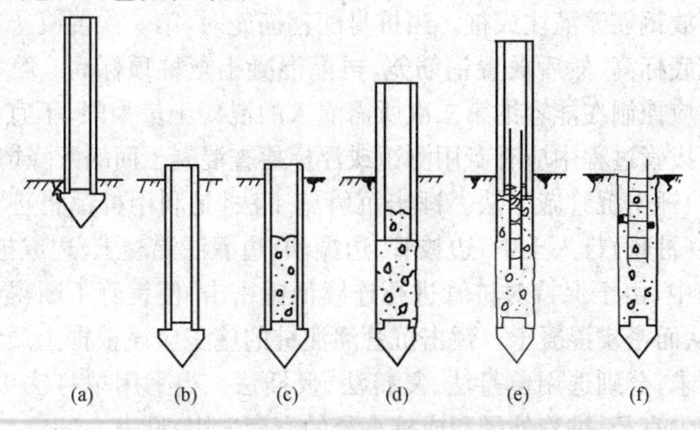

图 5-46　锤击沉管灌注桩施工程序示意图

(a)桩机就位;(b)锤击沉管;(c)首次灌注混凝土;(d)边拔管、边锤击、边继续灌注混凝土;(e)安放钢筋笼,继续灌注混凝土;(f)成桩

1)桩机就位。将桩管对预先埋设在桩位上的预制桩对准尖或将桩管对准桩位中心,使它们三点合一线,然后把桩尖活瓣合拢,放松卷扬机钢丝绳,利用桩机和桩管自重,把桩尖打入土中。

2)锤击沉管。检查桩管与桩锤、桩架等是否在一条垂直线上之后,看桩管垂直度偏差是否≤5%,即可用桩锤先低锤轻击桩管,观察偏差在容许范围内,再正式施打,直至将桩管打入至设计标高或要求的贯入度。

3)首次灌注混凝土。沉管至设计标高后,应立即灌注混凝土,尽量减少间隔时间;在灌注混凝土之前,必须用吊砣检查桩管内无泥浆或无渗水后,再用吊斗将混凝土通过灌注漏斗灌入桩管内。

4)边拔管、边锤击、边继续灌注混凝土。当混凝土灌满桩管后,便可开始拔管,一边拔管,一边锤击,拔管的速度要均匀,对一般土层以 1m/min 为宜,在软弱土层和软硬土层交界处宜控制在 0.3～0.8m/min,采用倒打拔管的打击次数,单动汽锤不得少于 50 次/min,自由落锤轻击(小落距锤击)不得少于 40 次/min;在管底未拔至桩顶设计标高之前,倒打和轻击不得中断。在拔管过程中应向桩管内继续灌入混凝土,以满足灌注量的要求。

5)放钢筋笼灌注成桩。当桩身配钢筋笼时,第一次混凝土应先灌注至笼底标高,然后放置钢筋笼,再灌混凝土至桩顶标高。第一次拔管高度应控制在能容纳第二次所需灌入的混凝土量为限,不宜拔得过高。在拔管过程中应有专用测锤或浮标检查混凝土面的下降情况。

(2)锤击沉管施工法。锤击沉管施工法,是利用桩锤将桩管和预制桩尖(桩靴)打入土中,边拔管、边振动、边灌注混凝土、边成桩,在拔管过程中,由于保持对桩管进行连续低锤密击,使钢管不断得到冲击振动,从而密实混凝土。锤击沉管灌注桩的施工应该根据土质情况和荷载要求,分别选用单打法、复打法、反插法。当采用单打法工艺时,预制桩尖直径、桩管外径和成桩直径的配套选用,见表 5-38。

表 5-38　单打法工艺预制桩尖直径、桩管外径和成桩直径关系表　mm

预制桩尖直径	桩管外径	成桩直径
340	273	300
370	325	350
420	377	400
480	426	450
520	480	500

特别提示

锤击沉管施工注意事项

(1)群桩基础和桩中心距小于 4 倍桩径的桩基,应提出保证相邻桩桩身质量的技术措施。

(2)混凝土预制桩尖或钢桩尖的加工质量和埋设位置应与设计相符,桩管与桩尖的接触应有良好的密封性。

(3)沉管全过程必须有专职记录员做好施工记录;每根桩的施工记录均应包括每米的锤击数和最后 1m 的锤击数;必须准确测量最后 3 阵,每阵 10 锤的贯入度及落锤高度。

(4)混凝土的充盈系数不得小于1.0;对于混凝土充盈系数小于1.0的桩,宜全长复打,对可能有断桩和缩颈桩,应采用局部复打。成桩后的桩身混凝土顶面标高应不低于设计标高500mm。全长复打桩的入土深度宜接近原桩长,局部复打应超过断桩或缩颈区1m以上。

(5)桩身的钢筋,应以混凝土的坍落度8～10cm相应。若为素混凝土,则为6～8cm;若为素混凝土,则为6～8m。

第六章　砌体工程施工工艺和方法

第一节　砖砌体施工工艺和方法

一、砖基础砌筑施工

1. 砌筑形式

砖基础由基础墙和大放脚组成,大放脚即是基础墙底下的扩大部分。大放脚有等高式和不等高式两种。等高式大放脚是每砌两皮砖收进一次,每次每边收进1/4 砖长;不等高式大放脚是每砌两皮砖收进一次与每砌一皮砖收进一次相间,每次每边收进 1/4 砖长,最底下一层为两皮砖,如图 6-1 所示。

> 砖基础大放脚一般采用一顺一丁砌筑形式，即一皮顺砖与一皮丁砖相间，上下皮垂直灰缝相互错开60mm。

2. 施工工艺流程

砖基础砌筑施工工艺流程为:清扫垫层并找平→基础弹线→立基础皮数杆→摆砖、砌筑。

(1)清扫垫层并找平。清扫垫层表面,若垫层表面不平,高差超过30mm 时,应用细石混凝土找平,然后用水准仪进行抄平,垫层顶面应与设计标高相符合。

(2)基础弹线。基础垫层施工完毕经验收合格后,便可进行弹墙基线的工作。

(3)立基础皮数杆。砖基础的砌筑高度,是用基础皮数杆来控制的。首先根据施工图标高,在基础皮数杆上划出每皮砖及灰缝的尺寸,然后把基础皮数杆固定,并用水准仪进行抄平。

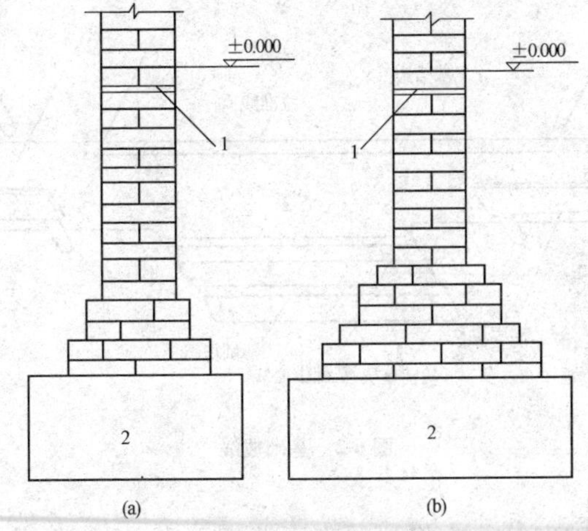

图 6-1　砖基础剖面

(a)等高式;(b)不等高式

1—防潮层;2—垫层

(4)摆砖、砌筑。基础砌筑前,先用干砖试摆,以确定排砖方法和错缝位置。砌筑时,先砌转角端头,以两端为标准,拉好准线,然后按此准线进行砌筑。

3. 施工要点

(1)砖基础施工前,应在相对龙门板上定位轴线点间拉准线,用线锤将定位轴线引到基础垫层面上,用墨线弹出,再依据定位轴线,向两旁弹出基础大放脚底面的宽度线,如图 6-2 所示。

如果建筑物周边处未设置龙门板,则应从定位轴线的引桩间拉准线,依此准线将定位轴线用线坠引到基础垫层面上。基础放线完毕后,应进行复核,检查其放线尺寸是否与设计尺寸相符,其允许偏差应符合表 6-1 的规定。

表 6-1　放线尺寸的允许偏差

长度 L、宽度 B/m	允许偏差/mm	长度 L、宽度 B/m	允许偏差/mm
L(或 B)≤30	±5	60<L(或 B)≤90	±15
30<L(或 B)≤60	±10	L(或 B)>90	±20

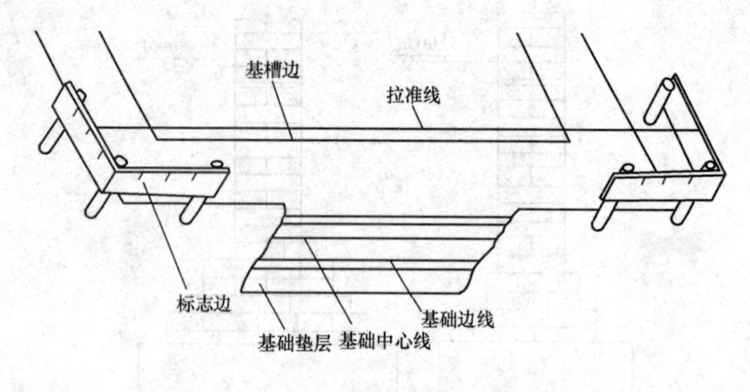

图 6-2 基础放线

(2)砖基础砌筑前应将垫层表面清理干净,比较干燥的混凝土垫层应浇水润湿。

(3)在基础的转角处,纵横墙交接处及高低基础交接处,应支设基础皮数杆,并进行统一抄平;在基础的转角处要先进行盘角,除基础底部的第一皮砖按摆砖撂底的砖样和基础底宽线砌筑外,其余各皮基础砖均以两盘角间的准线作为砌筑的依据。

> 砖基础的转角处、交接处,为错缝需要应加砌配砖(3/4砖、半砖或1/4砖)。砖基础的转角处和交接处应同时砌筑,当不能同时砌筑时,应留置斜槎。

(4)内外墙的砖基础均应同时砌筑。如因特殊原因不能同时砌筑时,应留设斜槎(踏步槎),斜槎长度不应小于斜槎的高度。基础底标高不同时,应由低处砌起,并由高处向低处搭接;如设计无具体要求时,其搭接长度不应小于大放脚的高度,如图 6-3 所示。

(5)在基础墙的顶部、首层室内地面(±0.000)以下一皮砖处(−0.006m),应设置防潮层。如设计无具体要求,防潮层宜采用 1∶2.5 的水泥砂浆加适量的防水剂经机械搅拌均匀后铺设,其厚度为 20mm。抗震设防地区的建筑物严禁使用防水卷材作为基础墙顶部的水平防潮层。

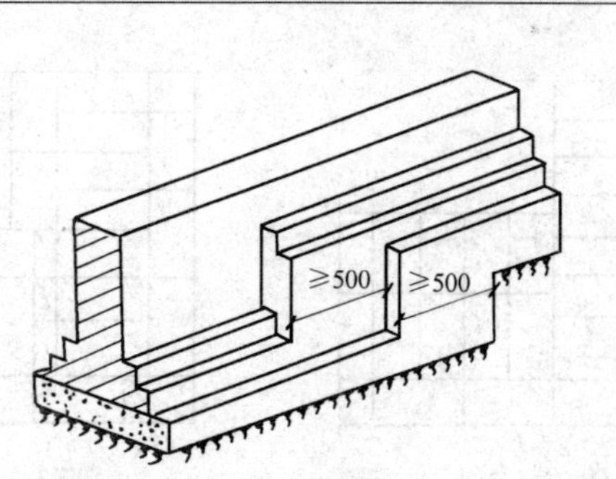

图 6-3　砖基础高低接头处砌法

建筑物首层室内地面以下部分的结构为建筑物的基础，但为了施工方便，砖基础一般均只做到防潮层。

> 基础墙的防潮层，当设计无具体要求时，宜用1∶2水泥砂浆加适量防水剂铺设，其厚度宜为20mm。防潮层位置宜在室内地面标高以下一皮砖处。

(6)基础大放脚的最下一皮砖、每个大放脚台阶的上表层砖，均应采用横放丁砌砖所占比例最多的排砖法砌筑，此时不必考虑外立面上下一顺一丁相间隔的要求，以便增强基础大放脚的抗剪强度。基础防潮层下的顶皮砖也应采用丁砌为主的排砖法。

(7)砖基础水平灰缝和竖缝宽度应控制在 8～12mm，水平灰缝的砂浆饱满度用百格网检查不得小于 80%。砖基础中的洞口、管道、沟槽和预埋件等，砌筑时应留出或预埋，宽度超过 300mm 的洞口应设置过梁。

(8)基底宽度为二砖半的大放脚转角处、十字交接处的组砌方法如图 6-4、图 6-5 所示。T 字交接处的组砌方法可参照十字接头处的组砌方法，即将图中竖向直通墙基础的一端(例如下端)截断，改用七分头砖作端头砖即可。有时为了正好放下七分头砖，需将原直通墙的排砖图上错半砖长。

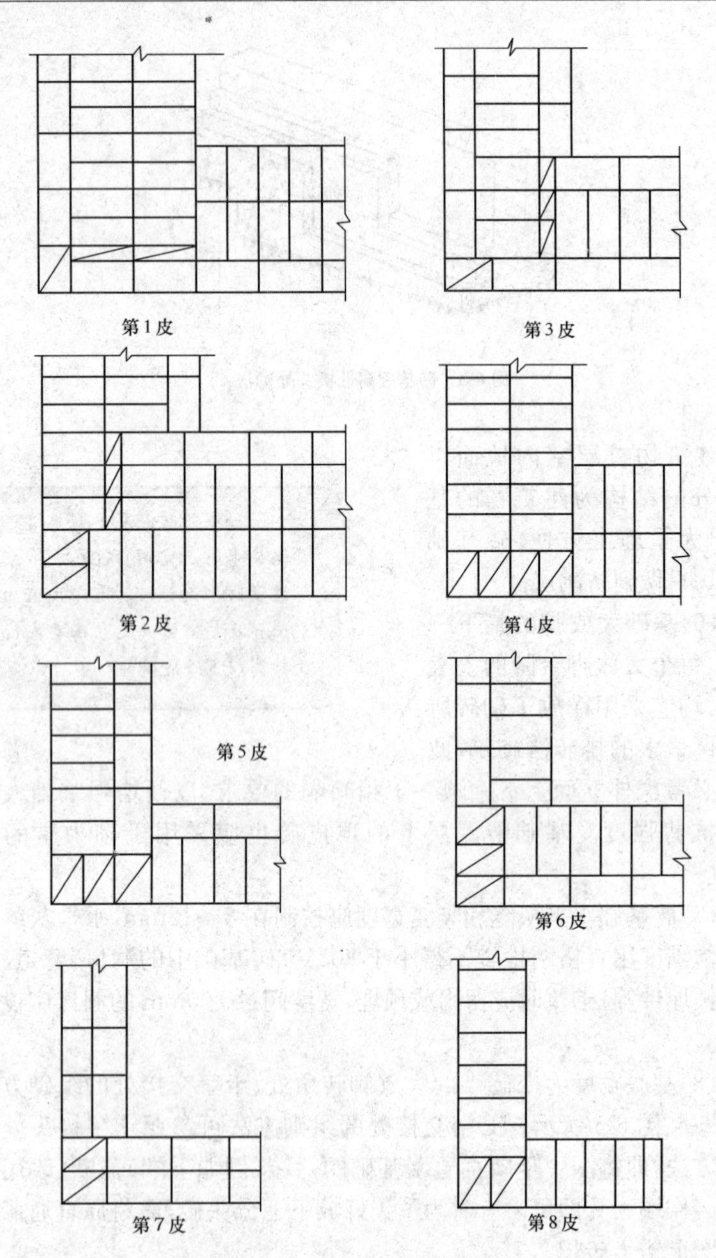

图 6-4　二砖半大放脚转角砌法

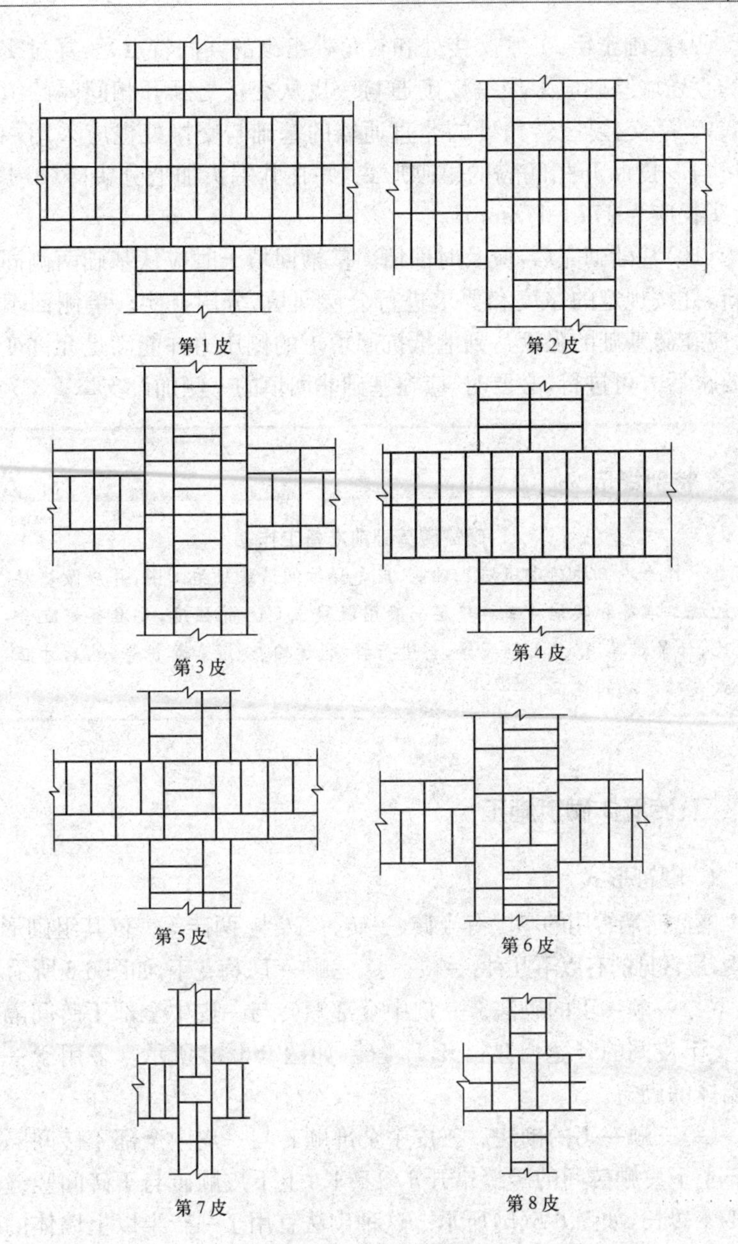

图6-5 二砖半大放脚砌法

(9)基础十字、T字交接处和转角处组砌的共同特点是:穿过交接处的直通墙基础应采用一皮砌通与一皮从交接处断开相间隔的组砌形式;T字交接处、转角处的非直通墙的基础与交接处也应采用一皮搭接与一皮断开相间隔的组砌形式,并在其端头加七分头砖(3/4砖长,实长应为177~178mm)。

(10)基础砌完后,应及时回填。基槽回填土时应从基础两侧同时进行,并按规定的厚度和要求进行分层回填、分层夯实。单侧回填土时,应在砖基础的强度达到能抵抗回填土的侧压力并能满足允许变形的要求后方可进行,必要时,应在基础非回填的一侧加设支撑。

砌筑砖基础前准备工作

作为施工员在砌筑砖基础前,应先详细阅读基础施工图,并应做垫层的施工准备和实施施工。垫层一般用混凝土C15的强度,要准备好配合比,计量器具,垫层上标高等,再进行拌制、运输、浇灌和养护等,然后才正式是砖基础的施工。

二、砖墙体砌筑施工

1. 砌筑形式

实心砖墙常用的厚度有半砖、一砖、一砖半、两砖等。依其组砌形式不同,最常见的有以下几种:一顺一丁、三顺一丁、梅花丁,如图6-6所示。

(1)一顺一丁的砌法。一皮中全部顺砖与一皮中全部丁砖间隔砌成,上下皮间的竖缝相互错开1/4砖,如图6-6(a)所示。多用于一砖厚墙体的砌筑。

(2)三顺一丁的砌法。三皮中全部顺砖与一皮中全部丁砖间隔砌成。上下皮顺砖间的竖缝错开1/2砖长;上下皮顺砖与丁砖间竖缝错开1/4砖长,如图6-6(b)所示。这种砌法宜用于一砖半以上墙体的砌筑或挡土墙的砌筑。

(3)梅花丁的砌法。每皮中丁砖与顺砖相隔,上皮丁砖中坐于下皮顺砖,上下皮间相互错开 1/4 砖长,如图 6-6(c)所示。砌筑清水墙或当砖的规格不一致时,采用这种砌法较好。

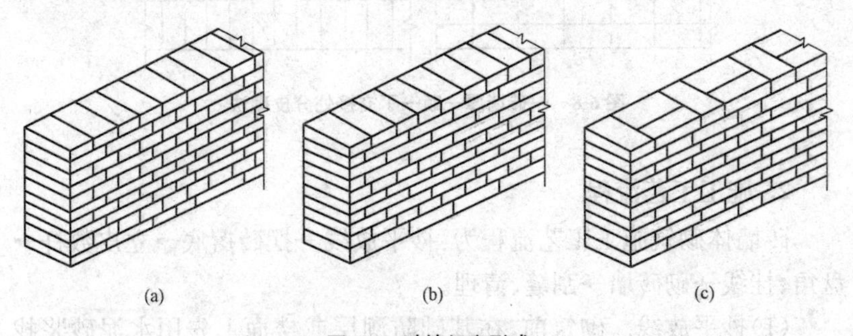

图 6-6　砖墙组砌形式

(a)一顺一丁;(b)三顺一丁;(c)梅花丁

知识链接

砖墙转角处、交接处分皮砌法

砖墙转角处、交接处,为错缝需要加砌配砖。图 6-7 所示是一砖墙厚一顺一丁转角处分皮砌法,配砖为 3/4 砖,位于墙外角。图 6-8 所示是一砖墙厚一顺一丁交接处分皮砌法,配砖为 3/4 砖,位于墙交接处外面,仅在丁砌层设置。

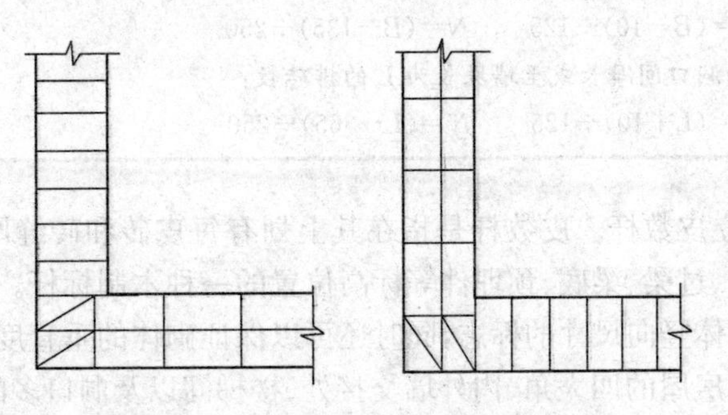

图 6-7　一砖墙厚一顺一丁转角处分皮砌法

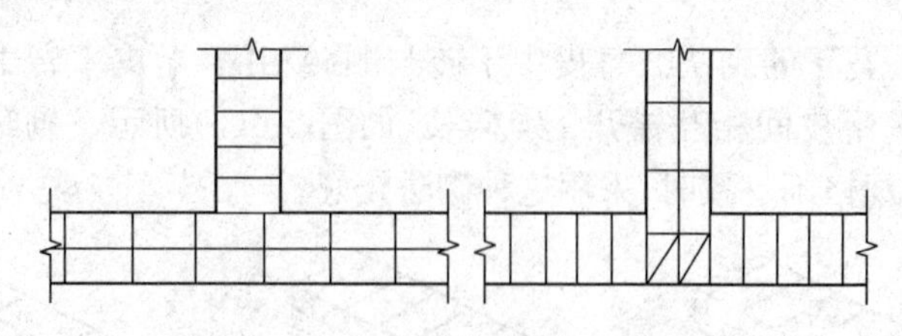

图 6-8　一砖墙厚一顺一丁交接处分皮砌法

2. 施工工艺流程

砖墙体砌筑施工工艺流程为：抄平放线→摆砖撂底→立皮数杆→盘角、挂线→砌砖墙→刮缝、清理。

(1)抄平放线。砌筑前，在基础防潮层或楼面上先用水泥砂浆找平。然后以龙门板上定位钉为标志弹出墙身的轴线、边线，定出门窗洞口的位置。

(2)摆砖撂底。摆砖是指在放线的基础顶面或楼板上，按选定的组砌形式进行干砖试摆。摆砖用的第一皮撂底砖的组砌一般采用“横丁纵顺”，即横墙均摆丁砖，纵墙均摆顺砖。

排砖数计算方法

摆砖时，可按下式计算丁砖层排砖数 n 和顺砖层排砖数 N：

窗口宽度为 B(mm)的窗下墙排砖数：

$n=(B-10)\div125$　　$N=(B-135)\div250$

两洞口间净长或至墙垛长为 L 的排砖数：

$n=(L+10)\div125$　　$N=(L-365)\div250$

(3)立皮数杆。皮数杆是指在其上划有每皮砖和砖缝厚度，以及门窗洞口、过梁、梁底、预埋件等标高位置的一种木制标杆。它是砌筑时控制砌体竖向尺寸的标志，同时还可以保证砌体的垂直度。皮数杆一般立于房屋的四大角、内外墙交接处、楼梯间以及洞口多的地方，每隔 10～15m 立一根。

(4)盘角、挂线。砌筑时,应根据皮数杆先在墙角砌4～5皮砖,称为盘角,然后根据皮数杆和已砌的墙角挂线,作为砌筑中间墙体的依据,以保证墙面平整。一砖厚的墙单面挂线,外墙挂外边,内墙挂任何一边;一砖半及以上厚的墙都要双面挂线。

(5)砌砖墙。砌筑砖墙通常采用"三一"法或挤浆法;并要求砖外侧的上楞线与准线平行、水平且离准线1mm,不得冲(顶)线,砖外侧的下楞线与已砌好的下皮砖外侧的上楞线平行并在同一垂直面上,俗称"上跟线、下靠楞";同时,还要做到砖平位正、挤揉适度、灰缝均匀、砂浆饱满。

(6)刮缝、清理。清水墙砌完一段高度后,要及时地进行刮缝和清扫墙面,以利于墙面勾缝和整洁干净。刮砖缝可采用1mm厚的钢板制作的凸形刮板,刮板突出部分的长度为10～12mm,宽为8mm。清水外墙面一般采用加浆勾缝,用1∶1.5的细砂水泥砂浆勾成凹进墙面4～5mm的凹缝或平缝;清水内墙面一般采用原浆勾缝,所以不用刮板刮缝,而是随砌随用钢溜子勾缝。

3. 施工要点

(1)全部砖墙除分段处外,均应尽量平行砌筑,并使同一皮砖层的每一段墙顶面均在同一水平面内,作业中以皮数杆上砖层的标高进行控制。砖基础和每层墙砌完后,必须校正一次水平、标高和轴线,偏差在允许范围之内的,应在抹防潮层或圈梁施工、楼板施工时加以调整,实际偏差超过允许偏差的(特别是轴线偏差),应返工重砌。

(2)砖墙砌筑前,应将砌筑部位的顶面清理干净,并放出墙身轴线和墙身边线,浇水润湿。

(3)砖墙的水平灰缝厚度和竖向灰缝宽度控制在8～12mm,10mm最宜。水平灰缝的砂浆饱满度不得小于80%;竖缝宜采用挤浆法或加浆法,使其砂浆饱满,不得出现透明缝,并严禁用水冲浆灌缝。

(4)宽度小于1m的窗间墙应选用质量好的整砖砌筑,半头砖和有破损的砖应分散使用在受力较小的墙体内侧,小于1/4砖的碎砖不能使用。

(5)砖墙的转角处和交接处应同时砌筑,不能同时砌筑时应砌成斜槎(踏步槎),斜槎长度不应小于其高度的2/3,如图6-9所示。如留斜槎确有困难，除转角处外，也可以留直槎，但必须做成突出墙面的阳槎，并加设拉结钢筋。拉结钢筋的数量为每半砖墙厚设置一根，每道墙不得少于两根，钢筋直径为 6mm；拉结钢筋的间距为沿墙高不得超过 500mm（8 皮砖高）；埋入墙内的长度从留槎处算起每边均不应小于 500mm；钢筋的末端应做成 90°弯钩，如图 6-10 所示。抗震设防地区建筑物的临时间断处不得留直槎。

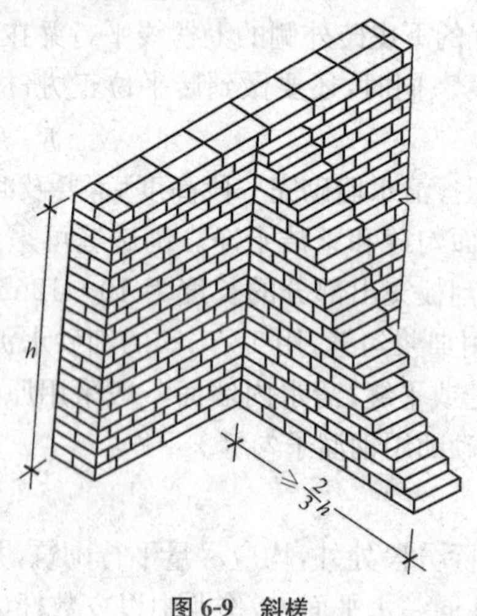

图 6-9　斜槎

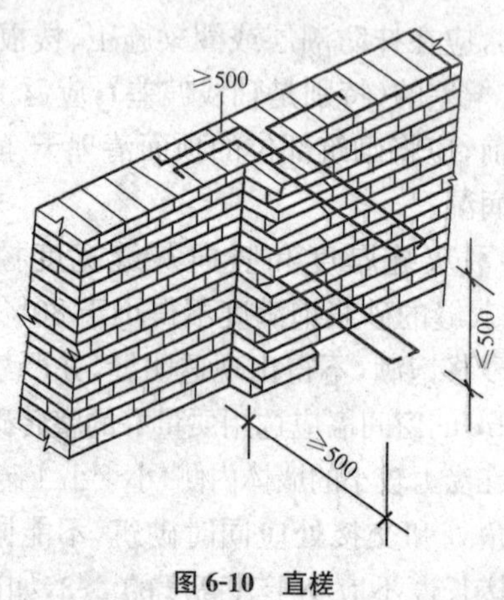

图 6-10　直槎

砖砌体接槎处继续砌砖时，必须将接槎处的表面清理干净，浇水润湿，并填实端面竖缝、上下水平缝的砂浆，保持砖面平直位正、灰缝均匀。

(6)设有钢筋混凝土构造柱的抗震多层砖混结构房屋，应先绑扎构造柱钢筋，然后砌砖墙，最后浇筑混凝土。墙与柱之间应沿高度方向每隔 500mm 设置一道 2 根直径为 6mm 的拉结钢筋，每边伸入墙内的长度不小于 1m；构造柱应与圈梁、地梁连接；与柱连接处的砖墙应砌成马牙槎，每一个马牙槎沿高度方向的尺寸不应超过 300mm 或五皮砖高，马牙槎从每层柱脚开始，应先退后进，进退相差 1/4 砖，如图 6-11 所示。钢筋混凝土构造柱也和砖墙一样，采用按楼层分层施工。

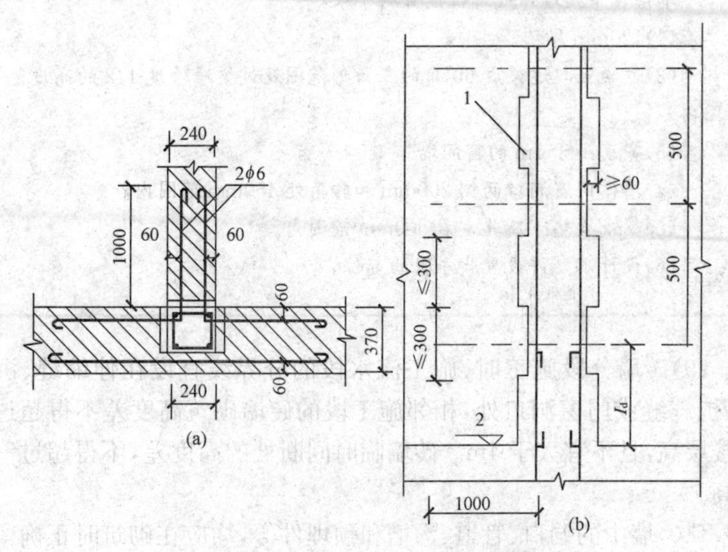

图 6-11　拉结钢筋布置及马牙槎示意图

(a)平面图；(b)立面图

1—马牙槎；2—楼层面

(7)每层承重墙的最上一皮砖、梁或梁垫下面的一皮砖以及挑檐、腰线等处，均应采用整砖丁砌。隔墙和填充墙的顶部与上层结构接触处，宜采用侧砖或立砖斜砌挤紧的砌筑方法。

(8)砖墙中留设临时施工洞口时，其侧边离交接处的墙面不应小于500mm；洞口顶部宜设置过梁，也可在洞口上部采取逐层挑砖方法封口，并预埋水平拉结筋；洞口净宽不应超过1m。超过8度以上抗震设防地区临时施工洞的位置，应会同设计单位研究决定。临时洞口补砌时，应将洞口周围砖块表面清理干净，并浇水润湿后再用与原墙相同的材料补砌严密、砂浆饱满。

脚手眼设置注意事项

不得在下列墙体或部位设置脚手眼：

(1)120mm厚墙。

(2)过梁上与过梁成60°角的三角形范围及过梁净跨度1/2的高度范围内。

(3)宽度小于1m的窗间墙。

(4)墙体门窗洞口两侧200mm和转角处450mm范围内。

(5)梁或梁垫下及其左右500mm范围内。

(6)设计不允许设置脚手眼的部位。

(9)砖墙分段施工时，施工流水段的分界线宜设在伸缩缝、沉降缝、抗震缝或门窗洞口处，相邻施工段的砖墙砌筑高度差不得超过一个楼层高，且不宜大于4m。砖墙临时间断处的高度差，不得超过一步架高。

(10)墙中的洞口、管道、沟槽和预埋件等，均应在砌筑时正确留出或预埋；宽度超过300mm的洞口应设置过梁。

(11)砖墙每天的砌筑高度以不超过1.8m为宜，雨天施工时，每天砌筑高度不宜超过1.2m。

(12)尚未安装楼板或屋面板的砖墙或砖柱，当有可能遇到大风时，则允许的自由高度不得超过表6-2的规定。否则应采取可靠的临时加固措施，以确保墙体稳定和施工安全。

表 6-2　　墙和柱的允许自由高度　　m

墙(柱)厚/mm	砌体密度>1600/(kg·m^{-3})			砌体密度1300～1600/(kg·m^{-3})		
	风载/(kN·m^{-2})			风载/(kN·m^{-2})		
	0.3(约7级风)	0.4(约8级风)	0.5(约9级风)	0.3(约7级风)	0.4(约8级风)	0.5(约9级风)
190	—	—	—	1.4	1.1	0.7
240	2.8	2.1	1.4	2.2	1.7	1.1
370	5.2	3.9	2.6	4.2	3.2	2.1
490	8.6	6.5	4.3	7.0	5.2	3.5
620	14.0	10.5	7.0	11.4	8.6	5.7

注：1. 本表适用于施工处相对标高(H)在10m范围内的情况。如10m<H≤15m，15m<H≤20m时，表中的允许自由高度应分别乘以0.9、0.8的系数；如H>20m时，应通过抗倾覆验算确定其允许自由高度。

2. 当所砌筑的墙有横墙或其他结构与其连接，而且间距小于表列限值的2倍时，砌筑高度可不受本表的限制。

特别提示

砖墙砌筑注意事项

(1)砌体相邻工作段的高度差，不得超过一个楼层的高度，也不宜高差大于4m。分段施工的分段处，最好设在变形缝或门窗口处。

(2)砌体砌筑的临时间断处的高度差，不得超过一步脚手架的高度(1.2～1.5m)。

(3)变形缝中不得夹有砂浆、碎砖和杂物。

(4)采用单排脚手架施工时，墙体上留的脚手眼应符合砌体施工规范的规定。

(5)在承重墙的最上面一皮砖，应丁砌；梁垫下一皮砖也要丁砌，砖砌体的阶台水平面上以及砖砌体的挑出层中，也应采用丁砌法砌筑。有圈梁的墙应与木工联系，墙上留横担孔。

(6)宽度小于1m的窗间墙，应选用整砖砌筑，不得用碎砖、半头砖砌筑。

(7)施工时需在砖墙中留置的施工用洞口,其侧边离交接的墙面距离应大于 50cm。洞口上要设置过梁板。

(8)当砌筑有横向配筋的砌体时,要做到埋设钢筋的灰缝厚度,应比钢筋直径大 4mm,以保证钢筋上下至少有 2mm 砂浆层;用钢筋网作横向配筋时,要使网片有一头在砌体灰缝中露出,便于检查是否已加钢筋;加的钢筋不能用单根散筋放入,应做成矩形网片或连弯形网片,采用连弯形网片时,在砌筑的相隔砖层中应互相垂直放置。

三、砖柱砌筑施工

1. 砌筑形式

砖柱依其断面形状分为矩形柱、圆形柱、八角形柱。矩形柱最小断面尺寸为 240mm×365mm;圆形柱直径不应小于 490mm;八角形柱内圆直径不应小于 490mm。

2. 施工工艺流程

砖柱砌筑施工工艺流程为:柱尺寸及位置定位,立皮数杆→选择组砌方法→检查柱垂直度(用线锤吊)、平整度→排砖、撂底、砌筑。

3. 施工要点

(1)单独的砖柱砌筑时,可立固定皮数杆,也可以经常用流动皮数杆检查高低情况。

(2)当几个砖柱在一条线上时,应先砌两头的砖柱,然后拉通线,依线砌中间的柱,以便控制砖皮数正确、进出及高低一致。

(3)砖柱水平灰缝厚度和竖向灰缝宽度一般为 10mm,水平灰缝的砂浆饱满度不低于 80%,竖缝也要求砂浆饱满。

(4)砖柱基底面找平。砖柱基底面如有高低不平时应先找平,高差小于 30mm,用 1∶3 水泥砂浆找平,大于 30mm 的要用细石混凝土找平,达到各柱第一皮砖位于同一标高。

(5)有网状加筋柱的砌法。有网状加筋柱,其砌法和要求与不加筋的相同,加筋数量与要求应满足设计规定,砌在柱内的钢筋网应在一侧外露1～2mm,以便于检查。

(6)隔墙与柱如不同时砌筑,可于柱中引出阳槎,或于柱的灰缝中预埋拉结筋,其构造与砖墙中相同,但每道不少于2根。

(7)砖柱每天砌筑高度应不大于1.8m。

(8)砖柱上不得留置脚手眼。

砖柱砌筑注意事项

砖柱砌筑时严禁包心砌。所谓包心砌,就是砖柱外全部是整砖,内部填半砖或1/4砖。这种砌法虽然外表美观,但整个砖柱出现一个自下而上的通天缝,在受荷载(压力)后,整体承载力和稳定性极差。故不应采用包心砌法。图6-12所示是矩形砖柱的错误砌法,图6-13所示是矩形砖柱的正确砌法。无论采用哪种砌法,应使柱面上下皮的竖缝相互错开1/2砖长或1/4砖长,在柱心无通天缝,少打砖,并尽量利用二分头砖。

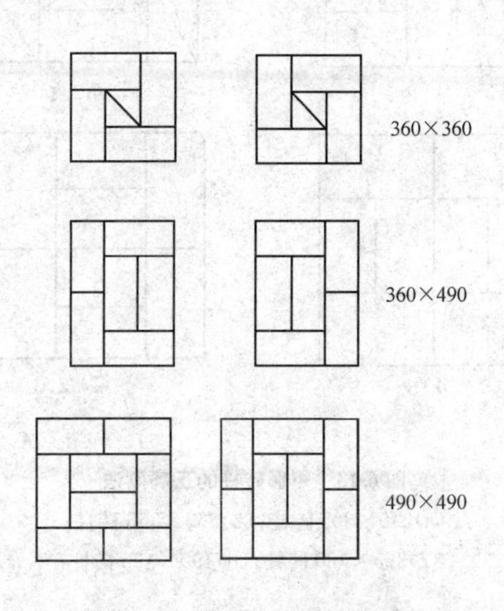

图6-12　矩形砖柱的错误砌法

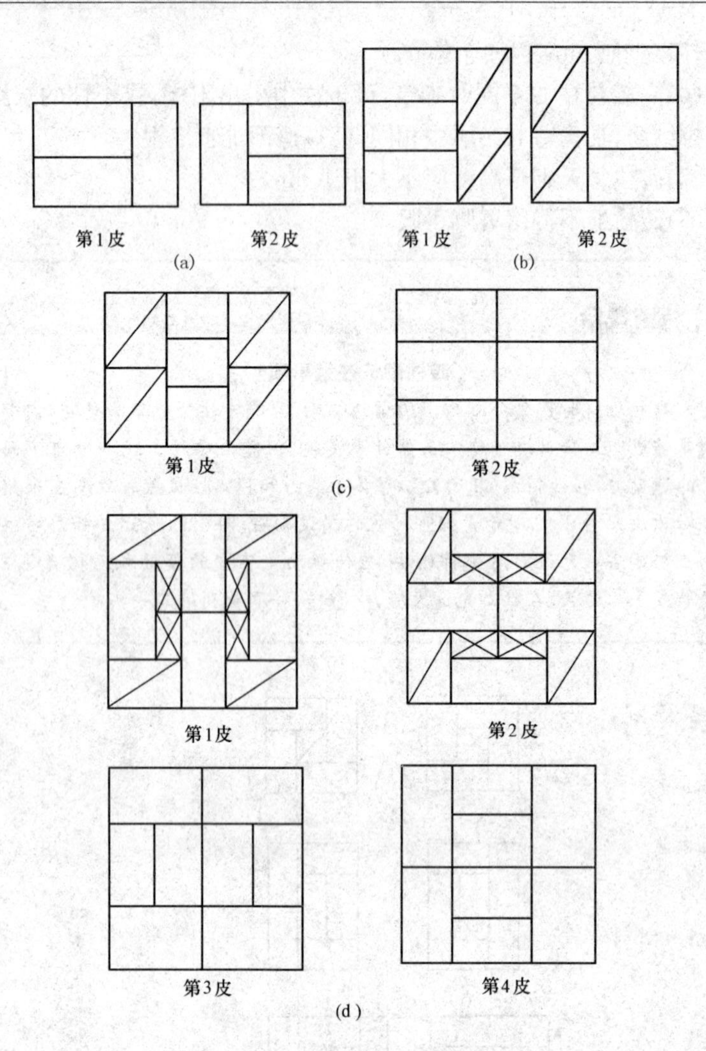

图 6-13　矩形砖柱的正确砌法

(a)240×365 砖柱；(b)365×365 砖柱；

(c)365×490 砖柱；(d)490×490 砖柱

第二节　小型砌块砌体施工工艺和方法

一、小型砌块施工

1. 施工准备

(1)堆放小砌块的场地应预先夯实平整,并便于排水。不同规格型号、强度等级的小砌块应分别覆盖堆放。堆垛上应有标志,垛间应留适当宽度的通道。堆置高度不宜超过 1.6m,堆放场地应有防潮措施。装卸时,不得采用翻斗卸车和随意抛掷。

(2)墙体施工前必须按房屋设计图编绘小砌块平、立面排块图。排列时应根据小砌块规格、灰缝厚度和宽度、门窗洞口尺寸、过梁与圈梁或连系梁的高度、芯柱和构造柱位置、预留洞大小、管线、开关、插座敷设部位等进行对孔、错缝搭接排列,并以主规格小砌块为主,辅以相应的辅助块。

(3)砌入墙体内的各种建筑构配件、钢筋网片与拉结筋应事先预制加工,按不同型号、规格进行堆放。

(4)小砌块表面的污物和用于芯柱小砌块的底部孔洞周围的混凝土毛边应在砌筑前清理干净。

(5)砌筑小砌块基础或底层墙体前,应采用经检定的钢尺校核房屋放线尺寸,允许偏差值应符合表 6-1 的规定。

知识链接

普通混凝土小砌块质量要求

施工采用的小砌块的产品龄期不应小于 28d。

普通混凝土小砌块不宜浇水,如遇天气干燥炎热,宜在砌筑前对其喷水润湿;对轻集料混凝土小砌块应提前浇水湿润,块体的相对含水率宜为

40%～50%。雨天及小砌块表面有浮水时，不得施工。龄期不足 28d 及潮湿的小砌块不得进行砌筑。

应尽量采用主规格小砌块，小砌块的强度等级应符合设计要求。

2. 施工工艺流程

小型砌块施工工艺流程为：弹墙身线和立皮数杆→铺灰→砌块安装就位→校正→灌缝→镶砖。

（1）弹墙身线和立皮数杆。砌块施工时需弹墙身线和立皮数杆，并按事先划分的施工段和砌块排列图逐皮安装。其安装顺序是先外后内、先远后进、先下后上。

在房屋四角或楼梯间转角处设，皮数杆间距不得超过15m。皮数杆上应画出各皮小砌块的高度及灰缝厚度。在皮数杆上相对小砌块上边线之间拉准线，小砌块依准线砌筑。

（2）铺灰。采用稠度良好（50～70mm）的水泥砂浆，铺 3～5m 长的水平缝。夏季及寒冷季节应适当缩短，铺灰应均匀平整。

（3）砌块安装就位。采用摩擦式夹具，按砌块排列图将所需砌块吊装就位。砌块就位应对准位置徐徐下落，使夹具中心尽可能与墙中心线在同一垂直面上，砌块光面在同一侧，垂直落于砂浆层上，待砌块安放稳妥后，才可松开夹具。

（4）校正。用线坠和托线板检查垂直度，用拉准线的方法检查水平度。用撬棍、楔块调整偏差。

（5）灌缝。采用砂浆灌竖缝，两侧用夹板夹住砌块，超过 30mm 宽的竖缝采用不低于 C20 的细石混凝土灌缝，收水后进行嵌缝，即原浆勾缝。以后，一般不应再撬动砌块，以防破坏砂浆的粘结力。

（6）镶砖。当砌块间出现较大竖缝或过梁找平时，应镶砖。采用 MU10 级以上的砖，最后一皮用丁砖镶砌。镶砖工作必须在砌砖校正后即刻进行，镶砖时应注意使砖的竖缝灌密实。

3. 施工要点

（1）砌筑承重墙体的小砌块，不得使用断裂或壁肋中有竖向凹形裂缝的小砌块。

(2)混凝土小砌块砌筑应从转角处或定位处开始,内外墙同时砌筑,纵横墙交错搭接。上下皮砌块应对孔错缝搭砌。个别情况下如无法对孔砌筑时,普通混凝土小砌块的搭接长度不应小于 90mm,轻集料混凝土小砌块不应小于 120mm,当不能保护此搭接长度时,应在灰缝中设置拉结钢筋或网片,如图 6-14 所示。

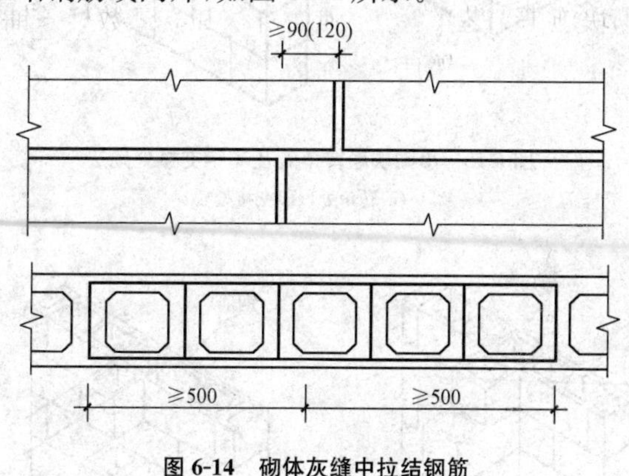

图 6-14　砌体灰缝中拉结钢筋

小砌块墙转角处及 T 字交接处砌法

外墙转角处应使小砌块隔皮露端面;T 字交接处应使横墙小砌块隔皮露端面,纵墙在交接处改砌两块辅助规格小砌块(尺寸为290mm×190mm×190mm,一头开口),所有露端面用水泥砂浆抹平,如图 6-15 所示。

(3)外墙转角处严禁留直槎,宜从两个方向同时砌筑。墙体临时间断处应砌成斜槎,斜槎长度不应小于高度的 2/3(一般情况下斜槎长度等于斜槎高度)。如留槎有困难,除外墙转角处及抗震设防地区,墙体临时间断处不应留直槎外,可从墙面伸出 200mm 砌成阴阳槎,并沿墙高每三皮砌块(600mm)设拉结筋或钢筋网片。接槎部位宜延至门窗洞口,如图 6-16 所示。

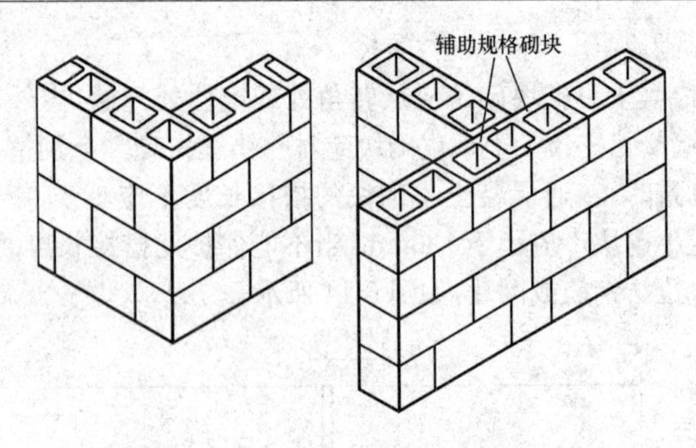

图 6-15　小砌块墙转角处及 T 字交接处砌法

(a)转角处;(b)交接处

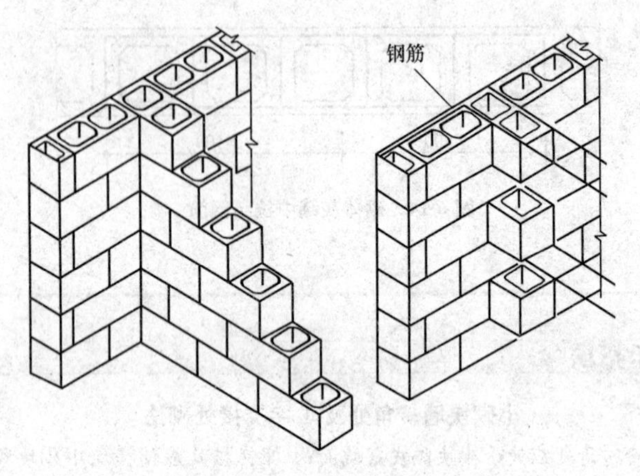

图 6-16　混凝土小砌块墙接槎

(a)转角处;(b)交接处

(4)混凝土小砌块砌体灰缝应横平竖直,全部灰缝均应铺填砂浆;水平灰缝的砂浆饱满度不得低于 90%;垂直灰缝的砂浆饱满度不得低于 80%。砌筑中不得出现瞎缝、透明缝。砌体的水平灰缝和垂直灰缝宽度应控制在 8～12mm,砌筑时的铺灰长度不得超过 800mm,严禁用水冲浆灌缝。当缺少辅助规格小砌块时,砌体通缝不应超过两皮砌块。

小型砌块砌筑注意事项

(1)清水墙面,应随砌随勾缝,并要求光滑、密实、平整。

(2)承重砌体不得采用小砌块与黏土砖等其他块体材料混合砌筑。

(3)需要移动已砌好砌体的小砌块或被撞动的小砌块时,应重新铺浆砌筑。

(4)混凝土小砌块用于框架填充墙时,应与框架中预埋的拉结筋连接。当填充墙砌至顶面最后一皮时,与上部结构相接处宜用实心小砌块斜砌楔紧。

(5)对设计规定的洞口、管道、沟槽和预埋件等,应在砌筑时预留或预埋,严禁在砌好的墙体上打凿。在小砌块墙体中不得预留水平沟槽。

(6)混凝土小砌块砌体内不宜留脚手眼。如必须设置时,可用190mm×190mm×190mm小砌块侧砌,利用其孔洞作脚手眼,砌筑完工后用C15混凝土填实。

(7)混凝土小砌块砌体的每日砌筑高度应根据气温、风压、砌体部位及小砌块材质等因素而定。常温条件下,普通混凝土小砌块砌体日砌筑高度应控制在1.8m以内;轻集料混凝土小砌块砌体日砌筑高度应控制在2.4m以内。

(8)砌体相邻工作段的高度差不得大于一个楼层或4m。

(9)混凝土小砌块墙面勾缝,宜采用细砂拌制的1∶1.5水泥砂浆,勾成平缝。勾缝质量要求同砖墙面勾缝。

二、芯柱施工

1. 芯柱的构造要求

(1)芯柱截面不宜小于120mm×120mm,宜用不低于Cb20的细石混凝土浇灌。

(2)钢筋混凝土芯柱每孔内插竖筋不应小于1ϕ10,底部应伸入室内地面以下500mm或与基础圈梁锚固,顶部与屋盖圈梁锚固。

(3)在钢筋混凝土芯柱处，沿墙高每隔600mm应设$\phi4$钢筋网片拉结，每边伸入墙体不小于600mm，如图6-17所示。

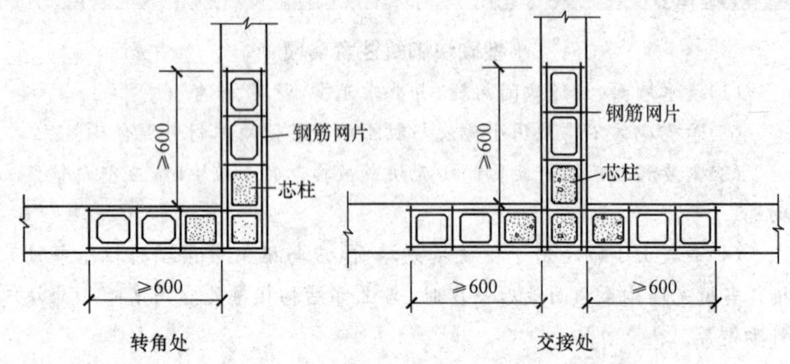

图6-17 钢筋混凝土芯柱处拉筋
(a)转角处；(b)交接处

(4)芯柱应沿房屋的全高贯通，并与各层圈梁整体现浇，可采用图6-18所示的做法。

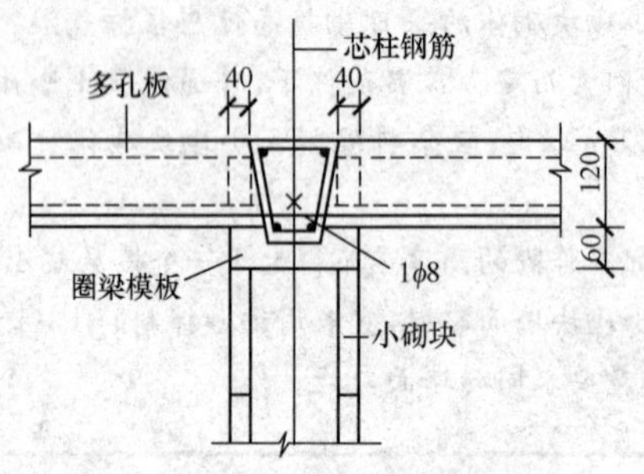

图6-18 芯柱贯穿楼板的构造

知识链接

墙体芯柱设置

墙体的下列部位墙体宜设置芯柱：

(1)在外墙转角、楼梯间四角的纵横墙交接处的三个孔洞，宜设置素混凝土芯柱。

(2)5 层及 5 层以上的房屋，应在上述的部位设置钢筋混凝土芯柱。在 6～8 度抗震设防的建筑物中，应按芯柱位置要求设置钢筋混凝土芯柱；对医院、教学楼等横墙较少的房屋，应根据房屋增加一层的层数，按表 6-3 的要求设置芯柱。

表 6-3　抗震设防区混凝土小型空心砌块房屋芯柱设置要求

<table>
<tr><th colspan="3">房屋层数</th><th rowspan="2">设置部位</th><th rowspan="2">设置数量</th></tr>
<tr><th>6 度</th><th>7 度</th><th>8 度</th></tr>
<tr><td>四</td><td>三</td><td>二</td><td rowspan="2">外墙转角、楼梯间四角、大房间内外墙交接处</td><td rowspan="3">外墙转角灌实 3 个孔；内外墙交接处灌实 4 个孔</td></tr>
<tr><td>五</td><td>四</td><td>三</td></tr>
<tr><td>六</td><td>五</td><td>四</td><td>外墙转角、楼梯间四角、大房间内外墙交接处，山墙与内纵墙交接处，隔开间横墙(轴线)与外纵墙交接处</td></tr>
<tr><td>七</td><td>六</td><td>五</td><td>外墙转角，楼梯间四角，各内墙(轴线)与外墙交接处；8 度时，内纵墙与横墙(轴线)交接处和洞口两侧</td><td>外墙转角灌实 5 个孔；内外墙交接处灌实 4 个孔；内墙交接处灌实 4～5 个孔；洞口两侧各灌实 1 个孔</td></tr>
</table>

2. 施工要点

(1)芯柱部位宜采用不封底的通孔小砌块砌筑，当采用半封底小砌块时，砌筑前必须打掉孔洞毛边。

(2)在楼(地)面砌筑第 1 皮小砌块时，在芯柱部位，应用开口砌块(或 U 形砌块)砌出操作孔，在操作孔侧面宜预留连通孔，必须清除芯柱孔洞内的杂物及削掉孔内凸出的砂浆，用水冲洗干净。

(3)芯柱钢筋应与基础或基础梁中的预埋钢筋连接，上下楼层的钢筋可在楼板上搭接，搭接长度不应小于 $40d$(d 为芯柱钢筋直径)。

(4)砌筑砂浆必须达到 1.0MPa 以上；砌完一个楼层高度后，校正钢筋位置并绑扎或焊接固定后，方可浇灌芯柱混凝土。

(5)芯柱混凝土应连续浇灌，每浇灌 400～500mm 高度捣实一次，或边浇灌边捣实。浇灌混凝土前，先注入适量水泥浆，严禁灌满一个楼层后再捣实。捣实混凝土宜用插入式混凝土振动器，振动棒直径不宜大于50mm。混凝土坍落度不应小于50mm。楼板在芯柱部位应留缺口，保证芯柱贯通。

芯柱混凝土浇筑注意事项

(1)每次连续浇筑的高度宜为半个楼层，但不应大于1.8m。

(2)清除孔内掉落后砂浆等杂物，并用水冲淋孔壁。

(3)每浇筑400～500mm高度捣实一次，成边浇筑边捣实。

(4)浇筑混凝土前，应先注入适量与芯柱混凝土成分相同的去石砂浆。

(5)浇筑芯柱混凝土时，砌筑砂浆强度应大于1.0MPa。

第三节　石砌体施工工艺和方法

一、毛石砌体施工

毛石砌体有毛石基础、毛石墙。毛石砌体所用石材应质地坚实，无风化剥落和裂纹；毛石应呈块状，其中部厚度不宜小于150mm。砌筑前应清除毛石表面的泥垢等杂质。

(一)毛石基础砌筑

1. 毛石基础断面形式

毛石基础依其断面形式有矩形、阶梯形、梯形等。阶梯形毛石基础每一台阶至少砌两皮毛石。梯形毛石基础每砌一块毛石收进一次，如图6-19所示。

2. 毛石基础砌筑要点

(1)砌筑第1皮毛石时，应选用有较大平面的石块，先在基坑底铺设砂浆，再将毛石砌上，并使毛石的大面向下。

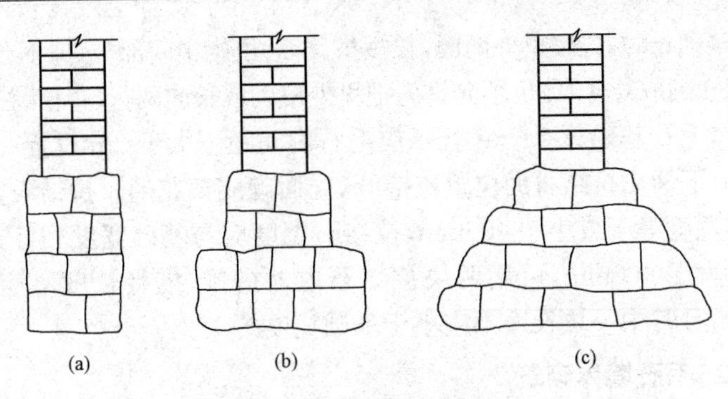

图 6-19　毛石基础断面形式

(a)矩形；(b)阶梯形；(c)梯形

(2)砌筑第 1 皮毛石时，应分皮卧砌，并应上下错缝，内外搭砌，不得采用先砌外面石块后中间填心的砌筑方法。石块间较大的空隙应先填塞砂浆，后用碎石嵌实，不得采用先摆碎石后塞砂浆或干填碎石的方法。

> 毛石基础的扩大部分，如做成阶梯形，上级阶梯的石块应至少压砌下级阶梯石块的1/2，相邻阶梯的毛石应相互错缝搭砌，如图6-20 所示。

(3)砌筑第 2 皮及以上各皮时，应采用坐浆法分层卧砌，砌石时首先铺好砂浆，砂浆不必铺满，可随砌随铺，在角石和面石处，坐浆略厚些，石块砌上去将砂浆挤压成要求的灰缝厚度。

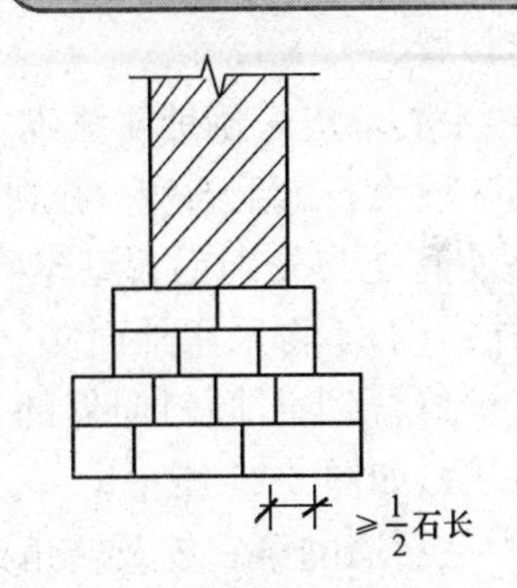

图 6-20　阶梯形毛石基础搭砌

(4)砌石时搬取石块应根据空隙大小、槎口形状选用合适的石料先试砌试摆一下，尽量使缝隙减少，接触紧密。但石块之间不能直接接触形成干研缝，同时也应避免石块之间形成空隙。

(5)砌石时，大、中、小毛石应搭配使用，以免将大块都砌在一侧，而另一侧全用小块，造成两侧不均匀，使墙面不平衡而倾斜。

(6)砌石时,先砌里外两面,长短搭砌,后填砌中间部分,但不允许将石块侧立砌成立斗石,也不允许先把里外皮砌成长向两行(牛槽状)。

(7)毛石基础每 0.7m² 且每皮毛石内间距不大于 2m 设置一块拉结石,上下两皮拉结石的位置应错开,立面砌成梅花形。拉结石宽度:如基础宽度等于或小于 400mm,拉结石宽度应与基础宽度相等;如基础宽度大于 400mm,可用两块拉结石内外搭接,搭接长度不应小于150mm,且其中一块长度不应小于基础宽度的 1/2。

(二)毛石墙体砌筑

毛石墙是用平毛石或乱毛石与水泥混合砂浆或水泥砂浆砌成,墙面灰缝不规则,外观要求整齐的墙面,其外皮石材可适当加工。毛石墙的转角可用料石或平毛石砌筑。毛石墙的厚度应不小于 350mm。

> 毛石墙每日的砌筑高度不应超过1～2m。

毛石墙体砌筑要点如下:

(1)毛石墙砌筑前,应先清扫基础面,后在基础面上弹出墙体中心线及边线;在墙体两端竖立样杆,在两样杆之间拉准线,以控制每皮毛石进出位置。

(2)毛石墙应采用铺浆法砌筑。从转角处或交接处砌筑。铺一段砂浆砌一段毛石。毛石应分皮卧砌,各皮毛石间应利用自然形状经敲打修整使其能与先砌毛石基本吻合,搭砌紧密;上下皮毛石应相互错缝,内外搭砌,不得采用外面侧立毛石中间填芯的砌筑方法;墙体中间不得有铲口石(尖石倾斜向外的石块)、斧刃石和过桥石(仅在两端搭砌的石块),如图 6-21 所示。

(3)毛石墙的第一皮及转角处、交接处和洞口处,应用较大的平毛石砌筑。每个楼层毛石墙的最上一皮,宜选用较大的毛石砌筑。

(4)毛石墙必须设置拉结石,拉结石应均匀分布,相互错开。毛石墙一般每 0.7m² 墙面至少设置一块拉结石,且同皮内的中距不应大于2m。拉结石长度:墙厚等于或小于 400mm,应与墙厚相等;墙厚大于400mm,可用两块拉结石内外搭接,搭接长度不应小于 150mm,且其中一块长度不应小于墙厚的 2/3。

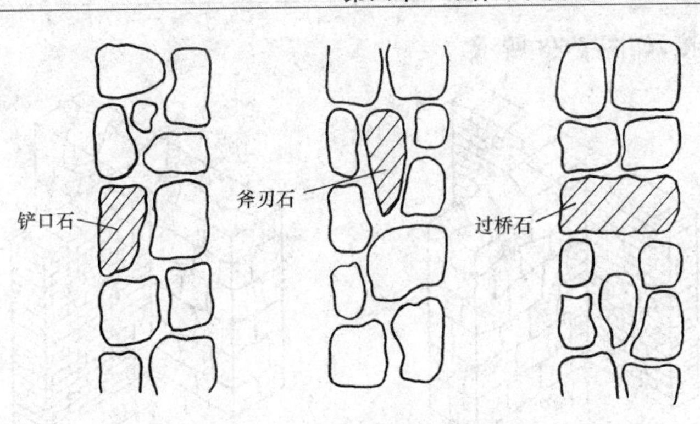

图 6-21　铲口石、斧刃石、过桥石

(5)毛石墙的灰缝厚度宜为 20～30mm,石块间不得有相互接触现象。石块间较大的空隙应先填塞砂浆后用碎石块嵌实,不得采用先摆碎石块后塞砂浆或干填碎石块的方法。

(6)毛石墙的转角处和交接处应同时砌筑。对不能同时砌筑而又必须留置的临时间断处,应砌成斜槎。

(7)毛石墙与砖墙相接的转角处和交接处应同时砌筑。

(8)转角处应自纵墙(或横墙)每隔 4～6 皮砖高度引出不小于 120mm 且与横墙(或纵墙)相接,如图 6-22 所示。

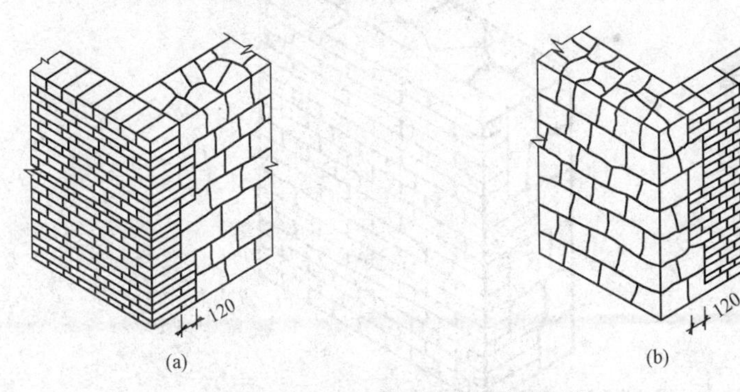

图 6-22　毛石墙与砖墙的转角处相接

(a)砖纵墙毛石横墙;(b)毛石纵墙砖横墙

(9)交接处应自纵墙每隔 4～6 皮砖高度引出不小于 120mm 且与

横墙相接，如图 6-23 所示。

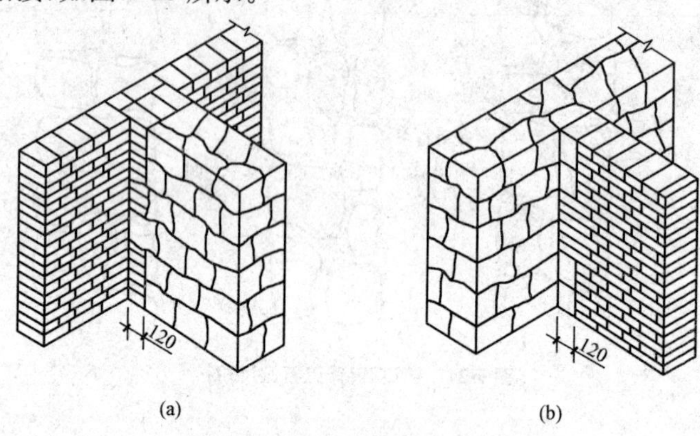

图 6-23　毛石墙与砖墙的交接处相接

(a)砖纵墙毛石横墙；(b)毛石纵墙砖横墙

(10)在毛石和普通砖的组合墙中，毛石墙与砖墙应同时砌筑，并每隔 4～6 皮砖用 2～3 皮丁砖与毛石墙拉结砌合，两种墙体间的空隙应用砂浆填满，如图 6-24 所示。

图 6-24　毛石与普通砖组合墙

(11)毛石墙面勾缝，宜采用1∶1.5水泥砂浆，也可采用水泥混合砂浆或掺入麻刀、纸筋等的石灰浆或青灰浆。毛石墙面勾缝应采用凸缝或平缝，并保持毛石砌合的自然缝。勾缝质量要求同砖墙面勾缝。

应避免的错误砌石类型

砌筑时，石块上下皮应互相错缝，内外交错搭砌，避免出现重缝、空缝和孔洞，同时应注意合理摆放石块，不应出现图6-25所示的砌石类型，以免砌体承重后发生错位、劈裂、外鼓等现象。

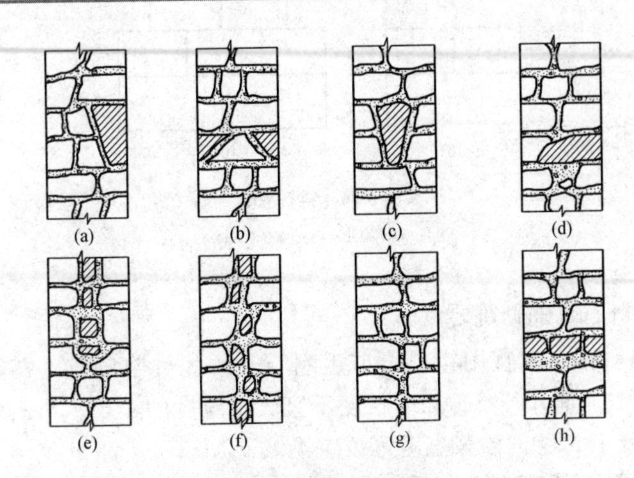

图6-25　错误的砌石类型

(a)刀口型(1)；(b)刀口型(2)；(c)劈合型；(d)桥型；(e)马槽型；(f)夹心型；(g)对合型；(h)分层型

二、料石砌体施工

料石砌体有料石基础、料石墙、料石柱、料石过梁、料石窗台板等，所用材料应质地坚实、无风化剥落和裂纹，料石的宽度和厚度均不宜小于200mm，长度不宜大于厚度的四倍。

(一)料石基础砌筑

1. 料石基础断面形式

料石基础依其断面形式有矩形、阶梯形等。阶梯形料石基础每一台阶至少砌两皮料石,如图 6-26 所示。

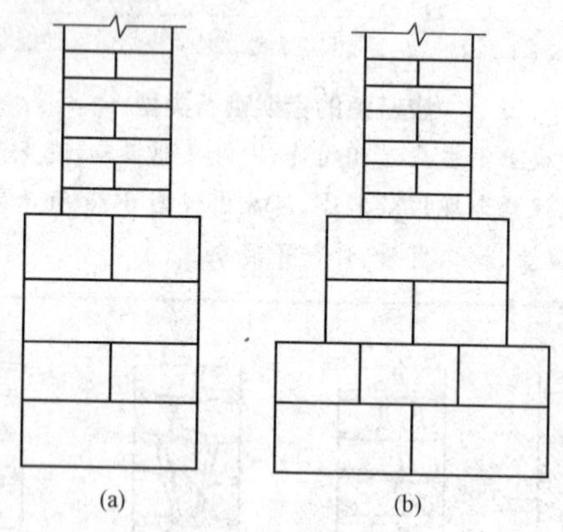

图 6-26 料石基础

(a)矩形;(b)阶梯形

2. 料石基础砌筑要点

(1)料石基础宜用粗料石或毛料石与水泥砂浆砌筑。料石的宽度、厚度均不宜小于 200mm,长度不宜大于厚度的 4 倍。料石强度等级应不低于 M20。砂浆强度等级应不低于 M5。

(2)料石基础砌筑前,应清除基槽底杂物;在基槽底面上弹出基础中心线及两侧边线;在基础两端立起皮数杆,在两皮数杆之间拉准线,依准线进行砌筑。

(3)料石基础的第一皮石块应坐浆砌筑,即先在基槽底摊铺砂浆,再将石块砌上,所有石块应丁砌,以后各皮石块应铺灰挤砌,上下错缝,搭砌紧密,上下皮石块竖缝相互错开应不少于石块宽度的 1/2。料石基础立面组砌形式宜采用一顺一丁,即一皮顺石与一皮丁石相间。

(4)料石基础的水平灰缝厚度和竖向灰缝宽度不宜大于 20mm。

灰缝中砂浆应饱满。

料石基础宜先砌转角处或交接处，再依准线砌中间部分，临时间断处应砌成斜槎。

阶梯形料石基础，上阶的料石至少压砌下阶料石的1/3，如图6-27所示。

图 6-27　阶梯形料石基础搭砌

(二)料石墙砌筑

料石墙是用料石与水泥混合砂浆或水泥砂浆砌成。料石用毛料石、粗料石、半细料石、细料石均可。

料石墙每日砌筑高度不应超过1.5m。料石墙的转角处和交接处应同时砌筑。对不能同时砌筑而又必须留置的临时间断处，应砌成斜槎。

料石墙砌筑要点如下：

(1)料石墙砌筑前，应在墙体转角处和交接处竖立皮数杆，相对两支数杆之间拉准线，以控制每皮料石高度及墙面进出。

(2)料石墙宜从转角处或交接处开始砌筑，摊铺一段砂浆砌一段料石，竖缝应刮浆或加浆，严禁用水冲浆灌缝。

(3)当料石墙厚等于料石宽度时，料石墙采用全顺组砌，上下皮竖缝相互错开 1/2 石长。当料石墙厚等于或大于两块料石宽度时，料石墙采用二顺一丁或梅花丁组砌，上下皮竖缝相互错开至少 1/2 石宽，如图 6-28 所示。

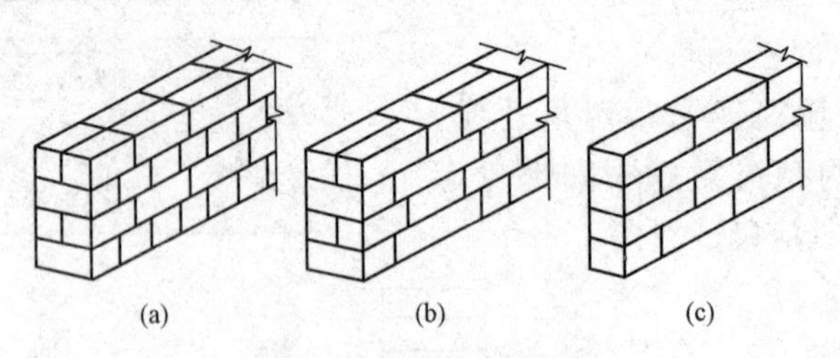

图 6-28　料石墙组砌形式

(a)二顺一丁;(b)梅花丁;(c)全顺

(4)料石墙的灰缝厚度,应按料石的种类确定:细料石墙不宜大于5mm;半细料石墙不宜大于10mm;粗料石墙和毛料石墙不宜大于20mm。

(5)砌筑料石墙时,料石应放置平稳。砂浆铺设厚度应略高于灰缝厚度,其高出厚度:细料石、半细料石宜为3～5mm;粗料石、毛料石宜为6～8mm。

(6)在料石和普通砖的组合墙中,料石和砖应同时砌筑,并每隔2～3皮料石层用丁砌层与砖墙拉结砌合。丁砌料石的长度宜与组合墙厚度相同,如图6-29所示。

图 6-29　料石和砖组合墙

第七章　钢筋混凝土工程施工工艺和方法

第一节　模板工程施工工艺和方法

一、模板分类与要求

1. 模板的分类

(1)按材料性质分。模板是混凝土浇筑成型的模壳和支架。按材料的性质可分为木模板、钢模板、塑料模板和其他模板等。

(2)按施工工艺条件分。模板按施工工艺条件可分为现浇混凝土模板、预组装模板、大模板、跃升模板、水平滑动的隧道工模板和垂直滑动的模板等。

2. 模板的要求

模板结构材料必须符合《混凝土结构工程施工规范》(GB 50666—2011)的规定,具体要求如下:

(1)模板及支架材料的技术指标应符合现行国家有关标准的规定。

(2)模板及支架宜选用轻质、高强、耐用的材料。连接件宜选用标准定型产品。

(3)接触混凝土的模板表面应平整,并应具有良好的耐磨性和硬度;清水混凝土的模板面板材料应保证脱模后所需的饰面效果。

(4)脱模剂涂于模板表面后,应能有效减小混凝土与模板间的吸附力,应有一定的成模强度,且不应影响脱模后混凝土表面的后期装饰。

二、木模板

木模板常用于基础、柱、梁板、楼梯等部位。

(一)基础模板

1. 安装工艺流程

(1)阶形基础模板。安装工艺流程:放线→安底阶模→安底阶支撑→安上阶模→安上阶围箍和支撑→搭设模板吊架→检查、校正→验收。

根据图纸尺寸制作每一阶模板,支模顺序由下至上逐层向上安装,先安装底阶模板,用斜撑和水平撑钉稳撑牢;核对模板墨线及标高,配合绑扎钢筋及混凝土(或砂浆)垫块,再进行上一阶模板安装,重新核对各部位墨线尺寸和标高,并把斜撑、水平支撑以及拉杆加以钉紧、撑牢,最后检查斜撑及拉杆是否稳固,校核基础模板几何尺寸、标高及轴线位置。

(2)杯形基础模板。安装工艺流程:放线→安底阶模→安底阶支撑→安上阶模→安上阶围箍和支撑→搭设模板吊架→(安杯芯模)→检查、校正→验收。

杯形基础模板与阶形基础模板基本相似。

(3)条形基础模板。根据土质的情况分为两种情况:土质较好时,下半段利用原土削铲平整不支设模板,仅上半段采用吊模;土质较差,其上下两段均支设模板。侧板和端头板制成后,应先在基础底弹出基础边线和中心线,再把侧板和端头板对准边线和中心线,用水平尺校正侧板顶面水平,经检测无误差后,用斜撑、水平撑及拉撑钉牢。最后校核基础模板几何尺寸及轴线位置。

2. 安装施工要点

(1)安装模板前先复查地基垫层标高及中心线位置,弹出基础边线。基础模板板面标高应符合设计要求。

(2)基础下段土质良好利用土模时,开挖基坑和基槽尺寸必须准确。

(3)采用木板拼装的杯芯模板,应采用竖向直板拼钉,不宜采用横板,以免拔出时困难。

(4)脚手板不能搭设在基础模板上。

基础模板施工注意事项

(1)模板安装前,先检查模板的质量,不符合质量标准的不得投入使用。

(2)带形基础要防止沿基础通长方向出现模板上口不直、宽度不准、下口陷入混凝土内、拆模时上段混凝土缺损、底部上模不牢的现象。

(3)杯形基础应防止中心线不准,杯口模板位移,混凝土浇筑时芯模浮起,拆模时芯模起不出的现象。

(二)柱模板

1. 安装工艺流程

柱模板安装工艺流程:放线→设置定位基准→第一块模板安装就位→安装支撑→邻侧模板安装就位→连接第二块模板,安装第二块模板支撑→安装第三、四块模板及支撑→调直纠偏→安装柱箍→全面检查校正→柱模群体固定→清除柱模内杂物、封闭清扫口。

2. 安装施工要点

(1)根据图纸尺寸制作柱侧模板后,测放好柱的位置线,钉好压脚板后再安装柱模板,两垂直向加斜拉顶撑。

> (1)模板安装前,先检查模板的质量,不符合质量标准的不得投入使用。
>
> (2)柱模板要防止柱模板炸模、断面尺寸鼓出、漏浆、混凝土不密实,或蜂窝麻面、偏斜、柱身扭曲的现象。

(2)柱模安装完成后,应全面复核模板的垂直度、对角线长度差及截面尺寸等项目。柱模板支撑必须牢固。预埋件、预留孔洞严禁漏设且必须准确、稳牢。

(3)柱箍的安装应自下而上进行,柱箍应根据柱模尺寸、柱高及侧压力的大小等因素进行设计选择(有木箍、钢箍、钢木箍等),柱箍间距一般为40～60cm,柱截面较大时应设置柱中穿心螺栓,由计算确定螺栓的直径、间距。

(三)梁模板

1. 安装工艺流程

梁模板安装工艺流程:放线→搭设支模架→安装梁底模→梁模起拱→绑扎钢筋与垫块→安装两侧模板→固定梁夹→安装梁柱节点模板→检查校正→安梁口卡→相邻梁模固定。

2. 安装施工要点

(1)弹出轴线、梁位置线和水平标高线,钉柱头模板。

(2)按设计标高调整支柱的标高,然后安装梁底模板,并拉线找平。按照设计要求或规范要求起拱,先主梁起拱,后次梁起拱。

(3)梁下支柱支承在基土面上时,应将基土平整夯实,满足承载力要求,并加木垫板或混凝土垫板等有效措施,确保混凝土在浇筑过程中不会发生支顶下沉等现象。

(4)根据墨线安装梁侧模板、压脚板、斜撑等。

(5)当梁高超过 70cm 时,梁侧模板宜加穿梁螺栓加固。

特别提示

梁模板施工注意事项

(1)模板安装前,先检查模板的质量,不符合质量标准的不得投入使用。

(2)梁模板要防止梁身不平直、梁底不平及下挠、梁侧模炸模、局部模板嵌入柱梁间,拆除困难的现象。

(四)顶模板

1. 安装工艺

顶模板安装工艺流程:复核板底标高→搭设支模架→安放龙骨→安装模板(铺放密肋楼板模板)→安装柱、梁、板节点模板→安放预埋件及预留孔模板等→检查校正→交付验收。

2. 安装要点

(1)根据模板的排列图架设支柱和龙骨。支柱与龙骨的间距,应根据模板的混凝土质量与施工荷载的大小,在模板设计中确定。

(2)底层地面分层夯实,并铺木垫板。采用多层支顶支模时,支柱应垂直,上下层支柱应在同一竖向中心线上。各层支柱间的水平拉杆和剪刀撑要认真加强。

(3)通线调节支柱的高度,将大龙骨拉平,架设小龙骨。

(4)铺模板时可从四周铺起,在中间收口。若压梁(墙)侧模时,角位模板应通线钉固。

(5)楼面模板铺完后,应复核模板面标高和板面平整度,预埋件和预留孔洞不得漏设并应位置准确。支模顶架必须稳定、牢固。模板梁面、板面应清扫干净。

(1)模板安装前,先检查模板的质量,不符合质量标准的不得投入使用。

(2)防止板中部下挠、板底混凝土面不平的现象。

三、组合钢模板

组合钢模板是一种工具式模板,由钢模板和配件两大部分组成,它可以拼成不同尺寸、不同形状的模板,以适应基础、柱、梁、板、墙施工的需要。组合钢模板尺寸适中,轻便灵活,装拆方便。

钢模板分为平模和角模。平模由面板、边框、纵横肋构成,如图7-1所示。边框与面板常用2.5～3.0mm厚钢板一次轧成,纵横肋用3mm厚扁钢与面板及边框焊成。为便于连接,边框上有连接孔,边框的长向及短向的孔距均一致,以便横竖都能拼接。平模的长度有1500mm、1200mm、900mm、750mm、600mm、450mm六种规格,宽度有300mm、250mm、200mm、150mm、100mm五种规格(平模用符号P表示,如宽度为300mm,长度为1500mm的平模则用P3015表示),因而可组成不同尺寸的模板,在构件接头处(如柱与梁接头)等特殊部位,不足模数的空缺可用少量木模补缺,用钉子或螺栓将方木与平模边框孔洞连接。角模又分为阴角模、阳角模及连接角模,阴、阳角模用以成型混凝土结构的阴、阳角,连接角模用作两块平模拼成90°角的连接件。

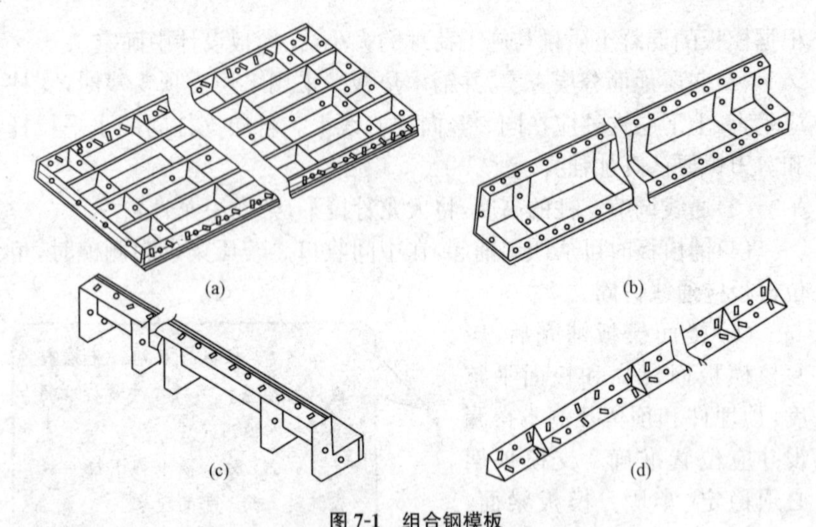

图 7-1　组合钢模板

(a)平模板;(b)阴角模板;(c)阳角模板;(d)连接角模板

组合钢模板连接配件包括:U 形卡、L 形插销、钩头螺栓、对拉螺栓、紧固螺栓和扣件等。

(一)施工前的准备工作

(1)安装前,要做好模板的定位基准工作。

(2)预组装模板。采取预组装模板施工时,预组装工作应在组装平台上或经平整处理的地面上进行,并按表 7-1 的质量标准逐块检验后进行试吊,试吊后再进行复查,并检查配件数量、位置和紧固情况。

表 7-1　　钢模板施工组装质量标准　　mm

项　　目	允许偏差
两块模板之间拼接缝隙	≤2.0
相邻模板面的高低差	≤2.0
组装模板板面平面度	≤2.0(用 2m 长平尺检查)
组装模板板面的长宽尺寸	≤长度和宽度的 1/1000,最大±4.0
组装模板两对角线长度差值	≤对角线长度的 1/1000,最大≤7.0

(3)模板安装前,应做好下列准备工作:

1)支承支柱的土地面应事先夯实整平,并做好防水、排水设施,准备支柱底垫木。

2)竖向模板安装的底面应平整坚实,并采取可靠的定位措施,按施工设计要求预埋支承锚固件。

3)模板应涂刷脱模剂。结构表面需作处理的工程,严禁在模板上涂刷废润滑油。

模板的定位基准工作步骤

(1)进行中心线和位置的放线。

(2)做好标高量测工作。

(3)进行找平工作:模板衬垫底部应预先找平,以保证模板位置正确,防止模板底部漏浆。常用的找平方法是沿模板边线(构件边线外侧)用1∶3水泥砂浆抹找平层。

(4)设置模板定位基准。

(5)合模前要检查构件竖向接槎处面层混凝土是否已经凿毛。

(二)模板支设安装

组合模板安装施工工艺流程可参照木模板。

模板的支设方法基本上有两种,即单块就位组拼和预组拼,其中预组拼又可分为分片组拼和整体组拼两种。采用预组拼方法,可以加快施工速度,提高模板的安装质量,但必须具备相适应的吊装设备和有较大的拼装场地。

1. 柱模板

(1)保证柱模板的长度符合模数,不符合部分放到节点部位处理;或以梁底标高为准,由上往下配模,不符合模数部分放到柱根部位处理;高度在4m和4m以上时,一般应四面支承;当柱高超过6m时,不宜单根柱支承,宜几根柱同时支承连成构架。

(2)柱模板根部要用水泥砂浆堵严,防止跑浆;在配模时应一并考虑留出柱模的浇筑口和清扫口。

(3)梁、柱模板分两次支设时,在柱子混凝土达到拆模强度时,最上一段柱模先保留不拆,以便于与梁模板连接。

(4)柱模板安装就位后,立即用四根支承或有花篮螺栓的缆风绳与柱顶四角拉结,并校正其中心线和偏斜,如图 7-2 所示,全面检查合格后,再群体固定。

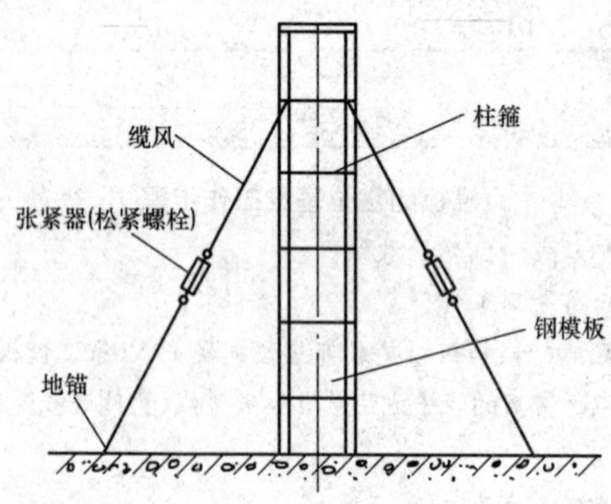

图 7-2　校正柱模板

柱模板安装考虑因素

柱的特点是断面尺寸不大,但比较高。因此,柱模板安装主要考虑保证垂直度及抵抗新浇混凝土的侧压力,与此同时,也要便于浇筑混凝土、清理垃圾与钢筋绑扎等。柱模板顶部开有与梁模板连接的梁缺口,底部开有清理孔。高度超过 3m 时,应沿高度方向每隔 2m 左右开设混凝土浇筑孔,以防混凝土产生分层离析。安装时应校正其相邻两个侧面的垂直度,检查无误后,即用斜撑支牢固定。

2. 梁模板

(1)梁口与柱头模板的节点连接,一般可按图 7-3 和图 7-4 处理。

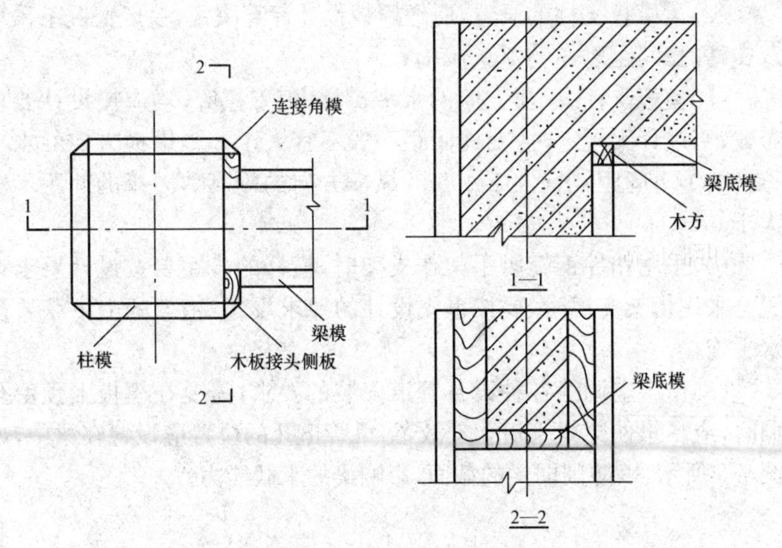

图 7-3　柱顶梁口采用嵌补模板

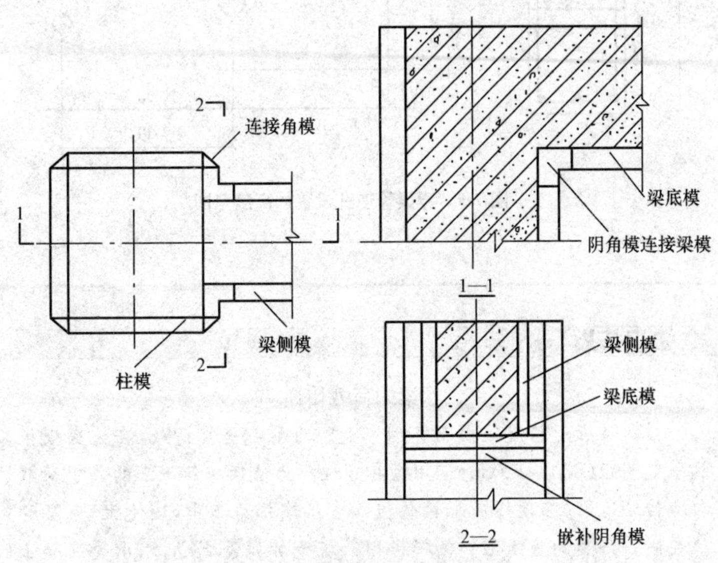

图 7-4　柱顶梁口用木方镶拼

(2)梁模板支柱的设置,应经模板设计计算决定,一般情况下采用双支柱时,间距以60～100cm为宜。

(3)模板支柱纵、横方向的水平拉杆、剪刀撑等,均应按设计要求布置;当设计无规定时,支柱间距一般不宜大于2m,纵横方向的水平拉杆的上下间距不宜大于1.5m,纵横方向的垂直剪刀撑的间距不宜大于6m。

(4)采用扣件钢管脚手架作支架时,横杆的步距要按设计要求设置。采用桁架支模时,要按事先设计的要求设置,桁架的上下弦要设水平连接。

(5)由于空调等各种设备管道安装的要求,需要在模板上预留孔洞时,应尽量使穿梁管道孔分散,穿梁管道孔的位置应设置在梁中,如图7-5所示,以防削弱梁的截面,影响梁的承载能力。

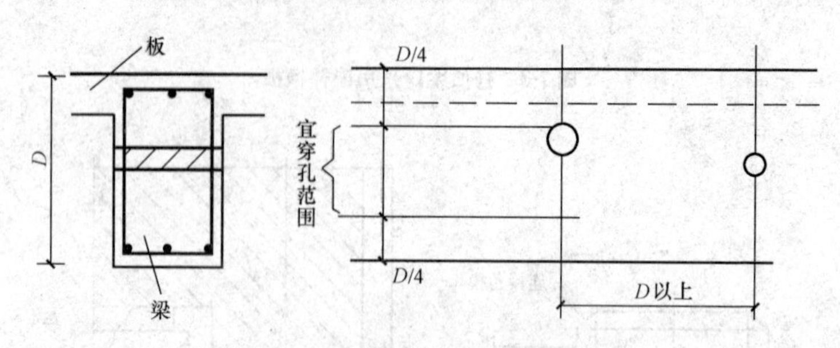

图7-5 穿梁管道孔设置的高度范围

梁的荷载传递

梁的特点是跨度较大而宽度不大。为承受垂直荷载,在梁底模板每隔一定间距(800～1200mm)用顶撑顶住。为使顶撑传下来的集中荷载均匀地传给地面,在顶撑底加铺垫板。多层建筑施工中,应使上、下层的顶撑在同一条竖向直线上。侧模板用长板条加拼条制成,以承受混凝土的侧压力,底部用夹木固定,上部由斜撑和水平拉条固定。

3. 墙模板

墙体具有高度大而厚度小的特点，其模板主要承受混凝土的侧压力，因此，必须加强面板刚度并设置足够的支承，以确保模板不变形和不发生位移。

(1)组装模板时，要使两侧穿孔的模板对称放置，确保孔洞对准，以便穿墙螺栓与墙模保持垂直，如图 7-6 所示。

(2)相邻模板边肋用 U 形卡连接的间距不得大于 300mm，预组拼模板接缝处每一个边孔均宜用 U 形卡连接。

(3)预留门窗洞口的模板应有锥度，安装要牢固，既不变形，又便于拆除。

(4)墙模板上预留的小型设备孔洞，当遇到钢筋时，应设法确保钢筋位置正确，不得将钢筋移向一侧。

(5)优先采用预组装的大块模板，必须要有良好的刚度，以便于整体装、拆、运。

(6)墙模板上口必须在同一水平面上，严防墙顶标高不一。

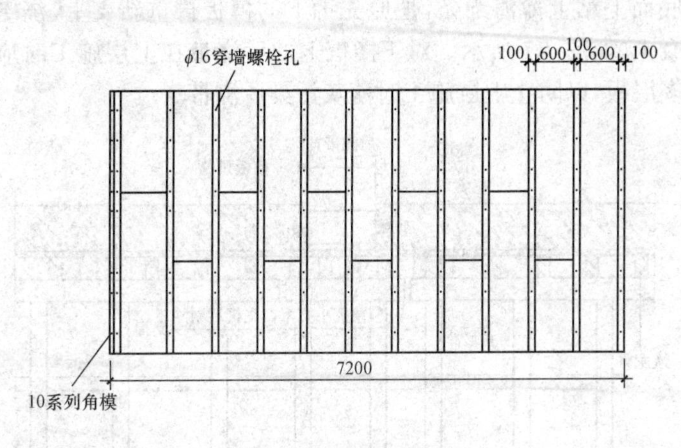

图 7-6　墙体模板拼装图

4. 楼板模板

(1)当采用立柱作为支架时，从边跨一侧开始逐排安装立柱，并同时安装外钢楞(大龙骨)。立柱和钢楞(龙骨)的间距,根据模板设计荷载计算决定,调平后即可铺设模板。在模板铺设完并校正标高后,立柱之间应加设水平拉杆,其道数根据立柱高度决定。距离地面200~300mm处设置扫地杆。

(2)当采用单块就位组拼楼板模板时,宜以每个节间从四周先用阴角模板与墙、梁模板连接,然后向中央铺设。相邻模板边肋应按设计要求用U形卡连接,也可用钩头螺栓与钢楞连接,亦可采用U形卡预拼大块再吊装铺设。

(3)当采用钢管脚手架作为支撑时,在支柱高度方向每隔1.2~1.3m设一道双向水平拉杆。

(4)要优先采用直撑系统的快拆体系,加快模板周转速度。

(5)楼板后浇带模板。楼板、梁后浇带模板要求独立支设,宽度为后浇带宽度每边加5cm,待后浇带施工时把后浇带模板单独拆下,后浇带两侧模板作为支撑体系不动,然后在后浇带两侧混凝土面上弹线剔除施工缝面上的混凝土及钢丝网,处理干净后在后浇带两侧混凝土楼板底面上粘上薄海绵条,把原先拆下的模板再重新支上,浇筑后浇带混凝土,如图7-7所示。对于楼板上的后浇带在上层施工时应加盖废旧多层板,以防止上层施工时落灰污染后浇带。

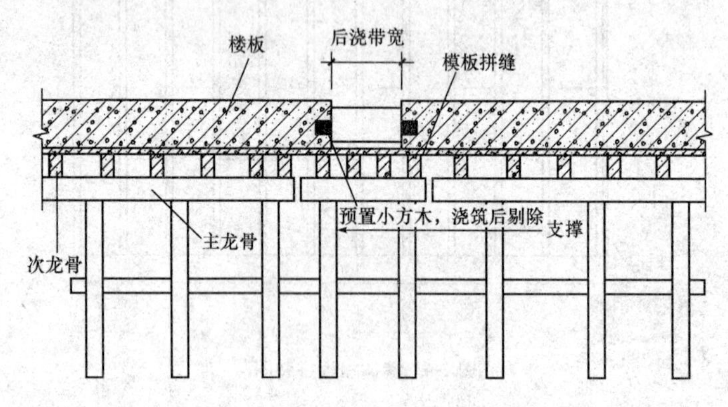

图7-7　后浇带模板支设

楼板模板特点

楼板的特点是面积大而厚度不大，侧压力较小，楼板模板及支承系统主要是承受混凝土的垂直荷载和施工荷载，保证模板不变形下垂；楼板模板是由底模和横楞组成，横楞下方由支柱承担上部荷载。

梁与楼板支模，一般先支梁模板后支楼板的横楞，再依次支设下面的横杠和支柱，楼板底模板铺在横楞上。

四、大模板

大模板是大型模板与大块模板的简称，是采用专业设计和工业化加工制作而成的一种工具式模板，一般与支架连为一体。它具有安装和拆除方便、尺寸准确、板面平整、周转使用次数多等特点，主要用于剪力墙结构或框架—剪力墙结构中的剪力墙的施工，也可用于筒体结构中竖向结构的施工。大模板由面板、骨架、支承系统、操作平台及附件组成，如图 7-8 所示。

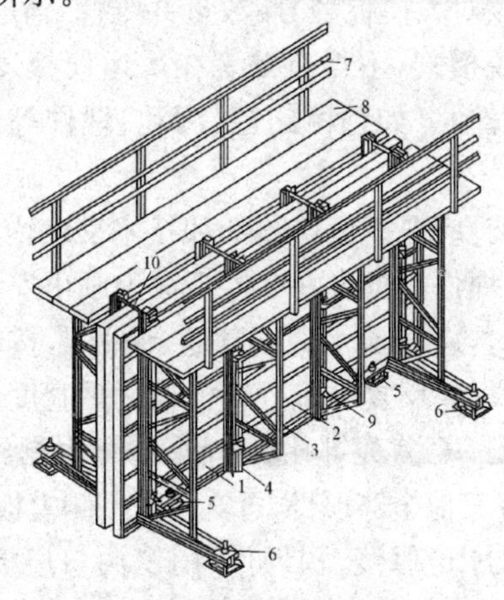

图 7-8　大模板构造示意图

1—面板；2—水平肋；3—支承桁架；4—竖肋；5—水平调整装置

6—垂直调整装置；7—栏杆；8—脚手板；9—穿墙螺栓；10—固定卡具

1. 制作工艺流程

(1)大模板主体加工工艺流程如图 7-9 所示。

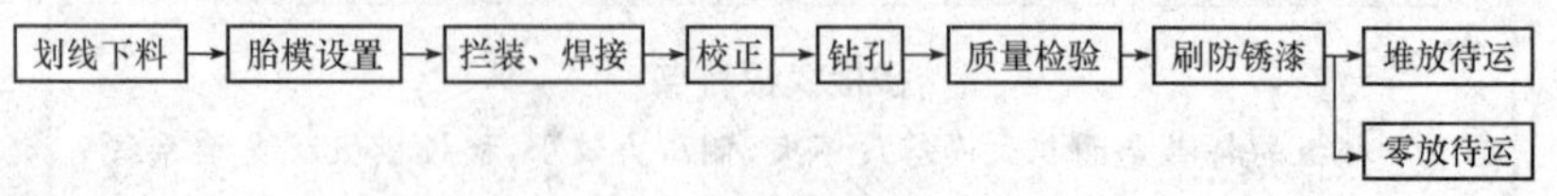

图 7-9 大模板主体加工工艺流程

(2)机加工件工艺流程如图 7-10 所示。

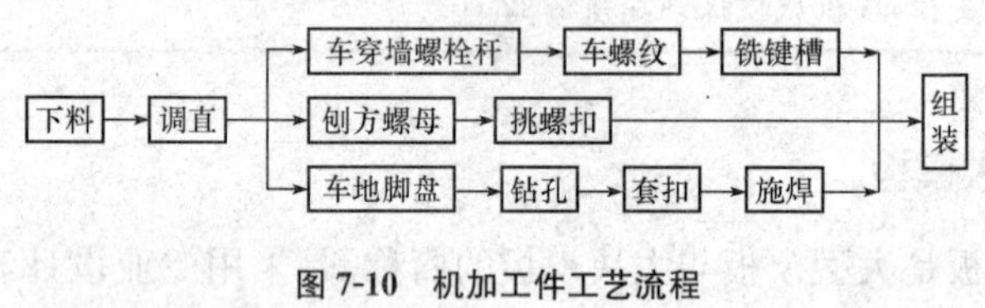

图 7-10 机加工件工艺流程

2. 安装要点

(1)大模板应按设计和施工方案要求编排编码,并用醒目的字体注明在模板背面。

(2)安装前应核对大模板型号、数量并维修、清刷干净。在模板就位前,应认真涂刷脱模剂,不得有漏。在吊运模板过程中或在大模板面上安装附属模板件时(如预留门窗、洞孔、埋件等)都应防止擦破脱模剂层。

(3)安装模板前,应根据设计图纸和技术交底内容进行现场复核,确定其门窗、洞孔、埋件的位置并在模板面上画出安装线。

(4)安装模板时,应按流水段顺序进行吊装,按墙位线就位,并通过调整地脚螺栓用靠尺反复检查校正模板的垂直度。

(5)大模板施工一般宜先绑扎墙体钢筋,后根据施工方案要求支立一侧模板,待安装好其他全部项目,再支立另一侧模板。检查墙体钢筋、混凝土保护层垫块、水电管线、预埋件、门窗洞口模板和穿墙螺栓套有无遗漏,应位置准确、安装牢固,并清除模板内的杂物方可合模。

(6)门窗口的安装方式分先立框和后立框两种。采用后立框时,应先做门窗框衬模,衬模的尺寸应大于门窗框 20～25mm;采用先立框时,

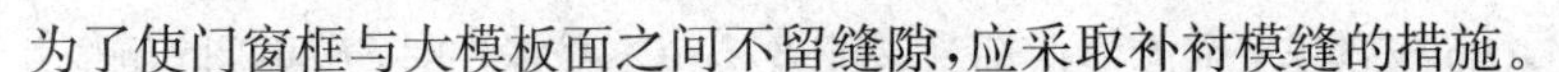

为了使门窗框与大模板面之间不留缝隙，应采取补衬模缝的措施。

(7)模板校正合格后，在模板顶部安放固定位置的卡具，并紧固穿墙螺栓或销子。紧固时应松紧适度，模板周边的缝隙可用小角钢、钢片、木条、胶带纸等堵严，以防漏浆。

(8)模板在起吊、落地、就位时，吊机应缓慢平衡操作，大模板安装就位时，应向支承架一侧倾斜，倾斜的角度应控制在10°～15°，风力超过5级，应停止吊装模板。

(9)安装全现浇结构和悬挂墙模板时，宜从流水段中间向两边进行，不得碰撞里模，以防模板变位；外模与里模挑梁连接牢固，外模的支承架应在下层外墙混凝土强度不低于7.5MPa时，方可支设。

五、模板拆除

1. 模板拆除要求

模板拆除应符合《混凝土结构工程施工规范》(GB 50666—2011)的规定，具体要求如下：

(1)模板拆除时，可采取先支的后拆、后支的先拆，先拆非承重模板、后拆承重模板的顺序，并应从上而下进行拆除。

(2)底模及支架应在混凝土强度达到设计要求后再拆除；当设计无具体要求时，同条件养护的混凝土立方体试件抗压强度应符合表7-2的规定。

表7-2　底模拆除时的混凝土强度要求

构件类型	构件跨度/m	达到设计混凝土强度等级值的百分率(%)
板	≤2	≥50
	>2，≤8	≥75
	>8	≥100
梁、拱、壳	≤8	≥75
	>8	≥100
悬臂结构		≥100

(3)当混凝土强度能保证其表面及棱角不受损伤时,方可拆除侧模。

(4)多个楼层间连续支模的底层支架拆除时间,应根据连续支模的楼层间荷载分配和混凝土强度的增长情况确定。

(5)快拆支架体系的支架立杆间距不应大于2m。拆模时,应保留立杆并顶托支承楼板,拆模时的混凝土强度可按表7-2中构件跨度为2m的规定确定。

(6)后张预应力混凝土结构构件,侧模宜在预应力筋张拉前拆除;底模及支架不应在结构构件建立预应力前拆除。

(7)拆下的模板及支架杆件不得抛掷,应分散堆放在指定地点,并应及时清运。

(8)模板拆除后应将其表面清理干净,对变形和损伤部位应进行修复。

2. 模板拆除程序

(1)模板拆除一般是先支的后拆,后支的先拆,先拆非承重部位,后拆承重部位,并做到不损伤构件或模板。

(2)肋形楼盖应先拆柱模板,再拆楼板底模、梁侧模板,最后拆梁底模板。拆除跨度较大的梁下支柱时,应先从跨中开始分别拆向两端。侧立模的拆除应按自上而下的原则进行。

(3)工具式支模的梁、板模板的拆除,应先拆卡具,顺口方木、侧板,再松动木楔,使支柱、桁架等平稳下降,逐段抽出底模板和横档木,最后取下桁架、支柱、托具。

(4)多层楼板模板支柱的拆除:当上层模板正在浇筑混凝土时,下一层楼板的支柱不得拆除,再下一层楼板支柱,仅可拆除一部分。跨度4m及4m以上的梁,均应保留支柱,其间距不得大于3m;其余再下一层楼的模板支柱,当楼板混凝土达到设计强度时,始可全部拆除。

拆模过程中应注意的事项

(1)拆除时不要用力过猛、过急,拆下来的木料应整理好及时运走,做到活完地清。

(2)在拆除模板过程中，如发现混凝土有影响结构安全的质量问题，应暂停拆除。经处理后，方可继续拆除。

(3)拆除跨度较大的梁下支柱时，应先从跨中开始，分别拆向两端。

(4)多层楼板模板支柱的拆除，其上层楼板正在浇灌混凝土时，下一层楼板模板的支柱不得拆除，再下一层楼板的支柱，仅可拆除一部分。

(5)拆模间歇时，应将已活动的模板、牵杆、支撑等运走或妥善堆放，防止因扶空、踏空而坠落。

(6)模板上有预留孔洞者，应在安装后将洞口盖好。混凝土板上的预留孔洞，应在模板拆除后随即将洞口盖好。

(7)模板上架设的电线和使用的电动工具，应用36V的低压电源或采用其他有效的安全措施。

(8)拆除模板一般用长撬棍。人不允许站在正在拆除的模板下。在拆除模板时，要防止整块模板掉下，拆模人员要站在门窗洞口外拉支撑，防止模板突然全部掉落伤人。

(9)高空拆模时，应有专人指挥，并在下面标明工作区，暂停人员过往。

(10)定型模板要加强保护，拆除后即清理干净，堆放整齐，以利于再用。

(11)已拆除模板及其支架的结构，应在混凝土强度达到设计强度等级后，才允许承受全部计算荷载。当承受施工荷载大于计算荷载时，必须经过核算，加设临时支撑。

六、模板绿色施工

绿色施工的宗旨是四节一环保(节能、节地、节水、节材和环境保护)。体现在模架施工中，同样是以最大限度地节约资源和减少对环境的负面影响为目的。绿色施工在保证工程质量、施工安全基础上，通过科学管理和技术进步来实现。

模架施工是建筑结构施工中的一个重要环节。作为大宗的工具型的周转材料，模架占用资源量大，垂直和水平运输量大；施工过程中，噪声和脱模剂的使用对环境产生一定的污染；在施工、倒运、清理过程中形成一些建筑垃圾。现浇混凝土结构的项目要实施绿色施工，模架具有举足轻重的地位。

模板施工的污染源，主要有钢模板、金属模板在装卸、安装拆除过程中敲击碰撞或在清理粘连混凝土等污染物的过程中所产生的噪声和粉尘；废弃的塑料、玻璃钢模板对环境所形成的不可降解的建筑垃圾污染。

钢、铝等金属模板与混凝土形成的吸附力较强，因此必须使用化学脱模剂，故而产生污染的问题。在模板表面涂刷脱模剂时，还可能出现所涂刷脱模剂黏附到钢筋上，影响了混凝土与钢筋之间粘结握裹力。脱模剂对环境的次生影响发生在水洗残留在模板表面的化学脱模剂时，不仅浪费大量宝贵水资源，还会污染现场或直接污染地下水资源等。

除了污染问题，脱模剂还会渗入混凝土墙体表面，影响混凝土的观感以及后续装饰工程做法。比如造成粘贴瓷砖空鼓、腻子开裂等装饰质量问题。

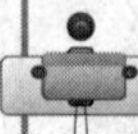

经验总结

施工降噪和减少污染技术措施

(1)推行文明施工，杜绝野蛮作业，提高施工操作人员的文明素质。

(2)进行周密的施工环境保护策划，分析施工过程中可能产生污染的环节，研究对策制定措施，利用技术交底等文件贯彻到施工管理层和作业层，在可能产生污染的环节明确相关责任，落实到人。

(3)解决脱模剂污染问题可以采用非金属类模板，如木质纤维类层压板、塑料类高分子建筑模板，可在允许的周转次数内，实现无须涂刷或少量涂刷建筑脱模隔离剂，即可在现浇混凝土施工与水泥等胶凝材料制品生产中实现易脱模的实用功效。

第二节 钢筋工程施工工艺和方法

一、钢筋进场检验

(1)检查产品合格证、出厂检验报告。钢筋出厂,应具有产品合格证书、出厂试验报告单,作为质量的证明材料,所列出的品种、规格、型号、化学成分、力学性能等,必须满足设计要求,符合有关的现行国家标准的规定。当用户有特别要求时,还应列出某些专门的检验数据。

(2)检查进场复试报告。进场复试报告是钢筋进场抽样检验的结果,以此作为判断材料能否在工程中应用的依据。

钢筋进场时,应按现行国家标准《钢筋混凝土用钢 第2部分:热轧带肋钢筋》(GB 1499.2—2007)的有关规定抽取试件做力学性能检验,其质量符合有关标准规定的钢筋,可在工程中应用。

检查数量按进场的批次和产品的抽样检验方案确定。有关标准中对进场检验数量有具体规定的,应按标准执行,如果有关标准只对产品出厂检验数量有规定的,检查数量可按下列情况确定:

1)当一次进场的数量大于该产品的出厂检验批量时,应划分为若干个出厂检验批量,然后按出厂检验的抽样方案执行。

2)当一次进场的数量小于或等于该产品的出厂检验批量时,应作为一个检验批量,然后按出厂检验的抽样方案执行。

3)对连续进场的同批钢筋,当有可靠依据时,可按一次进场的钢筋处理。

(3)进场的每捆(盘)钢筋均应有标牌。按炉罐号、批次及直径分批验收,分类堆放整齐,严防混料,并应对其检验状态进行标识,防止混用。

(4)进场钢筋的外观质量检查应符合下列规定:

1)钢筋应逐批检查其尺寸,不得超过允许偏差。

2)逐批检查,钢筋表面不得有裂纹、折叠、结疤及夹杂,盘条允许有压痕及局部的凸块、凹块、划痕、麻面,但其深度或高度(从实际尺寸算起)不得大于0.20mm,带肋钢筋表面凸块,不得超过横肋高度,钢筋表面上其他缺陷的深度和高度不得大于所在部位尺寸的允许偏差，冷拉钢筋不得有局部缩颈。

3)钢筋表面氧化铁皮(铁锈)质量不得大于16kg/t。

4)带肋钢筋表面标志清晰明了，标志包括强度级别、厂名(汉语拼音字头表示)和直径(mm)数字。

知识链接

钢筋质量要求

《混凝土结构工程施工规范》(GB 50666—2011)规定，钢筋的质量应符合以下要求：

(1)钢筋的性能应符合国家现行有关标准的规定。常用钢筋的公称直径、公称截面面积、计算截面面积及理论质量，应符合相关规范的规定。

(2)对有抗震设防要求的结构，其纵向受力钢筋的性能应满足设计要求；当设计无具体要求时，对按一、二、三级抗震等级设计的框架和斜撑构件(含梯段)中的纵向受力普通钢筋应采用HRB335E、HRB400E、HRB500E、HRBF335E、HRBF400E或HRBF500E钢筋，其强度和最大力下总伸长率的实测值，应符合下列规定：

1)钢筋的抗拉强度实测值与屈服强度实测值的比值不应小于1.25。

2)钢筋的屈服强度实测值与屈服强度标准值的比值不应大于1.30。

3)钢筋的最大力下总伸长率不应小于9%。

(3)施工过程中应采取防止钢筋混淆、锈蚀或损伤的措施。

(4)施工中发现钢筋脆断、焊接性能不良或力学性能显著不正常等现象时，应停止使用该批钢筋，并应对该批钢筋进行化学成分检验或其他专项检验。

二、钢筋配料与代换

(一)钢筋配料

钢筋加工前应根据图纸编制配料单，然后进行备料加工。为了使工作方便和不漏配钢筋，配料应该有顺序地进行。

下料长度计算是配料计算中的关键。由于结构受力上的要求，许多钢筋需在中间弯曲和两端弯成弯钩。钢筋弯曲时，其外壁伸长，内壁缩短，而中心线长度并不改变。但是简图尺寸或设计图中注明的尺寸是根据外包尺寸计算，且不包括端头弯钩长度。显然外包尺寸大于中心线长度，它们之间存在一个差值，称为“量度差值”。因此，钢筋的下料长度公式应为：

钢筋下料长度＝外包尺寸＋端头弯钩度量差值

箍筋下料长度＝箍筋周长＋箍筋调整值

当弯心的直径为 $2.5d$（d 为钢筋直径）时，弯钩的增长度和各种弯曲角度的量度差值的计算方法如下。

1. 半圆弯钩的增加长度

半圆弯钩的增加长度如图 7-11 所示。

（1）弯钩全长：

$$3d+\frac{3.5\pi d}{2}=8.5d$$

（2）弯钩增加长度（包括量度差值）：

$$8.5d-2.25d=6.25d$$

在实践中由于实际弯钩直径与理论直径有时不一致、钢筋粗细和机具条件不同等而影响弯钩长度，所以在实际配料时，对弯钩增加长度常根据具体条件采用经验数据，见表7-3和表7-4。

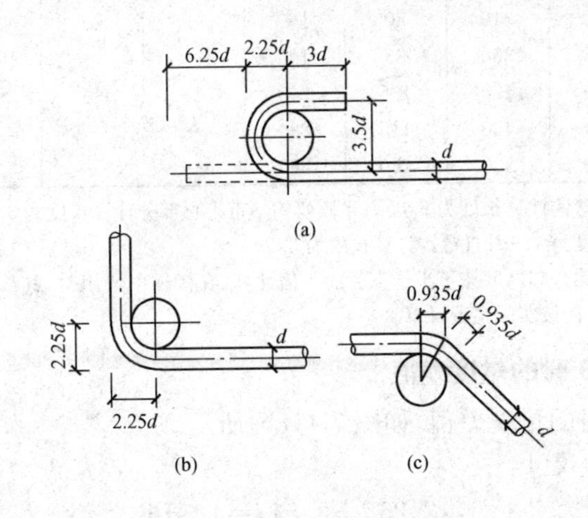

图 7-11　弯钩的增加长度

(a)半圆弯钩；(b)90°弯钩；(c)45°弯钩

表 7-3　　弯钩增加长度经验数据　　mm

钢筋直径 d	≤6	8～10	12～18	20～28	32～36
一个弯钩长度	40	$6d$	$5.5d$	$5d$	$4.5d$

表 7-4　　各种规格钢筋弯钩增加长度参考表　　mm

钢筋直径 d	半圆弯钩		半圆弯钩（不带平直部分）		斜弯钩		直弯钩	
	一个钩长	两个钩长	一个钩长	两个钩长	一个钩长	两个钩长	一个钩长	两个钩长
3.4	25	50	—	—	20	40	10	20
5.6	40	80	20	40	30	60	15	30
8	50	100	25	50	40	80	20	40
9	55	110	30	60	45	90	25	50
10	60	120	35	70	50	100	25	50
12	75	150	40	80	60	120	30	60
14	85	170	45	90	—	—	—	—
16	100	200	50	100	—	—	—	—
18	110	220	60	120	—	—	—	—
20	125	250	65	130	—	—	—	—
22	135	270	70	140	—	—	—	—
25	155	310	80	160	—	—	—	—
28	175	350	85	190	—	—	—	—
32	200	400	105	210	—	—	—	—
36	225	450	115	230	—	—	—	—
40	250	500	130	260	—	—	—	—

注：1. 半圆弯钩计算长度为 $6.25d$；半圆弯钩不带平直部分计算长度为 $3.25d$；斜弯钩计算长度为 $4.9d$；直弯钩计算长度为 $3.5d$。

2. 直弯钩弯起高度按不小于直径的 3 倍计算，在楼板中使用时，其长度取决于楼板厚度，需按实际情况计算。

2. 弯 90°时的量度差值

弯 90°时的量度差值，如图 7-11(b)所示。

(1)外包尺寸：

$$2.25d+2.25d=4.5d$$

(2)中心线长度：$\dfrac{3.5\pi d}{4}=2.75d$

(3)量度差值：

$$4.5d-2.75d=1.75d$$

实际工作中为计算简便常取 $2d$。

3. 弯45°的量度差值

弯45°的量度差值，如图7-11(c)所示。

(1)外包尺寸：

$$2\left(\frac{2.5d}{2}+d\right)\tan 22°30'=1.87d$$

(2)中心线长度：

$$\frac{3.5\pi d}{8}=1.37d$$

(3)量度差值：

$$1.87d-1.37d=0.5d$$

同理可得其他常用角度的量度差值，见表7-5。

表7-5　　钢筋弯曲调整值

角度 / 调数值 / 直径/mm	30°	45°	60°	90°	135°
	0.35d	0.5d	0.35d	2d	2.5d
6	—	—	—	12	15
8	—	—	—	16	20
10	3.5	5.0	8.5	20	25
12	4.0	6.0	10.0	24	30
14	5.0	7.0	12.0	28	35
16	5.5	8.0	13.5	32	40
18	6.5	9.0	15.5	36	45
20	7.0	10.0	17.0	40	50
22	8.0	11.0	19.0	44	55
25	9.0	12.5	21.5	50	62.5
28	10.0	14.0	24.0	56	70
32	11.0	16.0	27.0	64	80
32	12.5	18.0	30.5	72	90

注：d 为弯曲钢筋直径。表中角度是指钢筋弯曲后与水平线的夹角。

4. 箍筋调整值

箍筋调整值为弯钩增加长度与弯曲度量差值两项之和。需根据箍筋外包尺寸或内包尺寸确定,见表7-6。

表7-6　箍筋外包尺寸与内包尺寸

箍筋量度方法	箍筋直径/mm			
	4～5	6	8	10～12
量外包尺寸	40	50	60	70
量内包尺寸	80	100	120	150～170

钢筋配料计算注意事项

(1)在设计图纸中,钢筋配置的细节问题没有注明时,一般可按构造要求处理。

(2)配料计算时,应考虑钢筋的形状和尺寸在满足设计要求的前提下有利于加工安装。

(3)配料时,还要考虑施工需要的附加钢筋。例如,基础双层钢筋网中保证上层钢筋网位置用的钢筋撑脚,墙板双层钢筋网中固定钢筋间距用的钢筋撑铁,柱钢筋骨架增加四面斜筋撑,后张预应力构件固定预留孔道位置的定位钢筋等。

(二)钢筋的代换

施工中如供应的钢筋品种和规格与设计图纸要求不符时,可以进行代换。但代换时,必须充分了解设计意图和代换钢材的性能,严格遵守规范的各项规定。对抗裂性要求较高的构件,不宜用光圆钢筋代换带肋钢筋;钢筋代换时不宜改变构件中有效高度。

1. 代换原则

(1)等强度代换:当构件受强度控制时,钢筋可按强度相等的原则进行代换。

(2)等面积代换：当构件按最小配筋率配筋时，钢筋可按面积相等的原则进行代换。

(3)当构件受裂缝宽度或挠度控制时，代换后应进行裂缝宽度或挠度验算。

2. 代换要求

当钢筋的品种、级别或规格需作变更时，应办理设计变更文件。当需要代换时，必须征得设计单位同意，并应符合下列要求：

(1)不同种类钢筋的代换，应按钢筋受拉承载力设计值相等的原则进行。代换后应满足混凝土结构设计规范中有关间距、锚固长度、最小钢筋直径、根数等要求。

(2)对有抗震要求的框架钢筋需代换时，应符合上条规定，不宜以强度等级较高的钢筋代替原设计中的钢筋；对重要受力结构，不宜用HPB300级钢筋代换带肋钢筋。

(3)当构件受抗裂、裂缝宽度或挠度控制时，钢筋代换时应重新进行验算；梁的纵向受力钢筋与弯起钢筋应分别进行代换。

代换后的钢筋用量不宜大于原设计用量的5%，亦不低于2%，且应满足规范规定的最小钢筋直径、根数、钢筋间距、锚固长度等要求。

3. 钢筋代换方法

建立钢筋代换公式的依据为：代换后的钢筋强度≥代换前的钢筋强度，按下列公式计算：

$$A_{S2} f_{y2} n_2 \geqslant A_{S1} f_{y1} n_1$$

$$n_2 \geqslant A_{S1} f_{y1} n_1 / (A_{S2} f_{y2})$$

即

$$n_2 \geqslant \frac{n_1 d_1^2 f_{y1}}{d_2^2 f_{y2}}$$

式中　A_{S2}——代换钢筋的计算面积(mm^2)；

A_{S1}——原设计钢筋的计算面积(mm^2)；

n_2——代换钢筋根数；

n_1——原设计钢筋根数；

d_2——代换钢筋直径(mm)；

d_1——原设计钢筋直径(mm)；

f_{y2}——代换钢筋抗拉强度设计值($N \cdot mm^2$)，见表7-7；

f_{y1}——原设计钢筋抗拉强度设计值($N \cdot mm^2$)，见表7-7。

表7-7　　钢筋强度标准值及极限应变

钢筋种类	抗拉强度设计值 f_y 抗拉强度设计值 f_y' /($N \cdot mm^2$)	屈服强度 f_{yk} /($N \cdot mm^2$)	抗拉强度 f_{stk} /($N \cdot mm^2$)	极限变形 ε_{su} (%)
HPB235	210	235	370	不小于10.0
HPB300	270	300	420	
HRB335、HRBF335	300	335	455	不小于7.5
HRB335E、HRBF335E	300	335	455	不小于9.0
HRB400、HRBF400	360	400	540	不小于7.5
HRB400E、HRBF400E	360	400	540	不小于9.0
RRB400	360	400	540	不小于7.5
HRB500、HRBF500	435	500	630	不小于7.5
HRB500E、HRBF500E	435	500	630	不小于9.0
RRB500	435	500	630	不小于7.5

特别提示

钢筋代换注意事项

(1)钢筋代换时，要充分了解设计意图、构件特征和代换材料性能，并严格遵守现行混凝土结构设计规范的各项规定；凡重要结构中的钢筋代换，应征得设计单位同意。

(2)代换后，仍能满足各类极限状态的有关计算要求及必要的配筋构造规定(如受力钢筋和箍筋的最小直径、间距、锚固长度、配筋百分率以及混凝土保护层厚度等)；在一般情况下，代换钢筋还必须满足截面对称的要求。

(3)对抗裂要求高的构件(如吊车梁、薄腹梁、屋架下弦等),不得用光圆钢筋代替 HRB335、HRB400、HRB500 级带肋钢筋,以免降低抗裂度。

(4)梁内纵向受力钢筋与弯起钢筋应分别进行代换,以保证正截面与斜截面强度。

(5)偏心受压构件或偏心受拉构件(如框架柱、受力吊车荷载的柱、屋架上弦等)钢筋代换时,应按受力状态和构造要求分别代换。

(6)吊车梁等承受反复荷载作用的构件,应在钢筋代换后进行疲劳验算。

(7)当构件受裂缝宽度控制时,代换后应进行裂缝宽度验算。如代换后裂缝宽度有一定增大(但不超过允许的最大裂缝宽度,被认为代换有效),还应对构件作挠度验算。

(8)当构件受裂缝宽度控制时,如以小直径钢筋代换大直径钢筋,强度等级低的钢筋代替强度等级高的钢筋,则可不作裂缝宽度验算。

(9)同一截面内配置不同种类和直径的钢筋代换时,每根钢筋拉力差不宜过大(同品种钢筋直径差一般不大于 5mm),以免构件受力不匀。

(10)进行钢筋代换的效果,除应考虑代换后仍能满足结构各项技术性要求之外,同时,还要保证用料的经济性和加工操作的要求。

(11)对有抗震要求的框架,不宜以强度等级较高的钢筋代替原设计中的钢筋;当必须代换时,应按钢筋受拉承载力设计值相等的原则进行代换,并应满足正常使用极限状态和抗震构造措施要求。

(12)受力预埋件的钢筋应采用未经冷拉的 HPB300、HRB335、HRB400 级钢筋;预制构件的吊环应采用未经冷拉的 HPB300 级钢筋制作,严禁用其他钢筋代换。

三、钢筋加工

钢筋加工过程一般有钢筋冷加工、钢筋除锈、钢筋调直、钢筋切断、钢筋弯曲成型等,如图 7-12 所示。

(一)钢筋冷加工

钢筋冷加工是指在常温条件下,通过对钢筋的强力拉伸,如冷拉、冷拔或冷轧,使之产生塑性变形,从而提高钢筋的抗拉能力,同时,还可以适当增加细钢筋规格。经冷加工处理后钢筋的塑性和韧性降低,

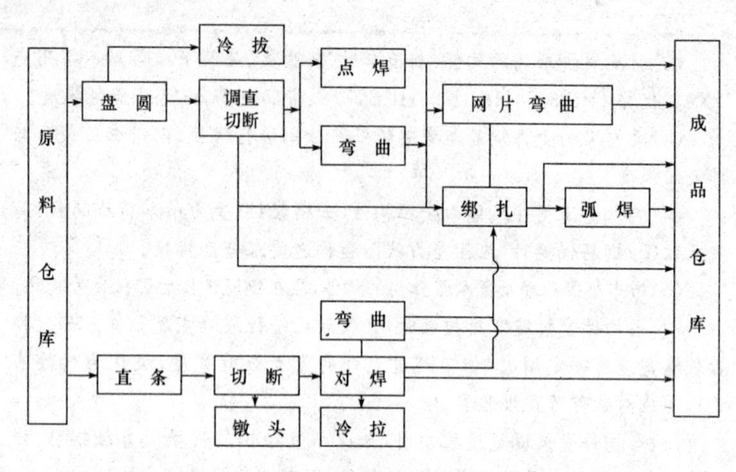

图 7-12 钢筋加工过程

由于塑性变形中产生内应力，故钢筋的弹性模量降低。钢筋冷加工常用的方法有冷拉与冷拔两种。

1. 钢筋冷拉

(1)施工工艺。钢筋冷拉工艺流程：钢筋上盘→放圈→切断→夹紧夹具→冷拉开始→观察控制值→停止冷拉→放松夹具→捆扎堆放。

(2)操作要点。

1)对钢筋的炉号、原材料的质量进行检查，不同炉号的钢筋分别进行冷拉，不得混杂。

2)冷拉前，应对设备，特别是测力计进行校验和复核，并做好记录以确保冷拉质量。

3)钢筋应先拉直(约为冷拉应力的10%)，然后量其长度再行冷拉。

4)冷拉时，为使钢筋变形充分发展，冷拉速度不宜快，一般以0.5～1m/min为宜，当达到规定的控制应力(或冷拉长度)后，须稍停(1～2min)，待钢筋变形充分发展后，再放松钢筋，冷拉结束。钢筋在负温下进行冷拉时，其温度不宜低于－20℃，如采用控制应力方法时，冷拉控制应力应较常温提高30MPa；采用控制冷拉率方法时，冷拉率与常温相同。

5)钢筋伸长的起点应以钢筋发生初应力时为准。如无仪表观测时,可观测钢筋表面的浮锈或氧化铁皮,以开始剥落时起计。

6)预应力钢筋应先对焊后冷拉,以免后焊因高温而使冷拉后的强度降低。如焊接接头被拉断,可切除该焊区总长为200～300mm,重新焊接后再冷拉,但一般不超过两次。

7)钢筋时效可采用自然时效,冷拉后宜在常温(15～20℃)下放置一段时间(一般为7～14d)后使用。

8)钢筋冷拉后应防止经常雨淋、水湿,因钢筋冷拉后性质尚未稳定,遇水易变脆,且易生锈。

知识链接

钢筋冷拉原理及时效强化

工程中将钢材于常温下进行冷拉使之产生塑性变形,从而提高钢材屈服强度,这个过程称为冷拉强化。产生冷拉强化的原理是:钢材在塑性变形中晶格的缺陷增多,而缺陷的晶格严重畸变对晶格进一步滑移将起到阻碍作用,故钢材的屈服点提高,塑性和韧性降低。由于塑性变形中产生了内应力,故钢材的弹性模量降低。

将经过冷拉的钢筋于常温下存放15～20d或加热到100～200℃并保持一定时间,这个过程称为时效处理,前者称为自然时效,后者称为人工时效。冷拉以后再经时效处理的钢筋,其屈服点进一步提高,抗拉极限强度也有所增长,塑性继续降低。由于时效强化处理过程中内应力的消减,故弹性模量可基本恢复。

工地或预制构件厂常利用这一原理,对钢筋或低碳钢盘条按一定程度进行冷拉或冷拔加工,以提高屈服强度节约钢材。

2. 钢筋冷拔

冷拉是纯拉伸的线应力,而冷拔是拉伸和压缩兼有的立体应力。钢筋通过拔丝模(图7-13)时,受到拉伸与压缩兼有的作用,使钢筋内部晶格变形而产生塑性变形,因而抗拉强度提高(可提高50%～70%),塑性降低,呈硬钢性质。光圆钢筋经冷拔后称"冷拔低碳钢丝”。冷拔低碳钢丝分为甲、乙级，甲级钢丝主要用作预应力混凝土构件的预应力筋，乙级钢丝用于焊接网片和焊接骨架。

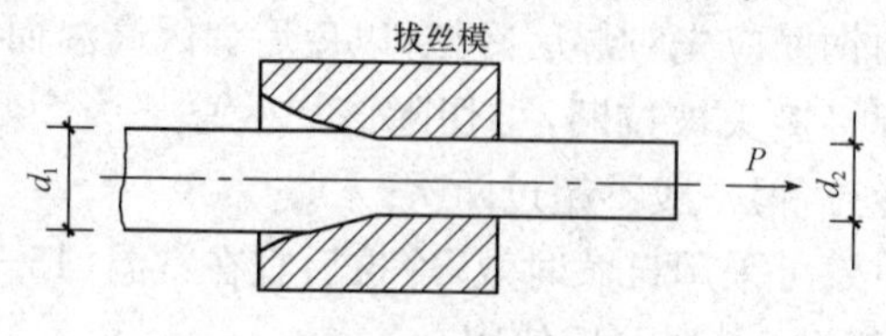

图 7-13　在拔丝模中冷拔的钢筋

(1)施工工艺。钢筋冷拔工艺流程：轧头→剥壳→通过润滑剂进入拔丝模。

(2)操作要点。

1)冷拔前应对原材料进行必要的检验。对钢号不明或无出厂证明的钢材，应取样检验。遇截面不规整的扁圆、带刺、过硬、潮湿的钢筋，不得用于拔制，以免损坏拔丝模和影响质量。

2)钢筋冷拔前必须经轧头和除锈处理。除锈装置可以利用拔丝机卷筒和盘条转架，其中，设 3～6 个单向错开或上下交错排列的带槽剥壳轮，钢筋经上下左右反复弯曲，即可除锈。亦可使用与钢筋直径基本相同的废拔丝模以机械方法除锈。

3)为方便钢筋穿过丝模，钢筋头要轧细一段(长 150～200mm)，轧压至直径比拔丝模孔小 0.5～0.8mm，以便顺利穿过模孔。为减少轧头次数，可用对焊方法将钢筋连接，但应将焊缝处的凸缝用砂轮锉平磨滑，以保护设备及拉丝模。

4)在操作前，应按常规对设备进行检查和空载运转一次。安装拔丝模时，要分清正反面，安装后应将固定螺栓拧紧。

5)为减少拔丝力和拔丝模孔损耗，抽拔时须涂以润滑剂，一般在拔丝模前安装一个润滑盒，使钢筋黏滞润滑剂进入拔丝模。润滑剂的配方为：动物油(羊油或牛油)∶肥皂∶石蜡∶生石灰∶水＝(0.15～0.20)∶(1.6～3.0)∶1∶2∶2。

6)拔线速度宜控制在 50～70m/min。钢筋连拔不宜超过 3 次，如需再拔，应对钢筋消除内应力，采用低温(600～800℃)退火处理使钢筋变

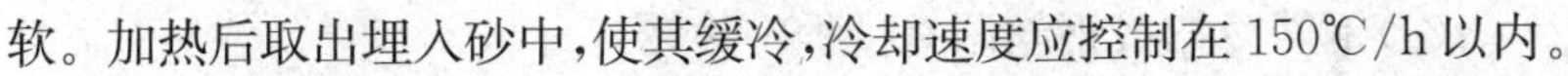

软。加热后取出埋入砂中，使其缓冷，冷却速度应控制在150℃/h以内。

7）拔丝的成品，应随时检查砂孔、沟痕、夹皮等缺陷，以便随时更换拔丝模或调整转速。

钢筋冷拔质量控制

影响钢筋冷拔质量的主要因素为原材料质量和冷拔总压缩率（β）。为了稳定冷拔低碳钢丝的质量，要求原材料按钢厂、钢号、直径分别堆放和使用。甲级冷拔低碳钢丝应采用符合HPB300热轧钢筋标准的圆盘条拔制。

影响冷拔质量的主要因素为原材料的质量和冷拔总压缩率。

总压缩是指由盘条拔至成品钢丝的横截面总缩减率，可按下式计算：

$$\beta=\frac{d_0^2-d^2}{d_0^2}\times100\%$$

式中　β——总压缩率；

d_0——原料钢筋直径(mm)；

d——成品钢丝直径(mm)。

总压缩率越大，抗拉强度提高越多，但塑性降低也越多，因此必须控制总压缩率，一般ϕ^b5钢丝由$\phi8$盘条拔制而成，ϕ^b3和ϕ^b4钢丝由$\phi6.5$盘条拔制而成。

冷拔低碳钢丝一般要经过多次冷拔才能达到预定的总压缩率。每次冷拔的压缩率不宜过大，否则易将钢丝拔断，并易损坏拔丝模。一般前、后道钢丝直径之比以1.15∶1为宜。

钢筋冷拔次数不宜过多，否则易使钢丝变脆。

（二）钢筋除锈

工程中钢筋的表面应洁净，以保证钢筋与混凝土之间的握裹力。钢筋上的油漆、漆污和用锤敲击时能剥落的乳皮、铁锈等应在使用前清除干净。带有颗粒状或片状老锈的钢筋不得使用。

钢筋除锈一般有以下几种方法：

（1）手工除锈，即用钢丝刷、砂轮等工具除锈。

(2)钢筋冷拉或钢丝调直过程中除锈。

(3)机械方法除锈,如采用电动除锈机。

(4)喷砂或酸洗除锈等。

对大量的钢筋除锈,可通过钢筋冷拉或钢筋调直机调直过程中完成;少量的钢筋除锈可采用电动除锈机或喷砂方法;钢筋局部除锈可采取人工用钢丝刷或砂轮等方法进行。亦可将钢筋通过砂箱往返搓动除锈。

> 如除锈后钢筋表面有严重的麻坑、斑点等已伤蚀截面时,应降级使用或剔除不用,带有蜂窝状锈迹的钢丝不得使用。

(三)钢筋调直

钢筋调直分为人工调直和机械调直两类。人工调直可分为绞盘调直(多用于 12mm 以下的钢筋、板柱)、铁柱调直(用于粗钢筋)、蛇形管调直(用于冷拔低碳钢丝);机械调直常用的有钢筋调直机调直(用于冷拔低碳钢丝和细钢筋)、卷扬机调直(用于粗细钢筋)。

钢筋调直的具体要求如下:

(1)对局部曲折、弯曲或成盘的钢筋应加以调直。

(2)钢筋调直普遍使用慢速卷扬机拉直和用调直机调直,在缺乏调直设备时,粗钢筋可采用弯曲机、平直锤或用卡盘、扳手、锤击矫直;细钢筋可用绞盘(磨)拉直或用导车轮、蛇形管调直装置来调直,如图 7-14所示。

(3)采用钢筋调直机调直冷拔低碳钢丝和细钢筋时,要根据钢筋的直径选用调直模和传送辊,并要恰当掌握调直模的偏移量和压紧程度。

(4)用卷扬机拉直钢筋时,应注意控制冷拉率。用调直机调直钢丝和用锤击法平直粗钢筋时,表面伤痕不应使截面面积减少 5%以上。

(5)调直后的钢筋应平直,无局部曲折;冷拔低碳钢丝表面不得有明显擦伤。

(6)已调直的钢筋应按级别、直径、长短、根数分扎成若干小扎,分区堆放整齐。

> 冷拔低碳钢丝经调直机调直后,其抗拉强度一般要降低10%~15%,使用前要加强检查,按调直后的抗拉强度选用。

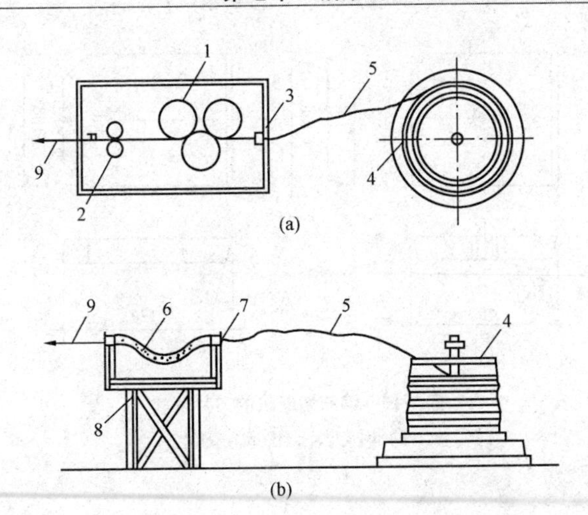

图 7-14　导轮和蛇形管调直装置

(a)导轮调直装置;(b)蛇形管调直装置

1—辊轮;2—导轮;3—旧拔丝模;4—盘条架;5—细钢筋或钢丝;6—蛇形管;7—旧滚珠轴承;8—支架;9—人力牵引

(四)钢筋切断

钢筋切断分为机械切断和人工切断两种。机械切断常用钢筋切断机,操作时要保证断料正确,钢筋与切断机口要垂直,并严格执行操作规程,确保安全。在切断过程中,如发现钢筋有劈裂、缩头或严重的弯头,必须切除。人工切断常采用手动切断机(用于直径 16mm 以下的钢筋)、克子(又称踏扣,用于直径 6～32mm 的钢筋)、断线钳(用于钢丝)等几种工具。

钢筋切断机的刀片应由工具钢热处理制成,刀片的形状可参考图 7-15 所示。使用前应检查刀片安装是否正确、牢固,润滑及空车试运转应正常。固定刀片与冲切刀片的水平间隙以 0.5～1mm 为宜;固定刀片与冲切刀片刀口的距离:对直径≤20mm 的钢筋宜重叠 1～2mm,对直径＞20mm 的钢筋宜留 5mm 左右。

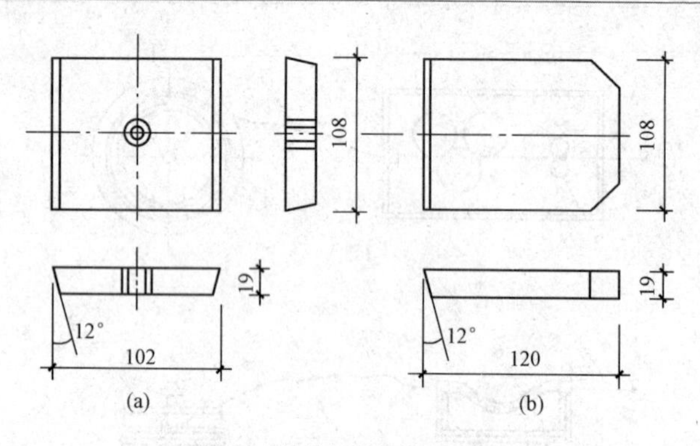

图 7-15　钢筋切断机的刀片形状

(a)冲切刀片；(b)固定刀片

切断操作注意事项

(1)钢筋切断应合理统筹配料，将相同规格钢筋根据不同长短搭配，统筹排料；一般先断长料，后断短料，以减少短头、接头和损耗。避免用短尺量长料，以免产生累积误差；切断操作时，应在工作台上标出尺寸刻度并设置控制断料尺寸用的挡板。

(2)向切断机送料时应将钢筋摆直，避免弯成弧形，操作者应将钢筋握紧，并应在冲动刀片向后退时送进钢筋，切断长 300mm 以下钢筋时，应将钢筋套在钢管内送料，防止发生事故。

(3)操作中，如发现钢筋硬度异常(过硬或过软)与钢筋级别不相称时，应考虑对该批钢筋进一步检验；热处理预应力钢筋切料时，只允许用切断机或氧乙炔割断，不得用电弧切割。

(4)切断后的钢筋断口不得有马蹄形或起弯等现象；钢筋长度偏差不应小于±10mm。

(四)钢筋弯曲成型

弯曲成型是将已切断、配好的钢筋按照施工图纸的要求加工成规定的形状尺寸。钢筋弯曲成型的方法有手工弯曲和机械弯曲两种，钢筋弯曲成型一般采用钢筋弯曲机、四头弯曲机(主要用于弯制钢箍)及钢筋弯箍机。在缺乏机具设备的条件下,也可采用手摇扳手弯制钢筋,用卡盘与扳手弯制粗钢筋。钢筋弯曲前应先画线,形状复杂的钢筋应根据钢筋外包尺寸,扣除弯曲调整值(从相邻两段长度中各扣一半),以保证弯曲成型后外包尺寸准确。

钢筋弯曲均应在常温下进行,严禁将钢筋加热后弯曲。手工弯曲成型设备简单、成型准确;机械弯曲成型可减轻劳动强度、提高工效,操作时要注意安全。箍筋的弯钩,可按图 7-16 加工。对有抗震要求和受扭的结构,应按图 7-16(c)加工。

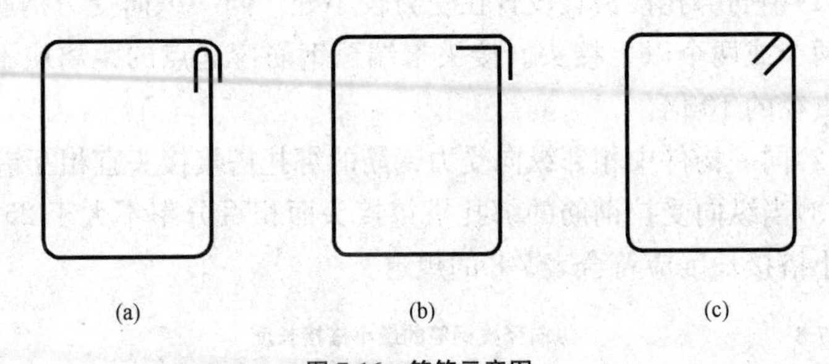

图 7-16　箍筋示意图

(a)90°/180°;(b)90°/90°;(c)135°/135°

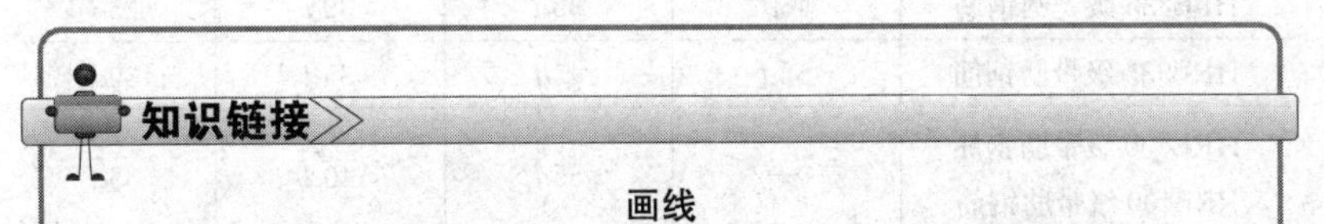

画线

钢筋弯曲前,对形状复杂的钢筋(如弯起钢筋),根据钢筋料牌上标明的尺寸,用石笔将各弯曲点位置画出。画线时应注意以下几点:

(1)根据不同的弯曲角度扣除弯曲调整值,其扣法是从相邻两段长度中各扣一半。

(2)钢筋端部带半圆弯钩时,该段长度画线时增加 0.5d(d 为钢筋直径)。

(3)画线工作宜从钢筋中线开始向两边进行;两边不对称的钢筋,也可从钢筋一端开始画线,如画到另一端有出入时,则应重新调整。

四、钢筋连接

钢筋接头连接方法有绑扎、焊接和机械连接三大类。

(一)绑扎连接

钢筋绑扎连接是利用混凝土的粘结锚固作用,实现两根锚固钢筋的应力传递。为保证钢筋的应力能充分传递,必须满足施工规范规定的最小搭接长度的要求,且应将接头位置设在受力较小处。

钢筋绑扎应符合下列要求:

(1)钢筋绑扎接头宜设置在受力较小处。同一纵向受力钢筋不宜设置两个或两个以上接头。接头末端至钢筋弯起点的距离应不小于钢筋直径的10倍。

(2)同一构件中相邻纵向受力钢筋的绑扎搭接接头宜相互错开。

(3)当纵向受拉钢筋的绑扎搭接接头面积百分率不大于25%时,其最小搭接长度应符合表7-8的规定。

表7-8　　纵向受拉钢筋的最小搭接长度

钢筋种类	混凝土强度等级			
	C15	C20~C25	C30~C35	≥C40
HPB235级光圆钢筋	45d	35d	30d	25d
HRB335级带肋钢筋	55d	45d	35d	30d
HRB400级带肋钢筋 RRB400级带肋钢筋	—	55d	40d	35d

注:1. 在任何情况下,纵向受拉钢筋的搭接长度应不小于300mm,受压钢筋搭接长度应不小于200mm。

2. 两根直径不同钢筋的搭接长度,以较细钢筋直径计算。

(4)当出现如钢筋直径大于25mm时,混凝土凝固过程中受力钢筋易受扰动,带肋钢筋末端采取机械锚固措施,混凝土保护层厚度大于钢筋直径的3倍,抗震结构构件等宜采用焊接方法。

(5)在绑扎接头的搭接长度范围内,应采用钢丝绑扎三点。

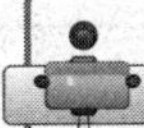

知识链接

钢筋绑扎一面扣法

一面扣法的操作方法是将镀锌钢丝对折成 180°，理顺叠齐，放在左手掌内，绑扎时左手拇指将一根钢丝推出，食指配合将弯折一端伸入绑扎点钢筋底部；右手持绑扎钩子用钩尖钩起镀锌钢丝弯折处向上拉至钢筋上部，以左手所执的镀锌钢丝开口端紧靠，两者拧紧在一起，拧转 2～3 圈，如图 7-17 所示。将镀锌钢丝向上拉时，镀锌钢丝要紧靠钢筋底部，将底面筋绷紧在一起，绑扎才能牢靠。一面扣法，多用于平面上扣很多的地方，如楼板等不易滑动的部位。

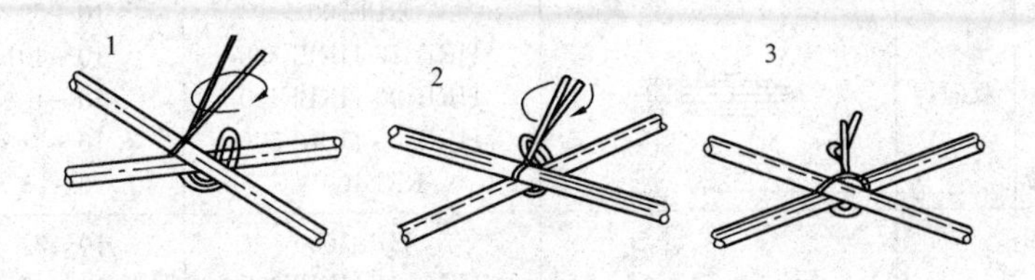

图 7-17　钢筋绑扎一面扣法

(二)焊接连接

目前普遍采用的焊接方法有闪光对焊、电弧焊、电渣压力焊和电阻点焊等。各种焊接方法的适用范围见表 7-9。

表 7-9　　钢筋焊接方法、接头形式及适用范围

焊接方法	接头形式	适用范围	
		钢筋牌号	钢筋直径/mm
电阻点焊		HPB300 HRB335 HRBF335 HRB400 HRBF400 HRB500 HBRF500 CRB550 CDW550	6～16 6～16 6～16 6～16 4～12 3～8

续一

焊接方法		接头形式	适用范围	
			钢筋牌号	钢筋直径/mm
闪光对焊			 HPB300 HRB335 HRBF335 HRB400 HRBF400 HRB500 HBRF500 RRB400W	8～22 8～40 8～40 8～40 8～32
箍筋闪光对焊			 HPB300 HRB335 HRBF335 HRB400 HRBF400 HRB500 HBRF500 RRB400W	6～18 6～18 6～18 6～18 8～18
电弧焊 帮条焊	双面焊	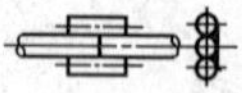	HPB300 HRB335 HRBF335 HRB400 HRBF400 HRB500 HBRF500 RRB400W	10～22 10～40 10～40 10～32 10～25
电弧焊 帮条焊	单面焊		HPB300 HRB335 HRBF335 HRB400 HRBF400 HRB500 HBRF500 RRB400W	10～22 10～40 10～40 10～32 10～25
电弧焊 搭接焊	双面焊	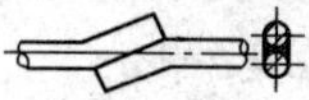	HPB300 HRB335 HRBF335 HRB400 HRBF400 HRB500 HBRF500 RRB400W	10～22 10～40 10～40 10～32 10～25
电弧焊 搭接焊	单面焊	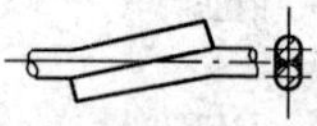	HPB300 HRB335 HRBF335 HRB400 HRBF400 HRB500 HBRF500 RRB400W	10～22 10～40 10～40 10～32 10～25
电弧焊 熔槽帮条焊			HPB300 HRB335 HRBF335 HRB400 HRBF400 HRB500 HBRF500 RRB400W	20～22 20～40 20～40 20～32 20～25

续二

焊接方法			接头形式	适用范围	
				钢筋牌号	钢筋直径/mm
电弧焊	坡口焊	平焊	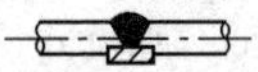	HPB300 HRB335 HRBF335 HRB400 HRBF400 HRB500 HBRF500 RRB400W	18～22 18～40 18～40 18～32 18～25
电弧焊	坡口焊	立焊	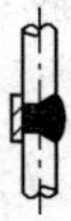	HPB300 HRB335 HRBF335 HRB400 HRBF400 HRB500 HBRF500 RRB400W	18～22 18～40 18～40 18～32 18～25
电弧焊	钢筋与钢板搭接焊		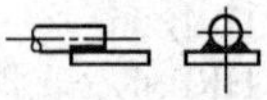	HPB300 HRB335 HRBF335 HRB400 HRBF400 HRB500 HBRF500 RRB400W	8～22 8～40 8～40 8～32 8～25
电弧焊	窄间隙焊		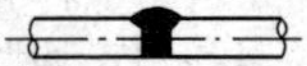	HPB300 HRB335 HRBF335 HRB400 HRBF400 HRB500 HBRF500 RRB400W	16～22 16～40 16～40 18～32 18～25
电弧焊	预埋件钢筋	角焊	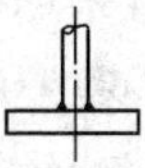	HPB300 HRB335 HRBF335 HRB400 HRBF400 HRB500 HBRF500 RRB400W	6～22 6～25 6～25 10～20 10～20
电弧焊	预埋件钢筋	穿孔塞焊	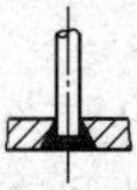	HPB300 HRB335 HRBF335 HRB400 HRBF400 HRB500 RRB400W	20～22 20～32 23～32 20～28 20～28

续三

焊接方法			接头形式	适用范围	
				钢筋牌号	钢筋直径/mm
电弧焊	预埋件钢筋	埋弧压力焊		HPB300 HRB335 HRBF335 HRB400 HRBF400	6～22 6～28 6～28
		埋弧螺柱焊			
	电渣压力焊			HPB300 HRB335 HRB400 HRB500	12～22 12～32 12～32 12～32
气压焊	固态			HPB300 HRB335 HRB400 HRB500	12～22 12～40 12～40 12～32
	熔态				

注：1. 电阻点焊时，适用范围的钢筋直径指两根不同直径钢筋交叉叠接中较小钢筋的直径。

2. 电弧焊含焊条电弧焊和二氧化碳气体保护电弧焊两种工艺方法。

3. 在生产中，对于有较高要求的抗震结构用钢筋，在牌号后加 E，焊接工艺可按同级别热轧钢筋施焊；焊条应采用低氢型碱性焊条；

4. 生产中，如果有 HPB235 级钢筋需要进行焊接时，可按 HPB300 级钢筋的焊接材料和焊接工艺参数，以及接头质量检验与验收的有关规定施焊。

1. 电阻点焊

钢筋骨架或钢筋网中交叉钢筋的焊接宜采用电阻点焊，所用的点焊机有单点点焊机（用以焊接较粗的钢筋）、多头点焊机（用以焊钢筋网）和悬挂式点焊机（可焊平面尺寸大的骨架或钢筋网）。现场还可采用手提式点焊机。

(1)焊接工艺。电阻点焊的工艺过程中，应包括预压、通电、锻压三个阶段（图 7-18）。

1)焊点的压入深度应为较小钢筋直径的 18%～25%。

2)钢筋焊接网、钢筋焊接骨架宜用于成批生产；焊接时应按设备使用说明书中的规定进行安装、调试和操作，根据钢筋直径选用合适电极压力、焊接电流和焊接通电时间。

3)在点焊生产中，应经常保持电极与钢筋之间接触面的清洁平整；当电极使用变形时，应及时修整。

4)钢筋点焊生产过程中，应随时检查制品的外观质量；当发现焊接缺陷时，应查找原因并采取措施，及时消除。

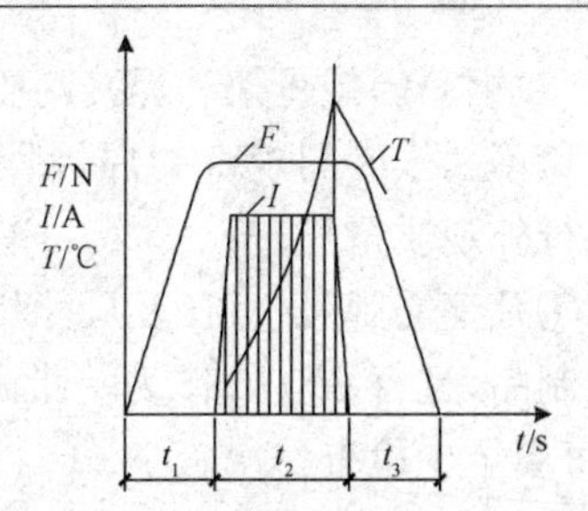

图 7-18　点焊过程示意图

F—压力；I—电流；T—温度；t—时间；

t_1—预压时间；t_2—通电时间；t_3—锻压时间

知识链接

点焊制品焊接缺陷及消除措施

点焊制品焊接缺陷及消除措施见表 7-10。

表 7-10　点焊制品焊接缺陷及消除措施

缺陷	产生原因	消除措施
焊点过烧	1. 变压器级数过高 2. 通电时间太长 3. 上下电极不对中心 4. 继电器接触失灵	1. 降低变压器级数 2. 缩短通电时间 3. 切断电源，校正电极 4. 清理触点，调节间隙
焊点脱落	1. 电流过小 2. 压力不够 3. 压入深度不足 4. 通电时间太短	1. 提高变压器级数 2. 加大弹簧压力或调大气压 3. 调整二电极间距离符合压入深度要求 4. 延长通电时间
钢筋表面烧伤	1. 钢筋和电极接触表面太脏 2. 焊接时没有预压过程或预压力过小 3. 电流过大 4. 电极变形	1. 清刷电极与钢筋表面的铁锈和油污 2. 保证预压过程和适当的预压力 3. 降低变压器级数 4. 修理或更换电极

(2)钢筋焊接骨架和焊接网质量检验。

1)不属于专门规定的焊接骨架和焊接网可按下列规定的检验批只进行外观质量检查:

①凡钢筋牌号、直径及尺寸相同的焊接骨架和焊接网应视为同一类型制品,且每300件作为一批,一周内不足300件的也应按一批计算,每周至少检查一次。

②外观质量检查时,每批应抽查5%,且不得少于5件。

2)焊接骨架外观质量检查结果,应符合下列相关规定:

①焊点压入深度应符合相关规定。

②每件制品的焊点脱落、漏焊数量不得超过焊点总数的4%,且相邻两焊点不得有漏焊及脱落。

③应量测焊接骨架的长度、宽度和高度,并应抽查纵、横方向3~5个网格的尺寸,其允许偏差应符合表7-11的规定。

表7-11　　钢筋骨架的允许偏差

项目		允许偏差/mm
焊接骨架	长度	±10
	宽度	±5
	高度	±5
骨架钢筋间距		±10
受力主筋	间距	±15
	排距	±5

④当外观质量检查结果不符合上述规定时,应逐件检查,并剔出不合格品。对不合格品经整修后,可提交二次验收。

3)焊接网外形尺寸检查和外观质量检查结果,应符合下列规定:

①焊点压入深度应符合相关规定。

②钢筋焊接网间距的允许偏差应取±10mm和规定间距的±5%的较大值。网片长度和宽度的允许偏差应取±25mm和规定长度的±0.5%的较大值;网格数量应符合设计规定。

③钢筋焊接网焊点开焊数量不应超过整张网片交叉点总数的

1%，并且任一根钢筋上开焊点不得超过该支钢筋上交叉点总数的一半；焊接网最外边钢筋上的交叉点不得开焊。

④钢筋焊接网表面不应有影响使用的缺陷；当性能符合要求时，允许钢筋表面存在浮锈和因矫直造成的钢筋表面轻微损伤。

钢筋焊接骨架和钢筋焊接网焊接规定

钢筋焊接骨架和钢筋焊接网在焊接生产中，当两根钢筋直径不同时，焊接骨架较小钢筋直径小于或等于10mm时，大、小钢筋直径之比不宜大于3倍；当较小钢筋直径为12～16mm时，大、小钢筋直径之比不宜大于2倍。焊接网较小钢筋直径不得小于较大钢筋直径的60%。

2. 闪光对焊

钢筋对焊是将两钢筋成对接形式水平安置在对焊机夹钳中，使两钢筋接触，通以低电压的强电流，把电能转化为热能（电阻热），当钢筋加热到一定程度后，即施加轴向压力挤压（称为顶锻），便形成对焊接头。钢筋对焊具有生产效率高、操作方便、节约钢材、焊接质量高、接头受力性能好等许多优点。

(1)焊接工艺。根据所用对焊机功率大小及钢筋品种、直径不同，钢筋闪光对焊可采用连续闪光焊、预热闪光焊或闪光一预热闪光焊工艺方法，如图7-19所示。

1)连续闪光焊。连续闪光和顶锻过程[图7-19(a)]。施焊时，先闭合一次电路，使两根钢筋端面轻微接触，此时端面的间隙中即喷射出火花般熔化的金属微粒——闪光，接着徐徐移动钢筋使两端面仍保持轻微接触，形成连续闪光。当闪光到预定的长度，使钢筋端头加热到将近熔点时，就以一定的压力迅速进行顶锻。先带电顶锻，再无电顶锻到一定长度，焊接接头即告完成。

2)预热闪光焊。预热闪光焊是在连续闪光焊前增加一次预热过程，以扩大焊接热影响区。其工艺过程包括：预热、闪光和顶锻过程

[图 7-19(b)]。施焊时先闭合电源，然后使两根钢筋端面交替地接触和分开，这时钢筋端面的间隙中即发出断续的闪光，而形成预热过程。当钢筋达到预热温度后进入闪光阶段，随后顶锻而成。

3)闪光—预热闪光焊。闪光—预热闪光焊是在预热闪光焊前加一次闪光过程，目的是使不平整的钢筋端面烧化平整，使预热均匀。其工艺过程包括：一次闪光、预热、二次闪光及顶锻过程[图 7-19(c)]。施焊时首先连续闪光，使钢筋端部闪平，然后同预热闪光焊。

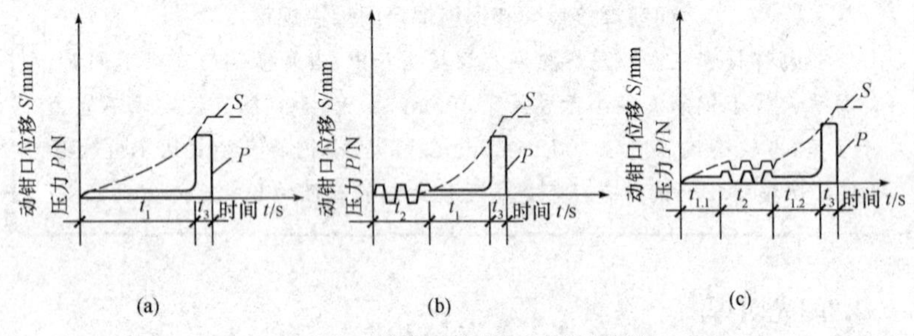

图 7-19　钢筋闪光对焊工艺过程图解

(a)连续闪光焊；(b)预热闪光焊；(c)闪光—预热闪光焊

t_1—闪光时间；$t_{1.1}$—一次闪光时间

$t_{1.2}$—二次闪光时间；t_2—预热时间；t_3—顶锻时间

生产中，可根据不同条件按下列规定选用施焊工艺：

1)当钢筋直径较小，钢筋牌号较低，在表 7-12 规定的范围内，可采用“连续闪光焊”。

2)当钢筋直径超过表 7-12 规定，且钢筋端面较平整，宜采用“预热闪光焊”。

3)当钢筋直径超过表 7-12 规定，且钢筋端面不平整，应采用“闪光—预热闪光焊”。

表 7-12　　连续闪光焊钢筋直径上限

焊机容量/kVA	钢筋牌号	钢筋直径/mm
160 (150)	HPB300	22
	HRB335 HRBF335	22
	HRB400 HRBF400	20

续表

焊机容量/kVA	钢筋牌号	钢筋直径/mm
100	HPB300	20
	HRB335 HRBF335	20
	HRB400 HRBF400	18
80 (75)	HPB300	16
	HRB335 HRBF335	14
	HRB400 HRBF400	12

焊接工艺参数选择

闪光对焊时，应按下列规定选择调伸长度、烧化留量、顶锻留量以及变压器级数等焊接参数：

1)调伸长度的选择，应随着钢筋牌号的提高和钢筋直径的加大而增长，主要是减缓接头的温度梯度，防止热影响区产生淬硬组织；当焊接HRB400、HRBF400等牌号钢筋时，调伸长度宜在40～60mm内选用。

2)烧化留量的选择，应根据焊接工艺方法确定。当连续闪光焊时，闪光过程应较长；烧化留量应等于两根钢筋在断料时切断机刀口严重压伤部分(包括端面的不平整度)，再加8～10mm；当闪光预热闪光焊时，应区分一次烧化留量和二次烧化留量。一次烧化留量不应小10mm，二次烧化留量不应小于6mm。

3)需要预热时，宜采用电阻预热法。预热留量应为1～2mm，预热次数应为1～4次；每次预热时间应为1.5～2s，间歇时间应为3～4s。

4)顶锻留量应为3～7mm，并应随钢筋直径的增大和钢筋牌号的提高而增加。其中，有电顶锻留量约占1/3，无电顶锻留量约占2/3，焊接时必须控制得当。焊接HRB500级钢筋时，顶锻留量宜稍微增大，以确保焊接质量。

(2)焊接质量检查。闪光对焊接头的质量检验，应分批进行外观质量检查和力学性能检验，并应符合下列规定：

1)在同一台班内,由同一个焊工完成的300个同牌号、同直径钢筋焊接接头应作为一批。当同一台班内焊接的接头数量较少,可在一周之内累计计算;累计仍不足300个接头时,应按一批计算。

2)力学性能检验时,应从每批接头中随机切取6个接头,其中3个做拉伸试验,3个做弯曲试验。

3)异径钢筋接头可只做拉伸试验。

闪光对焊接头外观质量检查结果,应符合下列要求:对焊接头表面应呈圆滑、带毛刺状,不得有肉眼可见的裂纹;与电极接触处的钢筋表面不得有明显烧伤;接头处的弯折角度不得大于2°;接头处的轴线偏移不得大于钢筋直径的1/10,且不得大于1mm。

对焊缺陷及消除措施

在闪光对焊生产中,当出现异常现象或焊接缺陷时,应查找原因,采取措施,及时消除。常见的闪光对焊异常现象和焊接缺陷的消除措施,见表7-13。

表7-13　　闪光对焊异常现象和焊接缺陷的消除措施

序号	异常现象和焊接缺陷	消除措施
1	烧化过分激烈并产生强烈的爆炸声	1. 降低变压器级数 2. 减慢烧化速度
2	闪光不稳定	1. 消除电板底部和表面的氧化物 2. 提高变压器级数 3. 加快烧化速度
3	接头中有氧化膜、未焊透和夹渣	1. 增加预热程度 2. 加快临近顶锻时的烧化程度 3. 确保带电顶锻过程 4. 增大顶锻压力 5. 加快顶锻速度

续表

序号	异常现象和焊接缺陷	消除措施
4	接头中有缩孔	1. 降低变压器级数 2. 避免烧化过程过分激烈 3. 适当增大顶锻留量及顶锻压力
5	焊缝金属过烧	1. 减少预热程度 2. 加快烧化速度，缩短焊接时间 3. 避免过多带电顶锻
6	接头区域裂纹	1. 检验钢筋的碳、硫、磷含量，若不符合规定时应更换钢筋 2. 采取低频预热方法，增加预热程度
7	钢筋表面微熔及烧伤	1. 消除钢筋被夹紧部位的铁锈和油污 2. 消除电极内表面的氧化物 3. 改进电极槽口形状，增大接触面积 4. 夹紧钢筋
8	接头弯折或轴线偏移	1. 正确调整电极位置 2. 修整电极切口或更换易变形的电极 3. 切除或矫直钢筋的接头

3. 电弧焊

电弧焊是以焊条为一极，钢筋为另一级，利用焊接电流通过产生的电弧进行焊接的一种熔焊方法。电弧焊应用范围广，如钢筋的接长、钢筋骨架的焊接、钢筋与钢板的焊接、装配式结构接头的焊接及其他各种钢结构的焊接等。

(1)焊条选用。钢筋焊条电弧焊所采用的焊条，应符合现行国家标准《非合金钢及细晶粒钢焊条》(GB/T 5117－2012)或《热强钢焊条》(GB/T 5118－2012)的规定。钢筋二氧化碳气体保护电弧焊所采用的焊丝，应符合现行国家标准《气体保护电弧焊用碳钢、低合金钢焊丝》(GB/T 8110－2008)的规定。

经验总结

焊条型号和焊丝型号

焊条型号和焊丝型号应根据设计确定；若设计无规定时，可按表7-14选用。

表7-14　　钢筋电弧焊所采用焊条、焊丝推荐表

钢筋牌号	电弧焊接头形式			
	帮条焊　搭接焊	坡口焊熔槽帮条焊 预埋件穿孔塞焊	窄间隙焊	钢筋与钢板搭接焊 预埋件T形角焊
HPB300	E4303 ER50-X	E4303 ER50-X	E4316 E4315 ER50-X	E4303 ER50-X
HRB335 HRBF335	E5003 E4303 E5016 E5015 ER50-X	E5003 E5016 E5015 ER50-X	E5016 E5015 ER50-X	E5003 E4303 E5016 E5015 ER50-X
HRB400 HRBF400	E5003 E5516 E5515 ER50-X	E5503 E5516 E5515 ER55-X	E5516 E5515 ER55-X	E5003 E5516 E5515 ER50-X
HRB500 HRBF500	E5503 E6003 E6016 E6015 ER55-X	E6003 E6016 E6015	E6016 E6015	E5503 E6003 E6016 E6015 ER55-X
RRB400W	E5003 E5516 E5515 ER50-X	E5503 E5516 E5515 ER55-X	E5516 E5515 ER55-X	E5003 E5516 E5515 ER50-X

(2)焊接工艺。钢筋电弧焊时，可采用焊条电弧焊或二氧化碳气体保护电弧焊两种工艺方法。二氧化碳气体保护电弧焊设备由焊接

电源、送丝系统、焊枪、供气系统、控制电路五部分组成。钢筋二氧化碳气体保护电弧焊时，应根据焊机性能、焊接接头形状、焊接位置等条件选用焊接工艺参数，如焊接电流、极性、电弧电压（弧长）、焊接速度、焊丝伸出长度（干伸长）、焊枪角度、焊接位置、焊丝直径等。

钢筋电弧焊应包括搭接焊、帮条焊、坡口焊、窄间隙焊和熔槽帮条焊五种接头形式，如图 7-20 所示。

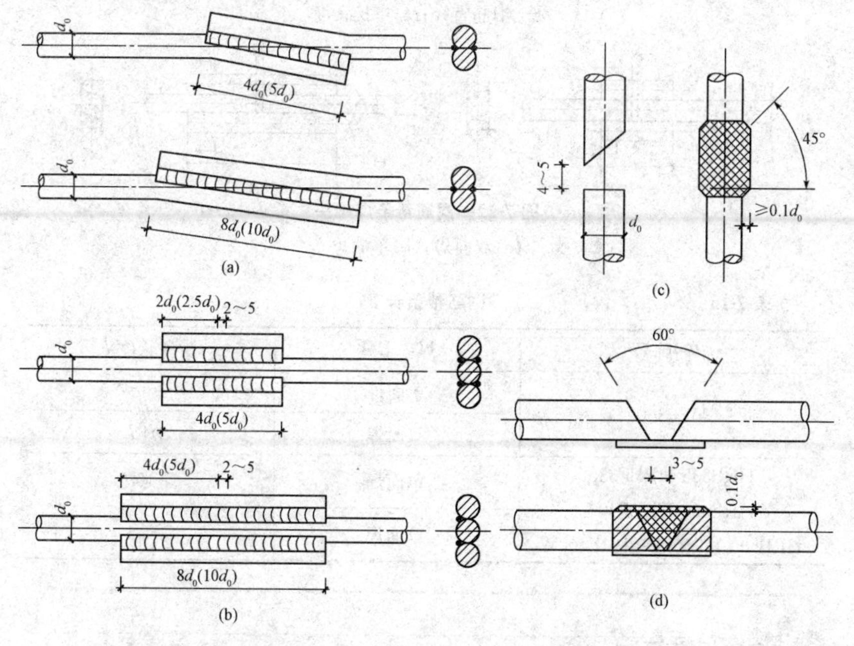

图 7-20　钢筋电弧焊的接头形式

（a 搭接焊接头；(b)帮条焊接头；(c)立焊的坡口焊接头；(d)平焊的坡口焊接头

1）搭接焊时，宜采用双面焊[图 7-21(a)]。当不能进行双面焊时，可采用单面焊[图 7-21(b)]。

2）帮条焊时，宜采用双面焊[图 7-22(a)]。当不能进行双面焊时，可采用单面焊[图 7-22(b)]，帮条长度应符合表 7-15 的规定。当帮条牌号与主筋相同时，帮条直径可与主筋相同或小一个规格；当帮条直径与主筋相同时，帮条牌号可与主筋相同或低一个牌号等级。

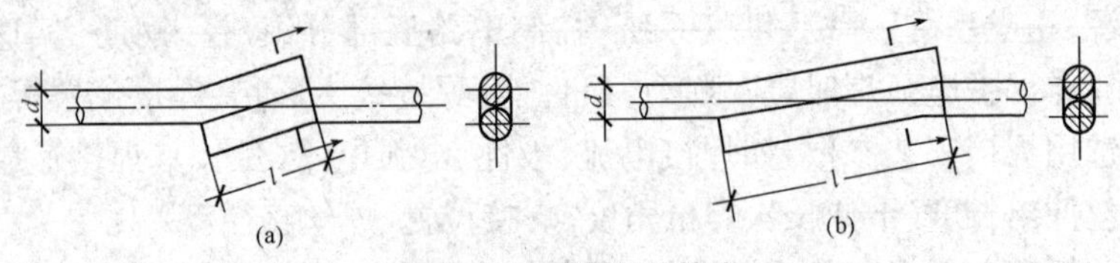

图 7-21 钢筋搭接焊接头

(a)双面焊;(b)单面焊

d—钢筋直径;l—搭接长度

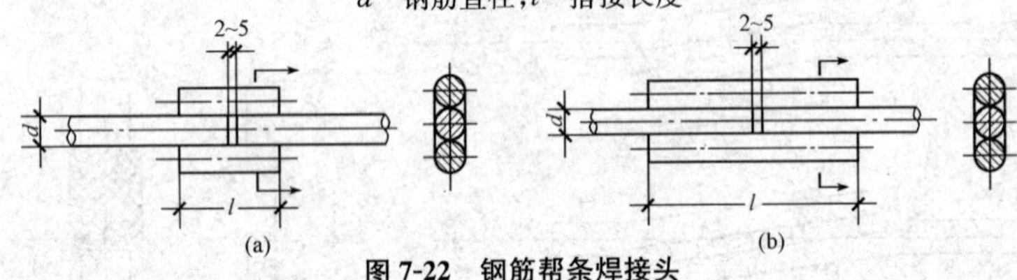

图 7-22 钢筋帮条焊接头

(a)双面焊;(b)单面焊

表 7-15　　钢筋帮条长度

钢筋牌号	焊缝形式	帮条长度 l
HPB300	单面焊	$\geqslant 8d$
	双面焊	$\geqslant 4d$
HRB335 HRBF335 HRB400 HRBF400 HRB500 HRBF500 RRB400W	单面焊	$\geqslant 10d$
	双面焊	$\geqslant 5d$

知识链接

搭接焊、帮条焊焊接要求

搭接焊或帮条焊时,钢筋的装配和焊接应符合下列规定:

①搭接焊时,焊接端钢筋宜预弯,并应使两钢筋的轴线在同一直线上。

②帮条焊时,两主筋端面的间隙应为 2～5mm。

③帮条焊时,帮条与主筋之间应用四点定位焊固定;搭接焊时,应用两点固定;定位焊缝与帮条端部或搭接端部的距离宜大于或等于 20mm。

④焊接时,应在帮条焊或搭接焊形成焊缝中引弧;在端头收弧前应填满弧坑,并应使主焊缝与定位焊缝的始端和终端熔合。

3)坡口焊的准备工作和焊接工艺应符合下列规定(图 7-23)：

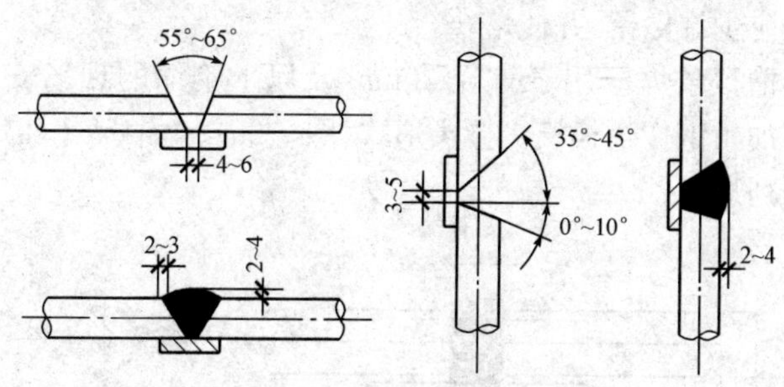

图 7-23　钢筋坡口焊接头

①坡口面应平顺,切口边缘不得有裂纹、钝边和缺棱。

②坡口角度应在规定范围内选用。

③钢垫板厚度宜为 4～6mm,长度宜为 40～60mm;平焊时,垫板宽度应为钢筋直径加 10mm;立焊时,垫板宽度宜等于钢筋直径。

④焊缝的宽度应大于 V 形坡口的边缘 2～3mm,焊缝余高应为 2～4mm,并平缓过渡至钢筋表面。

⑤钢筋与钢垫板之间,应加焊二层、三层侧面焊缝。

⑥当发现接头中有弧坑、气孔及咬边等缺陷时,应立即补焊。

4)窄间隙焊应用于直径 16mm 及以上钢筋的现场水平连接。焊接时,钢筋端部应置于铜模中,并应留出一定间隙,连续焊接,熔化钢筋端面,使熔敷金属填充间隙并形成接头(图 7-24),其焊接工艺应符合下列规定：

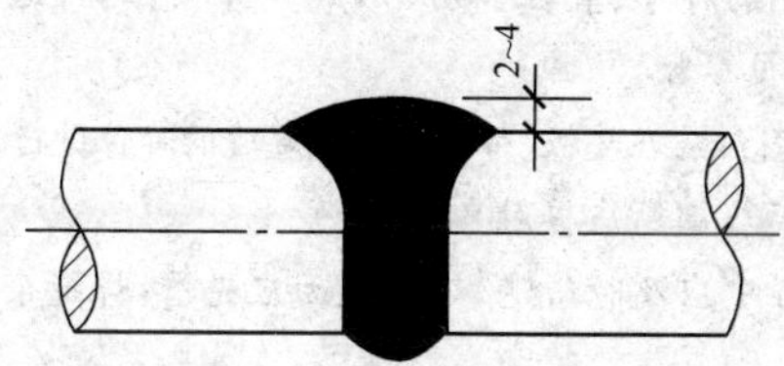

图 7-24　钢筋窄间隙焊接头

①钢筋端面应平整。

②宜选用低氢型焊接材料。

③从焊缝根部引弧后应连续进行焊接，左右来回运弧，在钢筋端面处电弧应少许停留，并使熔合。

5)熔槽帮条焊应用于直径 20mm 及以上钢筋的现场安装焊接。焊接时应加角钢作垫板模。接头形式(图 7-25)、角钢尺寸和焊接工艺应符合下列规定：

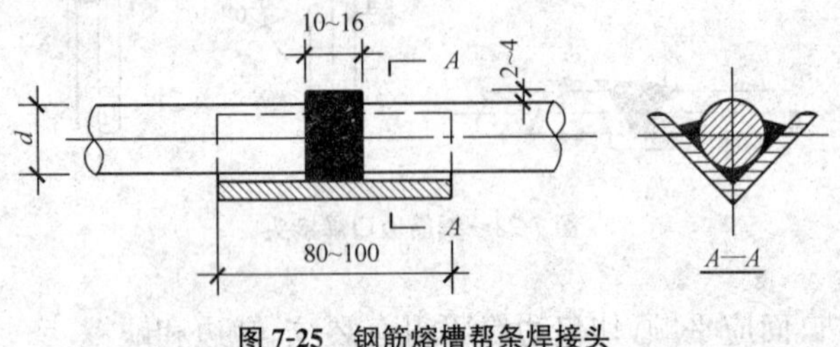

图 7-25 钢筋熔槽帮条焊接头

①角钢边长宜为 40～70mm。

②钢筋端头应加工平整。

③从接缝处垫板引弧后应连续施焊，并应使钢筋端部熔合，防止未焊透、气孔或夹渣。

④焊接过程中应及时停焊清渣；焊平后，再进行焊缝余高的焊接，其高度应为 2～4mm。

焊接注意事项

(1)应根据钢筋牌号、直径、接头形式和焊接位置，选择焊接材料，确定焊接工艺和焊接参数。

(2)焊接时，引弧应在垫板、帮条或形成焊缝的部位进行，不得烧伤主筋。

(3)焊接地线与钢筋应接触良好。

(4)焊接过程中应及时清渣，焊缝表面应光滑，焊缝余高应平缓过渡，弧坑应填满。

(3)焊接质量检查。

1)电弧焊接头的质量检验，应分批进行外观质量检查和力学性能检验，并应符合下列规定：

①在现浇混凝土结构中，应以300个同牌号钢筋、同形式接头作为一批；在房屋结构中，应在不超过连续二楼层中300个同牌号钢筋、同形式接头作为一批；每批随机切取3个接头，做拉伸试验。

当模拟试件试验结果不符合要求时，应进行复验。复验应从现场焊接接头中切取，其数量和要求与初始试验相同。

②在装配式结构中，可按生产条件制作模拟试件，每批3个，做拉伸试验。

③钢筋与钢板搭接焊接头可只进行外观质量检查。

注：在同一批中若有3种不同直径的钢筋焊接接头，应在最大直径钢筋接头和最小直径钢筋接头中分别切取3个试件进行拉伸试验。钢筋电渣压力焊接头、钢筋气压焊接头取样均同。

2）电弧焊接头外观质量检查结果，应符合下列规定：

①焊缝表面应平整，不得有凹陷或焊瘤。

②焊接接头区域不得有肉眼可见的裂纹。

③焊缝余高应为2～4mm。

④咬边深度、气孔、夹渣等缺陷允许值及接头尺寸的允许偏差，应符合表7-16的规定。

表7-16　钢筋电弧焊接头尺寸偏差及缺陷允许值

名称	单位	接头形式		
		帮条焊	搭接焊钢筋与钢板搭接焊	坡口焊、窄间隙焊、熔槽帮条焊
帮条沿接头中心线的纵向偏移	mm	$0.3d$	—	—
接头处弯折角度	°	2	2	2
接头处钢筋轴线的偏移	mm	$0.1d$	$0.1d$	$0.1d$
		1	1	1
焊缝宽度	mm	$+0.1d$	$+0.1d$	—
焊缝长度	mm	$-0.3d$	$-0.3d$	—
咬边深度	mm	0.5	0.5	0.5

续表

名称		单位	接头形式		
			帮条焊	搭接焊钢筋与钢板搭接焊	坡口焊、窄间隙焊、熔槽帮条焊
在长 $2d$ 焊缝表面上的气孔及夹渣	数量	个	2	2	—
	面积	mm^2	6	6	—
在全部焊接缝表面上的气孔及夹渣	数量	个	—	—	2
	面积	mm^2	—	—	6

注：d 为钢筋直径(mm)。

4. 电渣压力焊

电渣压力焊是将两钢筋安放成竖向对接形式，利用焊接电流通过两钢筋端面间隙，在焊剂层下形成电弧过程和电渣过程，产生电弧热和电阻热，熔化钢筋，加压完成连接的一种焊接方法。其具有操作方便、效率高、成本低、工作条件好等特点，适用于高层建筑现浇混凝土结构施工中直径为 14～40mm 的热轧 HPB235 级、HRB335 级钢筋的竖向或斜向(倾斜度在 4∶1 范围内)连接。但不得在竖向焊接之后再横置于梁、板等构件中作水平钢筋之用。

(1)焊接工艺。电渣压力焊焊接过程可分为四个阶段，即：引弧过程→电弧过程→电渣过程→顶压过程。其中，电弧和电渣两个过程对焊接质量有重要影响，故应根据待焊钢筋直径的大小，合理选择焊接参数。

电渣压力焊工艺过程应符合下列规定：

1)焊接夹具的上下钳口应夹紧于上、下钢筋上；钢筋一经夹紧，不得晃动，且两钢筋应同心。

2)引弧可采用直接引弧法或铁丝圈(焊条芯)间接引弧法。

3)引燃电弧后，应先进行电弧过程，然后加快上钢筋下送速度，使上钢筋端面插入液态渣池约 2mm，转变为电渣过程，最后在断电的同时，迅速下压上钢筋，挤出熔化金属和熔渣。

4)接头焊毕，应稍作停歇，方可回收焊剂和卸下焊接夹具；敲去渣壳后，四周焊包凸出钢筋表面的高度，当钢筋直径为 25mm 及以下时不得小于4mm;当钢筋直径为28mm及以上时不得小于6mm。

电渣压力焊焊接参数

电渣压力焊焊接参数应包括焊接电流、焊接电压和焊接通电时间;采用HJ431焊剂时,宜符合表7-17的规定。采用专用焊剂或自动电渣压力焊机时,应根据焊剂或焊机使用说明书中推荐数据,通过试验确定。

表7-17 常用电渣压力焊焊接参数

钢筋直径/mm	焊接电流/A	焊接电压/V		焊接通电时间/s	
		电弧过程$U_{2.1}$	电渣过程$U_{2.2}$	电弧过程t_1	电渣过程t_2
12	280～321	35～45	18～22	12	2
14	300～350			13	4
16	300～350			15	5
18	300～350			16	6
20	350～400			18	7
22	350～400			20	8
25	350～400			22	9
28	400～450			25	10
32	400～450			35	11

(2)焊接质量检验。

1)电渣压力焊接头的质量检验,应分批进行外观质量检查和力学性能检验,并应符合下列规定:

①在现浇钢筋混凝土结构中,应以300个同牌号钢筋接头作为一批。

②在房屋结构中,应在不超过连续二楼层中300个同牌号钢筋接头作为一批;当不足300个接头时,仍应作为一批。

③每批随机切取3个接头试件做拉伸试验。

2)电渣压力焊接头外观质量检查结果,应符合下列规定:

①四周焊包凸出钢筋表面的高度，当钢筋直径为25mm及以下时，不得小于4mm；当钢筋直径为28mm及以上时，不得小于6mm。

②钢筋与电极接触处，应无烧伤缺陷。

③接头处的弯折角度不得大于2°。

④接头处的轴线偏移不得大于1mm。

电渣压力焊焊接缺陷及消除措施

在电渣压力焊焊接生产中焊工应进行自检，当发现偏心、弯折、烧伤等焊接缺陷时，应查找原因和采取措施，及时消除。常见电渣压力焊焊接缺陷及消除措施见表7-18。

表7-18　电渣压力焊焊接缺陷及消除措施

符号	焊接缺陷	消除措施
1	轴线偏移	1. 矫直钢筋端部 2. 正确安装夹具和钢筋 3. 避免过大的顶压力 4. 及时修理或更换夹具
2	弯折	1. 矫直钢筋端部 2. 注意安装和扶持上钢筋 3. 避免焊后过快卸夹具 4. 修改或更换夹具
3	咬边	1. 减小焊接电流 2. 缩短焊接时间 3. 注意上钳口的起点和终点，确保上钢筋顶压到位
4	未焊合	1. 增大焊接电流 2. 避免焊接时间过短 3. 检修夹具，确保上钢筋下送自如

(三)机械连接

钢筋机械连接是通过连接件的机械咬合作用或钢筋端面的承压作用，将一根钢筋中的力传递至另一根钢筋的连接方法。其具有施工简便、工艺性能良好、接头质量可靠、不受钢筋焊接性能的制约、可全天候施工、节约钢材和能源等优点。常用的机械连接接头类型有：套筒挤压连接、锥螺纹套筒连接、直螺纹套筒连接等。

1. 钢筋套筒挤压连接

钢筋套筒挤压连接是将需要连接的带肋钢筋插入特制的钢套筒内，利用挤压机压缩套筒，使之产生塑性变形，靠变形后的钢套筒与带肋钢筋之间的紧密咬合来实现钢筋的连接。其适用于直径为16～40mm的热轧HRB335级、HRB400级带肋钢筋的连接。连接形式有钢筋套筒径向挤压连接和钢筋套筒轴向挤压连接两种。

(1)钢筋套筒径向挤压连接。钢筋套筒径向挤压连接，是采用挤压机沿径向(即与套筒轴线垂直方向)将钢套筒挤压产生塑性变形，使之紧密地咬住带肋钢筋的横肋，实现两根钢筋的连接，如图7-26所示。当不同直径的带肋钢筋采用挤压接头连接时，若套筒两端外径和壁厚相同，被连接钢筋的直径相差不应大于5mm。

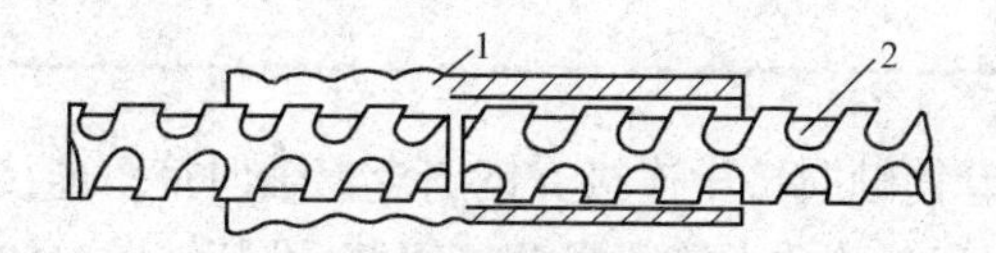

图7-26　钢筋套筒径向挤压连接

1—钢套筒；2—钢筋

钢筋套筒挤压连接工艺流程：钢筋套筒检验→钢筋断料，刻画钢筋套入长度定出标记→套筒套入钢筋→安装挤压机→开动液压泵，逐渐加压套筒至接头成型→卸下挤压机→接头外形检查。

知识拓展

带肋钢筋套筒径向挤压连接

带肋钢筋套筒径向挤压连接应符合以下要求：

1)钢套筒的屈服承载力和抗拉承载力应大于钢筋的屈服承载力和抗拉承载力的1.1倍。

2)套筒的材料及几何尺寸应符合检验认定的技术要求，并应有相应的出厂合格证。

3)钢筋端头的锈、泥砂、油污、杂物都应清理干净，端头要直、面宜平，不同直径钢筋的套筒不得相互串用。

4)钢筋端头要画出标记，用以检查钢筋伸入套筒内的长度。

5)挤压后钢筋端头距离套筒中线不应超过10mm，压痕间距应为1～6mm，挤压后套筒长度应增长为原套筒的1.10～1.15倍，挤压后压痕处套筒的最小外径应为原套筒外径的85%～90%。

6)接头处弯折角度不得大于4°。

7)接头处不得有肉眼可见裂纹及过压现象。

8)现场每500个相同规格、相同制作条件的接头为一个验收批，抽取不少于3个试件(每结构层中不应少于1个试件)做抗拉强度检验。若1个不合格应取双倍试件送试，再有不合格，则该批挤压接头评为不合格。

(2)钢筋套筒轴向挤压连接。钢筋套筒轴向挤压连接，是采用挤压机和压模对钢套筒及插入的两根对接钢筋，沿其轴向方向进行挤压，使套筒咬合到带肋钢筋的肋间，从而使其结合成一体，如图7-27所示。

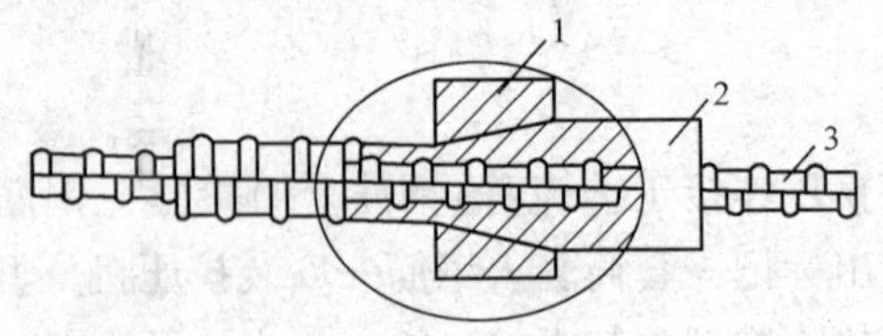

图7-27　钢筋套筒轴向挤压连接

1—压模；2—钢套筒；3—钢筋

2. 锥螺纹套筒连接

锥螺纹钢筋套筒连接是利用锥形螺纹能承受轴向力和水平力以及密封性能较好的原理，依靠机械力将钢筋连接在一起。操作时，先用专用套丝机将钢筋的待连接端加工成锥形外螺纹；然后通过带锥形内螺纹的钢套筒连接将两根待接钢筋连接；最后利用力矩扳手按规定的力矩值使钢筋和连接钢套筒拧紧在一起，如图 7-28 所示。

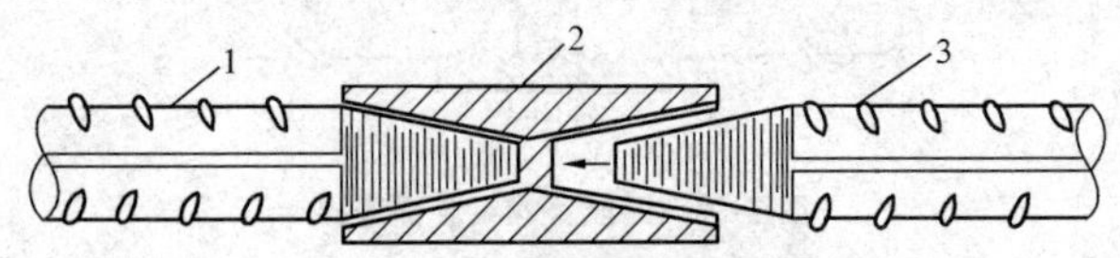

图 7-28 钢筋锥螺纹套筒连接

1—已连接的钢筋；2—锥螺纹套筒；3—未连接的钢筋

锥螺纹套筒接头工艺简便，能在施工现场连接直径为 16～40mm 的热轧 HRB335 级、HRB400 级同径和异径的竖向或水平钢筋，且不受钢筋是否带肋和含碳量的限制。其适用于按一、二级抗震等级设施的工业和民用建筑钢筋混凝土结构的热轧 HRB335 级、HRB400 级钢筋的连接施工。但不得用于预应力钢筋的连接。对于直接承受动荷载的结构构件，其接头还应满足抗疲劳性能等设计要求。

锥螺纹套筒连接注意事项

(1)连接钢筋之前，先回收钢筋待连接端的保护帽和连接套上的密封盖，并检查钢筋规格是否与连接套规格相同，检查锥螺纹丝头是否完好无损、有无杂质。

(2)连接钢筋时，应先把已拧好连接套的一端钢筋对正轴线拧到被连接的钢筋上，然后用力矩扳手按规定的力矩值把钢筋接头拧紧，不得超拧，以防止损坏接头丝扣。拧紧后的接头应画上油漆标记，以防有的钢筋接头漏拧。

(3)安装完毕后，质量检测员应用自用的专用测力扳手对拧紧的扭矩值加以抽检。

3. 直螺纹套筒连接

直螺纹机械连接技术是一种新的螺纹连接形式。它先将钢筋端头墩粗，再切削成直螺纹，然后用带直螺纹的套筒将钢筋两端拧紧的钢筋连接方法，如图 7-29 所示。

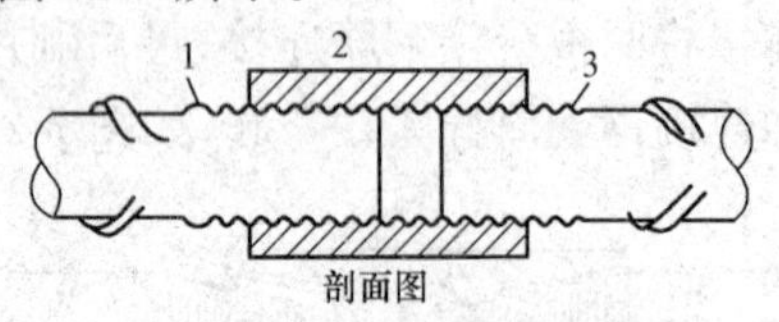

图 7-29　钢筋直螺纹套筒连接

1—已连接的钢筋；2—直螺纹套筒；3—正在拧入的钢筋

由于镦粗段钢筋切削后的净截面仍大于钢筋原截面，即螺纹不削弱钢筋截面，从而确保接头强度大于母材强度。直螺纹不存在扭紧力矩对接头性能的影响，从而提高了连接的可靠性，也加快了施工速度。直螺纹接头比套筒挤压接头节省钢材 70％，比锥螺纹接头节省钢材 35％，发展前景良好。

(1)对连接钢筋可自由转动的，先将套筒预先部分或全部拧入一根被连接钢筋的端头螺纹上，然后转动另一根被连接钢筋或反拧套筒到预定位置，最后用扳手转动连接钢筋，使其相互对顶锁定连接套筒。

(2)对于钢筋完全不能转动的部位，如弯折钢筋或施工缝、后浇带等部位，可将锁定螺母和连接套筒预先拧入加长的螺纹内，再反拧入另一根钢筋端头螺纹上，最后用锁定螺母锁定连接套筒；或配套应用带有正反螺纹的套筒，以便从一个方向上能松开或拧紧两根钢筋。

(3)直螺纹钢筋连接时，应采用扭力扳手按表 7-19 规定的最小扭矩值把钢筋接头拧紧。

表 7-19　　直螺纹钢筋接头组装时的最小扭矩值

钢筋直径/mm	≤16	18～20	22～25	28～32	36～40
拧紧力矩/(N·m)	100	180	240	300	360

镦粗直螺纹钢筋连接注意要点

(1)镦粗头的基圆直径应大于丝头螺纹外径,长度应大于1.2倍套筒长度,冷镦粗过渡段坡度应≤1∶3。

(2)镦粗头不得有与钢筋轴线相垂直的横向表面裂纹。

(3)不合格的镦粗头,应切去后重新镦粗。不得对镦粗头进行二次镦粗。

(4)如选用热镦工艺镦粗钢筋,则应在室内进行钢筋镦头加工。

五、钢筋安装

1. 准备工作

(1)按施工现场平面图规定的位置,将钢筋堆放场地进行清理、平整。准备好垫木,按钢筋绑扎顺序分类堆放,并将锈蚀进行清理。

(2)核对钢筋的级别、型号、形状、尺寸及数量是否与设计图纸及加工配料单相同。

(3)检查钢筋的出厂合格证,按规定做力学性能复验,当加工过程中发生脆断等特殊情况,还需做化学成分检验;网片应有加工厂出厂合格证,钢筋应无老锈及油污。

(4)钢筋或点焊网片应按现场施工平面图中指定位置堆放,网片立放时需有支架,平放时应垫平,垫木应上下对正,吊装时应使用网片架吊装。

(5)钢筋外表面有铁锈时,应在绑扎前清除干净,锈蚀严重侵蚀断面的钢筋不得使用。

(6)检查网片的几何尺寸、规格、数量及点焊质量等,合格后方可使用。

(7)加工成型的叠合层钢筋进场,按设计要求检查其规格、形状、尺寸和数量是否正确,并按施工平面图中指定的位置,按规格、部位和编号分别加设垫木堆放。

(8)根据弹好的外皮尺寸线，检查下层预留搭接钢筋的位置、数量、长度，如不符合要求，应进行处理。绑扎前先整理调直下层伸出的搭接筋，并将锈蚀、水泥砂浆等污垢清除干净。

(9)根据标高检查下层伸出搭接筋处的混凝土表面标高(柱顶、墙顶)是否符合图纸要求，松散不实之处要剔除并清理干净。

(10)当施工现场地下水位较高时，必须有排水及降水措施。

(11)熟悉图纸，确定钢筋穿插就位顺序，并与有关工种做好配合工作，如支模、管线、防水施工与绑扎钢筋的关系，确定施工方法，做好技术交底工作。

(12)模板安装完并办理预检，将模板内杂物清理干净。

(13)按要求搭好脚手架。

(14)根据设计图纸及工艺标准要求，向班组进行技术交底。

(15)焊工必须持有考试合格证。

(16)帮条尺寸、坡口角度、钢筋端头间隙、接头位置以及钢筋轴线应符合相关规定。

(17)电源应符合要求，当电源电压下降大于5%、小于8%时，应采取适当提高焊接变压器级数的措施；大于8%不得进行焊接。

(18)作业场地要有安全防护、防火设施和必要的通风措施，防止发生烧伤、触电、中毒及火灾等事故。

(19)熟悉图纸，做好技术交流。

(20)参加挤压接头作业的人员必须经过培训，并经考核合格后方可持证上岗。

(21)清除钢套筒及钢筋挤压部位的锈污、砂浆等杂物。

(22)钢筋与钢套筒试套，如钢筋有马蹄、飞边、弯折或纵肋尺寸超大者，应先矫正或用手砂轮修磨，禁止用电气焊切割超大部分。

(23)钢筋端头应有定位标志和检查标志，以确保钢筋伸入套筒的长度。定位标志与距钢筋端部的距离为钢套筒长度的1/2。

(24)检查挤压设备是否正常，并试压，符合要求后方准作业。

钢筋现场绑扎准备工作

(1)熟悉设计图纸,并根据设计图纸核对钢筋的牌号、规格,根据下料单核对钢筋的规格、尺寸、形状、数量等。

(2)准备好绑扎用的工具,主要包括钢筋钩或全自动绑扎机、撬棍、扳子、绑扎架、钢丝刷、石笔(粉笔)、尺子等。

(3)绑扎用的铁丝一般采用 20～22 号镀锌铁丝,直径≤12mm 的钢筋采用 22 号铁丝;直径＞12mm 的钢筋采用 20 号铁丝。铁丝的长度只要满足绑扎要求即可,一般是将整捆的铁丝切割为 3～4 段。

(4)准备好控制保护层厚度的砂浆垫块或塑料垫块、塑料支架等。

(5)绑扎墙、柱钢筋前,先搭设好脚手架,一是作为绑扎钢筋的操作平台;二是用于对钢筋的临时固定,防止钢筋倾斜。

(6)弹出墙、柱等结构的边线和标高控制线,用于控制钢筋的位置和高度。

2. 施工工艺流程

(1)底板及承台钢筋绑扎施工工艺流程:弹出钢筋位置线→先绑扎承台、地梁钢筋→铺底板下层钢筋→摆放钢筋马镫→绑扎上层钢筋。

(2)柱子钢筋绑扎施工工艺流程:安柱主筋→安箍筋→绑垫块→吊线绑扎。

(3)梁钢筋安装施工工艺流程:安纵筋→加垫筋→套箍筋→绑扎。

(4)板、墙钢筋网安装施工工艺流程:同基础。

3. 安装施工要点

(1)钢筋绑扎应熟悉施工图纸,核对成品钢筋的级别、直径、形状、尺寸和数量,核对配料表和料牌,如有出入,应予纠正或增补,同时,准备好绑扎用镀锌钢丝、绑扎工具、绑扎架等。

(2)对形状复杂的结构部位,应研究好钢筋穿插就位的顺序及与模板等其他专业的配合先后次序。

(3)基础底板、楼板和墙的钢筋网绑扎,除靠近外围两行钢筋的相交点全部绑扎外，中间部分交叉点可间隔交错扎牢；双向受力的钢筋则需全部扎牢。相邻绑扎点的镀锌钢丝扣要成八字形，以免网片歪斜变形。钢筋绑扎接头的钢筋搭接处，应在中心和两端用镀锌钢丝扎牢。

(4)结构采用双排钢筋网时，上下两排钢筋网之间应设置钢筋撑脚或混凝土支柱(墩)，每隔 1m 放置一个，墙壁钢筋网之间应绑扎 ϕ6～ϕ10钢筋制成的撑钩，间距约为 1.0m，相互错开排列；大型基础底板或设备基础，应用 ϕ16～ϕ25 钢筋或型钢焊成的支架来支承上层钢筋，支架间距为 0.8～1.5m；梁、板纵向受力钢筋采取双层排列时，两排钢筋之间应垫以直径 ϕ25 以上短钢筋，以保证间距正确。

(5)梁、柱箍筋应与受力筋垂直设置，箍筋弯钩叠合处应沿受力钢筋方向张开设置，箍筋转角与受力钢筋的交叉点均应扎牢；箍筋平直部分与纵向交叉点可间隔扎牢，以防止骨架歪斜。

(6)板、次梁与主筋交叉处，板的钢筋在上，次梁的钢筋居中，主梁的钢筋在下；当有圈梁或垫梁时，主梁的钢筋应放在圈梁上。受力筋两端的搁置长度应保持均匀一致。框架梁牛腿及柱帽等钢筋，应放在柱的纵向受力钢筋内侧，同时，要注意梁顶面受力筋间的净距为 30mm，以利于浇筑混凝土。

(7)预制柱、梁、屋架等构件常采取底模上就地绑扎，应先排好箍筋，再穿入受力筋，然后绑扎牛腿和节点部位钢筋，以减少绑扎困难和复杂性。

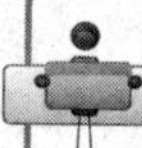

特别提示

钢筋安装注意事项

(1)在学习结构施工图时，要把不同构件的配筋数量、规格、间距、尺寸弄清楚，并看是否有矛盾，发现问题应在设计交底中解决。然后抓好钢筋翻样，检查配料单的准确性，不要把问题带到施工中去，应在技术准备中解决。

(2)要注意本地区是否属于抗震设防地区，查清图纸是按几级抗震设计的，施工图上对抗震的要求有什么说明，对钢筋构造上有什么要求。只有这样才能使钢筋的制作和绑扎符合图纸要求以及达到施工规范的规定。

(3)在制作加工中发生断裂的钢筋,应进行抽样做化学分析。防止其力学性能合格而化学含量有问题。做好这方面的控制,则保证了钢材材质的完全合格性。

(4)柱子钢筋的绑扎,主要是抓住搭接部位和箍筋间距(尤其是加密区箍筋间距和加密区高度),这对抗震地区尤为重要。若竖向钢筋采用焊接,要做抽样试验,从而保证钢筋接头的可靠性。

(5)对梁钢筋的绑扎,主要抓住锚固长度和弯起钢筋的弯起点位置。对抗震结构则要重视梁柱节点处、梁端箍筋加密范围和箍筋间距。

(6)对楼板钢筋,主要抓好防止支座负弯矩钢筋被踩塌而失去作用;再是垫好保护层垫块。

(7)对墙板的钢筋,要抓好墙面保护层和内外皮钢筋间的距离,撑好撑铁;防止两皮钢筋向墙中心靠近,对受力不利。

(8)对楼梯钢筋,主要抓梯段板的钢筋的锚固,以及钢筋变折方向不要弄错;防止弄错后在受力时出现裂缝。

(9)钢筋规格、数量、间距等在作隐蔽验收时一定要仔细核实。在一些规格不易辨认时,应用尺量或卡尺卡。保证钢筋配置的准确,也就保证了结构的安全。

(10)钢筋与连接套的规格一致,无完整接头丝扣外露。

六、钢筋绿色施工

1. 环境保护技术要点

(1)钢材堆放区和加工区地面应进行硬化,防止扬尘。

(2)钢筋加工采用低噪声、低振动的机具,采取隔声与隔振措施,避免或减少施工噪声和振动。在施工场界对噪声进行实时监测与控制。现场噪声排放不得超过国家标准《建筑施工场界环境噪声排放标准》(GB 12523—2011)的规定。

(3)电焊作业采取遮挡措施,避免电焊弧光外泄。

(4)对于化学品等有毒材料、油料的储存地,应有严格的隔水层设计,做好渗漏液收集和处理。

2. 节地与施工用地保护的技术要点

(1)根据施工规模及现场条件等因素合理确定临时设施,如临时加工厂、现场钢筋棚及材料堆场等。

(2)钢筋加工棚及材料堆放场地应做到科学、合理、紧凑,充分利用原有建筑物、构筑物、道路。在满足环境、职业健康与安全及文明施工要求的前提下尽可能减少废弃地和死角,钢筋施工设施占地面积有效利用率大于90%。

(3)施工现场的加工厂、作业棚、材料堆场等布置应尽量靠近已有交通线路或即将修建的正式或临时交通线路,缩短运输距离。

(4)钢筋工程临时设施布置应注意远近结合(本期工程与下期工程),努力减少和避免大量临时建筑拆迁和场地搬迁。

3. 节材与材料资源利用技术要点

(1)图纸会审时,应审核节材与材料资源利用的相关内容,尽可能降低材料损耗。

(2)根据施工进度、库存情况等合理安排材料的采购、进场时间和批次,减少库存。

(3)现场材料堆放有序,储存环境适宜,措施得当。保管制度健全,责任落实。

(4)材料运输工具适宜,装卸方法得当,减少损坏和变形。根据现场平面布置情况就近卸载,避免和减少二次搬运。

(5)就近取材,施工现场500km以内生产的钢材及其他材料用量占总用量的70%以上。

(6)推广使用高强钢筋,减少资源消耗。

(7)尽量采用钢筋工厂化加工和配送。

(8)优化钢筋配料下料方案。钢筋制作前应对下料单及样品进行复核,无误后方可批量下料。

(9)现场钢筋加工棚采用工具式可周转的防护棚。

(10)在施工现场进行钢筋加工时,应设置钢筋废料专用收集槽。

4. 节能与能源利用的技术要点

（1）优先使用国家、行业推荐的节能、高效、环保的钢筋设备和机具，如选用变频技术的节能设备等。

> 实施绿色施工，应对施工策划、材料采购、现场施工、工程验收等各阶段进行控制，加强对整个施工过程的管理和监督。

（2）在施工组织设计中，合理安排钢筋工程的施工顺序、工作面，以减少作业区域的机具数量，相邻作业区充分利用共有的机具资源。安排施工工艺时，应优先考虑耗用电能的或其他能耗较少的施工工艺。避免设备额定功率远大于使用功率或超负荷使用设备的现象。

（3）建立施工机械设备管理制度，开展用电、用油计量，完善设备档案，及时做好维修保养工作，使机械设备保持低耗、高效的状态。

（4）选择功率与负载相匹配的钢筋机械设备，避免大功率钢筋机械设备低负载长时间运行。机械设备宜使用节能型油料添加剂，在可能的情况下，考虑回收利用，节约油量。

（5）临时用电优先选用节能电线和节能灯具，线路合理设计、布置，用电设备宜采用自动控制装置。采用声控、光控等节能照明灯具。

（6）照明设计以满足最低照度为原则，照度不应超过最低照度的20％。

第三节　混凝土工程施工工艺和方法

混凝土工程施工工艺过程包括混凝土施工配料、拌制、运输、浇筑、振捣和养护等主要施工过程。

一、混凝土施工配料

混凝土一般由水泥、集料、水和外加剂以及各种矿物掺合料组成。将各种组分材料按已经确定的配合比进行拌制生产，首先选择合适的配合比，混凝土配合比的选择，是根据工程要求、组成材料的质量、施工方法等因素，通过试验室计算及试配后确定的。所确定的试验配合比应使拌制出的混凝土能保证达到结构设计中所要求的强度等级，并符合施工中对和易性的要求，同时，还要合理地使用材料和节约水泥。

混凝土的配合比是在实验室根据初步计算的配合比经过试配和调整而确定的，称为实验室配合比。确定实验室配合比所用的集料、砂石都是干燥的。

施工现场使用的砂、石都具有一定的含水率，含水率大小随季节、气候不断变化。如果不考虑现场砂、石含水率，还按着实验室配合比投料，其结果是改变了实际砂石用量和用水量，而造成各种原材料用量的实际比例不符合原来的配合比要求。为保证混凝土工程质量，保证按配合比投料，在施工时要按砂、石实际含水率对原配合比进行修正。

根据施工现场砂、石含水率，调整以后的配合比称为施工配合比，假定实验室配合比为水泥∶砂∶石$=1:x:y$，现场测得砂含水率W_{sa}，石子含水率W_g，则施工配合比为水泥∶砂∶石$=1:x(1+W_{sa}):y(1+W_g)$。

知识链接

普通混凝土配合比设计的具体步骤

普通混凝土的配合比设计是一个计算、试配、调整的复杂过程，大致可分为四个设计阶段：首先，根据配合比设计的基本要求和原材料技术条件，利用混凝土强度经验公式和图表进行计算，得出“计算配合比”；其次，通过试拌、检测，进行和易性调整，得出满足施工要求的“试拌配合比”；再次，通过对水胶比微量调整，得出既满足设计强度又比较经济合理的“设计配合比”；最后，根据现场砂、石的实际含水率，对设计配合比进行修正，得出“施工配合比”。

二、混凝土拌制

混凝土拌制是混凝土施工技术中的重要环节，首先应根据配合比设计要求选好原材料，并进行严格的计量，所用计量器具必须定期送检，搅拌站（或搅拌楼）安装好后必须经政府有关部门进行计量认证。

当采用自拌混凝土时，需选用混凝土搅拌机。混凝土搅拌机按其搅拌原理分为自落式搅拌机和强制式搅拌机两类，目前自落式搅拌机已逐渐被淘汰。强制式搅拌机适用于搅拌干硬性混凝土和轻集料混凝土，也可以搅拌低流动性混凝土。

为拌制出均匀优质的混凝土，必须合理地确定投料顺序、进料容量和搅拌时间。

1. 投料顺序

搅拌时加料顺序普遍采用一次投料法，将砂、石、水泥和水一起加入搅拌筒内进行搅拌。搅拌混凝土前，先在料斗中装入石子，再装水泥及砂；水泥夹在石子和砂中间，上料时可减少水泥飞扬，同时水泥及砂子不致粘住斗底。料斗将砂、石、水泥倾入搅拌机的同时加水。另一种为二次投料法，先将水泥、砂和水加入搅拌筒内进行充分搅拌，成为水泥砂浆后，再加入石子搅拌成混凝土。这种投料方法目前多用于强制式搅拌机搅拌混凝土。搅拌混凝土时，根据计算出的各组成材料的一次投料量，按质量投料。

2. 进料容量

进料容量是搅拌前将各种材料的体积累积起来的容量，又称为干料容量。进料容量与搅拌机搅拌筒的几何容量有一定的比例关系。进料容量一般是搅拌机几何容量的1/2～1/3，出料容量通常为装料容量的0.55～0.72。进料过多，会使材料在搅拌筒内无充分的空间进行拌和，影响混凝土均匀性；反之，进料过少，又不能充分发挥机械的效能。

3. 搅拌时间

从砂、石、水泥和水等全部材料装入搅拌筒开始到开始卸料时所经历的时间称为混凝土的搅拌时间。混凝土搅拌时间是影响混凝土的质量和搅拌机生产率的一个主要因素。搅拌时间短，混凝土搅拌不均匀，且影响混凝土的强度；搅拌时间过长，混凝土的匀质性并不能显著增加，反而使混凝土和易性降低且影响混凝土搅拌机的生产率。混凝土搅拌的最短时间与搅拌机的类型和容量、集料的品种、对混凝土流动性的要求等因素有关，应符合表 7-20 的规定。

表 7-20　　混凝土搅拌的最短时间　　s

序号	混凝土坍落度/mm	搅拌机机型	搅拌机出料量/L		
			<250	250～500	>500
1	≤30	强制式	60	90	120
		自落式	90	120	150
2	>30	强制式	60	60	90
		算落式	90	90	120

注：1. 混凝土搅拌的最短时间是指自全部材料装入搅拌筒中起，到开始卸料止的时间。
2. 当掺有外加剂时，搅拌时间应适当延长。
3. 全轻混凝土宜采用强制式搅拌机搅拌，砂轻混凝土可采用自落式搅拌机搅拌，但搅拌时间应延长 60～90s。
4. 采用强制式搅拌机搅拌轻集料混凝土的加料顺序是：当轻集料在搅拌前预湿时，先加粗、细集料和水泥搅拌 30s，再加水继续搅拌；当轻集料在搅拌前未预湿时，先加 1/2 的总用水量和粗、细集料搅拌 60s，再加水泥和剩余用水量继续搅拌。
5. 当采用其他形式的搅拌设备时，搅拌的最短时间应按设备说明书的规定或经试验确定。

特别提示

冬期混凝土搅拌注意事项

冬期施工时，投入混凝土搅拌机中各种原材料的温度往往不同。通过搅拌，必须使混凝土内温度均匀一致。因此，搅拌时间应比规定时间延长 50%。投入混凝土搅拌机中的集料不得带有冰屑、雪团及冻块。否则，会影响混凝土中用水量的准确性和破坏水泥石与集料之间的粘结。当水需加热时，还会消耗大量热能，降低混凝土的温度。

当需加热原材料以提高混凝土的温度时，应优先采用将水加热的方法。因为水的加热简便，且水的热容量大，其比热约为砂、石的4.5倍，故将水加热是最经济、最有效的方法。只有当加热水达不到所需的温度要求时，才可依次对砂、石进行加热。水泥不得直接加热，使用前宜事先运入暖棚内存放。

三、混凝土运输

1. 运输要求

(1)运输工作应保证混凝土浇筑工作连续进行;运送混凝土的容器应严密,其内壁应平整光洁,不吸水,不漏浆,黏附的混凝土残渣应经常清除。

(2)混凝土应以最少的转运次数、最短的时间,从搅拌地点运至浇筑地点,保证混凝土从搅拌机中卸出后到浇筑完毕的延续时间不超过表 7-21 的规定。混凝土运至浇筑地点后,应符合浇筑时所规定的坍落度,见表 7-22。

表 7-21　混凝土从搅拌机中卸出至浇筑完毕的延续时间　min

混凝土强度等级	气温/℃	
	<25	≥25
≤C30	120	90
>C30	90	60

注:1. 掺用外加剂或采用快硬水泥拌制混凝土时,应按试验确定。

2. 轻集料混凝土的运输、浇筑延续时间应适当缩短。

表 7-22　混凝土浇筑时的坍落度

项次	结构种类	坍落度/mm
1	基础或地面等的垫层、无配筋的厚大结构(挡土墙、基础或厚大的块体等)或配筋稀疏的结构	10～30
2	板、梁和大型及中型截面的柱子等	30～50
3	配筋密列的结构(薄壁、斗仓、筒仓、细柱等)	50～70
4	配筋特密的结构	70～90

注:1. 本表是指采用机械振捣的坍落度,采用人工捣实时可适当增大。

2. 需要配制大坍落度混凝土时,应掺用外加剂。

3. 曲面或斜面结构的混凝土,其坍落度值应根据实际需要另行选定。

4. 轻集料混凝土的坍落度,宜比表中数值减少 10～20mm。

5. 自密实混凝土的坍落度另行规定。

(3)混凝土运输过程中应保持其均匀性,避免产生分层离析现象。如有离析现象,必须在浇筑前进行二次搅拌。

2. 运输工具的选择

混凝土的运输可分为地面水平运输、垂直运输和楼面水平运输三种方式。

(1)地面水平运输。当采用商品混凝土或运距较远时,最好采用混凝土搅拌运输车。该车在运输过程中搅拌筒可缓慢转动进行拌和,防止了混凝土的离析。当距离过远时,可装入干料在到达浇筑现场前15～20min放入搅拌水,可边行走边进行搅拌。

如现场搅拌混凝土,可采用载重1t左右容量为400L的小型机动翻斗车或手推车运输。运距较远,运量又较大时可采用皮带运输机或窄轨翻斗车。

(2)垂直运输。可采用塔式起重机、混凝土泵、快速提升斗和井架。

龙门架、井架和塔式起重机简介

龙门架、井架运输适用于一般多层建筑施工。龙门架装有升降平台,手推车可以直接推到平台上。由龙门架完成垂直运输,由手推车完成地面水平运输和楼面水平运输。井架装有升降平台或混凝土自动倾卸料斗(翻斗),采用翻斗时,混凝土倾卸在翻斗内,垂直输送至楼面。

塔式起重机作为混凝土的垂直运输工具一般均配有料斗,料斗容积一般为0.4m^3,上部开口装料,下部安装扇形手动闸门,可直接把混凝土卸入模板中。当工地搅拌站设在塔式起重机工作半径范围之内时,塔式起重机可完成地面、垂直及楼面运输而不需二次倒运。

3. 混凝土泵

混凝土泵是通过输送管将混凝土送到浇筑地点,适用于大体积混凝土,如大型基础、满堂基础、设备基础、机场跑道、水工建筑等,以及连续性强和浇筑效率要求高的混凝土,如高层建筑、贮罐、塔形构筑物、整体性强的结构等。

(1)混凝土泵的布置。泵机在施工现场的布置,应根据建筑物的轮廓形状、混凝土分段流水工程量的分布情况、周围条件、地形和交通情况等确定。应着重考虑下列情况:

1)泵机力求靠近混凝土浇筑地点,以缩短配管长度。

2)为了确保泵送混凝土能连续工作,泵机周围最好能停放两辆以上混凝土搅拌运输车。

3)多台混凝土泵同时进行浇筑时,选定的位置要与其各自承担的浇筑量相接近。

4)为便于混凝土泵清洗,其位置最好接近给排水设施。

5)为使混凝土泵在最优泵送压力下作业,如果输送距离过长或过高,可采用接力泵送。

6)为了保证施工连续进行,防止泵机发生故障造成停工,最好设有备用泵机。

(2)输送泵管的布置。混凝土输送管道一般是用钢管制成。管径通常有 100mm、125mm、150mm 几种,标准管管长 3m,配套管有 1m 和 2m 两种,另配有 90°、45°、30°、15°等不同角度的弯管,以供管道转折处使用。

输送管的管径选择主要根据混凝土集料的最大粒径以及管道的输送距离、输送高度和其他工程条件决定。

特别提示

泵送混凝土施工注意事项

(1)输送管的布置宜短直,尽量减少弯管数,转弯宜缓,管段接头要严密,少用锥形管。

(2)混凝土的供料应保证混凝土泵能连续工作,不间断;正确选择集料级配,严格控制配合比。

(3)泵送前,为减少泵送阻力,应先用适量与混凝土内成分相同的水泥浆或水泥砂浆润滑输送管内壁。

(4)泵送过程中,泵的受料斗内应充满混凝土,防止吸入空气形成阻塞。

(5)若停歇时间超过45mm,应立即用压力或其他方法冲洗管内残留的混凝土;泵送结束后,要及时清洗泵体和管道。

四、混凝土浇筑

(一)混凝土浇筑基本要求

《混凝土结构工程施工规范》(GB 50666—2011)规定,混凝土浇筑应符合以下要求:

(1)浇筑混凝土前应清除模板内或垫层上的杂物。表面干燥的地基、垫层、模板上应洒水湿润;现场环境温度高于35℃时,宜对金属模板进行洒水降温;洒水后不得留有积水。

(2)混凝土浇筑应保证混凝土的均匀性和密实性。混凝土宜一次连续浇筑。

(3)混凝土应分层浇筑,分层厚度应符合相关的规定,上层混凝土应在下层混凝土初凝之前浇筑完毕。

(4)混凝土运输、输送入模的过程应保证混凝土连续浇筑,从运输到输送入模的延续时间不宜超过表7-23的规定,且不应超过表7-24的规定。掺早强型减水剂、早强剂的混凝土,以及有特殊要求的混凝土,应根据设计及施工要求,通过试验确定允许时间。

表7-23　运输到输送入模的延续时间　min

条　件	气温	
	≤25℃	>25℃
不掺外加剂	90	60
掺外加剂	150	120

表 7-24　运输、输送入模及其间歇总的时间限值　min

条　件	气温	
	≤25℃	>25℃
不掺外加剂	180	150
掺外加剂	240	210

(5)混凝土浇筑的布料点宜接近浇筑位置，应采取减少混凝土下料冲击的措施，并应符合下列规定：

1)宜先浇筑竖向结构构件，后浇筑水平结构构件。

2)浇筑区域结构平面有高差时，宜先浇筑低区部分，再浇筑高区部分。

(6)柱、墙模板内的混凝土浇筑不得发生离析，倾落高度应符合表7-25的规定；当不能满足要求时，应加设串筒、溜管、溜槽等装置。

表 7-25　柱、墙模板内混凝土浇筑倾落高度限值　m

条件	浇筑倾落高度限值
粗集料粒径大于 25mm	≤3
粗集料粒径小于等于 25mm	≤6

(7)混凝土浇筑后，在混凝土初凝前和终凝前，宜分别对混凝土裸露表面进行抹面处理。

经验总结

混凝土浇筑技巧

混凝土的浇筑，应预先根据工程结构特点、平面形状和几何尺寸、混凝土制备设备和运输设备的供应能力、泵送设备的泵送能力、劳动力和管理能力以及周围场地大小、运输道路情况等条件，划分混凝土浇筑区域。并明确设备和人员的分工，以保证结构浇筑的整体性和按计划进行浇筑。

(二)钢筋混凝土框架结构的浇筑

(1)柱、墙混凝土设计强度比梁、板混凝土设计强度高一个等级时，柱、墙位置梁、板高度范围内的混凝土经设计单位同意，可采用与梁、板混凝土设计强度等级相同的混凝土进行浇筑。柱、墙混凝土设计强度比梁、板混凝土设计强度高两个等级及以上时，应在交界区域采取分隔措施，分隔位置应在低强度等级的构件中，且距离高强度等级构件边缘不应小于500mm。

(2)宜先浇筑高强度等级混凝土，后浇筑低强度等级混凝土。

(3)柱、剪力墙混凝土浇筑应符合下列规定：

1)浇筑墙体混凝土应连续进行，间隔时间不应超过混凝土初凝时间。

2)墙体混凝土浇筑高度应高出板底20～30mm。柱混凝土墙体浇筑完毕之后，将上口甩出的钢筋加以整理，用木抹子按标高线将墙上表面混凝土找平。

3)柱墙浇筑前底部应先填5～10cm厚与混凝土配合比相同的减石子砂浆，混凝土应分层浇筑振捣，使用插入式振捣器时每层厚度不大于50cm，振捣棒不得触动钢筋和预埋件。

4)柱墙混凝土应一次浇筑完毕，如需留施工缝时应留在主梁下面。无梁楼板应留在柱帽下面。在墙柱与梁板整体浇筑时，应在柱浇筑完毕后停歇2h，使其初步沉实，再继续浇筑。

5)浇筑一排柱的顺序应从两端同时开始，向中间推进，以免因浇筑混凝土后由于模板吸水膨胀，断面增大而产生横向推力，最后使柱发生弯曲变形。

6)剪力墙浇筑应采取长条流水作业，分段浇筑，均匀上升。墙体混凝土的施工缝一般宜设在门窗洞口上，接槎处混凝土应加强振捣，保证接槎严密。

(4)梁、板同时浇筑，浇筑方法应由一端开始用“赶浆法”，即先浇筑梁，根据梁高分层浇筑成阶梯形，当达到板底位置时再与板的混凝土一起浇筑，随着阶梯形不断延伸，梁、板混凝土浇筑连续向前进行。

(5)与板连成整体高度大于1m的梁，允许单独浇筑，其施工缝应留在板底以下2～3mm处。浇捣时，浇筑与振捣必须紧密配合，第一层下料慢些，梁底充分振实后再下第二层料，用“赶浆法”保持水泥浆沿梁底包裹石子向前推进，每层均应振实后再下料，梁底及梁侧部位要注意振实，振捣时不得触动钢筋及预埋件。

(6)浇筑板混凝土的虚铺厚度应略大于板面，用平板振捣器垂直浇筑方向来回振捣，厚板可用插入式振捣器顺浇筑方向托拉振捣，并用铁插尺检查混凝土厚度，振捣完毕后用长木抹子抹平。施工缝处或有预埋件及插筋处用木抹子找平。浇筑板混凝土时不允许用振捣棒铺摊混凝土。

(7)肋形楼板的梁板应同时浇筑，浇筑方法应先将梁根据高度分层浇捣成阶梯形，当达到板底位置时即与板的混凝土一起浇捣，随着阶梯形的不断延长，则可连续向前推进。倾倒混凝土的方向应与浇筑方向相反。

(8)浇筑无梁楼盖时，在离柱帽下 5cm 处暂停，然后分层浇筑柱帽，下料必须倒在柱帽中心，待混凝土接近楼板底面时，即可连同楼板一起浇筑。

(9)当浇筑柱梁及主次梁交叉处的混凝土时，一般钢筋较密集，特别是上部负钢筋又粗又多，因此，既要防止混凝土下料困难，又要注意砂浆挡住石子不下去。必要时，这一部分可改用细石混凝土进行浇筑，与此同时，振捣棒头可改用片式并辅以人工捣固配合。

型钢混凝土浇筑

型钢混凝土结构浇筑应符合下列规定：

(1)混凝土强度等级为 C30 以上，宜用商品混凝土泵送浇捣，先浇捣柱后浇捣梁。混凝土粗集料最大粒径不应大于型钢外侧混凝土保护层厚度的 1/3，且不宜大于 25mm。

(2)混凝土浇筑应有充分的下料位置，浇筑应能使混凝土充盈整个构件各部位。

(3)在柱混凝土浇筑过程中，型钢周边混凝土浇筑宜同步上升，混凝土浇筑高差不应大于 500mm，每个柱采用 4 个振捣棒振捣至顶。

(4)在梁柱接头处和梁的型钢翼缘下部，由于浇筑混凝土时有部分空气不易排出，或因梁的型钢混凝土翼缘过宽影响混凝土浇筑，需在型钢翼缘的一些部位预留排气孔和混凝土浇筑孔。

(5)梁混凝土浇筑时,在工字钢梁下翼缘板以下从钢梁一侧下料,用振捣器在工字钢梁一侧振捣,将混凝土从钢梁底挤向另一侧,待混凝土高度超过钢梁下翼缘板100mm以上时,改为两侧两人同时对称下料,对称振捣,待浇至上翼缘板100mm时再从梁跨中开始下料浇筑,从梁的中部开始振捣,逐渐向两端延伸,至上翼缘下的全部气泡从钢梁梁端及梁柱节点位置穿钢筋的孔中排出为止。

(三)施工缝的留设与处理

1. 施工缝留设位置及方法

施工缝的位置应设置在结构受剪力较小且便于施工的部位。

楼梯施工缝留设在楼梯段跨中1/3跨度范围内无负弯矩筋的部位。圈梁施工缝留在非砖墙交接处、墙角、墙垛及门窗洞范围内。

(1)柱的施工缝留在基础的顶面、梁或吊车梁牛腿的下面;或吊车梁的上面、无梁楼板柱帽的下面,如图7-30所示;在框架结构中如梁的负筋弯入柱内,则施工缝可留在这些钢筋的下端。

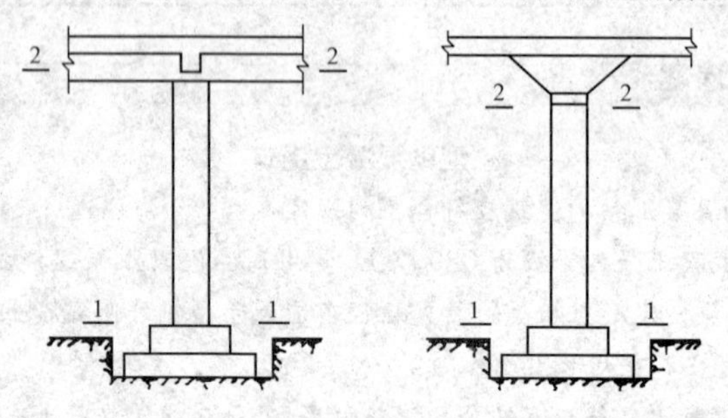

图7-30　柱的施工缝留置

1—1、2—2—施工缝位置

(2)梁板、肋形楼板施工缝留置应符合下列要求:

1)与板连成整体的大截面梁,留在板底面以下20～30mm处;当板下有梁托时,留在梁托下部。单向板可留置在平行于板的短边的任何位置(但为方便施工缝的处理,一般留在跨中 1/3 跨度范围内)。

2)在主、次梁的肋形楼板,宜顺着次梁方向浇筑,施工缝底留置在次梁跨度中间 1/3 范围内,如图 7-31 所示,无负弯矩钢筋与之相交叉的部位。

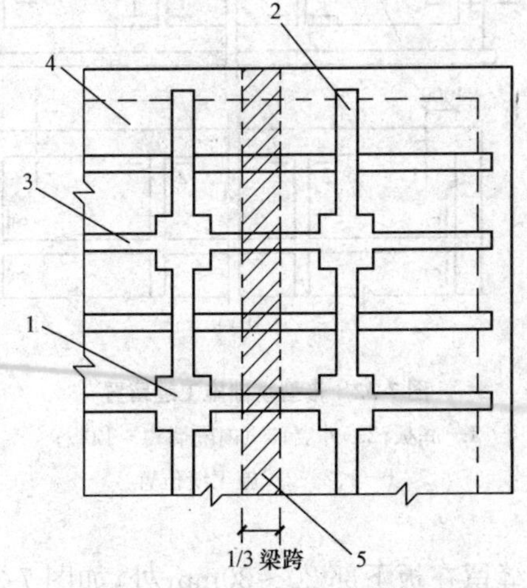

图 7-31　有主次梁楼板施工缝留置

1—柱;2—主梁;3—次梁;4—楼板;5—按此方向浇筑混凝土,可留施工缝范围

(3)墙施工缝宜留置在门洞口过梁跨中 1/3 范围内,也可留在纵横墙的交接处。

(4)箱形基础。箱形基础的底板、顶板与外墙的水平施工缝应设在底板顶面以上及顶板底面以下 300～500mm 为宜,接缝宜设钢板、橡胶止水带或凸形企口缝;底板与内墙的施工缝可设在底板与内墙交接处;而顶板与内墙的施工缝,位置应视剪力墙插筋的长短而定,一般 1000mm 以内即可;箱形基础外墙垂直施工可设在距离转角 1000mm 处,采取相对称的两块墙体一次浇筑施工,间隔 5～7d,待收缩基本稳定后,再浇筑另一相对称墙体。内隔墙可在内墙与外墙交接处留施工缝,一次浇筑完成,内墙本身一般不再留垂直施工缝,如图 7-32 所示。

(5)地坑、水池。底板与立壁施工缝,可留在立壁上距离坑(池)底板混凝土面上部 200～500mm 的范围内,转角宜做成圆角或折线形;

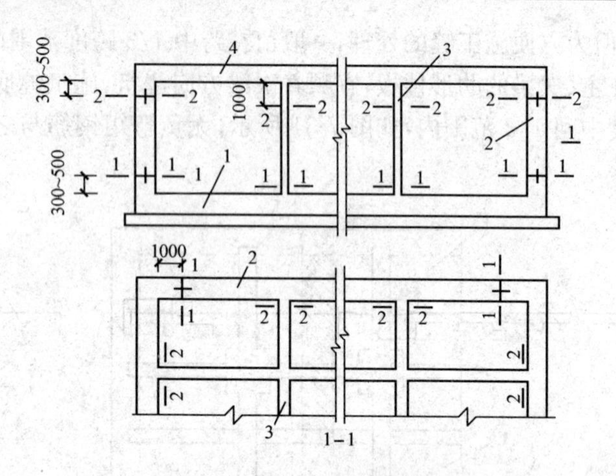

图 7-32　箱型基础施工缝留置

1—底板；2—外墙；3—内隔墙；4—顶板；

1—1、2—2—施工缝位置

顶板与立壁施工缝留在板下部 20～30mm 处，如图 7-33(a)所示；大型水池可从底板、池壁到顶板在中部留设后浇带，使之形成环状，如图 7-33(b)所示。

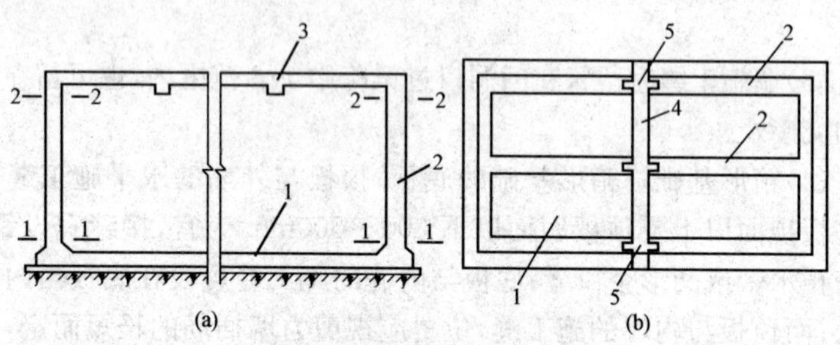

图 7-33　地坑、水池施工缝留置

(a)水平施工缝留置；(b)后浇带留置(平面)

1—底板；2—墙壁；3—顶板；4—底板后浇带；5—墙壁后浇带；

1—1、2—2—施工缝位置

(6)地下室、地沟施工缝留置应符合下列要求：

1)地下室梁板与基础连接处，外墙底板以上和上部梁、板下部

20～30mm处可留水平施工缝，如图 7-34(a)所示，大型地下室可在中部留环状后浇缝。

2)较深基础悬出的地沟，可在基础与地沟、楼梯间交接处留垂直施工缝如图 7-34(b)所示；很深的薄壁槽坑，可每 4～5m 留设一道水平施工缝。

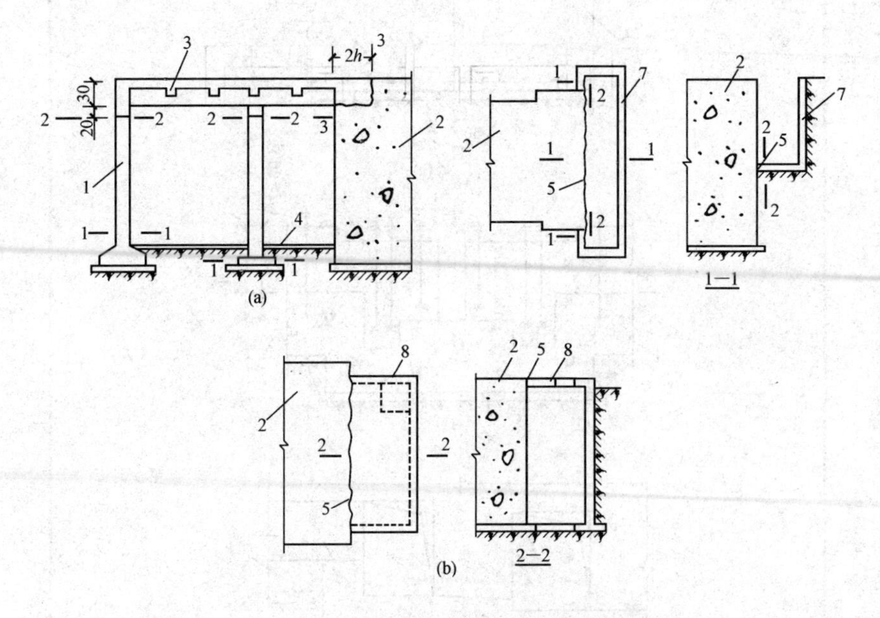

图 7-34　地下室、地沟、楼梯间施工缝的留置

(a)地下室；(b)地沟、楼梯间

1—地下室墙；2—设备基础；3—地下室梁板；4—底板或地坪

5—施工缝；6—伸出钢筋；7—地沟；8—楼梯间；1-1、2-2—施工缝位置

大型设备基础施工缝的留设

(1)受动力作用的设备基础互不相依的设备与机组之间、输送辊道与主基础之间可留垂直施工缝，但与地脚螺栓中心线间的距离不得小于250mm，且不得小于螺栓直径的 5 倍，如图 7-35(a)所示。

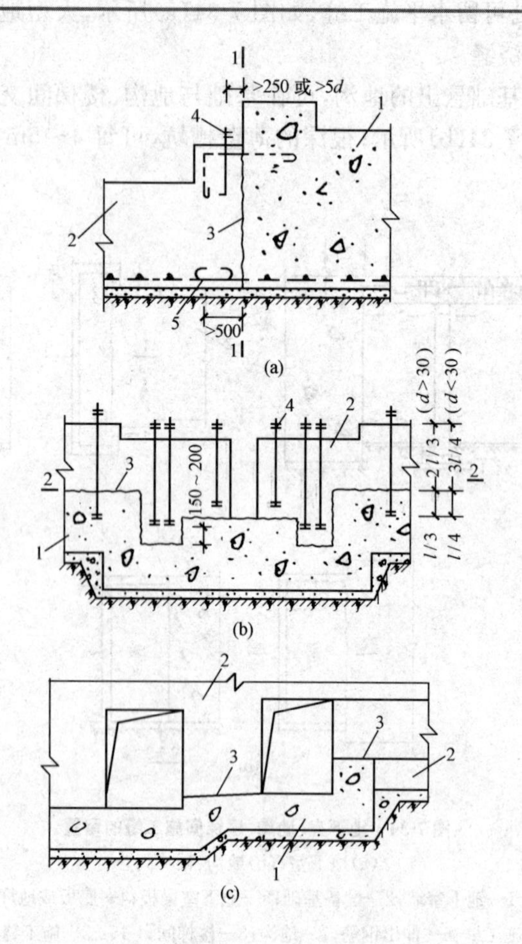

图 7-35 设备基础施工缝留置

(a)两台机组之间适当地方留置施工缝；(b)基础分两次浇筑施工缝留置；

(c)基础底板与上部块体、沟槽施工缝留置

1—第一次浇筑混凝土；2—第二次浇筑混凝土；3—施工缝；4—地脚螺栓；5—钢筋

d—地脚螺栓直径；l—地脚螺栓埋入混凝土长度

(2)水平施工缝可留在低于地脚螺栓底端，其与地脚螺栓底端的距离应大于 150mm；当地脚螺栓直径小于 30mm 时，水平施工缝可留置在不

小于地脚螺栓埋入混凝土部分总长度的 3/4 处，如图 7-35(b)所示；水平施工缝亦可留置在基础底板与上部块体或沟槽交界处，如图 7-35(c)所示。

对受动力作用的重型设备基础不允许留施工缝时，可在主基础与辅助设备基础、沟道、辊道之间，受力较小部位留设后浇缝。

2. 施工缝的处理

(1)所有水平施工缝应保持水平，并做成毛面，垂直缝处应支模浇筑；施工缝处的钢筋均应留出，不得切断。为防止在混凝土或钢筋混凝土内产生沿构件纵轴线方向错动的剪力，柱、梁施工缝的表面应垂直于构件的轴线；板的施工缝应与其表面垂直；梁、板亦可留企口缝，但企口缝不得留斜槎。

(2)在施工缝处继续浇筑混凝土时，已浇筑的混凝土抗压强度应≥1.2N/mm^2。首先应清除硬化的混凝土表面上的水泥薄膜和松动石子以及软混凝土层，并加以充分湿润和冲洗干净，不积水；然后在施工缝处铺一层水泥浆或与混凝土内成分相同的水泥砂浆；浇筑混凝土时，应细致捣实，使新旧混凝土紧密结合。

(3)承受动力作用的设备基础的施工缝，在水平施工缝上继续浇筑混凝土前，应对地脚螺栓进行一次观测校准；标高不同的两个水平施工缝，其高低结合处应留成台阶形，台阶的高宽比不得大于 1.0；垂直施工缝应加插钢筋，其直径为 12～16mm，长度为 500～600mm，间距为 500mm，在台阶式施工缝的垂直面上也应补插钢筋；施工缝的混凝土表面应凿毛，在继续浇筑混凝土前，应用水冲洗干净，湿润后在表面上抹 10～15mm 厚与混凝土内成分相同的一层水泥砂浆；继续浇筑混凝土时该处应仔细捣实。

(4)后浇缝宜做成平直缝或阶梯缝，钢筋不切断。后浇缝应在其两侧混凝土龄期达 30～40d 后，将接缝处混凝土凿毛、洗净、湿润、刷水泥浆一层，再用强度不低于两侧混凝土的补偿收缩混凝土浇筑密实，并养护 14d 以上。

施工缝处理注意事项

(1)结合面应采用粗糙面，并应清除浮浆、疏松石子、软弱混凝土层。

(2)结合面处应采用洒水方法进行充分湿润，并不得有积水。

(3)施工缝处已浇筑混凝土的强度不应小于1.2MPa。

(4)柱、墙水平施工缝水泥砂浆接浆层厚度不应大于30mm，接浆层水泥砂浆应与混凝土浆液同成分。

(5)施工缝位置附近回弯钢筋时，要做到钢筋周围的混凝土不受松动损坏。钢筋上的油污、水泥砂浆及浮锈等杂物也应清除。

(6)从施工缝处开始继续浇筑时，要注意避免直接靠近缝边下料。机械振捣前，宜向施工缝处逐渐推进，并距离80～100cm处停止振捣，但应加强对施工缝接缝的捣实工作，使其紧密结合。

(四)后浇带混凝土浇筑

设置后浇带可以预防超长梁、板(宽)混凝土在凝结过程中的收缩应力对混凝土产生收缩裂缝，同时，减少结构施工初期地基不均匀沉降对强度还未完成增长的混凝土结构的破坏。

后浇带的位置是由设计确定的，后浇带处梁板的钢筋加强应按设计要求，后浇带的位置和宽度应严格按施工图要求留设。

后浇带混凝土的浇筑时间，是在1～2个月以后，或主体施工完成后。这时，混凝土的强度增长和收缩已基本完成，地基的压缩变形也已基本完成。

后浇带处混凝土施工应符合下列要求：

(1)后浇带处两侧应按施工缝处理。

(2)应采用补偿收缩性混凝土(如UEA混凝土，UEA的掺量应按设计要求)，后浇

> 后浇带混凝土强度等级及性能应符合设计要求；当设计无要求时，后浇带强度等级宜比两侧混凝土提高一级，并宜采用减少收缩的技术措施进行浇筑。

带处的混凝土应分层精心振捣密实。如在地下室施工中，底板和外侧墙体的混凝土中，应按设计在后浇带的两侧加强防水处理。

五、混凝土振捣

混凝土捣实的方法有人工振捣和机械振捣。机械振捣比人工振捣效果好，提高混凝土密实度，水灰比可以减小。机械振捣在施工现场主要用振动法。混凝土振捣机械按其传递振动的方式分为：内部振动器、表面振动器、外部振动器和振动台。在施工工地主要使用内部振动器、表面振动器。

1. 内部振动器

内部振动器又称为插入式振动器（振动棒），多用于振捣现浇基础、轮、梁、墙等结构构件和大体积设备基础的混凝土捣实。

当采用内部振动器时，捣实普通混凝土的移动间距，不宜大于振捣器作用半径的1.5倍，如图7-36所示。捣实轻集料混凝土的移动间距，不宜大于其作用半径；振捣器与模板的距离，不应大于其作用半径的0.5倍，并应避免碰撞钢筋、模板、预埋件等；振捣器插入下层混凝土内的深度应不小于50mm。一般每点振捣时间为20～30s，使用高频振动器时，最短不应少于10s，应使混凝土表面成水平，且不再显著下沉，不再出现气泡，表面泛出灰浆为准。振动器插点要均匀排列，可采用“行列式”或“交错式”，以图7-37的次序移动，不应混用，以免造成混乱而发生漏振。

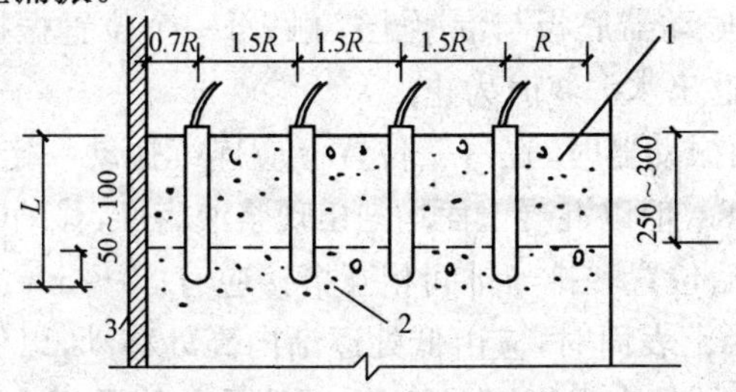

图7-36　插入式振动器的插入深度

1—新浇筑的混凝土；2—下层已振捣但尚未初凝的混凝土；3—模板

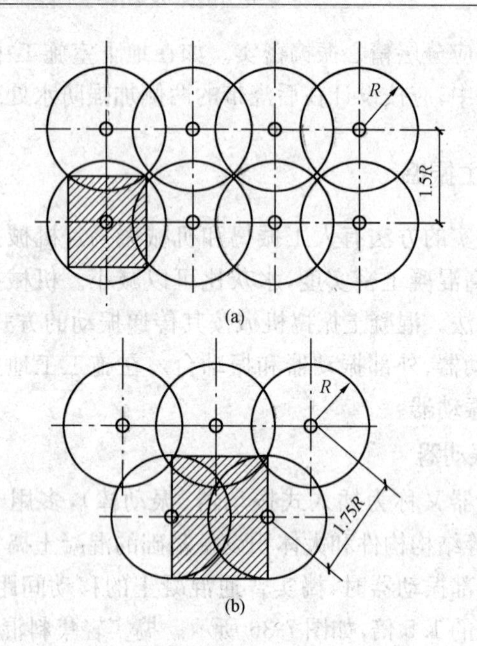

图 7-37 振捣点的布置

(a)行列式;(b)交错式

R—振动棒的有效作用半径

2. 表面振动器

表面振动器又称为平板式振动器,是将振动器安装在底板上,振捣时将振动器放在浇筑好的混凝土结构表面,振动力通过底板传给混凝土,使用时振动器底板与混凝土接触,每一个位置振捣到混凝土不再下沉,表面返出水泥浆时为止。

采用表面振动器时,在每一位置上应连续振动一定时间,正常情况下为 25～40s,但以混凝土面均匀出现浆液为准,移动时应成排依次振动前进,前后位置和排与排间相互搭接应有 30～50mm,防止漏振。振动倾斜混凝土表面时,应由低处逐渐向高处移动,以保证混凝土振实。表面振动器的有效作用深度,在无筋及单筋平板中为 200mm,在双筋平板中约为 120mm。

知识链接

外部振动器

采用外部振动器时，振动时间和有效作用随结构形状、模板坚固程度、混凝土坍落度及振动器功率大小等各项因素而定。一般每隔1～1.5m的距离设置一个振动器。当混凝土成一水平面不再出现气泡时，可停止振动。必要时应通过试验确定振动时间。待混凝土入模后方可开动振动器，混凝土浇筑高度要高于振动器安装部位。当钢筋较密和构件断面较深较窄时，亦可采取边浇筑边振动的方法。外部振动器的振动作用深度在250mm左右，如构件尺寸较厚时，需在构件两侧安设振动器同时进行振捣。

六、混凝土养护

混凝土养护，就是创造一个具有适合的温度和湿度的环境，使混凝土凝结硬化，逐渐达到设计要求的强度。

(一)混凝土养护时间

(1)采用硅酸盐水泥、普通硅酸盐水泥或矿渣硅酸盐水泥配制的混凝土，不应少于7d；采用其他品种水泥时，养护时间应根据水泥性能确定。

(2)采用缓凝型外加剂、大掺量矿物掺合料配制的混凝土，不应少于14d。

(3)抗渗混凝土、强度等级C60及以上的混凝土，不应少于14d。

(4)后浇带混凝土的养护时间不应少于14d；地下室底层墙、柱和上部结构首层墙、柱宜适当增加养护时间；基础大体积混凝土养护时间应根据施工方案确定。

(二)混凝土养护方法

混凝土的养护方法很多，最常用的是对混凝土试块的标准条件下的养护，对预制构件的蒸汽养护，对一般现浇钢筋混凝土结构的自然养护等。

1. 蒸汽养护

蒸汽养护是将构件放在充有饱和蒸汽或蒸汽空气混合物的养护室

内，在较高的温度和相对湿度的环境中进行养护，以加快混凝土的硬化。常用蒸汽养护的方法有棚罩法、蒸汽套法、热模法、蒸汽毛管法。

(1)棚罩法是用帆布或其他罩子扣罩，内部通蒸汽养护混凝土，适用于预制梁、板、地下基础、沟道等。

(2)蒸汽套法是制作密封保温外套，分段送汽养护混凝土，蒸汽通入模板与套板之间的空隙来加热混凝土，适用于现浇梁、板、框架结构、墙、柱等。

(3)热模法是在模板外侧配置蒸汽管，加热模板再由模板传热给混凝土进行养护，适用于墙、柱及框架结构。其构造如图 7-38 所示。

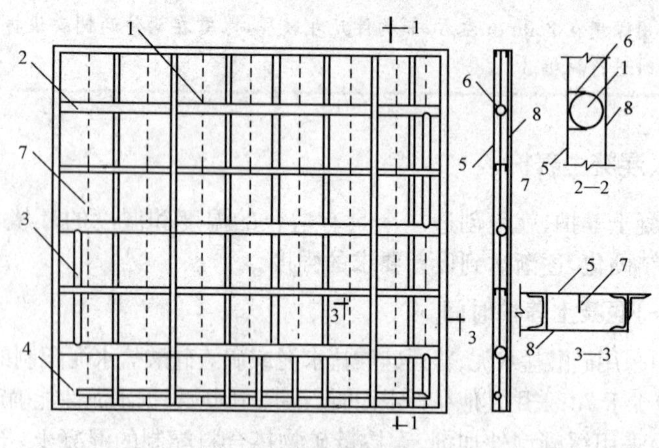

图 7-38 蒸汽热模构造

1—ϕ89 钢管；2—ϕ20 进汽口；3—ϕ50 连通管；4—ϕ20 出汽口；
5—3mm 厚面板；6—3mm×50mm 导热横肋；7—导热竖肋；8—26 号薄钢板

(4)蒸汽毛管法是在结构内部预留孔道，通蒸汽加热混凝土进行养护，适用于预制梁、柱、桁架，现浇梁、柱、框架单梁。其构造如图 7-39所示。

2. 自然养护

自然养护是在常温下(平均气温不低于＋5℃)用适当的材料(如草帘)覆盖混凝土，并适当浇水，使混凝土在规定的时间内保持足够的湿润状态。

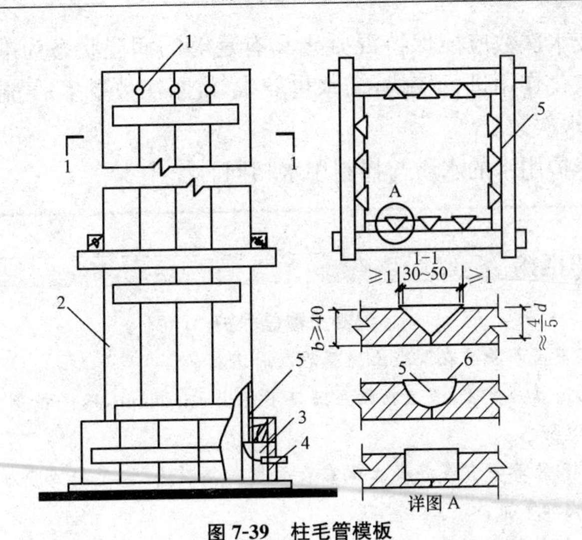

图 7-39 柱毛管模板

1—出汽孔;2—模板;3—蒸汽分配箱;4—进汽管;5—毛管;6—薄钢板

知识拓展

太阳能养护法

太阳能养护是在结构或构件周围表面护盖塑料薄膜或透光材料搭设的棚罩,用以吸收太阳光的热能对结构、构件进行加热蓄热养护,使混凝土在强度增长过程中有足够的温度和湿度,促进水泥水化,获得早强。太阳能养护具有工艺简单,劳动强度低,投资少,节省费用(为自然养护的45%～65%,蒸汽养护的30%),缩短养护周期30%～50%,节省能源和养护用水等优点,但需消耗一定量塑料薄膜材料,而棚罩式不便保管,占场地较多。适于中、小型构件的养护,亦可用于现场楼板、路面等的养护。

混凝土的自然养护应符合下列规定:

(1)在混凝土浇筑完毕后,应在12h以内加以覆盖和浇水。

(2)混凝土的浇水养护日期:硅酸盐水泥、普通硅酸盐水泥和矿渣硅酸盐水泥拌制的混凝土,不得少于7d;掺用缓凝型外加剂或有抗渗性要求的混凝土,不得少于14d。

(3)浇水次数应能保持混凝土具有足够的润湿状态为准,养护初期,水泥水化作用进行较快,需水也较多,浇水次数要多;气温高时,也应增加浇水次数。

(4)养护用水的水质与拌制用水相同。

混凝土覆盖养护

(1)覆盖养护应在混凝土终凝后及时进行。

(2)覆盖应严密,覆盖物相互搭接不宜小于100mm,确保混凝土处于保温保湿状态。

(3)覆盖养护宜在混凝土裸露表面覆盖塑料薄膜、塑料薄膜加麻袋、塑料薄膜加草帘。

(4)塑料薄膜应紧贴混凝土裸露表面,塑料薄膜内应保持有凝结水,保证混凝土处于湿润状态。

(5)覆盖物应严密,覆盖物的层数应按施工方案确定。

七、混凝土工程绿色施工措施

(1)在混凝土配制过程中尽量使用工业废渣,如粉煤灰、高炉矿渣等来代替水泥,既节约了能源,保护环境,也能提高混凝土的性能。

(2)可以使用废弃混凝土、废砖块、废砂浆作为集料配制混凝土。

(3)利用废混凝土制备再生水泥,作为配制混凝土的材料。

(4)采取数字化技术,对大体积混凝土、大跨度结构等专项施工方案进行优化。

(5)准确计算采购数量、供应频率、施工速度等,在施工过程中进行动态控制。

(6)对现场模板的尺寸、质量进行复核,防止爆模、漏浆及模板尺寸大而产生的混凝土浪费。在钢筋上焊接标志筋,控制混凝土的面标高。

(7)混凝土余料利用。结构混凝土多余的量用于浇捣现场道路、排水沟、混凝土垫块及砌体工程门窗混凝土块。

第八章　钢结构工程施工工艺和方法

第一节　钢构件加工施工工艺和方法

钢结构构件一般是按设计图纸在工厂加工制作，包括放样、号料、切割下料、边缘加工、矫正、制孔、组装等工艺过程。

一、放样与号料

1. 放样

放样即是根据已审核过的施工详图，按构件（或部件）的实际尺寸或一定比例画出该构件的轮廓，或将曲面摊成平面，求出实际尺寸作为制造样板、加工和装配工作的依据。

放样是整个钢结构制作工艺中第一道工序，是非常重要的一道工序。因为所有的构件、部件、零件尺寸和形状都必须先进行放样，然后根据其结果数据、图样进行加工，最后才把各个零件装配成一个整体，所以，放样的准确程度将直接影响产品的质量。

放样操作要点如下：

(1)放样从熟悉图纸开始，首先要仔细看清技术要求，并逐个核对图纸之间的尺寸和相互关系，发现疑问应向有关技术部门联系解决。

(2)放样作业人员应熟悉整个钢结构加工工艺，了解工艺流程及加工过程，以及加工过程中需要的机械设备性能及规格。

(3)放样时以 1∶1 的比例在样板台上弹出大样。当大样尺寸过大时，可分段弹出。对一些三角形的构件，如果只对其节点有要求，则可以缩小比例弹出样子，但应注意其精度。

(4)用作计量长度依据的钢盘尺，特别注意应经授权的计量单位计量，且附有偏差卡片，使用时按偏差卡片的记录数值校对其误差数。钢结构制作、安装、验收及土建施工用的量具，必须用同一标准进行鉴定，应有相同的精度等级。

(5)放样结束，应进行自检。检查样板是否符合图纸要求，核对样板加工数量。

放样平台要求

钢材放样台是专门用来放样的，可分为木质地板放样台和钢质地板放样台两种。放样平台应符合以下要求：

(1)放样平台表面应保持平整光洁，平时仍需保护台面，不许在其上对活、击打、矫正工作等。

(2)木质地板放样台应设置于室内，光线要充足，干湿度要适宜。木质地板放样台应刷上淡色无光漆，并注意防火。

(3)钢质地板放样台一般刷上粘白粉或白油漆，这样可以划出易于辨别清楚的线条，以表示不同的结构形状，使放样台上的图面清晰，不致混乱。

(4)钢结构放样也可在装饰好的室内地坪上进行。如果在地坪上放样，也可根据实际情况采用弹墨线的方法。

2. 号料

号料是以样板、样杆或图纸为根据，在原材料上画出实样，并打上各制造厂内部约定的加工记号。号料的工作内容包括：检查核对材料；在材料上划出切割、铣、刨、弯曲、钻孔等加工位置；打冲孔；标注出零件的编号。

为了合理使用和节约原材料，应最大限度地提交原材料的利用率，一般常用的号料方法有集中号料法、套料法、统计计算法和余料统一号料法等，见表 8-1。

表 8-1　　常用的号料方法

序号	方法	内容说明
1	集中号料法	由于钢材的规格多种多样，为减少原材料的浪费，提高生产效率，应把同厚度的钢板零件和相同规格的型钢零件，集中在一起进行号料，这种方法称为集中号料法
2	套料法	在号料时，精心安排板料零件的形状位置，把同厚度的不同形状的零件和同一形状的零件进行套料，这种方法称为套料法
3	统计计算法	统计计算法是在型钢下料时采用的一种方法。号料时应将所有同规格型钢零件的长度归纳在一起，先把较长的排出来，再算出余料的长度，然后把和余料长度相同或略短的零件排上，直至整根料被充分利用为止。这种先进行统计安排再号料的方法，称为统计计算法
4	余料统一号料法	将号料后剩下的余料按厚度、规格与形状基本相同的集中在一起，把较小的零件放在余料上进行号料，此法称为余料统一号料法

特别提示

钢材号料注意事项

(1)钢材号料前，操作人员必须了解钢材的钢号、规格，并检查其外观质量。

(2)号料的原材料必须摆平放稳，不宜过大弯曲。

(3)不同规格、不同钢号的零件应分别号料，号料应依据先大后小的原则依次号料，且应考虑设备的可切割加工性。

(4)带圆弧形的零件，不论是剪切还是气割，都不应紧靠在一起进行号料，必须留有间隙，以利于剪切或气割。

(5)钢板长度不够需要的焊接接长时，在接缝处必须注明坡口形状及大小，在焊接和矫正后再画线。

(6)放样和号料应预留收缩量(包括现场焊接收缩量)及切割、铣端等需要的加工余量。

(7)钢材号料完成后，应在零件的加工线、拼缝线及孔的中心位置上打冲印或凿印，同时用标记笔或色漆在材料的图形上注明。

二、切割下料

钢材的切割下料应根据钢材的截面形状、厚度及切割边缘的质量要求而采用不同的切割方法。钢材的切割可以通过冲剪、切削、气体切割、锯切、摩擦切割和高温热源来实现。目前，常用的切割方法有气割和机械切割等。

1. 气割

> 气割前钢材切割区域表面应清理干净。切割时，应根据设备类型、钢材厚度、切割气体等因素选择适合的工艺参数。

气割是根据某种金属被加热到一定温度时，在氧气流中能够剧烈燃烧氧化的原理，用割炬来进行切割的。气割可以切割较大厚度范围的钢材，而且设备简单，费用经济，生产效率较高，并能实现空间各种位置的切割，因此在金属结构制造与维修中得到广泛的应用。气割分为手工切割和自动切割。

手工切割操作要点如下：

(1)切割操作时，首先点燃割炬，随即调整火焰。火焰的大小，应根据工件的厚薄调整适当，然后进行切割。

(2)开始切割时，若预热钢板的边缘略呈红色时，将火焰局部移出边缘线以外，同时慢慢打开切割氧气阀门。如果预热的红点在氧流中被吹掉，此时应开大切割氧气阀门。当有氧化亚铁渣随氧流一起飞出时，证明已割透，这时即可进行正常切割。

(3)若遇到切割必须从钢板中间开始，要在钢板上先割出孔，再按切割线进行切割。割孔时，首先预热要割孔的地方，然后将割嘴提起离钢板约 15mm 左右，再慢慢开启切割氧阀门，将割嘴稍侧倾并旁移，使熔渣吹出，直至将钢板割穿，再沿切割线切割，如图 8-1 所示。

(4)在切割过程中，有时因嘴头过热或氧化亚铁渣的飞溅，使割炬嘴头堵住或乙炔供应不及时，嘴头产生鸣爆并发生回火现象。这时应迅速关闭预热氧气和切割炬。若仍然发出“嘶、嘶”声，说明割炬内回火尚未熄灭，这时应迅速将乙炔阀门关闭或者迅速拔下割炬上的乙炔

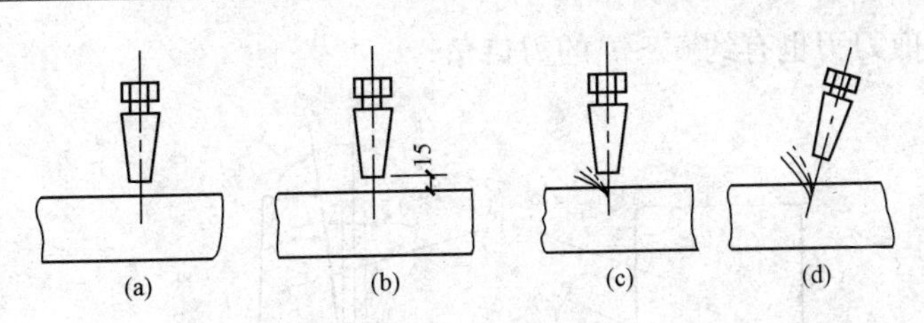

图 8-1　手工气割

(a)预热;(b)上提;(c)吹渣;(d)切割

气管,使回火的火焰气体排出。处理完毕,应先检查割炬的射吸能力,然后方可重新点燃割炬。

(5)切割临近终点时,嘴头应略向切割前进的反方向倾斜,以利于钢板的下部提前割透,使收尾时割缝整齐。当到达终点时,应迅速关闭切割氧气阀门,并将割炬抬起,再关闭乙炔阀门,最后关闭预热氧阀门。

自动切割的切割精度高,速度快,在其数控精度时可省去放样、画线等工序而直接切割,适于钢板切割。

气割的允许偏差应符合表 8-2 的规定。

表 8-2　　气割的允许偏差　　mm

项　　目	允许偏差
零件宽度、长度	±3.0
切割面平面度	$0.05t$,且不应大于 2.0
割纹深度	0.3
局部缺口深度	1.0

注:t 为割面厚度。

2. 机械切割

机械切割是利用上、下剪刀的相对运动来切断钢材,常用冲剪切割法。剪切一般在斜口剪床、龙门剪床及圆盘剪切机等专用机床上进行。

(1)在斜口剪床上剪切。为了使剪刀片具有足够的剪切能力,其上剪刀片沿长度方向的斜度一般为 10°～15°,截面的角度为 75°～80°。这样可避免在剪切时剪刀和钢板材料之间产生摩擦,如图 8-2 所示,上、下剪刀刃也有约5°～7°的刃口角。

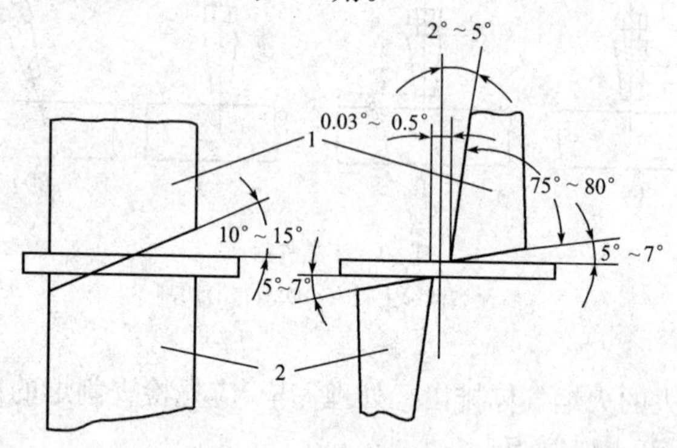

图8-2 剪切刃的角度

1—上剪刀片；2—下剪刀片

上、下剪刀片之间的间隙，根据剪切钢板厚度不同，可以进行调整。其间隙见表8-3，厚度越厚，间隙越大。一般斜口剪床适用于剪切厚度在25mm以下的钢板。

表8-3　斜口剪床上、下剪刀片之间的间隙

mm

钢板厚度	<5	6～14	15～30	30～40
刀片间隙	0.08～0.09	0.10～0.3	0.4～0.5	0.5～0.6

(2)在龙门剪床上剪切。剪切前，将钢板表面清理干净，并划出剪切线，然后将钢板放在工作台上。剪切时，首先将剪切线的两端对准下刀口。多人操作时，选定一人指挥，控制操纵机构。剪床的压紧机构先将钢板压牢后，再进行剪切。这样一次就完成全长的剪切，而不像斜口剪床那样分几段进行。因此，在龙门剪床上进行剪切操作要比斜口剪床容易掌握。龙门剪床上的剪切长度不能超过下刀口长度。

(3)在圆盘剪切机上剪切。圆盘剪切机是剪切曲线的专用设备。圆盘剪切机的剪刀由上、下两个呈锥形的圆盘组成。上、下圆盘的位置大多数是倾斜的，并可以调节，图8-3中的上圆盘是主动盘，由齿轮传动；下圆盘是从动盘，固定在机座上。钢板放在两盘之间，可以剪切任意曲线形。在圆盘剪切机上进行剪切之前，首先要根据被剪切钢板厚度调整上、下两只圆盘剪刀的距离。

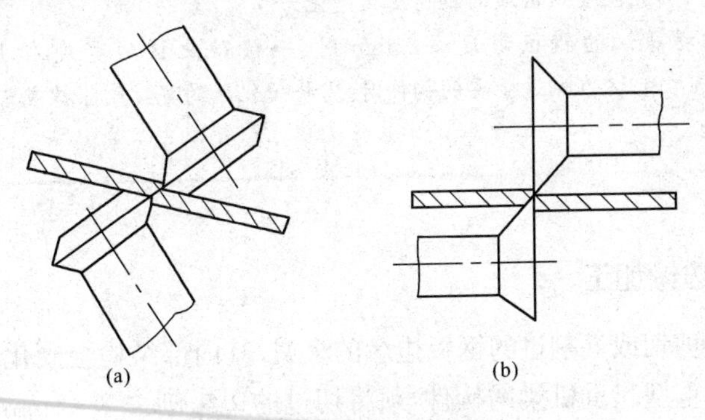

图 8-3　两种不同圆盘剪切的装置

(a)倾斜式；(b)非倾斜式

机械剪切的允许偏差，见表 8-4。

表 8-4　**机械剪切的允许偏差**　mm

项　　目	允许偏差
零件宽度、长度	±3.0
边缘缺棱	1.0
型钢端部垂直度	2.0

特别提示

剪切注意事项

剪切是一种高效率切割金属的方法，切口也较光洁平整。但也有一定的缺点，如：

(1)零件经剪切后发生弯曲和扭曲变形，后必须进行矫正。

(2)如果刀片间隙不适当，则零件剪切断面粗糙并带有毛刺或出现卷边等不良现象。

(3)在剪切过程中,由于切口附近金属受剪力作用而发生挤压、弯曲而变形,由此而使该区域的钢材发生硬化。

当被剪切的钢板厚度＜25mm 时,一般硬化区域宽度在 1.5～2.5mm。因此,在制造重要的构件时,需将硬化区的宽度刨除掉或者进行热处理。

三、边缘加工

经过剪切或气割过的钢板边缘的金属,其内部结构会硬化和变化,如桥梁或重型起重机梁的构件,须将切过的边缘刨去 3～5mm,以保证质量。为了保证焊缝质量和焊透以及装配的准确性,需要进行边缘加工,不仅需要将钢板边缘刨成或铲成坡口,还需将边缘刨直或铣平。

1. 边缘加工方法

常用的边缘加工方法主要有铲边、刨边、铣边、碳弧气刨和气割坡口等。

(1)铲边。对加工质量要求不高,并且工作量不大的边缘加工,可采用铲边。铲边有手工铲边和机械铲边(风动铲锤)两种,手工铲边的工具有手锤和手铲等,机械铲边的工具有风动铲锤和铲头等。

(2)刨边。刨边要在刨边机上进行。需切削的板材固定在作业台上,由安装在移动刀架上的刨刀来切削板材的边缘。刀架上可以同时固定两把刨刀,以同方向进刀切削,也可在刀架往返行程时正反相切削。

(3)铣边。对于有些构件的端部,可采用铣边(端面加工)的方法代替刨边,铣边是为了保持构件的精度。如起重机梁、桥梁等接头部分,钢柱或塔架等的金属抵承部位。能使其力由承压面直接传至底板支座,以减少连接焊缝的焊脚尺寸,其加工质量优于刨边的加工质量。

(4)碳弧气刨。碳弧气刨的切割原理是直流反接(工件接负极),通电后电弧将工件熔化,压缩空气将熔化金属吹掉,从而达到刨削或切削金属的目的。碳弧气刨专用碳棒用石墨制造,为提高导电能力外镀纯铜皮。

(5)气割机切割坡口。气割坡口包括手工气割和用半自动、自动气割机进行坡口切割。其操作方法和使用的工具与气割相同。所不同的是将割炬嘴偏斜成所需要的角度,对准要开坡口的地方运行割炬即可。由于这种方法简单易行、效率高,能满足开V形、X形坡口的要求,所以已被广泛采用,但要注意切割后须清理干净氧化铁残渣。

铲边注意事项

(1)开动空气压缩机前,应放出储风罐内的油、水等混合物。

(2)铲前应检查空气压缩机设备上的螺栓、阀门是否完整,风管是否破裂漏风等。

(3)铲边时,铲头要注机油或冷却液,以防止铲头退火。

(4)铲边结束后应卸掉铲锤,并妥善保管,冬期施工后应盘好铲锤风带放入室内,以防止带内存水冻结。

(5)铲边时,对面不应有人或障碍物。

(6)高空铲边时,施工人员应系好安全带。

2. 边缘加工允许偏差

边缘加工的允许偏差见表8-5。

表8-5　　边缘加工的允许偏差

项　目	允许偏差
零件宽度、长度	±1.0
加工边直线度	l/3000,且不应大于2.0
相邻两边夹角	±6′
加工面垂直度	0.025 t,且不应大于0.5
加工面表面粗糙度	50▽

注:l为构件长度;t为构件厚度。

四、矫正

在钢结构制作过程中，由于原材料变形，气割、剪切变形，焊接变形，运输变形等，会影响构件的制作及安装质量，矫正就是通过外力或外加热作用制造新的变形，抵消已经发生的变形，使材料或构件平直或达到一定几何形状要求，从而符合技术标准的一种工艺方法。

（一）矫正方法

钢结构常用的矫正方法有冷矫正和热矫正，其中冷矫正主要有机械矫正法，热矫正主要有火焰矫正法。

1. 型钢的机械矫正法

机械矫正钢材是在专用机械或专用矫正机上进行的。常用的矫正机械有滚板机、型钢矫正机、H型钢矫正机、管材(圆钢)调直机等。

型钢的机械矫正是在型钢矫直机上进行的，如图 8-4 所示。型钢矫直机的工作力有侧向水平推力和垂直向下压力两种。两种型钢矫直机的工作部分是由两个支承和一个推撑构成。推撑可做伸缩运动，伸缩距离可根据需要进行控制，两个支承固定在机座上，可按型钢弯曲程度来调整两支承点之间的距离，一般矫大弯距离则大，矫小弯距离则小。在矫直机的支承、推撑之间的下平面至两端，一般安设数个带轴承的转动轴或滚筒支架设施，以便于矫正较长的型钢时，来回移动省力。

2. 型钢的火焰矫正法

火焰矫正法是用氧—乙炔焰或其他气体的火焰对部件或构件变形部位进行局部加热，利用金属热胀冷缩的物理性能，钢材受热冷却时产生很大的冷缩应力来矫正变形。

加热方式有点状加热、线状加热和三角形加热三种。

(1)点状加热。加热点呈小圆形，直径一般为 10～30mm，点距为 50～100mm，呈梅花状布局，加热后“点”的周围向中心收缩，使变形得到矫正，如图 8-5 所示。点状的加热适用于矫正板料局部弯曲或凹凸不平。

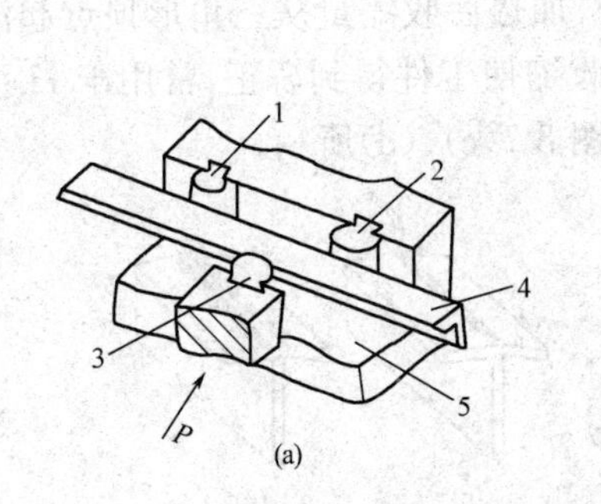

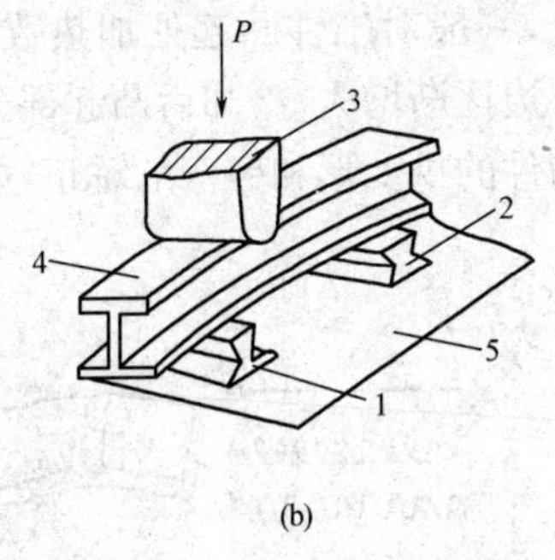

图 8-4　型钢的机械矫正

(a)撑直机矫直角钢;(b)撑直机(或压力机)矫直工字钢

1、2—支承;3—推撑;4—型钢;5—平台

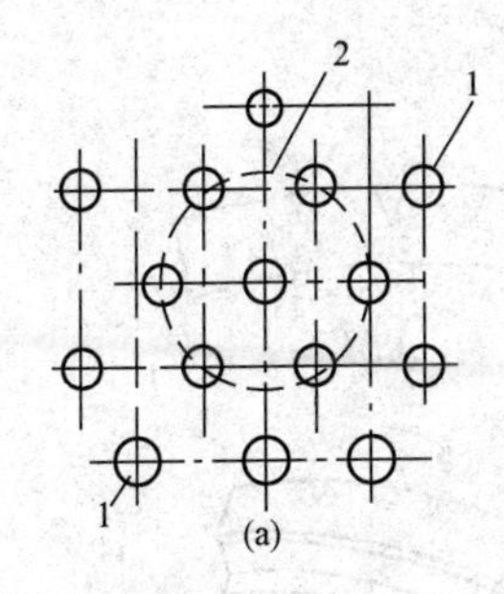

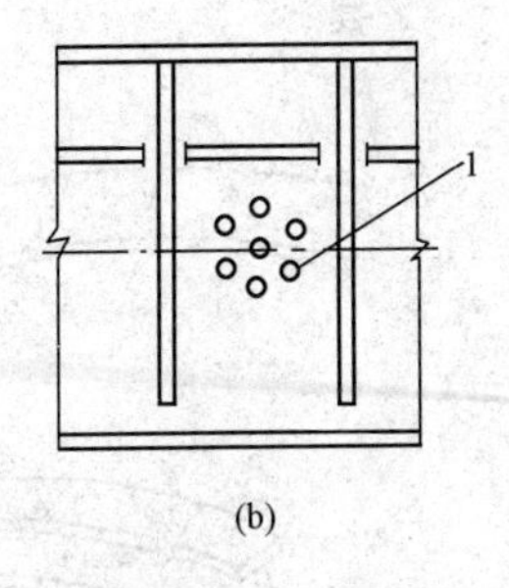

图 8-5　火焰加热的点状加热方式

(a)点状加热布局;(b)用点状加热矫正起重机梁腹板变形

1—点状加热点;2—梅花形布局

(2)线状加热。加热带的宽度不大于工件厚度的 0.5～2.0 倍。由于加热后上下两面存在较大的温差,加热带长度方向产生的收缩量较小,横方向收缩量较大,因而产生不同收缩使钢板变直,但加热红色区的厚度不应超过钢板厚度的一半,常用于 H 型钢构件翼板角变形的纠正,如图 8-6 所示。

(3)三角形加热,如图 8-7(a)、(b)所示。加热面呈等腰三角形,加热面的高度与底边宽度一般控制在型材高度的 1/5～2/3 范围内,加热面应在工件变形凸出的一侧,三角形顶点在内侧,底在工件外侧边缘处，一般对工件凸起处加热数处，加热后收缩量从三角形顶点起沿等腰边逐渐增大，冷却后凸起部分收缩使工件得到矫正，常用于 H 型钢构件的拱变形和旁弯的矫正，如图 8-7(c)、(d)所示。

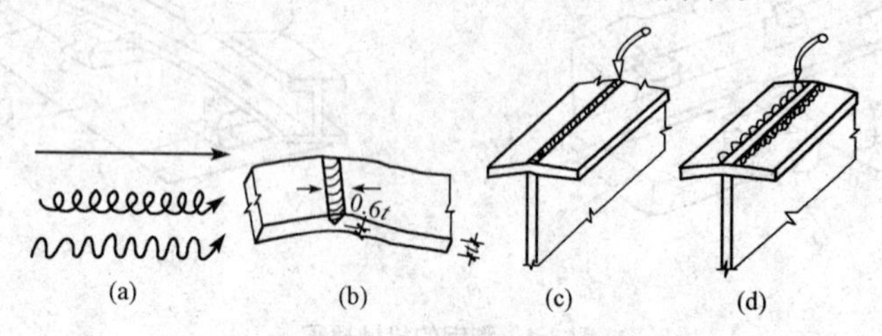

图 8-6　火焰加热的线状加热方式

(a)线状加热方式；(b)用线状加热矫正板变形；

(c)用单加热带矫正 H 型梁翼缘角变形；(d)用双加热带矫正 H 型梁角变形

t—板材的厚度

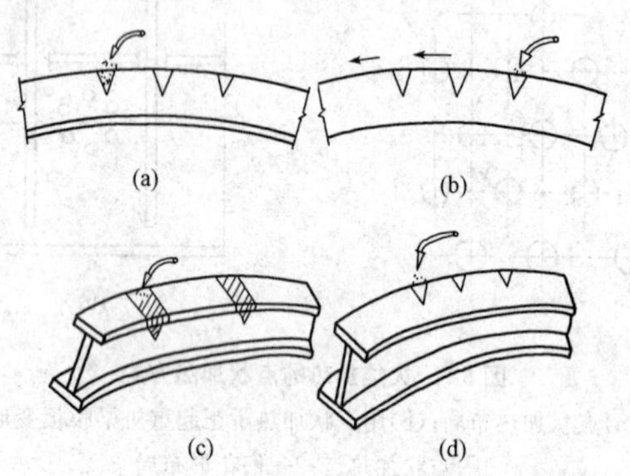

图 8-7　火焰加热的三角形加热方式

(a)、(b)角钢、钢板的三角形加热方式

(c)、(d)用三角形加热矫正 H 型梁拱变形和旁弯曲变形

特别提示

火焰矫正操作注意事项

火焰加热温度一般为 700℃左右，不应超过 900℃，加热应均匀，不得有过热、过烧现象；火焰矫正厚度较大的钢材时，加热后不得用凉水冷却；

对低合金钢必须缓慢冷却，因水冷使钢材表面与内部温差过大，易产生裂纹；矫正时应将工件垫平，分析变形原因，正确选择加热点、加热温度和加热面积等，同一加热点的加热次数不宜超过3次。

火焰矫正变形一般只适用于低碳钢、Q345；对于中碳钢、高合金钢、铸铁和有色金属等脆性较大的材料，由于冷却收缩变形会产生裂纹，不得采用。

(二)矫正工艺要求

(1)碳素结构钢在环境温度低于－16℃、低合金高强度结构钢在环境温度低于－12℃时，不应进行冷矫正和冷弯曲。碳素结构钢和低合金高强度结构钢在加热矫正时，加热温度不应超过900℃。低合金高强度结构钢在加热矫正后应自然冷却。

(2)矫正后的钢材表面，不应有明显的凹面或损伤，划痕深度不得大于0.5mm，且不应大于该钢材厚度负允许偏差的1/2。

(3)冷矫正和冷弯曲的最小曲率半径和最大弯曲矢高应符合表8-6的要求。

表8-6　冷矫正和冷弯曲的最小曲率半径和最大弯曲矢高　mm

钢材类别	图例	对应轴	矫正		弯曲	
			r	f	r	f
钢板扁钢		$x-x$	$50t$	$\frac{l^2}{400t}$	$25t$	$\frac{l^2}{200t}$
		$y-y$(仅对扁钢轴线)	$100b$	$\frac{l^2}{800b}$	$50b$	$\frac{l^2}{400b}$
角钢		$x-x$	$90b$	$\frac{l^2}{720b}$	$45b$	$\frac{l^2}{360b}$
槽钢		$x-x$	$50h$	$\frac{l^2}{400h}$	$25h$	$\frac{l^2}{200h}$
		$y-y$	$90b$	$\frac{l^2}{720b}$	$45b$	$\frac{l^2}{360b}$

续表

钢材类别	图例	对应轴	矫正		弯曲	
			r	f	r	f
工字钢		x—x	50h	$\frac{l^2}{400h}$	25h	$\frac{l^2}{200h}$
		y—y	50b	$\frac{l^2}{400b}$	25b	$\frac{l^2}{200b}$

注：r—曲率半径，f—弯曲矢高，l—弯曲弦长，t—板厚；b—宽度。

知识拓展

钢材矫正的形式

(1)矫直：消除材料或构件的弯曲。

(2)矫平：消除材料或构件的翘曲或凹凸不平。

(3)矫形：对构件的一定几何形状进行整形。

(三)矫正允许偏差

依据《钢结构工程施工质量验收规范》(GB 50205—2001)的规定，钢材矫正后的允许偏差，见表8-7。

表 8-7　钢材矫正后的允许偏差　mm

项目		允许偏差	图例
钢板的局部平面度	$t\leqslant14$	1.5	t　1000
	$t>14$	1.0	
型钢弯曲矢高		$l/1000$ 且不应大于 5.0	

续表

项 目	允许偏差	图 例
角钢肢的垂直度	$b/100$ 双肢栓接角钢的角度不得大于 90°	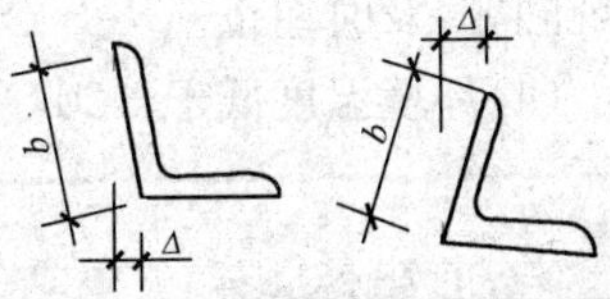
槽钢翼缘对腹板的垂直度	$b/80$	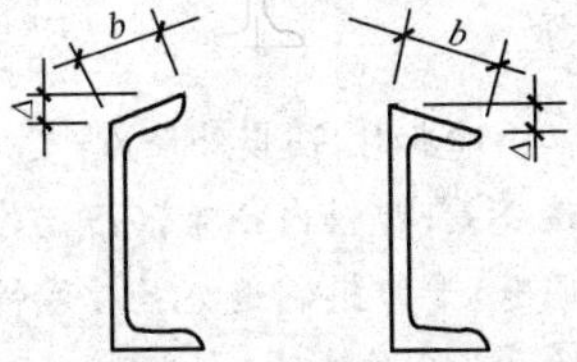
工字钢、H 型钢翼缘对腹板的垂直度	$b/100$ 且不大于 2.0	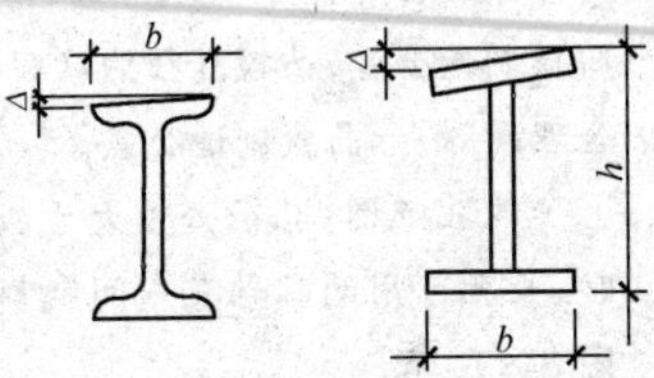

五、制孔

钢结构制作中，常用的加工方法有冲孔和钻孔两种，施工时也可根据不同的技术要求合理选用。

1. 冲孔

冲孔是在冲孔机（冲床）上进行的，一般只能在较薄的钢板或型钢上冲孔。孔径一般不应小于钢材的厚度，多用于不重要的节点板、垫板、加强板、角钢拉撑等小件的孔加工，其制孔效率较高。但由于孔的周围产生冷作硬化，孔壁质量差，孔口下榻，故在钢结构制作中已较少直接采用。

冲孔的操作要点如下：

（1）冲孔的直径应大于板厚，否则易损坏冲头。冲孔下模上平面的孔应比上模的冲头直径大 0.8～1.5mm。

（2）构件冲孔时，应装好冲模，检查冲模之间间隙是否均匀一致，并用与构件相同的材料试冲，经检查质量符合要求后，再正式冲孔。

(3)大批量冲孔时，应按批抽查孔的尺寸及孔的中心距，以便及时发现问题，及时纠正。

(4)环境温度低于－20℃时禁止冲孔。

冲孔尺寸及冲孔范围

冲孔时，凸模外径为：[孔公称直径＋(0.4～0.8)孔径公差]－凸模制造公差；凹模内径为：(凸模外径＋2×合理间隙)＋凹模制造公差。落料时，凹槽内径为：[孔公称外径－(0.4～0.8)外径公差]＋凹模制造公差；凸模外径为：(凹槽内径－2×合理间隙)－凸模制造公差。

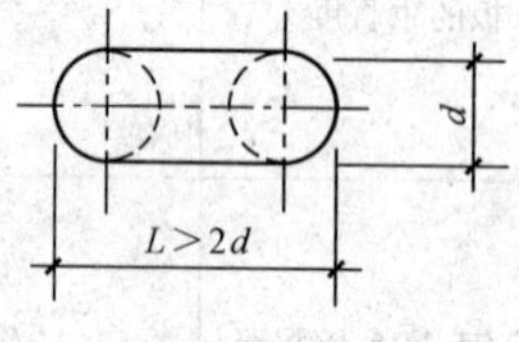

图 8-8　冲孔

冲孔范围：孔径必须大于板厚。批量小时，长孔可用两端钻孔中间氧割的办法加工，但孔的长度必须大于 $2d$，如图 8-8 所示。

2. 钻孔

钻孔有人工钻孔和机床钻孔两种方式。前者由人工直接用手枪式或手提式电钻钻孔，多用于钻直径较小、板料较薄的孔，亦可采用压杆钻孔。由二人操作，可钻一般性钢结构的孔，不受工件位置和大小的限制；后者用台式或立式摇臂式钻床钻孔，施钻方便，工效和精度高。

钻孔加工操作方法如下：

(1)画线钻孔。钻孔前先在构件上画出孔的中心和直径，在孔的圆周上(90°位置)打四只冲眼，可作钻孔后检查用。孔中心的冲眼应大而深，在钻孔时作为钻头定心用。画线工具一般用画针和钢直尺。

(2)钻模钻孔。当批量大、孔距精度要求较高时，应采用钻模钻孔。钻模有通用型、组合式和专用钻模。通用型钻模，可在当地模具出租站订租。组合式和专用钻模则由本单位设计制造。

图 8-9 和图 8-10 为两种不同钻模的做法。

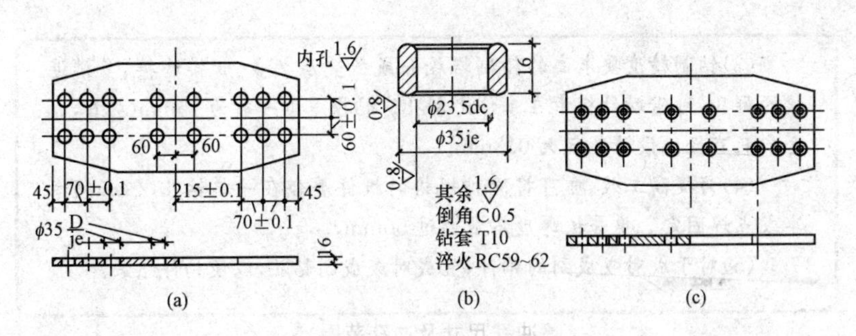

图 8-9　节点板钻模

(a)钻模板；(b)钻套；(c)放进钻套后的钻模板

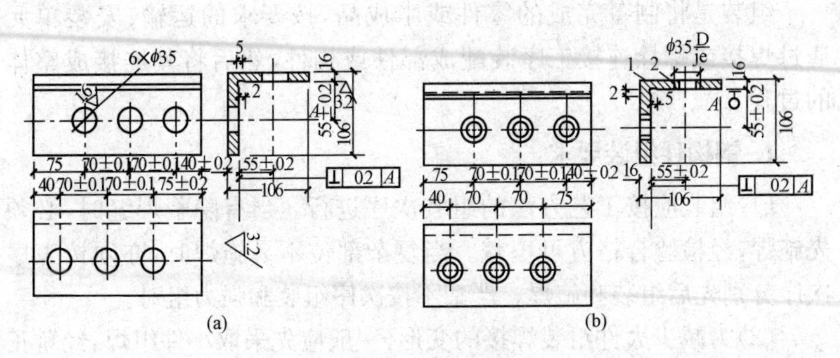

图 8-10　角钢钻模

(a)模架尺寸；(b)钻套和模架

1—模架；2—钻套

钻孔操作注意事项

(1)构件钻孔前应进行试钻，经检查认可后方可正式钻孔。

(2)用划针和钢尺在构件上划出孔的中心和直径，并在孔的圆周(90℃位置)上打四个冲眼，作钻孔后检查用。孔中心的冲眼应大而深，在钻孔时作为钻头定心用。

(3)钻制精度要求高的精制螺栓孔或板叠层数多、长排连接、多排连接的群孔,可借助钻模卡在工件上制孔。钻模厚度一般为15mm左右,钻套内孔直径比设计孔径大0.3mm。

(4)为提高工效,亦可将同种规格的板件叠合在一起钻孔,但必须卡牢或点焊固定。重叠板厚度不应超过50mm。

(5)对于成对或成副的构件,宜成对或成副钻孔,以便构件组装。

六、组装

组装是将制备完成的零件或半成品,按要求的运输、安装单元通过焊接或螺栓连接工序装配成部件或构件,然后将其连接成整体的过程。

1. 钢构件组装要求

(1)组装应按工艺方法的组装次序进行。当有隐蔽焊缝时,必须先施焊,经检验合格方可覆盖。当复杂部位不易施焊时,亦须按工序次序分别先后组装和施焊。严禁不按次序组装和强力组对。

(2)为减少大件组装焊接的变形,一般应先采取小件组焊,经矫正后,再大部件组装。胎具及装出的首个成品须经过严格检验,方可大批进行组装工作。

(3)组装前,连接表面及焊缝每边30~50mm范围内的铁锈、毛刺和油污及潮气等必须清除干净,并露出金属光泽。

(4)应根据金属结构的实际情况,选用或制作相应的装配胎具(如组装平台、铁凳、胎架等)和工(夹)具,如简易手动杠杆夹具、螺栓千斤顶、螺栓拉紧器、楔子矫正夹具和丝杆卡具等。操作时应尽量避免在结构上焊接临时固定件、支撑件。工夹具及吊耳必须焊接固定在构件上时,材质与焊接材料应与该构件相同,用后需除掉时,不得用锤强力打击,应用气割去掉。对于残留痕迹应进行打磨、修整。

(5)除工艺要求外,板叠上所有螺栓孔、铆钉孔等应采用量规检查。

知识链接

量规检查通过率规定

用比孔的直径小 1.0mm 的量规检查，应通过每组孔数的 85%；用比螺栓公称直径大 0.2～0.3mm 的量规检查应全部通过；量规不能通过的孔，应经施工图编制单位同意后，方可扩钻或补焊后重新钻孔。扩钻后的孔径不得大于原设计孔径 2.0mm；补孔应制定焊补工艺方案并经过审查批准，用与母材强度相应的焊条补焊，不得用钢块填塞，处理后应做出记录。

2. 钢构件组装方法

常用的钢构件组装方法见表 8-8。

表 8-8　钢构件组装方法　mm

名　称	装配方法	适用范围
地样法	用 1∶1 的比例在装配平台上放构件实样，然后根据零件在实样上的位置，分别组装起来成为构件	桁架、柜架等少批量结构组装
仿形复制装配法	先用地样法组装成单面(单片)的结构，并且必须定位点焊，然后翻身作为复制胎模，在其上装配另一单面的结构，往返 2 次组装	横断面互为对称的桁架结构
立装	根据构件的特点及其零件的稳定位置，选择自上而下或自下而上的装配方法	用于放置平稳、高度不大的结构或大直径圆筒
卧装	构件放置卧的位置的装配	用于断面不大但长度较大的细长构件
胎模装配法	把构件的零件用胎模定位在其装配位置上的组装	用于制造构件批量大、精度高的产品
备注：在布置拼装胎模时必须注意各种加工余量		

第二节　钢构件连接施工工艺和方法

钢结构连接分焊接连接和螺栓连接两种。钢结构最主要的连接方法为焊接连接，其具有构造简单、加工方便、节约钢材、易于采用自动化操作的特点。螺栓连接有普通螺栓连接和高强度螺栓连接，其紧固工具和工艺均较简单，便于现场安装，而且拆装维护简便。

一、焊接连接

（一）焊接工艺

1. 焊接工艺流程

焊接工艺流程：焊前准备→焊条烘烤→定位点焊→焊前预热→焊接顺序确定→焊后热处理。

（1）焊前准备。确定焊接方式、焊接参数及焊条、焊丝、焊剂的规格型号等。

（2）焊条烘烤。焊条和粉芯焊丝使用前必须按质量要求进行烘焙，低氢型焊条经过烘焙后，应放在保温箱内随用随取。

（3）定位点焊。焊接结构在拼接、组装时要确定零件的准确位置，要先进行定位点焊。定位点焊的长度、厚度应由计算确定。电流要比正式焊接提高10%～15%，定位点焊的位置应尽量避开构件的端部、边角等应力集中的地方。

（4）焊前预热。预热可降低热影响区冷却速度，防止焊接延迟裂纹的产生。预热区焊缝两侧，每侧宽度均应大于焊件厚度的1.5倍以上，且不应小于100mm。

（5）焊接顺序确定。一般从焊件的中心开始向四周扩展；先焊收缩量大的焊缝，后焊收缩量小的焊缝；尽量对称施焊；焊缝相交时，先焊纵向焊缝，待冷却至常温后，再焊横向焊缝；钢板较厚时分层施焊。

(6)焊后热处理。焊后热处理主要是对焊缝进行脱氢处理，以防止冷裂纹的产生。焊后热处理应在焊后立即进行，保温时间应根据板厚按每 25mm 板厚 1h 确定。预热及后热均可采用散发式火焰枪进行。

焊接注意事项

焊接结束后的焊缝及其两侧，必须彻底清除焊渣、飞溅和焊瘤等。如发现焊缝出现裂纹，焊工不得擅自处理，应申报技术负责人查清原因后，定出修补措施方可处理。

2. 焊接工艺评定

(1)焊接工艺评定一般规定。钢结构焊接工艺评定应符合以下规定：

1)施工单位首次采用的钢材、焊接材料、焊接方法、接头形式、焊接位置、焊后热处理制度以及焊接工艺参数、预热和后热措施等各种参数的组合条件，应在钢结构构件制作及安装施工之前进行焊接工艺评定。

2)应由施工单位根据所承担钢结构的设计节点形式，钢材类型、规格，采用的焊接方法、焊接位置等，制定焊接工艺评定方案，拟定相应的焊接工艺评定指导书。按规定施焊试件、切取试样并由具有相应资质的检测单位进行检测试验，测定焊接接头是否具有所要求的使用性能，并出具检测报告；应由相关机构对施工单位的焊接工艺评定施焊过程进行见证，并由具有相应资质的检查单位根据检测结果及相关规定对拟定的焊接工艺进行评定，并出具焊接工艺评定报告。

3)焊接工艺评定的环境应反映工程施工现场的条件。

4)焊接工艺评定中的焊接热输入、预热、后热制度等施焊参数，应根据被焊材料的焊接性制定。

5)焊接工艺评定所用设备、仪表的性能应处于正常工作状态，焊接工艺评定所用的钢材、栓钉、焊接材料必须能覆盖实际工程所用材料并应符合相关标准要求，并应具有生产厂出具的质量证明文件。

6)焊接工艺评定试件应由该工程施工企业中持证的焊接人员施焊。

7)焊接工艺评定结果不合格时，可在原焊件上就不合格项目重新加倍取样进行检验。如还不能达到合格标准，应分析原因，制定新的焊接工艺评定方案，按原步骤重新评定，直到合格为止。

(2)焊接工艺评定替代规则。

1)不同焊接方法的评定结果不得互相替代。不同焊接方法组合焊接可用相应板厚的单种焊接方法评定结果替代，也可用不同焊接方法组合焊接评定，但弯曲及冲击试样切取位置应包含不同的焊接方法；同种牌号钢材中，质量等级高的钢材可替代质量等级低的钢材，质量等级低的钢材不可替代质量等级高的钢材。

2)除栓钉焊外，不同钢材焊接工艺评定的替代规则应符合下列规定：

①不同类别钢材的焊接工艺评定结果不得互相替代。

②Ⅰ、Ⅱ类同类别钢材中当强度和质量等级发生变化时，在相同供货状态下，高级别钢材的焊接工艺评定结果可替代低级别钢材；Ⅲ、Ⅳ类同类别钢材中的焊接工艺评定结果不得相互替代；除Ⅰ、Ⅱ类别钢材外，不同类别的钢材组合焊接时应重新评定，不得用单类钢材的评定结果替代。

③同类别钢材中轧制钢材与铸钢、耐候钢与非耐候钢的焊接工艺评定结果不得互相替代，控轧控冷（TMCP）钢、调质钢与其他供货状态的钢材焊接工艺评定结果不得互相替代。

④国内与国外钢材的焊接工艺评定结果不得互相替代。

3)接头形式变化时应重新评定，但十字形接头评定结果可替代T形接头评定结果，全焊透或部分焊透的T形或十字形接头对接与角接组合焊缝评定结果可替代角焊缝评定结果。

4)评定合格的试件厚度在工程中适用的厚度范围应符合表8-9的规定。

表 8-9　　评定合格的试件厚度与工程适用厚度范围

焊接方法类别号	评定合格试件厚度 t /mm	工程适用厚度范围	
		板厚最小值	板厚最大值
1、2、3、4、5、8	≤25	3mm	$2t$
	25<t≤70	0.75t	$2t$
	>70	0.75t	不限
6	≥18	0.75t 最小 18mm	1.1t
7	≥10	0.75t 最小 10mm	1.1t
9	1/3ϕ≤t<12	t	$2t$，且不大于 16mm
	12≤t<25	0.75t	$2t$
	t≥25	0.75t	1.5t

注：ϕ 为栓钉直径。

5）评定合格的管材接头，壁厚的覆盖范围应符合《钢结构焊接规范》（GB 50661—2011）的规定，直径的覆盖原则应符合下列规定：

①外径小于 600mm 的管材，其直径覆盖范围不应小于工艺评定试验管材的外径。

②外径不小于 600mm 的管材，其直径覆盖范围不应小于 600mm。

6）板材对接与外径不小于 600mm 的相应位置管材对接的焊接工艺评定可互相替代。

7）除栓钉焊外，横焊位置评定结果可替代平焊位置，平焊位置评定结果不可替代横焊位置。立、仰焊接位置与其他焊接位置之间不可互相替代。

8）有衬垫与无衬垫的单面焊全焊透接头不可互相替代；有衬垫单面焊全焊透接头和反面清根的双面焊全焊透接头可互相替代；不同材质的衬垫不可互相替代。

9）当栓钉材质不变时，栓钉焊被焊钢材应符合下列替代规则：

①Ⅲ、Ⅳ类钢材的栓钉焊接工艺评定试验可替代Ⅰ、Ⅱ类钢材的焊接工艺评定试验。

②Ⅰ、Ⅱ类钢材的栓钉焊接工艺评定试验可互相替代。

③Ⅲ、Ⅳ类钢材的栓钉焊接工艺评定试验不可互相替代。

焊接工艺评定内容

焊接工艺评定主要包括审查书面文件、焊接试验报告。书面文件一般应包括焊接工程负责任人名单、焊工上岗证书及其焊接经历、曾经做过的焊接工艺评定试验所采用的标准的名称和代号、焊接施工和质量检验的标准和依据、焊接设备状态及概况、焊接检验设备概况、有关焊接方法的焊接工程实例和经认可的焊接评定试验实例。

(二)焊接方法

焊接方法较多,钢结构主要采用电弧焊,具有设备简单、易于操作的特点。根据操作的自动化程度和焊接时保护熔化金属的物质种类,电弧焊可分为手工电弧焊、自动焊或半自动埋弧焊、气体保护焊和电渣焊。

1. 手工电弧焊

手工电弧焊是目前最常用的一种焊接方法,它的电焊设备简单,使用方便,只需将焊钳持住焊接部位即可施焊,适用于全方位空间焊接,所以应用广泛,尤其适用于工地安装焊缝、短焊缝和曲折焊缝。但其生产效率低,且劳动条件差,弧光眩目,焊接质量在一定程度上取决于焊工水平,容易波动。手工电弧焊对焊工的操作技能要求较高。

2. 埋弧焊

埋弧焊是电弧在颗粒状的焊剂层下,并在空腔中燃烧的自动焊接方法。电弧的辐射使焊件、焊丝和焊剂熔化、蒸发形成气体,排开电弧周围的熔渣形成一封闭空腔,电弧就在这个空腔中燃烧。空腔的上部被一层熔化的焊剂——熔渣膜所包围,这层渣膜不仅可有效地保护熔池金属,又使有碍操作的弧光辐射不再射出来,同时熔化的大量焊剂对熔池金属起还原、净化和合金化作用。

埋弧焊按自动化程度不同可分为自动埋弧焊和半自动埋弧焊,其区别在于自动埋弧焊的电弧移动是由专门机构控制完成的,而半自动埋弧焊电弧的移动是依靠手工操纵的。

3. 气体保护焊

气体保护焊是用喷枪喷出 CO_2 气体作为电弧的保护介质，使熔化金属与空气隔绝，以保持焊接过程稳定。由于焊接时没有焊剂产生的熔渣，故便于观察焊缝的成型过程，但操作时须在室内避风处，在工地则须搭设防风棚。

气体保护焊电弧加热集中、焊接速度快、熔深大，故焊缝强度比手工焊的高，且塑性和抗腐性好，适合厚钢板或特厚钢板的焊接。

4. 电渣焊

电渣焊是利用电流通过熔渣产生的电阻热作为热源，将填充金属和母材熔化，凝固后形成金属原子间紧固连接，是用于立焊位置的焊接方法，电渣焊分为熔嘴电渣焊、非熔嘴电渣焊、丝极电渣焊和板极电渣焊。

高层建筑钢结构中较多地采用箱形截面钢柱，在梁柱节点区的柱截面内需设置与梁翼缘等厚的加劲板（横隔板），而加劲板应与箱形截面柱的钢板采用坡口熔透焊。但是，当采用一般手工焊时，加劲板边缘的最后一条边的焊缝无法焊接，因此需要采用熔嘴电渣焊。丝极和板极电渣焊多用于重型机械的制造中。

非熔嘴电渣焊与熔嘴电渣焊的区别

非熔嘴电渣焊与熔嘴电渣焊的区别是焊丝导管外不涂药皮，焊接时导管不断上升但并不熔化和消耗，其焊接原理与熔嘴电渣焊相同。但其使用细直径焊丝配用直流平特性电源，电流密度高，焊速大。由于焊接热输入减小，焊缝和母材热影响区的性能比熔嘴电渣焊有所提高，所以得到广泛的应用。

（三）焊接检验

1. 焊接检验分类

（1）自检，是施工单位在制造、安装过程中，由本单位具有相应资质的检测人员或委托具有相应检验资质的检测机构进行的检验。

(2)监检,是业主或其代表委托具有相应检验资质的独立第三方检测机构进行的检验。

2. 焊接检验内容

焊接检验的一般程序包括焊前检验、焊中检验和焊后检验。

(1)焊前检验应至少包括下列内容:①按设计文件和相关标准的要求对工程中所用钢材、焊接材料的规格、型号(牌号)、材质、外观及质量证明文件进行确认;②焊工合格证及认可范围确认;③焊接工艺技术文件及操作规程审查;④坡口形式、尺寸及表面质量检查;⑤组对后构件的形状、位置、错边量、角变形、间隙等检查;⑥焊接环境、焊接设备等条件确认;⑦定位焊缝的尺寸及质量认可;⑧焊接材料的烘干、保存及领用情况检查;⑨引弧板、引出板和衬垫板的装配质量检查。

(2)焊中检验应至少包括下列内容:①实际采用的焊接电流、焊接电压、焊接速度、预热温度、层间温度及后热温度和时间等焊接工艺参数与焊接工艺文件的符合性检查;②多层多道焊焊道缺欠的处理情况确认;③采用双面焊清根的焊缝,应在清根后进行外观检查及规定的无损检测;④多层多道焊中焊层、焊道的布置及焊接顺序等检查。

(3)焊后检验应至少包括下列内容:①焊缝的外观质量与外形尺寸检查;②焊缝的无损检测;③焊接工艺规程记录及检验报告审查。

焊接检验前注意事项

焊接检验前应根据结构所承受的荷载特性、施工详图及技术文件规定的焊缝质量等级要求编制检验和试验计划,由技术负责人批准并报监理工程师备案。检验方案应包括检验批的划分、抽样检验的抽样方法、检验项目、检验方法、检验时机及相应的验收标准等内容。

3. 焊缝检验抽样方法

焊缝检验抽样方法应符合下列规定:

(1)焊缝处数量的计数方法:工厂制作焊缝长度不大于 1000mm

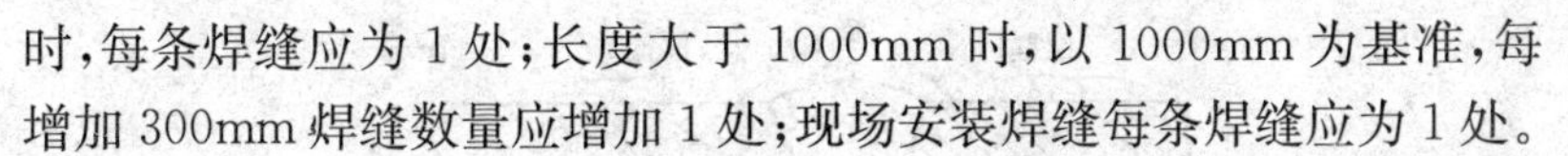

时，每条焊缝应为 1 处；长度大于 1000mm 时，以 1000mm 为基准，每增加 300mm 焊缝数量应增加 1 处；现场安装焊缝每条焊缝应为 1 处。

（2）可按下列方法确定检验批：①制作焊缝以同一工区（车间）按 300～600 处的焊缝数量组成检验批；多层框架结构可以每节柱的所有构件组成检验批；②安装焊缝以区段组成检验批；多层框架结构以每层（节）的焊缝组成检验批。

（3）抽样检验除设计指定焊缝外应采用随机取样方式取样，且取样中应覆盖到该批焊缝中所包含的所有钢材类别、焊接位置和焊接方法。

4. 外观检测

外观检测应符合下列规定：

（1）所有焊缝应冷却到环境温度后方可进行外观检测。

> 焊缝无损检测报告签发人员必须持有国家现行标准《无损检测人员资格鉴定与认证》（GB/T 9445—2008）规定的2级或2级以上资格证书。

（2）外观检测采用目测方式，裂纹的检查应辅以 5 倍放大镜并在合适的光照条件下进行，必要时可采用磁粉探伤或渗透探伤检测，尺寸的测量应用量具、卡规。

（3）栓钉焊接接头的焊缝外观质量应符合《钢结构焊接规范》（GB 50661—2011）的规定。外观质量检验合格后进行打弯抽样检查，合格标准：当栓钉弯曲至 30°时，焊缝和热影响区不得有肉眼可见的裂纹，检查数量不应小于栓钉总数的 1％且不少于 10 个。

（4）电渣焊、气电立焊接头的焊缝外观成形应光滑，不得有未熔合、裂纹等缺陷。当板厚小于 30mm 时，压痕、咬边深度不应大于 0.5mm 板厚；不小于 30mm 时，压痕、咬边深度不应大于 1.0mm。

5. 超声波检测

超声波检测应符合下列规定：

（1）对接及角接接头的检验等级应根据质量要求分为 A、B、C 三级，检验的完善程度 A 级最低，B 级一般，C 级最高，应根据结构的材质、焊接方法、使用条件及承受载荷的不同，合理选用检验级别。

（2）对接及角接接头检验范围如图 8-11 所示，其确定应符合下列规定：

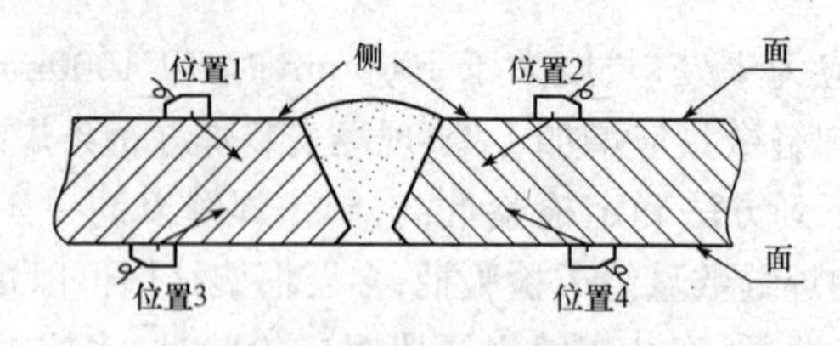

图 8-11　超声波检测位置

1)A 级检验采用一种角度的探头在焊缝的单面单侧进行检验，只对能扫查到的焊缝截面进行探测，一般不要求作横向缺欠的检验。母材厚度大于 50mm 时，不得采用 A 级检验。

2)B 级检验采用一种角度的探头在焊缝的单面双侧进行检验，受几何条件限制时，应在焊缝单面、单侧采用两种角度的探头(两角度之差大于 15°)进行检验。母材厚度大于 100mm 时，应采用双面双侧检验，受几何条件限制时，应在焊缝双面单侧，采用两种角度的探头(两角度之差大于 15°)进行检验，检验应覆盖整个焊缝截面。条件允许时应作横向缺欠检验。

3)C 级检验至少应采用两种角度的探头在焊缝的单面双侧进行检验；同时应作两个扫查方向和两种探头角度的横向缺欠检验。母材厚度大于 100mm 时，应采用双面双侧检验。检查前应将对接焊缝余高磨平，以便探头在焊缝上作平行扫查。焊缝两侧斜探头扫查经过母材部分应采用直探头作检查。当焊缝母材厚度不小于 100mm，或窄间隙焊缝母材厚度不小于 40mm 时，应增加串列式扫查。

6. 结果判定

抽样检验应按下列规定进行结果判定：

(1)抽样检验的焊缝数不合格率小于 2%时，该批验收合格。

(2)抽样检验的焊缝数不合格率大于 5%时，该批验收不合格。

(3)除下述“(5)”情况外抽样检验的焊缝数不合格率为 2%～5%时，应加倍抽检，且必须在原不合格部位两侧的焊缝延长线各增加一处。在所有抽检焊缝中不合格率不大于 3%时，该批验收合格，大于 3%时，该批验收不合格。

(4)批量验收不合格时,应对该批余下的全部焊缝进行检验。

> 所有检出的不合格焊接部位应按《钢结构焊接规范》(GB 50661-2011)的规定予以返修至检查合格。

(5)检验发现1处裂纹缺陷时,应加倍抽查,在加倍抽检焊缝中未再检查出裂纹缺陷时,该批验收合格;检验发现多于1处裂纹缺陷或加倍抽查又发现裂纹缺陷时,该批验收不合格,应对该批余下焊缝的全数进行检查。

二、螺栓连接

螺栓连接可分为普通螺栓连接和高强度螺栓连接两大类。

(一)普通螺栓连接

普通螺栓连接是将螺栓、螺母、垫圈机械和连接件连接在一起的连接方式,所用螺栓材料强度较低,其连接传力机理是通过螺栓杆受剪、连接板孔壁承压来传递荷载,因为螺栓与连接板孔壁之间有间隙,接头受力后会产生较大的滑移变形,因此普通螺栓连接主要用于安装连接和需要经常拆装的结构。

1. 施工工艺流程

普通螺栓连接施工工艺流程如图8-12所示。

2. 施工要点

(1)螺栓装配。普通螺栓的装配应符合以下要求:

1)螺栓头和螺母下面应放置平垫圈,以增大承压面积。

2)每个螺栓一端不得垫两个及以上的垫圈,并不得采用大螺母代替垫圈。螺栓拧紧后,外露丝扣不应少于2扣。

3)对于设计有要求防松动的螺栓、锚固螺栓应采用有防松装置的螺母(即双螺母)或弹簧垫圈,或用人工方法采取防松措施(如将螺栓外露丝扣打毛)。

4)对于承受动荷载或重要部位的螺栓连接,应按设计要求放置弹簧垫圈,弹簧垫圈必须设置在螺母一侧。

5)对于工字钢、槽钢类型钢应尽量使用斜垫圈,使螺母和螺栓头

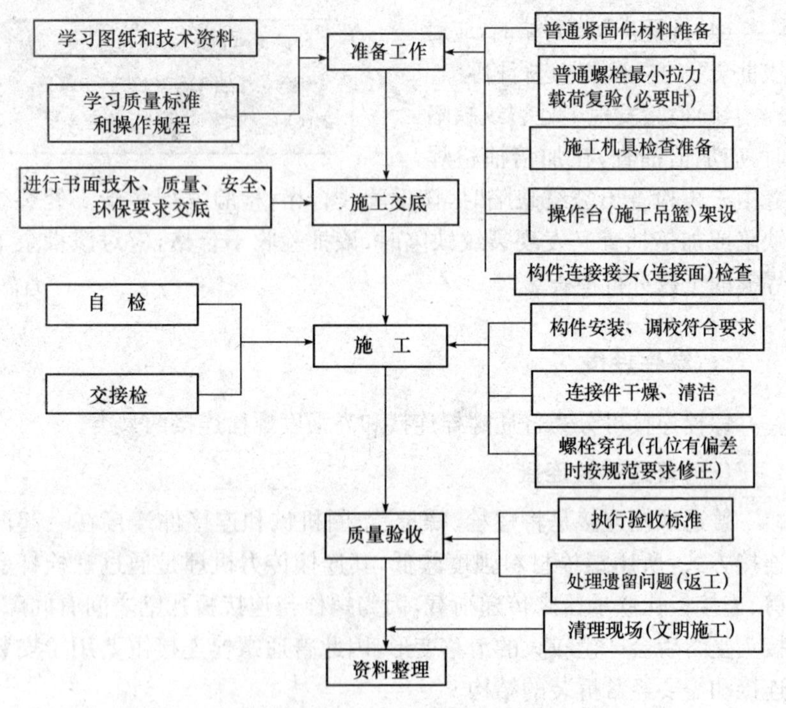

图 8-12　普通螺栓连接施工工艺流程图

部的支承面垂直于螺杆。

6)双头螺栓的轴心线必须与工件垂直,通常用角尺进行检验。

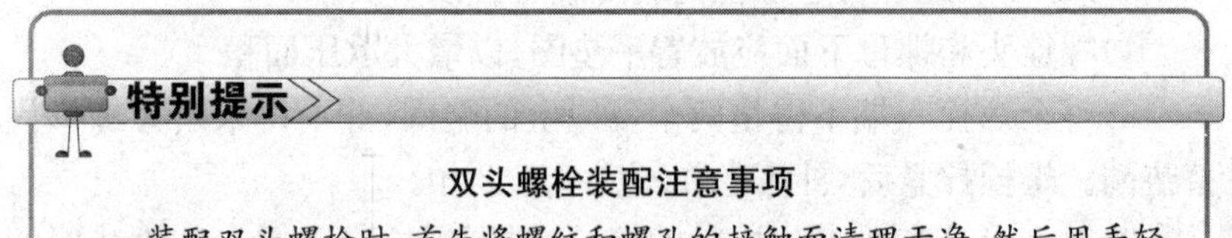

双头螺栓装配注意事项

装配双头螺栓时,首先将螺纹和螺孔的接触面清理干净,然后用手轻轻地把螺母拧到螺纹的终止处,如果遇到拧不进的情况,不能用扳手强行拧紧,以免损坏螺纹。

(2)螺母与螺钉的装配。

1)螺母或螺钉与零件贴合的表面要光洁、平整,贴合处的表面应当经过加工，否则容易使连接件松动或使螺钉弯曲。

2)螺母或螺钉和接触的表面之间应保持清洁，螺孔内的脏物要清理干净。

3)拧紧成组的螺母时，必须按照一定的顺序进行，并做到分次序逐步拧紧(一般分三次拧紧)，否则会使零件或螺杆产生松紧不一致，甚至变形。在拧紧长方形布置的成组螺母时，必须从中间开始，逐渐向两边对称地扩展，如图 8-13 中(a)所示，在拧紧方形或圆形布置的成组螺母时，必须对称地进行，如图 8-13 中(b)与(c)所示。

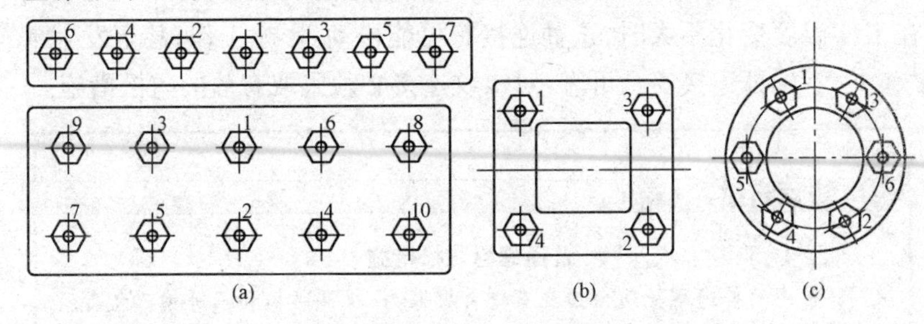

图 8-13　拧紧成组螺母的方法

(a)长方形布置；(b)方形布置；(c)圆形布置

(3)螺栓紧固。

1)考虑螺栓受力均匀，尽量减少连接件变形对紧固轴力的影响，保证节点连接螺栓的质量，螺栓紧固必须从中心开始，对称施拧；对 30 号正火钢制作的各种直径的螺栓施拧时所承受的轴向允许荷载见表 8-10。

表 8-10　　各种直径螺栓的允许荷载

螺栓的公称直径(mm)		12	16	20	24	30	36
轴向允许轴力	无预先锁紧(N)	17200	3300	5200	7500	11900	17500
	螺栓在荷载下锁紧(N)	1320	2500	4000	5800	9200	13500
扳手最大允许扭矩	kg/cm^2 / N/cm^2	320 / 3138	800 / 7845	1600 / 1569	2800 / 27459	5500 / 53937	9700 / 95125

注：对于 Q235 及 45 号钢应将表中允许值分别乘以修正系数 0.75 及 1.1。

2)永久螺栓拧紧的质量检验采用锤敲或力矩扳手检验,要求螺栓不颤头和偏移,拧紧的真实性用塞尺检查,对接表面高度差(不平度)不应超过 0.5mm。对接配件在平面上的差值超过 0.5～3mm 时,应对较高的配件高出部分做成 1∶10 的斜坡,斜坡不得用火焰切割。当高度超过 3mm 时,必须设置和该结构相同钢号的钢板做成的垫板,并用与连接配件相同的加工方法对垫板的两侧进行加工。

(4)螺栓防松。一般螺纹连接均具有自锁性,在受静载和工作温度变化不大时,不会自行松脱。但在冲击、振动或变载荷作用下,以及在工作温度变化不大时,这种连接有可能松动,影响工作,甚至发生事故。为了保证连接安全可靠,对螺纹连接必须采取有效的防松措施。

普通螺栓防松措施

常用的普通螺栓防松措施有增大摩擦力、机械防松和不可拆三大类。

(1)增大摩擦力的防松措施。这类防松措施是使拧紧的螺纹之间不因外载荷变化而失去压力,因而始终有摩擦阻力防止连接松脱。增大摩擦力的防松措施有安装弹簧垫圈和使用双螺母等。

(2)机械防松。这类防松措施是利用各种止动零件阻止螺纹零件的相对转动来实现防松。机械防松较可靠,所以应用较多。常用的机械防松措施有开口销与槽形螺母、止退垫圈与圆螺母、止动垫圈与螺母、串联钢丝等。

(3)不可拆的防松措施。利用点焊、点铆等方法把螺母固定在螺栓或被连接件上,或者把螺钉固定在被连接件上,达到防松的目的。

(二)高强度螺栓连接

高强度螺栓是用优质碳素钢或低合金钢材料制成的一种特殊螺栓,由于螺栓的强度高,所以称高强度螺栓,其具有受力性能好、连接刚度高、施工简便、耐疲劳、抗震性能好等优点,成为与焊接连接并举的钢结构主要连接形式之一,特别是用于现场的安装连接。

1. 施工工艺流程

高强度螺栓连接施工工艺流程如图 8-14 所示。

2. 施工要点

(1)摩擦面处理。摩擦面的处理是指高强度螺栓连接时对构件接触面的钢材表面加工。构件表面经过加工,使其接触外表面的抗滑系数达到设计要求的额定值,一般为 0.45～0.55。在高强度螺栓连接范围内,构件接触面的处理方法应在施工图中说明。

高强度螺栓连接摩擦面注意事项

1)连接处钢板表面应平整、无焊接飞溅、无毛刺和飞边、无油污等。

2)经处理后的摩擦面应按《钢结构工程施工质量验收规范》(GB 50205)的规定进行抗滑移系数试验,试验结果应满足设计文件的要求。

3)经处理后的摩擦面应采取保护措施,不得在摩擦面上作标记。

4)若摩擦面采用生锈处理方法时,安装前应以细钢丝垂直于构件受力方向刷除摩擦面上的浮锈。

(2)构件的定位。在高强度螺栓连接工程中,有时采用一些冲钉或临时螺栓来承受安装时构件的自重及连接校正时外力的作用,防止连接后构件位置偏移,同时起到促使钢板间的有效夹紧,尽量消除间隙的目的。

(3)螺栓紧固。

1)螺栓连接的安装孔加工应准确,应使其偏差控制在规定的允许范围内,以达到孔径与螺栓的公称直径合理配合。

2)为了保证紧固后的螺栓达到规定的扭矩值,连接构件接触表面的摩擦系数应符合设计或施工规范的规定,同时构件接触表面不应存在过大的间隙。

3)保证紧固后的螺栓达到规定的终扭矩值,避免产生超拧和欠拧,应对使用的电动扳手和示力扳手作定期校验检查,以达到设计规

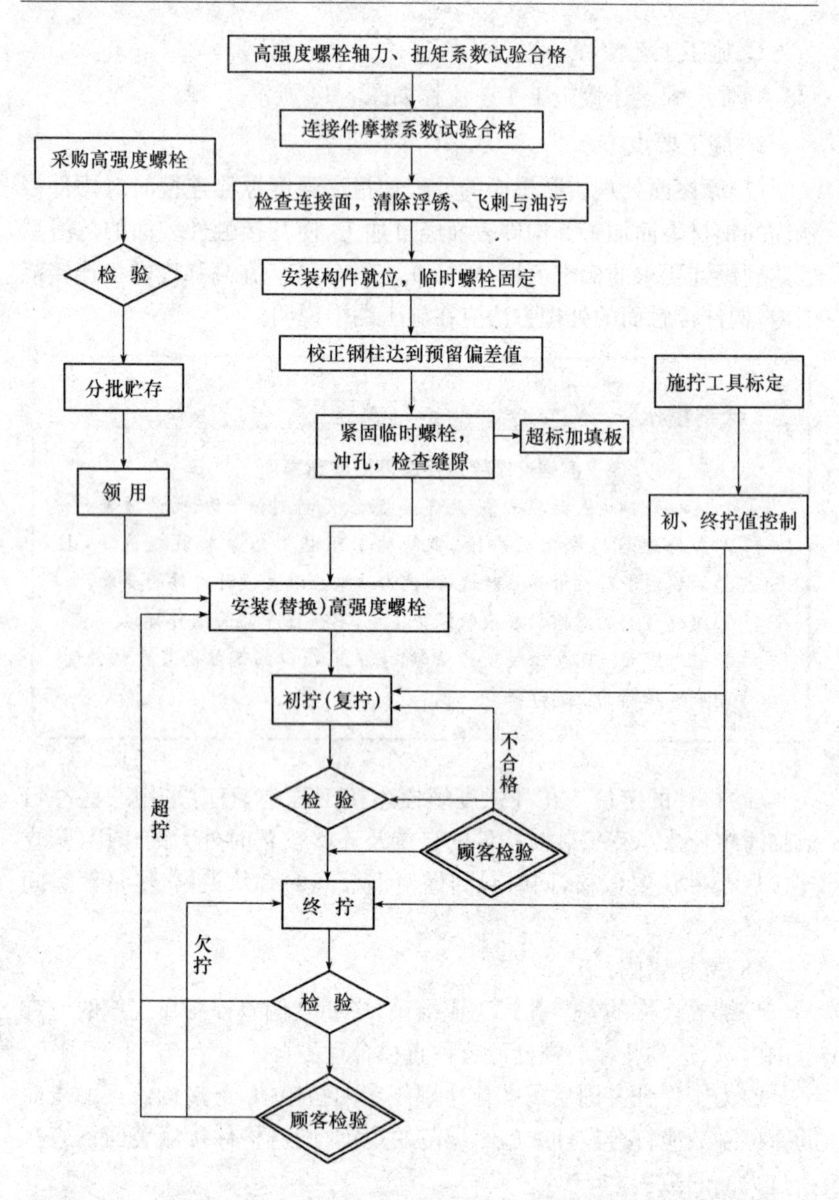

图 8-14 高强度螺栓连接施工工艺流程图

定的准确扭矩值。

4)检查时采用示力扳手，并按初拧标志的终止线，将螺母退回(逆时针)30°～50°后再拧至原位或大于原位，这样可防止螺栓被超拧，增加其疲劳性，其终拧扭矩值与设计要求的偏差不得大于±10%。

5)扭剪型高强度螺栓紧固后，不需用其他检测手段，其尾部梅花卡头被拧掉即为终拧结束。个别处当以专用扳手不能紧固而采用普通扳手紧固时，其尾部梅花卡头严禁用火焰割掉或锤击掉，应用钢锯锯掉，以免紧固后的终拧扭矩值发生变化。

(4)螺栓防松。

1)垫放弹簧垫圈的可在螺母下面垫一开口弹簧垫圈，螺母紧固后在上下轴向产生弹性压力，可起到防松作用。为防止开口垫圈损伤构件表面，可在开口垫圈下面垫一平垫圈。

2)在紧固后的螺母上面，增加一个较薄的副螺母，使两螺母之间产生轴向压力，同时也能增加螺栓、螺母凸凹螺纹的咬合自锁长度，以达到相互制约而不使螺母松动。使用副螺母防松的螺栓，在安装前应计算螺栓的准确长度，待防松副螺母紧固后，应使螺栓伸出副螺母外的长度不少于2个螺距。

3)对永久性螺栓可将螺母紧固后，用电焊将螺母与螺栓的相邻位置，对称点焊3～4处或将螺母与构件相点焊，或将螺母紧固后，用尖锤或钢冲在螺栓伸出螺母的侧面或靠近螺母上。

(5)螺纹保护。

1)对高强螺栓在储存、运输和施工过程中应防止其受潮生锈、沾污和碰伤。施工中剩余的螺栓必须按批号单独存放，不得与其他零部件混放在一起，以防撞击损伤螺纹。

2)领用高强螺栓或使用前应检查螺纹有无损伤；并用钢丝刷清理螺纹段的油污、锈蚀等杂物后，将螺母与螺栓配套顺畅地通过螺纹段。配套的螺栓组件，使用时不宜互换。

3)为了防止螺纹损伤，对高强螺栓不得做临时安装螺栓用；安装孔必须符合设计要求，使螺栓能顺畅地穿入孔内，不得强行击入孔内；对连接构件不重合的孔，应进行修理达到要求后方可进行安装。

4)安装时为防止穿入孔内的螺纹被损伤,每个节点用的临时螺栓和冲钉不得少于安装孔总数的1/3,应穿两个临时螺栓;冲钉穿入的数量不宜多于临时螺栓的30%,否则当其中一构件窜动时使孔位移,导致孔内螺纹被侧向水平力或垂直力作用剪切损伤,降低螺栓截面的受力强度。

5)为防止安装紧固后的螺栓被锈蚀、损伤,应将伸出螺母外的螺纹部分,涂上工业凡士林油或黄干油等作防腐保护;特殊重要部位的连接结构,为防止外露螺纹腐蚀、损伤,也可加工专用螺母,其顶端具有防护盖的压紧螺母或防松副螺母保护,可避免腐蚀生锈和被外力损伤。

螺栓紧固顺序

螺栓紧固必须分两次进行,第一次为初拧,初拧紧固到螺栓标准预拉力的60%~80%,第二次紧固为终拧,终拧紧固到标准预拉力,偏差不大于±10%。为使螺栓群中所有螺栓都均匀受力,初拧、终拧都应按一定顺序进行。

(1)一般接头,应从螺栓群中间顺序向外侧进行紧固,如图8-15(a)所示。

(2)箱形接头,螺栓群A、B、C、D如图8-15(b)箭头方向所示。

(3)工字梁接头按①~⑥的顺序进行,即柱右侧上下翼缘→柱右侧腹板→另一侧(左侧)上下翼缘→另一侧(左侧)腹板的先后次序进行,如图8-15(c)所示。

(4)各群螺栓的紧固顺序应从梁的拼接处向外侧紧固,按图8-15(d)中号码的顺序进行。

(5)同一连接面上的螺栓紧固,应由接缝中间向两端交叉进行。有两个连接构件时,应先紧固主要构件,后紧固次要构件,如图8-16所示。

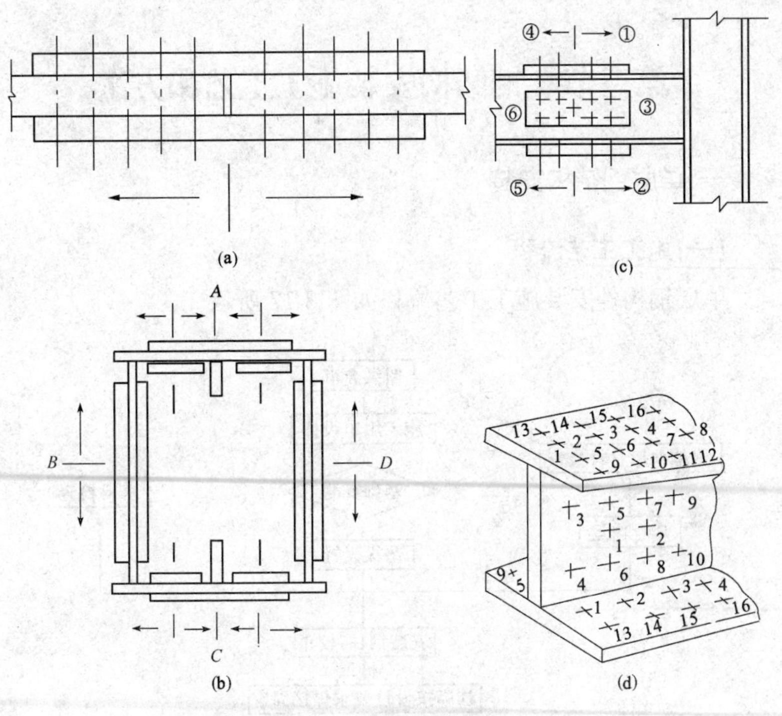

图 8-15　螺栓紧固顺序

(a)一般接头;(b)箱形接头;(c)工字梁接头;(d)螺栓接头

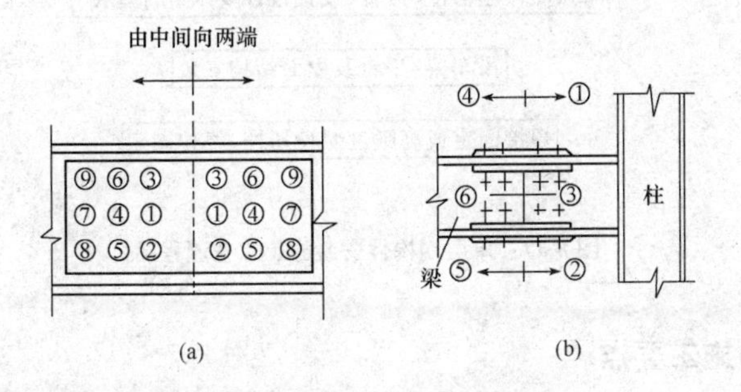

图 8-16　梁—柱接头高强度螺栓紧固顺序

(a)同一连接面上的螺栓紧固;(b)两个连接面上的螺栓紧固

第三节　钢结构安装施工工艺和方法

一、单层钢结构安装

(一)施工工艺流程

单层钢构件安装施工工艺流程如图 8-17 所示。

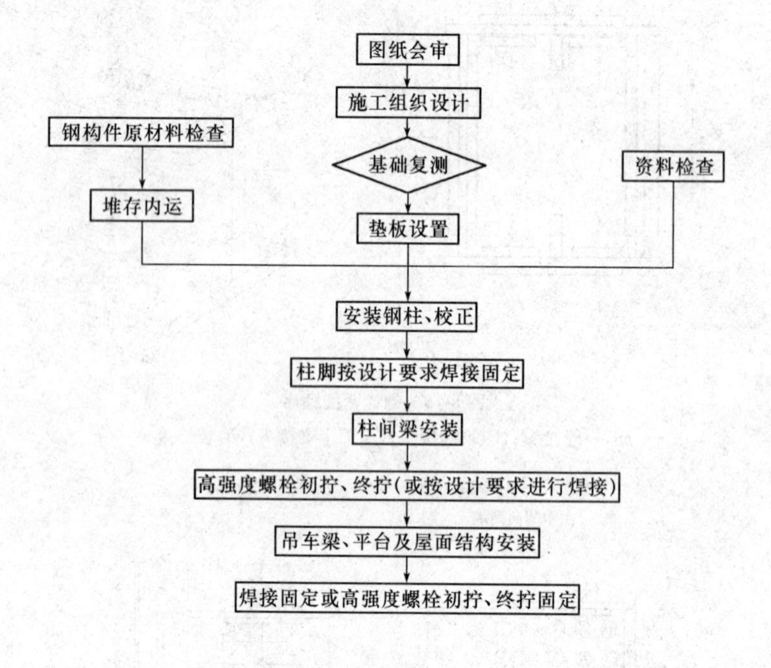

图 8-17　单层钢构件安装施工工艺流程图

(二)施工要点

1. 钢柱安装

(1)放线。钢柱安装前应设置标高观测点和中心线标志,同一工程的观测点和标志设置位置应一致。

(2)吊装机械选择。根据现场实际选择好吊装机械后,方可进行吊装。吊装时,要将安装的钢柱按位置、方向放到吊装位置。安装所用的吊装机械,大部分采用履带式起重机、轮胎式起重机及轨道式起重机。如果场地狭窄,不能采用上述机械吊装,可采用抱杆或架设走线滑车进行吊装。

(3)起吊绑扎。钢柱安装属于竖向垂直吊装,为使吊起的钢柱保持下垂,便于就位,需根据钢柱的种类和高度确定绑扎点。为了防止钢柱根部在起吊过程中变形,钢柱吊装施工中一般采用双机抬吊。

(4)吊装。吊装前的准备工作就绪后,首先进行试吊,吊起一端高度为100～200mm时应停吊,检查索具牢固和吊车稳定板位于安装基础时,可指挥吊车缓慢下降,当柱底距离基础位置40～100mm时,调整柱底与基础两基准线达到准确位置,指挥吊车下降就位,并拧紧全部基础螺栓螺母,临时将柱子加固,达到安全方可摘除吊钩。

(5)钢柱校正。钢柱校正工作包括柱基标高调整、平面位置校正、柱身垂直度校正,主要内容为柱基标高调整和垂直度校正。校正时,先校正偏差较大一面,后校正偏差较小一面,校好柱子在两个方向后,再重复校正一次平面轴线和标高,当符合要求后,打紧柱子四周的八个楔子,为防止柱子在风力作用下向楔子一侧倾斜,八个楔子松紧要一致。

(6)钢柱固定(适用于杯口基础钢柱)。柱子插入杯口就位,初步校正后,即用钢(或硬木)楔临时固定。在柱子最后校正后,立即进行最后固定。

特别提示

钢柱固定注意事项

(1)柱应随校正随即灌浆,若当日校正的柱子未灌浆,次日应复核后再灌浆,以防因刮风受振动楔子松动变形和千斤顶回油等因素产生新的偏差。

(2)灌浆(灌缝)时应将杯口间隙内的木屑等建筑垃圾清除干净,并用水充分湿润，使之能良好结合。

(3)捣固混凝土时，应严防碰动楔子而造成柱子倾斜。

(4)对柱脚底面不平(凹凸或倾斜)与杯底间有较大间隙时，应先灌筑一层同等级强度稀砂浆，使其充满后，再灌细石混凝土。

(5)第二次灌浆前需复查柱子垂直度是否超出允许误差，如果超出，应采取措施重新校正并纠正。

2. 钢梁安装

(1)吊装测量准备。在吊装行车梁前，应先将精加工过的垫板点焊在牛腿面上。行车梁吊装前应严格控制定位轴线，认真做好钢柱底部临时标高垫块的设备工作，密切注意钢柱吊装后的位移和垂直度偏差数值，实测行车梁搁置端部梁高的制作误差值。

(2)吊车梁绑扎。钢吊车梁一般绑扎两点。梁上设有预埋吊环的吊车梁，可用带钢钩的吊索直接钩住吊环起吊；梁自重较大的梁，应用卡环与吊环、吊索相互连接在一起；梁上未设吊环的可在梁端靠近支点，用轻便吊索配合卡环绕吊车梁(或梁)下部左右对称绑扎，或用工具式吊耳吊装。

(3)起吊就位和临时固定。

1)吊车梁吊装须在柱子最后固定、柱间支撑安装后进行。

2)在屋盖吊装前安装吊车梁，可使用各种起重机进行，如屋盖已吊装完成，则应用短臂履带式起重机或独脚桅杆吊装，起重臂杆高度应比屋架下弦低 0.5m 以上，如无起重机，亦可在屋架端头、柱顶拴倒链安装。

3)吊车梁应布置在接近安装位置，使梁重心对准安装中心，安装可由一端向另一端，或从中间向两端顺序进行，当梁吊至设计位置离支座面 20cm 时，用人力扶正，使梁中心线与支承面中心线(或已安相邻梁中心线)对准，并使两端搁置长度相等，然后缓慢落下，如有偏差，稍吊起用撬杠引导正位，如支座不平，用斜铁片垫平。

4)当梁高度与宽度之比大于 4 时，或遇五级以上大风时，脱钩前，应用 8 号铁丝将梁捆于柱上临时固定，以防倾倒。

(4)梁的定位校正。钢起重机梁的校正包括标高调整，纵横轴线和垂直度的调整。

(5)最后固定。吊车梁校正完毕应立即将吊车梁与柱牛腿上的埋设件焊接固定，在梁柱接头处支侧模，浇注细石混凝土并养护。

吊车梁绑扎注意事项

(1)绑扎时吊索应等长，左右绑扎点对称。

(2)梁棱角边缘应衬以麻袋片、汽车废轮胎块、短方木护角。

(3)在梁一端需拴好溜绳(拉绳)，以防就位时左右摆动，碰撞柱子。

二、多层与高层钢结构安装

(一)施工工艺流程

多层与高层钢结构安装工艺流程图，如图 8-18 所示。

(二)施工要点

1. 钢柱吊装

(1)吊装。起吊时钢柱必须垂直，尽量做到回转扶直，起吊回转过程中，应避免同其他已安装的构件相碰撞。吊索应预留有效高度，起吊扶直前将登高爬梯和挂篮等挂设在钢柱预定位置，并绑扎牢固，就位后临时固定地脚螺栓，校正垂直度，柱接长时，上节钢柱对准下节钢柱的顶中心，然后用螺栓固定钢柱两侧的临时固定用连接板，钢柱安装到位，对准轴线，临时固定牢固才能松钩，柱子固定器和临时固定方法，如图 8-19 所示。

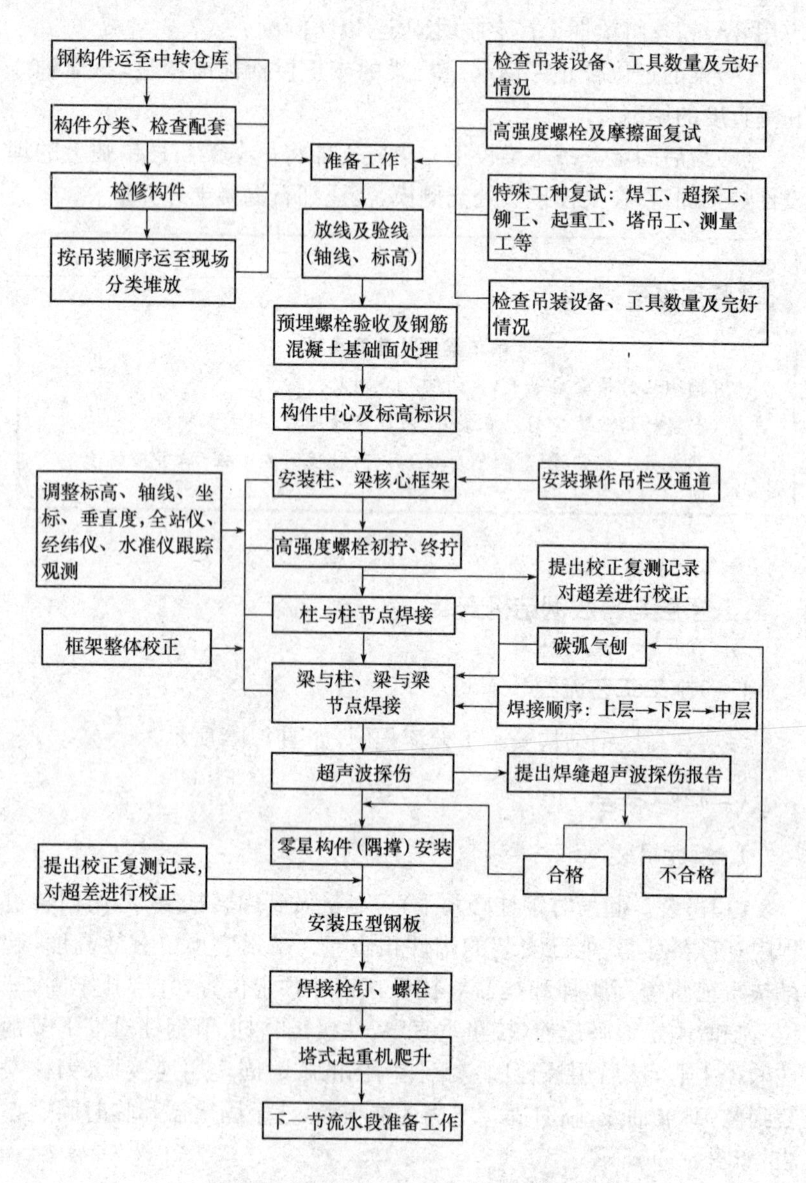

图 8-18 多层与高层钢结构安装工艺流程图

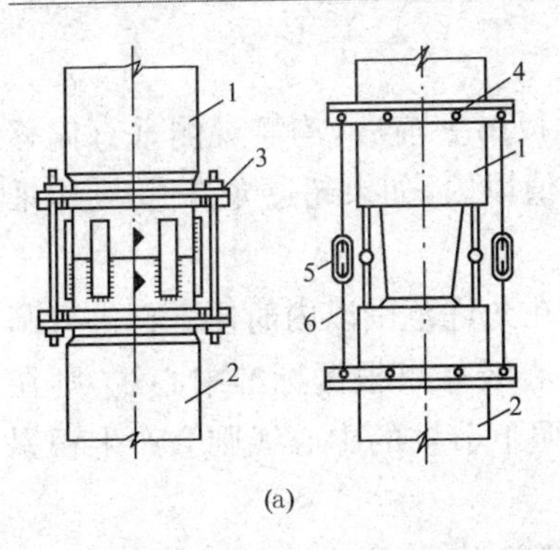

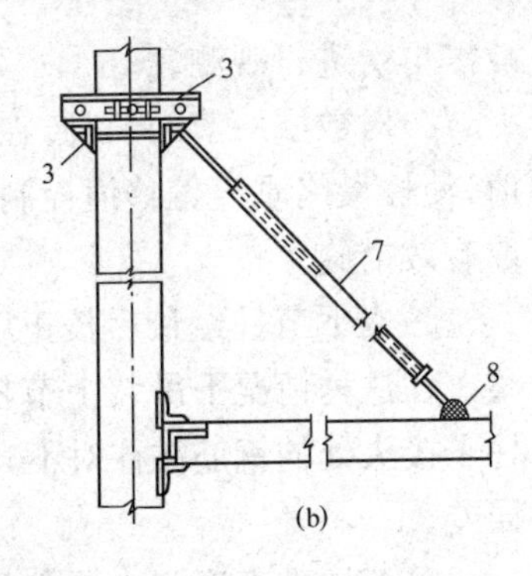

图 8-19　柱子固定器和临时固定方法

(a)用角钢螺杆固定;(b)用管式支撑固定

1—上柱;2—下柱;3—角钢夹箍;4—角钢用螺栓与柱连接

5—法兰螺栓;6—钢筋拉杆;7—管式支撑;8—预埋吊环

吊装注意事项

起吊前,钢构件应横放在垫木上,起吊时,不得使钢构件在地面上有拖拉现象,回转时,需有一定的高度。起钩、旋转、移动三个动作交替缓慢进行,就位时缓慢下落,防止擦坏螺栓丝口。

(2)多节钢柱的校正。多节柱校正比普通钢柱校正更为复杂,实践中要对每根下节柱进行重复多次校正和观测垂直偏移值,其主要校正步骤如下:

1)在起重机脱钩后电焊前进行初校。但在柱接头电焊过程中因钢筋收缩不匀,柱又会产生偏移。由于施焊时柱间砂浆垫层的压缩可减少钢筋焊接应力,最好能做到在砂浆凝固前施焊。接头坡口间隙尺寸需控制在规定范围内。

2)在电焊完毕后需作第二次观测。

3)当吊装梁和楼板之后因柱子增加了荷重,以及梁柱间的电焊,会使柱产生偏移。这种情况尤其是对荷重不对称的外侧柱更为明显,故需再次进行观测。

4)对数层一节的长柱,在每层梁板吊装前后,均需观测垂直偏移值,使柱最终垂直偏移值控制在允许值以内,如果超过允许值,则应采取有效措施。

5)当下节柱经最后校正后,偏差在允许范围以内时便不再进行调整。在这种情况下吊装上节柱时,中心线如果根据标准中心线,则在柱子接头处的钢筋往往对不齐,若按照下节柱的中心线则会产生积累误差。

6)若柱垂直度和水平位移均有偏差时,如果垂直度偏差较大,此时应先校正垂直度偏差,然后校正水平位移,以减少柱倾覆的可能性。

7)多层装配式结构的柱,特别是一节到顶、长细比较大、抗弯能力较小的柱,杯口要有一定的深度。如果杯口过浅或配筋不够,会使柱倾覆。校正时要特别注意撑顶与敲打钢楔的方向,切勿弄错。

上下节柱校正时中心线偏差调整方法

上下节柱校正时中心线偏差一般解决的方法是:上节柱的底部在柱就位时,应对准上述两根中心线(下柱中心线和标准中心线)的中点,各借一半,如图 8-20 所示。而上节柱的顶部,在校正时仍应以标准中心线为准,以此类推。柱子垂直度允许偏差为 $h/1000$(h 为标高),但不大于 20mm。中心线对定位轴线的位移不得超过 5mm,上下柱接口中心线位移不得超过 3mm。

2. 结构连接和固定

(1)多、高层钢结构连接多采用焊接或高强度螺栓连接。当需要在雨、雪、风等情况下进行焊接时,应采取防护措施。当设计无特殊要求时,现场焊接应以气体保护焊为主,以手工电弧焊为辅,以提高工效,保证焊接质量。

(2)对主要的焊接接头,应进行焊接工艺试验,制定有关焊接工艺

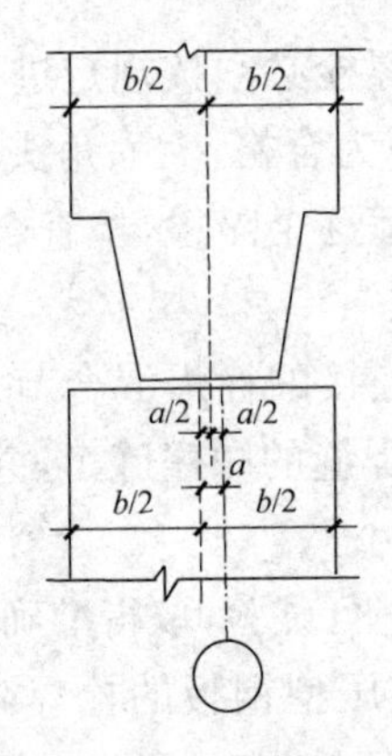

图 8-20　上下节柱校正时中心线偏差调整简图

a—下节柱柱顶中线偏差值；b—柱宽

----柱标准中心线；—·—上、下柱实际中心线

参数和技术措施。在充分考虑减小焊接应力的前提下，从预留反变形和对称焊接两方面控制焊接变形。

(3)焊缝在冷却到环境温度后方可进行质量检查。焊接的外观检查和无损探伤检测，应严格按照《高层民用建筑钢结构技术规程》(JGJ 99)规定的标准进行。

(4)高强度螺栓在使用前应进行施工试验，复验扭矩系数的平均值和偏差值，并按平均值计算所需的施工扭矩；对扭剪型高强度螺栓应按国家标准复验紧固轴力的平均值和变异系数。

(5)构件安装中发现有孔眼错位现象时，不得强行将螺栓打入，以免损伤螺纹，应先用铰刀修孔，使螺栓能自由穿入。

(6)高强度螺栓的安装应按一定的顺序施拧，宜由螺栓群中央向外逐个拧紧，并应在当天全部终拧完毕。高强度螺栓的紧固分初拧和终拧两次进行，初拧扭矩约为终拧扭矩的50%。对大型节点宜增加复拧工序，复拧扭矩等于初拧扭矩，目的在于保持初拧的扭矩值。初拧(或复拧)结束后，扭剪高强度螺栓使用专门机具，拧到螺栓尾部梅花头扭断为止；大六角头螺栓用扭矩法(或转角法)进行终拧。为补偿预应力损失，用扭矩法可将施工扭矩增加5%～10%。

(7)紧固后的高强度螺栓必须按规定进行检查,扭剪型高强度螺栓以目测尾部梅花头拧掉为合格;大六角头高强度螺栓终拧结束后,宜采用0.3～0.5kg的小锤逐个敲检,检查合格后的高强度螺栓必须做出标记。

(8)高层钢结构梁柱连接的栓焊混合节点,宜按先拧紧腹板上高强度螺栓,再焊接梁翼缘焊缝的顺序施工,并使焊接热影响对高强度螺栓轴力的损失减少到最小。

(9)栓钉在焊接前应进行试验,取得准确的焊接参数后,方可允许在结构上焊接。要求穿透压型钢板的栓焊,钢板与构件必须紧密贴合。在压型钢板重叠处进行栓焊时,可先在压型钢板上开洞。

构件接头链接形式

(1)多层装配式框架结构房屋柱较长,常分成多节吊装。柱接头形式有柱榫接头、柱浆锚接头,如图8-21(a)、(b)所示。柱与梁接头形式有筒支铰接和刚性接头两种,前者只传递垂直剪力,施工简便;后者可传递剪力和弯矩,使用较多。

(2)榫接头钢筋多采用单坡K型坡口焊接,按图8-21(c)所示采取分层轮流对称焊接,以削减温度应力和变形,同时注意使坡口间隙尺寸大小一致,焊接时避免夹渣。如上、下钢筋错位,可用冷弯或乙炔焰加热热弯使钢筋轴线对准,但变曲率不得超过1∶6。

3. 钢结构构件组合系吊装

(1)钢结构高层建筑体系有框架体系、框架剪力墙体系、框筒体系、组合筒体系、交错钢桁架体系等多种,应用较多的是前两种,主要由框架柱、主梁、次梁及剪力板(支承)等组成。钢结构用于高层建筑,具有强度高、结构轻、层高大、抗震性能好、布置灵活、节约空间、建造周期短、施工速度快等优点,但用钢量较大,防火要求高,工程造价较高。

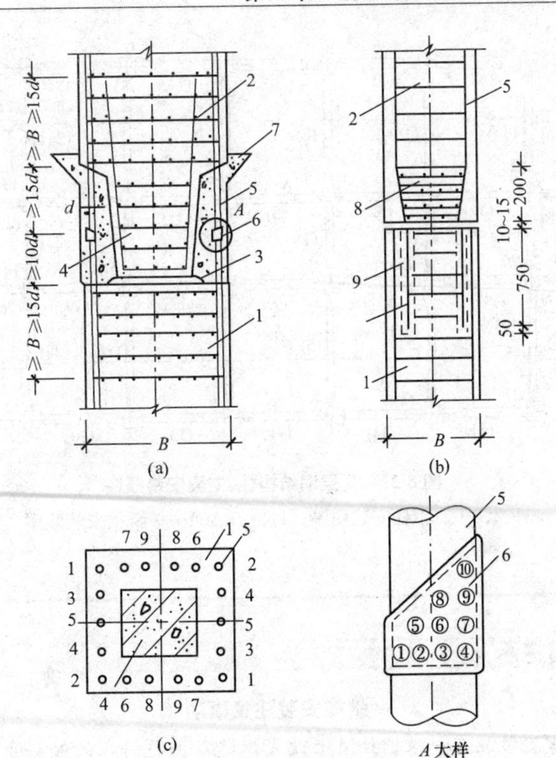

图 8-21　柱与柱接头形式

(a)柱榫接头构造；(b)柱浆锚接头构造；(c)坡口焊操作顺序

1—下柱；2—上柱；3—1：1 水泥砂浆，10mm 厚；4—榫头；5—柱主筋

6—坡口焊；7—后浇接头混凝土；8—焊网 4 片 6ϕ6mm

9—浆锚孔，不小于 2.5d(d 为主筋直径)

10—锚固钢筋；1、2、3……，①、②、③……一焊接操作顺序

(2)吊装多采用综合吊装法，其吊装顺序一般是：平面内从中间的一个节间开始，以一个节间的柱网为一个吊装单元，先吊装柱，后吊装梁，然后往四周扩展垂直方向由下向上组成稳定结构后，分层安装次要构件，一节间一节间钢框架，一层楼一层楼安装，如图 8-22 所示，这样有利于消除安装误差的积累和焊接变形，使误差减少到最低限度。

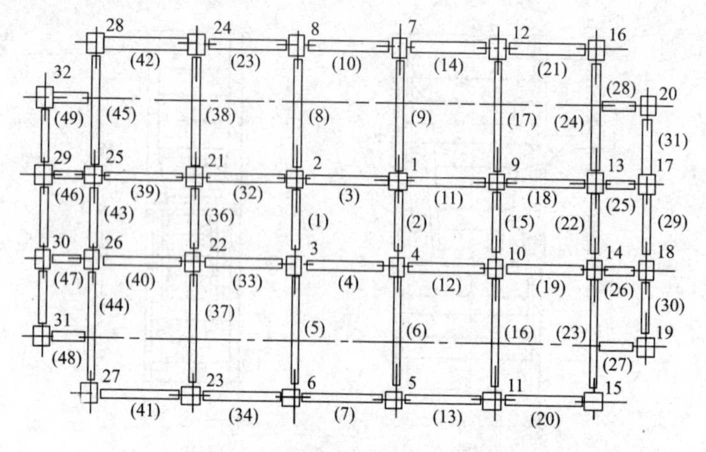

图 8-22　高层钢结构柱、主梁安装顺序

1、2、3…—钢柱安装顺序；(1)、(2)、(3)…—钢梁安装顺序

斜撑安装注意事项

斜撑安装应在一根钢丝绳上设置捌链以调整斜撑的倾斜角度，使安装就位方便。尽量避免上下钢梁全部安装完毕后，再来安装上下梁之间的斜撑。

4. 框架梁的安装

钢梁吊装宜采用专用吊具两点绑扎吊装钢梁，吊升过程中必须保证钢架处于水平状态，一机吊多根钢梁时，绑扎要牢固、安全，以便于逐一安装。

在安装柱与柱之间的主梁时，必须跟踪测量、校正柱与柱之间的距离，并预留安装余量，特别是节点焊接收缩量，以达到控制变形，减小或消除附加应力的目的。

柱与柱节点及梁与柱节点的连接，原则上对称施工、相互协调，框架梁和柱的连接一般采用上下翼板焊接、腹板螺栓连接或者全焊接、全栓接的连接方式。对于焊接连接，一般先焊一节柱的顶层梁，再从下向上焊接各层梁与柱的节点，柱与柱的节点可以先焊，也可以后焊。混合连接一般采用先栓后焊的工艺，螺栓连接从中心轴开始，对称拧固，钢管混凝土柱焊接接长时，应严格按工艺评定要求进行，确保焊缝质量。

在第一节柱及柱间钢梁安装完成后，即进行柱底灌浆，灌浆方法是先在柱脚四周立模板，将基础上表面清除干净，清除积水，然后用高强度无收缩砂浆从一侧自由灌入至密实，灌浆后用湿草袋或麻袋覆盖养护。

钢梁安装注意事项

(1)在钢梁的标高、轴线的测量校正过程中，一定要保证已安装好的标准框架的整体安装精度。

(2)钢梁安装完成后应检查钢梁与连接板的贴合方向。

(3)钢梁的吊装顺序应严格按照钢柱的吊装顺序进行，及时形成框架，保证框架的垂直度，为后续钢梁的安装提供方便。

(4)处理产生偏差的螺栓孔时，只能采用绞孔机扩孔，不得采用气割扩孔的方式。

(5)安装时应用临时螺栓进行临时固定，不得将高强度螺栓直接穿入。

(6)安装后应及时拉设安全绳，以便于施工人员行走时挂设安全带，确保施工安全。

(7)电梯井内部的钢梁完成后应及时安装钢梯，以方便相邻楼层的上下。

三、钢结构安装绿色施工技术要求

(1)在多层与高层钢结构工程施工中，虽无泥浆污物产生，但也会产生烟尘等。因此在施工中，也要注意加强环保措施。

(2)在压型钢板施工中，钢梁、钢柱连接处一定要连接紧密，防止混凝土漏浆现象的发生。

(3)当进行射线检测时,应在检测区域内划定隔离防范警戒线,并远距离控制操作。

(4)废料要及时清理,并在指定地点堆放,保证施工场地的清洁和施工道路的畅通。

(5)切实加强火源管理,车间禁止吸烟,电、气焊及焊接作业时应清理周围的易燃物,消防工具要齐全,动火区域要安放灭火器,并定期检查。

(6)雨天及钢结构表面有凝露时,不宜进行普通紧固件连接施工;拧下来的扭剪型高强度螺栓梅花头要集中堆放,统一处理。

(7)合理安排作业时间,用电动工具拧紧普通螺栓紧固件时,在居民区施工时,要避免夜间施工,以免施工扰民。

钢结构安装绿色施工注意事项

钢结构安装绿色施工应注意以下方面:选择合理的计算公式,正确估算用电量;合理确定变压器台数,尽量选择新型节电变压器;减少负载取用的无功功率,提高供电线路功率因数;推广使用节能用电设备,提高用电效率,保持三相负载平衡,消除中性线电耗;在施工过程中,降低供电线路接触电阻;加强用电管理,禁止擅自在供电线路上乱拉接电源等情况,使施工现场电力浪费降到最低。

第九章　防水工程施工工艺和方法

第一节　屋面防水工程施工工艺和方法

屋面防水工程是房屋建筑的一项重要工程，主要有卷材防水屋面、涂膜防水屋面和刚性防水屋面。

一、卷材防水屋面施工

（一）石油沥青防水卷材屋面施工

1. 施工工艺流程

石油沥青防水卷材屋面施工工艺流程是：基层清理→涂刷基层处理剂→弹线→铺贴关键部位附加层→大面积铺贴→自检互检验收→做面层保护层→蓄水试验→质量验收。

2. 施工要点

（1）基层清理。基层表面不得有酥松、起皮、起砂、空裂缝等现象。平面与突出物连接处和阴阳角等部位的找平层应抹成圆弧或45°转角。施工前，基层要清理干净，涂刷冷底子油。

（2）卷材的铺贴顺序与要求。防水层施工应在屋面上其他工程完工后再进行；屋面有高低错层的卷材铺贴应采取先高后低的施工顺序；等高的大面积屋面，先铺离上料地点远的部位，后铺较近部位；同一屋面上由最低标高处向上施工。铺贴卷材的方向应根据屋面坡度或屋面是否受震动而确定。当屋面坡度小于3%时，宜平行于屋脊铺贴；屋面坡度在3%～15%时，卷材可平行于或垂直于屋脊铺贴；当屋面坡度大于15%或屋面受震动时，为防止卷材下滑，应垂直于屋脊铺贴；上下层卷材不得相互垂直铺贴。大面积铺贴卷材前，应先做好节点屋面排水比较集中的部位的处理，通常采用附加卷材或防水涂料、密封材料作附加增强处理。

铺贴卷材技巧

天沟、檐沟铺贴卷材应从沟底开始。当沟底过宽，卷材需纵向搭接时，搭接缝应用密封材料封口。铺贴立面或大坡面卷材时，玛琋脂应满涂，并尽量减少卷材短边搭接。

(3)搭接要求。铺贴的卷材之间要采用错缝搭接。各层卷材的搭接长边不应小于70mm，短边不应小于100mm，上下两层卷材的搭接接缝应错开1/3或1/2幅宽，相邻两幅卷材的短边搭接应错开不小于300mm以上。平行于屋脊的搭接缝，上坡的卷材应压住下坡的卷材；垂直于屋脊的搭接缝，应顺主导风向压住搭接。

(4)卷材的铺贴。在铺贴卷材时，应先在屋面标高的最低处开始弹出第一块卷材的铺贴基准线，然后按照所规定的搭接宽度边铺边弹基准线。卷材铺贴方法常用的有浇油粘贴法和刷油粘贴法。浇油粘贴法是用带嘴油壶将沥青胶浇在基层上，然后用力将卷材往前推滚。刷油粘贴法是用长柄棕刷或粗帆布刷将沥青胶均匀涂刷在基层上，然后迅速铺贴卷材。施工时，要严格控制沥青胶的厚度，底层和里层宜为1～1.5mm，面层宜为2～3mm。卷材的搭接缝应粘结牢固，密封严密，不得有褶皱、翘边和鼓泡等缺陷；防水层的收头应与基层粘结牢固，缝口封严，不得翘边。

(5)保护层施工。保护层应在油毡防水层完工并经验收合格后进行，施工中应做好成品的保护。具体做法是在卷材上层表面浇一层2～4mm厚的沥青胶，趁热撒上一层粒径为3～5mm的小豆石，并加以压实，使豆石与沥青胶粘结牢固，未粘结的豆石随即清扫干净。

特别提示

施工应注意的质量问题

(1)屋面积水。有泛水的屋面、檐沟,泛水过小,不平顺,基层应按设计或规定做好泛水,油毡卷材铺贴后,屋面坡度、平整度应符合《屋面工程技术规范》(GB 50345—2012)的要求。

(2)屋面渗漏。屋面防水层铺贴质量有缺陷,防水层铺贴中及铺贴后成品保护不好,损坏防水层,应采取措施加强保护。

(3)防水层空鼓。基层未干燥,铺贴压实不均,窝住空气,应控制基层含水率,操作时注意压实,排出空气。

(二)高聚物改性沥青防水卷材屋面施工

高聚物改性沥青防水卷材屋面可以采取单层外露或双层外露两种构造做法,有冷粘贴、热熔法及自粘法三种施工方法,使用最多的是热熔法。热熔法施工是指将卷材背面用喷灯或火焰喷枪加热熔化,靠其自身熔化后的粘性与基层粘结在一起形成防水层的施工方法。

1. 施工工艺流程

高聚物改性沥青防水卷材屋面(热溶法)施工工艺流程为:清理基层→涂刷基层处理剂→铺贴卷材附加层→热熔铺贴大面防水卷材→热熔封边→蓄水试验→保护层施工→质量验收。

2. 施工要点

(1)清理基层。剔除基层上的隆起异物,彻底清扫、清除基层表面的灰尘。

(2)涂刷基层。基层处理剂可采用溶剂型改性沥青防水涂料、橡胶改性沥青胶粘料或按照产品说明书使用。将基层处理剂均匀地涂刷在基层上,厚薄一致。

(3)节点附加增强处理。待基层处理剂干燥后,按设计节点构造图做好节点(女儿墙、水落管、管根、檐口、阴阳角等细部)的附加增强处理。

(4)定位、画线。在基层上按规范要求,排布卷材,弹出基准线。

(5)热熔铺贴卷材,如图 9-1 所示。按弹好的基准线位置,将卷材沥青膜底面朝下,对正粉线,点燃火焰喷枪(喷灯),对准卷材底面与基层的交接处,使卷材底面的沥青熔化。喷枪头距加热面约 50～100mm,与基层成 30°～45°角为宜。当烘烤到沥青熔化,卷材底有光泽并发黑,有一层薄的熔层时,即用胶皮压辊压密实。这样边烘烤边推压,当端头只剩下 300mm 左右时,将卷材翻放于隔热板上加热,同时加热基层表面,粘贴卷材并压实。

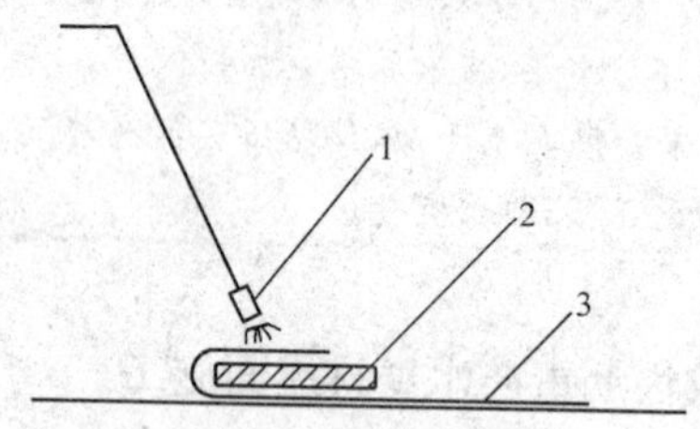

图 9-1　用隔热板加热卷材端头

1—喷枪;2—隔热板;3—卷材

(6)搭接缝粘结(图 9-2)。搭接缝粘结之前,先熔烧下层卷材上表面搭接宽度内的防粘隔离层。处理时,操作者一手持烫板,另一手持喷枪,使喷枪靠近烫板并距卷材 50～100mm,边熔烧、边沿搭接线后退。为防火焰烧伤卷材其他部位,烫板与喷枪应同步移动。处理完毕隔离层,即可进行接缝粘结。

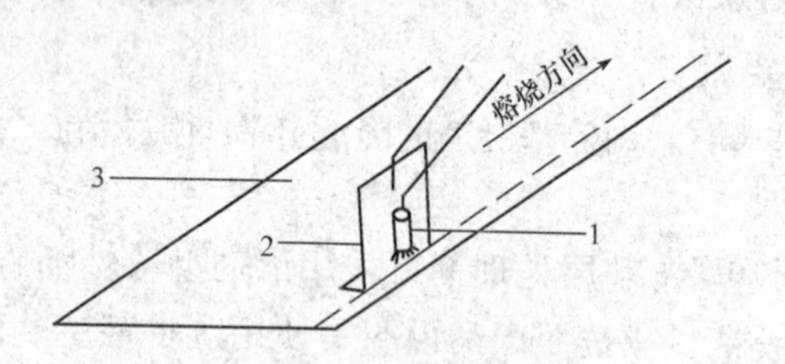

图 9-2　熔烧处理卷材上表面防粘隔离层

1—喷枪;2—烫板;3—已铺下层卷材

(7)蓄水试验。防水层完工后,按卷材热玛琋脂粘结施工的要求

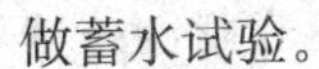

做蓄水试验。

(8)保护层施工。蓄水试验合格后,按设计要求进行保护层施工。

搭接缝粘结施工注意事项

(1)幅宽内应均匀加热,烘烤时间不宜过长,防止烧坏面层材料。

(2)热熔后立即滚铺,滚压排气,使之平展、粘牢、无皱褶。

(3)滚压时,以卷材边缘溢出少量的热熔胶为宜,溢出的热熔胶应随即刮封接口。

(4)整个防水层粘贴完毕,所有搭接缝用密封材料予以严密封涂。

(三)合成高分子防水卷材屋面施工

合成高分子防水卷材屋面施工方法分为冷粘贴施工、热熔(或热焊接)法施工及自粘法施工三种,使用最多的是冷粘法。

冷粘贴防水施工是指以合成高分子卷材为主体材料,配以与卷材同类型的胶粘剂及其他辅助材料,用胶粘剂贴在基层形成防水层的施工方法。

1. 施工工艺流程

合成高分子卷材的施工工艺流程为:清理基层→涂刷基层处理剂→铺贴附加层卷材→涂刷基层胶粘剂→粘贴防水卷材→卷材接缝的粘接→卷材末端收头的处理→蓄水试验→保护层施工→质量验收。

2. 施工要点

(1)基层清理。将基层杂物、浮灰等清扫干净。

(2)涂刷基层处理剂。基层处理剂一般用低黏度聚氨酯。将各种材料按比例配合并搅拌均匀涂刷于基层上,其目的是为了隔绝基层的潮气,提高卷材与基层的粘结强度。在大面积涂刷前,先用油漆刷子在阴阳角、管根部、水落口等部位涂刷一道,然后再用长把滚刷在基层满刷一道,涂刷要厚薄均匀,不得露底。一般在涂刷 4h 以后或根据气候条件待处理剂渗入基层且表面干燥后,才能进行下道工序。

(3)涂刷基层胶粘剂。涂胶前,先在准备铺贴第一幅卷材的位置弹好基准线,用长把滚刷将胶粘剂涂刷在铺贴卷材的范围内。同时,将卷材用潮布擦净浮灰,用笔画出长边及短边各100mm不涂胶的接缝部位,然后在画线范围内均匀涂刷胶粘剂。涂刷应厚薄均匀,不得有露底、凝胶现象。

(4)铺贴附加层卷材。在檐口、屋面与立面的转角处、水落口周围、管道根部等构造节点部位先铺一层卷材附加层,天沟宜铺两层。

(5)粘贴防水卷材。胶粘剂涂刷后,需晾置20min左右,待基本干燥(手触不粘)后方可进行卷材的粘贴。操作时,将刷好基层胶粘剂的卷材抬起,翻过来,使刷胶面朝下,将一端粘贴在定位线部位,然后沿着基准线向前粘贴,如图9-3所示。粘贴时,卷材不得拉伸,要使卷材在松弛不受拉伸的状态下粘贴在基层。随即用胶辊用力向前和向两侧滚压,如图9-4所示,排除空气,使防水卷材与基层粘结牢固。

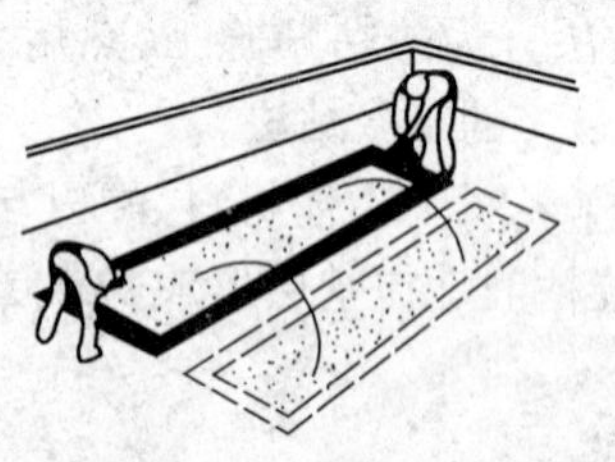

图9-3　卷材粘贴方法

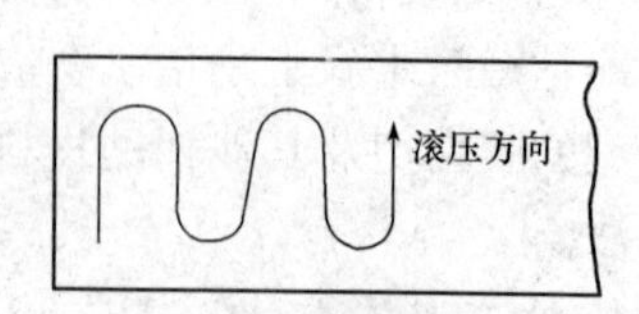

图9-4　卷材排气滚压方向

(6)卷材接缝的粘接。在卷材接缝100mm宽的范围内,把丁基粘结剂A料、B料按1∶1的比例配合搅拌均匀,用油漆刷子均匀涂刷在卷材接缝处的两个粘接面上,涂胶后20min左右(手触不粘手时)即可进行粘贴。粘贴从一端开始,顺卷材长边方向粘贴,并用手持压辊滚压粘牢。

(7)卷材末端收头的处理。为了防止卷材末端收头处剥落,卷材的收头及边缝处应用密封膏(常用聚氯脂密封膏或氯磺化聚乙烯封膏)嵌严。

(8)蓄水试验。按卷材热玛瑞脂粘结施工的要求做蓄水试验。

(9)保护层施工。屋面经蓄水试验合格,待防水面层干燥后,按设计立即进行保护层施工,以避免防水层受损。

知识拓展

热风焊接合成高分子卷材施工

热风焊接合成高分子卷材施工除搭接缝外,其他要求与合成高分子卷材冷粘法完全一致。接缝的焊接要求如下:

(1)为使接缝焊接牢固和密封,必须将接缝的接合面清扫干净,无灰尘、砂粒、污垢,必要时要用清洁剂清洗。

(2)焊缝拴焊前,搭接缝焊接的卷材必须铺贴平整,不得皱褶。搭接部位按事先弹好的标准线对齐,以保证搭接尺寸的准确。

(3)为了保证焊接缝的质量和便于施焊操作,应先焊长边搭接缝,后焊短边搭接缝。

二、涂膜防水屋面施工

涂料防水屋面是采用防水涂料在屋面基层(找平层)上现场喷涂、刮涂或涂刷抹压作业,涂料经过自然固化后形成一层有一定厚度和弹性的无缝涂膜防水层,从而使屋面达到防水的目的。这种屋面具有施工操作简单,无污染,冷操作,无接缝,能适应复杂基层,防水性能好,温度适应性强,容易修补等特点。施工时有薄质涂料和厚质涂料两类方法。

(一)薄质防水涂料施工

1. 施工工艺流程

薄质防水涂料操作工艺流程如图 9-5 所示。

2. 施工要点

(1)基层处理。基层要求平整、密实、干燥或基本干燥(根据涂料品种要求),不得有酥松、起砂、起皮、裂缝和凹凸不平等现象,如必须经过处理,表面应处理干净,不得有浮灰、杂物和油污等。

(2)特殊部位附加增强层处理。在大面积涂料涂布前,先按设计

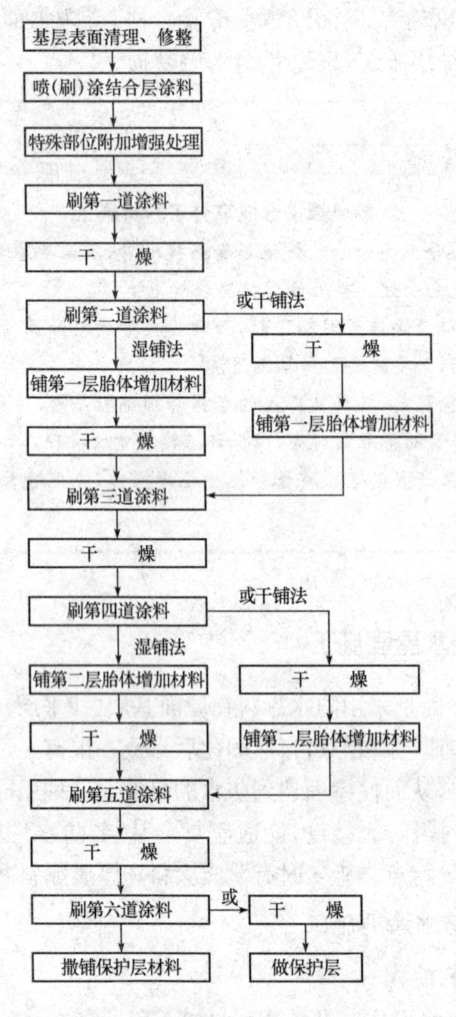

图 9-5　薄质防水涂料操作工艺流程

要求做好特殊部位附加增强层，即在屋面细部节点(如水落管、檐沟、女儿墙根部、阴阳角、立管周围等)加铺有胎体增强材料的附加层。

(3)大面积涂布。涂层涂刷可用棕刷、长柄刷、圆辊刷、塑料或胶皮刮板等人工涂布，也可用机械喷涂。涂料涂布应分条或按顺序进行，分条时每条宽度应与胎体增强材料的宽度相一致，以免操作人员踩坏刚涂好的涂层。各道涂层之间的涂刷方向应互相垂直，以提高防水层的整体性和均匀性。

(4)铺设胎体增强材料。涂料在第二遍涂刷时或第三遍涂刷前，即可加铺胎体增强材料。胎体增强材料应尽量顺屋脊方向铺贴，以方便施工，提高劳动效率。

胎体增强材料铺设注意事项

(1)胎体增强材料可以选用单一品种，也可选用玻纤布与聚酯毡混合使用。混用时，应在上层采用玻纤布，下层使用聚酯毡。铺布时，切忌拉伸过紧，否则胎体增强材料与防水涂料在干燥成膜时，会有较大的收缩，但也不宜过松，过松时布面会出现皱褶，使网眼中的涂膜极易破碎而失去防水能力。

(2)第一层胎体增强材料应越过屋脊 400mm，第二层应越过 200mm，搭接缝应压平，否则容易进水。胎体增强材料长边搭接不少于 50mm，短边搭接不少于 70mm，搭接缝应顺流水方向或年最大频率风向(即主导风向)。采用两层胎体增强材料时，上下层不得互相垂直，且搭接缝应错开，其错开间距不少于 1/3 幅宽。

(3)胎体增强材料铺设后，应严格检查表面有无缺陷或搭接不良等现象，如有应及时修补完整，使其形成一个完整的防水层，然后才可在上面继续涂刷涂料。面层涂料应至少涂刷两遍以上，以增加涂膜的耐久性。如面层做粒料保护层，则可在涂刷最后一遍涂料时，随即撒铺覆盖粒料。

(4)为了防止收头部位出现翘边现象，所有收头均应用密封材料封边，封边宽度不得小于 10mm。收头处有胎体增强材料时，应将其剪齐，如有凹槽则应将其嵌入槽内，用密封材料嵌严，不得有翘边、皱褶和露白等现象。

(二)厚质防水涂料施工

1. 施工工艺流程

厚质防水涂料操作工艺流程(以一布二涂为例)，如图 9-6 所示。

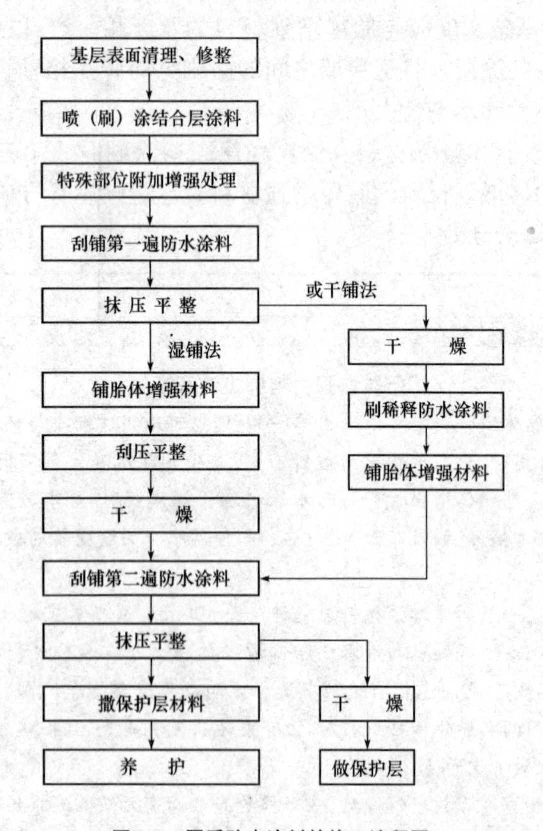

图 9-6 厚质防水涂料的施工流程图

2. 施工要点

(1)基层处理。厚质防水涂料对基层的要求与薄质涂料的要求基本相同。

(2)特殊部位附加增强处理。水落口、天沟、檐口、泛水及板端缝等特殊部位，常采用涂料增厚处理，即刮涂 2～3mm 厚的涂料，其宽度视具体情况而定，也可按“一布二涂”构造做好增强处理。

(3)大面积涂布。厚质防水涂料施工时，应将涂料充分搅拌均匀，清除杂质。涂布时，一般先将涂料直接倒在基层上，用胶皮刮板来回刮涂，使其厚薄均匀一致，不露底，表面平整，涂层内不产生气泡。涂层厚度控制可采用预先在刮板上固定铁丝或木条，或在屋面板上做好标志，铁丝或木条高度与每遍涂层涂刮厚度一致。涂层总厚度4～8mm，分二至三遍刮涂。对流平性差的涂料刮平后，待表面收水尚未结膜时，用铁抹子进行压实抹光，抹压时间应适当，过早起不到抹光作用，过晚会使涂料粘住抹子，出现月牙形抹痕。

(4)铺设胎体增强材料。当屋面坡度小于15%时，胎体增强材料应平行屋脊方向铺设，屋面坡度大于15%，则应垂直屋脊方向铺设，铺设时应从低处向上操作。

(5)收头处理。收头部位胎体增强材料应裁齐，防水层收头应压入凹槽内，并用密封材料嵌严，待墙面抹灰时用水泥砂浆压封严密。如无预留凹槽时，可待涂膜固化后，用压条将其固定在墙面上，用密封材料封严，再将金属或合成高分子卷材用压条钉压作盖板，盖板与立墙间用密封材料封固。

胎体增强材料铺设方法

胎体增强材料铺设可采用湿铺法或干铺法。

(1)湿铺法是在头遍涂层表面刮平后，立即铺贴胎体增强材料。铺贴时应做到平整、不起皱，但也不能拉伸过紧，铺贴后用刮板或抹子轻轻刮压或抹压，使布网孔眼中(或毡面上)充满涂料，待干燥后继续进行第二遍涂料施工。

(2)干铺法是待头遍涂料干燥后，用稀释涂料将胎体增强材料先粘在头遍涂层面上，再将涂料倒在上面进行第二遍刮涂。刮涂时要用力使网眼中充满涂料，然后将表面刮平或抹压平整。

三、刚性防水屋面施工

刚性防水屋面是指用细石混凝土、块体材料或补偿收缩混凝土等刚性材料作为防水层的屋面。它主要是依靠混凝土自身的密实性，并采取一定的构造措施(如增加钢筋、设置隔离层、设置分格缝、油膏嵌缝等),以达到防水目的。

1. 施工工艺流程

刚性防水屋面施工工艺流程为:基层处理→隔离层施工→分隔缝设置→钢筋网施工→浇筑细石混凝土→表面处理→养护。

2. 施工要点

(1)基层处理。刚性防水屋面的结构层宜为整体现浇的钢筋混凝土。刚性防水屋面的坡度宜为2%～3%,并应采用结构找坡。如采用装配式钢筋混凝土时,应用强度等级不小于C20的细石混凝土灌缝,灌缝的细石混凝土宜掺微膨胀剂。当屋面板板缝宽度大于40mm或上窄下宽时,板缝内必须设置构造钢筋,板端缝应进行密封处理。

(2)隔离层施工。细石混凝土防水层与结构层宜设隔离层。隔离层可选用干铺卷材、砂垫层、低强度等级砂浆等材料,以起到隔离作用,使结构层和防水层的变形互不受制约,以减少因结构变形对防水层的不利影响。干铺卷材隔离层的做法是在找平层上干铺一层卷材,卷材的接缝均应粘牢;表面涂二道石灰水或掺10%水泥的石灰浆(防止日晒卷材发软),待隔离层干燥有一定强度后进行防水层施工。

(3)分格缝的设置。为了防止大面积的防水层因温差、混凝土收缩等影响而产生裂缝,应按设计要求设置分格缝,分格缝处可采用嵌填密封材料并加贴防水卷材的办法进行处理,以增加防水的可靠性。分格缝的一般做法是在施工刚性防水层前,先在隔离层上定好分格缝的位置,再放分格条,分格条应先浸水并涂刷隔离剂,用砂浆固定在隔离层上。

(4)钢筋网施工。钢筋网铺设应按设计要求,设计无规定时,一般配置$\phi 4$、间距为100～200mm的双向钢丝网片,网片可采用绑扎或点焊成型,其位置宜居中偏上为宜,保护层不小于15mm。分格缝钢筋必须断开。

(5)浇筑细石混凝土。混凝土厚度不宜小于40mm。混凝土搅拌应采用机械搅拌,其质量应严格保证。应注意防止混凝土在运输过程中漏浆和分层离析,浇筑时应按先远后近、先高后低的原则进行。一个分格缝内的混凝土必须一次浇筑完成，不得留施工缝。从搅拌到浇筑完成应控制在2h以内。

(6)表面处理。用平板振动器振捣至表面泛浆为宜，将表面刮平，用铁抹子压实压光，达到平整并符合排水坡度的要求。抹压时严禁在表面洒水、加水泥浆或撒干水泥。待混凝土初凝后，拆出分格条并修整。混凝土收水后应进行二次表面压光，并在终凝前三次压光成活。

(7)养护。混凝土浇筑12～24h后进行养护，养护时间不应少于14d，养护初期屋面不允许上人。养护方法可采取洒水湿润，也可覆盖塑料薄膜、喷涂养护剂等，但必须保证细石混凝土处于湿润状态。

结构层施工

(1)现浇整体钢筋混凝土屋面基层表面平整、坚实，局部不平处用1∶2.5的水泥砂浆或聚合物水泥浆填平抹实。

(2)刚性防水层的排水坡度一般应为2%～3%，宜采用结构找平。如采用建筑找平，找坡材料应用水泥砂浆或轻质砂浆，以减轻屋面荷载。

(3)装配式屋面板安装就位后，先将板缝内残渣剔除，再用高压水冲洗干净。对较宽的板缝，灌缝时宜用板条托底，如图9-7所示。灌缝材料可用细石混凝土，也可用细石混凝土与其他防水材料组成第一道防水线，不得用草纸、纸袋、木块、碎砖、垃圾等物填塞。

第二节　地下防水工程施工工艺和方法

一、防水混凝土施工

防水混凝土结构是指以本身的密实性而具有一定防水能力的整体式混凝土或钢筋混凝土结构。它兼有承重、围护和抗渗的功能，还

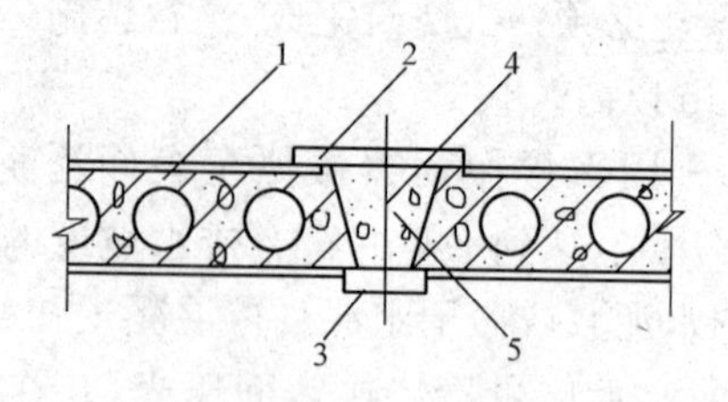

图 9-7　预制板缝托底板条

1—预制板；2—木方；3—托底板条；4—铁丝；5—灌缝混凝土

可满足一定的耐冻融及耐侵蚀要求。

1. 施工工艺流程

防水混凝土施工工艺流程为：混凝土搅拌→混凝土浇筑→混凝土振捣→混凝土养护。

2. 施工要点

(1)防水混凝土搅拌。防水混凝土配料必须按重量配合比准确称量，采用机械搅拌。搅拌时间一般不少于 2min，掺入引气型外加剂，则搅拌时间约为 2～3min，掺入其他外加剂应根据相应的技术要求确定搅拌时间。

(2)防水混凝土浇筑。

1)浇筑前，应将模板内部清理干净，木模用水湿润模板。浇筑时，若入模自由高度超过 1.5m，则必须用串筒、溜槽或溜管等辅助工具将混凝土送入，以防离析和造成石子滚落堆积，影响质量。

2)在防水混凝土结构中有密集管群穿过处、预埋件或钢筋稠密处、浇筑混凝土有困难时，应采用相同抗渗等级的细石混凝土浇筑。预埋大管径的套管或面积较大的金属板时，应在其底部开设浇筑振捣孔，以利排气、浇筑和振捣。

3)随着混凝土龄期的延长，水泥继续水化，内部可冻结水大量减少，同时水中溶解盐的浓度增加，因而冰点也会随龄期的增加而降低，使抗渗性能逐渐提高。为了保证早期免遭冻害，不宜在冬期施工，而应选择气温在 15℃以上的环境中施工。

(3)防水混凝土振捣。防水混凝土应采用混凝土振捣器进行振捣。当用插入式混凝土振动器时,插点间距不宜大于振动棒作用半径的1.5倍,振动棒与模板的距离,不应大于其作用半径的0.5倍。振动棒插入下层混凝土内的深度应不小于50mm,每一振点应快插慢拔,将振动棒拔出后,混凝土会自然地填满插孔。当采用表面式混凝土振捣器时,其移动间距应保证振动器的平板能覆盖已振实部分的边缘。混凝土必须振捣密实,每一振点的振捣延续时间,应使混凝土表面呈现浮浆和不再沉落。

(4)防水混凝土养护。防水混凝土的养护比普通混凝土更为严格,必须充分重视,因为混凝土早期脱水或养护过程缺水,抗渗性将大幅度降低。特别是7d前的养护,且养护期不少于14d,对火山灰硅酸盐水泥养护期不少于21d。浇水养护次数应能保持混凝土充分湿润,每天浇水3～4次或更多次数,并用湿草袋或薄膜覆盖混凝土的表面,应避免暴晒。冬期施工应有保暖、保温措施。因为防水混凝土的水泥用量较大,相应混凝土的收缩性也大,养护不好极易开裂,降低抗渗能力。因此,当混凝土进入终凝(约浇灌后4～6h)即应覆盖并浇水养护。

特别提示

防水混凝土养护注意事项

防水混凝土不宜采用电热法养护。采用蒸汽养护时,不宜直接向混凝土喷射蒸汽,但应保持混凝土结构有一定的湿度,防止混凝土早期脱水,并应采取措施排除冷凝水和防止结冰。蒸汽养护应按下列规定控制升温与降温速度:

(1)升温速度。对表面系数[指结构的冷却表面积(m^2)与结构全部体积(m^3)的比值]小于6的结构,不宜超过6℃/h;对表面系数为6和大于6的结构,不宜超过8℃/h;恒温温度不得高于50℃。

(2)降温速度。不宜超过5℃/h。

二、水泥砂浆防水层施工

水泥砂浆防水层适用于地下工程主体结构的迎水面或背水面，不适用于受持续振动或环境温度高于80℃的地下工程。水泥砂浆防水层应采用聚合物水泥防水砂浆、掺外加剂或掺合料的防水砂浆。

1. 施工工艺流程

水泥砂浆防水层施工工艺流程为：基层清理→水泥砂浆配制→水泥砂浆摊铺→水泥砂浆抹压→养护。

2. 施工要点

(1)基层清理。基层表面应平整、坚实、清洁，并应充分湿润、无明水。基层表面的孔洞、缝隙，应采用与防水层相同的水泥砂浆堵塞并抹平。

(2)水泥砂浆的配制，应按所掺材料的技术要求准确计量。

(3)分层铺抹或喷涂，铺抹时应压实、抹平，最后一层表面应提浆压光。

(4)防水层各层应紧密粘合，每层宜连续施工；必须留设施工缝时，应采用阶梯坡形槎，但与阴阳角处的距离不得小于200mm。

(5)水泥砂浆终凝后应及时进行养护，养护温度不宜低于5℃，并应保持砂浆表面湿润，养护时间不得少于14d；聚合物水泥防水砂浆未达到硬化状态时，不得浇水养护或直接受雨水冲刷，硬化后应采用干湿交替的养护方法。潮湿环境中，可在自然条件下养护。

施工缝的留槎

(1)平面留槎采用阶梯坡形槎，接槎依层次顺序操作，层层搭接紧密(图9-8)。接槎位置一般应留在地面上，亦可留在墙面上，但需离开阴阳角处200mm。在接槎部位继续施工时，需在阶梯形槎面上均匀涂刷水泥浆或抹素灰一道，使接头密实不漏水。

(2)基础面与墙面防水层转角留槎，如图9-9所示。

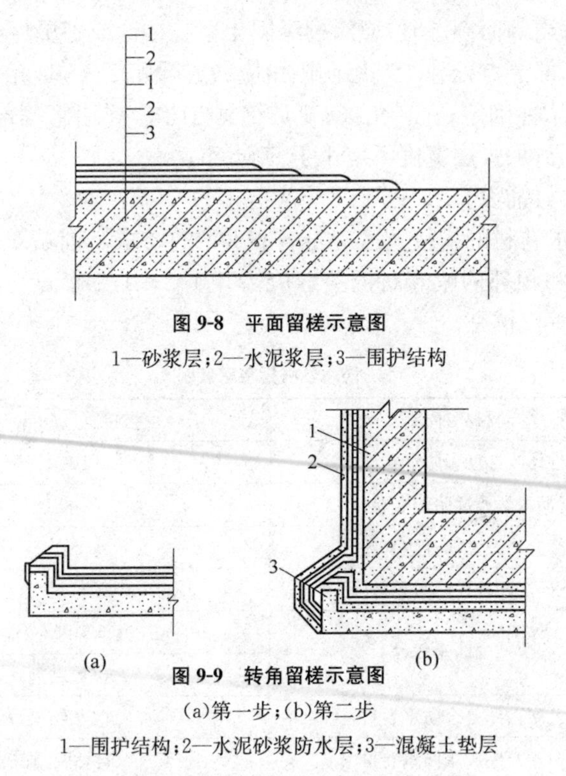

图 9-8　平面留槎示意图

1—砂浆层；2—水泥浆层；3—围护结构

图 9-9　转角留槎示意图

(a)第一步；(b)第二步

1—围护结构；2—水泥砂浆防水层；3—混凝土垫层

三、卷材防水层施工

卷材防水层适用于受侵蚀性介质作用或受振动作用的地下工程，卷材防水层应铺设在主体结构的迎水面。卷材防水层用于建筑物地下室时，应铺设在结构底板垫层至墙体防水设防高度的结构基面上；用于单建式的地下工程时，应从结构底板垫层铺设至顶板基面，并应在外围形成封闭的防水层。

1. 施工工艺流程

卷材防水层施工工艺流程为：基层处理→细部节点处理→卷材铺设→保护层施工。

2. 施工要点

(1)基层处理。铺贴防水卷材前，基面应干净、干燥，并应涂刷基层处理剂；当基面潮湿时，应涂刷湿固化型胶粘剂或潮湿界面隔离剂。

(2)细部节点处理。基层阴阳角应做成圆弧或45°坡角，其尺寸应根据卷材品种确定；在转角处、变形缝、施工缝，穿墙管等部位应铺贴卷材加强层，加强层宽度不应小于500mm。

(3)卷材铺设。

1)防水卷材的搭接宽度应符合表9-1的要求。铺贴双层卷材时，上下两层和相邻两幅卷材的接缝应错开1/3～1/2幅宽，且两层卷材不得相互垂直铺贴。

表9-1　　防水卷材搭接宽度

卷材品种	搭接宽度(mm)
弹性体改性沥青防水卷材	100
改性沥青聚乙烯胎防水卷材	100
自粘聚合物改性沥青防水卷材	80
三元乙丙橡胶防水卷材	100/60(胶粘剂/胶粘带)
聚氯乙烯防水卷材	60/80(单焊缝/双焊缝)
	100(胶粘剂)
聚乙烯丙纶复合防水卷材	100(粘结料)
高分子自粘胶膜防水卷材	70/80(自粘胶/胶粘带)

卷材铺设环境

铺贴卷材严禁在雨天、雪天、五级及以上大风中施工；冷粘法、自粘法施工的环境气温不宜低于5℃，热熔法、焊接法施工的环境气温不宜低于－10℃。施工过程中下雨或下雪时，应做好已铺卷材的防护工作。

2)冷粘法铺贴卷材应符合下列规定：

①胶粘剂应涂刷均匀，不得露底、堆积。

②根据胶粘剂的性能，应控制胶粘剂涂刷与卷材铺贴的间隔时间。

③铺贴时不得用力拉伸卷材，排除卷材下面的空气，辊压粘贴牢固。

④铺贴卷材应平整、顺直，搭接尺寸准确，不得扭曲、皱折。

⑤卷材接缝部位应采用专用胶粘剂或胶粘带满粘，接缝口应用密封材料封严，其宽度不应小于10mm。

3)热熔法铺贴卷材应符合下列规定：

①火焰加热器加热卷材应均匀，不得加热不足或烧穿卷材。

②卷材表面热熔后应立即滚铺，排除卷材下面的空气，并粘贴牢固。

③铺贴卷材应平整、顺直，搭接尺寸准确，不得扭曲、皱折。

④卷材接缝部位应溢出热熔的改性沥青胶料，并粘贴牢固，封闭严密。

4)自粘法铺贴卷材应符合下列规定：

①铺贴卷材时，应将有黏性的一面朝向主体结构。

②外墙、顶板铺贴时，排除卷材下面的空气，辊压粘贴牢固。

③铺贴卷材应平整、顺直，搭接尺寸准确，不得扭曲、皱折和起泡。

④立面卷材铺贴完成后，应将卷材端头固定，并应用密封材料封严。

⑤低温施工时，宜对卷材和基面采用热风适当加热，然后铺贴卷材。

5)卷材接缝采用焊接法施工应符合下列规定：

①焊接前卷材应铺放平整，搭接尺寸准确，焊接缝的结合面应清扫干净。

②焊接时应先焊长边搭接缝，后焊短边搭接缝。

③控制热风加热温度和时间，焊接处不得漏焊、跳焊或焊接不牢。

④焊接时不得损害非焊接部位的卷材。

6)铺贴聚乙烯丙纶复合防水卷材应符合下列规定：

①应采用配套的聚合物水泥防水粘结材料。

②卷材与基层粘贴应采用满粘法，粘结面积不应小于90%，刮涂粘结料应均匀，不得露底、堆积、流淌。

③固化后的粘结料厚度不应小于1.3mm。

④卷材接缝部位应挤出粘结料，接缝表面处应涂刮1.3mm厚50mm宽聚合物水泥粘结料封边。

⑤聚合物水泥粘结料固化前，不得在其上行走或进行后续作业。

7)高分子自粘胶膜防水卷材宜采用预铺反粘法施工，并应符合下列规定：

①卷材宜单层铺设。

②在潮湿基面铺设时，基面应平整坚固、无明水。

③卷材长边应采用自粘边搭接，短边应采用胶粘带搭接，卷材端部搭接区应相互错开。

④立面施工时，在自粘边位置距离卷材边缘10～20mm内，每隔400～600mm应进行机械固定，并应保证固定位置被卷材完全覆盖。

⑤浇筑结构混凝土时不得损伤防水层。

(4)保护层施工。卷材防水层完工并经验收合格后应及时做保护层。保护层应符合下列规定：

1)顶板的细石混凝土保护层与防水层之间宜设置隔离层。细石混凝土保护层厚度：机械回填时不宜小于70mm，人工回填时不宜小于50mm。

2)底板的细石混凝土保护层厚度不应小于50mm。

3)侧墙宜采用软质保护材料或铺抹20mm厚1∶2.5的水泥砂浆。

知识链接

平面铺贴沥青防水卷材施工

(1)铺贴卷材前，宜使基层表面干燥，先喷冷底子油结合层两道，然后根据卷材规格及搭接要求弹线，按线分层铺设。

(2)粘贴卷材的沥青胶粘材料的厚度一般为1.5～2.5mm。

(3)卷材搭接长度，长边不应小于100mm，短边不应小于150mm。上下两层和相邻两幅卷材的接缝应错开，上下层卷材不得相互垂直铺贴。

(4)在平面与立面的转角处，卷材的接缝应留在平面上距立面不小于600mm处。

(5)在所有转角处均应铺贴附加层。附加层应按加固处的形状仔细粘贴紧密。

(6)粘贴卷材时应展平压实。卷材与基层和各层卷材间必须粘结紧密，多余的沥青胶粘材料应挤出，搭接缝必须用沥青胶仔细封严。最后一层卷材贴好后，应在其表面上均匀地涂刷一层厚度为1～1.5mm的热沥青胶粘材料，同时洒拍粗砂以形成防水保护层的结合层。

(7)平面与立面结构施工缝处，防水卷材接槎的处理如图9-10所示。

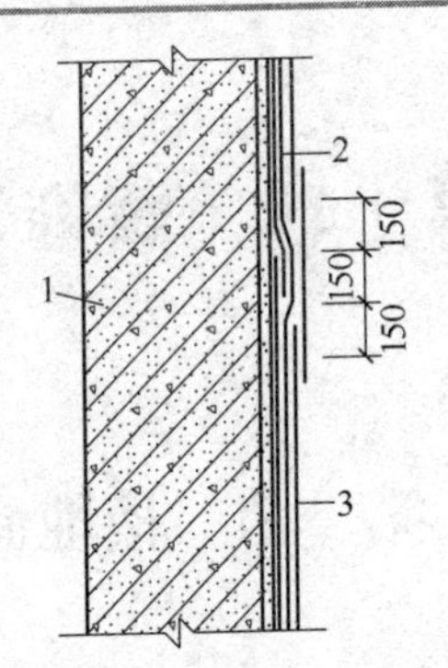

图9-10　防水卷材接槎处理

1—需防水的结构；2—油毡防水层

3—找平层

第十章　装饰工程施工工艺和方法

第一节　楼地面工程施工工艺和方法

一、楼地面的组成及分类

1. 楼地面的组成

楼地面是楼层地面和底层地面的总称。楼地面的基本组成为面层、垫层和基层三部分。有些有特殊要求的地面，仅有基本层次不能满足使用要求时，可增设相应的构造层次，如结合层、找平层、防水层、防潮层、保温（隔热）层、隔声层等。

2. 楼地面的种类

按楼地面面层的材料和做法不同，大致分为整体地面、块材地面和木楼地面。

（1）整体地面。整体地面包括水泥砂浆地面、细石混凝土地面和现浇水磨石地面，如图 10-1 所示是其典型构造简图。

（2）块材地面。块材楼地面属于中高档楼地面，它是通过铺贴各种天然或人造的预制块材或板材而形成的建筑地面。常用的铺贴材料有天然大理石板、天然花岗岩板、预制水磨石板、缸砖、陶瓷锦砖（马赛克）和塑料板块等。其构造如图 10-2、图 10-3 所示。

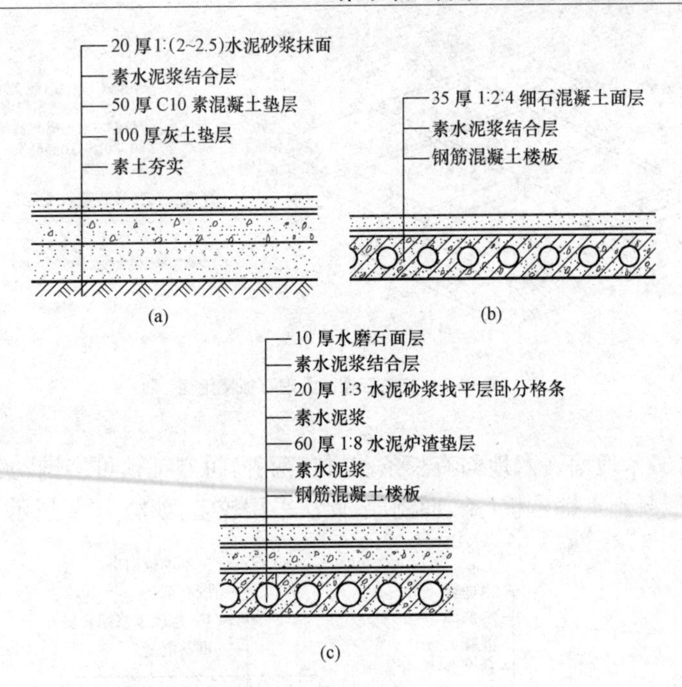

图 10-1　整体地面

(a)水泥砂浆地面；(b)细石混凝土楼面；(c)现浇水磨石楼面

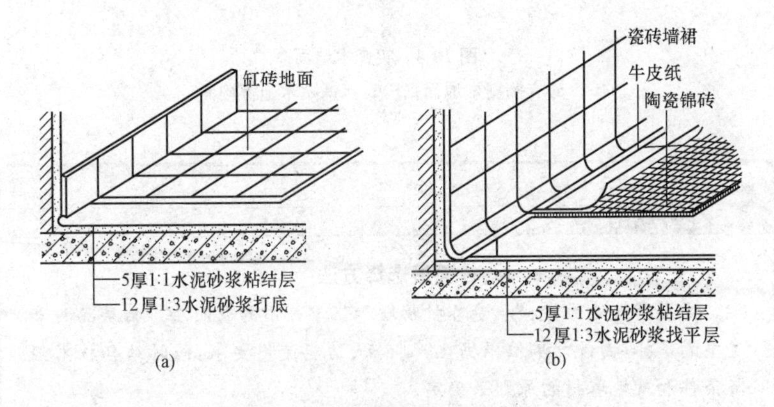

图 10-2　缸砖、瓷砖、陶瓷锦砖楼地面

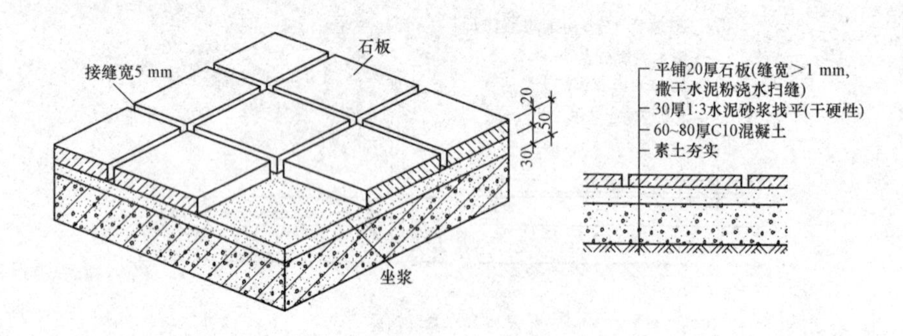

图 10-3　花岗石板、大理石板楼地面

(3)木地面。木地面有长条和拼花两种,可空铺也可实铺,实铺法是在混凝土上铺木板(条)而制成,此法采用较多,如图 10-4 所示。

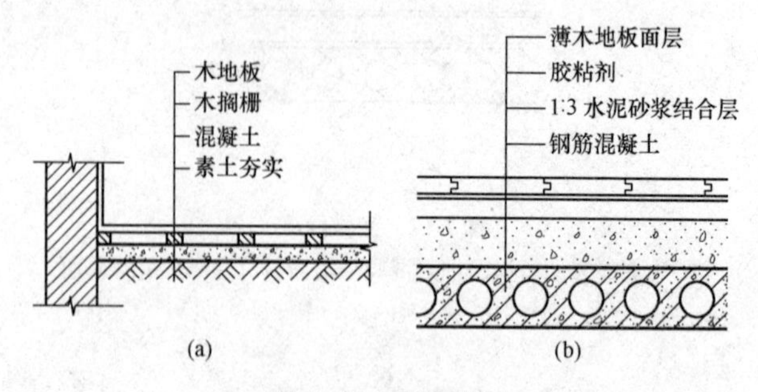

图 10-4　实铺木地面

(a)有搁栅木地面;(b)直接铺贴木地板楼面

经验总结

面层选择方法

面层是楼地面直接承受各种物理和化学作用的表面层。面层品种和类型的选择,由设计单位根据生产特点、功能使用要求,同时结合技术经济条件和就地取材的原则来确定。

二、整体地面施工

(一)水泥混凝土地面施工

水泥混凝土是用水泥、砂和小石子级配而成,水泥混凝土地面的强度高,干缩性小,与水泥砂浆地面相比,其耐久性和防水性更好,且不易起砂,但厚度较大,适用于地面面积较大或基层为松散材料,面层厚度较大的地面装饰工程。

1. 施工工艺流程

水泥混凝土面层施工工艺流程为:基层处理→刷素水泥浆结合层→摊铺混凝土拌合物→抹平→振捣及施工缝处理→抹平→压光→养护→保护。

2. 施工要点

(1)基层处理。清理基层表面的浮浆和积灰等,使得基层粗糙、洁净。铺设前一天对楼板表面进行浇水润湿,不得有积水。如有油污,应用质量分数为5%～10%的碱溶液清洗干净。

(2)弹线、标高。根据水平标准线和设计厚度,在四周墙、柱上弹出面层的上平标高控制线。按线拉水平线抹找平墩(60mm×60mm见方,与面层完成面同高,用同种混凝土),间距双向不大于2m。有坡度要求的房间应按设计坡度要求拉线,抹出坡度数。

(3)混凝土铺设。铺设时按标筋高度刮平,随后用平板式振捣器振捣密实。待其稍收水,即用铁抹子预压一遍,或用铁辊筒往复交叉滚压3～5遍,使之平整,不显露石子。如有低凹处,要随即用混凝土填补,滚压至表面泛浆;若泛出表层的水泥浆呈细花纹状,表明已经滚压密实,即可进行抹平压光。压光工作不应少于两遍,要求达到表面光滑、无抹痕、色泽均匀一致。

(4)水泥混凝土面层不应留置施工缝。当施工间歇超过允许时间规定,再继续浇筑混凝土时,应对已凝结的混凝土接槎处进行处理。刷一层水泥浆,其水灰比宜为0.4～0.5,再浇筑混凝土,并应捣实压平,不显接槎。

(5)养护。浇筑完成后,应在12h内加以覆盖和浇水,养护时间不得少于7h,浇水次数应能保持混凝土具有足够的湿润状态。

施工养护及冬期施工

(1)水泥混凝土面层应在施工完成后24h左右覆盖和洒水养护,每天不少于两次,严禁上人,养护期不得少于7d。

(2)当水泥混凝土整体面层的抗压强度达到设计要求后,其上面方可走人,且在养护期内严禁在饰面上推手推车、放重物品及随意践踏。

(3)推手推车时不许碰撞门立边和栏杆及墙柱饰面,门框要适当包铁皮保护,以防手推车轴头碰撞门框。

(4)施工时不得碰撞水电安装用的水暖立管等,保护好地漏、出水口等部位的临时堵头,以防灌入浆液杂物造成堵塞。

(5)施工过程中被沾污的墙柱面、门窗框、设备立管线要及时清理干净。

(6)冬期施工时,环境温度不应低于5℃。如果在负温下施工时,所掺抗冻剂必须经过试验室试验合格后方可使用。不宜采用氯盐、氨等作为抗冻剂,不得不使用时掺量必须严格按照规范规定的控制量和配合比通知单的要求加入。

(二)水泥砂浆地面施工

水泥砂浆地面是将水泥砂浆涂抹于混凝土基层或垫层上,抹压制成的地面。水泥砂浆面层材料由水泥和砂级配而成。水泥砂浆地面一般的做法是在结构层上抹水泥砂浆,有双层和单层两种。

1. 施工工艺流程

水泥砂浆面层施工工艺流程为:基层清理→刷水泥浆结合层→摊铺水泥砂浆→抹平→压光→表面平整→养护。

2. 施工要点

(1)基层清理。将基层表面的积灰、浮浆、油污及杂物清理干净。抹砂浆前浇水湿润,表面积水应予以排除。

(2)铺抹砂浆。水泥砂浆应采用机械搅拌，拌和要均匀，颜色一致，搅拌时间不应小于2min。水泥砂浆的稠度(以标准圆锥体沉入度计，以下同)，当在炉渣垫层上铺设时，宜为25～35mm；当在水泥混凝土垫层上铺设时，应采用干硬性水泥砂浆，以手捏成团稍出浆为准。

施工时，先刷水灰比为0.4～0.5的水泥浆，随刷随铺随拍实，并应在水泥初凝前用木抹搓平压实。

(3)压光。面层压光宜用钢皮抹子分3遍完成，并逐遍加大用力压光。当采用地面抹光机压光时，在压第二、第三遍中，水泥砂浆的干硬度应比手工压光时稍干一些。压光工作应在水泥终凝前完成。

(4)养护。水泥砂浆面层铺好后1d内应用砂或锯末覆盖，并在7～10d内每天浇水不少于一次，养护期间不允许压重物或碰撞。

施工养护及冬期施工

(1)水泥砂浆面层抹压后，应在常温湿润条件下养护。养护要适时，如浇水过早易起皮，如浇水过晚则会使面层强度降低而加剧其干缩和开裂倾向。一般在夏天是24h后养护，春秋季节应在48h后养护，养护一般不少于7d。最好是在铺上锯木屑(或以草垫覆盖)后再浇水养护，浇水时宜用喷壶喷洒，使锯木屑(或草垫等)保持湿润即可。如采用矿渣水泥时，养护时间应延长到14d。

(2)冬期施工时，环境温度不应低于5℃。如果在负温下施工时，所用掺抗冻剂必须经过试验室试验合格后方可使用。不宜采用氯盐、氨等作为抗冻剂，不得不使用时掺量必须严格按照规范规定的控制量和配合比通知单的要求加入。

(3)在水泥砂浆面层强度达不到5MPa之前，不准在上面行走或进行其他作业，以免损伤地面。

(三)水磨石地面施工

水磨石地面是在水泥砂浆或混凝土垫层上，按设计要求分格并抹水泥石子浆，硬化后，磨光露出石渣，并经补浆、细磨、打蜡而成。

1. 施工工艺流程

水磨石面层施工工艺流程为:基层处理→刷素水泥浆粘结层→水泥砂浆结合层→养护→安分格条→刷水泥色浆粘结层→铺设水泥石粒拌合物→滚筒滚压→二次拍平收光→养护→分遍磨光→上草酸打蜡抛光→分成品养护。

2. 施工要点

(1)基层处理。把沾在基层上的浮浆、落地灰等用錾子或钢丝刷清理掉,再用扫帚将浮土清扫干净。根据水平标准线和设计厚度,在四周墙、柱上弹出面层的上平标高控制线。

(2)水泥砂浆找平层。

1)找平层施工前宜刷水灰比为 0.4～0.5 的素水泥浆,也可在基层上均匀洒水湿润后,再撒水泥粉,用竹扫(把)帚均匀涂刷,随刷随做面层,并控制一次涂刷面积不宜过大。

2)找平层用 1∶3 干硬性水泥砂浆,先将砂浆摊平,再用靠尺(压尺)按冲筋刮平,随即用灰板(木抹子)磨平压实,要求表面平整、密实,保持粗糙。找平层抹好后,第二天应浇水养护至少 1d。

(3)镶嵌分格条。在抹好水泥砂浆找平层 24h 后,按设计要求在找平层上弹(划)线分格,分格间距以 1m 以内为宜。水泥浆顶部应低于条顶 4～6mm,并做成 45°。嵌条应平直、牢固、接头严密,并作为铺设面层的标志。分格条十字交叉接头处粘嵌水泥浆时,宜留有 15～20mm 的空隙,以确保铺设水泥石粒浆时使石粒分布饱满,磨光后表面美观,如图 10-5 所示。分格条粘嵌后,经 24h 即可洒水养护,一般养护 3～5d。

(4)铺抹石粒浆。

1)水泥石子浆必须严格按照配合比计量。若为彩色水磨石应先按配合比将白水泥和颜料反复干拌均匀,拌完后密筛多次,使颜料均匀混合在白水泥中,并注意调足用量以备补浆之用,以免多次调和产生色差,最后按配合比与石米搅拌均匀,然后加水搅拌。

2)铺水泥石子浆前一天,洒水将基层充分湿润。在涂刷素水泥浆结合层前应将分格条内的积水和浮砂清除干净,接着刷水泥浆一遍,

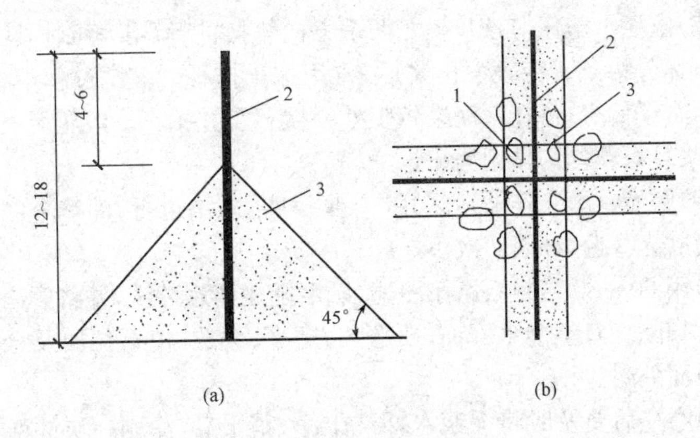

图 10-5　分格条粘嵌方式

(a)嵌条镶固;(b)十条交叉处的正确粘嵌示意图

1—石粒;2—分格条;3—素水泥浆

水泥品种与石子浆的水泥品种一致,随即将水泥石子浆先铺在分格条旁边,将分格条边约 100mm 内的水泥石子浆轻轻抹平压实以保护分格条,然后再整格铺抹,用灰板(木抹子)或铁抹子(灰匙)抹平压实(石子浆配合比一般为 1：1.25 或 1：1.5),但不应用靠尺(压尺)刮。面层应比分格条高 5mm,如局部石子浆过厚,应用铁抹子(灰匙)挖去,再将周围的石子浆刮平压实,对局部水泥浆较厚处,应适当补撒一些石子,并压平压实,以达到表面平整,石子(石米)分布均匀。

3)石子浆面至少要经两次用毛刷(横扫)粘拉开面浆(开面),检查石粒均匀(若过于稀疏应及时补上石子)后,再用铁抹子(灰匙)抹平压实,至泛浆为止。要求将波纹压平,分格条顶面上的石子应清除掉。

几种颜色图案的铺抹方法

在同一平面上如有几种颜色图案时,应先做深色,后做浅色。待前一种色浆凝固后,再抹后一种色浆。两种颜色的色浆不应同时铺抹,以免串色,界限不清,影响质量。但间隔时间不宜过长,一般可隔日铺抹。

(5)滚压。滚压应该从横竖两个方向轮换进行,用力压匀,防止压倒或压坏分格条。待表面出浆后,再用抹子抹平。滚压过程中,如发现表面石子偏少,可在水泥浆较多处补撒石子并拍平。滚压至表面平整、泛浆且石粒均匀排列为止。

(6)磨光。磨光作业应采用“二浆三磨”方法进行,即整个磨光过程分为磨光3遍,补浆2次。

1)用60～80号粗石磨第一遍,随磨随用清水冲洗,并将磨出的浆液及时扫除。对整个水磨面,要磨匀、磨平、磨透,使石粒面及全部分格条顶面外露。

2)磨完后要及时将泥浆水冲洗干净,稍干后,涂刷一层同颜色水泥浆(即补浆),用以填补砂眼和凹痕,对个别脱石部位要填补好,不同颜色上浆时,要按先深后浅的顺序进行。

3)补刷浆第二天后需养护3～4d,然后用100～150号磨石进行第二遍研磨,方法同第一遍。要求磨至表面平滑,无模糊不清之处为止。

4)磨完清洗干净后,再涂刷一层同色水泥浆。继续养护3～4d,用180～240号细磨石进行第三遍研磨,要求磨至石子粒显露,表面平整光滑,无砂眼细孔为止,并用清水将其冲洗干净。

(7)抛光。抛光是用10%的草酸溶液(加入1%～2%的氧化铝)进行涂刷,随即用240～320号油石细磨。抛光可立即腐蚀细磨表面的突出部分,又将生成物挤压到凹陷部位,经物理和化学反应,使水磨石表面形成一层光泽膜。通过磨光对细磨面进行最后加工,使水磨石地面显现装饰效果。

(8)打蜡。在水磨石面层上薄涂一层蜡,稍干后用磨光机研磨,或用钉有细帆布(或麻布)的木块代替油石,装在磨石机上研磨出光亮后,再涂蜡研磨一遍,直到光滑洁亮为止。

知识拓展

成品保护措施

(1)推手推车时不许碰撞门口立边和栏杆及墙柱饰面,门框适当要包

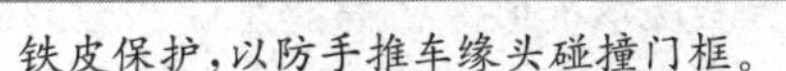
铁皮保护，以防手推车缘头碰撞门框。

(2)施工时不得碰撞水暖立管等，并保护好地漏、出水口等部位安放的临时堵头，以防灌入浆液杂物造成堵塞。

(3)磨石机应有罩板，以免浆水四溅沾污墙面，施工时污染的墙柱面、门窗框、设备及管线要及时清理干净。

(4)养护期内(一般宜不少于7d)，严禁在饰面推手推车、放重物及随意践踏。

(5)磨石浆应有组织排放，及时清运到指定地点，并倒入预先挖好的沉淀坑内，不得流入地漏、下水排污口内，以免造成堵塞。

(6)完成后的面层，严禁在上面推车、随意践踏、搅拌浆料、抛掷物件。堆放料具什物时要采取隔离防护措施，以免损伤面层。

(7)在水磨石面层磨光后，涂草酸和上蜡前，其表面不得污染。

三、板块地面施工

(一)砖地面施工

砖地面是由陶瓷锦砖、缸砖、陶瓷地砖和水泥花砖等在水泥砂浆、沥青胶结粒或胶粘剂结合层上铺设而成。

1. 施工工艺流程

砖地面施工工艺流程为：基层处理→铺结合层→铺砌砖面层(黏土砖、缸砖、陶瓷地砖、水泥花砖、陶瓷锦砖)→勾缝→养护→保护。

2. 施工要点

(1)基层处理。将基层凿毛，凿毛深度5～10mm，再将混凝土地面上杂物清理掉，如有油污，应有10%火碱水刷净，并用清水及时将其上面的碱液冲净。

(2)找标高。根据水平标准线和设计厚度，在四周墙、柱上弹出面层的上平标高控制线。

(3)铺砂浆。铺砂浆前，基层浇水润湿，刷一道水灰比0.4～0.5的水泥素浆，随刷随铺1∶(2～3)的干硬性水泥砂浆。有防水要求时，找平层砂浆或水泥混凝土要掺防水剂，或按照设计要求加铺防水卷材。

(4)弹铺砖控制线。在已有一定强度的找平层上弹出与门道口成直角的基准线，弹线应考虑板块间隙，弹出纵横定位控制线。弹线从门口开始，以保证进口处为整砖，非整砖置于阴角或家具下面。

(5)铺地砖板块。铺砖前将板块浸水润湿，并码好阴干备用。铺砌时切忌板块有明水。

铺砌时，按基准板块先拉通线，对准纵横缝按线铺砌。为使砂浆密实，用橡皮锤轻击板块，如有空隙应补浆。有明水时撒少许水泥粉。缝隙、平整度满足要求后，揭开板块，浇一层水泥素浆，正式铺贴。每铺完一条，再用3m靠尺双向找平。随时将板面多余砂浆清理干净。铺板块采用后退的顺序铺贴。

(6)压平拔缝。每铺完一段落或8～10块后用喷壶略洒水，15min左右用橡皮锤(木锤)按铺砖顺序锤铺一遍，不得遗漏。边压实边用水平尺找平。压实后拉通线，先竖缝后横缝调拨缝隙，使缝口平直、贯通。

(7)嵌缝养护。铺贴完2～3h后，用白水泥或普通水泥浆擦缝，缝要填充密实、平整光滑，再用棉丝将表面擦净，擦净后铺撒锯末养护，3～4d后方可使用。

黏土砖的铺砌

黏土砖的铺砌形式一般采用“直行”、“对角线”或“人字形”等铺法。在通道内宜铺成纵向的“人字形”，同时在边缘的一行砖应加工成45°角，并与墙或地板边缘紧密连接；铺砌砖时应挂线，相邻两行的错缝应为砖长的1/3～1/2；黏土砖应对接铺砌，缝隙宽度不宜大于5mm。在填缝前，应适当洒水并予拍实整平。填缝可用细砂、水泥砂浆或沥青胶结料。用砂填缝时，宜先将砂撒于砖面上，再用扫帚扫于缝中。用水泥砂浆或沥青胶结料填缝时，应预先用砂填缝至一半高度。

(二)石材地面施工

石材地面是采用天然花岗石、大理石及人造花岗石、大理石等铺砌而成。石材地面的铺砌一般均采用半干硬性水泥砂浆粘贴，基层、垫层的做法和一般水泥砂浆地面做法相同，只是要做防潮处理。

1. 施工工艺流程

石材地面施工工艺流程为：基层清理→弹线→选料→石材浸水湿润→安装标准块→摊铺水泥砂浆→铺贴石材→擦缝→清洁→养护→上蜡。

2. 施工要点

(1)基层清理。将地面垫层上杂物清理掉，用钢丝刷刷掉粘结在垫层上的砂浆，并清理干净。

(2)弹线。根据设计要求，并考虑结合层厚度与板块厚度，确定平面标高位置后，在相应立面弹线。在十字线交点处对角安放两块标准块，并用水平尺和角尺校正。

(3)选材。铺贴前将板材进行试拼，对花、对色、编号，以使铺设出的地面花色一致。试拼调试合格后，可在房间主要部位弹相互垂直的控制线，并引至墙上，用以检查和控制板块位置。

(4)石材浸水湿润。施工前应将板材(特别是预制水磨石板)浸水湿润，并阴干码放好备用，铺贴时，板材的底面以内潮外干为宜。

(5)铺砂浆和石板。根据水平地面弹线，定出地面找平层厚度，铺1∶3的干硬性水泥砂浆。砂浆从房间里面往门口处摊铺，铺好后用大杠刮平，再用抹子拍实找平。石材的铺设也是从里向外延控制线，按照试铺编号铺砌，逐步退至门口用橡皮锤敲击木垫板，振实砂浆到铺设高度。在水泥砂浆找平层上再满浇一层素水泥浆结合层，铺设石板，四角同时向下落下，用橡皮锤轻敲木垫层，水平尺找平。

(6)擦缝。铺板完成2d后，经检查板块无断裂及空鼓现象后方可进行擦缝。要求嵌铜条的地面板材铺贴，先将相邻两块板铺贴平整，留出嵌条缝隙，然后向缝内灌水泥砂浆，将铜条敲入缝隙内，使其外露部分略高于板面即可，然后擦净挤出的砂浆。

(7)养护。对于不设镶条的地面,应在铺完24h后洒水养护,2d后进行灌缝,灌缝力求达到紧密。

(8)上蜡。板块铺贴完工后,待其结合层砂浆强度达到60%~70%即可打蜡抛光。将石材地面晾干擦净,用干净的布或麻丝沾稀糊状的蜡,涂在石材上,用磨石机压磨,擦打第一遍蜡。随后,用同样方法涂第二遍蜡,要求光亮、颜色一致。

知识链接

大理石、花岗石面层铺设要求

(1)大理石、花岗石面层采用天然大理石、花岗石(或碎拼大理石、碎拼花岗石)板材,应在结合层上铺设。

(2)板材有裂缝、掉角、翘曲和表面有缺陷时应予剔除,品种不同的板材不得混杂使用;在铺设前,应根据石材的颜色、花纹、图案、纹理等按设计要求,试拼编号。

(3)铺设大理石、花岗石面层前,板材应浸湿、晾干;结合层与板材应分段同时铺设。

(三)塑料地板地面施工

塑料地板地面是指用塑料地板革、塑料地板砖等作为饰面材料铺贴而成的地面。塑料地板适用于宾馆、住宅、医院等建筑的地面,体育场馆地坪、球场和跑道等地面装饰。

1. 施工工艺流程

塑料地板地面施工工艺流程为:基层处理→弹线分格→涂粘结层→铺设塑料地板→粘贴塑料踢脚板→打蜡。

2. 施工要点

(1)基层处理。基层应达到表面不起砂、不起皮、不起灰、不空鼓、无油渍,手摸无粗糙感。基层的表面还应平整、干燥。不符合要求的应先处理地面。旧水泥地要用铁刷刷洗,去净油污,见到新挫面后再用106胶水溶液刷一道,刮106胶水泥浆腻子,用砂纸磨平。新水泥地面表面应洗净，再刮106胶水泥浆腻子。

（2）弹线、分格。根据地面标高和设计要求，在房间基层上弹线分格，以房间中心为中心，弹出相互垂直的两条定位线。定位线有十字形、对角型和T形。然后按板块尺寸，每隔2～3块弹一道分格线，以控制贴块位置和接缝顺直。

（3）涂粘结层。在基层表面涂胶粘剂时，用齿形刮板刮涂均匀，厚度控制在1mm左右；塑料板粘贴面用齿形刮板或纤维滚筒涂刷胶粘剂，其涂刷方向与基层涂胶方向纵横相交。基层涂刷胶粘剂时，不得面积过大，要随贴随刷，一般超出分格线10mm。

胶粘剂涂刮后在室温下暴露于空气中，使溶剂部分挥发，至胶层表面手触不粘手时，即可铺贴。

（4）铺设塑料地板。塑料板铺贴时，应按弹线位置沿轴线由中央向四周进行。涂刷的胶粘剂必须均匀，并超出分格线约10mm，涂刷厚度控制在1mm以内，塑料板的背面亦应均匀涂刮胶粘剂，待胶层干燥至不粘手（约10～20min）即可铺贴，应一次就位准确，粘贴密实。

（5）粘贴塑料踢脚板。塑料踢脚板的铺贴要求与地面板材铺贴同时进行。在踢脚线上口挂线粘贴，做到上口平直，铺贴顺序先阴、阳角，后大面，做到粘贴牢固。踢角板对缝与地板缝做到协调一致。

（6）打光上蜡。铺贴好塑料地面及踢脚板后，用墩布擦干净，晾干。用软布包好已配好的上光软蜡，满涂1～2遍，光蜡质量配合比为软蜡∶汽油＝100∶（20～30），另掺1%～3%与地板相同颜色的颜料，待烧干后，用干净的软布擦拭，直至表面光滑光亮为止。

塑料板面层铺贴方法

铺贴时最好从中间定位向四周展开，这样能保持图案对称和尺寸整齐。切勿将整张地板一下子贴下，应先把地板一端对齐粘合，轻轻地用橡胶滚筒将地板平服地粘贴在地面上，使其准确就位，同时赶走气泡，如图10-6所示。一般每块地板的粘贴面要在80%以上，为使粘贴可靠，应用压滚压实或用橡胶锤敲实（聚氨酯和环氧树脂粘结剂应用砂袋适当压住，直至固化)。用橡胶锤敲打时,应从中心移向四周,或从一边移向另一边。在铺贴到靠墙附近时,用橡胶压边滚筒赶走气泡和压实,如图 10-7 所示。

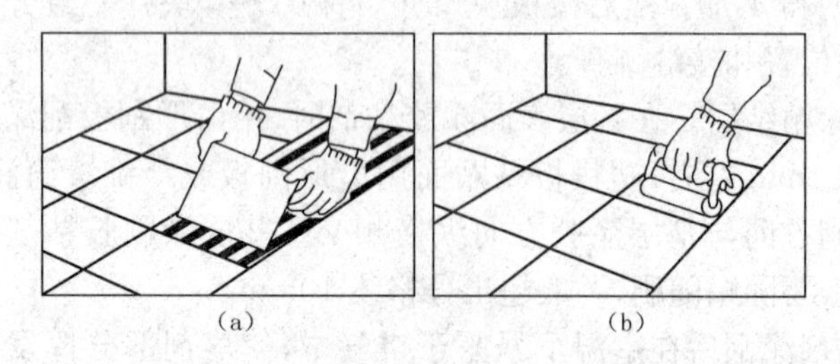

图 10-6　粘合与赶实示意图

(a)地板一端对齐粘合;(b)贴平赶实

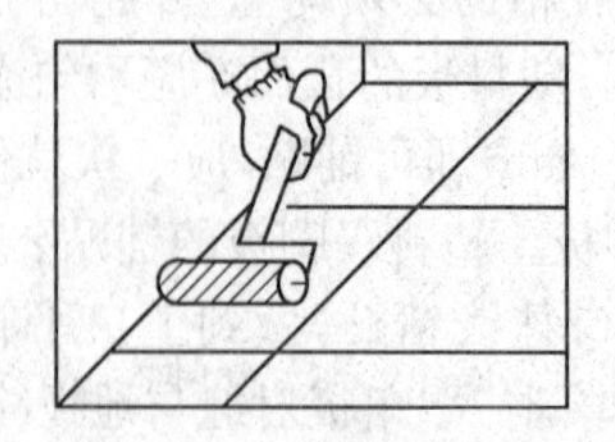

图 10-7　压平边角图

另外,铺贴时挤出的余胶要及时擦净,粘贴后在表面残留的胶液可使用棉纱蘸上溶剂擦净,水溶型胶粘剂用棉布擦去。

(四)活动地板地面施工

活动地板也称为装配式地板,它由规定型号和材质的面板块、框架行条、可调支架等配件,组合拼装而成。活动地板具有重量轻、强度大、表面平整、尺寸稳定、面层质感好以及装饰效果好等优点,并具有防火、防虫、耐腐蚀等特性。适用于防尘、导(防)静电要求和管线敷设较集中的专业用房,如电子计算机房、通信枢纽、电化教室等。

1. 施工工艺流程

活动地板地面施工工艺流程为:基层处理→弹线定位→固定支架

和底座→安装横梁→安装面板→表面清理养护。

2. 施工要点

(1)基层处理。安装活动地板前先将地面清理干净平整、不起灰，含水率不大于8%。安装前可在基层表面上涂刷1～2遍清漆或防尘漆，涂漆后不允许有脱皮现象。

(2)弹线定位。测量底座水平标高，按设计要求在墙面四周弹好水平线和标高控制位置。在基层表面上弹出支柱定位方格十字线，标出地板块的安装位置和高度，并标明设备预留部位。

(3)固定支架和底座。先将活动地板各部件组装好，以基准线为准，按顺序在方格网交点处安放支架和横固定支架的底座，连接支架和框架，在安装过程中要经常找平，转动支座螺杆，用水平尺调整每个支座面的高度至全室等高，并尽量使每个支架受力均匀。

(4)安装横梁。在所有的支座柱和横梁构成的框架成为一体后，将环氧树脂注入支架底座与水泥类基层的空隙中，使之连接牢固，也可以采用膨胀螺栓或射钉连接。

(5)安装面板。安装面板前，在横梁上弹出分格线，按线安装面板，调整好尺寸，使之顺直，缝隙均匀且不显高差。调整水平度并保证板块四角接触严密、平整，不得采用加垫的方法。铺板前在横梁上先铺设缓冲胶条，用乳胶与横梁粘接。活动地板不符合模数时，其不足部分可根据实际尺寸将板块切割后镶补，并配装相应的可调支座和横梁。

(6)表面清理养护。当活动地板全部完成后，经检查平整度及缝隙均符合质量要求后，即可进行清洗。局部沾污时，可用清洁剂或肥皂水用布擦净晾干后，再用棉丝抹蜡满擦一遍。

特别提示

活动地板铺设注意事项

当铺设的地板块不合模数时，其不足部分可根据实际尺寸将板面切割后镶补，并配装相应的可调支撑和横梁。支撑可用木带或角钢固定在房间四周墙面上，木带或角钢定位高度与支架标高相同，在木带或角钢上粘贴橡胶垫条。也可采用支架安装，将支架上托的定位销钉去掉三个，保留沿墙面的一个，使靠墙边的地板块越过支架紧贴墙面。

(五)地毯地面施工

地毯地面是指面层由方块、卷材地毯铺设在水泥类面层或基层上的楼地面，分为纯毛地毯和化学纤维地毯(简称化纤地毯)。地毯不仅具有隔热、保温、吸声和富有良好的弹性等特点，而且在铺设后可使室内显示高贵、华丽、美观和悦目等环境的舒适感；新型地毯还能满足使用中的特殊要求，如防霉、防蛀、防静电等各种功能。

1. 施工工艺流程

毛毯的铺设方法有固定式与活动式两种。固定式铺设有两种固定方法：一种是卡条式固定，使用倒刺板拉住地毯，另一种是粘结法固定，使用胶粘剂把地毯粘贴在地板上。活动式铺设是指将地毯明摆浮搁在基层上，不需要将地毯与基层固定。

(1)卡条式固定工艺流程为：基层处理→弹线定位→裁割地毯→安装倒刺板→铺设地毯→固定地毯→缝合毯面→清洁地毯。

(2)粘结法固定工艺流程为：基层处理→放线→裁割地毯→缝合地毯→铺贴地毯→清理地毯。

2. 施工要点

(1)基层处理。铺地毯的基层一般是水泥地面，也可以是木地板或其他材质的地面。要求表面平整、光滑、洁净。如为水泥地面应具有一定的强度，含水率不大于8%，表面有油污时可用丙酮或松节油擦净，还应清除钉头和其他凸出物。

(2)弹线定位。严格按图纸要求对不同部位进行弹线、分格。若图纸无明确要求，应对称找中弹线，以便定位铺设。

(3)裁割地毯。裁割地毯按房间尺寸加长20mm下料。地毯宽度应扣除地毯边来计算。大面积地毯用裁边机裁割，小面积地毯用手工裁刀,从地毯背面裁切,植绒地毯应从环毛的中间切开,将裁好的地毯卷起编号备用。

(4)安装倒刺板。固定地毯的倒刺板沿踢脚板边缘用水泥钢钉(或采用塑料胀管与螺钉)钉固于房间或大厅的四周墙角,间距400mm左右,并离开踢脚板8～10mm,以地毯边刚好能卡入为宜,如图10-8所示。

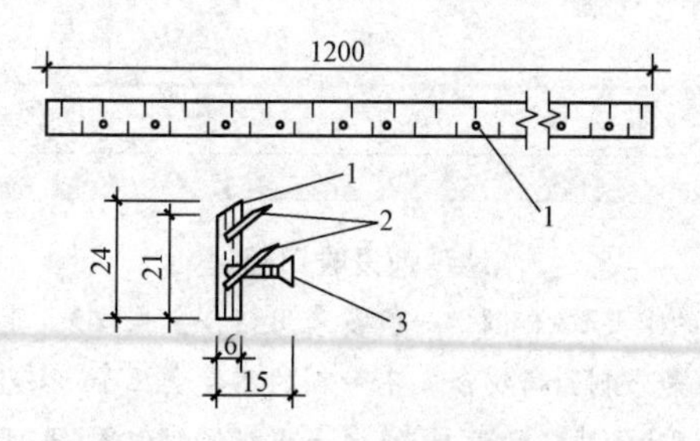

图10-8　倒刺钉板条(单位:mm)

1—胶合板条;2—挂毯朝天钉;3—水泥钉

(5)铺设地毯。把裁好的地毯平铺在地上,先固定房间里面的某一边,然后用张紧器拉地毯,其行进方向如图10-9所示。张拉一段后,接着固定相邻一边,边固定边用膝撑进行张拉,宜斜向推进。使用膝撑时,张拉力度要适中,以行走时不致产生褶皱为准,若张拉力过大,反而易损坏地毯的毛织结构,如图10-10所示。待第二个边固定张拉完后,再固定第三个边,最后固定靠门口一边。

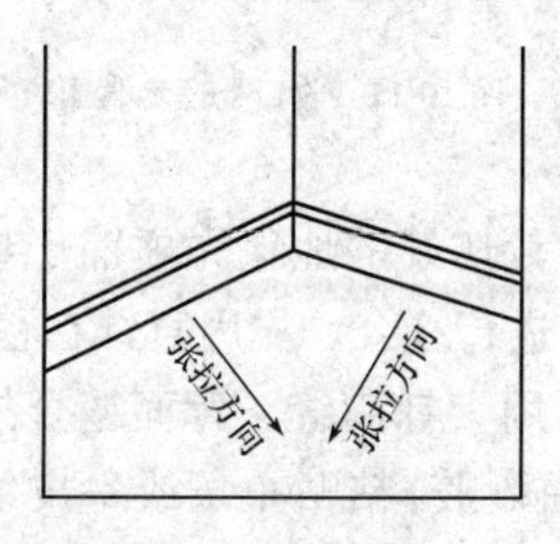

图10-9　张拉方向

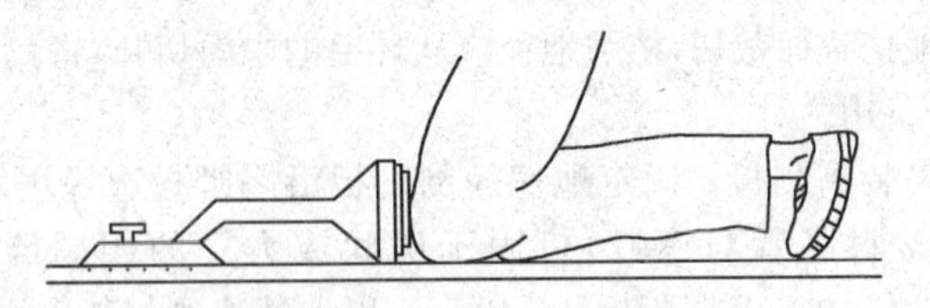

图 10-10　地毯的铺设

知识链接

地毯铺设收口处理

地毯铺设的重要收口部位，一般多采用铝合金收口条，可以是 L 形倒刺收口条，也可以是带刺圆角锑条或不带刺的铝合金压条，以美观和牢固为原则。收口条与楼地面基体的连接，可以采用水泥钉钉固，也可以钻孔打入木楔或尼龙胀塞以螺钉拧紧，如图 10-11 所示，或运用其他固定连接方法。

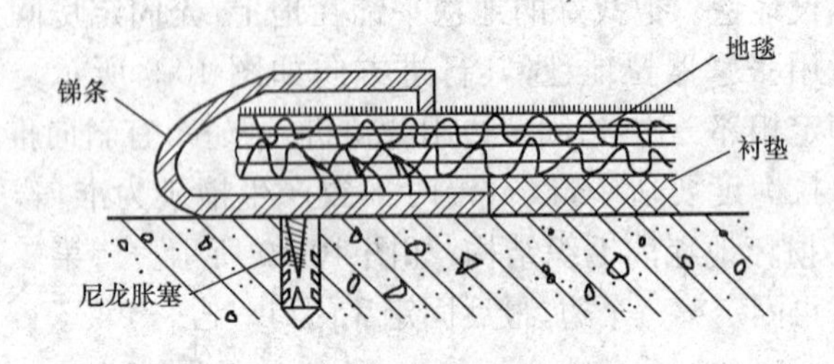

图 10-11　收口处理示意图

(6)缝合地毯。将裁切好的地毯先虚铺于垫层上，然后再将地毯卷起，在需要拼接端头进行缝合。先用直针在毯背面隔一定距离缝几针做临时固定，然后再用大针满缝。背面缝合拼接后，于接缝处涂刷 50～60mm 宽的一道白乳胶，粘贴布条或牛皮纸带；或采用电熨斗烫成品接缝带的方法。将地毯再次平放铺好，用弯针在接缝处做正面绒毛的缝合，使之不显拼缝痕迹。

活动式地毯铺设施工注意事项

(1)地毯拼成整块后直接铺在洁净的地上,地毯四周边应塞入踢脚线下。

(2)与不同类型的建筑地面连接处,应按照设计要求收口。

(3)小方块地毯铺设,块与块之间接缝应挤紧。

四、木竹地面施工

(一)实木地板地面施工

实木地板地面采用条材和块材实木地板或采用拼花实木地板,以空铺或实铺方式在基层(楼层结构层)上铺设而成。木地板的铺设方式有实铺和架空两种,常用的为实铺方式。

1. 施工工艺流程

实铺式木地板地面施工工艺流程为:基层清理→弹线→钉毛地板→涂胶→粘铺地板→镶边→撕衬纸→刨光→打磨→上蜡。

2. 施工要点

(1)基层清理。基层表面的砂浆、浮灰必须铲除干净,清扫尘埃、用水冲洗、擦拭清洁、干燥。

(2)弹线。按设计图案和块材尺寸进行弹线,先弹房间的中心线,从中心向四周弹出块材方格线及圈边线。方格必须保证方正,不得偏斜。

(3)钉毛地板。铺钉时,使毛地板留缝约 3mm。接头设在龙骨上并留 2～3mm 缝隙,接头应错开。铺钉完毕,弹方格网线,按网点找平,并用刨子修平,达到标准后,方能钉硬木地板。

(4)粘铺地板。按设计要求及有关规范规定处理基层,粘铺木地板用胶要符合设计要求,并进行试铺,符合要求后再大面积展开施工。铺贴时要用专用刮胶板将胶均匀地涂刮于地面及木地板表面,待胶不粘手时,将地板按定位线就位粘贴,并用小锤轻敲,使地板条与基层粘牢。涂胶时要求涂刷均匀,厚薄一致,不得有漏涂之处。地板条应铺正、铺平、铺齐,并应逐块错缝排紧粘牢。

板与板之间不得有任何松动、不平、缝隙及溢胶之处。

(5)撕衬纸。铺正方块时,往往事先将几块小拼花地板齐整地粘贴在一张牛皮纸或其他比较厚实的纸上,按大块地板整联铺贴,待全部铺贴完毕,用湿布在木地板上全面擦湿一次,其湿度以衬纸有面不积水为宜,浸润衬纸渗透后,随即把衬纸撕掉。

(6)刨光。粗刨工序宜用转速较快的电刨地板机进行。由于电刨速度较快,刨时不宜走得太快。电刨停机时,应先将电刨提起,再关电闸,防止刨刀撕裂木纤维,破坏地面。粗刨以后用手推刨,修整局部高低不平之处,使地板光滑平整。

(7)打磨。刨平后应用地板磨光机打磨两遍。磨光时也应顺木纹方向打磨,第一遍用粗砂,第二遍用细砂。现在的木地板由于加工精细,已经不需要进行表面刨平,可直接打磨。

(8)油漆。将地板清理干净,然后补凹坑,刮批腻子、差色,最后刷清漆。木地板用清漆,有高档、中档、低档三类。高档地板为聚酯清漆,其漆膜强韧,光泽丰富,附着力强,耐水,耐化学腐蚀,不需上蜡。中档清漆为聚氨酯,低档清漆为醇酸清漆、酚醛清漆等。

(9)上蜡。地板打蜡,首先都应将它清洗干净,完全干燥后开始操作。至少要打三遍蜡,每打完一遍,待其干燥后用非常细的砂纸打磨表面、擦干净,再打第二遍。每次都要用不带绒毛的布或打蜡器摩擦地板以使蜡油渗入木头。每打一遍蜡都要用软布轻擦抛光,以达到光亮的效果。

木踢脚板安装方法

木地板房间的四周墙脚处应设木踢脚板,踢脚板一般高100～200mm,常采用的是高150mm,厚20～25mm,如图10-12所示。踢脚板预先刨光,上口刨成线条。为防止翘曲,在靠墙的一面应开成凹槽,当踢脚板高 100mm 时开一条凹槽，150mm 时开两条凹槽，超过 150mm 时开三条凹槽，凹槽深度约为 3～5mm。为了防潮通风，木踢脚板每隔 1～1.5m 设一组通风孔，一般采用 ϕ6 孔。在墙内每隔 400mm 砌入防腐木砖，在防腐木砖外面再钉防腐木垫块。一般木踢脚板与地面转角处安装木压条或安装圆角成品木条。

木踢脚板应在木地板刨光后安装，其油漆在木地板油漆之前。木踢脚板接缝处应作暗榫或斜坡压槎，在 90°转角处可做成 45°斜角接缝。接缝一定要在防腐木块上。安装时木踢脚板与立墙贴紧，上口要平直，用明钉钉牢在防腐木块上，钉帽要砸扁并冲入板内 2～3mm。

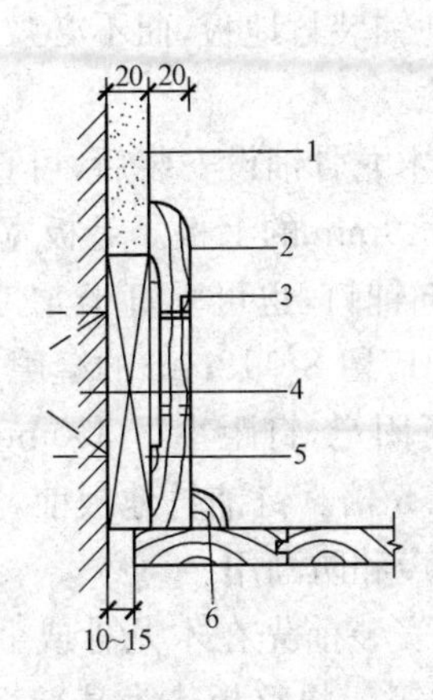

图 10-12 木踢脚板

1—内墙粉刷；2—20×150 木踢脚板；

3—ϕ6 通风孔；4—木砖；5—垫块；6—15×15 压条

(二)竹地板地面施工

竹地板地面采用竹条材和竹块或采用拼花竹地板，以空铺或实铺方式在基层（楼层结构层）上铺设而成。

1. 施工工艺流程

竹地板地面的施工工艺流程可参照实木地板地面的施工工艺流程。

2. 施工要点

(1)基层处理。基层残留的砂浆、浮灰及油渍应洗刷干净,晾干后方可进行施工。基层表面应平整坚实、洁净、干燥不起砂,在几个不同的地方测量地面的含水率,以了解整个地面干湿情况,含水率应与竹地板含水率接近;平整度用 2m 靠尺检查。墙面垂直,阴阳角方正。

(2)木龙骨安装。铺设龙骨时,选用(20～40mm)×(40～50mm)的龙骨(松木或杉木等)在施工地面上用水泥钢钉钉铺成 300mm×300mm 或 250mm×250mm 见方的井字形骨架。一般装修档次要求较高的房间宜采用这种铺设方法,上面通常设置毛板地面、平整度较高的地面上可直接贴地铺装竹地板,而不必敷设木龙骨。一般双企口的竹地板可采用此方法。

(3)毛地板铺设。木龙骨铺设安装后,可直接安装竹地板,但宜在木龙骨上铺设一层大于 9mm 的毛板。毛板宽度不宜大于 120mm,与木龙骨成 45°或 30°方向铺钉,也可垂直于龙骨铺设,毛板板间缝隙不应大于 3mm,与墙之间应留 8～12mm 的缝隙。每块毛地板应在每根木龙骨上各钉两个钉子固定,钉距小于 350mm,端部需钉牢。钉子的长度应为板厚的 2～2.5 倍。钉铺竹地板前,宜在毛板上先铺设一层沥青纸(或油毡),以隔声和防潮用。

(4)竹地板安装。安装前先在木龙骨或毛板上弹出基准线(一般选择靠墙边、远门端的第一块整板作为基准板,其位置线为基准线),靠墙的一块板应该离墙面有 8～12mm 的缝隙(根据各地区干湿度季节性变化量的不同适当调节),先用木块塞住,然后逐块排紧,竹地板固定先在竹地板的母槽里面成 45°用装饰枪钻好钉眼,再用钉子或螺丝斜向钉在龙骨上,钉长为板厚的 2～2.5 倍(宜采用 40mm 规格),钉间距宜在 250mm 左右,且每块竹地板至少钉两个钉,钉帽要砸扁,企口条板要钉牢排紧。

板的排紧方法一般可在木龙骨上钉扒钉一只,在扒钉与板之间加一对硬木楔,打紧硬木楔就可以使板排紧。钉到最后一块企口板时,因无法斜着钉,可用明钉钉牢,钉帽要砸扁,冲进板内。

企口板的接头要在木龙骨上，接头相互错开，板与板之间应排紧，木龙骨上临时固定的木拉条应随企口板的安装随时拆去，墙边的小木楔应在竹地板安装完毕后再拆除。钉完竹地板后及时清理干净，在拼缝中涂入少许地板蜡即可。

竹踢脚板安装方法

安装竹踢脚板前，墙上应每隔 750mm 预埋防腐木砖，如墙面有较厚的装修做法，可在防腐木砖外钉防腐木块找平，再把踢脚板用明钉钉牢在防腐木块上（竹地板须预先钻孔），钉帽砸扁冲入踢脚板内；如无预埋防腐木砖，可在不影响结构的情况下，在墙面上用电锤打孔（交错布置），间距适当缩小到 450mm 为宜，然后将小木楔（经防腐处理）塞入砸平代替防腐木砖。

圆弧开踢角施工时，可将竹木地板按圆弧角度切成相应的梯形，用胶相互粘结，并用钉子钉牢。

踢脚板板面要垂直，上口水平，在踢脚板与地板交角处可钉三角木条（一般用于公用部分大面积竹地板，家庭内一般不采用），以盖住缝隙。踢角板阴阳角交角处和两块踢角板对接处均应切割成 45°后再进行拼装（竹踢脚板对接有企口），踢角板的接头应固定在防腐木砖上。踢脚板应每隔 1m 钻直径 6mm 的通风孔。

第二节　抹灰工程施工工艺和方法

一、一般抹灰工程施工

根据房屋使用标准和质量要求，一般抹灰分为普通抹灰、中级抹灰和高级抹灰三级，适用于石灰砂浆、水泥砂浆、混合砂浆、聚合物水泥砂浆、膨胀珍珠岩水泥砂浆、麻刀灰、纸筋灰、石膏灰等抹灰工程。

（一）内墙抹灰施工

1. 施工工艺流程

内墙抹灰施工工艺流程为：基层处理→浇水湿润基层→做标志块→标筋→阴阳角找方→门窗洞口做护角→抹灰→清理。

2. 施工要点

（1）基层处理。对基层表面进行“毛化”处理，使其表面粗糙，并用水湿润基层表面。砖墙与混凝土墙柱、梁交界处，应挂铁丝网，宽为500mm，用水泥钉钉牢。

（2）做标志块。先用托线板全面检查墙体表面的垂直平整程度，根据检查的实际情况并兼顾抹灰总的平均厚度规定，决定墙面抹灰厚度。接着在2m左右高度，距墙两边阴角10～20cm处，用底层抹灰砂浆（也可用1∶3水泥砂浆或1∶3∶9混合砂浆）各做一个标准标志块（灰饼），厚度为抹灰层厚度（一般为1～1.5cm），大小为5cm×5cm。以这两个标准标志块为依据，再用托线板靠、吊垂直确定墙下部对应的两个标志块厚度，其位置在踢脚板上口，使上下两个标志块在一条垂直线上。标准标志块做好后，再在标志块附近墙面钉上钉子，拴上小线拉水平通线（注意小线要离开标志块1mm），然后按间距1.2～1.5m加做若干标志块，如图10-13所示，凡窗口、垛角处必须做标志块。

> 操作时应先检查木杠是否受潮变形，如果有变形应及时修理，以防止标筋不平。

（3）标筋。标筋也叫冲筋，出柱头，就是在上下两个标志块之间先抹出一条长梯形灰埂，其宽度为10cm左右，厚度与标志块相平，作为墙面抹底子灰填平的标准。做法是在两个标志块中间先抹一层，再抹第二遍凸出成八字形，要比灰饼凸出1cm左右，然后用木杠紧贴灰饼左上右下来回搓，直至把标筋搓得与标志块一样平为止。同时要将标筋的两边用刮尺修成斜面，使其与抹灰层接槎顺平。标筋用砂浆应与抹灰底层砂浆相同，标筋做法如图10-13所示。

（4）阴阳角找方。中级抹灰要求阳角找方。对于除门窗口外，还有阳角的房间，则首先要将房间大致规方。方法是先在阳角一侧墙做

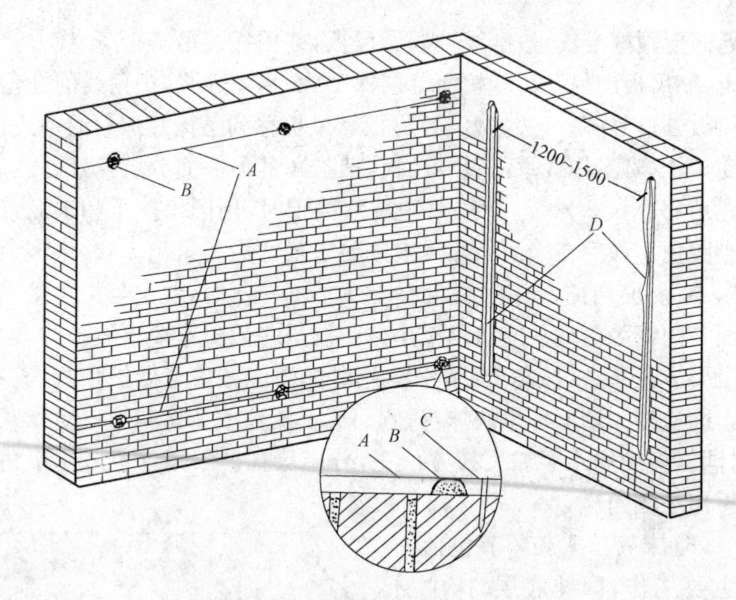

图 10-13 挂线做标志块及标筋

A— 引线;*B*— 灰饼(标志块);*C*— 钉子;*D* —冲筋

基线,用方尺将阳角先规方,然后在墙角弹出抹灰准线,并在准线上下两端挂通线做标志块。高级抹灰要求阴阳角都要找方,阴阳角两边都要弹基线,为了便于做角和保证阴阳角方正垂直,必须在阴阳角两边都做标志块和标筋。

(5)门窗洞口做护角。室内墙面、柱面的阳角和门窗洞口的阳角抹灰要求线条清晰、挺直,并防止碰坏。因此,不论设计有无规定,都需要做护角。护角做好后,也起到标筋作用。

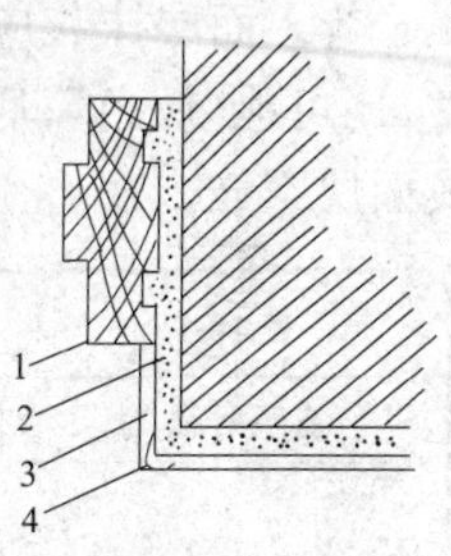

图 10-14 护角

1—窗口;2—墙面抹灰;3—面层;4—水泥护角

护角应抹 1∶2 水泥砂浆,一般高度不应低于 2m,护角每侧宽度不小于 50mm,如图 10-14 所示。

抹护角时,以墙面标志块为依据,首先要将阳角用方尺规方,靠门框一边,以门框离墙面的空隙为准,另一边以标志块厚度为据。最好在地面上画好准线，按准线粘好靠尺板，并用托线吊直，方尺找方。然后，在靠尺板的另一边墙角面分层抹1∶2水泥砂浆，护角线的外角与靠尺板外口平齐；一边抹好后，再把靠尺板移到已抹好护角的一边，用钢筋卡子稳住，用线垂吊直靠尺板，把护角的另一面分层抹好。然后，轻轻地将靠尺板拿下，待护角的棱角稍干时，用阳角抹子和水泥浆捋出小圆角。最后在墙面用靠尺板按要求尺寸沿角留出5cm，将多余砂浆以40°斜面切掉(切斜面的目的是为墙面抹灰时，便于与护角接槎)，墙面和门框等落地灰应清理干净。窗洞口一般虽不要求做护角，但同样也要方正一致，棱角分明，平整光滑。操作方法与做护角相同。窗口正面应按大墙面标志块抹灰，侧面应根据窗框所留灰口确定抹灰厚度，同样应使用八字靠尺找方吊正，分层涂抹。阳角处也应用阳角抹子捋出小圆角。

(6)抹灰。抹灰环节包括三项主要工作，即抹底层、抹中层和抹面层。面层抹灰俗称罩面。一般室内砖墙面层抹灰常用纸筋石灰、麻刀石灰、石灰砂浆及刮大白腻子等。面层抹灰应在底灰稍干后进行，底灰太湿会影响抹灰面平整，还可能“咬色”；底灰太干，则容易使面层脱水太快而影响粘结，造成面层空鼓。

石灰砂浆抹灰分层做法，见表10-1。

表10-1 石灰砂浆抹灰分层做法

基层材料	分层做法	施工要点和注意事项
普通砖墙	①1∶3石灰砂浆抹底层 ②1∶3石灰砂浆抹中层 ③纸筋、麻刀灰罩面	①层先由上往下抹一遍，接着抹第二遍，由下往上刮平，用木抹子搓平 ②在中层5～6成干时抹罩面，用铁抹子先竖着刮一遍，再横抹找平，最后压一遍
加气混凝土墙	①1∶3石灰砂浆抹底层 ②1∶3石灰砂浆抹中层 ③石灰膏	墙面浇水湿润，刷一道108胶∶水=1∶3～1∶4的溶液，随后抹灰

(2)石灰砂浆抹灰分层做法,见表10-2。

表10-2　水泥混合砂浆抹灰分层做法

基层材料	分层做法	施工要点和注意事项
普通砖墙	①1∶1∶6水泥石灰砂浆抹底层 ②1∶1∶6水泥石灰砂浆抹中层 ③刮石灰膏或大白腻子	①中层石灰砂浆用抹子搓平后,再用铁抹子压光 ②刮石灰膏或大白腻子,要求平整 ③待前层灰膏凝结后,再刮面层
做油漆墙面	①1∶0.3∶3水泥石灰砂浆抹底层 ②1∶0.3∶3水泥石灰砂浆抹中层 ③1∶0.3∶3水泥石灰砂浆罩面	与石灰砂浆抹灰相同(若是混凝土基层,应先刮一层薄水泥浆后随即抹灰)

(3)水泥砂浆抹灰分层做法,见表10-3。

表10-3　水泥砂浆抹灰分层做法

基层材料	分层做法	施工要点和注意事项
普通砖墙	①1∶3水泥砂浆抹底层 ②1∶3水泥砂浆抹中层 ③1∶2.5或1∶2水泥砂浆罩面	待前层灰膏凝结后,再刮第二层
混凝土墙	①1∶1水泥砂浆抹底层 ②1∶1水泥砂浆抹中层 ③1∶25或1∶2水泥砂浆罩面、石灰砂浆罩面	与石灰砂浆抹灰相同(若是混凝土基层,应先刮一层薄水泥浆后随即抹灰)

(二)外墙抹灰施工

1. 施工工艺流程

外墙抹灰施工工艺流程为:基层处理→浇水湿润基层→挂线、做灰饼、冲筋→粘分格条→抹灰→养护。

2. 施工要点

(1)基层处理。基层表面处理的方法是多样的,设计和施工者可根据本地材料及施工方法的特点加以选择。如采用浇水润湿墙面,浇水量以渗入砌块内深度 8～10mm 为宜,每遍浇水之间的时间应有间歇,在常温下不得少于 15min。浇水面要均匀,不得漏面(做室内粉刷时应以喷水为宜)。抹灰前最后一遍浇水(或喷水),宜在抹灰前 1h 进行,浇水后可立即刷素水泥浆,刷素水泥浆后可立即抹灰,不得在素水泥浆干燥后再进行抹灰。

(2)挂线、做灰饼、冲筋。外墙面抹灰与内墙抹灰一样要挂线做标志块、标筋。但因外墙面由檐口到地面,抹灰看面大,门窗、阳台、明柱、腰线等看面都要横平竖直,而抹灰操作则必须一步架一步架往下抹。因此,外墙抹灰找规矩要在四角先挂好自上至下垂直通线(多层及高层楼房应用钢丝线垂下),然后根据大致决定的抹灰厚度,每步架大角两侧弹上控制线,再拉水平通线,并弹水平线做标志块,然后做标筋。

(3)粘分格条。在室外抹灰时,为了增加墙面美观,避免罩面砂浆收缩后产生裂缝,一般均有分格条分格。具体做法:在底子灰抹完后根据尺寸用粉线包弹出分格线。分格条用前要在水中泡透,防止分格条使用时变形,并便于粘贴。分格条因本身水分蒸发而收缩容易起出,又能使分格条两侧的灰口整齐。根据分格线长度将分格条尺寸分好,然后用钢抹子将素水泥浆抹在分格条的背面,水平分格线宜粘在水平线的下口,垂直分格线粘贴在垂线的左侧,这样易于观察,操作比较方便。粘贴完一条竖线或横线分格条后,应用直尺校正是否平整,并在分格条两侧用水泥浆抹成八字形斜角(若是水平线应先抹下口)。如当天抹面层的分格条,两侧八字形斜角可抹成 45°,如图 10-15(a)所示。如当天不抹面的“隔夜条”两侧八字形斜角应抹得陡一些,成 60°,

如图 10-15(b)所示。罩面时须两遍成活，先薄薄刮一遍，再抹两遍，抹平分格条，然后根据分格厚度刮杠、搓平、压光。当天粘的分格条在压光后即可起出，并用水泥浆把缝子勾齐。隔夜条不能当时起条，需在水泥浆达到强度后再起出。分格线不得有错缝和掉棱掉角，其缝宽和深度应均匀一致。

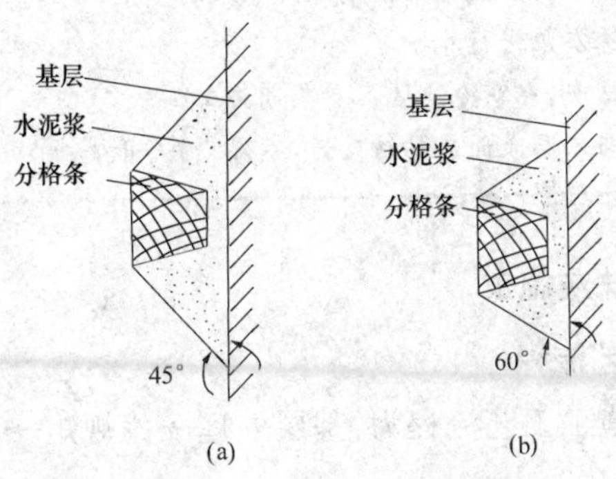

图 10-15 分格条两侧斜角示意图

(a)当日起条者做 45°角；(b)“隔夜条”做 60°角

(4)抹灰。外墙的抹灰层要求有一定的防水性能，一般采用水泥混合砂浆(水泥：石子：砂＝1：1：6)打底和罩面。其底层、中层抹灰及刮尺赶平方法与内墙基本相同。在刮尺赶平、砂浆吸水后，应用木抹子打磨。如果打磨时面层太干，应一手用茅扫帚洒水，一手用木抹子打磨，不得干磨，否则会造成颜色不一致。

特别提示

加气混凝土墙体的抹灰操作注意事项

(1)在基层表面处理完毕后，应立即进行抹底灰。

(2)底灰材料应选用与加气混凝土材性相适应的抹灰材料，如强度、弹性模量和收缩值等应与加气混凝土材性接近。一般是用 1：3：9 的水泥混合砂浆薄抹一层，接着用 1：3 的石灰砂浆抹第二遍。底层厚度为 3～5mm，中层厚度为 8～10mm，按照标筋，用大杠刮平，用木抹子搓平。

(3)每层每次抹灰厚度应小于10mm,如找平有困难需增加厚度,则应分层、分次逐步加厚,每次间隔时间,应待第一次抹灰层终凝后进行,切忌连续流水作业。

(4)大面抹灰前的“冲筋”砂浆,埋设管线、暗线外的修补找平砂浆,应与大面抹灰材料一致,切忌采用高强度等级的砂浆。

(5)外墙抹灰应进行养护。

(6)外墙抹灰,在寒冷地区不宜冬期施工。

(7)底灰与基层表面应粘结良好,不得空鼓、开裂。

(三)顶棚抹灰施工

1. 施工工艺流程

顶棚抹灰施工工艺流程为:基层处理→找规矩→底、中层抹灰→面层抹灰→养护。

2. 施工要点

(1)基层处理。混凝土顶棚抹灰的基层处理,除应按一般基层处理要求进行处理外,还要检查楼板有否下沉或裂缝。如为预制混凝土楼板,则应检查其板缝是否已用细石混凝土灌实,若板缝灌不实,顶棚抹灰后会顺板缝产生裂纹。近年来无论是现浇或预制混凝土,都大量采用钢模板,故表面较光滑,如直接抹灰,砂浆粘结不牢,抹灰层易出现空鼓、裂缝等现象,因此在抹灰时,应先在清理干净的混凝土表面用茅扫帚刷水后刮一遍水灰比为0.37~0.40的水泥浆进行处理,方可抹灰。

(2)找规矩。顶棚抹灰通常不做标志块和标筋,用目测的方法控制其平整度,以无明显高低不平及接槎痕迹为标准。先根据顶棚的水平线,确定抹灰的厚度,然后在墙面的四周与顶棚交接处弹出水平线,作为抹灰的水平标准。

(3)底、中层抹灰。一般底层砂浆采用配合比为水泥∶石灰膏∶砂=1∶0.5∶1的水泥混合砂浆,底层抹灰厚度为2mm。抹中层砂浆的配合比一般采用水泥∶石灰膏∶砂=1∶3∶9的混合砂浆,抹灰厚度为6mm左右,抹后用软刮尺刮平赶匀,随刮随用长毛刷子将抹印顺平，再用木抹子搓平，顶棚管道周围用小工具顺平。抹灰的顺序一般是由前往后退，并注意其方向必须同基体的缝隙（混凝土板缝）成垂直方向，这样容易使砂浆挤入缝隙，牢固结合。抹灰时，厚薄应掌握适度，随后用软刮尺赶平。如平整度欠佳，应再补抹和赶平，但不宜多次修补，否则容易搅动底灰而引起掉灰。如底层砂浆吸水快，应及时洒水，以保证与底层粘结牢固。在顶棚与墙面的交接处，一般是在墙面抹灰完成后再补做；也可在抹顶棚时，先将距顶棚 20～30cm 的墙面同时完成抹灰，方法是用钢抹子在墙面与顶棚交角处添上砂浆，然后用木阴角器抽平压直即可。

（4）面层抹灰。待中层抹灰到六七成干，即用手按不软但有指印时，再开始面层抹灰。如使用纸筋石灰或麻刀石灰时，一般分两遍成活。其涂抹方法及抹灰厚度与内墙面抹灰相同，第一遍抹得越薄越好，随之抹第二遍。抹第二遍时，抹子要稍平，抹完后等灰浆稍干，再用塑料抹子或压子顺着抹纹压实压光。

顶棚分层抹灰做法及配合比

顶棚抹灰一般分 3～4 遍（层）成活，根据抹灰等级（分普通、中级、高级抹灰三个档次）而定，每遍抹灰厚度和使用灰浆材料及配合比均有所不同，表 10-4 可供参考。

表 10-4　顶棚分层抹灰做法及配合比

基体名称	类型	分层	做法	配合比（体积比）	厚度（mm）	施工要点
现浇钢筋混凝土楼板顶棚抹灰	1	底层	水泥石灰砂浆	1∶0.5∶1	2	纸筋石灰配合比为白灰膏∶纸筋＝100∶1.2（重量比）。 麻刀石灰配合比为白灰膏∶细麻刀＝100∶1.7（重量比）
		中层	水泥石灰砂浆	1∶3∶9	6	
		面层	纸筋（麻刀）石灰		2～3	
	2	底层	水泥纸筋灰砂浆	1∶0.2∶4	2～3	
		中层	水泥纸筋灰砂浆	1∶0.2∶4	10	
		面层	纸筋石灰		2	

续表

基体名称	类型	分层	做法	配合比（体积比）	厚度（mm）	施工要点
预制钢筋混凝土楼板顶棚抹灰	1	底层 中层 面层	水泥石灰砂浆 水泥石灰砂浆 纸筋（或麻刀）石灰	1∶0.5∶1 1∶3∶9	2 6 2～3	抹灰前，要填实抹平预制板缝
现浇钢筋混凝土楼板顶棚抹灰	2	底层 中层 面层	水泥石灰砂浆 水泥石灰砂浆 纸筋灰	1∶0.5∶4 1∶0.5∶4	4 4 2	抹灰前，应处理好预制板缝底层、中层抹灰要连续操作
	3	底层 中层 面层	水泥纸筋灰砂浆 水泥纸筋灰砂浆 水泥细纸筋灰	1∶0.3∶6 1∶0.3∶6 1∶0.2∶6	7 7 5	适用于机械喷涂抹灰
	4	底层 中层 面层	水泥砂浆（加2%水泥重聚酯酸乙烯乳液） 水泥石灰砂浆 纸筋灰	1∶1 1∶3∶9	2 6 2	适用于高级装饰工程 底层抹灰应养护2～3d后，再抹中层灰
板条金属吊顶抹灰		底层 中层 找平层 面层	纸筋（麻刀）石灰砂浆 纸筋（麻刀）石灰砂浆 石灰砂浆（略掺麻刀） 纸筋（麻刀）石灰砂浆	1∶2.5	3～6 3～6 2～3 2～3	底层砂浆应压入板条缝和网眼内，形成转角；加钉长350～450mm的麻丝束，间距为≤300mm梅花形布置，按扇形抹进中层砂浆中
钢板网吊顶抹灰		底层 中层 面层	石灰水泥砂浆（略掺麻刀） 麻刀石灰砂浆 细纸筋灰罩面	1∶0.2∶2	10～14 4～6 2～3	在龙骨上用U形钉钉麻丝束，麻束长350～400mm，间隔400mm；底层灰分三遍抹，每遍将1/3麻丝抹入灰浆中； 在木龙骨筋上加钉6mm直径的钢筋，将钢板网绑扎在钢筋上，增加钢板网刚度，防止变形收缩，减少裂缝、起壳和脱落

二、装饰抹灰施工

装饰抹灰是指通过选用材料及操作工艺等方面的改进，而使抹灰富于装饰效果的水刷石、干粘石、斩假石、拉毛与拉条抹灰、装饰线条抹灰以及弹涂、滚涂、彩色抹灰等。

(一)水刷石抹灰施工

水刷石抹灰是将施抹完毕的水泥石渣浆的面层尚未干硬的水泥浆用清水冲掉，使各色石渣外露，形成具有“绒面感”的装饰表面。这种饰面耐久性好，装饰效果好。

1. 施工工艺流程

水刷石抹灰工艺流程为：基层处理→抹砂浆找平层→抹水泥石粒浆→修整→喷刷→起分格条→养护。

2. 施工要点

(1)基层处理。砖墙表面应清除残灰、浮尘，堵严大的孔洞，然后砌底浇水湿润；混凝土墙要高凿、低补，光滑表面要凿毛，表面油污要先用10%的火碱溶液清除，然后用清水冲洗干净。

(2)抹砂浆找平层。在基层表面刷一层界面剂，随即抹一层薄薄的1∶0.5∶0.3的混合砂浆，用扫帚在表面扫毛，待混合砂浆达到6～7成干时，在表面弹线、找方、挂线、贴灰饼，接着抹1∶3的水泥砂浆并刮平、搓毛。两层砂浆的总厚度不超过12mm。若为砖墙面，可在基层清理后直接找规矩，并分层抹灰，将砂浆压入砖缝内，再用木抹子搓平、搓毛，如果觉得表面粗糙度不够，还可使用钢抹子在表面划痕。

(3)抹水泥石粒浆。待中层砂浆六七成干时，按设计要求弹线分格并粘贴分格条(木分格条事先在水中浸透)，然后，根据中层抹灰的干燥程度浇水湿润。紧接着用铁抹子满刮水灰比为0.37～0.40的水泥浆一道，随即抹面层水泥石粒浆。面层厚度视石粒粒径而定，通常为石粒粒径的2.5倍。水泥石粒浆(或水泥石灰膏石粒浆)的稠度应为50～70mm。要用铁抹子一次抹平，随抹随用铁抹子压紧、揉平，但不把石粒压得过于紧固。

每一块分格内应从下边抹起，每抹完一格，即用直尺检查其平整度，凸凹处应及时修理，并将露出平面的石粒轻轻拍平。同一平面的面层要求一次完成，不宜留施工缝。如必须留施工缝时，应留在分格条的位置上。

经验总结

抹阳角技巧

抹阳角时，先抹的一侧不宜使用抹阳角技巧八字靠尺，应将石粒浆抹过转角，然后再抹另一侧。抹另一侧时，用八字靠尺将角靠直找齐。这样可以避免因两侧都用八字靠尺而在阳角处出现明显接槎。

(4)修整。待水泥石渣浆面层收水后，再用钢抹子压一遍，将遗留孔、缝挤严、抹平。被修整的部位先用软毛刷子蘸水刷去表面的水泥浆，阳角部位要往外刷，并用钢抹子轻轻拍平石渣，再刷一遍，再压实，直至修整平整时止。

(5)喷刷。水泥石渣浆中的水泥浆凝结后，其表面手指按上去不显指痕，用刷子刷石粒不掉时，即可开始喷刷。喷刷分两遍进行，第一遍先用软毛刷子蘸水刷掉面层水泥浆，露出石粒；第二遍随即用手压喷浆机或喷雾器将四周相邻部位喷湿，然后由上往下顺序喷水。喷射要均匀，喷头离墙100～200mm，将面层表面及石粒间的水泥浆冲出，使石粒露出表面1/2粒径，达到清晰可见、均匀密布。然后用清水从上往下全部冲净。

(6)起分格条。喷刷后，即可用抹子柄敲击分格条，并用小鸭嘴抹子扎入分格条上下活动，将其轻轻起出。然后用小溜子找平，用鸡腿刷子刷光理直缝角，并用素灰将缝格修补平直，颜色必须一致。

(7)养护。水刷石抹完第二天起要经常洒水养护，养护时间不少于7d，在夏季施工时，应考虑搭设临时遮阳棚，防止阳光直接照射，致水泥早期脱水而影响强度，削弱粘结力。

知识拓展

水刷石抹灰成品保护

(1)对施工时粘在门、窗框及其他部位或墙面上的砂浆要及时清理干净,对铝合金门窗膜造成损坏的要及时补粘好保护膜,以防损伤、污染。抹灰前必须对门、窗口采取保护措施。

(2)施工时不得在楼地面和休息平台上拌和灰浆,施工时应对休息平台、地面和楼梯踏步等采取保护措施,以免搬运材料运输过程中造成损坏。

(3)在拆除架子、运输架杆时要制定相应措施,并做好操作人员的交底,加强责任心,避免造成碰撞、损坏墙面或门窗玻璃等。在施工过程中,对搬运材料、机具以及使用小手推车时,要特别小心,不得碰、撞、磕划墙面、门、窗口等。严禁任何人员蹬踩门、窗框、窗台,以防损坏棱角。

(4)对建筑物的出入口处做好的水刷石,应及时采取保护措施,避免损坏棱角。

(5)对已交活的墙面喷刷新活时要将其覆盖好,特别是大风天施工更要细心保护,以防造成污染。抹完灰后要对已完工墙面及门、窗口加以清洁保护;如门、窗口原保护层面有损坏的要及时修补确保完整直至竣工交验。

(6)在拆除脚手架、跳板、高马凳时要加倍小心,轻拿轻放,集中堆放整齐,以免撞坏门、窗口或碰坏墙面及棱角等。

(7)当抹灰层未充分凝结硬化前,防止快干、水冲、撞击、振动和挤压,以保证抹灰层不受损伤和足够的强度,不出现空鼓开裂现象。

(二)斩假石抹灰施工

斩假石又称剁斧石,是仿制天然石料的一种建筑饰面。用不同的集料或掺入不同的颜料,可以制成仿花岗石、玄武石、青条石等斩假石。

1. 施工工艺流程

斩假石抹灰施工工艺流程为:基层处理→抹底层及中层砂浆→弹线、贴分格条→抹面层水泥石粒浆→斩剁面层→修整。

2. 施工要点

(1)基层处理。斩假石抹灰施工的基层处理要求同水刷石抹灰施工。

(2)抹底层及中层砂浆。底层、中层表面都要求平整、粗糙,必要时还应划毛。中层灰达到七成干后,浇水湿润表面,随即满刮水灰比为0.37～0.40的水泥素浆一道。

(3)弹线、贴分格条。待素浆凝结后,在墙面上按设计要求弹线分格并粘分格条。斩假石一般按矩形分格分块,并实行错缝排列。

(4)抹面层水泥石粒浆。抹面层前,先根据底层的干燥程度浇水湿润,刷素水泥浆一道,然后用铁抹子将水泥石粒浆抹平,厚度一般为13mm;再用木抹子打磨拍实,上、下顺势溜直。不得有砂眼、空隙,并且每分格区内的水泥石粒浆必须一次抹完。石粒浆抹完后,随即用软毛刷蘸水顺剁纹方向将表面水泥浮浆轻轻刷掉,露出石粒至均匀为止。不得蘸水过多,用力过重,以免刷松石粒。石料浆抹完后不得曝晒或冰冻雨淋,待石粒浆中的水泥浆完成终凝后进行保养。

(5)斩剁面层。常温下面层经3～4d养护后即可试剁。试剁中墙面石渣不掉、声音清脆,且容易形成剁纹即可以进行正式剁琢。

斩剁小面积时,应用单刀剁齐;剁大面积时,应用多刀剁齐。斧刃厚度根据剁纹宽窄要求确定。为了美观,剁棱角及分格缝周边留15～20mm不剁。斩剁的顺序应由上到下,由左到右进行。先剁转角和四周边缘,后剁中间墙面。转角和四周剁水平纹,中间剁垂直纹。若墙面有分格条时,每剁一行应随时将上面和竖向分格条取出,并及时用水泥浆将分块内的缝隙、小孔修补平整。

斩剁时,先轻剁一遍,再盖着前一遍的斧纹剁深痕,用力必须均匀,移动速度一致,不得有漏剁;墙角、柱子边棱,宜横剁出边缘横斩纹或留出窄小边条(从边口进30～40mm)不剁。剁边缘时应用锐利小斧轻剁,防止掉角掉边;用细斧剁斩一般墙面时,各格块体的中间部分均剁成垂直纹,纹路应相应平行,上下各行之间均匀一致;用细斧剁斩墙面雕花饰时,剁纹应随花纹走势而变化,不允许留下横平竖直的斧纹,花饰周围的平面上应剁成垂直纹。

(6)修整。剁琢完毕,用刷子沿剁纹方向清除浮尘,也可以用清水冲刷干净,然后起出分格条,并按要求修补分格缝。

知识拓展

斩假石抹灰成品保护

(1)对已完成的成品可采用封闭、隔离或看护等措施进行保护。

(2)抹灰前必须首先检查门、窗口的位置、方向安装是否正确,采取保护措施后方可进行施工。

(3)对施工时粘在门、窗框及其他部位或墙面上的砂浆要及时清理干净,对铝合金门窗膜有损坏的要及时补粘好,以防损伤、污染。

(4)在拆除架子、运输架杆时要制定限制措施,并做好操作人员的交底,以强化责任意识,避免造成碰撞、损坏。

(5)在施工过程中搬运材料、机具以及使用小手推车时应特别小心,不得碰、撞、磕划面层、门、窗口等。严禁任何人员蹬踩门、窗框、窗台,以防损坏棱角。

(三)干粘石抹灰施工

干粘石抹灰是在水泥纸筋灰或纯水泥浆或水泥白灰砂浆粘结层的表面,用人工或机械喷枪均匀地撒喷一层石子,用铁板拍平板实。此种面层,适用于建筑物外部装饰。

1. 施工工艺流程

干粘石抹灰施工工艺流程为:基层处理→抹找平层→抹粘结层→甩石渣→压石渣→起分格条→修整→养护。

2. 施工要点

(1)基层处理。干粘石抹灰的基层处理要求同水刷石抹灰施工。

(2)抹找平层。干粘石抹灰抹找平层施工方法及要求同水刷石抹灰施工。

(3)抹粘结层。找平层抹完后达到七成干经验收合格,随即按设计要求弹线、分格、粘分格条,然后洒水湿润表面,接着刷水泥素浆一道,抹粘结层砂浆。粘结层砂浆稠度控制在60～80mm,要求一次抹平不显抹纹,表面平整、垂直,阴阳角方正。按分格大小,一次抹一块或数块,不准在块中甩槎。

(4)甩石渣。干粘石选用的彩色石渣粒径应比水刷石稍小,一般用小八厘。甩石子时对每一分格块要先甩四周,后甩中间,自上而下,快速进行。石渣在甩板上要摊铺均匀,反手往墙上甩,甩射面要大,用力要平稳均匀,方向应与墙面垂直,使石渣均匀地嵌入粘结砂浆中。

甩石子注意事项

甩石子时注意甩板与墙面保持垂直,掌握好力度,不可硬砸、硬甩,应用力均匀。然后,用抹子轻拍,使石渣进入灰层 1/2,外留 1/2,使其牢固,不可用力过猛,造成局部返浆,形成面层颜色不一致。

(5)压石渣。在粘结层的水泥砂浆完成终凝前至少进行拍压三遍。拍压时要横竖交错进行。头遍用大抹子横拍,然后再用一般抹子重拍、重压,也可以用橡胶辊子作最后的滚压。一般以石渣嵌入砂浆层的深度不小于石渣粒径的 1/2,以保证石粒粘结牢固。

(6)起分格条。饰面层做到平整、石渣均匀饱满时,起出分格条。

(7)修理。对局部有石渣脱落、分布不匀、外露尖角太多或表面平整度差等不符合质量要求的地方应立即进行修整、拍平。

(8)养护。干粘石的面层施工后应加强养护,在 24h 后,应洒水养护 2~3d。夏季日照强,气温高,要求有适当的遮阳条件,避免阳光直射,使干粘石凝结有一段养护时间,以提高强度。

干粘石抹灰成品保护

(1)根据现场和施工情况,应制定成品保护措施,成品保护可采取看护、隔离、封闭等形式。

(2)施工过程中翻脚手板及施工完成后拆除架子时要对操作人员进行交底,要轻拆轻放,严禁乱拆和抛扔架杆、架板等,避免碰撞干粘石墙面,粘石做好后的棱角处应采取隔离保护,以防碰撞。

(3)抹灰前对门、窗口应采取保护措施,铝门、窗口应贴膜保护,抹灰完成后应将门窗口及架子上的灰浆及时清理干净,散落在架子上的石渣及时回收。

(4)其他工种作业时严禁蹬踩已完成的干粘石墙面,油漆工作业时严防碰倒油桶或滴甩刷子上的油漆,以防污染墙面。

(5)不同的抹灰面交叉施工时,应将先做好的抹灰面层采取保护措施后方可施工。

(四)假面砖抹灰施工

假面砖是用彩色砂浆抹成相当于外墙面砖分块形式与质感的装饰抹灰面。

1. 施工工艺流程

假面砖抹灰施工工艺流程为:基层处理→抹底、中层砂浆→抹面层砂浆→表面划纹。

2. 施工要点

假面砖抹灰完成后,及时将飞边砂粒清扫干净。不得留有飞棱卷边现象。

(1)墙面基层处理、抹底、中层砂浆等工序同一般抹灰相同。

(2)抹面层砂浆。面层砂浆涂抹前,浇水湿润中层,先弹水平线,按每步架为一个水平工作段,上、中、下弹三道水平线,以便控制面层划沟平直度。抹1∶1水泥砂浆垫层3mm,接着抹面层砂浆3~4mm厚。

(3)表面划纹。面层稍收水后,用铁梳子沿靠尺板由上向下划纹,深度不超过1mm。然后根据面砖的宽度用铁钩子沿靠尺板横向划沟,深度以露出垫层灰为准。

三、清水砌体勾缝施工

1. 施工工艺流程

清水砌体勾缝施工工艺流程为:堵脚手眼→弹线开缝→补缝→门窗框堵缝→勾缝。

2. 施工要点

(1)堵脚手眼。如采用外脚手架时,勾缝前先将脚手眼内砂浆清理干净,并洒水湿润,再用原砖墙相同的砖块补砌严实,砂浆饱满度不低于85%。

(2)弹线开缝。先用粉线弹出立缝垂直线,用扁钻按线把立缝偏差较大的找齐,开出的立缝上下要顺直,开缝深度约10mm,灰缝深度、宽度要一致。砖墙水平缝不平和瞎缝也应弹线开直,如果砌砖时划缝太浅或漏划,灰缝应用扁钻或瓦刀剔凿出来,深度应控制在10～12mm之间,并将墙面清扫干净。

(3)补缝。对于缺棱掉角的砖,还有游丁的立缝,均应事先进行修补,颜色必须和砖的颜色一致,可用砖面加水泥拌成1∶2水泥浆进行补缝。修补缺棱掉角处表面应加砖面压光。

(4)门窗框堵缝。在勾缝前,将窗框周围塞缝作为一道工序,用1∶3水泥砂浆设专人进行堵严、堵实,表面平整深浅一致。铝合金门窗框周围缝隙应按设计要求的材料填塞。如果窗台砖有破损碰掉的现象,应先补砌完整,并将墙面清理干净。

(5)勾缝。

1)在勾缝前1d应将砖墙浇水湿润,勾缝时再浇适量的水,以不出现明水为宜。

2)拌和砂浆。勾缝所用的水泥砂浆,配合比为水泥∶砂子＝1∶(1～1.5),稠度为3～5cm,应随拌随用,不能用隔夜砂浆。

3)墙面勾缝必须做到横平竖直,深浅一致,搭接平整并压实溜光,不得出现丢缝、开裂和粘结不牢等现象。外墙勾缝深度为4～5mm。

4)勾缝顺序是从上到下先勾水平缝后勾立缝。勾水平缝时应用长溜子,左手拿托灰板,右手拿溜子,将灰板顶在要勾的缝口下边,右手用溜子将灰浆压入缝内,不准用稀砂浆喂缝,同时自左向右随勾缝随移动托灰板,勾完一段后用溜子沿砖缝内溜压密实、平整、深浅一致,托灰板勿污染墙面,保持墙面洁净美观。勾缝时用2cm厚木板在架子上接灰,板子紧贴墙面,及时清理落地灰。勾立缝用短溜子在灰板上刮起,勾入立缝中,压塞密实、平整,立缝要与水平缝交圈且深浅一致。

5)步架钩缝完成后,应把墙面清扫干净,应顺着缝先扫水平缝后扫立缝,勾缝不应有搭槎不平、毛刺、漏勾等缺陷。

清水砌体勾缝成品保护

(1)施工时严禁自上步架或窗口处向灰槽内倒灰,以免溅脏墙面,勾缝时溅落到墙面的砂浆要及时清理干净。

(2)当采用高架提升机运料时,应将周围墙面围挡,防止砂浆、灰尘污染墙面。

(3)勾缝时应将木门窗框加以保护,门窗框的保护膜不得撕掉。

(4)拆架子时不得抛掷,以免碰损墙面,翻脚手板时应先将上面的灰浆和杂物清理干净。

第三节　门窗工程施工工艺和方法

一、木门窗安装施工

1. 施工工艺流程

木门窗安装施工工艺流程为:弹线找规矩→决定门窗框安装位置→决定安装标高→掩扇、门框安装样板→窗框、扇安装→门框安装→门扇安装。

2. 施工要点

(1)木门窗安装前要核对好型号,按图纸对号分发就位。安门框前,要用对角线相等的方法复核其兜方程度。当在通长走道上嵌门框时,应拉通长麻线,以便控制门框面位于同一平面内,保持门框锯角线高度的一致性。

(2)将修刨好的门窗扇,用木楔临时立于门窗框中,排好缝隙后画出铰链位置。铰链位置距上、下边的距离宜是门扇宽度的 1/10,这个位置对铰链受力比较有利，又可避开榫头。然后把扇取下来，用扇铲剔出铰链页槽。铰链页槽应外边浅，里边深，其深度应当是把铰链合上后与框、扇平正为准。剔好铰链槽后，将铰链放入，上下铰链各拧一颗螺丝钉把扇挂上，检查缝隙是否符合要求，扇与框是否齐平，扇能否关住。检查合格后，再把螺丝钉全部上齐。

(3)双扇门窗扇安装方法与单扇的安装基本相同，只是多一道工序——错口。双扇门应按开启方向看，右手门是盖口，左手门是等口。

(4)门窗扇安装好后要试开，其标准是：以开到哪里就能停到哪里为好，不能有自开或自关的现象。如果发现门窗扇在高、宽上有短缺的情况，高度上应将补钉的板条钉在下冒头下面；宽度上，在装铰链一边的梃上补钉板条。

(5)为了开关方便，平开扇上、下冒头最好刨成斜面。

木门窗安装成品保护注意事项

(1)安装过程中，须采取防水防潮措施。在雨季或湿度大的地区应及时油漆门窗。

(2)调整修理门窗时不能硬撬，以免损坏门窗和小五金。

(3)安装工具应轻拿轻放，以免损坏成品。

(4)已装门窗框的洞口，不得再做运料通道，如必须用作运料通道时，必须做好保护措施。

二、金属门窗安装施工

(一)钢门窗安装施工

建筑中应用较多的钢门窗，主要有薄壁空腹钢门窗和实腹钢门窗。钢门窗在工厂加工制作后整体运到现场进行安装。

1. 施工工艺流程

钢门窗安装施工工艺流程为：弹控制线→立钢门窗及校正→门窗

框固定→安装五金配件→安装橡胶密封条→安装纱门窗。

2. 施工要点

(1)弹控制线。钢门窗安装前，应在离地、楼面500mm高的墙面上弹一条水平控制线；再按门窗的安装标高、尺寸和开启方向，在墙体预留洞口四周弹出门窗落位线。如为双层钢窗，钢窗之间的距离应符合设计规定或生产厂家的产品要求，如设计无具体规定，两窗扇之间的净距应不小于100mm。

(2)立钢门窗及校正。将钢门窗塞入洞口内，用对拔木楔(或称木榫)做临时固定。木楔固定钢门窗的位置，须设置于门窗四角和框梃端部，否则容易产生变形。此后即用水平尺、吊线锤及对角线尺量等方法，校正门窗框的水平与垂直度，同时调整木楔，使门窗达到横平竖直、高低一致。待同一墙面相邻的门窗就位固定后，再拉水平通线找齐；上下层窗框吊线找垂直，以做到左右通平、上下层顺直。

(3)门窗框固定。钢门窗框的固定方法在实际工程中多有不同，最常用的做法是采用3mm×(12～18mm)×(100～150mm)的扁钢铁脚。当采用铁脚固定钢门窗时，铁脚埋设洞必须用1∶2水泥砂浆或豆石混凝土填塞严实，并注意浇水养护。待填洞材料达到一定强度后，再用水泥砂浆嵌实门窗框四周的缝隙，砂浆凝固后取出木楔再次堵嵌水泥砂浆。水泥砂浆凝固前，不得在门窗上进行任何作业。

(4)安装五金配件。钢门窗的五金配件安装宜在内外墙面装饰施工结束后进行；高层建筑应在安装玻璃前将机螺丝拧在门窗框上，待油漆工程完成后再安装五金件。安装五金配件之前，要检查钢门窗在洞口内是否牢固；门窗框与墙体之间的缝隙是否已嵌填密实；窗扇轻轻关拢后，其上面密合，下面略有缝隙，开启闭是否灵活，里框下端吊角等是否符合要求(一般双扇窗吊角应整齐一致，平开窗吊高为2～4mm，邻窗间玻璃心应平齐一致)。如有缺陷须经调整后方可安装零配件。所用五金配件应按生产厂家提供的装配图经试装合格后，方可全面进行安装。各类五金配件的转动和滑动配合处，应灵活无卡阻现象。装配螺钉拧紧后不得松动，埋头螺钉不得高出零件表面。

(5)安装橡胶密封条。氯丁海绵橡胶密封条是通过胶带贴在门窗框的大面内侧。胶条有两种，一种是K型，适用于25A空腹钢门窗；另一种是S型，适应于32mm实腹钢门窗的密闭。胶带是由细纱布双面涂胶，用聚乙烯薄膜作隔离层。粘贴时，首先将胶带粘贴于门窗框大面内侧，然后剥除隔离层，再将密封条粘在胶带上。

(6)安装纱门窗。先对纱门和纱窗扇进行检查，如有变形时应及时校正。高、宽大于1400mm的纱扇，在装纱前要将纱扇中部用木条做临时支撑，以防扇纱凹陷影响使用。在检查压纱条和纱扇配套后，将纱裁割且比实际尺寸长出50mm，即可以绷纱。绷纱时先用机螺丝拧入上下压纱条再装两侧压纱条，切除多余纱头，再将机螺丝的丝扣剔平并用钢板锉锉平。待纱门窗扇装纱完成后，于交工前再将纱门窗扇安装在钢门窗框上。最后，在纱门上安装护纱条和拉手。

钢门窗框固定注意事项

无论采用何种做法固定钢门窗框，均应注意三个方面的问题：

(1)认真检查其平整度和对角线，务必保证平整方正，否则会给进一步的安装带来困难。

(2)严格查对钢门窗的上、下冒头及扇的开启方向，以避免装配时出现错误。

(3)钢门窗的连接件、配件应预先核查配套，否则会影响安装速度和工程质量。

(二)铝合金门窗安装施工

铝合金门窗是用经过表面处理的型材，通过下料、打孔、铣槽、攻丝和制窗等加工过程而制成的门窗框料构件，再与连接件、密封件和五金配件一起组装而成。

1. 施工工艺流程

铝合金门窗安装施工工艺流程为：画线定位→检查门窗洞口和预埋件→门窗框就位与固定→填缝→门窗扇与玻璃安装→清理。

2. 施工要点

(1)画线定位。根据设计图纸和土建施工所提供的洞口中心线及水平标高,在门窗洞口墙体上弹出门窗框位置线。放线时应注意:同一立面的门窗在水平与垂直方向应做到整齐一致,对于预留洞口尺寸偏差较大的部位,应采取妥善措施进行处理。根据设计,门窗可以立于墙的中心线部位,也可将门窗立于内侧,使门窗框表面与内饰面齐平,但在实际工程中将门窗立于洞口中心线的做法较为普遍,这样做便于室内装饰的收口处理(特别是在有内窗台板时)。门的安装须注意室内地面的标高,地弹簧的表面应与地面饰面的标高相一致。

(2)检查门窗洞口和预埋件。铝合金门窗的安装同普通钢门窗、涂色镀锌钢板门窗及塑料门窗的安装一样,必须采用后塞口的方法,严禁边安装边砌口或是先安装后砌口。当设计有预埋铁件时,门窗安装前应复查预留洞口尺寸及预埋件的埋设位置,如与设计不符合应予以纠正。门窗洞口的允许偏差:高度和宽度为 5mm;对角线长度差为5mm;洞下口面水平标高为 5mm;垂直度偏差不超过 1.5/1000;洞口的中心线与建筑物基准轴线偏差不大于 5mm。洞口预埋件的间距必须与门窗框上连接件的位置配套,门窗框上的连接件间距一般为500mm,但转角部位的连接件位置距转角边缘应为 100～200mm。门窗洞口墙体厚度方向的预埋件中心线,如设计无规定时,其位置距内墙面:38～60 系列为 100mm;90～100 系列为 150mm。

(3)门窗框就位与固定。

1)按照弹线位置将门窗框立于洞内,调整正、侧面垂直度、水平度和对角线合格后,用对拔木楔做临时固定。木楔应垫在边、横框能够受力部位,以防止铝合金框料由于被挤压而变形。

2)当墙体上预埋有铁件时,可直接把铝合金门窗的铁脚直接与墙体上的预埋铁件焊牢,焊接处需做防锈处理。

3)当墙体上没有预埋铁件时,可用金属膨胀螺栓或塑料膨胀螺栓将铝合金门窗的铁脚固定到墙上。

4)当墙体上没有预埋铁件时,也可用电钻在墙上打 80mm 深、直径为 6mm 的孔,用 L 型 80mm×50mm 的 6mm 钢筋,在长的一端粘涂108胶水泥浆，然后打入孔中。待108胶水泥浆终凝后，再将铝合金门窗的铁脚与埋置的6mm钢筋焊牢。

5)如果属于自由门的弹簧安装，应在地面预留洞口，在门扇与地弹簧安装尺寸调整准确后，浇筑C25级细石混凝土固定。

门窗框嵌固长度

铝合金门边框和中竖框，应埋入地面以下20～50mm；组合窗框间立柱上、下端，应各嵌入框顶和框底墙体(或梁)内25mm以上；转角处的主要立柱嵌固长度应在35mm以上。

(4)填缝。填缝所用的材料，原则上按设计要求选用。但不论使用何种填缝材料，其目的均是为了密闭和防水。根据现行规范要求，铝合金门窗框与洞口墙体应采用弹性连接，框周缝隙宽度宜在20mm以上，缝隙内分层填入矿棉或玻璃棉毡条等软质材料。框边需留5～8mm深的槽口，待洞口饰面完成并干燥后，清除槽口内的浮灰渣土，嵌填防水密封胶。

(5)门窗扇与玻璃安装。铝合金门窗扇的安装，需在土建施工基本完成的条件下进行，以保护其免遭损伤。框装扇必须保证框扇立面在同一平面内，就位准确，启闭灵活。平开窗的窗扇安装前，先固定窗铰，然后再将窗铰与窗扇固定。推拉门窗应在门窗扇拼装时于其下横底槽中装好滑轮，注意使滑轮框上有调节螺钉的一面向外，该面与下横端头边平齐。对于规格较大的铝合金门扇，当其单扇框宽度超过900mm时，在门扇框下横料中需采取加固措施，通常的做法是穿入一条两端带螺纹的钢条。安装时应注意要在地弹簧连杆与下横安装完毕后再进行，也不得妨碍地弹簧座的对接。

玻璃安装时，如果玻璃单块尺寸较小，可用双手夹住就位。如一般平开窗，多用此办法。如果单块玻璃尺寸较大，为便于操作，往往用玻璃吸盘。

玻璃就位后，应及时用胶条固定。玻璃应该摆在凹槽的中间，内、外两侧的间隙应不少于2mm，否则会造成密封困难。但也不宜大于5mm，否则胶条起不到挤紧、固定的目的。玻璃的下部不能直接坐落在金属面上，而应用氯丁橡胶垫块将玻璃垫起。氯丁橡胶垫块厚3mm左右。玻璃的侧边及上部，都应脱开金属面一小段距离，避免玻璃胀缩发生变形。

(6)清理。铝合金门、窗交工前，应将型材表面的塑料胶纸撕掉。如果发现塑料胶纸在型材表面留有胶痕，宜用香蕉水清理干净，玻璃应进行擦洗，对浮灰或其他杂物，应全部清理干净。

安装铝合金门的关键是要保持上下两个转动部分在同一个轴线上。

铝合金门窗安装成品保护

(1)铝合金门窗装入洞口临时固定后，应检查四周边框和中间框架是否用规定的保护胶纸和塑料薄膜封贴包扎好，再进行门窗框与墙体之间缝隙的填嵌和洞口墙体表面装饰施工，以防止水泥砂浆、灰水、喷涂材料等污染损坏铝合金门窗表面。在室内外湿作业未完成前，不能破坏门窗表面的保护材料。

(2)应采取措施，防止焊接作业时电焊火花损坏周围的铝合金门窗型材、玻璃等材料。

(3)严禁在安装好的铝合金门窗上安放脚手架，悬挂重物。经常出入的门洞口，应及时保护好门框，严禁施工人员踩踏铝合金门窗，严禁施工人员碰擦铝合金门窗。

(4)交工前撕去保护胶纸时，要轻轻剥离，不得划破、剥花铝合金表面氧化膜。

三、塑料门窗安装施工

塑料门窗是以聚氯乙烯、改性聚氯乙烯或其他树脂为主要原料，轻质碳酸钙为填料，添加适量助剂和改性剂，经双螺杆挤压机挤出各种截面的空腹门窗异型材，再根据不同的品种规格选用不同截面异型材组装而成。

1. 施工工艺流程

塑料门窗安装施工工艺流程为：画线定位→检查门窗洞口→固定片安装→安装位置确定→门窗框与墙体的连接→框与墙间缝隙处理→清理。

2. 施工要点

(1)检查窗洞口。塑料窗在窗洞口的位置，要求窗框与基体之间需留有10～20mm的间隙。塑料窗组装后的窗框应符合规定尺寸，一方面要符合窗扇的安装，另一方面要符合窗洞尺寸的要求，但如窗洞有差距时应进行窗洞修整，待其合格后才可安装窗框。

(2)固定片安装。在门窗的上框及边框上安装固定片，其安装应符合下列要求：

1)检查门窗框上下边的位置及其内外朝向，并确认无误后，再安固定片。安装时应先采用直径为$\phi3.2$的钻头钻孔，然后将十字槽盘端头自攻M4×20拧入，严禁直接锤击钉入。

2)固定片的位置应距门窗角、中竖框、中横框150～200mm，固定片之间的间距应不大于600mm。不得将固定片直接装在中横框、中竖框的挡头上。

(3)安装位置确定。根据设计图纸及门窗扇的开启方向，确定门窗框的安装位置，并把门窗框装入洞口，使其上下框中线与洞口中线对齐。安装时应采取防止门窗变形的措施。无下框平开门应使两边框的下脚低于地面标高线30mm。带下框的平开门或推拉门应使下框低于地面标高线10mm。然后将上框的一个固定片固定在墙体上，并应调整门框的水平度、垂直度和直角度，用木楔临时固定。当下框长度大于0.9m时，其中间也用木楔塞紧。然后调整垂直度、水平度及直角度。

(4)门窗框与墙体的连接。塑料门窗框与墙体的固定方法，常见的有连接件法、直接固定法和假框法三种。

1)连接件法:这是用一种专门制作的铁件将门窗框与墙体相连接,是我国目前运用较多的一种方法。其优点是比较经济,且基本上可以保证门窗的稳定性。连接件法的做法是先将塑料门窗放入窗洞口内,找平对中后用木模临时固定。然后,将固定在门窗框异型材靠墙一面的锚固铁件用螺钉或膨胀螺丝固定在墙上。

2)直接固定法:在砌筑墙体时先将木砖预埋入门窗洞口内,当塑料门窗安入洞口并定位后,用木螺钉直接穿过门窗框与预埋木砖连接,从而将门窗框直接固定于墙体上。

3)假框法:先在门窗洞口内安装一个与塑料门窗框相配套的镀锌铁皮金属框,或者当木门窗换成塑料门窗时,将原来的木门窗框保留,待抹灰装饰完成后,再将塑料门窗框直接固定在上述框材上,最后再用盖口条对接缝及边缘部分进行装饰。

(5)框墙间隙处理。塑料窗框与建筑墙体之间的间隙,应填入矿棉、玻璃棉或泡沫塑料等绝缘材料作缓冲层,在间隙外侧再用弹性封缝材料如氯丁橡胶条或密封膏密封,以封闭缝隙并同时适应硬质PVC的热伸缩特性。注意不可采用含沥青的嵌缝材料,以避免沥青材料对PVC的不良影响。此间隙可根据总跨度、膨胀系数、年最大温差先计算出最大膨胀量,再乘以要求的安全系数,一般取10～20mm。

知识拓展

塑料门窗安装成品保护

(1)塑料门窗在安装过程中及工程验收前,应采取防护措施,不得污损。

(2)已装门窗框、扇的洞口,不得再作运料通道。应防止利器划伤门窗表面,并应防止电、气焊火花烧伤或烫伤面层。

(3)严禁在门窗框、扇上安装脚手架、悬重物;外脚手架不得顶压在门窗框、扇或窗撑上,并严禁蹬踩窗框、窗扇或窗撑。

第四节　吊顶工程施工工艺和方法

一、木龙骨吊顶施工

木龙骨吊顶是以木质龙骨为基本骨架，配以胶合板、纤维板等作为饰面材料组合而成的吊顶体系，适用于小面积的造型复杂的悬吊式顶棚，其施工速度快、易加工，但防火性能差，常用于家庭装饰装修工程。

1. 施工工艺流程

木龙骨吊顶施工工艺流程为：施工准备→放线定位→木龙骨处理→木龙骨拼接→安装吊点紧固件→安装沿墙龙骨→主龙骨的安装与调整→安装罩面板。

2. 施工要点

(1)施工准备。在吊顶施工之前，顶棚上部的电气布线、空调管道、消防管道、供水管道、报警线路等均已安装就位并调试完成；自顶棚至墙体各开关和插座的有关线路敷设已布置就绪；施工机具、材料和脚手架等已经准备完毕；顶棚基层和吊顶空间全部清理无误之后方可开始装饰施工。

(2)放线定位。放线包括标高线、天花造型位置线、吊挂点定位线、大中型灯具吊点等。标高线弹到墙面或柱面，其他线弹到楼板底面。此时，应同时检查处于吊顶上部空间的设备和管线对设计标高的影响；检查其对吊顶艺术造型的影响。如确实妨碍标高和造型的布局定位，应及时向有关部门提出，需按现场实际情况修改设计。

(3)木龙骨处理。建筑装饰工程中所用的木质龙骨材料要进行筛选并进行防腐防火处理，按规定选材并实施在构造上的防潮处理，同时亦应涂刷防腐防虫药剂。

防火涂料的选择

防火处理一般是将防火涂料涂刷或喷于木材表面，也可把木材置于防火涂料槽内浸渍，选择防火涂料可按表10-5的规定。

表10-5 选择及使用防火涂料的规定

项次	防火涂料的种类	$1m^2$ 木材表面所用防火涂料的数量(kg)	特性	基本用途	限制和禁止的范围
1	硅酸盐涂料	≥0.5	无抗水性，在二氧化碳的作用下分解	用于不直接受潮湿作用的构件上	不得用于露天构件及位于二氧化碳含量高的大气中的构件
2	可赛银（酪素）涂料	≥0.7	—	用于不直接受潮湿作用的构件上	不得用于露天构件
3	掺有防火剂的油质涂料	≥0.6	抗水	用于露天构件上	—
4	氯乙烯涂料和其他涂料	≥0.6	抗水	用于露天构件上	—

注：允许采用根据专门规范规定而试验合格的其他防火剂。

(4)木龙骨拼接。为方便安装，木龙骨吊装前通常是先在地面进行分片拼接。确定吊顶骨架面上需要分片或可以分片安装的位置和尺寸，根据分片的平面尺寸选取龙骨纵横型材（经防腐、防火处理后已晾干）；先拼接组合大片的龙骨骨架，再拼接小片的局部骨架。拼接组合的面积不可过大，否则不便吊装；对于截面为25mm×30mm的木龙骨，可选用市售成品凹方型材；如为确保吊顶质量而采用木方现场制作，必须在木方上按中心线距300mm开凿深15mm、宽25mm的凹槽。骨架的拼接即按凹槽对凹槽的方法咬口拼联，拼口处涂胶并用圆钉固定。

(5)安装吊点紧固件。无预埋的顶棚，可用金属胀铆螺栓或射钉将角钢块固定于楼板底(或梁底)作为安设吊杆的连接件。对于小面积轻型的木龙骨装饰吊顶，也可用胀铆螺栓固定木方(截面约为40mm×50mm)，吊顶骨架直接与木方固定或采用木吊杆。

(6)固定边龙骨。在木骨架吊顶施工中，沿标高线在四周墙(柱)面固定边龙骨的方法主要有两种。一种是沿吊顶标高线以上10mm处在建筑结构表面打孔，钻孔间距500～800mm，在孔内打入木楔，将边龙骨钉固于木楔上；另一种做法是先在木龙骨上钻孔，再用水泥钉通过钻孔将边龙骨钉固于混凝土墙、柱面(此法不宜用于砖砌体)。

(7)主龙骨的安装与调整。

1)分片吊装。将拼接组合好的木龙骨架托起，至吊顶标高位置。对于高度低于3m的吊顶骨架，可用高度定位杆做临时支承；吊顶高度超过3m时，可用铁丝在吊点上做临时固定。根据吊顶标高线拉出纵横水平基准线，作为吊顶的平面基准。将吊顶龙骨架向下略作移位，使之与基准线平齐。待整片龙骨架调正调平后，即将其靠墙部分与沿墙龙骨钉接。

2)龙骨架与吊点固定。龙骨架与吊点固定做法有多种，应根据选用的吊杆及上部吊点构造而定，如以ϕ6钢筋吊杆与吊点的预埋钢筋焊接；利用扁铁与吊点角钢以M6螺栓连接；利用角钢作吊杆与上部吊点角钢连接等。吊杆与龙骨架的连接，根据吊杆材料的不同可分别采用绑扎、钩挂及钉固等，如扁铁及角钢杆件与木龙骨可用两个木螺钉固定。

3)叠级吊顶的上下平面龙骨架连接。对于叠级吊顶，一般是从最高平面(相对地面)开始吊装，吊装与调平的方法同上述，但其龙骨架不可能与吊顶标高线上的沿墙龙骨连接。其高低面的衔接，常用做法是先以一条木方斜向将上下平面龙骨架定位，而后用垂直方向的木方把上下两平面的龙骨架固定连接。

4)龙骨架分片间的连接。分片龙骨架在同一平面对接时，将其端头对正，而后用短木方进行加固，将木方钉于龙骨架对接处的侧面或顶面均可。对一些重要部位的龙骨接长，须采用铁件进行连接紧固。

5)龙骨的整体调平。木骨架按图纸要求全部安装到位之后，即在吊顶面下拉出十字或对角交叉的标高线，检查吊顶骨架的整体平整度。

特别提示

龙骨调平注意事项

对于骨架底平面出现有下凸的部分，要重新拉紧吊杆；对于有上凹现象的部位，可用木方杆件顶撑，尺寸准确后将木方两端固定。各个吊杆的下部端头均按准确尺寸截平，不得伸出骨架的底部平面。

(8)安装罩面板。为了保证饰面装饰效果，方便施工，饰面板安装前要进行预排。胶合板罩面多为无缝罩面，即最终不留板缝。其排版形式有两种：一是将整板铺大面，分割板安排在边缘部位；二是分割板布置在两侧。排板完毕应将板编号堆放，装订时按号就位。排板时，要根据设计图纸要求，留出顶面设备的安装位置，也可以将各种设备的洞口先在罩面板上画出，待板面铺装完毕，安装设备时再将面板取下来。

胶合板铺钉用16～20mm长的小钉，钉固前先用电动或气动打枪机将钉帽砸扁。铺钉时将胶合板正面朝下托起到预定的位置，紧贴龙骨架，从板的中间向四周展开钉固。钉子的间距控制在150mm左右，钉头要钉入板面1～1.5mm左右。

知识链接

顶棚罩面板固定方法

木骨架底面安装顶棚罩面板，一般采用固定方式。常用方式有圆钉钉固法、木螺丝拧固法、胶结粘固法三种。

(1)圆钉钉固法：这种方法多用于胶合板、纤维板的罩面板安装。

(2)木螺丝固定法:这种方法多用于塑钢板、石膏板、石棉板。

(3)胶结粘固法:这种方法多用于钙塑板。每间顶棚先由中间行开始,然后向两侧分行逐块粘贴。

二、轻钢龙骨吊顶施工

轻钢龙骨吊顶是以轻钢龙骨作为吊顶的基本骨架,以轻型装饰板材作为饰面层的吊顶体。轻钢龙骨吊顶质轻、高弧、拆装方便、防火性能好,一般可用于工业与民用建筑物的装饰、吸声顶棚吊顶。

1. 施工工艺流程

轻钢龙骨吊顶施工工艺流程为:施工准备→弹线定位→固定边龙骨→安装吊杆→安装主龙骨→调平→安装次龙骨→安装横撑龙骨→安装罩面板。

2. 施工要点

(1)施工准备。根据吊顶面积、饰面板材的安装方法及品种规格等因素,按设计要求对吊顶骨架进行合理布局,排列出纵横龙骨的设置关系和尺寸距离,绘制出施工组装平面图。以图纸为依据,统计出龙骨主件及各种配件的数量,进货验收准确无误后,用型材切割机分别截取所需的龙骨段备用。轻钢及铝合金吊顶龙骨安装之前,应进行图纸会审,明确设计意图和吊顶构造特点。对于未镀锌的安装件(吊杆),安装前必须刷防锈漆两遍。现场焊接部分补刷防锈漆。吊杆不允许用铁丝代用。

(2)弹线定位。采用吊线锤、水平尺或用透明塑料软管注水后进行测量等方法,根据吊顶的设计标高在四周墙(柱)面弹线,其水平允许偏差±5mm。如果有与吊顶构造相关的特殊部位,如检修马道或吊挂设备等,应注意吊顶构造必须与其脱开一段距离。

(3)固定边部龙骨。吊顶边部的支承骨架应按设计的要求加以固定。对于无附加荷载的轻便吊顶,如L形轻钢龙骨或角铝型材等,较常用的设置方法是用水泥钉按400～600mm的钉距与墙、柱面固定。应注意建筑基体的材质情况，对于有附加荷载的吊顶，或是有一定承重要求的吊顶边部构造，有的需按900～1000mm的间距预埋防腐木砖，将吊顶边部支承材料与木砖固定。无论采用何种做法，吊顶边部支承材料底面均应与吊顶标高基准线相平且必须牢固可靠。

(4)固定吊点及安装吊杆。依据设计所选定的方式方法进行龙骨骨架悬吊点的处理，将吊杆与吊点紧固件精确连接。对于有预埋件的，即将吊杆与预埋件焊接、勾挂、拧固或其他方式的连接，焊接时必须是与预埋吊筋做搭接焊，钢筋吊杆直径不小于6mm，与预埋吊筋的搭接长度不小于60mm，焊缝应饱满，焊接部位应涂刷防锈涂料。不设预埋者，于吊点中心固定五金件或其他吊点紧固材料。

应计算好吊杆的长度尺寸，需要套丝的应注意套丝尺寸并留有余地以备紧固和调节，并选配好螺帽。

(5)安装主龙骨。轻钢龙骨的主龙骨与吊挂件连接在吊筋上，并拧紧固定螺母。一个房间的主龙骨与吊筋、吊挂件全部安装就位后，要进行平直的调整，方法是先用60mm×60mm的方木按主龙骨的间距钉上圆钉，分别卡住主龙骨，对主龙骨进行临时固定，然后在顶面拉出十字线和对角线，拧动吊筋上面的螺母作升降调平，直至将主龙骨调成同一平面。房间吊顶面积较大时，调平时要使主龙骨中间部位略有起拱，起拱的高度一般不应小于房间短向跨度的1/200。

(6)调平。主龙骨安装就位后，以一个房间为单位进行调平。调平方法可采用木方按主龙骨间距钉圆钉，将龙骨卡住先做临时固定，按房间的十字和对角拉线，根据拉线进行龙骨的调平调直。根据吊件品种，拧动螺母或是通过弹簧钢片，或是调整铁丝，准确后再行固定。为使主龙骨保持稳定，使用镀锌铁丝作吊杆者宜采取临时支承措施，可设置木方上端顶住顶棚基体底面，下端顶稳主龙骨，待安装吊顶板前再行拆除。

(7)安装次龙骨。次龙骨(中龙骨及小龙骨)紧贴承载主龙骨安装，通长布置，利用配套的挂件与主龙骨连接，在吊顶平面上与主龙骨相垂直，它可以及中龙骨，有时则根据罩面板的需要再增加小龙骨，它们都是覆面龙骨。次龙骨的中距由设计确定，并因吊顶装饰板采用封闭式安装或是离缝及密缝安装等不同的尺寸关系而异。对于主、次龙骨的安装程序，由于其主龙骨在上，次龙骨在下，所以一般的做法是先用吊件安装主龙骨，然后再以挂件在主龙骨下吊挂次龙骨。挂件（或称吊挂件）上端钩住主龙骨，下端挂住次龙骨即将二者连接。

（8）安装横撑龙骨。横撑龙骨一般由次龙骨截取。安装时将截取的次龙骨端头插入挂插件，垂直于次龙骨扣在次龙骨上，并用钳子将挂搭弯入次龙骨内。组装好后，次龙骨和横撑龙骨底面（即饰面板背面）要齐平。横撑龙骨的间距根据饰面板的规格尺寸而定，要求饰面板端部必须落在横撑龙骨上，一般情况下间距为600mm。

（9）安装罩面板。安装固定罩面板要注意对缝均匀、图案匀称清晰，安装时不可生扳硬装，应根据装饰板的结构特点进行，防止棱边碰伤和掉角，轻钢龙骨石膏板吊顶的饰面板材一般可分为两种类型：一种是基层板，需在板的表面做其他处理；另一种板的表面已经作过装饰处理（即装饰石膏板类），将此种板固定在龙骨上即可。

罩面板的质量要求与固定方式

罩面板应具有出厂合格证；罩面板不应有气泡、起皮、裂纹、缺角、污垢和图案不完整等缺陷；表面应平整，边缘整齐，色泽一致。

罩面板的固定方式也有两种：一种是用自攻螺钉饰面板固定在龙骨上，但自攻螺钉必须是平头螺钉；另一种是饰面板成企口暗缝形式，用龙骨的两条肢插入暗缝内，靠两条肢将饰面板托挂住。

三、铝合金龙骨吊顶施工

铝合金龙骨吊顶属于轻型活动式吊顶，其饰面板用搁置、卡接、粘接等方法固定在铝合金龙骨上。其具有外观装饰效果好，防火性好等特点，广泛地应用于大型公共建筑室内吊顶装饰。

1. 施工工艺流程

铝合金龙骨吊顶施工工艺流程为:施工准备→弹线定位→固定悬吊体系→主龙骨的安装与调平→安装次龙骨→安装横撑龙骨→安装饰面板。

2. 施工要点

(1)施工准备。根据选用的罩面板规格尺寸、灯具口及其他设施位置等情况,绘制吊顶施工平面布置图。一般应以顶棚中心线为准,将罩面板对称排列。小型设施应位于某块罩面板中间,大灯槽等设施应占据整块或相连数块板位置,均以排列整齐美观为原则。

(2)弹线定位。弹线主要是弹标高线和龙骨布置线。

1)根据设计图纸,结合具体情况,将龙骨及吊点位置弹到楼板底面上。如果吊顶设计要求具有一定的造型或图案,应先弹出吊顶对称轴线,龙骨及吊点位置应对称布置。龙骨和吊杆的间距、主龙骨的间距是影响吊顶高度的重要因素。不同的龙骨断面及吊点间距,都有可能影响主龙骨之间的距离。各种吊顶、龙骨间距和吊杆间距一般都控制在 1.0～1.2m 以内。弹线应清晰,位置准确。

2)确定吊顶标高。将设计标高线弹到四周墙面或柱面上;如果吊顶有不同标高,那么应将变截面的位置弹到楼板上。然后,再将角铝或其他封口材料固定在墙面或柱面,封口材料的底面与标高线重合,角铝常用的规格为 25mm×25mm,铝合金板吊顶的角铝应同板的色彩一致。角铝多用高强水泥钉固定,亦可用射钉固定。

(3)固定悬吊体系。悬吊体系主要有镀锌铁丝悬吊和伸缩式吊杆悬吊两大类。

1)镀锌铁丝悬吊。由于活动式装配吊顶一般不做上人考虑,所以在悬吊体系方面也比较简单。目前用得最多的是用射钉将镀锌铁丝固定在结构上,另一端同主龙骨的圆形孔绑牢。镀锌铁丝不宜太细,如若单股使用,不宜用小于 14 号的镀锌铁丝。

2)伸缩式吊杆悬吊。伸缩式吊杆的形式较多,用得较为普遍的是将 8 号镀锌铁丝调直,用一个带孔的弹簧钢片将两根镀锌铁丝连起来,调节与固定主要是靠弹簧钢片。当用力压弹簧钢片时,将弹簧钢片两端的孔中心重合，吊杆就可伸缩自由。当手松开后，孔中心错位，与吊杆产生剪力，将吊杆固定。

经验总结

悬吊方法

吊杆或镀锌铁丝与结构一端的固定，常用的办法是用射钉枪将吊杆或镀锌铁丝固定。可以选用尾部带孔或不带孔的两种射钉规格。

如果用角钢一类材料做吊杆，则龙骨也大部分采用普通型钢，应用冲击钻固定胀管螺栓，然后将吊杆焊在螺栓上。吊杆与龙骨的固定，可以采用焊接或钻孔用螺栓固定。

(4)主龙骨的安装与调平。主龙骨是采用相应的主龙骨吊挂件与吊杆固定，其固定方法和调平方法与U形轻钢龙骨相同。主龙骨的间距为1000mm左右。龙骨就位后，再满拉纵横控制标高线(十字中心线)，从一端开始，一边安装，一边调整，最后再精调一遍，直到龙骨调平和调直为止。如果面积较大，在中间还应考虑水平线适当起拱。调平时应注意一定要从一端调向另一端，要做到纵横平直。特别对于铝合金吊顶，龙骨的调平调直是施工工序比较麻烦的一道，龙骨是否调平，也是板条吊顶质量控制的关键。因为只有龙骨调平，才能使板条饰面达到理想的装饰效果。

(5)安装次龙骨。次龙骨宜沿墙面或柱面标高线钉牢，固定时，一般常用高强水泥钉，钉的间距一般不宜大于50cm。如果基层材料强度较低，紧固力不满足时，应采取相应的措施加强，如改用膨胀螺栓或加大水泥钉的长度等办法。在一般情况下，次龙骨不能承重，只起到封口的作用。

(6)安装横撑龙骨。在横撑龙骨与主龙骨的连接部位，于横撑龙骨上剪耳，在耳上钻出小孔，安装时将耳弯成90°角。在主龙

顶棚装饰即龙骨和挂件安装完毕后，进行的装饰面板的安装，方法有搁置法、嵌入法、粘贴法、钉固法、卡固法等。

骨上钻出同样直径的小孔，然后用拉铆枪和铝铆钉将横撑龙骨与主龙骨铆接在一起，达到连接的目的。注意检查分格尺寸是否正确，交角是否方正，纵横龙骨交接处是否平齐。

(7)安装饰面板。铝合金龙骨吊顶与铝合金龙骨吊顶饰面板的安装方法基本相同。

第五节　饰面工程施工工艺和方法

一、饰面板安装施工

(一)石材饰面板安装

1. 施工工艺流程

石材饰面板的施工工艺流程为：钻孔、剔槽→穿铜丝或镀锌铅丝→绑扎钢筋网→弹线→安装→灌浆→擦缝→柱子贴面。

2. 施工要点

(1)钻孔、剔槽。安装前先将饰面板按照设计要求用台钻打眼，事先应钉木架使钻头直对板材上端面，在每块板的上、下两个面打眼，孔位打在距板宽的两端1/4处，每个面各打两个眼，孔径为5mm，深度为12mm，孔位距石板背面以8mm为宜(指钻孔中心)。

(2)穿铜丝或镀锌铅丝。把备好的铜丝或镀锌铅丝剪成长200mm左右，一端用木楔粘环氧树脂将铜丝或镀锌铅丝楔进孔内固定牢固，另一端将铜丝或镀锌铅丝顺孔槽弯曲并卧入槽内，使大理石或预制水磨石、磨光花岗石板上、下端面没有铜丝或镀锌铅丝突出，以便和相邻石板接缝严密。

(3)绑扎钢筋网。首先剔出墙上的预埋筋，把墙面镶贴大理石或预制水磨石的部位清扫干净。先绑扎一道竖向$\phi6$钢筋，并把绑好的竖筋用预埋筋弯压于墙面。横向钢筋为绑扎大理石或预制水磨石、磨光花岗石板材所用，如板材高度为600mm时，第一道横筋在地面以上+100mm处与立筋绑牢，用作绑扎第一层板材的下口固定铜丝或镀锌铅丝。第二道横筋绑在 500mm 水平线上 70～80mm，比石板上口低 20～30mm 处，用于绑扎第一层石板上口固定铜丝或镀锌铅丝，再往上每 600mm 绑一道横筋即可。

(4)弹线。首先将大理石或预制水磨石、磨光花岗石的墙面、柱面和门窗套用大线锤从上至下找出垂直(高层应用经纬仪找垂直)，应考虑大理石或预制水磨石、磨光花岗石板材厚度，灌注砂浆的空隙和钢筋网所占尺寸。一般大理石或预制水磨石、磨光花岗石外皮距结构面的厚度应以 50～70mm 为宜，找出垂直后，在地面上顺墙弹出大理石或预制水磨石板等外廓尺寸线(柱面和门窗套等同)。此线即为第一层大理石或预制水磨石等的安装基准线。编好号的大理石或预制水磨石板等在弹好的基准线上画出就位线，每块留 1mm 缝隙，如果设计规定留出缝隙，则按设计要求留设。

(5)安装。安装石材饰面，按部位取石板下口铜丝或镀锌铅丝，将石板就位，石板上口外仰，右手伸入石板背面，把石板下口铜丝或镀锌铅丝绑扎在横筋上。绑时不要太紧，应留余量，只要把铜丝或镀锌铅丝或横筋拴牢即可(灌浆后即会锚固)，把石板竖起，便可绑大理石或预制水磨石、磨光花岗石板上口铜丝或镀锌铅丝，并用木楔子垫稳，块材与基层间的缝隙(即灌浆厚度)一般为 30～50mm。用靠尺板检查调整木楔，再拴紧铜丝或镀锌铅丝，依次向另一方进行。柱面可按顺时针方向安装，一般先从正面开始。第一层安装完毕再用靠尺板找垂直，水平尺找平整，方尺找阴阳角方正，在安装石板时如发现石板规格不准确或石板之间的空隙不符，应用铅皮垫牢，使石板之间缝隙均匀一致并保持第一层石板上口的平直。找完垂直、平整、方正后，用碗调制熟石膏，把调成粥状的石膏贴在大理石或预制水磨石、磨光花岗石板交缝之间，使这两层石板结成一个整体，木楔处亦可粘贴石膏，再用靠尺板检查有无变形，等石膏硬化后方可灌浆(如设计有嵌缝塑料软管者，应在灌浆前塞放好)。

(6)灌浆。把配合比为 1∶2.5 的水泥砂浆放入半截大桶加水调成粥状(稠度一般为 80～120mm)，用铁簸箕舀浆徐徐倒入，注意不要碰大理石或预制水磨石板，边灌边用橡皮锤轻轻敲击石板面使灌入砂浆排气。第一层浇灌高度为150mm,不能超过石板高度的1/3。第一层灌浆很重要,因要锚固石板的下口铜丝又要固定石板,所以要轻轻操作,防止碰撞和猛灌。如发生石板外移错动,应立即拆除重新安装。

第一次灌入150mm后停1～2h,等砂浆初凝,此时应检查是否有移动,再进行第二层灌浆,灌浆高度一般为200～300mm,待初凝后再继续灌浆。第三层灌浆至低于板上口50mm处为止。

(7)擦缝。石板全部安装完毕后,清除所用石膏和余浆痕迹,用麻布擦洗干净,并按石板颜色调制色浆嵌缝,边嵌边擦干净,使缝隙密实、均匀、干净、颜色一致。

(8)柱子贴面。安装柱面大理石或预制水磨石、磨光花岗石,其弹线、钻孔、绑钢筋和安装等工序与镶贴墙面方法相同,要注意灌浆前用木方子钉成槽形木卡子,双面卡住大理石板或预制水磨石板,以防止灌浆时大理石或预制水磨石、磨光花岗石板外胀。

施工注意事项

(1)饰面板在施工中不得有歪斜、翘曲、空鼓(用敲击法检查)等现象。

(2)饰面板材的品种、颜色必须符合设计要求,不得有裂缝、缺棱和掉角等缺陷。

(3)灌浆饱满,配合比准确,嵌缝严密,颜色深浅一致。

(4)制品表面去污用软布沾水或沾洗衣粉液轻擦,不得用去污粉擦洗。

(5)若饰面有轻度变形,可适当烘干,压烤。

(二)铝合金饰面板安装

1. 施工工艺流程

铝合金饰面板安装施工工艺流程为:放线→固定骨架的连接件→固定骨架→骨架安装检查→安装铝合金板→收口处理。

2. 施工要点

(1)放线。铝合金板墙面的骨架由横竖杆件拼成,可以是铝合金成型材，也可以是型钢。为了保证骨架的施工质量和准确性，首先要将骨架的位置弹到基层上。放线时，应以土建单位提供的中心线为依据。

(2)固定骨架的连接件。骨架的横竖杆件通过连接与结构固定。连接件与结构之间，可以同结构预埋件焊牢，也可在墙上打膨胀螺栓。无论用哪一种固定法，都要尽量减少骨架杆件尺寸的误差，保证其位置的准确性。

(3)骨定骨架。骨架在安装前均应进行防腐处理，固定位置要准确，骨架安装要牢固。

(4)骨架安装检查。骨架安装质量决定铝合金板的安装质量。因此安装完毕，应对中心线、表面标高等影响板安装的因素作全面的检查。有些高层建筑的大面积外墙板，甚至用经纬仪对横竖杆件进行贯通，从而进一步保证板的安装精度。要特别注意变形缝、沉降缝、变截面的处理，使之满足使用要求。

(5)安装铝合金板。根据板的截面类型，可以将螺钉拧到骨架上，也可将板卡在特制的龙骨上。安装时要认真，保证安全牢固第一。板与板之间，一般留出一段距离，常用的间隙为10～20mm，至于缝的处理，有的用橡皮条锁住，有的注入硅密封胶。铝合金板安装完毕，在易于污染或易于碰撞的部位应加强保护。对于污染问题，多用塑料薄膜进行覆盖。而易于划破、碰撞的部位，则设此安全保护栏杆。

(6)收口处理。各种材料饰面，都有一个如何收口的问题。如水平部位的压顶、端部的收口、伸缩缝、沉降缝的处理，两种不同材料的交接处理等。在铝合金墙板中，多用特制的铝合金型板，进行上述这些部位的处理。

知识拓展

天然石饰面板质量要求

天然石饰面板是从天然岩体中开采出来的经加工成块状或板状的一种面层装饰板。常用的主要为天然大理石饰面板和花岗石饰面板。

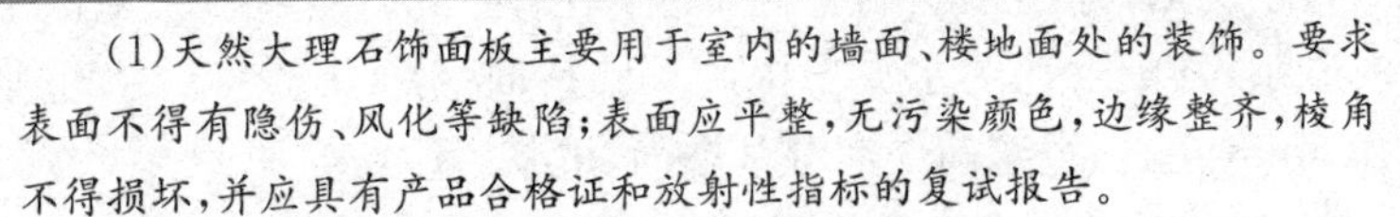

(1)天然大理石饰面板主要用于室内的墙面、楼地面处的装饰。要求表面不得有隐伤、风化等缺陷;表面应平整,无污染颜色,边缘整齐,棱角不得损坏,并应具有产品合格证和放射性指标的复试报告。

(2)花岗石饰面板可用于室内、外的墙面、楼地面。花岗石饰面板要求棱角方正,颜色一致,无裂纹、风化、隐伤和缺角等缺陷。

二、饰面砖安装施工

(一)内墙釉面砖安装施工

1. 施工工艺流程

内墙釉面砖施工工艺流程为:定标准→连接处理→基层凿毛甩浆→贴结检查。

2. 施工要点

(1)镶贴前找规矩。用水平尺找平,校核方正。算好纵横皮数和镶贴块数,画出皮数杆,定出水平标准,进行排序,特别是阳角必须垂直。

(2)连接处理。在有脸盆镜箱的墙面,应按脸盆下水管部位分中,往两边排砖。肥皂盒、电器开关插座等,可按预定尺寸和砖数排砖,尽量保证外表美观。根据已弹好的水平线,稳好水平尺板,作为镶贴第一层瓷砖的依据,一般由下往上逐层镶贴。为了保证间隙均匀,每块砖的方正可采用塑料十字架,镶贴后在半干时再取出十字架,进行嵌缝,这样缝隙均匀美观。

一般采用掺108胶素水泥砂浆作粘结层,温度在15℃以上(不可使用防冻剂),随调随用。将其满铺在瓷砖背面,中间鼓四角低,逐块进行镶贴,随时用塑料十字架找正,全部工作应在3h内完成。一面墙不能一次贴到顶,以防塌落。随时用干布或棉纱将缝隙中挤出的浆液擦干净。

(3)基层凿毛甩浆。对于坚硬光滑的基层,如混凝土墙面,必须对基层先进行凿毛、甩浆处理。凿毛的深度为5～10mm、间距为30mm,

毛面要求均匀，并用钢丝刷子刷干净，用水冲洗。然后在凿毛面上甩水泥砂浆，其配合比为水泥∶中砂∶胶粘剂＝1∶1.5∶0.2。甩浆厚度为5mm左右，甩浆前先润湿基层面，甩浆后注意养护。

(4)贴结检查。凡敲打瓷砖面发出空声时，证明贴结不牢或缺灰，应取下瓷砖重贴。

内墙釉面砖镶贴事项

镶贴后的每块瓷砖，可用小铲轻轻敲打牢固。工程完工后，应加强养护。同时，可用稀盐酸刷洗表面，随时用水冲洗干净。粘贴后48h，用同色素水泥擦缝。工程全部完成后，应根据不同的污染程度用稀盐酸刷洗，随即再用清水冲洗。

(二)外墙面砖安装施工

1. 施工工艺流程

外墙面砖镶贴施工工艺流程为：墙面处理→吊垂直、套方、找规矩、贴灰饼→抹底层砂浆→弹线分格→排砖→浸砖→镶贴面砖→面砖勾缝与擦缝。

2. 施工要点

(1)墙面处理。墙面必须清扫干净，浇水湿润。

(2)吊垂直、套方、找规矩、贴灰饼。若建筑物为高层时，应在四大角和门窗口边用经纬仪打垂直线找直；如果建筑物为多层时，可从顶层开始用特制的大线坠、绷铁丝吊垂直，然后根据面砖的规格尺寸分层设点、做灰饼。横线则以楼层为水平基线交圈控制，竖向则以四周大角和通天柱、垛子为基线控制，应全部是整砖。每层打底时则以此灰饼作为基准点进行冲筋，使其底层灰做到横平竖直。同时要注意找好凸出檐口、腰线、窗台、雨篷等饰面的流水坡度。

(3)抹底层砂浆，基层为混凝土墙，应先刷一遍水泥素浆，紧跟分遍抹底层砂浆(常温时采用配合比为 1∶0.5∶4 水泥白灰膏混合砂浆,也可用 1∶3 水泥砂浆)。第一遍厚度宜为 5mm,抹后用扫帚扫毛;待第一遍六至七成干时,即可抹第二遍,厚度约为 8～12mm,随即用木杠刮平,木抹搓毛,终凝后浇水养护;基层为砖墙时,应先将墙面浇水湿润,然后用 1∶3 水泥砂浆刮一遍,厚约 6mm,紧跟用同强度等级灰与所冲的筋找平,随即用木杠刮平、木抹搓毛。终凝后浇水养护。

(4)弹线分格。待基层灰六至七成干时即可按图纸要求进行分格弹线,同时进行面层贴标准点的工作,以控制面层出墙尺寸及墙面垂直、平整。

(5)排砖。根据大样图及墙面尺寸进行横竖排砖,以保证面砖缝隙均匀,符合设计图纸要求,注意大面和通天柱子、垛子排整砖以及在同一墙面上的横竖排列,均不得有一行以上的非整砖。非整砖行应排在次要部位,如窗间墙或阴角处等,但也要注意一致和对称。如遇突出的卡件,应用整砖套割吻合,不得用非整砖拼凑镶贴。

(6)浸砖。外墙面砖镶贴前,首先要将面砖清扫干净,放入净水中浸泡 2h 以上,取出待表面晾干或擦干净后方可使用。

(7)镶贴面砖。在每一分段或分块内的面砖,均为自下向上镶贴。从最下一层砖下皮的位置线先稳好靠尺,以此托住第一皮面砖。在面砖外皮上口拉水平通线,作为镶贴的标准。

在面砖背面宜采用 1∶2 水泥砂浆或 1∶0.2∶2＝水泥∶白灰膏∶砂的混合砂浆镶贴。砂浆厚度为 6～10mm,贴上后用灰铲柄轻轻敲打,使之附线,再用钢片开刀调整竖缝,并用小杠通过标准点调整平面垂直度。

另一种做法:用 1∶1 水泥砂浆加水重 20%的胶粘剂,在砖背面抹 3～4mm 厚粘贴即可。但此种做法基层灰必须抹得平整,而且砂子必须用窗纱筛后使用。

(8)面砖勾缝与擦缝。宽缝一般在 8mm 以上,用 1∶1 水泥砂浆勾缝,先勾水平缝再勾竖缝,勾好后要求凹进面砖外表面 2～3mm。若横竖缝为干挤缝,或小于 3mm 者,应用白水泥配颜料进行擦缝处理。面砖缝子勾完后用布或棉丝蘸稀盐酸擦洗干净。

饰面砖质量要求

饰面砖应表面平整、边缘整齐,棱角不得损坏,并具有产品合格证。外墙釉面砖、无釉面砖表面应光洁,质地坚固,尺寸、色泽一致,不得有暗痕和裂纹,其性能指标均应符合国家现行标准的规定,并具有复试报告。

第六节　涂饰与裱糊工程施工工艺和方法

一、外墙涂饰施工

1. 基层要求

(1)基层一般指混凝土预制板、水泥砂浆或混合砂浆抹面、水泥石棉板、清水砖墙等。

(2)基层表面必须坚固,无酥松、脱皮、起壳、粉化等现象;基层表面的泥土、灰尘、油污、油漆、广告色等杂物脏迹,必须清除干净。

(3)基层要求含水率在10%以下,pH值在10以下,否则会由于基层碱性太大又太湿而使涂料与基层粘结不好,颜色不匀,甚至引起剥落。墙面养护期一般为:现抹砂浆墙面夏季7d以上,冬季14d以上;现浇混凝土墙面夏季10d以上,冬季20d以上。

2. 施工方法及要点

外墙饰面涂料可根据掺入的填料种类和量的多少,采用刷涂、喷涂、辊涂或弹涂的方法施工。各种施工方法的要点如下:

(1)手工涂刷时,其涂刷方向和行程长短均应一致。如涂料干燥快,应勤沾短刷,接槎最好在分格缝处。涂刷层次一般不少于两道,在前一道涂层表面干后才能进行后一道涂刷。前后两次涂刷的相隔时间与施工现场的温度、湿度有密切关系，通常不少于3h。

(2)在喷涂施工中，涂料稠度、空气压力、喷射距离、喷枪运行中的角度和速度等方面均有一定的要求。涂料稠度必须适中，太稠不便施工，太稀影响涂层厚度且容易流淌。空气压力在4～8MPa之间选择，压力选得过低或过高，涂层质感差，涂料损耗多。喷射距离一般为40～60cm，喷嘴离被涂墙面过近，涂层厚薄难控制，易出现过厚或挂流等现象；喷嘴距离过远，则涂料损耗多。喷枪运行中，喷嘴中心线必须与墙面垂直，喷枪应与被涂墙面平行移动，运行速度要保持一致，快慢要适中。运行过快，涂层较薄，色泽不均；运行过慢，涂料黏附太多，容易流淌。喷涂施工要连续作业，到分格缝处再停歇。

涂层表面均匀布满粗颗粒或云母片等填料，色彩均匀一致，涂层以盖底为佳，不宜过厚，不要出现“虚喷”、“花脸”、“流挂”、“漏喷”等现象。

(3)彩弹饰面施工的全过程，必须根据事先设计的样板色泽和涂层表面形状的要求进行。在基层表面先刷1～2道涂料，作为底色涂层。待底色涂层干燥后，才能进行弹涂。门窗等不必进行弹涂的部位应予遮挡。弹涂时，手提彩弹机，先调整和控制好浆门、浆量和弹棒，然后开动电机，使机口垂直对正墙面，保持适当距离(一般为30～50cm)，按一定手势和速度，自上而下、自右至左或自左至右，循序渐进。要注意弹点密度均匀适当，上下左右接头不明显。对于压花型彩弹，在弹涂以后，应有一人进行批刮压花。弹涂到批刮压花之间的时间间隔视施工现场的温度、湿度及花型等不同而定。压花操作用力要均匀，运动速度要适当，方向竖直不偏斜，刮板和墙面的角度宜在15°～30°之间，要单方向批刮，不能往复操作。每批刮一次，刮板均须用棉纱擦抹，不得间隔，以防花纹模糊。大面积弹涂后，如出现局部弹点不匀或压花不合要求影响装饰效果时，应进行修补，修补方法有补弹和笔绘两种。修补所用的涂料，应采用与刷底或弹涂同一颜色的涂料。

(4)色彩花纹应基本符合样板要求。对于仿干粘石彩弹，弹点不应有流淌；对于压花型彩弹，压花厚薄要一致，花纹及边界要清晰，接头处要协调，不污染门窗等。

特别提示

外墙涂饰施工注意事项

(1)涂料在施工过程中,不能随意掺水或随意掺加颜料,也不宜在夜间灯光下施工。掺水后,涂层手感掉粉;掺颜料或在夜间施工,会使涂层色泽不均匀。

(2)在施工过程中,要尽量避免涂料污染门窗等不需涂装的部位。万一污染,务必在涂料未干时揩去。

(3)要防止有水分从涂层的背面渗透过来,如遇女儿墙、卫生间、盥洗室等,应在室内墙根处做防水封闭层。否则,外墙正面的涂层容易起粉、发花、鼓泡或被污染,严重影响装饰效果。

(4)施工所用的一切机具、用具等必须事先洗净,不得将灰尘、油垢等杂质带入涂料中。施工完毕或间断时,机具、用具应及时洗净,以备用。

(5)一个工程所需要的涂料,应选同一批号的产品,尽可能一次备足,以免由于涂料批号不同,颜色和稠度不一致而影响装饰效果。

(6)涂料在使用前要充分搅拌,使用过程中仍需不断搅拌,以防涂料厚薄不均、填料结块或色泽不一致。

(7)涂料不能冒雨进行施工,预计有雨时应停止施工。风力 4 级以上时不能进行喷涂施工。

二、内墙涂饰施工

1. 基层处理

(1)对大模混凝土墙面,虽较平整,但存有水气泡孔,必须进行批嵌,或采用 1∶3∶8(水泥∶纸筋∶珍珠岩砂)珍珠岩砂浆抹面。

(2)对砌块和砖砌墙面用 1∶3(石灰膏∶黄砂)刮批,上粉纸筋灰面层,如有龟裂,应满批后方可涂刷。

(3)对旧墙面,应清除浮灰,保持光洁。表面若有高低不平、小洞或缺陷处,要进行批嵌后再涂刷,以使整个墙面平整,确保涂料色泽一致,光洁平滑。批嵌用的腻子,一般采用 5%羟甲纤维素加 95%水,隔夜溶解成水溶液(简称化学浆糊),再加老粉调和后批嵌。在喷刷过大白浆或干墙粉墙面上涂刷时,应先铲除干净(必要时要进行一度批嵌)后,方可涂刷,以免产生起壳、翘曲等缺陷。

基层事故处理办法

(1)微小裂缝。用封闭材料或涂抹防水材料沿裂缝搓涂,然后在表面撒细沙等,使装饰涂料能与基层很好地粘结。对于预制混凝土板材,可用低粘度的环氧树脂或水泥砂浆进行压力灌浆压入缝中。

(2)气泡砂孔。应用聚合物水泥砂浆嵌填直径大于3mm的气孔。对于直径小于3mm的气孔,可用涂料或封闭腻子处理。

(3)表面凹凸。凸出部分用磨光机研磨平整。

(4)露出钢筋。用磨光机等将铁锈全部清除,然后进行防锈处理。也可将混凝土进行少量剔凿,将混凝土内露出的钢筋进行防锈处理,然后用聚合物砂浆补抹平整。

(5)油污。油污、隔离剂必须用洗涤剂洗净。

2. 施工工艺流程

内墙涂饰施工工艺流程为:墙面清理→修补墙面→刮两遍腻子→刷底涂料→中层涂料涂刷→面层涂料涂刷。

3. 施工要点

(1)墙面清理。先将装修表面上的灰块、浮渣等杂物用开刀铲除,如表面有油污,应用清洗剂和清水洗净,干燥后再用棕刷将表面灰尘清扫干净。

(2)修补墙面。表面清扫后,用水与醋酸乙烯乳胶(配合比为10∶1)的稀释乳液将SG821腻子调至合适稠度,用它将墙面麻面、蜂窝、洞眼、残缺处填补好。腻子干透后,先用开刀将多余腻子铲平整,然后用粗砂纸打磨平整。

(3)满刮两遍腻子。第一遍应用胶皮刮板满刮,要求横向刮抹平整、均匀、光滑,密实平整,线角及边棱整齐为度。尽量刮薄,不得漏刮,接头不得留槎,注意不要玷污门窗框及其他部位,否则应及时清理。待第一遍腻子干透后,用粗砂纸打磨平整。注意操作要平稳,保护棱角,磨后用棕扫帚清扫干净。

第二遍满刮腻子方法同第一遍,但刮抹方向与前遍腻子相垂直。然后用细砂纸打磨平整、光滑为止。

(4)刷底涂料。底层涂料施工应在干燥、清洁、牢固的基层表面上进行,喷涂或滚涂一遍,涂层需均匀,不得漏涂。

(5)中层涂料涂刷。

1)涂刷第一遍中层涂料。涂料在使用前应用手提电动搅拌枪充分搅拌均匀。如稠度较大,可适当加清水稀释,但每次加水量需一致,不得稀稠不一。然后将涂料倒入托盘,用涂料滚子蘸料涂刷第一遍。滚子应横向涂刷,然后再纵向滚压,将涂料赶开、涂平。滚涂顺序一般为从上到下,从左到右,先远后近,先边角、棱角、小面后大面。要求厚薄均匀,防止涂料过多流坠。滚子涂不到的阴角处,需用毛刷补齐,不得漏涂。要随时剔除沾在墙上的滚子毛。一面墙要一气呵成,避免接槎刷迹重叠现象,玷污到其他部位的涂料要及时用清水擦净。

2)第二遍中层涂料涂刷与第一遍相同,但不再磨光。涂刷后,应达到一般乳胶漆高级刷浆的要求。

特别提示

中层涂料涂刷注意事项

第一遍中层涂料施工后,一般需干燥4h以上才能进行下一道磨光工序。如遇天气潮湿,应适当延长间隔时间。然后,用细砂纸进行打磨,打磨时用力要轻而匀,并不得磨穿涂层。磨后将表面清扫干净。

(6)面层涂料涂刷。喷涂时,喷嘴应始终保持与装饰表面垂直(尤其在阴角处),距离为0.3~0.5m(根据装修面大小调整),喷嘴压力为0.2~0.3MPa,喷枪呈Z字形向前推进,横纵交叉进行。喷枪移动要平稳,涂布量要一致,不得时停时移,跳跃前进,以免发生堆料、流挂或漏喷现象。

为提高喷涂效率和质量,喷涂顺序应为:墙面部位→柱面部位→

顶面部位→门窗部位。该顺序应灵活掌握，以不增加重复遮挡和不影响已完成的饰面为准。

飞溅到其他部位上的涂料应用棉纱随时清理。

喷涂完成后，应用清水将料罐洗净，然后灌上清水喷水，直到喷出的完全是清水为止。用水冲洗不掉的涂料，可用棉纱蘸丙酮清洗。

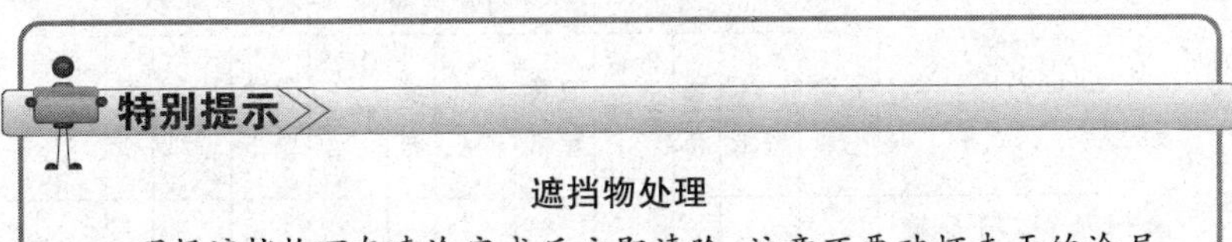

遮挡物处理

现场遮挡物可在喷涂完成后立即清除，注意不要破坏未干的涂层。遮挡物与装饰面连为一体时，要注意扯离方向，已趋于干燥的漆膜，应用小刀在遮挡物与装饰面之间划开，以免将装饰面破坏。

三、裱糊工程施工

（一）施工工艺流程

1. 施工程序

裱糊工程施工程序，如图 10-16 所示。

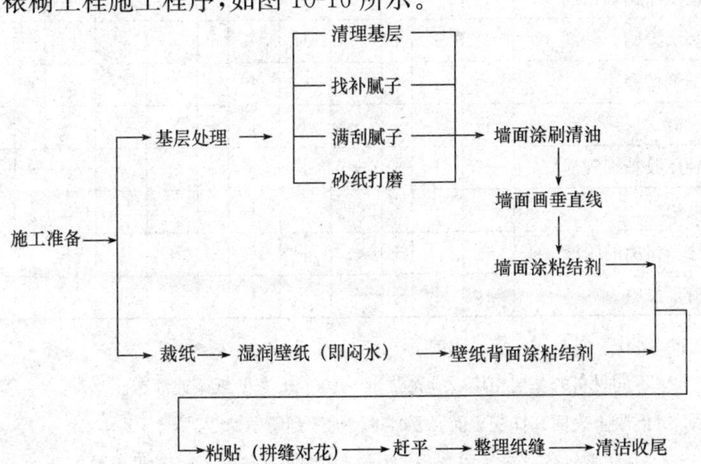

图 10-16　裱糊工程施工程序示意图

2. 裱糊工序

裱糊工程必须严格按操作工序施工,以保证裱糊质量,壁纸、墙布裱糊施工主要工序见表 10-6。

表 10-6　　裱糊的主要工序

项次	工序名称	抹灰面混凝土				石膏板面				木料面			
		复合壁纸	PVC壁纸	墙布	带背胶壁纸	复合壁纸	PVC壁纸	墙布	带背胶壁纸	复合壁纸	PVC壁纸	墙布	带背胶壁纸
1	清扫基层、填补缝隙,磨砂纸	+	+	+	+	+	+	+	+	+	+	+	+
2	接缝处粘纱布条					+	+	+	+	+	+	+	+
3	找补腻子、磨砂纸				+	+	+	+	+	+	+	+	
4	满刮腻子、磨平	+	+	+	+								
5	涂刷涂料一遍									+	+	+	+
6	涂刷底胶一遍	+	+	+	+	+	+	+	+				
7	墙面画准线	+	+	+	+	+	+	+	+	+	+	+	+
8	壁纸浸水润湿		+		+		+		+		+		+
9	壁纸涂刷胶粘剂	+				+				+			
10	基层涂刷胶黏剂	+	+	+		+	+	+		+	+	+	
11	壁纸裱糊	+	+	+	+	+	+	+	+	+	+	+	+
12	拼缝、拼接、对花	+	+	+	+	+	+	+	+	+	+	+	+
13	赶压胶粘剂气泡	+	+	+	+	+	+	+	+	+	+	+	+
14	裁边		+				+				+		
15	抹净挤出的胶液	+	+	+	+	+	+	+	+	+	+	+	+
16	清理修整	+	+	+	+	+	+	+	+	+	+	+	+

注:1. 表中"+"号表示应进行的工序。

2. 不同材料的基层相接处应先贴 60～100mm 宽壁纸条或纱布。

3. 混凝土表面和抹灰表面必要时可增加满刮腻子遍数。

4. "裁边"工序,只在使用宽为 920mm、1000mm、1100mm 等需重叠对花的 PVC 压延型壁纸时应用。

(二)施工准备

1. 涂刷底漆和底胶

为了防止壁纸受潮脱胶，一般对要裱糊塑料壁纸、壁布、纸基塑料壁纸、金属壁纸的墙面涂刷防潮底漆。防潮底漆用酚醛清漆与汽油或松节油来调配，其配比为清漆：汽油(或松节油)＝1：3。该底漆可涂刷，也可喷刷，漆液不宜厚，且要均匀一致。

若面层贴波音软片，基层处理最后要做到硬、干、光。在做完通常基层处理后，还需增加打磨和刷两遍清漆。

涂刷底胶是为了增加粘结力，防止处理好的基层受潮弄污。底胶一般用108胶配少许甲醛纤维素加水调成，其配比为108胶：水：甲醛纤维素＝10：10：0.2。底胶可涂刷，也可喷刷。在涂刷防潮底漆和底胶时，室内应无灰尘，且防止灰尘和杂物混入该底漆或底胶中。底胶一般是一遍成活，但不能漏刷、漏喷。

2. 弹线

在底胶干燥后弹划出水平、垂直线，作为操作时的依据，以保证壁纸裱糊后，横平竖直，图案端正。

(1)弹垂线：有门窗的房间以立边分画为宜，便于摺角贴立边，如图10-17所示。对于无门窗口的墙面，可挑一个近窗台的角落，在距壁纸幅宽小5cm处弹垂线。如果壁纸的花纹在裱糊时要考虑拼贴对花，使其对称，则宜在窗口弹出中心控制线，再往两边分线；如果窗口不在墙面中间，为保证窗间墙的阳角花饰对称，则宜在窗间墙弹中心线，由中心线向两侧再分格弹垂线。

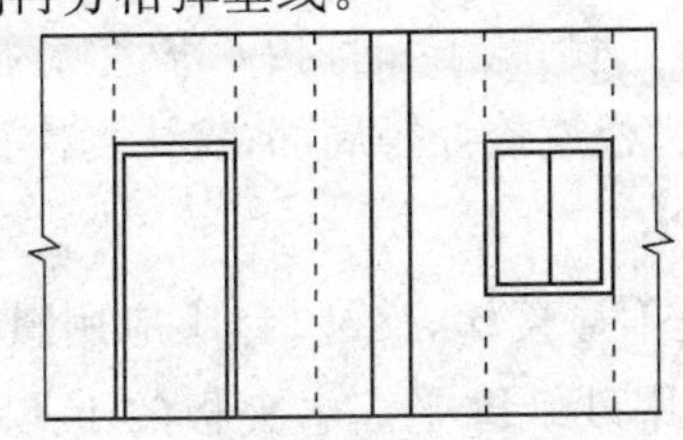

图10-17　门窗洞口画线

经验总结

弹垂线技巧

所弹垂线应越细越好。方法是在墙上部钉小钉，挂铅垂线，确定垂线位置后，再用粉线包弹出基准垂直线。每个墙面的第一条垂线应定在距墙角小于壁纸幅宽 50～80mm 处。

(2)水平线：壁纸的上面应以挂镜线为准，无挂镜线时，应弹水平线控制水平。

(三)基层处理

凡是有一定强度、表面平整光洁、不疏松掉粉的干净基体表面，如水泥砂浆、混合砂浆、石灰砂浆抹面，纸筋灰、玻璃丝灰罩面，石膏板、木质板、石棉水泥板等预制板材，以及质量达到标准的现浇或预制混凝土墙体，都可以作为裱糊墙纸的基层。

1. 混凝土及抹灰基层处理

如果在混凝土面、抹灰面(水泥砂浆、水泥混合砂浆、石灰砂浆等)基层上裱糊墙纸，应满刮腻子一遍并磨砂纸。如基层表面有气孔、麻点、凸凹不平时，应增加满刮腻子和磨砂纸的遍数。刮腻子之前，须将混凝土或抹灰面清扫干净。刮腻子时要用刮板有规律地操作，一板接一板，两板中间再顺一板，要衔接严密，不得有明显接槎和凸痕。宜做到凸处薄刮，凹处厚刮，大面积找平。腻子干后打磨砂纸、扫净。需要增加满刮腻子遍数的基层表面，应先将表面的裂缝及坑洼部分刮平，然后打磨砂纸扫净，再满刮腻子和打扫干净。特别是阴阳角、窗台下、暖气包、管道后及踢脚板连接处等局部，需认真检查修整。

2. 木质基层处理

木基层要求接缝不显接槎，接缝、钉眼应用腻子补平并满刮油性腻子一遍(第一遍)，用砂纸磨平。木夹板的不平整主要是钉接造成的，在钉接处木夹板往往下凹，非钉接处向外凸。所以第一遍满刮腻子主要是找平大面。第二遍可用石膏腻子找平，腻子的厚度应减薄，可在该腻子五六成干时，用塑料刮板有规律地压光，最后用干净的抹布轻轻将表面灰粒擦净。

对要贴金属壁纸的木基面处理，第二遍腻子时应采用石膏粉调配猪血料的腻子，其配比为 10∶3(质量比)。金属壁纸对基面的平整度要求很高，稍有不平处或粉尘，都会在金属壁纸裱贴后明显地看出。所以，金属壁纸的木基面处理，应与木家具打底方法基本相同，批抹腻子的遍数要求在 3 遍以上。批抹最后一遍腻子并打平后，用软布擦净。

3. 石膏板基层处理

纸面石膏板比较平整，披抹腻子主要是在对缝处和螺钉孔位处。对缝披抹腻子后，还需用棉纸带贴缝，以防止对缝处的开裂。在纸面石膏板上，应用腻子满刮一遍，找平大面，再刮第二遍腻子进行修整。

4. 旧墙基层处理

旧墙基层裱糊墙纸，对于凹凸不平的墙面要修补平整，然后清理旧有的浮松油污、砂浆粗粒等。对修补过的接缝、麻点等，应用腻子分1～2 次刮平，再根据墙面平整光滑的程度决定是否再满刮腻子。对于泛碱部位，宜用 9%稀醋酸中和、清洗。表面有油污的，可用碱水(1∶10)刷洗。对于脱灰、孔洞处，须用聚合物水泥砂浆修补。对于附着牢固、表面平整的旧溶剂型涂料墙面，应进行打毛处理。

不同基层对接处的处理

不同基层材料的相接处，如石膏板与木夹板(图 10-18)、水泥或抹灰面与木夹板(图 10-19)、水泥或抹灰面与石膏板之间的对缝(图 10-20)，应用棉纸带或穿孔纸带粘贴封口，以防止裱糊后的壁纸面层被拉裂撕开。

(四)裁纸与润纸

1. 裁纸

根据墙面弹线找规矩的实际尺寸，统筹规划裁割墙纸，对准备上

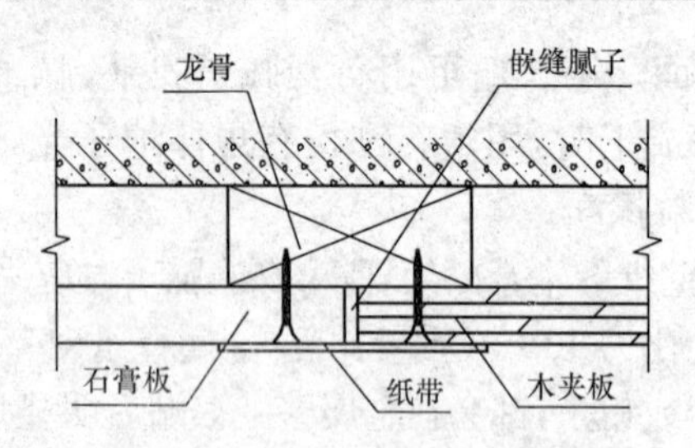

图 10-18 石膏板与木夹板对缝节点图

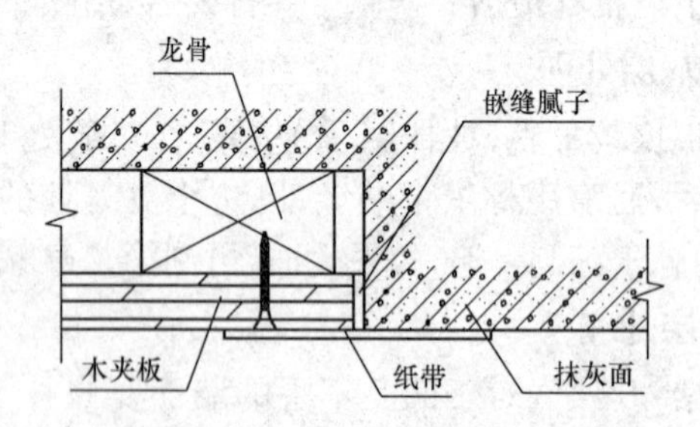

图 10-19 抹灰面与木夹板对缝节点图

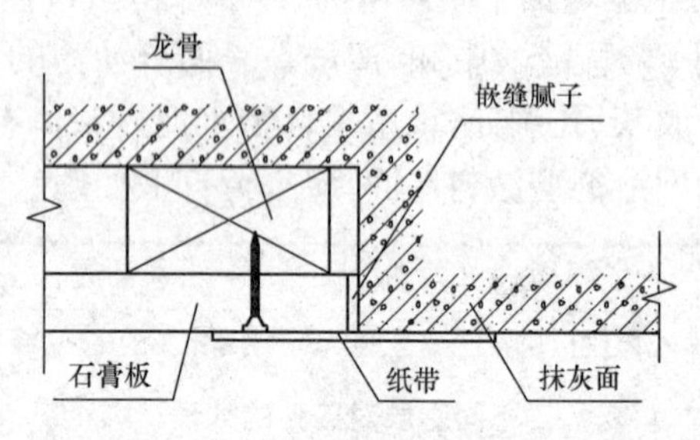

图 10-20 抹灰面与石膏板对缝节点图

墙的墙纸，最好能够按顺序编号，以便于按顺序粘贴上墙。

裁割墙纸时，注意墙面上下要预留尺寸，一般是墙顶、墙脚两端各多留 50mm 以备修剪。当墙纸有花纹图案时，要预先考虑完工后的花纹图案效果及其光泽特征，不可随意裁割，应达到对接无误。同时，应根据墙纸花纹图案和纸边情况确定采用对口拼缝或搭口裁割拼缝的具体拼接方法。裁纸下刀前，还需认真复核尺寸有无出入，尺子压紧墙纸后不得再移动，刀刃贴紧尺边，一气裁成，中间不宜停顿或变换持刀角度，手劲要均匀。

2. 润纸

塑料壁纸遇水或胶水，开始自由膨胀，5～10min胀足，干后会自行收缩。自由胀缩的壁纸，其幅宽方向的膨胀为0.5%～1.2%，收缩率为0.2%～6.8%。以幅宽500mm的壁纸为例，其幅宽方向遇水膨胀2～6mm，干后收缩1～4mm。因此，刷胶前必须先将塑料壁纸在水槽中浸泡2～3min取出后抖掉余水，静置20min，若有明水可用毛巾擦掉，然后才能涂胶。闷水的办法还可以用排笔在纸背刷水，刷满均匀，保持10min也可达到使其充分膨胀的目的。如果干纸涂胶，或未能让纸充分胀开就涂胶，壁纸上墙后，纸虽被固定，但会吸湿膨胀，这样贴上墙的壁纸会出现大量的气泡、皱褶（或边贴边胀产生皱褶），不能成活。

润纸适用情况

(1)玻璃纤维基材的壁纸，遇水无伸缩性，无须润纸。

(2)复合纸质壁纸由于湿强度较差，禁止闷水润纸。为了达到软化壁纸的目的，可在壁纸背面均匀刷胶后，将胶面对胶面对叠，放置4～8min然后上墙。

(3)纺织纤维壁纸也不宜闷水，裱贴前只需用湿布在纸背面稍抹一下即可达到润纸的目的。

(4)对于待裱贴的壁纸，若不了解其遇水膨胀的情况，可取其一小条试贴，隔日观察接缝效果及纵、横向收缩情况，然后大面积粘贴。

(五)刷涂胶粘剂

对于没有底胶的墙纸，在其背面先刷一道胶粘剂，要求厚薄均匀。同时在墙面也同样均匀地涂刷一道胶粘剂，涂刷的宽度要比墙纸宽2～3cm。胶粘剂不宜刷得过多、过厚或起堆，以防裱贴时胶液溢出边部而污染墙纸；也不可刷得过少，避免漏刷，以防止起泡、离壳或墙纸粘贴不牢。所用胶粘剂要集中调制，并通过 400 孔/cm^2 筛子过滤，除去胶料中的块粒及杂物。调制后的胶液，应于当日用完。墙纸背面均匀刷胶后，可将其重叠成 S 状静置，正、背面分别相靠。这样放置可避免胶液干得过快，不污染墙纸并便于上墙裱贴。

对于有背胶的墙纸，其产品一般会附有一个水槽，槽中盛水，将裁割好的墙纸浸入其中，由底部开始，图案面向外卷成一卷，过 2min 即可上墙裱糊。若有必要，也可在其背胶面刷涂一道均匀稀薄的胶粘剂，以保证粘贴质量。

金属壁纸的胶液应是专用的壁纸粉胶。刷胶时，准备一卷未开封的发泡壁纸或长度大于壁纸宽的圆筒，一边在裁剪好的金属壁纸背面刷胶，一边将刷过胶的部分向上卷在发泡壁纸卷上。

（六）裱贴壁纸

1. 墙面裱贴壁纸

裱贴壁纸时，首先要垂直，然后对花纹拼缝，再用刮板用力抹压平整。原则是先垂直面后水平面，先细部后大面。贴垂直面时先上后下，贴水平面时先高后低。裱贴时剪刀和长刷可放在围裙袋中或手边。先将上过胶的壁纸下半截向上折一半，握住顶端的两角，在四脚梯或凳上站稳后，展开上半截，凑近墙壁，使边缘靠着垂线成一直线，轻轻压平，由中间向外用刷子将上半截敷平，在壁纸顶端做出记号，然后用剪刀修齐或用壁纸刀将多余的壁纸割去。再按上法同样处理下半截，修齐踢脚板与墙壁间的角落。用海绵擦掉沾在踢脚板上的胶糊。壁纸贴平后，3～5h 内，在其微干状态时，用小滚轮（中间微起拱）均匀用力地滚压接缝处，这样做比传统的有机玻璃片抹刮能有效地减少对壁纸的损坏。

裱糊壁纸时，阴阳角不可拼缝，应搭接。壁纸绕过墙角的宽度不大于 12mm。阴角壁纸搭缝应先裱压在里面转角的壁纸，再贴非转角的壁纸。搭接面应根据阴角垂直度而定，一般搭接宽度不小于 2～3mm，并且要保持垂直无毛边，如图 10-21 所示。

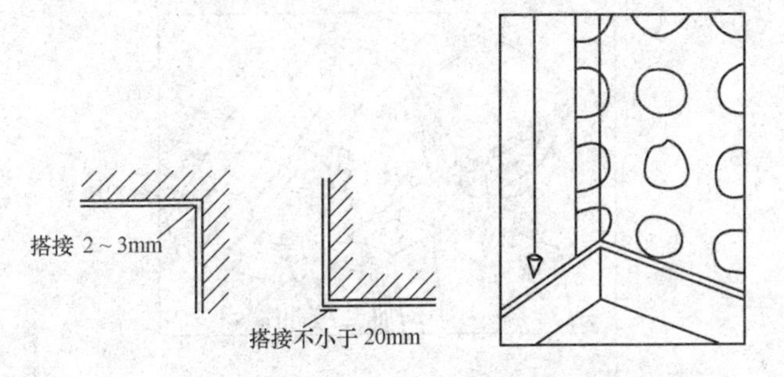

图 10-21 阴阳角搭接贴纸示意图

墙面裱糊壁纸注意事项

裱糊前，应尽可能卸下墙上电灯等开关，首先要切断电源，用火柴棒或细木棒插入螺丝孔内，以便在裱糊时识别，以及在裱糊后切割留位。不易拆下的配件，不能在壁纸上剪口再裱上去。操作时，将壁纸轻轻糊于电灯开关上面，并找到中心点，从中心开始切割十字，一直切到墙体边。然后用手按出开关盒的轮廓位置，慢慢拉起多余的壁纸，剪去不需的部分，再用橡胶刮子刮平，并擦去刮出的胶液。

2. 顶棚裱贴壁纸

顶棚裱糊墙纸，第一张通常要贴近主窗，方向与墙壁平行。长度过短时，则可与窗户成直角粘贴。裱糊前先在顶棚与墙壁交接处弹上一道粉线，将已刷好胶并折叠好的墙纸用木柄撑起，展开顶摺部分，边缘靠齐粉线，先敷平一段，然后再沿粉线敷平其他部分，直至整段墙纸贴好为止，如图 10-22 所示。多余部分，剪齐修整。

3. 斜式裱贴

斜式裱糊墙纸的方法与水平式基本相同，只是需要一条斜线作为导线。先在一面墙两个墙角间的中心墙顶处标明一点，由此点往下在

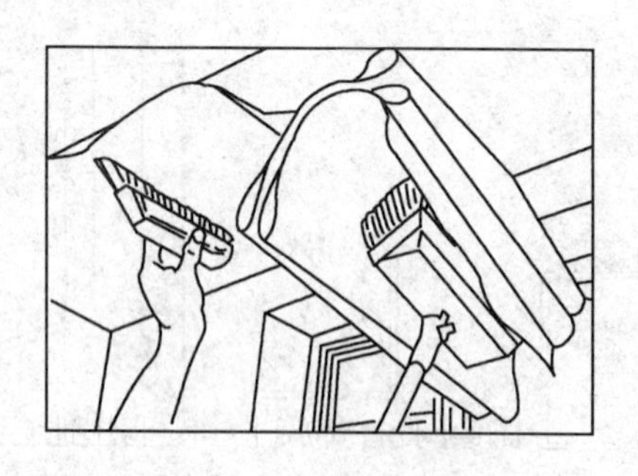

图 10-22　裱糊顶棚

墙面上弹一条垂直的粉线。从这条线的底部沿着墙底，测出与墙高相等的距离。由这一点再和墙顶中心点间弹出另一条粉线，这条线就是一条确实的斜线，如图 10-23 所示。

> 楼梯施工缝留设在楼梯段跨中1/3跨度范围内无负弯矩筋的部位。圈梁施工缝留在非砖墙交接处、墙角、墙垛及门窗洞范围内。

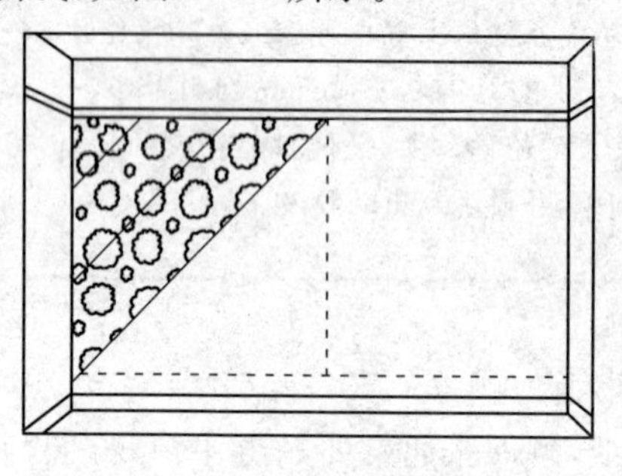

图 10-23　斜式裱贴

(七)清理和修理

墙纸上墙后，若发现局部不符合质量要求，应及时采取补救措施。如纸面出现皱纹死折时，应趁墙纸未干，用湿毛巾轻拭纸面，使之润湿，用手慢慢将墙纸舒平，待无皱褶时，再用橡胶滚或胶皮刮板赶压平整。如墙纸已干结，则要将纸撕下，把基层清理干净后再重新裱糊。

(八)金属壁纸裱贴

金属壁纸的收缩量很少,在裱贴时可采用对缝裱,也可用搭缝裱。

金属壁纸对缝时,都有对花纹拼缝的要求。裱贴时,先从顶面开始对花纹拼缝,操作需要两个人同时配合,一个人负责对花纹拼缝,另一个人负责手托金属壁纸卷,逐渐放展。一边对缝一边用橡胶刮平金属壁纸,刮时由纸的中部往两边压刮,使胶液向两边滑动而粘贴均匀,刮平时用力要均匀适中,刮子面要放平,不可用刮子的尖端来刮金属壁纸,以防刮伤纸面。若两幅间有小缝,则应用刮子在刚粘的这幅壁纸面上,向先粘好的壁纸这边刮,直到无缝为止。裱贴操作的其他要求与普通壁纸相同。

成品保护注意事项

(1)墙纸、墙布装修饰面已裱糊完的房间应及时清理干净,不得做临时料房或休息室,避免污染和损坏,应设专人负责管理,如房间及时上锁,定期通风换气、排气等。

(2)在整个墙面装饰工程裱糊施工过程中,严禁非操作人员随意触摸成品。

(3)暖通、电气、上下水管工程裱糊施工过程中,操作者应注意保护墙面,严防污染和损坏成品。

(4)严禁在已裱糊完墙纸、墙布的房间内剔眼打洞。若纯属设计变更所致,也应采取可靠有效措施,施工时要仔细,小心保护,施工后要及时认真修补,以保证成品完整。

(5)二次补油漆、涂浆活及地面磨石,花岗石清理时,要注意保护好成品,防止污染、碰撞与损坏墙面。

(6)墙面裱糊时,各道工序必须严格按照规程施工,操作时要做到干净利落,边缝要切割整齐到位,胶痕迹要擦干净。

(7)冬期在采暖条件下施工,要派专人负责看管,严防发生跑水、渗漏水等灾害性事故。

第七节　装饰工程绿色施工

一、装饰工程施工工序的选择

装饰工程一般属于整个建筑工程施工的最后一道工序。在施工阶段，建筑工程中其他的如土建、消防、智能化、空调安装等都会对装饰工程造成影响；同时，装饰工程本身施工有一定的顺序和要求。因此只有按照装饰工程的施工顺序，结合施工现场的特点，才能制定出合理的施工步骤，否则将因其他工程对装饰的工程影响而造成返工、装饰被污染乃至破坏，从而带来材料、工期、劳动力的损失。

1. 公共装饰施工顺序

公共装饰一般采取自上而下，即先天花、墙面、柱面，再地面的施工顺序，地面面层须待吊顶、隔断全部完成后方可进行施工。从专业上先电气、消防管道、通风空调管线，然后再顶棚面板。在各个专业工种(如木工、油漆工等)的穿插施工中，要坚持按工序进行，前一道施工工序未完，不得进行下一道工序。公共装饰由于工种配合较多，实际施工过程中的影响因素也较多，有时为了各工种的配合和其他要求，也可能采用一些相反的工序。

2. 家庭装饰施工顺序

家庭装修的分项工程比较单一，但施工顺序要安排合理，尽量避免上道工序影响下道工序及各工种之间相互干扰。家庭装修的基本施工顺序如下：

> 材料进场验收→隐蔽工程验收（吊顶、墙面龙骨做好后）→木工收口验收→瓦工验收→油漆验收→五金灯具安装验收→竣工验收。

现场测量，图纸设计→拆墙，砌墙→部分地面、墙面基层处理→卫生间、厨房地面防水，并做 24h 闭水试验(卫生间工序较复杂，单独列出)→凿线槽，水电改造并验收(如新砌墙体内有埋线应提前进入)→

封埋线槽隐蔽水电改造工程→卫生间、厨房贴墙面瓷片→木工进场，吊天花，石膏角线→制作木柜框架（建议在工厂定做）→同步制件各种木门、造型门及平压（建议工厂定做）→木制面板刷甲醛清除剂→木包饰面板粘贴，线条制作并精细安装→墙面基层处理，打磨，找平→包门套，窗套基层→封闭漆，墙面油乳胶漆三遍→家私油漆进场，补钉眼，油漆（如有）→处理边角，铺设地砖、实木或复合木地板、防水大理石条、踢脚线→灯具、洁具、拉手、门锁安装调试→清理卫生，地砖补缝→内部验收→交付业主。

卫生间施工顺序如下：

墙地面基层处理→卫生间水、电线路的改造和调整→上下水改管（推荐使用铜管，PVC管接头容易坏）→防水（墙面做1.8m）→24h闭水试验（最好邀请楼下的邻居）→电路根据卫生间配套电器的数量和安装位置进行调整检验合格后，铺贴墙面瓷砖→进行吊顶施工和细木装修→安装浴缸或制作浴房→铺贴浴缸裙板瓷砖→安装坐便器等卫生洁具和洗手台板等设备→最后进行铺贴地面和油漆作业。

二、装饰工程绿色环保施工措施

施工工序对整个装饰工程有重要的环保作用，在确定整个工程的施工顺序之后，就要关注每一个工序了。装饰装修过程中应注意的环保要点和控制要点见表10-7。

表10-7 各施工工序环保要点和控制要点

序号	项目	环保要点	控制要点
1	拆除工程 砌筑工程 基层处理 水电线槽的剔凿	①拆除时产生的噪声	①拆除时尽量选择对周围影响较小的时间段
		②拆除及剔凿时产生的粉尘	②拆除时工人佩戴口罩，并洒水降尘
		③拆除产生的建筑垃圾	③选择合格的垃圾处理场地
		④各种建筑材料的消耗/水电的消耗	④根据预算，对材料进行限额领料

续一

序号	项目	环保要点	控制要点
2	防水工程	①防水材料的有害性	①选择环保的防水材料，家庭装修尽量采用涂膜防水剂
		②有些防水材料施工时采用烤枪产生的污染	
		③防水材料施工中产生的污水	②将污水进行沉淀后排入市政管网
		④施工过程中产生的有害气味的散发	③现场保持良好的通风，必要时设置排风装置
			④施工工人佩戴口罩
		⑤防水材料容器的丢弃	⑤对有毒有害的废弃容器集中处理
		⑥防水材料及水电的消耗	⑥根据预算，对材料进行限额领料
3	吊顶工程：木夹板吊顶 石膏板吊顶 矿棉板吊顶 铝塑板吊顶	①各种吊筋钻孔时冲击钻的噪声、各种板材切割时的噪音和粉尘排放	①打孔和板材切割尽量选择在对周围影响较小的时间段，板材切割应设专门加工区
		②胶粘剂的选择（主要关注甲醛、苯含量）	②选择合格的各种材料，包括辅助材料
		③吊顶预埋件、吊杆等防锈的选择	
		④木夹板材料的选择（主要关注甲醛含量）	
		⑤防火涂料的选择，木夹板吊顶、石膏板吊顶及矿棉板吊顶中乳胶漆选择	
		⑥夹板切割后断面释放有害物质	③夹板切割后采用甲醛清除剂的封闭
		⑦木夹板吊顶、石膏板吊顶及矿板吊顶中腻子的调配	④腻子的调配应尽量选择成品腻子，自己配置时重点关注胶水的甲醛含量

续二

序号	项目	环保要点	控制要点
3	吊顶工程： 木夹板吊顶 石膏板吊顶 矿棉板吊顶 铝塑板吊顶	⑧腻子施工过程中洒落 ⑨腻子打磨过程中的粉尘 ⑩各种废弃物的排放，焊渣、焊锡烟的排放	⑤在批腻子过程和打磨腻子的过程中，工人都应佩戴口罩并注意通风。对于洒落的腻子及其乳胶漆应及时清理
		⑪各种建筑材料及水电的消耗	⑥根据预算，对材料进行限额领料
4	墙面铺贴面砖、马赛克、石材	①关注面砖、石材等的放射性 ②石材嵌缝胶的有害性	①各种材料的选择包括辅助材料
		③各种粉尘的排放（面砖、石材的切割）	②施工工人佩戴口罩，面砖、石材采用湿切割并注意保持通风
		④切割过程中噪声的排放	③切割尽量选择在对周围影响较小的时候段
		⑤施工污水的排放	④将污水进行沉淀后排入市政管网
		⑥各种建筑材料及水电的消耗	⑤根据预算，对材料进行限额领料
5	干挂石材	①关注石材的放射性 ②干挂件的选择 ③石材嵌缝胶的有害性 ④石材嵌缝胶的有害性	①各种材料的选择包括辅助材料
		⑤主龙骨、干挂件钻孔过程的噪声和粉尘	②石材的切割时间尽量选在对周围影响小的时间段
		⑥石材现场切割过程中的粉尘排放 ⑦干挂件与龙骨焊接过程烟尘与光	③施工过程中工人都应佩戴口罩并注意通风
		⑧施工污水的排放	④污水进行沉淀后排入市政管网
		⑨各种建筑材料的消耗	⑤根据预算，对材料进行限额领料

续三

序号	项目	环保要点	控制要点
6	墙纸裱糊与软包	①墙纸的选择	①各种材料的选择包括辅助材料
		②防潮底漆的选择	
		③胶水的选择	
		④各种建筑材料的消耗	②根据预算，对材料进行限额领料
7	墙面涂乳胶漆	①乳胶漆的选择（主要关注VOC和甲醛含量）	①各种材料的选择包括辅助材料
		②胶粘剂的选择（主要关注TVOC和苯含量）	
		③现场腻子的调配	②应尽量选择成品腻子，现场配置时重点关注稀料的甲醛含量
		④施工过程中腻子、涂料的洒落	③在批腻子和打磨腻子过程中，工人都应佩戴口罩并注意通风。对于洒落的腻子及其乳胶漆应及时清理
		⑤腻子打磨过程中的粉尘	
		⑥乳胶漆气味的排放	
		⑦涂料刷、桶的废弃	④对有毒有害的废弃容器集中处理
		⑧各种建筑材料的消耗	⑤根据预算，对材料进行限额领料
8	木门窗、门套、家具、护墙等木作施工	①木板材及木制品的选择（主要关注甲醛含量）	①各种材料的选择包括辅助材料
		②油漆、稀料、胶粘剂的选择（主要关注 TVOC、甲醛和苯含量）	
		③电锯、切割机等施工机具产生的噪声排放	②钻孔和板材切割尽量选择在对周围影响较小的时段
		④电锯末粉尘的排放	
		⑤电钻粉尘的排放	
		⑥油漆、胶粘剂气味的排放	

续四

序号	项目	环保要点	控制要点
8	木门窗、门套、家具、护墙等木作施工	⑦油漆、稀料、胶粘剂的泄漏和遗洒	③施工过程中工人都应佩戴口罩并注意通风，对泄漏、遗洒的漆料和胶料及时清理
			④木制品尽量采用工厂加工、现场安装的方式
		⑧油漆刷、桶的废弃夹板等施工垃圾的排放	⑤对有毒有害的废弃容器集中处理
		⑨各种建筑材料的消耗	⑥根据预算，对材料进行限额领料
9	地面石材铺贴	①石材的选择（主要关注放射性）	①各种材料的选择包括辅助材料
		②电锯、切割机等施工机具生产的噪声排放	②选用低噪声的施工机具，石材切割尽量选择在对周围影响较小的时段
		③石材现场切割过程中的粉尘排放	③施工过程中工人都应佩戴口罩并注意通风
		④施工污水的排放	④将污水进行沉淀后排入市政管网
		⑤各种建筑材料的消耗	⑤根据预算，对材料进行限额领料
10	地面砖铺贴	①地面砖的选择（主要关注放射性）	①各种材料的选择包括辅助材料
		②电锯、切割机等施工机具产生的噪声排放	②石材切割尽量选择在对周围影响较小的时段
		③面砖现场切割中的粉尘排放	③施工过程中工人都应佩戴口罩并注意通风
		④各种建筑材料的消耗	④根据预算，对材料进行限额领料

续五

序号	项目	环保要点	控制要点
11	地毯铺设	①地毯和地毯衬垫的选择(主要关注 TVOC 和甲醛含量)	①各种材料的选择包括辅助材料
		②地毯胶粘剂的选择(主要关注 TVOC 和甲醛含量)	
		③胶粘剂气味的排放	②施工过程中工人都应佩戴口罩并注意通风
		④胶粘剂等废料和包装物的废弃	③对有毒有害的废弃容器集中处理
		⑤各种建筑材料的消耗	④根据预算,对材料进行限额领料
12	实木地板铺设	①实木地板的选择(主要关注正规品牌)	①各种材料的选择包括辅助材料
		②木格栅的选择	
		③防火、防腐、涂料的选择	
		④基层大芯板尽量不要切割,切割后涂刷封闭剂	②根据预算,对材料进行限额领料
		⑤各种建筑材料的消耗	
13	复合地板铺设	①复合地板的选择(主要关注甲醛含量)	①各种材料的选择包括辅助材料
		②胶粘剂的选择(主要关注甲醛和苯含量)	
		③胶粘剂气味的排放	②施工过程中工人都应佩戴口罩并注意通风
		④胶粘剂等废料和包装物的废弃	③对有毒有害的废弃容器集中处理
		⑤各种建筑材料的消耗	④根据预算,对材料进行限额领料

材料环保性能检测

(1)在装饰装修施工前应将产生放射性污染物氡(Rn－222),化学污染物甲醛、氨、苯、甲苯二异氰酸酯(TDI)及总挥发性有机物(VOCs)的材料送有资格的检测机构进行检测,检测合格后方可使用。

(2)对于需要进行环保性能检测的材料,质检员应按有关规定取样,必要时,应邀请甲方或监理进行见证,并履行相应手续。材料检测完毕后,应获取并保存材料检测报告作为材料环保性能控制的记录。

(3)需要对材料进行环保性能检测的情况和对应的检测要求如下:

1)室内饰面采用天然花岗岩石材或瓷质砖面积大于200m^2时,应对不同产品、不同批次的材料分别进行放射性指标检测。

2)室内饰面采用人造板面积大于500m^2时,应对不同产品、不同批次的材料分别进行游离甲醛含量或释放量检测(及复验)。

3)室内装修中采用水性涂料、水性胶粘剂、水性处理剂时,应对同批次产品进行VOCs和游离甲醛含量检测。

4)室内装修中采用溶剂型涂料、溶剂型胶粘剂时,应对同批次产品进行VOCs、苯、TDI含量检测。

三、装饰工程绿色环保施工要点

(1)采取防氡措施的民用建筑工程,其地下工程的变形缝、施工缝、穿墙管(盒)、埋设件、预留孔洞等特殊部位的施工工艺,应符合国家现行标准《地下工程防水技术规范》(GB 50108—2008)的有关规定。

(2)室内装修所采用的稀释剂和溶剂,严禁使用苯、工业苯、石油苯、重质苯及混苯,消费者应严格选择。

(3)室内装修施工时,不应使用苯、甲苯、二甲苯和汽油进行除油和清除旧油漆作业。

(4)涂料、胶粘剂、水性处理剂、稀释剂和溶剂等使用后,应及时封闭存放,废料应及时清出室内。

(5)民用建筑工程室内严禁使用有机溶剂清洗施工用具。

(6)采暖地区的民用建筑工程,室内装修工程施工不宜在采暖期内进行。

(7)室内装修中,应尽量选择E1级人造木板。进行饰面人造木板拼接施工时,除芯板为A级外,应对其断面及无饰面部位进行密封处理。大芯板做的柜子,内部要用甲醛封闭剂或水性漆加以封闭,而外部所涂油漆也要尽量选择封闭性好的。同时要尽量少切割板材,割断后木板断面刷封闭剂或甲醛清除剂。有专家专门进行过刨花板研究测试,结果表明,板材端面散发甲醛量起码是其平面的2倍。因此,对饰面人造木板的断面部位进行密封处理,将可以有效减少甲醛散发量。甲醛清除剂的原理是,基于其活性成分具有易与甲醛分子结合的活性基团,当游离甲醛分子向浓度较低的板面移动时,活性基团可以吸附和捕捉甲醛分子并与之结合生成无毒无味的木质素胶类高分子网状化合物。断面涂刷清除剂后,人造板面具有了足够的能清除板内游离甲醛的改性的木素质类物质,当板内游离甲醛沿板材内空隙向外释放时,靠近板材外表面的游离醛首先被清除剂吸附、捕捉、聚合、清除,形成一个游离甲醛浓度较低的区域,按照气体的移动规律,总是从浓度高处向浓度低处移动,则板内游离甲醛不断地从中间向板材两表面移动,最终被甲醛清除剂彻底清除。这个过程的时间长短取决于板材质量、气温和湿度等多种因素。

(8)不要在复合木地板下面填充大芯板做毛板。

(9)在装修过程中,要注意填平、密封地板和墙上所有裂缝。地下室和一楼以及室内氡含量比较高的房间更要注意,这种做法可以有效减少氡的析出。

(10)装修中使用的一些辅料,尤其是胶类需要特别注意。现在已经被淘汰的胶主要有107胶和803胶,可以使用108胶和801胶,施工队在材料进场时一定要审核清楚。有条件的话,还可以使用水性胶。

(11)贴壁纸时,有的装饰公司用油漆来做墙面基层处理,结果增加了空气中苯的含量。如果想用漆来做墙面处理,那么最好选用专用的水性封闭漆。

第十一章　建筑工程施工组织与管理

第一节　建筑工程施工组织设计

一、施工组织设计的分类和内容

施工组织设计是指导施工准备工作和施工全过程的技术经济文件,也是施工组织要素之一。这两大施工要素能否达到密切结合,相互适应,是建筑施工能否顺利进行的关键所在。

(一)施工组织设计的分类

施工组织设计是一个总的概念,按编制时间和编制对象可分为不同的类型。

1. 按编制时间分类

施工组织设计按编制时间的不同可分为投标阶段的施工组织设计和实施阶段的施工组织设计。

(1)投标阶段的施工组织设计是为满足投标需要而编制的策划性和意向性的组织文件。它既用于施工投标竞争,也为中标后深化施工组织设计提供依据。

(2)实施阶段的施工组织设计是指中标后根据投标时的施工组织设计,编制详细的施工组织设计文件,作为现场施工的组织与计划管理文件。

2. 按编制对象分类

施工组织设计按编制对象的不同可分为施工组织总设计、单位工程施工组织设计和分部分项工程施工组织设计。

(1)施工组织总设计。施工组织总设计是以一个建设项目或建筑群为编制对象,规划其施工全过程的全局性、控制性施工组织文件,是编制单位施工组织设计的依据。它一般由承包单位的总工程师主持,会同建设、设计和分包单位的工程师共同编制。

(2)单位工程施工组织设计。单位工程施工组织设计是以一个单位工程(一个建筑物或构筑物,一个交工系统)为编制对象,用以指导其施工全过程的各项施工活动的综合性技术经济文件。单位工程施工组织设计一般在施工图设计完成后,拟建工程开工之前,由工程处的技术负责人主持进行编制。

(3)分部分项工程施工组织设计。分部分项工程施工组织设计也叫分部分项工程作业设计。它是以分部(分项)工程为编制对象,由单位工程的技术人员负责编制,用以具体实施其分部(分项)工程施工全过程的各项施工活动的技术、经济和组织的综合性文件。一般对于工程规模大、技术复杂或施工难度大的建筑物或构筑物,在编制单位工程施工组织设计之后,常需对某些重要的又缺乏经验的分部(分项)工程再深入编制施工组织设计。例如深基础工程、大型结构安装工程、高层钢筋混凝土主体结构工程、地下防水工程等。

(二)施工组织设计的内容

施工组织设计的内容,就是根据不同工程的特点和要求,根据现有的和可能创造的施工条件,从实际出发,决定各种生产要素(材料、机械、资金、劳动力和施工方法等)的结合方式。

在不同设计阶段编制的施工组织设计文件,内容和深度不尽相同,其作用也不一样。一般说施工组织条件设计是概略的施工条件分析,提出创造施工条件和建筑生产能力配备的规划;施工组织总设计是对施工进行总体部署的战略性施工纲领;单位工程施工组织设计则是详尽的实施性施工计划,用以具体指导现场施工活动。

任何施工组织设计都必须具有相应的基本内容:

(1)施工方法与相应的技术组织措施,即施工方案。

(2)施工进度计划。

(3)施工现场平面布置。

(4)各种资源需要量及其供应。

至于每个施工组织设计的具体内容,将因工程的情况和使用的目的之差异,而有多寡、繁简与深浅之分。

二、施工组织设计编制原则、依据

1. 施工组织设计编制原则

施工组织设计的编制应遵循以下原则:

(1)认真贯彻国家工程建设的法律、法规、规程、方针和政策。

(2)严格执行工程建设程序,坚持合理的施工程序、施工顺序和施工工艺。

(3)采用现代建筑管理原理、流水施工方法和网络计划技术,组织有节奏、均衡和连续地施工。

(4)优先选用先进施工技术,科学确定施工方案;认真编制各项实施计划,严格控制工程质量、工程进度、工程成本和安全施工。

(5)充分利用施工机械和设备,提高施工机械化、自动化程度,改善劳动条件,提高生产率。

(6)扩大预制装配范围,提高建筑工业化程度;科学安排冬期和雨期施工,保证全年施工均衡性和连续性。

(7)坚持“安全第一,预防为主”原则,确保安全生产和文明施工;认真做好生态环境和历史文物保护,严防建筑振动、噪声、粉尘和垃圾污染。

(8)合理布置施工平面图,尽量减少临时工程,减少施工用地,降低工程成本。

(9)优化现场物资储存量,合理确定物资储存方式,尽量减少库存量和物资损耗。

2. 施工组织设计编制依据

(1)国家计划或合同规定的进度要求。

(2)工程设计文件,包括说明书、设计图纸、工程数量表、施工组织方案意见、总概算等。

(3)调查研究资料(包括工程项目所在地区自然经济资料、施工中可配备劳力、机械及其他条件)。

(4)有关定额(劳动定额、物资消耗定额、机械台班定额等)及参考指标。

(5)有关现行技术标准、施工规范、规则及地方性规定等。

(6)本单位的施工能力、技术水平及企业生产计划。

(7)有关其他单位的协议、上级指示等。

知识拓展

施工组织设计的编制和审批

(1)施工组织设计应由项目负责人主持编制,可根据需要分阶段编制和审批。

(2)施工组织总设计应由总承包单位技术负责人审批;单位工程施工组织设计应由施工单位技术负责人或技术负责人授权的技术人员审批;施工方案应由项目技术负责人审批;重点、难点分部(分项)工程和专项工程施工方案应由施工单位技术部门组织相关专家评审,施工单位技术负责人批准。

(3)由专业承包单位施工的分部(分项)工程或专项工程的施工方案,应由专业承包单位技术负责人或技术负责人授权的技术人员审批;有总承包单位时,应由总承包单位项目技术负责人核准备案。

(4)规模较大的分部(分项)工程与专项工程的施工方案应按单位工程施工组织设计进行编制和审批。

三、单位工程施工组织设计编制

单位工程施工组织设计应按《建筑施工组织设计规范》(GB/T 50502—2009)的要求编制。已编制施工组织总设计的单位工程施工组织设计,工程概况、施工部署、施工准备等内容可适当简化,但施工进度计划、资源配置计划、主要施工方案、施工平面布置和施工管理计划等内容则应更详细、更具体。

1. 工程概况

单位工程施工组织设计中的工程概况，是对拟建工程的工程特点、地点特征和施工条件等所做的一个简要的、突出重点的文字介绍。为了弥补文字叙述的不足，一般需绘制拟建工程的平面图、立面图、剖面简图等，图中主要注明轴线尺寸、总长、总宽、总高及层高等主要建筑尺寸。

2. 工程建设概况

工程建设概况主要说明拟建工程的建设单位，工程名称、性质、用途、作用和建设目的，资金来源及工程投资额、开竣工日期、设计单位、施工单位、施工图纸情况、施工合同、主管部门的有关文件或要求，以及组织施工的指导思想等。

3. 施工部署

施工部署主要包括确定工程施工目标；工程施工内容、施工顺序及其进度安排；流水施工段的划分；施工重点和难点分析；工程管理的组织机构形式；新技术、新工艺、新材料、新设备部署；分包单位的选择与管理要求等。

4. 施工进度计划

施工进度计划主要包括确定各分部分项工程名称、计算工程量、计算劳动量和机械台班量、计算工作延续时间、确定施工班组人数及安排施工进度，编制施工准备工作计划及劳动力、主要材料、预制构件、施工机具需要量计划等内容。

5. 施工准备与资源配置计划

施工准备包括技术准备、现场准备和资金准备等；资源配置计划包括劳动力资源配置计划和物质资源配置计划等。

6. 主要施工方案

单位工程应按照《建筑工程施工质量验收统一标准》(GB 50300—2013)中分部、分项工程的划分原则，对主要分部、分项工程制定施工方案，对脚手架工程、起重吊装工程、临时用水用电工程、季节性施工等专项工程所采用的施工方案应进行必要的验算和说明。

7. 施工现场平面布置

施工现场平面布置主要包括工程施工场地状况以及确定起重、垂直运输机械、搅拌站、临时设施、材料及预制构件堆场布置；运输道路布置；临时供水、供电管线的布置等内容。

8. 主要施工管理计划

主要施工管理计划包括进度管理计划、质量管理计划、安全管理计划、环境管理计划、成本管理计划、其他管理计划。

9. 主要技术经济指标

主要技术经济指标包括工期指标、工程质量指标、安全指标、降低成本指标等内容。

单位工程施工组织设计的编制技巧

(1)充分熟悉施工图纸，对施工现场进行考察至关重要，切忌闭门造车，使确定的施工方案切实可行。

(2)采取流水施工方式组织施工，首先确定流水施工的主要施工过程，注意施工过程划分的合理性，并根据设计图纸分段分层计算工程量。

(3)根据工程量确定主要施工过程的劳动力、机械台班配置计划，从而确定各施工过程的持续时间，编制施工进度计划，并调整优化。注意进度计划的先进性、合理性，并留有余地。

(4)根据施工定额编制资源配置量计划。单位工程资源配置计划是控制性的，但必须保证不掉项。

(5)绘制施工现场平面图。单位工程现场平面图设计应该分基础工程阶段、主体工程阶段、装饰屋面工程阶段进行。

(6)制定相应的技术组织措施。其措施应具有较强的针对性，可以借鉴同类工程经验，但切忌照搬。

四、施工方案的选择

施工方案是单位工程施工组织设计的核心内容。施工方案合理与否将直接影响工程的施工效率、质量、工期和技术经济效果，因此必须引起足够的重视。施工方案的选择一般包括：确定施工顺序、选择施工方法和施工机械、流水施工组织、施工方案技术经济比较。

(一)确定施工顺序

施工顺序是指单项(位)工程内部各个分部(项)工程之间的先后施工次序。施工顺序合理与否，将直接影响工种间配合、工程质量、施工安全、工程成本和施工速度，必须科学合理地确定单项工程施工顺序。

1. 施工顺序确定原则

(1)先地下，后地上。指首先完成管道管线等地下设施、土方工程和基础工程，然后开始地上工程施工。对于地下工程也应按照先深后浅的程序进行，以免造成施工返工或对上部工程的干扰及施工不便，影响质量，造成浪费。

(2)先主体，后围护。指框架结构，应注意在总的程序上有合理的搭接。一般来说，多层建筑，主体结构与围护结构以少搭接为宜，而高层建筑则应尽量搭接施工，以便有效地节约时间。

(3)先结构，后装饰。指先进行主体结构施工，后进行装饰工程的施工。但是，必须指出，随着新建筑体系的不断涌现和建筑工业化水平的提高，某些装饰与结构构件均可在工厂中完成。

(4)先土建，后设备。主要是指一般的土建工程与水暖电卫等工程的总体施工顺序。工业建筑的土建工程与设备安装工程之间的顺序，主要取决于工业建筑的种类，如对于精密仪器厂房，一般要求土建、装饰工程完成后安装工艺设备。重型工业厂房，一般先安装工艺设备，后建设厂房或设备安装与土建施工同时进行，如冶金车间、发电厂的主厂房、水泥厂的主车间等。

2. 施工顺序的基本要求

(1)符合施工工艺。如整浇楼板的施工顺序：支模板→绑钢筋→浇混凝土→养护→拆模。

(2)与施工方法协调一致。如单层工业厂房结构吊装工程的施工顺序，当采用分件吊装法时，则施工顺序为吊柱→吊梁→吊屋盖系统;当采用综合吊装法时,则施工顺序为第一节间吊柱、梁和屋盖系统→第二节间吊柱、梁和屋盖系统→……→最后节间吊柱、梁和屋盖系统。

(3)考虑施工组织的要求。如安排室内外装饰工程施工顺序,一般情况下,可按施工组织设计规定的顺序。

(4)考虑施工质量和安全的要求。确定施工过程先后顺序,应以施工安全为原则,以保证施工质量为前提。例如屋面采用卷材防水时,为了施工安全,外墙装饰在屋面防水施工完成后进行;为了保证质量,楼梯抹面在全部墙面、地面和顶棚抹灰完成之后,自上而下一次完成。

(5)受当地气候影响。如冬季室内装饰施工时,应先安装门窗扇和玻璃,后做其他装饰工程。

3. 多层混合结构居住房屋的施工顺序

一般将多层混合结构居住房屋的施工划分为基础工程、主体结构工程、屋面及装饰工程等阶段,如图 11-1 所示。

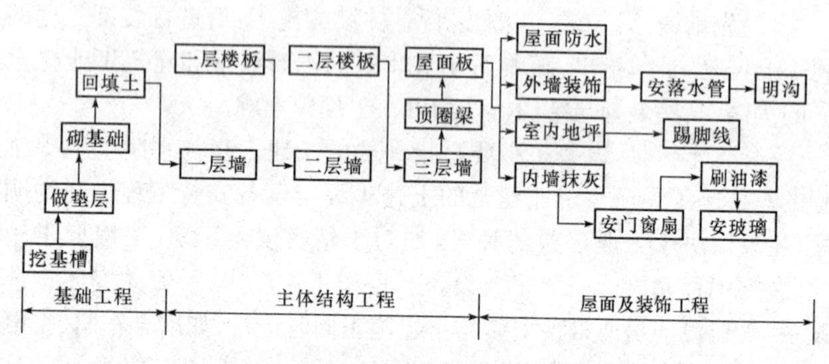

图 11-1　混合结构三层居住房屋施工顺序图

(1)基础工程的施工顺序。基础工程阶段是指室内地坪(±0.000)以下的所有工程施工阶段。其施工顺序一般是:挖土→做垫层→砌基础→铺设防潮层→回填土。如果有地下障碍物、坟穴、防空洞、软弱地基,应先进行处理。

特别提示

基础工程施工注意事项

必须注意，挖土与垫层施工搭接要紧凑，间隔时间不宜太长，以防下雨后基槽积水，影响地基承载力。此外，垫层施工后要留有技术间歇时间，使其具有一定强度后，再进行下道工序。各种管沟的挖土、管道铺设等应尽可能与基础施工配合，平行搭接进行。一般回填土在基础完工后一次分层夯填，为后续施工创造条件。对零标高以下室内回填土，最好与基槽回填土同时进行，如不能同时进行，也可留在装饰工程之前与主体结构施工同时交叉进行。

(2)主体结构工程的施工顺序。主体结构工程施工阶段的工作，通常包括搭脚手架，墙体砌筑，安门窗框，安预制过梁，安预制楼板和楼梯，现浇构造柱、楼板、圈梁、雨篷、楼梯、屋面板等分项工程。若圈梁、楼板、楼梯为现浇，其施工顺序应为：立柱筋→砌墙→安柱模→浇筑混凝土→安梁、板、梯模板→安梁、板、楼梯钢筋→浇梁、板、梯混凝土。

若楼板为预制件，砌筑墙体和安装预制楼板工程量较大，因此砌墙和安装楼板是主体结构工程的主导施工过程，它们在各楼层之间的施工是先后交替进行的。在组织主体结构工程施工时，一方面应尽量使砌墙连续施工，另一方面应当重视现浇楼梯、厨房、卫生间的施工。

现浇厨房、卫生间楼板的支模、绑筋可安排在墙体砌筑的最后一步插入，在浇筑构造柱、圈梁的同时浇筑厨房、卫生间楼板。各层预制楼梯段的吊装应在砌墙、安装楼板的同时相继完成，特别是当采用现浇钢筋混凝土楼梯时，更应与楼层施工紧密配合，否则由于混凝土养护时间的需要，会使后续工程不能按计划投入而拖长工期。

(3)屋面工程的施工顺序。屋面工程的施工顺序一般为：找平层→隔气层→保温层→找平层→防水层。对于刚性防水屋面的现浇钢筋混凝土防水层和分格缝施工，应在主体结构完成后开始并尽快完成，以便为室内装饰创造条件。一般情况下，屋面工程可以和装饰工程搭接或平行施工。

(4)装饰工程的施工顺序。装饰工程可分为室外装饰(外墙抹灰、勒脚、散水、台阶、明沟和落水管等)和室内装修(顶棚、墙面、地面、楼梯、抹灰、门窗扇安装、油漆、门窗安玻璃、油墙裙和做踢脚线等)。室内外装饰工程的施工顺序通常有先内后外、先外后内、内外同时进行三种顺序,具体确定哪种顺序应视施工条件和气候条件而定。通常室外装饰应避开冬期或雨期。当室内为水磨石楼面时,为防止楼面施工时渗漏水对外墙面的影响,应先完成水磨石的施工。如果为了加速脚手架周转或要赶在冬雨期到来之前完成外装修,则应采取先外后内的顺序。

同一层的室内抹灰施工顺序有:地面→顶棚→墙面和顶棚→墙面→地面两种。前一种顺序便于清理地面,使地面质量易于保证,且便于收集墙面和顶棚的落地灰,节省材料,但由于地面需要养护时间及采取保护措施,会使墙面和顶棚抹灰时间推迟,影响工期。后一种顺序在做地面前必须将顶棚和墙面上的落地灰和渣子扫清洗净后再做面层,否则会影响地面面层同预制楼板间的粘结,引起地面起鼓。

底层地面一般多是在各层顶棚、墙面、楼面做好之后进行。楼梯间和踏步抹面,由于其在施工期间易损坏,通常在其他抹灰工程完成后,自上而下统一施工。门窗安装可以在抹灰之前或之后进行,视气候和施工条件而定。门窗安玻璃一般在门窗扇油漆之后进行。

室外装饰工程应由上往下每层装饰,当落水管等分项工程全部完成后,即开始拆除该层的脚手架,然后进行散水坡及台阶的施工。室内外装饰各施工层与施工段之间的施工顺序,由施工起点的流向确定。

(5)水暖电卫等工程的施工顺序。水暖电卫工程不同于土建工程,可以分成几个明显的施工阶段,一般与土建工程中有关分部分项工程进行交叉施工,紧密配合。

在基础工程施工时,先将相应的上下水管沟和暖气管沟的垫层、管沟墙做好,然后回填土。在主体结构施工时,应在砌砖墙或现浇钢筋混凝土楼板的同时,预留上下水管和暖气立管的孔洞、电线孔槽或预埋木砖及其他预埋件。在装饰工程施工前,安设相应的管道和电气照明用的附墙暗管、接线盒等。水暖电卫安装可以在楼地面和墙面抹灰之前或之后穿插施工,若电线采用明线,则应在室内粉刷后进行。室外外网工程的施工可以安排在土建工程之前或与土建工程同时进行。

4. 装配式钢筋混凝土单层工业厂房的施工顺序

装配式钢筋混凝土单层工业厂房的施工可分为基础工程、预制工程、结构安装工程、围护工程和装饰工程等施工阶段。其施工顺序如图 11-2 所示。

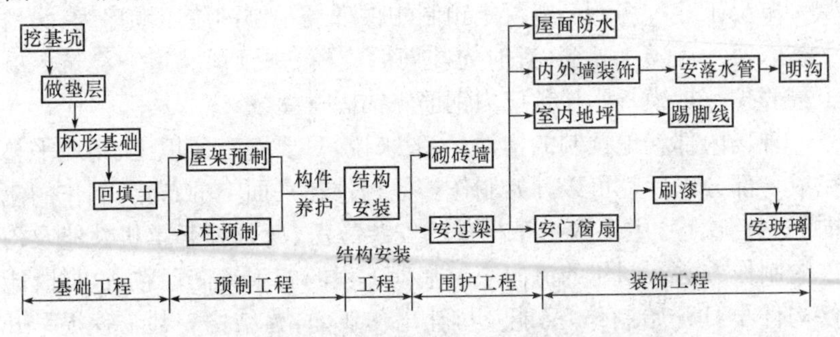

图 11-2　装配式钢筋混凝土单层工业厂房施工顺序

(1)基础工程的施工顺序。基础工程的施工顺序为:基坑挖土→垫层→绑筋→支基础模板→浇混凝土基础→养护→拆模→回填土。

对于厂房的设备基础,由于其与厂房柱基础施工顺序的不同,常常会影响到主体结构的安装方法和设备安装投入的时间,因此需根据不同情况决定。通常有两种方案:

1)当厂房柱基础的埋置深度大于设备基础的埋置深度时,可采用"封闭式"施工,即厂房柱基础先施工,设备基础后施工。

通常,当厂房处于雨期或冬期施工时,或者设备基础不大、在厂房结构安装后对厂房结构稳定性并无影响时,或者对于较大较深的设备基础采用了特殊的施工方法(如沉井)时,可采用"封闭式"施工。

2)当设备基础埋置深度大于厂房基础的埋置深度时,通常采用"开敞式"施工,即厂房柱基础和设备基础同时施工。

如果设备基础与柱基础埋置深度相同或接近,则两种施工顺序均可任意选择。只有当设备基础较大较深,其基坑的挖土范围已经与柱基础的基坑挖土范围连成一片或深于厂房柱基础,以及厂房所在地点土质不佳时,方可采用设备基础先施工的顺序。

(2)预制工程的施工顺序。单层工业厂房构件的预制方式,一般采用加工厂预制和现场预制相结合的方法。通常对于质量较大或运输不便的大型构件,可以拟建车间现场就地预制,如柱、托架梁、屋架、起重机梁等。中小型构件可在加工厂预制,但大型屋面板等标准构件和木制品等宜在专门的加工厂预制。

单层工业厂房钢筋混凝土预制构件现场预制的施工顺序为:场地平整夯实→支模→扎筋(有时先扎筋后支模)→预留孔道→浇筑混凝土→养护→拆模→张拉预应力钢筋→锚固→灌浆。

现场内部就地预制的构件,一般来说,只要基础回填土、场地平整完成一部分以后就可以开始制作。但构件在平面上的布置、制作的流向和先后次序,主要取决于构件的安装方法、所选择起重机性能及构件的制作方法。制作的流向应与基础工程的施工流向一致,这样既能使构件早日开始制作,又能及早让出作业面,为结构安装工程提早开始创造条件。

现场后张法预应力屋架的施工顺序为:场地平整夯实→支模(地胎模或多节脱模)→扎筋(有时先扎筋后支模)→预留孔道→浇筑混凝土→养护→拆模→预应力钢筋张拉→锚固→灌浆。

预制构件施工方案

采用分件吊装法时预制构件的施工有三种方案:

1)当场地狭小而工期又允许时,构件制作可分别进行。首先预制柱和起重机梁,待柱和梁安装完毕再进行屋架预制。

2)当场地宽敞时,可在柱、梁预制完后即进行屋架预制。

3)当场地狭小而工期又紧时,可将柱和梁等预制构件在拟建车间内就地预制,同时在拟建车间外进行屋架预制。

当采用综合吊装法时,构件需一次制作。此时,应视场地具体情况确定构件是全部在拟建车间内部预制,还是一部分在拟建车间外预制。

(3)结构安装工程的施工顺序。结构安装的施工顺序取决于吊装方法。当采用分件吊装法时其顺序为：第一次开行吊装柱，并对其进行校正和固定，待接头混凝土强度达到设计强度的70%后再进行第二次开行吊装；第二次开行吊装起重机梁、连系梁和基础梁；第三次开行吊装屋盖构件。采用综合吊装法时，其顺序为：先吊装第一节间四根柱，迅速校正和临时固定，再安装起重机梁及屋盖等构件，如此依次逐个节间安装，直至整个厂房安装完毕。

抗风柱的吊装可采用两种顺序：一是在吊装柱的同时先安装同跨一端的抗风柱，另一端则在屋盖吊装完毕后进行；二是全部抗风柱的吊装均待屋盖吊装完毕后进行。

结构安装工程是装配式单层工业厂房的主导施工阶段，应单独编制结构安装工程的施工作业设计。其中，结构吊装的流向通常应与预制构件制作的流向一致。当厂房为多跨且有高、低跨时，构件安装应从高、低跨柱列开始，先安装高跨，后安装低跨，以适应安装工艺的要求。

(4)围护工程的施工顺序。围护工程阶段的施工包括内外墙体砌筑、搭脚手架、安装门窗框和屋面工程等。在厂房结构安装工程结束后，或安装完一部分区段后，即可开始内外墙砌筑工程的分段施工。此时，不同的分项工程之间可组织立体交叉平行流水施工，砌筑完成，即开始屋面施工。

脚手架应配合砌筑和屋面工程搭设，在室外装饰之后、散水坡施工前拆除。内隔墙的砌筑应根据内隔墙的基础形式而定，有的需在地面工程完工后进行，有的则可在地面工程之前与外墙同时进行。

屋面工程的施工顺序与混合结构居住房屋的屋面施工顺序相同。

(5)装饰工程的施工顺序。装饰工程的施工分为室内装饰(地面的整平、垫层、面层、门窗扇安装、玻璃安装、油漆、刷白等)和室外装饰(勾缝、抹灰、勒脚、散水坡等)。

一般单层厂房的装饰工程与其他施工过程穿插进行。地面工程应在设备基础、墙体工程完成了一部分并转入地下的管道及电缆或管道沟完成之后随即进行，或视具体情况穿插进行。钢门窗安装一般与砌筑工程穿插进行，或在砌筑工程完成后进行，视具体条件而定。门窗油漆可在内墙刷白后进行，也可与设备安装同时进行，刷白应在墙面干燥和大型屋面板灌缝后进行，并在开始油漆前结束。

(6)水、暖、电、卫等工程的施工顺序。水、暖、电、卫等工程与混合结构居住房屋水、暖、电、卫等工程的施工顺序基本相同，但应注意空调设备安装工程的安排。生产设备的安装，一般由专业公司承担，由于其专业性强、技术要求高，应遵照有关专业的生产顺序进行。

(二)确定流水施工组织

施工的流水组织是施工组织设计的重要内容，也是影响施工方案优劣程度的基本因素，在确定施工的流水组织时，主要解决流水段的划分和流水施工起点流向的确定。

1. 流水段的划分

建筑物按流水理论组织施工，能取得很好的效益。为便于组织流水施工，就必须将大的建筑物划分成几个流水段，使各流水段间按照一定程序组织流水施工。

划分流水段要考虑以下问题：

(1)尽可能保证结构的整体性，按伸缩缝或后浇带进行划分。厂房可按跨或生产区划分；住宅可按单元、楼层划分，亦可按栋分段。

(2)使各流水段的工程量大致相等，便于组织有节奏的流水，使施工均衡地、有节奏地进行，以取得较好的效益。

(3)流水段的大小应满足工人工作面的要求和施工机械发挥工作效率的可能。目前推广小流水段施工法。

(4)流水段数应与施工过程(工序)数量相适应。如流水段数少于施工过程数则无法组织流水施工。

2. 施工起点流向的确定

施工起点流向是指单位工程在平面或空间上施工的开始部位及其展开方向，这主要取决于生产需要、缩短工期和保证质量等要求。一般来说，对单层建筑物，要按其工段、跨间分区分段地确定平面上的施工流向；对多层建筑物，除了确定每层平面上的施工流向外，还要确定其层间或单元空间上的施工流向。

确定单位工程施工起点流向时，一般应考虑如下因素：

(1)车间的生产工艺流程。车间的生产工艺流程往往是确定施工流向的关键因素,因此从生产工艺上考虑,影响其他工段试车投产的工段应该先施工。如B车间生产的产品需受A车间生产的产品影响,A车间划分为三个施工段,Ⅱ、Ⅲ段的生产受Ⅰ段的约束,故其施工起点流向应从A车间的Ⅰ段开始。

(2)建设单位对生产和使用的需要。一般应考虑建设单位对生产或使用急的工段或部位先施工。

(3)工程的繁简程度和施工过程之间的相互关系。一般技术复杂、施工进度较慢、工期较长的区段部位应先施工。密切相关的分部分项工程的流水施工,一旦前面施工过程的起点流向确定了,则后续施工过程也就随之确定了。如单层工业厂房的挖土工程的起点流向,决定柱基础施工过程和某些预制、吊装施工过程的起点流向。

(4)房屋高低层和高低跨。如柱子的吊装应从高低跨并列处开始;屋面防水层施工应按先高后低的方向施工,同一屋面则由檐口到屋脊的方向施工;基础有深浅之分时,应按先深后浅的顺序进行施工。

(5)工程现场条件和施工方案。施工场地大小、道路布置和施工方案所采用的施工方法及机械也是确定施工流程的主要因素。例如,土方工程施工中,边开挖边外运余土,则施工起点应确定在远离道路的部位,由远及近地展开施工。又如,根据工程条件,挖土机械可选用正铲挖土机、反铲挖土机、拉铲挖土机等,吊装机械可选用履带式起重机、汽车式起重机或塔式起重机,这些机械的开行路线或布置位置便决定了基础挖土及结构吊装施工的起点和流向。

(6)分部分项工程的特点及其相互关系。如室内装修工程除平面上的起点和流向以外,在竖向上还要决定其流向,而竖向的流向确定显得更重要。

室内装饰工程的几种施工起点流向分述如下:

(1)室内装饰工程自上而下的施工起点流向,通常是指主体结构工程封顶、做好屋面防水层后,从顶层开始,逐层往下进行。其施工流向如图11-3所示,有水平向下和垂直向下两种情况,通常采用图11-3(a)所示的水平向下流向较多。

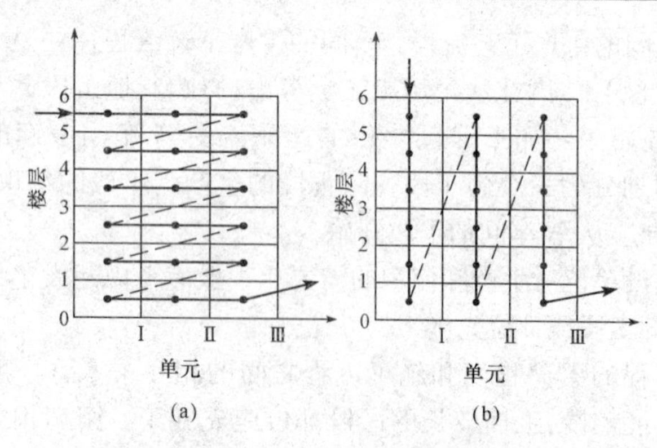

图 11-3　室内装饰工程自上而下的施工方案

(a)水平向下；(b)垂直向下

此种起点流向的优点是：主体结构完成后，有一定的沉降时间，能保证装饰工程的质量；做好屋面防水层后，可防止在雨期施工时因雨水渗漏而影响装饰工程的质量；并且，自上而下的流水施工，各工序之间交叉少，便于组织施工，保证施工安全，从上往下清理垃圾方便。其缺点是不能与主体施工搭接，因而工期较长。

(2)室内装饰工程自下而上的施工方案，是指主体结构工程施工完第三层楼板后，室内装饰从第一层插入，逐层向上进行。其施工流程包括如图 11-4 所示的水平向上和垂直向上两种情况。这种方案的优点是，可以和主体砌筑工程交叉施工，故可以缩短工期。其缺点是各施工过程之间交叉多，需要很好地组织和安排，并需采取安全技术措施。

(3)自中而下再自上而中的起点流向，综合了上述两者的优缺点，适用于中、高层建筑的装饰施工。

室外装饰工程一般是采取自上而下的起点流向。

(三)选择施工方法和施工机械

选择施工方法和施工机械是施工方案中的关键问题。它直接影响施工进度、施工质量和安全，以及工程成本。编制施工组织设计时，必须根据工程的建筑结构、抗震要求、工程量的大小、工期长短、资源供应情况、施工现场的条件和周围环境，制定出可行方案，并且进行技

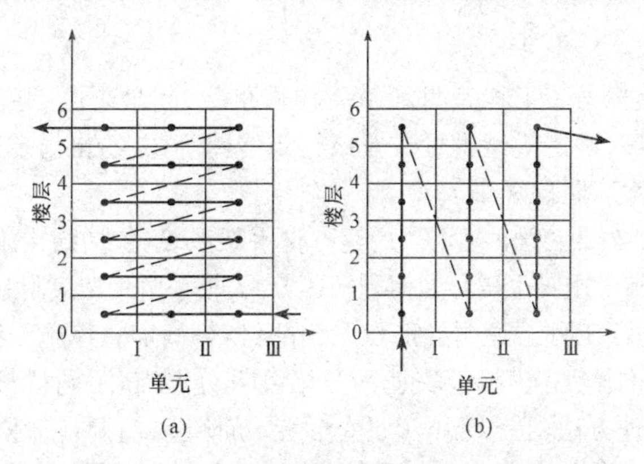

图 11-4　室内装饰工程自下而上的施工方案

(a)水平向上；(b)垂直向上

术经济比较，确定出最优方案。

1. 选择施工方法

选择施工方法时，应着重考虑影响整个单位工程施工的分部分项工程的施工方法。主要是选择在单位工程中占重要地位的分部(项)工程，施工技术复杂或采用新技术、新工艺对工程质量起关键作用的分部(项)工程，不熟悉的特殊结构工程或由专业施工单位施工的特殊专业工程的施工方法。而对于按照常规做法和工人熟悉的分项工程，只要提出应注意的特殊问题，即可不必详细拟定施工方法。

(1)基坑开挖工程。确定采用什么机械，开挖流向并分段，土方堆放地点，是否需要降水，采用什么降水设备，垂直运输方案等。

(2)钢筋工程。确定钢筋加工形式、钢筋接头形式、钢筋的水平和垂直运输方案等，以及特殊部位(梁柱接头钢筋密集部位、与大型预埋件交叉部位等)钢筋安装方案。

(3)模板工程。确定各种构件采用何种材料的模板、配备数量、周转次数、模板的水平垂直运输方案、模板支拆顺序、特殊部位的支模要点等。

(4)混凝土工程。应确定混凝土运输机械、配合比配制要求，混凝土施工缝位置，混凝土浇筑顺序、浇筑机械，并确定机械数量和机械布置位置等。

(5)结构吊装工程。明确吊装构件重量、起吊高度、起吊半径,选择吊装机械,确定机械设置位置或行走线路等,并绘出吊装图,重大构件吊装方案应附验算书。

(6)脚手架工程。确定采用何种脚手架系统(包括结构施工和装饰装修工程施工用脚手架),如何周转等,高大模板脚手架应附验算书。

(7)地面工程。说明各部位采用的材料,确定总体施工程序,特殊材料地面的施工流程,板块地面分格缝划分要点,不同材料地面在交界处的处理方法,特殊部位(如变形缝、沉降缝、门洞口部位、地漏、管道穿楼板部位等)地面施工要点,大面积楼地面防空鼓、开裂的措施,新材料地面施工要点。

(8)抹灰工程。确定总体施工顺序,说明各抹灰部位的墙体材料以及提出相应的抹灰要点,特殊部位施工要点(如门窗洞口塞口处理方法,阳角护角方法,踢脚部位处理方法,散热器和密集管道等背面施工要点,外墙窗台、窗楣、雨篷、阳台、压顶等抹灰要点),不同材料基层接缝部位防开裂措施,装饰抹灰以及采用新材料抹灰的操作要点。

(9)门窗工程。说明门窗采用的材料,确定总体施工顺序、门窗安装方法(先塞口、后塞口等)及相应措施、特种门窗工艺要点。

(10)屋面工程。说明屋面工程采用的材料,确定施工顺序,明确各排水坡度要求,防水材料铺贴或施工方法、卷材防水材料的搭接方法,特殊部位(变形缝、檐沟、水落口、伸出屋面管道部位、排气孔部位、上人孔、水平出入口部位等)防水节点和施工要点,刚性防水层分隔缝设置要点和处理方法、新材料的施工要点等。

2. 选择施工机械

选择施工方法必须涉及施工机械的选择。机械化施工是改变建筑工业生产落后面貌,实现建筑工业化的基础,因此施工机械的选择是施工方法选择的中心环节。

选择施工机械注意事项

(1)选择主导工程的施工机械,如地下工程的土方机械,主体结构工程的垂直、水平运输机械,结构吊装工程的起重机械等。

(2)各种辅助机械中运输工具应与主导机械的生产能力协调配套,以充分发挥主导机械效率。如土方工程在采用汽车运土时,汽车的载重量应为挖土机斗容量的整倍数,汽车的数量应保证挖土机连续工作。

(3)在同一工地上,应力求建筑机械的种类和型号尽可能少一些,以利于机械管理;尽量使机械少而配件多,一机多能,提高机械使用率。

(4)机械选择应考虑充分发挥施工单位现有机械的能力,当本单位的机械能力不能满足工程需要时,则应购置或租赁所需新型机械或多用机械。

(四)施工方案技术经济比较

对施工方案进行技术经济评价是选择最优施工方案的重要途径。因为任何一个分部分项工程,一般都会有几个可行的施工方案,而施工方案的技术经济评价的目的就是在它们之间进行优选,选出一个工期短、质量好、材料省、劳动力安排合理、成本低的最优方案。

第二节 建筑工程成本管理

一、工程项目成本的构成

工程项目成本是建筑施工企业以施工项目作为成本核算对象,在施工过程中所耗费的生产资料转移价值和劳动者必要劳动所创造的价值的货币形式,项目成本包括所耗费的主、辅材料,构配件,周转材料的摊销费或租赁费,施工机械的台班费或租赁费,支付给生产工人的工资、奖金以及在施工现场进行施工组织与管理所发生的全部费用支出。

按成本的经济性质和国家的规定，工程项目成本由直接成本和间接成本组成。

1. 直接成本

直接成本指施工过程中耗费的构成工程实体和有助于工程形成的各项费用支出，包括直接工程费、措施费，当直接费用发生时就能够确定其用于哪些工程，可以直接计入该工程成本。

直接成本构成如图 11-5 所示。

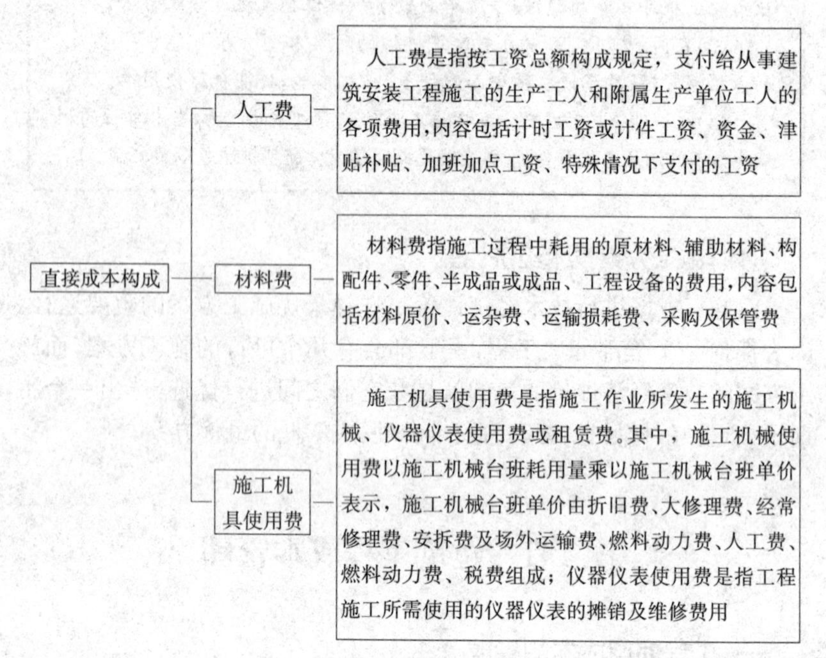

图 11-5　直接成本构成

2. 间接成本

间接成本指项目经理部为准备施工、组织施工生产和管理所需的全部费用支出，当间接费用发生时不能明确区分其用于哪些工程，只能采用分摊费用方法计入。

间接成本构成如图 11-6 所示。

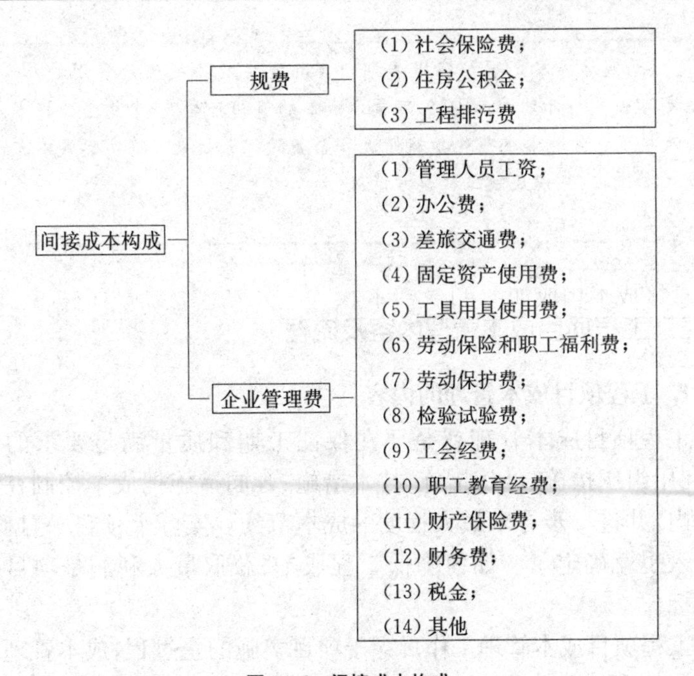

图 11-6 间接成本构成

知识链接

承包成本、计划成本和实际成本

(1)承包成本是指根据工程量清单计算出来的工程量，企业的建筑、安装工程基础定额和由各地区的市场劳务价格、材料价格信息，并按有关取费的指导性费率进行计算。承包成本是反映企业竞争水平的成本，是确定工程造价的基础，也是编制计划成本的依据和评价实际成本的依据。

(2)计划成本是指项目经理部根据计划期的有关资料(如工程的具体条件和企业为实施该项目的各项技术组织措施)，在实际成本发生前预先计算的成本。反映了企业在计划期内应达到的成本水平。

(3)实际成本是项目在报告期内实际发生的各项生产费用的总和。把实际成本与计划成本比较,可揭示成本的节约和超支,考核企业技术水平及技术组织措施的贯彻执行情况和企业的经营效果。将实际成本与承包成本比较,可以反映工程盈亏情况。

二、工程项目成本管理内容及流程

1. 工程项目成本管理的内容

工程项目成本管理就是要在保证工期和质量满足要求的情况下,利用组织措施、经济措施、技术措施、合同措施把成本控制在计划范围内,并进一步寻求最大程度的成本节约。实际上项目一旦确定,则收入也就确定了。如何降低工程成本、获取最大利润是项目管理的目标。

工程项目成本管理工作贯穿于项目实施的全过程,成本管理应伴随项目的进行渐次展开。项目成本管理依次有如下工作:建立健全项目成本管理的责任体系;进行项目成本预测;编制成本计划;进行成本运行控制;进行成本核算;进行成本分析;项目成本考核、核算。

2. 工程项目成本管理的流程

工程项目成本管理的流程如图 11-7 所示。

三、工程项目成本控制

工程项目成本控制是指在施工过程中,对影响施工项目成本的各种因素加强管理,并采取各种有效措施,将施工中实际发生的各种消耗和支出严格控制在成本计划范围内,随时揭示并及时反馈,严格审查各项费用是否符合标准,计算实际成本和计划成本之间的差异并进行分析,消除施工中的损失浪费现象,发现和总结先进经验。

(一)工程项目成本控制的要求

(1)按照计划成本目标值控制生产要素的采购价格,认真做好材

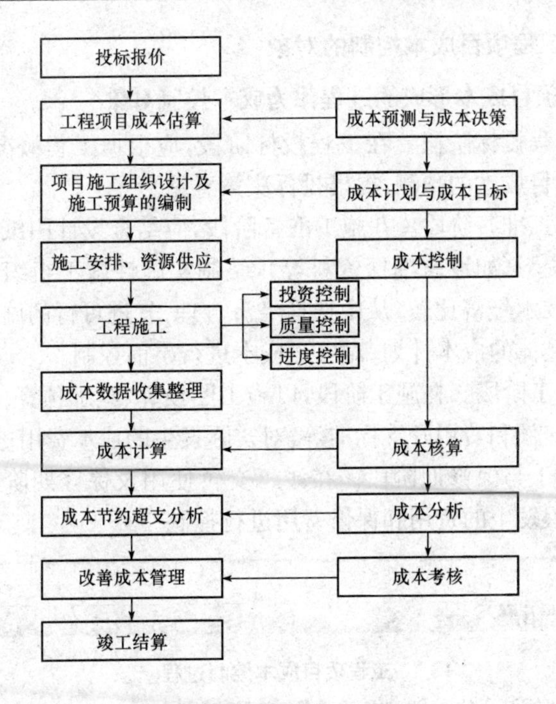

图 11-7 工程项目成本管理的流程

料、设备进场数量和质量的检查、验收与保管。

(2)控制生产要素的利用效率和消耗定额,如任务单管理、限额领料、验工报告审核等。同时要做好不可预见成本风险的分析和预控,包括编制相应的应急措施等。

(3)控制影响效率和消耗量的其他因素所引起的成本增加,如工程变更等。

(4)把施工成本管理责任制度与对项目管理者的激励机制结合起来,以增强管理人员的成本意识和控制能力。

(5)承包人必须健全项目财务管理制度,按规定的权限和程序对项目资金的使用和费用的结算支付进行审核、审批,使其成为施工成本控制的重要手段。

(二)工程项目成本控制的对象

1. 以项目成本形成的过程作为成本控制对象

(1)工程投标阶段。在工程投标阶段,应根据工程概况和招标文件,进行项目成本的预测,提出投标决策意见。

(2)施工准备阶段。在施工准备阶段,应结合设计图纸的自审、会审和其他资料(如地质勘探资料等),编制实施性施工组织设计,通过多方案的技术经济比较,从中选择经济合理、先进可行的施工方案,编制详细而具体的成本计划,对项目成本进行事前控制。

(3)施工阶段。在施工阶段,以施工图预算、施工预算、劳动定额、材料消耗定额和费用开支标准等,对实际发生的成本费用进行控制。

(4)竣工与保修期阶段。在竣工交付使用及保修期阶段,应对竣工验收过程发生的费用和保修费用进行控制。

工程项目成本控制过程

工程项目成本控制应贯穿于施工项目从投标阶段开始直到项目竣工验收的全过程,它是企业全面成本管理的重要环节。工程项目成本控制可分为事前控制、事中控制(过程控制)和事后控制。

2. 以项目的职能部门、施工队和生产班组作为成本控制对象

成本控制的具体内容是日常发生的各种费用和损失。这些费用和损失都发生在各个职能部门、施工队和生产班组,因此也应以职能部门、施工队和班组作为成本控制对象,使其接受项目经理和企业有关部门的指导、监督、检查和考评。项目的职能部门、施工队和班组还应对自己承担的责任成本进行自我控制,应该说,这是最直接、最有效的项目成本控制。

3. 以分部、分项工程作为项目成本的控制对象

为了把成本控制工作做得扎实、细致,落到实处,还应以分部分项工程作为项目成本的控制对象。正常情况下,项目应该根据分部分项

工程的实物量，参照施工预算定额，联系项目经理部的技术素质、业务素质和技术组织措施的节约计划，编制包括工、料、机消耗数量以及单价、金额在内的施工预算，作为对分部分项工程成本进行控制的依据。对于边设计、边施工的项目不可能在开工之前一次编出整个项目的施工预算，但可根据出图情况，编制分阶段的施工预算。即不论是完整的施工预算，还是分阶段的施工预算，都是进行项目成本控制必不可少的依据。

4. 以对外经济合同作为成本控制对象

在社会主义市场经济体制下，工程项目的对外经济业务，都要以经济合同为纽带建立合约关系，以明确双方的权利和义务。在签订经济合同时，除了要根据业务要求规定的时间、质量、结算方式和履（违）约奖罚等条款外，还必须强调要将合同的数量、单价、金额控制在预算收入以内。

（三）工程项目成本运行控制方法

工程项目成本运行控制是在项目的实施过程中，项目经理部采用目标管理方法对实际施工成本的发生过程进行的有效控制。项目经理应根据计划目标成本的控制要求，做好施工采购策划，通过生产要素的优化配置、合理使用、动态管理，有效控制实际成本。

加强施工定额管理和施工任务单管理，控制好活劳动和物化劳动的消耗。科学地计划管理和施工调度，避免因施工计划不周和盲目调度造成窝工损失、机械利用率降低、物料积压等情况而使得成本增加；加强施工合同管理和施工索赔管理，正确运用合同条件和有关法规，及时进行索赔。

1. 人工费的控制

人工费的控制实行“量价分离”。将安全生产、文明施工、零星用工等按作业用工定额劳动量（工日）的一定比例（如20%）综合确定用工数量与单价，通过劳务合同管理进行控制。

2. 材料费的控制

（1）材料价格的控制。施工项目材料价格是由买价、运杂费、运输中的损耗等组成的，因此，控制材料价格，主要是通过市场信息收集、询价、应用竞争机制和经济合同手段等进行控制，包括对买价、运费和损耗这三方面的控制。

1)买价控制。买价的变动主要是由市场因素引起的，但在内部控制方面还有许多工作可做。应事先对供应商进行考察，建立合格供应商名册。采购材料时，必须在合格供应商名册中选定供应商，实行货比三家，在保质保量的前提下，争取最低买价。同时实现项目监理、项目经理部对企业材料部门采购的物资有权过问与询价，对买价过高的物资，可以根据双方签订的横向合同处理。

2)运费控制。运费控制表现在就近购买材料、选用最经济的运输方式都可以降低材料成本。材料采购通常要求供应商在指定的地点按规定的包装条件交货，若供应单位变更指定地点而引起费用增加，供应商应予以支付，若降低包装质量，则要按质论价付款。

3)损耗控制。为防止将损耗或短缺计入项目成本，要求项目现场材料验收人员及时严格办理验收手续，准确计量材料数量。

(2)材料用量的的控制。材料用量的控制是指在保证符合设计规格和质量标准的前提下，合理使用材料和节约材料，通过定额管理、计量管理等手段，以及控制施工质量避免返工等，有效地控制材料物资的消耗。

1)定额控制。定额控制表现在对于有消耗定额的材料，项目以消耗定额为依据，实行限额发料制度。项目各工长只能依据规定的限额分期分批领用，如需超限额领用材料，则须先查明原因，并办理审批手续。

2)指标控制。指标控制表现在对于没有消耗定额的材料，实行计划管理和按指标控制的办法。根据长期实际耗用情况，结合具体施工内容和节约要求，制定领用材料指标，据此控制发料。超过指标的材料领用，必须办理一定的审批手续。

3)计量控制。为准确核算项目实际材料成本，保证材料消耗准确，在发料过程中，要严格计量，防止多发或少发，并建立材料账。应做好材料收发和投料的计量检查。

4)包干控制。材料用量包干控制包括：根据工程量计算出所需材料数量并将其折算成费用，由作业班组控制、核算与考核，一次包死。

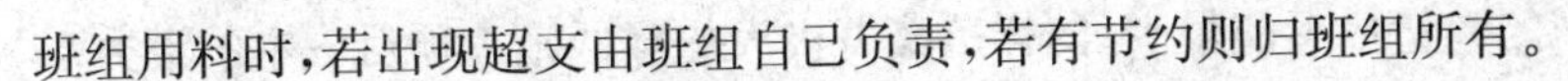

班组用料时，若出现超支由班组自己负责，若有节约则归班组所有。

3. 施工机械设备使用费的控制

合理地选择施工机械设备和使用施工机械设备对工程项目的施工及其成本控制具有十分重要的意义，尤其是高层建筑施工。据某些工程实例统计，高层建筑地面以上部分的总费用中，垂直运输机械费用占6%～10%。

施工机械费用主要由台班数量和台班单价两方面决定，为有效控制台班费支出，主要从以下四个方面控制：

(1)合理安排施工生产，加强设备租赁计划管理，减少因安排不当引起的设备闲置。

(2)做好机上人员与辅助生产人员的协调与配合，提高施工机械台班产量。

(3)加强机械设备的调度工作，尽量避免窝工，提高现场设备利用率。

(4)加强现场设备的维修保养，避免因不当使用造成机械设备的停置。

4. 施工管理费的控制

现场管理费在项目成本中占有一定比例，项目在使用和开支时弹性较大，控制与核算上都较难把握。可采取的主要控制措施如下：

(1)制定并严格执行项目经理部的施工管理费使用的审批、报销程序。

(2)编制项目经理部施工管理费总额预算，制定施工项目管理费开支标准和范围，落实各部门、岗位的控制责任。

(3)按照现场施工管理费占总成本的一定比重，确定现场施工管理费总额。

5. 临时设施费的控制

施工现场临时设施费用是施工项目成本的构成部分。施工规模大或施工集中度大，虽然可以缩短施工工期，但所需要的施工临时设施数量也多，势必导致施工成本增加，反之亦然。因此，合理确定施工规模或集中度，在满足计划工期目标要求的前提下，做到各类临时设施的数量尽可能最少，同样蕴藏着极大的降低施工项目成本的潜力。

临时设施费的控制表现在以下四方面：

(1)现场生产及办公、生活临时设施和临时房屋的搭建数量、形式的确定，在满足施工基本需要的前提下，应尽可能做到简洁适用，充分利用已有和待拆除的房屋。

(2)材料堆场、仓库类型、面积的确定，应在满足合理储备和施工需要的前提下，力求配置合理。

(3)施工临时道路的修筑、材料工器具放置场地的硬化等，在满足施工需要的前提下，应尽可能数量最小，尽可能先做永久性道路路基，再修筑施工临时道路。

(4)临时供水、供电管网的铺设长度及容量确定应尽可能合理。

6. 施工分包费用的控制

做好分包工程价格的控制是施工项目成本控制的重要工作之一。对分包费用的控制主要是抓好建立稳定的分包商关系网络，做好分包询价、订立互利平等的分包合同、施工验收与分包结算等工作。

施工过程成本控制步骤

在确定了施工成本计划之后，必须定期进行施工成本计划值与实际值的比较，当实际值偏离计划值时，分析产生偏差的原因，采取适当的纠偏措施，以确保施工成本控制目标的实现。其步骤如下：

(1)比较。按照某种确定的方式将施工成本计划值与实际值逐项进行比较，确定施工成本是否已超支。

(2)分析。在比较的基础上，对比较的结果进行分析，以确定偏差的严重性及偏差产生的原因。

(3)预测。通过对成本变化的各个因素进行分析，预测这些因素对工程成本中有关项目(成本项目)的影响程度，按照完成情况估计完成项目所需的总费用。

(4)纠偏。当工程项目的实际施工成本出现了偏差，应当根据工程的具体情况、偏差分析和预测的结果,采取适当的措施,以期达到使施工成本偏差尽可能小的目的。

(5)检查。指对工程的进展进行跟踪和检查,及时了解工程进展状况以及纠偏措施的执行情况和效果,为今后的工作积累经验。

四、工程项目成本核算

工程项目成本核算是指按照规定开支范围对施工费用进行归集,计算出施工费用的实际发生额,并根据成本核算对象,采用适当的方法,计算出该施工项目的总成本和单位成本。

(一)成本核算的要求

(1)项目成本核算应坚持形象进度、产值统计、成本归集三同步的原则。

(2)项目经理部应根据财务制度和会计制度的有关规定,建立项目成本核算制,明确项目成本核算的原则、范围、程序、方法、内容、责任及要求,并设置核算台账,记录原始数据。

(3)项目经理部应按照规定的时间间隔进行项目成本核算。

(4)项目经理部应编制定期成本报告。

(二)成本核算的对象

(1)规模大的单位工程。规模大的单位工程,可以将工程划分为若干部位,以各部位的工程作为成本核算对象。

(2)同一建设项目。同一建设项目,由同一施工单位施工,并在同一施工地点,属于同一建设项目的各个单位工程合并作为一个成本核算对象。

(3)改建、扩建零星工程。改建、扩建的零星工程,可根据实际情况和管理需要,以一个单项工程为成本核算对象,或将同一施工地点的若干个工程量较少的单项工程合并作为一个成本核算对象。

(4)多个施工单位分担同一单位工程。一个单位工程由几个施工单位共同施工时,各施工单位都应以同一单位工程为成本核算对象,各自核算自行完成的部分。

(三)成本核算的方法

工程项目成本核算的方法有项目成本直接核算、项目成本间接核算、项目成本列账核算。

1. 项目成本直接核算

直接核算是将核算放在项目上,既便于及时了解项目各项成本情况,也可以减少一些扯皮现象。不足的是每个项目都要配有专业水平和工作能力较高的会计核算人员。目前一些单位还不具备直接核算的条件。此种核算方式,一般适用于大型项目。

2. 项目成本间接核算

间接核算是将核算放在企业的财务部门,项目经理部不配专职的会计核算部门,由项目有关人员按期与相应部门共同确定当期的项目成本。

(1)项目按规定的时间、程序和质量向财务部门提供成本核算资料,委托企业的财务部门在项目成本收支范围内,进行项目成本支出的核算,落实当期项目成本的盈亏。这样可以使会计专业人员相对集中,一个成本会计可以完成两个或两个以上的项目成本核算。

(2)项目成本间接核算的不足之处是:项目了解成本情况不方便,项目对核算结论信任度不高。由于核算不在项目上进行,项目开展管理岗位成本责任核算,就会失去人力支持和平台支持。

3. 项目成本列账核算

项目成本列账核算是介于直接核算和间接核算之间的一种方法。项目经理部组织相对直接核算,正规的核算资料留在企业的财务部门。

(1)项目每发生一笔业务,其正规资料由财务部门审核存档后,与项目成本员办理确认和签认手续。项目凭此列账通知作为核算凭证和项目成本收支的依据,对项目成本范围的各项收支,登记台账会计核算,编制项目成本及相关的报表。企业财务部门按期予以确认资料，对其进行审核。

(2)列账核算法的正规资料在企业财务部门，方便档案保管，项目凭相关资料进行核算，也有利于项目开展项目成本核算和项目岗位成本责任考核。但企业和项目要核算两次，相互之间往返较多，比较烦琐。

项目成本实际数据的收集与计算

施工产值及实际成本数据的收集与计算应按以下方法进行：

(1)人工费应按照劳动管理人员提供的用工分析和受益对象进行账务处理，计入工程成本。

(2)材料费应根据当月项目材料的消耗和实际价格，计算当期耗费，计入工程成本；周转材料应实行内部调配制，按照当月使用时间、数量、单价计算计入工程成本。

(3)机械使用费按照项目当月使用台班和单价计入工程成本。

(4)其他直接费、临时设施费等应根据有关核算资料进行财务处理，计入工程成本。

(5)间接成本应根据现场发生的间接成本项目的有关资料进行账务处理，计入工程成本。

(6)按照统计人员提供的当月完成工程量的价值及有关规定，扣减各项上缴税费后，作为当期工程的结算收入。

五、工程项目成本分析

工程项目成本分析，就是根据统计核算、业务核算和会计核算提供的资料，对项目成本的形成过程和影响成本升降的因素进行分析，以寻求进一步降低成本的途径(包括项目成本中的有利偏差的挖潜和不利偏差的纠正)。

(一)项目成本偏差原因分析

成本偏差分析的一个重要目的就是要找出引起偏差的原因，从而采取有针对性的措施,减少或者避免相同问题的再次发生。在进行偏差原因分析时,首先应当将已经导致和可能导致偏差的各种原因逐一列举出来。导致不同工程项目产生费用偏差的原因具有一定共性,因而可以通过对已建项目的费用偏差原因进行归纳、总结,为该项目采取预防措施提供依据。

建筑工程项目产生费用偏差的原因通常有以下几种,如图 11-8 所示。

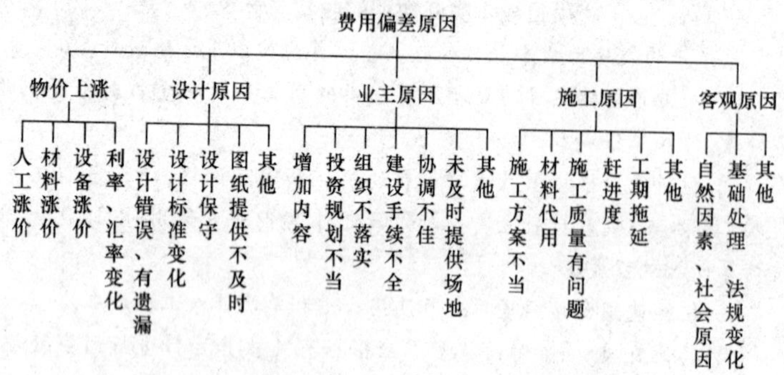

图 11-8 建筑工程项目费用偏差原因分析

(二)项目成本目标差异分析法

1. 人工费分析

(1)人工费量差。计算人工费量差首先要计算工日差,即实际耗用工日数同预算定额工日数的差异。

(2)人工费价差。计算人工费价差先要计算出每个工人的工费价差,即预算人工单价和实际人工单价之差。

2. 材料费分析

(1)主要材料和结构件费用分析。主要材料和结构件费用的高低,主要受价格和消耗数量的影响。材料价格的变动,又要受采购价格、运输费用、途中损耗、来料不足等因素的影响;材料消耗数量的变动,也要受操作损耗、管理损耗和返工损失等因素的影响,可在价格变动较大和数量超用异常的时候再作深入分析。为了分析材料价格和消耗数量的变化对材料和结构件费用的影响程度，可按下列公式计算。

因材料价格变动对材料费的影响：(预算单价－实际单价)×消耗数量

因消耗数量变动对材料费的影响：(预算用量－实际用量)×预算价格

(2)周转材料使用费分析。在实行周转材料内部租赁制的情况下，项目周转材料费的节约或超支，取决于周转材料的周转利用率和损耗率。

(3)材料采购保管费分析。材料采购保管费属于材料的采购成本，包括材料采购保管人员的工资、工资附加费、劳动保护费、办公费、差旅费，以及材料采购保管过程中发生的固定资产使用费、工具用具使用费、检验试验费、材料整理及零星运费和材料物资的盘亏及毁损等。

(4)材料储备资金分析。材料的储备资金，是根据日平均用量、材料单价和储备天数(即从采购到进场所需要的时间)计算的。材料储备金的分析，可以应用因素分析法。

3. 机械使用费分析

机械使用费分析主要通过实际成本与成本目标之间的差异进行分析，成本目标分析主要列出超高费和机械费补差收入。

4. 施工措施费分析

施工措施费的分析，主要应通过预算与实际数的比较来进行。如果没有预算数，可以计划数代替预算数。

5. 间接费用分析

间接费用分析主要用于分析为施工设备、组织施工生产和管理所需要的费用，主要包括现场管理人员的工资和进行现场管理所需要的费用。

知识拓展

项目专项成本分析法

(1)成本盈亏异常分析。对工程项目来说，成本出现盈亏异常情况，必须引起高度重视，彻底查明原因，立即加以纠正。“三同步”检查是提高项目经济核算水平的有效手段，不仅适用于月度成本检查，也适用于成本盈亏异常的检查。

(2)工期成本分析。工期成本分析，就是计划工期成本与实际工期成本的比较分析。工期成本分析的方法一般采用比较法，即将计划工期成本与实际工期成本进行比较，然后应用“因素分析法”分析各种因素的变动对工期成本差异的影响程度。

(3)资金成本分析。进行资金成本分析，通常应用“成本支出率”指标，即成本支出占工程款收入的比例。其计算公式如下：

$$成本支出率=\frac{计算期实际成本支出}{计算期实际工程款收入}\times 100\%$$

通过对“成本支出率”的分析，可以看出资金收入中用于成本支出的比重有多大；也可通过加强资金管理来控制成本支出；还可联系储备金和结存资金的比重，分析资金使用的合理性。

第三节 建筑工程质量管理

一、工程质量管理的特点

工程项目质量管理是指为达到项目质量要求采取的作业技术和活动。工程项目质量要求则主要表现为工程合同、设计文件、技术规范规定的质量标准。因此，工程项目质量管理就是为了保证达到工程合同设计文件和标准规范规定的质量标准而采取的一系列措施、手段和方法。

建筑工程质量管理具有以下特点：

1. 影响质量的因素多

如设计、材料、机械、地形、地质、水文、气象、施工工艺、操作方法、技术措施、管理制度等因素均直接影响施工项目的质量。

2. 质量检查不能解体、拆卸

工程项目建成后,不可能像某些工业产品那样,再拆卸或解体检查内在的质量,或重新更换零件;即使发现质量有问题,也不可能像工业产品那样实行“包换”或“退款”。

3. 质量要受投资、进度的制约

施工项目的质量受投资、进度的制约较大,一般情况下,投资大、进度慢,质量就好;反之,质量则差。因此,项目在施工中,还必须正确处理质量、投资、进度三者之间的关系,使其达到对立的统一。

4. 容易产生第一、第二判断错误

施工项目由于工序交接多、中间产品多、隐蔽工程多,若不及时检查实质,事后再看表面,就容易产生第二判断错误,也就是说,容易将不合格的产品,认定是合格的产品;反之,若检查不认真,测量仪表不准,读数有误,就会产生第一判断错误,也就是说容易将合格产品,认定是不合格的产品。

5. 容易产生质量变异

因项目施工不像工业产品生产那样有固定的自动性和流水线,有规范化的生产工艺和完善的检测技术,有成套的生产设备和稳定的生产环境,有相同系列规格和相同功能的产品;同时,由于影响施工项目质量的偶然性因素和系统性因素都较多,很容易产生质量变异。因此,在施工中要严防出现系统性因素的质量变异,要把质量变异控制在偶然性因素范围内。

二、施工准备阶段的质量管理

施工准备阶段的质量管理是指项目正式施工活动开始前,对各项准备工作及影响质量的各种因素和有关方面进行的质量控制。

施工准备是为保证施工生产正常进行而必须事先做好的工作。施工准备工作不仅是在工程开工前要做好,而且贯穿于整个施工过程。施工准备的基本任务就是为施工项目建立一切必要的施工条件,确保施工生产顺利进行,确保工程质量符合要求。

(一)技术资料、文件准备质量控制

1. 质量管理相关法规、标准

国家及政府有关部门颁布的有关质量管理方面的法律、法规,规定了工程建设参与各方的质量责任和义务,质量管理体系建立的要求、标准,质量问题处理的要求,质量验收标准等,这些是进行质量控制的重要依据。

2. 施工组织设计、施工项目管理

施工组织设计或施工项目管理规划是指导施工准备和组织施工的全面性技术经济文件,要进行以下两方面的控制:

(1)选定施工方案后,制定施工进度过程中必须考虑施工顺序、施工流向,主要分部、分项工程的施工方法,特殊项目的施工方法和技术措施能否保证工程质量。

(2)制定施工方案时,必须进行技术经济比较,使工程项目满足符合性、有效性和可靠性要求,取得施工工期短、成本低、安全生产、效益好的经济质量。

3. 施工项目所在地的自然条件及技术经济条件调查资料

对施工项目所在地的自然条件和技术经济条件的调查,是为选择施工技术与组织方案收集基础资料,并以此作为施工准备工作的依据。

4. 工程测量控制资料

施工现场的原始基准点、基准线、参考标高及施工控制网等数据资料,是施工之前进行质量控制的基础性工作,这些数据资料是进行工程测量控制的重要内容。

(二)设计交底质量控制

工程施工前,由设计单位向施工单位有关人员进行设计交底,其主要内容包括:

(1)设计意图:设计思想、设计方案比较、基础处理方案、结构设计意图、设备安装和调试要求、施工进度安排等。

(2)地形、地貌、气象、工程地质及水文地质等自然条件。

(3)施工图设计依据:初步设计文件,规划、环境等要求,设计规范。

(4)施工注意事项:对基础处理的要求,对建筑材料的要求,采用新结构、新工艺的要求,施工组织和技术保证措施等。

(三)图纸研究和审核

通过研究和会审图纸,可以广泛听取使用人员、施工人员的正确意见,弥补设计上的不足,提高设计质量;可以使施工人员了解设计意图、技术要求、施工难点,为保证工程质量打好基础。图纸研究和审核的主要内容包括:

(1)对设计者的资质进行认定。

(2)设计是否满足抗震、防火、环境卫生等要求。

(3)图纸与说明是否齐全。

(4)图纸中有无遗漏、差错或相互矛盾之处,图纸表示方法是否清楚并符合标准要求。

(5)地质及水文地质等资料是否充分、可靠。

(6)所需材料来源有无保证,能否替代。

(7)施工工艺、方法是否合理,是否切合实际,是否便于施工,能否保证质量要求。

(8)施工单位是否具备施工图及说明书中涉及的各种标准、图册、规范、规程等。

(四)物质准备质量控制

1. 材料质量控制的内容

材料质量控制的内容主要包括材料质量的标准,材料的性能,材料取样、试验方法,材料的适用范围和施工要求等。

2. 材料质量控制的要求

(1)掌握材料信息,优选供货厂家。

(2)合理组织材料供应,确保施工正常进行。

(3)合理组织材料使用,减少材料的损失。

(4)加强材料检查验收,严把材料质量关。

(5)重视材料的使用认证,以防错用或使用不合格的材料。

3. 材料的选择和使用

材料的选择和使用不当，均会严重影响工程质量甚至造成质量事故。因此，必须针对工程特点，根据材料的性能、质量标准、适用范围和对施工的要求等方面进行综合考虑，慎重地选择和使用材料。

材料质量控制措施

(1)采购前必须将项目所需材料的质量要求(包括品种、规格、规范、标准等)、用途、投入时间、数量说明清楚，做出材料计划表并在采购合同中明确规定这些内容。

(2)采购选择。供应商通常是很多的，对各种供应的质量应有深入的了解，多收集一些说明书、产品介绍方面的信息。

(3)入库和使用前的检查。检查供应的质量，并做出评价，保存记录。不合格的材料不得进入施工现场，更不得使用。

4. 施工机械设备的选用

施工机械设备是实现施工机械化的重要物质基础，是现代施工中必不可少的设备，对施工项目的质量有直接的影响。为此，施工机械设备的选用，必须综合考虑施工场地的条件、建筑结构形式、机械设备性能、施工工艺和方法、施工组织与管理、建筑经济等各种因素进行多方案比较，使之合理装备、配套使用、有机联系，以充分发挥机械设备的效能，力求获得较好的综合经济效益。

施工机械设备选用的参考内容包括：

(1)机械设备的选型。

(2)机械设备的主要性能参数。

(3)机械设备的使用与操作要求。

(五)组织准备

施工组织准备包括建立项目组织机构、集结施工队伍、对施工队伍进行入场教育等。

(六)施工现场准备

施工现场准备包括:控制网、水准点、标桩的测量;“五通一平”;生产、生活临时设施等的准备;组织机具、材料进场;拟定有关试验、试制和技术进步项目计划;编制季节性施工措施;制定施工现场管理制度等。

(七)择优选择分包商并对其进行分包培训

分包商是直接的操作者,只有他们的管理水平和技术实力提高了,工程才能达到既定的质量目标,因此要着重对分包队伍进行技术培训和质量教育,帮助分包商提高管理水平。对分包班组长及主要施工人员,按不同专业进行技术、工艺、质量综合培训,未经培训或培训不合格的分包队伍不允许进场施工。应责成分包商建立责任制,并将项目的质量保证体系贯彻落实到各自的施工质量管理中,督促其对各项工作的落实。

分包单位的资质审查

分包单位的资质,应具备其分包工程项目的资质要求。

(1)审查分包单位是否具有按工程承包合同规定条件完成分包工程项目的能力。

(2)审查该分包单位的企业简介、生产技术实力及过去的施工经验与业绩。

(3)审查该分包单位管理和操作人员的岗位资格,是否可以达到持证上岗要求。

三、施工阶段的质量管理

建筑生产活动是一个动态过程,质量控制必须伴随着生产过程进行。施工过程中的质量管理就是对施工过程在进度、质量、安全等方面实行全面控制。

施工阶段质量控制的主要工作是以工序质量控制为核心，设置质量控制点，严格质量检查、工程变更，做好成品的保护。

（一）施工工序质量控制

建筑工程项目的施工过程是由一系列相互关联、相互制约的工序所构成的。工序质量是基础，直接影响工程项目的整体质量。要控制工程项目施工过程的质量，首先必须控制工序的质量。

1. 工序质量控制的内容

工序质量控制主要包括两方面，即对工序施工条件的控制和对工序施工效果的控制，如图11-9所示。

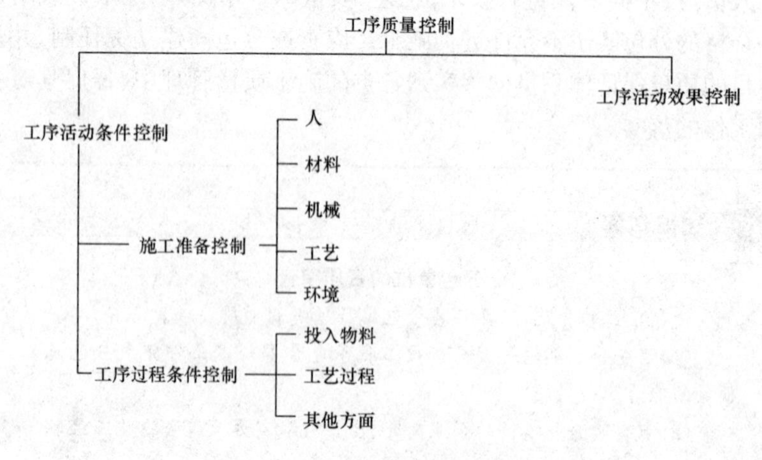

图11-9　施工工序质量控制的内容

（1）工序施工条件的控制。

工序施工条件是指从事工序活动的各种生产要素及生产环境条件。控制方法主要包括检查、测试、试验、跟踪监督等。控制依据是设计质量标准、材料质量标准、机械设备技术性能标准、操作规程等。控制方式是对工序准备的各种生产要素及环境条件宜采用的事前质量控制的模式（即预控）。

（2）工序施工效果的控制。

工序施工效果主要反映在工序产品的质量特征和特性指标方面。

对工序施工效果控制就是控制工序产品的质量特征和特性指标是否达到设计要求和施工验收标准。工序施工效果质量控制一般属于事后质量控制，其控制的基本步骤包括实测、统计、分析、判断、认可或纠偏。

2. 工序施工质量的动态控制

在施工过程中，有许多影响工程质量的因素，但是它们并非同等重要，重要的只是少数，往往是某个因素对质量起决定作用，处于支配地位。控制了它，质量就可以得到保证。人、材料、机械、方法、环境、时间、信息中的任何一个要素，都可能在工序质量中起关键作用。影响工序施工质量的因素对工序质量所产生的影响，可能表现为一种偶然的、随机性的影响，也可能表现为一种系统性的影响。施工管理者应当在整个工序活动中，连续地实施动态跟踪控制。通过对工序产品的抽样检验，判定其产品质量波动的状态。若工序活动处于异常状态，则应查找出影响质量的原因，采取措施排除系统性因素的干扰，使工序活动恢复到正常状态，从而保证工序活动及其产品的质量。

(二)质量控制点的设置

质量控制点，其涉及面较广，可能是结构复杂的某一工程项目，也可能是技术要求高、施工难度大的某一结构或分项分部工程，也可能是影响质量关键的某一环节。总之，操作、工序、材料、机械、施工顺序、技术参数、自然条件、工程环境等，均可作为质量控制点来设置，主要视其对质量影响的大小及危害程度而定。

质量控制点的设置应遵循以下原则：

(1)施工过程中的关键工序或环节以及隐蔽工程。

(2)施工中的薄弱环节，或质量不稳定的工序、部位或对象。

(3)对后续工程施工或对后续工序质量或安全有重大影响的工序、部位或对象。

(4)使用新技术、新工艺、新材料的部位或环节。

(5)施工上无足够把握的、施工条件困难的或技术难度大的工序或环节。

建筑工程质量控制点的设置位置可以参考表11-1。

表 11-1　　质量控制点的设置位置

分项工程	质量控制点
工程测量定位	标准轴线桩、水平桩、龙门板、定位轴线、标高
地基、基础（含设备基础）	基坑（槽）尺寸、标高、土质、地基承载力，基础垫层标高，基础位置、尺寸、标高，预埋件、预留洞孔的位置、标高、规格、数量，基础杯口弹线
砌体	砌体轴线，皮数杆，砂浆配合比，预留洞孔、预埋件的位置、数量，砌块排列
模板	位置、标高、尺寸，预留洞孔位置、尺寸，预埋件的位置，模板的强度、刚度和稳定性，模板内部清理及润湿情况
钢筋混凝土	水泥品种、强度等级，砂石质量，混凝土配合比，外加剂比例，混凝土振捣，钢筋品种、规格、尺寸、搭接长度，钢筋焊接、机械连接，预留洞孔及预埋件规格、位置、尺寸、数量，预制构件吊装或出厂（脱模）强度，吊装位置、标高、支承长度、焊缝长度
吊装	吊装设备的起重能力、吊具、索具、地锚
钢结构	翻样图、放大样
焊接	焊接条件、焊接工艺
装修	视具体情况而定

（三）施工过程质量检查

1. 施工操作质量巡视检查

有些质量问题是由于操作不当所致，虽然表面上似乎影响不大，却隐藏着潜在的危害。所以，在施工过程中，必须注意加强对操作质量的巡视检查。对违章操作、不符合质量要求的要及时纠正，防患于未然。

2. 工序质量交接检查

严格执行“三检”制度，即自检、互检、交接检。各工序按施工技术标准进行质量控制，每道工序完成后应进行检查。各专业工种相互之间应进行交接检验，并形成记录。未经监理工程师检查认可，不得进行下道工序施工。

3. 隐蔽检查验收

隐蔽检查验收，是指将被其他工序施工所隐蔽的分项分部工程，在隐蔽前所进行的检查验收。实践证明，坚持隐蔽验收检查是消除隐患、避免质量事故的重要措施。隐蔽工程未验收签字，不得进行下道工序施工。隐蔽工程验收后，要办理隐蔽签证手续，列入工程档案。

4. 工程施工预检

预检是指工程在未施工前所进行的预先检查。预检是确保工程质量、防止可能发生偏差造成重大质量事故的有力措施。

(四)工程变更

工程项目任何形式上、质量上、数量上的变动，都称为工程变更，它既包括了工程具体项目的某种形式上、质量上、数量上的改动，也包括了合同文件内容的某种改动。

(五)成品保护

成品保护一般是指在施工过程中，某些分项工程已经完成，而其他一些分项工程尚在施工；或者是在其分项工程施工过程中，某些部位已完成，而其他部位正在施工；在这种情况下，施工单位必须负责对已完成部分采取妥善措施予以保护，以免因成品缺乏保护或保护不善而造成损伤或污染，影响工程整体质量。

加强成品保护要从两个方面着手，首先应加强教育，提高全体员工的成品保护意识；其次要合理安排施工顺序，采取有效的保护措施。

成品保护的措施

(1)防护。就是针对被保护对象的特点采取各种防护的措施。例如，对清水楼梯踏步，可以采取护棱角铁上下连接固定；对于进出口台阶可垫砖或用方木搭脚手板供人通过的方法来保护台阶；对于门口易碰部位，可以钉上防护条或槽型盖铁保护；门扇安装后可加楔固定等。

(2)包裹。就是将被保护物包裹起来，以防损伤或污染。例如，对镶面大理石柱可用立板包裹捆扎保护；铝合金门窗可用塑料布包扎保护等等。

(3)覆盖。就是用表面覆盖的办法防止堵塞或损伤。例如,对地漏、落水口排水管等安装后可加以覆盖,以防止异物落入而被堵塞;预制水磨石或大理石楼梯可用木板覆盖加以保护;地面可用锯末、苫布等覆盖以防止喷浆等污染;其他需要防晒、防冻、保温养护等项目也应采取适当的防护措施。

(4)封闭。就是采取局部封闭的办法进行保护。例如,垃圾道完成后,可将其进口封闭起来,以防止建筑垃圾堵塞通道;房间水泥地面或地面砖完成后,可将该房间局部封闭,防止因人们随意进入而损害地面;房内装修完成后,应加锁封闭,防止因人们随意进入而受到损伤等。

四、竣工验收阶段的质量管理

竣工验收阶段的质量管理是指各分部、分项工程都已全部施工完毕后的质量控制。竣工验收是建设投资成果转入生产或使用的标志,是全面考核投资效益、检验设计和施工质量的重要环节。

竣工验收阶段质量控制的主要工作有收尾工作、竣工资料的整理、竣工验收。

1. 收尾工作

收尾工作的特点是零星、分散、工程量小、分布面广,如不及时完成将会直接影响到项目的验收及投产使用。因此,应编制项目收尾工作计划并限期完成。项目经理和技术员应对竣工收尾计划执行情况进行检查,重要部位要做好记录。

2. 竣工资料的整理

竣工资料包括以下内容:

(1)工程项目开工报告。

(2)工程项目竣工报告。

(3)图纸会审和设计交底记录。

(4)设计变更通知单。

(5)技术变更核定单。

(6)工程质量事故发生后的调查和处理资料。

(7)水准点位置、定位测量记录、沉降及位移观测记录。

(8)材料、设备、构件的质量合格证明资料。

(9)试验、检验报告。

(10)隐蔽工程验收记录及施工日志。

(11)竣工图。

(12)质量验收评定资料。

(13)工程竣工验收资料。

3. 竣工验收

(1)承包人确认工程竣工、具备竣工验收各项要求,并经监理单位认可签署意见后,向发包人提交《工程验收报告》。发包人收到《工程验收报告》后,应在约定的时间和地点,组织有关单位进行竣工验收。

(2)发包人组织勘察、设计、施工、监理等单位按照竣工验收程序,对工程进行核查后,应做出验收结论,并形成《工程竣工验收报告》。参与竣工验收的各方负责人应在竣工验收报告上签字并盖单位公章,以求对工程负责,如发现质量问题便于追查责任。

(3)通过竣工验收程序,办完竣工结算后,承包人应在规定期限内向发包人办理工程移交手续。

五、工程项目质量事故分析和处理

(一)工程质量事故分类及原因分析

1. 工程质量事故分类

工程质量事故是指在工程建设过程中或交付使用后,对工程结构安全、使用功能和外形观感影响较大、损失较大的质量损伤。如住宅阳台、雨篷倾覆,桥梁结构坍塌,大体积混凝土强度不足,管道、容器爆裂使气体或液体严重泄漏等。

(1)经济损失达到较大的金额。

(2)有时造成人员伤亡。

(3)后果严重,影响结构安全。

(4)无法降级使用,难以修复时,必须推倒重建。

建筑工程质量事故的分类，见表11-2。

表11-2　　建筑工程质量事故的分类

序号	分类方法	事故类别	内容及说明
1	按事故的性质及严重程度划分	一般事故	通常是指经济损失在5000元～10万元额度内的质量事故
		重大事故	凡是有下列情况之一者，可列为重大事故： (1)建筑物、构筑物或其他主要结构倒塌。 (2)超过规范规定或设计要求的基础严重不均匀沉降，建筑物倾斜，结构开裂或主体结构强度严重不足，影响结构物的寿命，造成不可补救的永久性质量缺陷或事故。 (3)影响建筑设备及其相应系统的使用功能，造成永久性质量缺陷。 (4)经济损失在10万元以上
2	按事故造成的后果区分	未遂事故	发现了质量问题，经及时采取措施，未造成经济损失、延误工期或其他不良后果者，均属未遂事故
		已遂事故	凡出现不符合质量标准或设计要求，造成经济损失、工期延误或其他不良后果者，均构成已遂事故
3	按事故责任区分	指导责任事故	指由于在工程实施指导或领导失误造成的质量事故
		操作责任事故	指在施工过程中，由于实施操作者不按规程或标准实施操作，而造成的质量事故
4	按质量事故产生的原因区分	技术原因引发的质量事故	指在工程项目实施中由于设计、施工技术上的失误而造成的质量事故。主要包括： (1)结构设计计算错误。 (2)地质情况估计错误。 (3)盲目采用技术上未成熟、实际应用中未得到充分的实践检验证实其可靠的新技术。 (4)采用不适宜的施工方法或工艺

续表

序号	分类方法	事故类别	内容及说明
4	按质量事故产生的原因区分	管理原因引发的质量事故	指由于管理上的不完善或失误而引发的质量事故。主要包括： (1)施工单位或监理单位的质量体系不完善。 (2)检验制度的不严密，质量控制不严格。 (3)质量管理措施落实不力。 (4)检测仪器设备管理不善而失准。 (5)进料检验不严格
		社会、经济原因引发的质量事故	指由于社会、经济因素及社会上存在的弊端和不正之风引起建设中的错误行为，而导致出现的质量事故

2. 工程质量问题产生原因分析

工程项目在施工中产生的质量问题多种多样。如建筑结构的错位、变形、倾斜、倒塌、破坏、开裂、渗水、刚度差、强度不足、断面尺寸不准等。通常发生质量问题的原因见表11-3。

表11-3　建筑工程质量问题发生的原因

序号	事故原因	内容及说明
1	违背建设程序	(1)未经可行性论证，不作调查分析就拍板定案。 (2)未弄清工程地质、水文地质条件就仓促开工。 (3)无证设计、无证施工，任意修改设计，不按图纸施工。 (4)工程竣工不进行试车运转，未经验收就交付使用
2	工程地质勘察原因	(1)未认真进行地质勘察就提供地质资料，数据有误。 (2)钻孔间距太大或钻孔深度不够，致使地质勘察报告不详细、不准确

续表

序号	事故原因	内容及说明
3	未加固处理好地基	对不均匀地基未进行加固处理或处理不当，导致重大质量问题
4	计算问题	设计考虑不周，结构构造不合理、计算简图不正确、计算荷载取值过小、内力分布有误等
5	建筑材料及制品不合格	导致混凝土结构强度不足，裂缝、渗漏、蜂窝、露筋，甚至断裂、垮塌
6	施工和管理问题	(1)不熟悉图纸，未经图纸会审，盲目施工。 (2)不按图施工，不按有关操作规程施工，不按有关施工验收规范施工。 (3)缺乏基本结构知识，施工蛮干。 (4)施工管理紊乱，施工方案考虑不周，施工顺序错误，未进行施工技术交底，违章作业等
7	自然条件影响	温度、湿度、日照、雷电、大风、暴风等都可能造成重大的质量事故
8	建筑结构使用问题	(1)建筑物使用不当，使用荷载超过原设计的容许荷载。 (2)任意开槽、打洞，削弱承重结构的截面等

(二)工程质量事故处理

1. 工程质量质量事故处理要求

(1)处理应达到安全可靠，不留隐患，满足生产、使用要求，施工方便，经济合理的目的。

(2)重视消除事故的原因，是防止事故重演的重要措施。

(3)注意综合治理。既要防止原有事故的处理引发新的事故；又要注意处理方法的综合应用，如结构承载力不足时，可采用结构补强、卸荷、增设支撑、改变结构方案等方法的综合应用。

(4)正确确定处理范围。除直接按处理事故发生的部位外，还应检查事故对相邻区域及整个结构的影响，以正确确定处理范围。

(5)正确选择处理时间和方法。发现质量问题后，一般应及时分析处理。但并非所有质量问题的处理都是越早越好，如裂缝、沉降、变形质量问题发现后，在其尚未稳定就匆忙处理，往往不能达到预期的效果。处理方法的选择，应根据质量问题的特点，综合考虑安全可靠、技术可行、经济合理、施工方便等因素，经分析比较，择优选定。

(6)加强事故处理的检查验收工作。从事故处理的施工准备到竣工，均应根据有关规范的规定和设计要求的质量标准进行检查验收。

(7)认真复查事故的实际情况。在事故处理中若发现事故情况与调查报告中所述内容差异较大时，应停止施工，待查清问题的实质，采取相应的措施后再继续施工。

(8)确保事故处理期的安全。事故现场中不安全因素较多，应事先采取可靠的安全技术措施和防护措施，并严格检查、执行。

2. 工程质量事故处理程序

建筑工程质量问题和事故的处理是工程质量控制的重要环节。根据有关文件规定，直接经济损失在5000元以下的属质量问题；直接经济损失在5000元～10万元的属一般质量事故。工程质量问题和质量事故处理的一般程序如图11-10和图11-11所示。

(三)施工质量问题处理

(1)不作处理。某些工程质量问题虽不符合规定的要求或标准，但其情况不严重，经过分析、论证和慎重考虑后，可以做出不作处理的决定。可以不作处理的情况有：不影响结构安全和使用要求，经过后续工序可以弥补的不严重的质量缺陷；经复核验算，仍能满足设计要求的质量缺陷。

(2)返工处理。当工程质量未达到规定的标准或要求，有明显严重的质量问题，对结构的使用和安全有重大影响，而又无法通过修补办法给予纠正时，可以做出返工处理的决定。

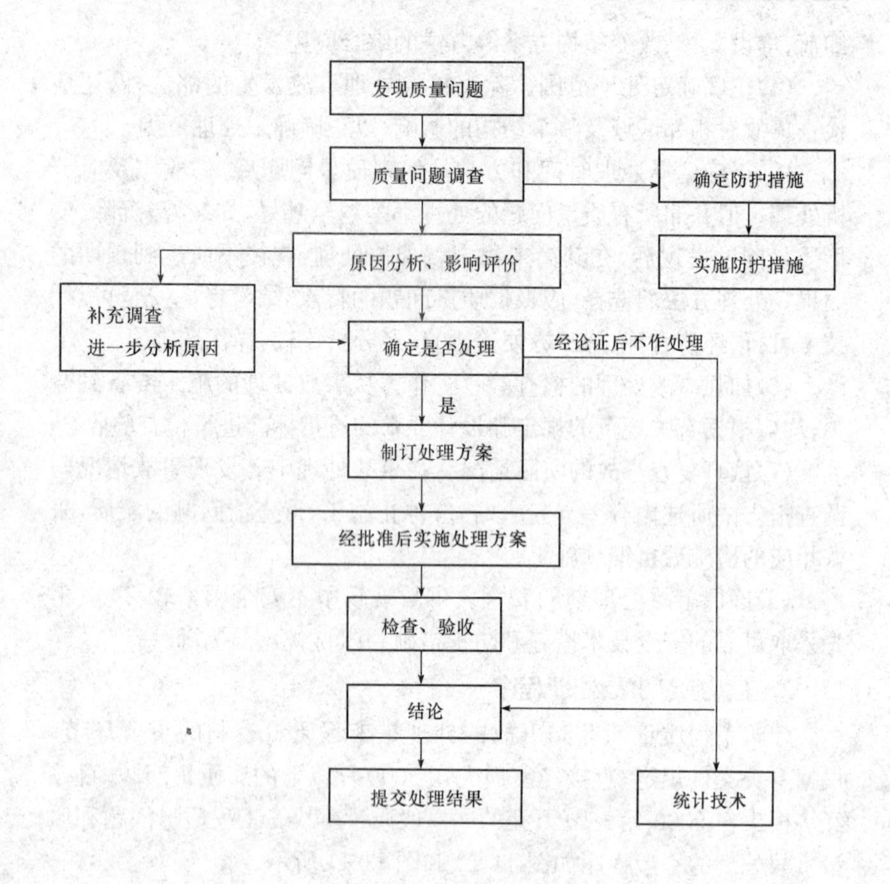

图 11-10　建筑工程质量问题的一般程序

(3)限制使用。当工程质量问题按修补方式处理无法保证达到规定的使用要求和安全，而又无法返工处理的情况下，不得已时可以做出结构卸荷、减荷以及限制使用的决定。

(4)修补处理。当工程的某些部分的质量虽未达到规定的规范、标准或设计要求，存在一定的缺陷，但经过修补后还可达到要求的标准，又不影响使用功能或外观要求的，可以做出进行修补处理的决定。

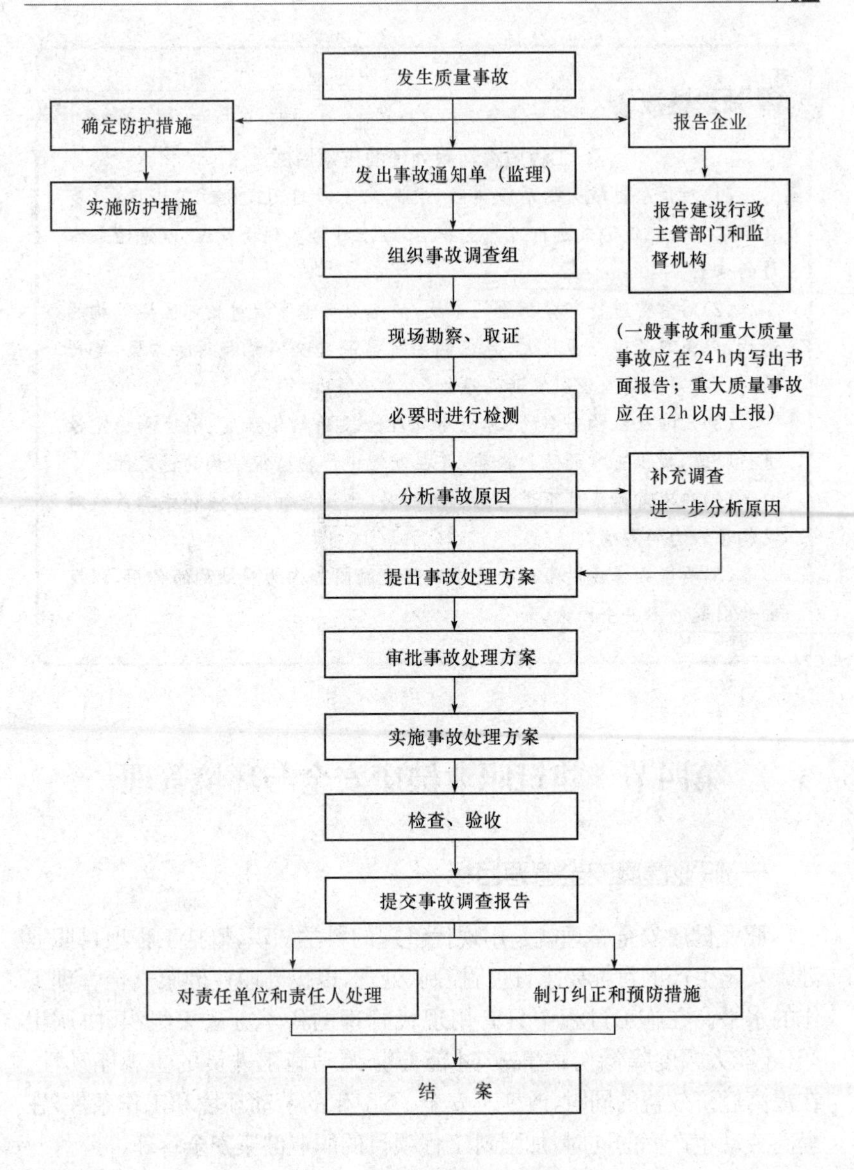

图 11-11　质量事故处理的一般程序

知识链接

工程质量问题处理的应急措施

(1)对危险性较大的质量事故,首先应予以封闭或设立警戒区,只有在确认不可能倒塌或进行可靠支护后,方准许进入现场处理,以免造成人员的伤亡。

(2)对需要进行部分拆除的事故,应充分考虑事故对相邻区域结构的影响,以免事故进一步扩大,且应制定可靠的安全措施和拆除方案,要严防对原有事故的处理引发新的事故。

(3)凡涉及结构安全的,都应对处理阶段的结构强度、刚度和稳定性进行验算,提出可靠的防护措施,并在处理中严密监视结构的稳定性。

(4)在不卸荷条件下进行结构加固时,要注意加固方法和施工荷载对结构承载力的影响。

(5)要充分考虑对事故处理中所产生的附加内力对结构的作用,以及由此引起的不安全因素。

第四节　建筑职业健康安全与环境管理

一、职业健康安全管理目标

职业健康安全管理就是用现代管理的科学知识,概括工程项目职业健康安全生产的目标要求,进行控制、处理,以提高职业健康安全管理工作的水平。在施工过程中只有用现代管理的科学方法去组织、协调生产,才能大幅度降低伤亡事故,才能充分调动施工人员的主观能动性。在提高经济效益的同时,改变不安全、不卫生的劳动环境和工作条件,在提高劳动生产率的同时,加强对工程项目的职业健康安全管理。

职业健康安全管理目标是项目根据企业的整体目标,在分析外部环境和内部条件的基础上,确定职业健康安全生产所要达到的目标,并采取一系列措施去努力实现的活动过程。

二、职业健康安全技术措施计划

职业健康安全技术措施计划，是在施工项目开工前，由项目经理部编制，经项目经理批准后实施，是指以改善企业劳动条件，防止工伤事故，防止职业病和职业中毒为目的的技术组织措施。它是企业有计划地逐步改善劳动条件的重要工具；是防止工伤事故和职业病的一项重要的劳动保护措施；是企业生产、技术、财务计划的一个重要组成部分。

1. 职业健康安全技术措施计划编制的依据

(1)国家职业健康安全法规、条例、规程、政策及企业有关的职业健康安全规章制度。

(2)在职业健康安全生产检查中发现的，但尚未解决的问题。

(3)造成工伤事故与职业病的主要设备与技术原因，应采取的有效防止措施。

(4)生产发展需要所采取的职业健康安全技术与工业卫生技术措施。

(5)职业健康安全技术革新项目和职工提出的合理化建议项目。

2. 职业健康安全技术措施计划的项目和内容

职业健康安全技术措施计划应包括的主要项目有以下七项：单位或工作场所；措施名称；措施的内容和目的；经费预算及其来源；负责设计、施工单位或负责人；开工日期及竣工日期；措施执行情况及其效果。

职业健康安全技术措施计划的内容范围，包括以改善企业劳动条件、防止工伤事故、预防职业病和职业中毒为主要目的的一切技术组织措施。按照《安全技术措施计划的项目总名称表》规定，具体可分为以下四类：

(1)职业健康安全技术措施。职业健康安全技术措施是指以预防工伤事故为目的的一切技术措施。如防护装置、保险装置、信号装置及各种防护设施等。

(2)工业卫生技术措施。工业卫生技术措施是指以改善劳动条件，预防职业病为目的的一切技术措施。如防尘、防毒、防噪声、防振动设施以及通风工程等。

(3)辅助房屋及设施。辅助房屋及设施是指有关保证职业健康安全生产、工业卫生所必需的房屋及设施。如淋浴室、更衣室、消毒室、妇女卫生室等。

(4)职业健康安全宣传教育所需的设施。职业健康安全宣传教育所需的设施包括购置职业健康安全教材、图书、仪器,举办职业健康安全生产劳动保护展览会,设立陈列室、教育室等。

职业健康安全技术措施计划编制注意事项

在编制企业职业健康安全技术措施计划时,必须划清项目范围。凡属医疗福利、劳保用品、消防器材、环保设施、基建和技改项目中的安全卫生设施等,均不应列入职业健康安全技术措施计划中,以确保职业健康安全技术措施经费真正用于改善劳动条件。例如,设备的检修、厂房的维修和个人的劳保用品、公共食堂、公用浴室、托儿所、疗养院等集体福利设施以及采用新技术、新工艺、新设备时必须解决的安全卫生设施等,均不应列入职业健康安全技术措施项目经费预算的范围。

三、职业健康安全技术措施(方案)

1. 职业健康安全技术措施(方案)编制的依据

工程项目施工组织设计或施工方案中必须有针对性的职业健康安全技术措施,特殊和危险性大的工程必须单独编制职业健康安全施工方案或职业健康安全技术措施。职业健康安全技术措施或职业健康安全施工方案的编制依据有:

(1)国家和政府有关职业健康安全生产的法律、法规和有关规定。

(2)建筑安装工程职业健康安全技术操作规程、技术规范、标准、规章制度。

(3)企业的职业健康安全管理规章制度。

2. 职业健康安全技术措施(方案)编制的内容

(1)一般工程职业健康安全技术措施。

1)深坑、桩基施工与土方开挖方案。

2)±0.000 以下结构施工方案。

3)工程临时用电技术方案。

4)结构施工临边、洞口及交叉作业、施工防护职业健康安全技术措施。

5)塔吊、施工外用电梯、垂直提升架等安装与拆除职业健康安全技术方案(含基础方案)。

6)大模板施工职业健康安全技术方案(含支撑系统)。

7)高大、大型脚手架、整体式爬升(或提升)脚手架及卸料平台职业健康安全技术方案。

8)特殊脚手架——吊篮架、悬挑架、挂架等职业健康安全技术方案。

9)钢结构吊装职业健康安全技术方案。

10)防水施工职业健康安全技术方案。

11)设备安装职业健康安全技术方案。

12)新工艺、新技术、新材料施工职业健康安全技术措施。

13)防火、防毒、防爆、防雷职业健康安全技术措施。

14)临街防护、临近外架供电线路、地下供电、供气、通风、管线,毗邻建筑物防护等职业健康安全技术措施。

15)主体结构、装修工程职业健康安全技术方案。

16)群塔作业职业健康安全技术措施。

17)中小型机械职业健康安全技术措施。

18)安全网的架设范围及管理要求。

19)冬雨期施工职业健康安全技术措施。

20)场内运输道路及人行通道的布置。

(2)单位工程职业健康安全技术措施。对于结构复杂、危险性大、特性较多的特殊工程,应单独编制职业健康安全技术方案。如爆破、大型吊装、沉箱、沉井、烟囱、水塔、各种特殊架设作业、高层脚手架、井架和拆除工程等,必须单独编制职业健康安全技术方案,并要有设计依据、有计算、有详图、有文字要求。

(3)季节性施工职业健康安全技术措施

1)高温作业职业健康安全措施:夏季气候炎热,高温时间持续较长,制定防暑降温职业健康安全措施。

2)雨期施工职业健康安全方案:雨期施工,制定防止触电、防雷、防坍塌、防台风职业健康安全方案。

3)冬期施工职业健康安全方案:冬期施工,制定防风、防火、防滑、防煤气中毒、防亚硝酸钠中毒等职业健康安全方案。

3. 职业健康安全技术措施(方案)审批管理

(1)一般工程职业健康安全技术方案(措施)由项目经理部工程技术部门负责人审核,项目经理部总(主任)工程师审批,报公司项目管理部、职业健康安全监督部备案。

(2)重要工程(含较大专业施工)职业健康安全技术方案(措施)由项目(或专业公司)总(主任)工程师审核,公司项目管理部、职业健康安全监督部复核,由公司技术发展部或公司总工程师委托技术人员审批并在公司项目管理部、职业健康安全监督部备案。

(3)大型、特大工程职业健康安全技术方案(措施)由项目经理部总(主任)工程师组织编制报技术发展部、项目管理部、职业健康安全监督部审核,由公司总(副总)工程师审批并在上述三个部门备案。

(4)深坑(超过 5m)、桩基础施工方案、整体爬升(或提升)脚手架方案经公司总工程师审批后还须报当地建委施工管理处备案。

(5)业主指定分包单位所编制的职业健康安全技术措施方案在完成报批手续后报项目经理部技术部门(或总工、主任工程师处)备案。

职业健康安全技术措施(方案)变更

(1)施工过程中如发生设计变更,原定的职业健康安全技术措施也必须随着变更,否则不准施工。

(2)施工过程中确实需要修改拟定的职业健康安全技术措施时,必须经原编制人同意,并办理修改审批手续。

四、职业健康安全技术检查

(一)职业健康安全检查工作内容及重点

1. 职业健康安全检查工作内容

(1)各级管理人员对职业健康安全施工规章制度的建立与落实。规章制度的内容包括职业健康安全施工责任制、岗位责任制、职业健康安全教育制度、职业健康安全检查制度等。

(2)施工现场职业健康安全措施的落实和有关职业健康安全规定的执行情况。主要包括以下内容：

1)职业健康安全技术措施。根据工程特点、施工方法、施工机械，编制了完善的职业健康安全技术措施并在施工过程中得到贯彻。

2)施工现场职业健康安全组织。工地上是否有专、兼职安全员并组成职业健康安全活动小组,工作开展情况,完整的施工职业健康安全记录。

3)职业健康安全技术交底、操作规章的学习贯彻情况。

4)职业健康安全设防情况。

5)个人防护情况。

6)安全用电情况。

7)施工现场防火设备。

8)职业健康安全标志牌等。

2. 职业健康安全检查工作重点

建筑工程项目职业健康安全检查工作重点见表 11-4。

表 11-4　　职业健康安全检查工作重点

序号	项目	内容
1	临时用电系统和设施	(1)临时用电是否采用 TN－S 接零保护系统。 (2)施工中临时用电的负荷匹配和电箱合理配置、配设问题。 (3)临电器材和用电设备是否具备安全防护装置和安全措施。 (4)生活和施工照明的特殊要求。 (5)消防泵、大型机械的特殊用电要求。对塔吊、消防泵、外用电梯等配置专用电箱,做好防雷接地,对塔吊、外用电梯电缆要做合适处理等。 (6)雨期施工中,对绝缘和接地电阻的及时摇测和记录情况

续一

序号	项目	内容
2	施工准备阶段	(1)如施工区域内有地下电缆、水管或防空洞等,要指令专人进行妥善处理。 (2)现场内或施工区域附近有高压架空线时,要在施工组织设计中采取相应的技术措施,确保施工职业健康安全。 (3)施工现场的周围如临近居民住宅或交通要道,要充分考虑施工扰民、妨碍交通、发生职业健康安全事故的各种可能因素,以确保人员职业健康安全。对有可能发生的危险隐患,要有相应的防护措施,如:搭设过街、民房防护棚,施工中作业层的全封闭措施等。 (4)在现场内设金属加工、混凝土搅拌站时,要尽量远离居民区及交通要道,防止施工中噪声干扰居民正常生活
3	基础施工阶段	(1)土方施工前,检查是否有针对性的职业健康安全技术交底并督促执行。 (2)在雨期或地下水位较高的区域施工时,是否有排水、挡水和降水措施。 (3)根据组织设计放坡比例是否合理,有没有支护措施或打护坡桩。 (4)深基础施工,作业人员工作环境和通风是否良好。 (5)工作位置距基础 2m 以下是否有基础周边防护措施
4	结构施工阶段	(1)做好对外脚手架的安全检查与验收,预防高处坠落和防物体打击。 (2)做好“三宝”等职业健康安全防护用品(安全帽、安全带、安全网、绝缘手套、防护鞋等)的使用检查与验收。 (3)做好孔、洞口(楼梯口、预留洞口、电梯井口、管道井口、首层出入口等)的职业健康安全检查与验收。 (4)做好临边(阳台边、屋面周边、结构楼层周边、雨篷与挑檐边、水箱与水塔周边、斜道两侧边、卸料平台外侧边、梯段边)的职业健康安全检查与验收。 (5)做好机械设备人员教育和持证上岗情况,对所有设备进行检查与验收。 (6)对材料,特别是大模板存放和吊装使用。 (7)施工人员上下通道。 (8)对一些特殊结构工程,如钢结构吊装、大型梁架吊装以及特殊危险作业要对施工方案和职业健康安全措施、技术交底进行检查与验收
5	装修施工阶段	(1)对外装修脚手架、吊篮、桥式架子的保险装置、防护措施在投入使用前进行检查与验收,日常期间要进行职业健康安全检查。 (2)室内管线洞口防护设施。 (3)室内使用的单梯、双梯、高凳等工具及使用人员的职业健康安全技术交底。 (4)内装修使用的架子搭设和防护。 (5)内装修作业所使用的各种染料、涂料和胶粘剂是否挥发有毒气体。 (6)多工种的交叉作业

续二

序号	项目	内容
6	竣工收尾阶段	(1)外装修脚手架的拆除。 (2)现场清理工作

(二)职业健康安全检查的形式

(1)项目每周或每旬由主要负责人带队组织定期的安全大检查。

(2)施工班组每天上班前由班组长和安全值日人员组织的班前安全检查。

(3)季节更换前由安全生产管理人员和安全专职人员、安全值日人员等组织的季节劳动保护安全检查。

(4)由安全管理小组、职能部门人员、专职安全员和专业技术人员组成对电气、机械设备、脚手架、登高设施等专项设施设备、高处作业、用电安全、消防保卫等进行专项安全检查。

(5)由安全管理小组成员、安全专职人员和安全值日人员进行日常的安全检查。

(6)对塔式起重机等起重设备、井架、龙门架、脚手架、电气设备、吊篮,现浇混凝土模板及支撑等设施设备在安装搭设完成后进行安全验收、检查。

(三)职业健康安全检查的方法及标准

1. 职业健康安全检查的方法

随着职业健康安全管理科学化、标准化、规范化的发展,目前职业健康安全检查基本上都采用职业健康安全检查表和一般检查方法,进行定性定量的职业健康安全评价。

(1)职业健康安全检查表是一种初步的定性分析方法,它通过事先拟定的职业健康安全检查明细表或清单,对职业健康安全生产进行初步的诊断和控制。

(2)职业健康安全检查的一般方法主要是通过看、听、嗅、问、查、测、验、析等手段进行检查。

看——就是看现场环境和作业条件，看实物和实际操作，看记录和资料等，通过“看”来发现隐患。

听——听汇报、听介绍、听反映、听意见或批评、听机械设备的运转响声或承重物发出的微弱声等，通过“听”来判断施工操作是否符合职业健康安全规范的规定。

嗅——通过“嗅”来发现有无不安全或影响职工健康的因素。

问——对影响职业健康安全的问题，详细询问，寻根究底。

查——查职业健康安全隐患问题，对发生的事故查清原因，追究责任。

测——对影响职业健康安全的有关因素、问题，进行必要的测量、测试、监测等。

验——对影响职业健康安全的有关因素进行必要的试验或化验。

职业健康安全检查日检记录可参见“建筑施工现场职业健康安全检查日检表”（表11-5）。

析——分析资料、试验结果等，查清原因，清除职业健康安全隐患。

表 11-5　建筑施工现场职业健康安全检查日检表

施工单位		检查日期		气象	
工程名称		检查人员		负责人	

序号	检查项目	检查内容	存在问题人处理
1	脚手架	间距、拉结、脚手板、载重、卸荷	
2	吊篮架子	保险绳、就位固定、升降工具、吊点	
3	插口架子（挂架）	吊钩保险、别杠	
4	桥式架子	立柱垂直、安全装置、升降工具	
5	坑槽边坡	边坡状况、放坡、支撑、边缘荷载、堆物状况	
6	临边防护	坑（槽）边和屋面、进出料口、楼梯、阳台、平台、框架结构四周防护及安全网支搭	
7	孔洞	电梯井口、预留洞口、楼梯口、通道口	

续表

序号	检查项目	检查内容	存在问题入处理
8	电气	漏电保护器、闸具、闸箱、导线、接线、照明、电动工具	
9	垂直运输机械	吊具、钢丝绳、防护设施、信号指挥	
10	中小型机械	防护装置、接地、接零保护	
11	料具存放	模板、料具、构件的安全存放	
12	电气焊	焊机间距离、焊机、中压罐、气瓶	
13	防护服务器使用	安全帽、安全带、防护鞋、防护手套	
14	施工道路	交通标志、路面、安全通道	
15	特殊情况	脚手架基础、塔基、电气设备、防雨措施、交叉作业、揽风绳	
16	违章	持证上岗、违章指挥、违章作业	
17	重大隐患		
18	备注		

2. 职业健康安全检查标准

建筑工程项目施工现场检查的评价标准以《建筑施工安全检查标准》(JGJ 59—2011)为准。标准采用了安全系统工程原理，结合建筑施工中伤亡事故的规律，依据国家有关法律法规、标准和规程以及《施工安全卫生公约》(第 167 号公约)的要求而编制，见表 11-6。

表 11-6 《建筑施工安全检查标准》(JGJ 59－2011)主要内容

序号	类别	内容及说明
1	基本结构	标准规定对建筑施工中容易发生伤亡事故的主要环节、部位和工艺等的完成情况，采用检查评分表的形式进行安全检查评价，包括安全管理、文明工地、脚手架、基坑工程、模板支架、高处作业、施工用电、物料提升机与施工升降机、塔式起重机与起重吊装、施工机具分项检查评分表和检查评分汇总表。汇总表对各分项内容检查结果进行汇总，利用汇总表所得分值，来确定和评价施工项目总体系统的安全生产工作情况

续表

<table>
<tr><th>序号</th><th>类别</th><th>内容及说明</th></tr>
<tr><td>2</td><td>安全检查评分方法</td><td>(1)建筑施工安全检查评定中,保证项目应全数检查。
(2)各评分表的评分应符合下列规定:
1)分项检查评分表和检查评分汇总表的满分分值均应为100分,评分表的实得分值应为各检查项目所得分值之和;
2)评分应采用扣减分值的方法,扣减分值总和不得超过该检查项目的应得分值;
3)当按分项检查评分表评分时,保证项目中有一项未得分或保证项目小计得分不足40分,此分项检查评分表不应得分;
4)检查评分汇总表中各分项项目实得分值应按下式计算:
$$A_1=\frac{(B\times C)}{100}$$
式中 A_1——汇总表各分项项目实得分值;
B——汇总表中该项应得满分值;
C——该项检查评分表实得分值。
5)当评分遇有缺项时,分项检查评分表或检查评分汇总表的总得分值应按下式计算:
$$A_2=\frac{D}{E}\times 100$$
式中 A_2——遇有缺项目在该表的实得分值之和;
D——实查项目在该表的实得分值之和;
E——实查项目在该表的应得满分值之和。
6)脚手架、物料提升机与施工升降机、塔式起重机与起重吊装项目的实得分值,应为所对应专业的分项检查评分表实得分值的算术平均值</td></tr>
<tr><td>3</td><td>安全检查评定等级</td><td>(1)应按汇总表的总得分和分项检查评分表的得分,对建筑施工安全检查评定划分为优良、合格、不合格三个等级。
(2)建筑施工安全检查评定的等级划分应符合下列规定:
1)优良:分项检查评分表无零分,汇总表得分值应在80分及以上;
2)合格:分项检查评分表无零分,汇总表得分值应在80分以下,70分及以上;
3)不合格:
①当汇总表得分值不足70分时;
②当有一分项检查评分表为零时。
(3)当建筑施工安全检查评定的等级为不合格时,必须限期整改达到合格</td></tr>
</table>

特别提示

职业健康安全检查注意事项

(1)安全检查要深入基层,紧紧依靠职工,坚持领导与群众相结合的原则,组织好检查工作。

(2)建立检查的组织领导机构,配备适当的检查力量,挑选具有较高技术业务水平的专业人员参加。

(3)做好检查的各项准备工作,包括思想、业务知识、法规政策和检查设备、奖金的准备。

(4)明确检查的目的和要求。

(5)将自查与互查有机结合起来。

(6)坚持查改结合。

(7)建立检查档案。

(8)制定安全检查表时,应根据用途和目的具体确定安全检查表的种类。

五、建筑施工安全事故类型及处理

(一)施工安全事故类型及处理程序

建筑工程施工现场常见的职工伤亡事故类型有:高处坠落、物体打击、触电、机械伤害、坍塌事故等。

伤亡事故处理的程序一般如下:

(1)迅速抢救伤员并保护好事故现场。

(2)组织调查组。

(3)现场勘察。

(4)分析事故原因,明确责任者。

(5)制定预防措施。

(6)提出处理意见,写出调查报告。

(7)事故的审定和结案。

(8)员工伤亡事故登记记录。

知识链接

伤亡事故分析的步骤

首先整理和仔细阅读调查材料，然后按受伤部位、受伤性质、起因物、致害物、伤害方法、不安全状态和不安全行为等七项内容进行分析，确定直接原因、间接原因和事故责任者。

（1）根据调查确认的事实，从直接原因入手，逐步深入分析间接原因。

（2）通过对直接原因和间接原因的分析，确定事故中的直接责任者和领导责任者，再根据其在事故发生过程中的作用，确定主要责任者。

（二）施工安全事故应急救援

1. 现场发生人员伤害时的抢救与处理

（1）人员从高处坠落受伤，除了要注意伤员明显外伤和肢体骨折部位外，还要注意是否有内伤，人员坠落后很容易造成腹内损伤，如伤者腹痛、大小便失常等更要警惕，组织有关人员认真检查。

（2）人员头部受伤时，要特别重视，尤其是伤后脑和头两侧时，要及时送到能处理脑外伤的专业或综合性医院进行检查处理。对外伤不明显，但有头晕、头痛、昏迷等情况的受伤者注意进医院监护，以防脑内积血造成数日后发病死亡。

（3）人员触电要注意抢救方法，在使伤者脱离电源后，根据伤者情况要立即采取人工呼吸和胸外心脏按压方法抢救，这是抢救触电者的最佳方法。千万不要急忙地抬着或背着伤者送往医院，因为触电者此时心脏跳动微弱，呼吸短促，再跑动就会耽误抢救时间，造成触电者死亡，对触电者在现场进行抢救是最可靠的办法。

2. 现场发生重大机械设备事故时的抢救和处理

当现场发生重大机械设备事故时，项目经理首先要判断是否伤人，是否有事态扩大的可能性。因机械设备事故伤人时要全力先救人，如有扩大事态的可能应立即通知有关部门，组织力量进行保护，控制事态发展，努力减少事故损失。

3. 火灾处理

当现场发生火灾火险时，项目经理要立即组织义务消防人员扑灭火灾火种，排除险情。但要注意判断所发生火灾的情况，较小的火情可以自行组织人员立即扑灭。已燃起大火的现场人员不能扑灭时，要及时报告消防部门，请求援救，千万不可瞒报、迟报。

现场易燃部位等处起火并蔓延时，更应及时上报，以防无法自救，延误时间，而形成失控大火。

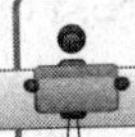

特别提示

在抢救伤员、排除险情时应注意事项

在抢救伤员、排除险情的同时，还必须注意保护现场，这是项目经理的职责。为了救人排险可以移动现场的材料设备，但要立即恢复原状。

按照我国伤亡事故报告规程的要求，发生重大伤亡以后，要及时向上级主管部门汇报，并且要全力配合上级有关部门和司法部门了解事故情况，提供有关资料和情况，并接受检查。接到当地劳动部门和检查部门的正式通知后，方可撤销事故现场的保护。

六、建筑施工现场环境管理

环境是组织运行活动的外部存在，包括人与社会、土地、水、空气、自然资源、动物、植物、现场以及以上各方之间的关系等。

工程项目环境管理的目的是控制作业现场可能产生污染的各种活动，保护生态环境，节约能源，避免资源浪费，进而为社会的经济发展与人类的生存环境的相互协调做贡献。

(一)施工现场环境管理要求、内容

1. 施工现场环境管理要求

为了更好地推动环保标准的贯彻落实，环境保护主管部门首先应

对建筑施工企业、监理单位和有关从业人员进行全面的建筑施工现场环境问题防治措施的要求与技术培训；其次应强化建筑施工现场环境监督管理；最后应严格落实对建筑工地主要环境卫生问题的防治措施的检查。这样才能够逐步改善建筑工地的环境状况，为建设施工工人创造一个健康、卫生、舒心的工作、生活环境。

2. 施工现场环境管理内容

（1）按照分区划块原则，搞好项目的环境管理，进行定期检查，加强协调，及时解决发现的问题，实施纠正和预防措施，保持现场良好的作业环境、卫生条件和工作秩序，做到预防污染。

（2）对环境因素进行控制，制定应急准备和相应措施，并保证信息通畅，预防可能出现的非预期的损害。在出现环境事故时，应及时消除污染，并应制定相应措施，防止环境二次污染。

（3）应保存有关环境管理的工作记录。

（4）进行现场节能管理，有条件时应规定能源使用指标。

（二）施工现场环境保护措施

环境保护是按照法律法规、各级主管部门和企业的要求，保护和改善作业现场的环境，控制现场的各种粉尘、废水、废气、固体废物、噪声、振动等对环境的污染和危害。

1. 防止大气污染措施

（1）高层建筑物和多层建筑物清理施工垃圾时，要搭设封闭式专用垃圾道，采用容器吊运或将永久性垃圾道随结构安装好以供施工使用，严禁凌空随意抛散。

（2）施工现场道路采用焦渣、级配砂石、粉煤灰级配砂石、沥青混凝土或水泥混凝土等，有条件的可利用永久性道路，并指定专人定期洒水清扫，形成制度，防止道路扬尘。

（3）袋装水泥、白灰、粉煤灰等易飞扬的细颗散粒材料，应库内存放。室外临时露天存放时，必须下垫上盖，严密遮盖，防止扬尘。

（4）散装水泥、粉煤灰、白灰等细颗粉状材料，应存放在固定容器（散灰罐）内。没有固定容器时，应设封闭式专库存放，并具备可靠的防扬尘措施。

(5)运输水泥、粉煤灰、白灰等细颗粉状材料时，要采取遮盖措施，防止沿途遗洒、扬尘。卸运时，应采取措施，以减少扬尘。

(6)车辆不带泥沙出现场措施。可在大门口铺一段石子，定期过筛清理；作一段水沟冲刷车轮；人工拍土，清扫车轮、车帮；挖土装车不超装；车辆行驶不猛拐，不急刹车，防止洒土；卸土后注意关好车厢门；场区和场外安排人清扫洒水，基本做到不洒土、不扬尘，减少对周围环境污染。

(7)除设有符合规定的装置外，禁止在施工现场焚烧油毡、橡胶、塑料、皮革、树叶、枯草、各种包皮等，以及其他会产生有毒、有害烟尘和恶臭气体的物质。

(8)机动车都要安装 PCA 阀，对那些尾气排放超标的车辆要安装净化消声器，确保不冒黑烟。

(9)工地茶炉、大灶、锅炉，尽量采用消烟除尘型茶炉、锅炉和消烟节能回风灶，烟尘降至允许排放为止。

(10)工地搅拌站除尘是治理的重点。有条件要修建集中搅拌站，由计算机控制进料、搅拌、输送全过程，在进料仓上方安装除尘器，可使水泥、砂、石中的粉尘降低 99%以上。采用现代化先进设备是解决工地粉尘污染的根本途径。

(11)工地采用普通搅拌站，先将搅拌站封闭严密，尽量不使粉尘外泄，扬尘污染环境。并在搅拌机拌筒出料口安装活动胶皮罩，通过高压静电除尘器或旋风滤尘器等除尘装置将风尘分开净化，达到除尘目的。最简单易行的是将搅拌站封闭后，在拌筒地出料口上方和地上料斗侧面装几组喷雾器喷头，利用水雾除尘。

(12)拆除旧有建筑物时，应适当洒水，防止扬尘。

2. 防止水污染措施

(1)禁止将有毒、有害废弃物作土方回填。

(2)施工现场搅拌站废水，现制水磨石的污水、电石(碳化钙)的污水须经沉淀池沉淀后再排入城市污水管道或河流。最好将沉淀水用于工地洒水降尘，采取措施回收利用。

(3)现场存放油料,必须对库房地面进行防渗处理,如采用防渗混凝土地面,铺油毡等。使用时,要采取措施,防止油料跑、冒、滴、漏,污染水体。

(4)施工现场100人以上的临时食堂,污染排放时可设置简易有效的隔油池,定期掏油和杂物,防止污染。

(5)工地临时厕所、化粪池应采取防渗漏措施。中心城市施工现场的临时厕所可采取水冲式厕所,蹲坑上加盖,并有防蝇、灭蝇措施,防止污染水体和环境。

(6)化学药品、外加剂等要妥善保管,库内存放,防止污染环境。

3. 防止噪声污染措施

(1)严格控制人为噪声,进入施工现场不得高声喊叫、无故甩打模板、乱吹哨,限制高音喇叭的使用,最大限度地减少噪声扰民。

(2)凡在人口稠密地进行强噪声作业时,须严格控制作业时间,一般晚10点到次日早6点之间停止强噪声作业。确是特殊情况必须昼夜施工时,尽量采取降低噪声措施,并会同建设单位找当地居委会、村委会或当地居民协调,贴出安民告示,求得群众谅解。

(3)尽量选用低噪声设备和工艺代替高噪声设备与加工工艺。如低噪声振捣器、风机、电动空压机、电锯等。

(4)在声源处安装消声器消声。即在通风机、鼓风机、压缩机燃气轮机、内燃机及各类排气放空装置等进出风管的适当位置设置消声器。常用的消声器有阻性消声器、抗性消声器、阻抗复合消声器、穿微孔板消声器等。具体选用哪种消声器,应根据所需消声量、噪声源频率特性和消声器的声学性能及空气动力特性等因素而定。

(5)采取吸声、隔声、隔振和阻尼等声学处理的方法来降低噪声。

1)吸声:吸声是利用吸声材料(如玻璃棉、矿渣棉、毛毡、泡沫塑料、吸声砖、木丝板、甘蔗板等)和吸声结构(如穿孔共振吸声结构、微穿孔板吸声结构、薄板共振吸声结构等)吸收通过的声音,减少室内噪声的反射来降低噪声。

2)隔声:隔声是把发声的物体、场所用隔声材料(如砖、钢筋混凝土、钢板、厚木板、矿棉被等)封闭起来与周围隔绝。常用的隔声结构

有隔声间、隔声机罩、隔声屏等。有单层隔声和双层隔声结构两种。

3)隔振:隔振,就是防止振动能量从振源传递出去。隔振装置主要包括金属弹簧、隔振器、隔振垫(如剪切橡胶、气垫)等。常用的材料还有软木、矿渣棉、玻璃纤维等。

4)阻尼:阻尼就是用内摩擦损耗大的一些材料来消耗金属板的振动能量并变成热能散失掉,从而抑制金属板的弯曲振动,使辐射噪声大幅度的削减。常用的阻尼材料有沥青、软橡胶和其他高分子涂料等。

施工现场固体废物的处理方法

(1)回收利用。回收利用是对固体废物进行资源化、减量化的重要手段之一。对建筑渣土可视其情况加以利用,废钢可按需要用作金属原材料,对废电池等废弃物应分散回收,集中处理。

(2)减量化处理。减量化是对已经产生的固体废物进行分选、破碎、压实浓缩、脱水等减少其最终处置量,减低处理成本,减少对环境的污染。在减量化处理的过程中,也包括和其他处理技术相关的工艺方法,如焚烧、热解、堆肥等。

(3)焚烧技术。焚烧用于不适合再利用且不宜直接予以填埋处置的废物,尤其是对于受到病菌、病毒污染的物品,可以用焚烧进行无害化处理。焚烧处理应使用符合环境要求的处理装置,注意避免对大气的二次污染。

(4)稳定和固化技术。利用水泥、沥青等胶结材料,将松散的废物包裹起来,减小废物的毒性和可迁移性,使污染减少。

(5)填埋。填埋是固体废物处理的最终技术,经过无害化、减量化处理的废物残渣集中到填埋场进行处置。

(三)文明施工

良好的建筑施工现场文明施工能使现场美观整洁,道路通畅,材料放置有序,施工有条不紊,安全、消防、保安均能得到有效的保障,让业主与项目有关的相关方都能满意。相反,低劣的现场管理会影响施工进度,降低企业的信誉,并且是事故的隐患。

1. 文明施工的条件要求

(1)有整套的施工组织设计(或施工方案)。

(2)有健全的施工指挥系统和岗位责任制度。

(3)工序衔接交叉合理,交接责任明确。

(4)有严格的成品保护措施和制度。

(5)施工场地平整,道路畅通,排水设施得当,水电线路整齐。

(6)机具设备状况良好,使用合理,施工作业符合消防和安全要求。

(7)大小临时设施和各种材料、构件、半成品按平面布置堆放整齐。

2. 文明施工工作内容

(1)进行现场文化建设。

(2)规范场容,保持作业环境整洁卫生。

(3)创造有序生产的条件。

(4)减少对居民和环境的不利影响。

3. 文明施工的组织与管理

文明施工的组织与管理见表 11-7。

表 11-7　　文明施工的组织与管理

技术措施	内容及要求
组织和制度管理	(1)施工现场应成立以项目经理为第一责任人的文明施工管理组织。分包单位应服从总包单位的文明施工管理组织的统一管理,并接受监督检查。 (2)各项施工现场管理制度应有文明施工的规定。包括个人岗位责任制、经济责任制、安全检查制度、持证上岗制度、奖惩制度、竞赛制度和各项专业管理制度等。 (3)加强和落实现场文明检查、考核及奖惩管理,以促进施工文明管理工作提高。检查范围和内容应全面周到,包括生产区、生活区、场容场貌、环境文明及制度落实等内容。检查发现的问题应采取整改措施

续表

技术措施	内容及要求
建立收集文明施工的资料及其保存的措施	(1)上级关于文明施工的标准、规定、法律法规等资料。 (2)施工组织设计(方案)中对文明施工的管理规定,各阶段施工现场文明施工的措施。 (3)文明施工自检资料。 (4)文明施工教育、培训、考核计划的资料。 (5)文明施工活动各项记录资料
加强文明施工的宣传和教育	(1)在坚持岗位练兵基础上,要采取派出去、请进来、短期培训、上技术课、登黑板报、广播、看录像、看电视等方法狠抓教育工作。 (2)要特别注意对临时工的岗前教育。 (3)专业管理人员应熟悉掌握文明施工的规定

知识链接

施工现场场区要求

(1)施工现场的场区应干净整齐,施工现场的楼梯口、电梯井口、预留洞口、通道口和建筑物临边部位应当设置整齐、标准的防护装置,各类警示标志设置明显。施工作业面应当保持良好的安全作业环境,余料及时清理、清扫,禁止随意丢弃。

(2)施工现场的施工区、办公区、生活区应当分开设置,实行区划管理。生活、办公设施应当科学合理布局,并符合城市环境、卫生、消防安全及安全文明施工标准化管理的有关规定。

第五节　建筑工程施工资料管理

一、施工资料的分类

施工资料是指建筑工程在工程施工过程中形成的资料。施工资料可分为施工管理资料、施工技术资料、施工进度及造价资料、施工物资资料、施工记录、施工试验记录及检测报告、施工质量验收记录、竣工验收资料八类。

二、施工资料的填写、编制、审核及审批

施工资料的填写、编制、审核及审批应符合国家现行有关标准的规定;施工资料用表宜符合《建筑工程资料管理规程》(JGJ/T 185—2009)附录C的规定;附录C未规定的,可自行确定。

二、施工资料的编号

施工资料编号宜符合下列规定:

> 施工资料的编号应及时填写,专用表格的编号应填写在表格右上角的编号栏中;非专用表格应在资料右上角的适当位置注明资料编号。

(1)施工资料编号可由分部、子分部、分类、顺序号4组代号组成,组与组之间应用横线隔开,如图11-12所示。

××－××－××－×××
①　②　③　④

图11-12　施工资料编号

①为分部工程代号,可按《建筑工程资料管理规程》(JGJ/T 185—2009)附录A.3.1的规定执行。

②为子分部工程代号,可按《建筑工程资料管理规程》(JGJ/T 185—2009)附录A.3.1的规定执行。

③为资料的类别编号,可按《建筑工程资料管理规程》(JGJ/T 185—2009)附录A.2.1的规定执行。

④为顺序号,可根据相同表格、相同检查项目,按形成时间的顺序填写。

(2)属于单位工程整体管理内容的资料,编号中的分部、子分部工

程代号可用“00”代替。

(3)同一厂家、同一品种、同一批次的施工物资用在两个分部、子分部工程中时，资料编号中的分部、子分部工程代号可按主要使用部位填写。

三、施工资料管理规定与流程

1. 施工资料管理规定

(1)施工资料应实行报验、报审管理。施工过程中形成的资料应按报验、报审程序，通过相关施工单位审核后，方可报建设(监理)单位。

(2)施工资料的报验、报审应有时限性要求。工程相关各单位宜在合同中约定报验、报审资料的申报时间及审批时间，并约定应承担的责任。当无约定时，施工资料的申报、审批不得影响正常施工。

(3)建筑工程实行总承包的，应在与分包单位签订施工合同中明确施工资料的移交套数、移交时间、质量要求及验收标准等。分包工程完工后，应将有关施工资料按约定移交。

2. 施工资料管理流程

(1)施工技术资料管理流程(图 11-13)。

(2)施工物资资料管理流程(图 11-14)。

(3)施工质量验收记录管理流程(图 11-15)。

(4)分项工程质量验收流程(图 11-16)。

(5)子分部工程质量验收流程(图 11-17)。

(6)分部工程质量验收流程(图 11-18)。

(7)工程验收资料管理流程(图 11-19)。

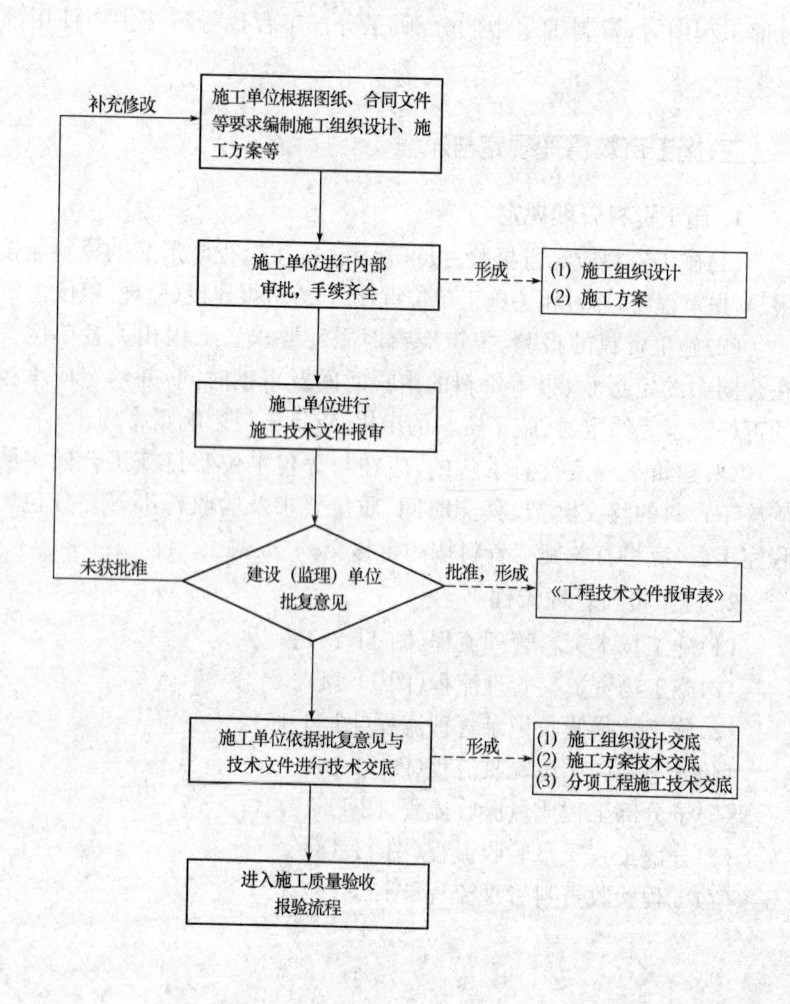

图 11-13 施工技术资料管理流程

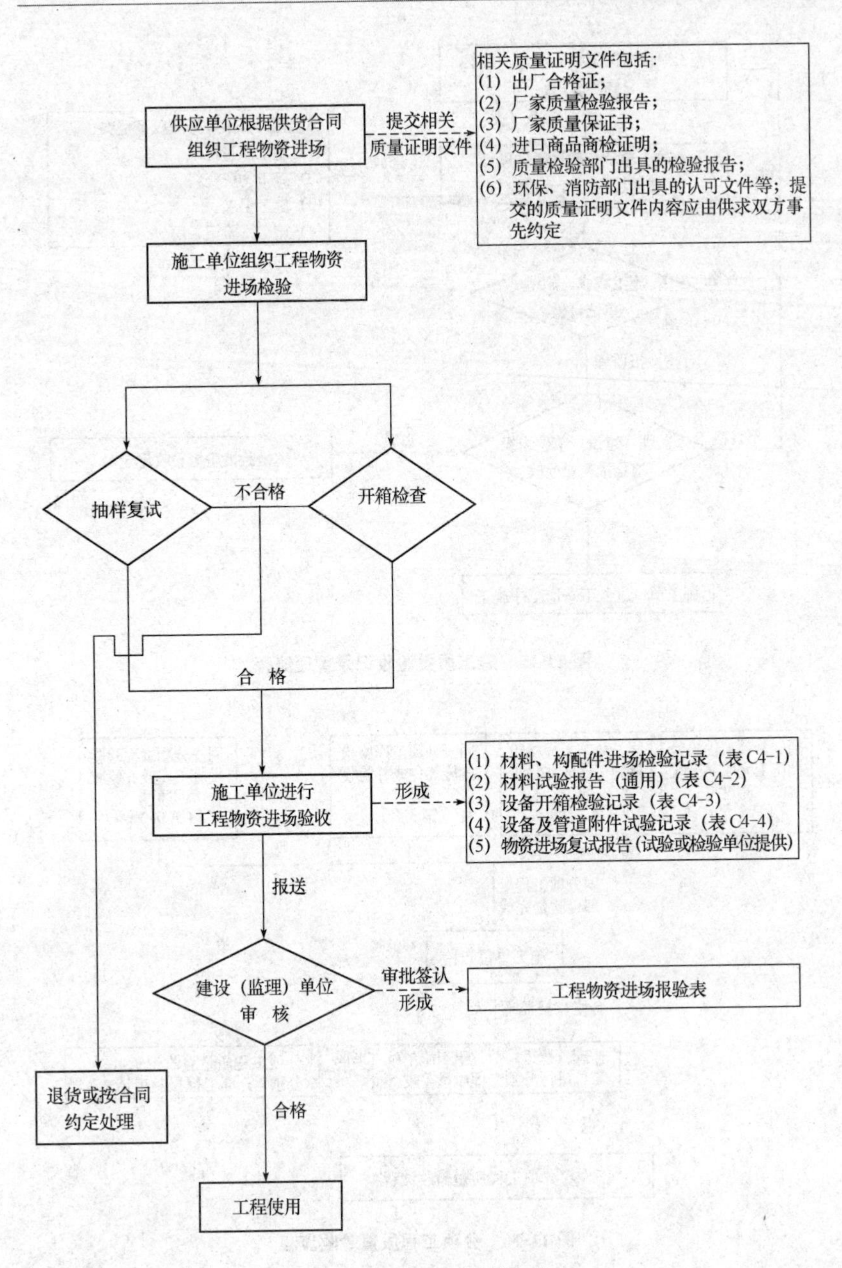

图 11-14　施工物资资料管理流程

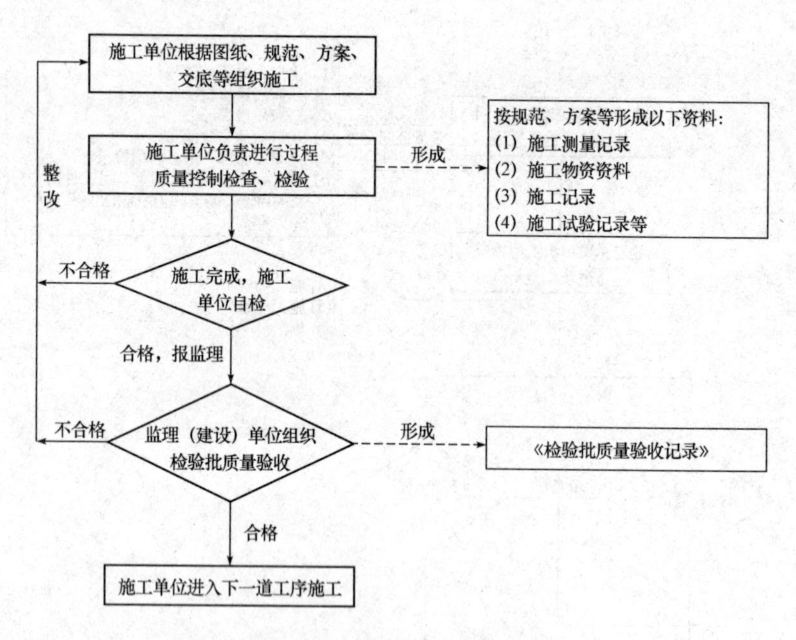

图 11-15　施工质量验收记录管理流程

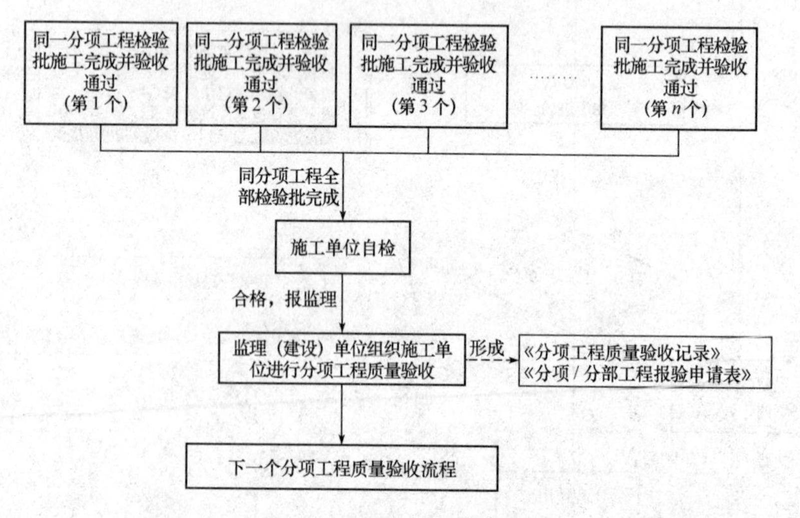

图 11-16　分项工程质量验收流程

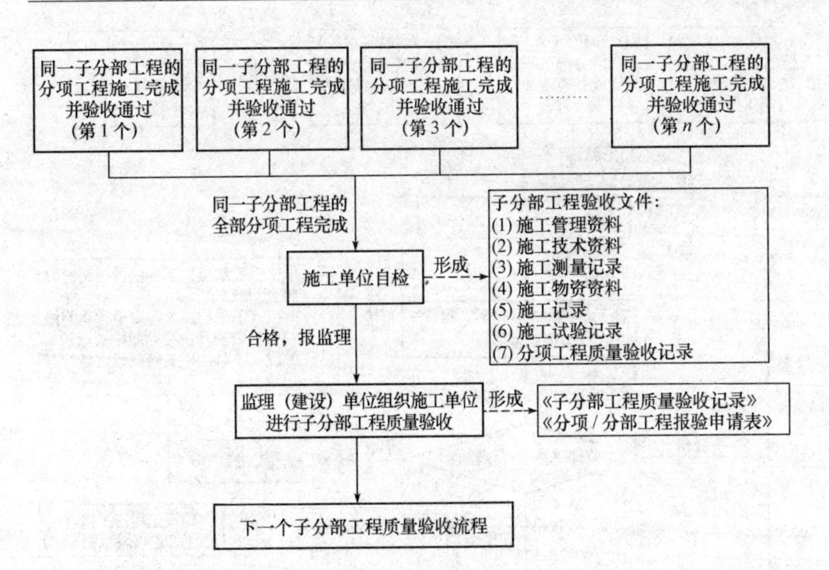

图 11-17　子分部工程质量验收流程

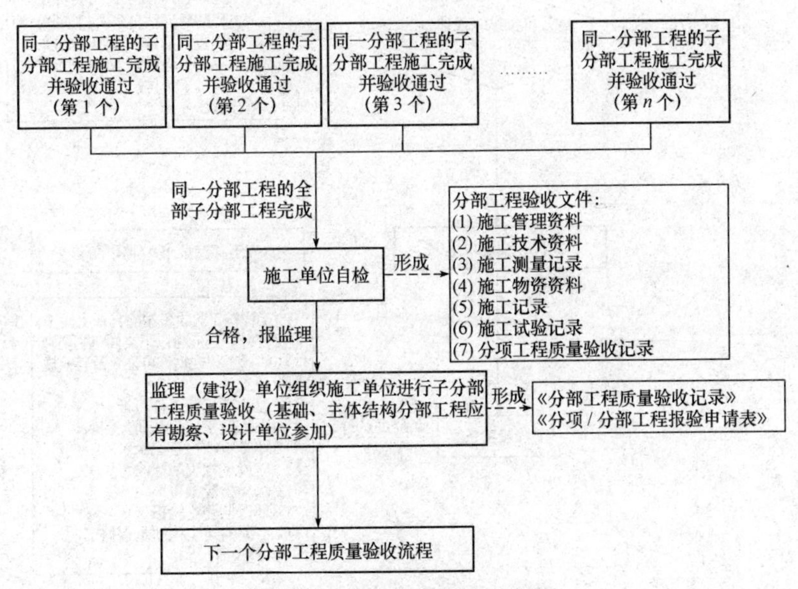

图 11-18　分部工程质量验收流程

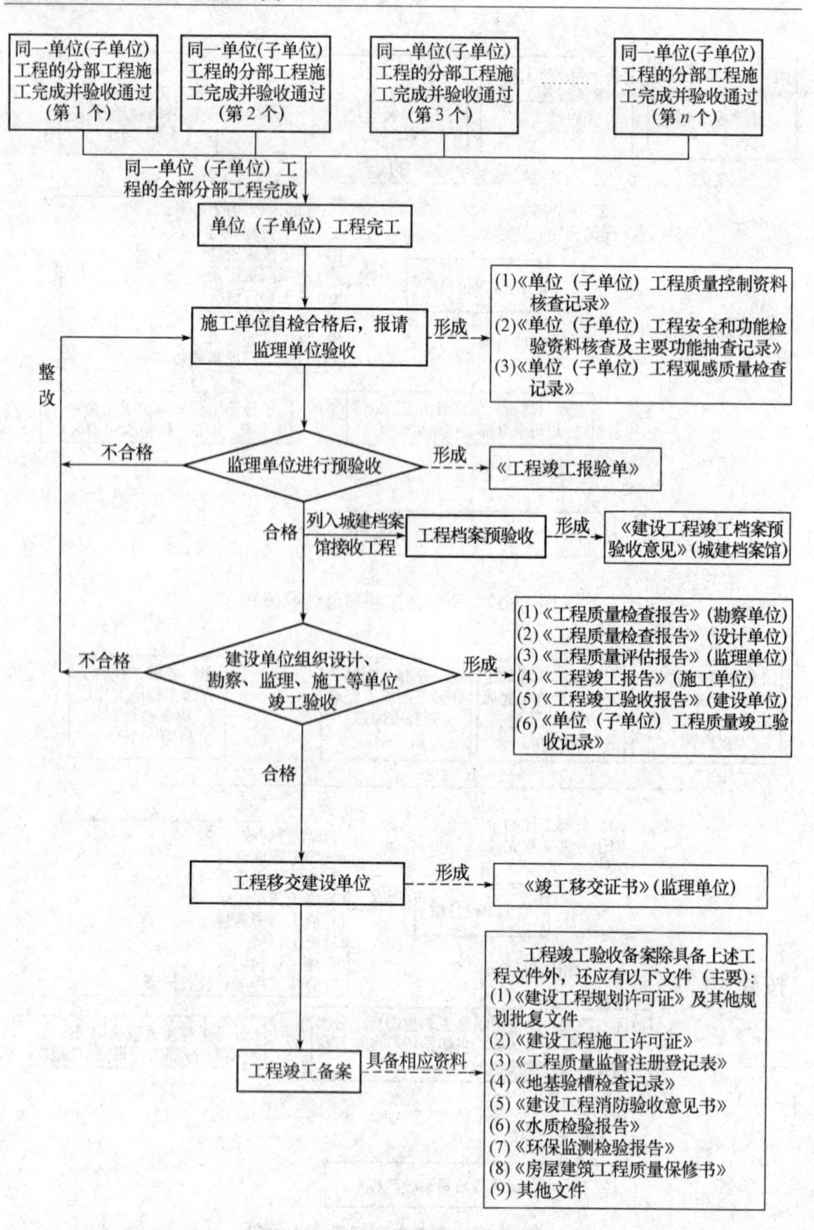

图 11-19　工程验收资料管理流程

工程资料的形成规定

工程资料的形成应符合《建筑工程资料管理规程》(JGJ/T 185—2009)的规定，具体如下：

(1)工程资料形成单位应对资料内容的真实性、完整性、有效性负责；由多方形成的资料，应各负其责。

(2)工程资料的填写、编制、审核、审批、签认应及时进行，其内容应符合相关规定。

(3)工程资料不得随意修改；当需修改时，应实行划改，并由划改人签署。

(4)工程资料的文字、图表、印章应清晰。

四、施工资料的组卷、移交与归档

1. 施工资料的组卷

施工资料应由施工单位负责收集、整理与组卷。施工资料应按单位工程组卷，并应符合下列规定：

(1)专业承包工程形成的施工资料应由专业承包单位负责，并应单独组卷。

(2)电梯应按不同型号单独组卷。

(3)室外工程应按室外建筑环境、室外安装工程单独组卷。

(4)当施工资料中部分内容不能按一个单位工程分类组卷时，可按建设项目组卷。

(5)施工资料目录应与其对应的施工资料一起组卷。

2. 施工资料的移交与归档

(1)施工单位应向建设单位移交施工资料。

(2)实行施工总承包的，各专业承包单位应向施工总承包单位移交施工资料。

(3)施工单位工程资料归档保存期限应满足工程质量保修及质量追溯的需要。

参考文献

[1] 中华人民共和国住房和城乡建设部.JGJ/T 250—2011 建筑与市政工程施工现场专业人员职业标准[S]. 北京:中国建筑工业出版社,2011.

[2] 中华人民共和国住房和城乡建设部. GB 50001—2010 房屋建筑制图统一标准[S]. 北京:中国建筑工业出版社,2011.

[3] 中华人民共和国建设部,中华人民共和国国家质量监督检验检疫总局.GB 50026—2007 工程测量规范[S]. 北京:中国计划出版社,2008.

[4] 中华人民共和国住房和城乡建设部.GB 50300—2013 建筑工程施工质量验收统一标准[S]. 北京:中国建筑工业出版社,2014.

[5] 中华人民共和国建设部,中华人民共和国国家质量监督检验检疫总局.GB 50202—2002 建筑地基基础工程施工质量验收规范[S]. 北京:中国计划出版社,2004.

[6] 中华人民共和国住房和城乡建设部.GB 50203—2011 砌体结构工程施工质量验收规范[S]. 北京:中国建筑工业出版社,2012.

[7] 中华人民共和国固定质量检验检疫总局,中华人民共和国建设部.GB 50205—2001 钢结构工程施工质量验收规范[S]. 北京:中国计划出版社,2002.

[8] 中华人民共和国建设部,中华人民共和国国家质量监督检验检疫总局.GB 50204—2002 混凝土结构工程施工质量验收规范(2010版)[S]. 北京:中国建筑工业出版社,2010.

[9] 中华人民共和国住房和城乡建设部.GB 50206—2012 木结构工程施工质量验收规范[S]. 北京:中国建筑工业出版社,2012.

[10] 中华人民共和国住房和城乡建设部.GB 50207—2012 屋面工程质量验收规范[S]. 北京:中国建筑工业出版社,2012.

[11] 中华人民共和国住房和城乡建设部.GB 50208—2011 地下防水

工程质量验收规范[S]. 北京:中国建筑工业出版社,2011.

[12] 中华人民共和国住房和城乡建设部.GB 50209—2010 建筑地面工程施工质量验收规范[S]. 北京:中国计划出版社,2010.

[13] 中华人民共和国建设部,中华人民共和国国家质量监督检验检疫总局.GB 50210—2001 建筑装饰装修工程质量验收规范[S]. 北京:中国建筑工业出版社,2002.

[14] 北京建工集团总公司. 建筑分项工程施工工艺标准[M]. 北京:中国建筑工业出版社,1997.

中国建材工业出版社
China Building Materials Press